环境影响评价系列丛书

农林水利类环境影响评价

（第二版）

环境保护部环境工程评估中心　编

中国环境出版社·北京

图书在版编目（CIP）数据

农林水利类环境影响评价 / 环境保护部环境工程评估中心编. —2
版. —北京：中国环境出版社，2012.10（2014.6 重印）
（环境影响评价系列丛书）
ISBN 978-7-5111-1154-8

Ⅰ. ①农… Ⅱ. ①环… Ⅲ. ①农业生产—环境影响—评价—
技术培训—教材②林业—环境影响—评价—技术培训—教材③水利
工程—环境影响—评价—技术培训—教材 Ⅳ. X820.3

中国版本图书馆 CIP 数据核字（2012）第 231333 号

出 版 人　王新程
责任编辑　黄晓燕
责任校对　扣志红
封面设计　宋　瑞

出版发行　**中国环境出版社**
　　　　　（100062　北京市东城区广渠门内大街 16 号）
　　　　　网　　址：http://www.cesp.com.cn
　　　　　电子邮箱：bjgl@cesp.com.cn
　　　　　联系电话：010-67112765（编辑管理部）
　　　　　　　　　　010-67112735（环评与监察图书出版中心）
　　　　　发行热线：010-67125803，010-67113405（传真）
印　　刷　北京市联华印刷厂
经　　销　各地新华书店
版　　次　2010 年 3 月第 1 版　2012 年 10 月第 2 版
印　　次　2014 年 6 月第 2 次印刷
开　　本　787×960　1/16
印　　张　37.25
字　　数　680 千字
定　　价　80.00 元

本书编写委员会

主　编　谭民强

副主编　蔡　梅　刘振起　孔令辉

编　委　（以姓氏拼音字母排序）

白立军　步青云　陈凯麒　关　睿　康拉娣

梁　鹏　李峙潇　李忠华　李子漪　刘金洁

刘伟生　乔　皎　桑方君　许红霞　徐海红

赵瑞霞　朱　莞

序

　　今年是《中华人民共和国环境影响评价法》（以下简称《环评法》）颁布十周年，《环评法》的颁布，是环保人和社会各界共同努力的结果，体现了党和国家对环境保护工作的高度重视，也凝聚了环保人在《环评法》立法准备、配套法规、导则体系研究、调研和技术支持上倾注的心血。

　　我国是最早实施环境影响评价制度的发展中国家之一。自从 1979 年的《中华人民共和国环境保护法（试行）》，首次将建设项目环评制度作为法律确定下来后的二十多年间，环境影响评价在防治建设项目污染和推进产业的合理布局，加快污染治理设施的建设等方面，发挥了积极作用，成为在控制环境污染和生态破坏方面最为有效的措施。2002 年 10 月颁布《环评法》，进一步强化环境影响评价制度在法律体系中的地位，确立了我国的规划环境影响评价制度。

　　《环评法》颁布的十年，是践行加强环境保护，建设生态文明的十年。十年间，环境影响评价主动参与综合决策，积极加强宏观调控，优化产业结构，大力促进节能减排，着力维护群众环境权益，充分发挥了从源头防治环境污染和生态破坏的作用，为探索环境保护新道路作出了重要贡献。

　　加强环境综合管理，是党中央、国务院赋予环保部门的重要职责。规划环评和战略环评是环保参与综合决策的重要契合点，开展规划环评、探索战略环评，是环境综合管理的重要体现。我们应当抓住当前宏观调控的重要机遇，主动参与，大力推进规划环评、战略环评，在为国家拉动内需的投资举措把好关、服好务的同时促进决策环评、规划环评方面实现大的跨越。

　　今年是七次大会精神的宣传贯彻年，国家环境保护"十二五"规划转型的关键之年，环境保护作为建设生态文明的主阵地，需要根据新形势，新任务，及时出台新措施。当前环评工作任务异常繁重，因此要求我们必须坚持创新理念，从过于单纯注重环境问题向综合关注环境、健康、安全和社会影响转变；必须坚持创新机制，充分发挥"控制闸""调节器"和"杀手锏"的效能；必须坚持创新方法，推进环评管理方式改革，提高审批效率；必须坚持创新手段，逐步提高参与宏观调控的预见性、主动性和有效性，着力强化项目环评，切实加强规划环评，积极探索战略环评，超前谋划工作思路，自觉遵循经济规律和自然规律，增强环境保护参与宏观调控的预见性、主动性和有效性。建立环评、评估、审批责任制，加大责任追究和环境执法处罚力度，做到出了问题有据可查，谁的问题谁负责；提高技术筛选和评估的质量，要加快实现联网审批系统建设，加强国家和地方评估管理部门的互相监督。

要实现以上目标，不仅需要在宏观层面进行制度建设，完善环评机制，更要强化行业管理，推进技术队伍和技术体系建设。因此需要加强新形势下环评中介、技术评估、行政审批三支队伍的能力建设，提高评价服务机构、技术人员和审批人员的专业技术水平，进一步规范环境影响评价行业的从业秩序和从业行为。

本套《环境影响评价系列丛书》总结了我国三十多年以来各行业从事开发建设环境影响评价和管理工作经验，归纳了各行业环评特点及重点。内容涉及不同行业规划环评、建设项目环境影响评价的有关法律法规、环保政策及产业政策，环评技术方法等，具有较强的实践性、典型性、针对性。对提高环评从业人员工作能力和技术水平具有一定的帮助作用；对加强新形势下环境影响评价服务机构、技术人员和审批人员的管理，进一步规范环境影响评价行业的从业秩序和从业行为方面具有重要意义。

前　言

环境影响评价制度在我国实施以来，为推动我国的可持续发展发挥了积极作用，也积累了丰富的实践经验。为了进一步提高对环境影响评价技术人员管理的有效性，我国从 2004 年 4 月起开始实施环境影响评价工程师职业资格制度，并纳入全国专业技术人员职业资格证书制度统一管理，这项制度的建立是我国环境影响评价队伍管理走上规范化的新措施，对于贯彻实施《中华人民共和国环境影响评价法》，加强新形势下对环境影响评价技术服务机构和技术人员的管理，进一步规范环境影响评价行业的从业秩序和从业行为具有重要意义。

为了提高环境影响评价队伍的技术水平和从业能力，正确掌握行业环保政策、产业政策及各行业建设项目的环评技术，环境保护部环境工程评估中心组织编写了这套环境影响评价系列丛书，《农林水利类环境影响评价》是该套书中的一册，作为环境影响评价工程师培训教材，也可供广大的环境影响评价工作者参考。

本书共有两篇，介绍了农林牧渔业、水利水电行业环境影响评价的相关法律法规、技术政策与标准，工程分析、环境影响识别与评价因子筛选、主要环境要素评价、环境保护对策措施实用方法及环境影响评价应关注的问题，并结合书中的内容提供了相关的案例。主要编写人员：第一篇：第一章、第二章：刘振起、沈德中；第三章：郑光复、梁鹏、卢振兰、桑方君；第四章：沈德中、卓俊玲；第五章：沈新强、蔡梅、宣昊；第六章：卢振兰、王英伟、沈新强；第二篇：第一章：邹家祥、刘振起；第二章、第三章：刘振起、熊文、刘兰芬；第四章：陈凯麒、毛文永、刘伟生、尚宇鸣、刘兰芬、张黎庆、曹晓红；第五章：孔令辉、李亚农、毛文永；第六章：陈凯麒、李海生、张黎庆、许红霞；第七章：李亚农、康拉娣、杜蕴慧；第八章：刘兰芬、李亚农。统稿工作主要由刘振起、沈德中、沈新强、郑光复、毛文永、刘兰芬、李亚农、熊文、蔡梅完成。

该书在编写过程中得到了环境保护部环境影响评价司的指导及赵子定、郝春曦等专家的帮助，在此一并表示感谢。

书中不当之处，敬请读者批评指正。

编　者

2012 年 8 月

目　录

第一篇　农林牧渔业

第一章　总论...3

　　第一节　农业与环境...3

　　第二节　农业、农村环境保护相关法律与政策...6

　　第三节　生态农业与食品安全..16

　　第四节　农村环境保护..18

　　第五节　农林类开发项目的环境保护管理...22

第二章　种植业..25

　　第一节　产业政策和行业环境管理...25

　　第二节　工程分析...31

　　第三节　环境影响识别与评价因子筛选..37

　　第四节　环境影响评价要点与环境保护措施...43

　　第五节　环境影响评价中应关注的问题..47

第三章　林业..54

　　第一节　产业政策和行业环境管理...54

　　第二节　工程分析...65

　　第三节　环境影响识别与评价因子筛选..73

　　第四节　环境影响评价要点和环境保护措施...77

　　第五节　环境影响评价中应关注的问题..84

第四章　畜牧业..88

　　第一节　产业政策和行业环境管理...89

　　第二节　工程分析...93

　　第三节　环境影响识别与评价因子筛选...104

　　第四节　环境影响评价要点与环境保护措施..108

第五节 环境影响评价中应关注的问题 113

第五章 水产业 122
第一节 产业政策和行业环境管理 123
第二节 工程分析 135
第三节 环境影响识别与评价因子筛选 142
第四节 环境影响评价要点与环境保护措施 146
第五节 环境影响评价中应关注的问题 151

第六章 案例 157
第一节 国家森林公园项目 157
第二节 奶牛养殖项目 174
第三节 水产养殖基地建设项目 191

参考文献 200

第二篇 水利水电

第一章 水利水电行业环境保护相关法律法规、政策与环境管理 203
第一节 法律法规 203
第二节 环境政策与技术标准 207
第三节 环境管理 223

第二章 工程概况与工程分析 233
第一节 工程概况 233
第二节 工程分析内容 237
第三节 工程分析实例 247

第三章 环境影响识别与评价因子筛选 262
第一节 环境影响识别 262
第二节 评价因子筛选 266
第三节 环境保护目标 270

第四章 主要环境要素影响评价 273
第一节 水利水电项目的主要环境问题 273

第二节　生态环境影响评价 ………………………………………………… 277

第三节　水文情势与水环境影响评价 …………………………………… 363

第四节　施工期环境影响评价 …………………………………………… 423

第五节　移民安置环境影响评价 ………………………………………… 431

第六节　社会环境影响评价 ……………………………………………… 438

第七节　环境风险分析 …………………………………………………… 455

第五章　环境保护对策措施 …………………………………………… 465

第一节　生态保护对策措施 ……………………………………………… 465

第二节　污染控制 ………………………………………………………… 478

第三节　其他环境保护措施 ……………………………………………… 490

第四节　环境监控 ………………………………………………………… 492

第五节　环境保护投资 …………………………………………………… 500

第六章　公众参与 ……………………………………………………… 503

第一节　公众参与发展状况及其作用 …………………………………… 503

第二节　公众参与目的、内容及方法 …………………………………… 505

第三节　对公众参与水利水电工程决策的建议 ………………………… 509

第四节　公众参与实例——于桥水库水质改善项目 …………………… 510

第七章　环境影响评价应关注的问题 ………………………………… 512

第一节　与有关规划的符合性及环境影响分析 ………………………… 512

第二节　环境保护措施 …………………………………………………… 513

第三节　公众参与 ………………………………………………………… 514

第四节　其他应关注的问题 ……………………………………………… 515

第八章　案例 …………………………………………………………… 517

第一节　石羊河流域重点治理应急项目西营河专用输水渠工程 ……… 517

第二节　阿坝州黑水河毛尔盖水电站工程 ……………………………… 553

参考文献 ………………………………………………………………… 581

第一篇
农林牧渔业

第一章 总 论

第一节 农业与环境

一、农业在经济与社会发展中的作用

农业是国民经济的基础。所谓"无农不稳"就是这个道理。农业不仅有生产功能，还有社会功能和环境功能。

众所周知，农业具有生产功能。它为人民生活提供赖以生存的粮食和各种副食品，如蔬菜、水果、鱼、肉、蛋、奶和天然饮料等；还为工业提供众多的加工原料，如棉麻纤维、皮毛、蚕丝、药材、木材、橡胶、香料等；为城镇和工矿区提供各种各样的苗木以及花卉，绿化美化城镇、道路和人民生活。随着世界"化石能源"（煤炭、石油和天然气）紧缺态势的加剧，农业生产还要为社会提供"生物能源"（燃料乙醇、生物柴油和生物气）。

农业还有社会功能。它为我国的几亿农民提供就业机会，它产生的财富是农民收入的主要来源，它还为城市和工业化建设储备亿万劳动大军。据 2008 年 2 月公布的第二次全国农业普查数据，到 2006 年年末，全国农村劳动力资源总量为 5.31 亿人，农村从业人员为 4.79 亿人，占农村劳动力资源总量的 90%；农业从业人员为 3.49 亿人，占农村劳动力资源总量的 66%；外出务工人员为 1.31 亿人，占农村劳动力资源总量的 25%。

农业还有环境功能。它有保护环境、净化环境和美化环境的作用。众所周知，森林具有重要的生态功能，可以调节气候、防止水土流失、维持生物多样性和固定二氧化碳。随着现代城市的急剧扩张和环境问题的显现，农业的环境功能愈显突出。人们越来越认识到农业的环境功能与特性在城市中的重要性。例如，它为城市提供了隔离带和缓冲区，改变城市的景观，使城市的环境质量得到改善；它可以接受城市产生的粪便、污水和垃圾，"变废为宝"，使城市洁净；它还是城市居民休闲的场所，人们到节假期和周末可以来农村旅游、休憩，解除劳累和愉悦身心。当前的一些环境问题，是由于工业与农业、城市与农村发展的失衡造成的。城市发展得越来越大，形成许多大城市、超大城市，产生的工业废气、汽车尾气、污水和垃圾超出自净能力，扩散不出去；城市产生的氮磷污染物，传统是通过农业来消纳的，而今

农业不再愿意接受它们。主要是由于化肥的大量生产使其价格越来越低廉，而农村劳动力的费用却越来越高，农民也不再愿意从事收集粪肥这一又脏又累的差事，而且随着人们对食品安全意识的提高，施用有机废物到农田有较大的安全风险，从而导致了城市废物的利用率一再下降。像太湖之类的富营养化问题也与此有关。当然农业和其他产业一样，也会对环境产生不利影响，带来生态破坏和环境污染。

二、农业及其相关工程项目

农业是指种植业、林业、畜牧业和渔业等产业，包括与其直接相关的产前、产中、产后服务。

传统的农业包括种植业和养殖业，种植业包括农作物、果树、蔬菜、特种作物、林木、花卉的种植等，养殖业包括牛、羊、猪、鸡等畜禽的养殖以及鱼、虾、蟹、贝和海带等淡水和海水水产品的养殖。

现代农业的发展，带动了农产品、畜产品和水产品的加工业的发展。发展农产品加工业，延长农业产业链条，可以提高农产品的综合利用、转化增值水平，有利于提高农业综合效益和增加农民收入；通过农产品深加工，提高产品档次和质量，有利于促进出口，提高我国农业的国际竞争力；发展农产品加工业还有利于吸纳农村富余劳动力就业。

现代农业需要有现代机械制造业为其支撑，这就使得农林及农产品加工机械制造业和维修业得到了长足的发展。

改革开放以来，原料开采、农产品加工业、服务业和劳动密集型的农村企业如雨后春笋一般涌现，非农产业在农村经济生活中发挥着重要作用，成为国民经济的重要组成部分。乡镇企业充分利用农村各种资源和生产要素，根据市场需要发展商品生产，提供社会服务，全面发展农村经济，增加社会有效供给，吸收农村剩余劳动力，提高农民收入，支援农业，推进农业和农村现代化，促进国民经济和社会事业发展。2004年中央1号文件中指出："只要符合安全生产标准和环境保护要求，有利于资源的合理利用，都应当允许其存在和发展。"

农业项目往往不是孤立的，经常以综合项目的形式出现，并获得国家资金的支持，如"农业综合开发项目""土地资源开发整治项目""多种经营项目"和"示范项目"等。"农业综合开发项目"往往以农业主产区为重点，着力加强农业基础设施建设，改善农业生产条件，提高农业综合生产能力和保护农业环境，包括农林牧副渔综合开发、山水田林路综合治理、小型水库、拦河坝、排灌站、机电井、灌排渠系（5个流量以下）、改良土壤、机耕路、农牧机械、草场围栏、畜禽棚舍、水产养殖池与设备、农田防护林、农业支持服务体系、农产品加工生产厂房与设备、农产品产地批发市场等。"土地资源开发整治项目"包括中低产田改造、草场改良、土地整理和工矿废弃地复垦。"多种经营项目"包括种植业，养殖业，农产品储运、保鲜、加工和批发市场建设等。"示范项目"包括高新科技示范、科技推广综合示范和农业现代化示范等。

农业和农村是密不可分的，谈到农业就不可避免地要谈到农村和农村建设。农村建设包括居民区、医院、学校、市场、供水工程、道路工程、供电线路以及污水处理设施和垃圾处理设施等建设。

现将主要的农业及其相关工程项目概括于表 1-1-1 中。

表 1-1-1 农业及其相关工程项目

种 类	项 目
种植业	农田水利工程、垦殖（开垦荒地、荒滩、围垦）、农田改造、产品基地建设、良种基地建设、工厂化温室
林业	天然林保护工程、退耕还林工程、防护林工程、速生丰产原料林基地（含纸浆林基地和其他商品林基地）、森林公园建设、苗圃建设、防沙治沙、湿地的保护与建设等
畜牧业	养殖场建设、养殖区建设、草场建设、草原建设、饲料加工、兽医院、兽药厂建设
水产业	养殖场、养殖区、渔港建设、饲料加工、工厂化养殖、人工鱼礁
农产品加工业	粮油加工、果蔬加工、屠宰、冷冻、肉食品加工、水产加工、林产加工、鞣革、酿造、糖茶加工、缫丝、麻织、食用菌种植加工厂
农业综合开发	农林牧副渔综合开发、山水田林路综合治理、生态农业、中低产田改造、草场改良、工矿废弃地复垦
农业机械制造业	农、林、农产品机械制造与维修
乡镇工业	原料开采、五金电器厂、服装厂、玩具厂、服务业和劳动密集型企业
农村建设	乡镇建设、社区建设、集市建设、医院建设、学校建设、供水工程、道路工程、供电线路工程（有条件地区的小水电）、非常规能源工程（生物质能、风能、太阳能）、废物（废水、垃圾）处理工程
农业延伸产业	高尔夫球场、宠物医院、生物技术项目、生物安全实验室、休闲观光场所

从环境影响评价的角度，可以将这些项目分成四类：农业生产类、生态建设类、产品加工类和基础设施建设类。各类环评都有不同的特点。本教材暂时只涉及农业生产类，即有关种植业、畜牧业、水产业和林业的有关内容。

三、农业建设项目的环境特点

从环境的角度看，农业建设项目有许多与其他工程项目不同的特点：

（1）农业建设项目对环境依赖性强，易受环境冲击。无论是作物和苗木生产基地的建设，还是饲养场的建设，都对气候、土壤、水质、空气质量等环境条件有较高要求，它们的产出容易受到各种环境变动的影响。

（2）农业建设项目也会影响环境，既可能是有利影响，也可能是不利影响。如绿化改善了生态，就是有利影响；开荒造成的生态破坏就是不利影响。

（3）农业建设项目对环境的不利影响，既有生态影响，也有污染影响。垦荒、采伐、放牧和捕捞作业会对自然生态造成影响。作物耕作造成土壤侵蚀，大面积的种植一种作物或林木造成生物多样性的丧失也都是生态影响。肥料流失污染地下水和地表水体，农药喷洒造成农药在土壤、作物和食物中残留以及污水灌溉引起蔬菜中细菌超标都属于污染影响。农业污染以面源污染为特点，除集中饲养场以外，农牧渔林业的污染均以面源污染的形式出现。其具有三个明显的特点：①排放主体的分散性；②污染排放空间上的异质性和时间上的不均匀性；③污染物的不易监测性。

（4）农业建设项目地域性强。不同的地区环境条件的差异造成了农业生产品种、生产方式的差异。由于种植的农作物、林木和饲养畜禽的种类不同，采取的生产技术措施不同，因此它们对环境的影响程度和方式也不同，对环境影响采取的控制措施也不同。

（5）农业建设项目正处于从粗放经营向精细经营的转型期。从目前水平来看，农业经营一般比较粗放，资源利用率一般不高，生产者和管理者环境意识比较薄弱。所以，我国农业生产和农业项目的管理需要不断提高生产管理水平和环境管理水平。

（6）综合开发项目最能体现"循环经济"的理念。种植业产生的秸秆是牲畜的饲料，畜牧业产生的粪尿又是农业的肥料，加工业产生的下脚料又是牲畜的饲料和作物的肥料，一环扣一环，实现农业的持续发展。如果采取单打一的开发，不仅浪费资源，而且污染环境。

基于农业建设项目与其他建设项目有很大的不同，在开展农业、林业、畜牧业和水产业项目的环境影响评价时要特别注意这些环境特点。如对农业建设项目的生态问题和环境污染问题都要给予同样的关注。应特别重视对生态敏感区的生态和环境的影响。注意农业建设项目的地域性，根据不同地域的不同生态或环境问题，采用不同的对策和控制措施。通过综合开发，节约资源、减少废物产生。

第二节　农业、农村环境保护相关法律与政策

农业是安天下、稳民心的战略产业，农村是全面建设小康社会的重点和难点。

党的十七大指出，统筹城乡发展，推进社会主义新农村建设。解决好农业、农村、农民问题，事关全面建设小康社会大局，必须始终作为全党工作的重中之重。要加强农业基础地位，走中国特色农业现代化道路，建立以工促农、以城带乡长效机制，形成城乡经济社会发展一体化新格局。坚持把发展现代农业、繁荣农村经济作为首要任务，加强农村基础设施建设，健全农村市场和农业服务体系。加大支农

惠农政策力度，严格保护耕地，增加农业投入，促进农业科技进步，增强农业综合生产能力，确保国家粮食安全。

一、相关法律

与农业、农村发展以及环境保护相关的主要法律有：

（1）《中华人民共和国农业法》（1993 年 7 月 2 日第八届全国人民代表大会常务委员会第二次会议通过，2002 年 12 月 28 日第九届全国人民代表大会常务委员会第三十一次会议修订）。

该法涉及种植业、林业、畜牧业和渔业等产业以及与其直接相关的产前、产中、产后服务。农业资源与农业环境保护有专门一章。

（2）《中华人民共和国森林法》（1984 年 9 月 20 日第六届全国人民代表大会常务委员会第七次会议通过，1998 年 4 月 29 日修正）。

为了保护、培育和合理利用森林资源，加快国土绿化，发挥森林蓄水保土、调节气候、改善环境和提供林产品的作用，适应社会主义建设和人民生活的需要，特制定本法。在中华人民共和国领域内从事森林、林木的培育种植、采伐利用和森林、林木、林地的经营管理活动，都必须遵守本法。林业建设实行以营林为基础，普遍护林，大力造林，采育结合，永续利用的方针。本法对森林经营管理、森林保护、植树造林、森林采伐和法律责任做了明确的规定。

（3）《中华人民共和国畜牧法》（2005 年 12 月 29 日第十届全国人民代表大会常务委员会第十九次会议通过）。

为了规范畜牧业生产经营行为，保障畜禽产品质量安全，保护和合理利用畜禽遗传资源，维护畜牧业生产经营者的合法权益，促进畜牧业持续健康发展，制定本法。畜牧业生产经营者应当依法履行动物防疫和环境保护义务，接受有关主管部门依法实施的监督检查。畜禽养殖场、养殖小区应当保证畜禽粪便、废水及其他固体废弃物综合利用或者无害化处理设施的正常运转，保证污染物达标排放，防止污染环境。畜禽养殖场、养殖小区违法排放畜禽粪便、废水及其他固体废弃物，造成环境污染危害的，应当排除危害，依法赔偿损失。国家支持畜禽养殖场、养殖小区建设畜禽粪便、废水及其他固体废弃物的综合利用设施。国家支持草原牧区开展草原围栏、草原水利、草原改良、饲草饲料基地等草原基本建设，优化畜群结构，改良牲畜品种，转变生产方式，发展舍饲圈养、划区轮牧，逐步实现畜草平衡，改善草原生态环境。

（4）《中华人民共和国草原法》（1985 年 6 月 18 日第六届全国人民代表大会常务委员会第十一次会议通过，2002 年 12 月 28 日第九届全国人民代表大会常务委员会第三十一次会议修订）。

为了保护、建设和合理利用草原，改善生态环境，维护生物多样性，发展现代畜牧业，促进经济和社会的可持续发展，制定本法。本法所称草原，是指天然草原和人工草地。本法对草原的草原权属、规划、建设、利用、保护、监督检查、法律责任等做了明确的规定。

（5）《中华人民共和国渔业法》（1986 年 1 月 20 日第六届全国人民代表大会常务委员会第十四次会议通过，2004 年 8 月 28 日第十届全国人民代表大会常务委员会第十一次会议第二次修正）。

为了加强渔业资源的保护、增殖、开发和合理利用，发展人工养殖，保障渔业生产者的合法权益，促进渔业生产的发展，适应社会主义建设和人民生活的需要，特制定本法。在中华人民共和国的内水、滩涂、领海、专属经济区以及中华人民共和国管辖的一切其他海域从事养殖和捕捞水生动物、水生植物等渔业生产活动，都必须遵守本法。国家对渔业生产实行以养殖为主，养殖、捕捞、加工并举，因地制宜，各有侧重的方针。本法对养殖业、捕捞业、渔业资源的增殖和保护及法律责任做了明确的规定。

（6）《中华人民共和国农产品质量安全法》（2006 年 4 月 29 日第十届全国人民代表大会常务委员会第二十一次会议通过）。

本法所称农产品，是指来源于农业的初级产品，即在农业活动中获得的植物、动物、微生物及其产品。为保证农产品安全，对其产地的环境和合理使用化肥、农药、兽药、农用薄膜等化工产品及防止对农产品产地造成污染做了规定。

（7）《中华人民共和国农业技术推广法》（1993 年 7 月 2 日第八届全国人民代表大会常务委员会第二次会议通过）。

该法涉及农业各种技术以及农村能源利用和农业环境保护技术的推广。

（8）《中华人民共和国种子法》（2000 年 7 月 8 日第九届全国人民代表大会常务委员会第十六次会议通过，2004 年 8 月 28 日第十届全国人民代表大会常务委员会第十一次会议修正）。

该法所称种子，是指农作物和林木的种植材料或者繁殖材料，包括子粒、果实、根、茎、苗、芽和叶等。对种质资源保护做了专门的规定。

（9）《中华人民共和国传染病防治法》（1989 年 2 月 21 日第七届全国人民代表大会常务委员会第六次会议通过，2004 年 8 月 28 日第十届全国人民代表大会常务委员会第十一次会议修订）。

本法在我国暴发非典型性肺炎以后进行了修订。

为了预防、控制和消除传染病的发生与流行，保障人体健康和公共卫生，制定本法。国家对传染病防治实行预防为主的方针，防治结合、分类管理、依靠科学、依靠群众。本法规定的传染病分为甲类、乙类和丙类。其中有一些属于人畜共患传染病，如甲类的鼠疫，乙类的传染性非典型性肺炎、人感染高致病性禽流感、狂犬病、炭疽、布鲁氏菌病、血吸虫病等。要求各级人民政府农业、水利、林业行政部门按照职责分工负责指导和组织消除农田、湖区、河流、牧场、林区的鼠害与血吸虫危害，以及其他传播传染病的动物和病媒生物的危害。与人畜共患传染病有关的野生动物、家畜家禽，经检疫合格后，方可出售、运输。

（10）《中华人民共和国进出境动植物检疫法》（1991 年 10 月 30 日第七届全国人民代表大会常务委员会第二十二次会议通过）。

为防止动物传染病，寄生虫病和植物危险性病、虫、杂草以及其他有害生物传入、传出国境，保护农、林、牧、渔业生产和人体健康，促进对外经济贸易的发展，制定本法。

（11）《中华人民共和国动物防疫法》（1997 年 7 月 3 日第八届全国人民代表大会常务委员会第二十六次会议通过，2007 年 8 月 30 日第十届全国人民代表大会常务委员会第二十九次会议修订，以下简称《动物防疫法》）。

由于我国相继发生高致病性禽流感、猪链球菌病等重大疫情，对我国畜牧业和公共卫生安全造成了严重影响，新修订的《动物防疫法》对动物疫情监管更加严格。

为了加强对动物防疫活动的管理，预防、控制和扑灭动物疫病，促进养殖业发展，保护人体健康，维护公共卫生安全，制定本法。根据动物疫病对养殖业生产和人体健康的危害程度，本法规定管理的动物疫病分为下列三类：一类疫病，是指对人与动物危害严重，需要采取紧急、严厉的强制预防、控制、扑灭等措施的；二类疫病，是指可能造成重大经济损失，需要采取严格控制、扑灭等措施，防止扩散的；三类疫病，是指常见多发、可能造成重大经济损失，需要控制和净化的。一类、二类、三类动物疫病具体病种名录由国务院兽医主管部门制定并公布。国家对动物疫病实行预防为主的方针。本法对动物饲养场（养殖小区）和隔离场所，动物屠宰加工场所，以及动物和动物产品无害化处理场所的动物防疫条件做了具体的规定；对动物、动物产品的运载工具、垫料、包装物、容器等提出了动物防疫要求；对染疫动物及其排泄物、染疫动物产品，病死或者死因不明的动物尸体，运载工具中的动物排泄物等污染物提出了处置要求。

（12）《中华人民共和国野生动物保护法》（1988 年 11 月 8 日第七届全国人民代表大会常务委员会第四次会议通过，2004 年 8 月 28 日第十届全国人民代表大会常务委员会第十一次会议修正）。

为保护、拯救珍贵、濒危野生动物，保护、发展和合理利用野生动物资源，维护生态平衡，制定本法。在中华人民共和国境内从事野生动物的保护、驯养繁殖、开发利用活动，必须遵守本法。本法规定保护的野生动物，是指珍贵、濒危的陆生、水生野生动物和有益的或者有重要经济、科学研究价值的陆生野生动物。本法对野生动物保护、野生动物管理和法律责任做了明确的规定。

（13）《中华人民共和国防沙治沙法》（2001 年 8 月 31 日第九届全国人民代表大

会常务委员会第二十三次会议通过）。

为预防土地沙化，治理沙化土地，维护生态安全，促进经济和社会的可持续发展，制定本法。土地沙化是指因气候变化和人类活动所导致的天然沙漠扩张和沙质土壤上植被破坏、沙土裸露的过程。在规划期内不具备治理条件的以及因保护生态的需要不宜开发利用的连片沙化土地，应当规划为沙化土地封禁保护区，实行封禁保护。禁止在沙化土地封禁保护区范围内安置移民。对沙化土地封禁保护区范围内的农牧民，县级以上地方人民政府应当有计划地组织迁出，并妥善安置。未经国务院或者国务院指定的部门同意，不得在沙化土地封禁保护区范围内进行修建铁路、公路等建设活动。草原地区的地方各级人民政府，应当加强草原的管理和建设，由农（牧）业行政主管部门负责指导、组织农牧民建设人工草场，控制载畜量，调整牲畜结构，改良牲畜品种，推行牲畜圈养和草场轮牧，消灭草原鼠害、虫害，保护草原植被，防止草原退化和沙化。草原实行以产草量确定载畜量的制度。由农（牧）业行政主管部门负责制定载畜量的标准和有关规定，并逐级组织实施，明确责任，确保完成。

（14）《中华人民共和国水土保持法》（1991 年 6 月 29 日第七届全国人民代表大会常务委员会第二十次会议通过）。

为预防和治理水土流失，保护和合理利用水土资源，减轻水、旱、风沙灾害，改善生态环境，发展生产，制定本法。本法所称水土保持，是指对自然因素和人为活动造成水土流失所采取的预防和治理措施。国家对水土保持工作实行预防为主，全面规划，综合防治，因地制宜，加强管理，注重效益的方针。本法对水土流失的预防、治理、监督和法律责任做了明确的规定。

（15）《中华人民共和国城乡规划法》（2007 年 10 月 28 日第十届全国人民代表大会常务委员会第三十次会议通过）。

为了加强城乡规划管理，协调城乡空间布局，节约土地资源，保护环境和历史文化遗产，改善人居环境，促进城乡经济社会全面协调可持续发展，制定本法，同时废止了《中华人民共和国城市规划法》。这意味着中国正在打破原有的城乡分割的规划模式，进入城乡融合一体化发展总体规划的新时代。

本法所称城乡规划，包括城镇体系规划、城市规划、镇规划、乡规划和村庄规划。

制定和实施城乡规划，应当遵循城乡统筹、合理布局、节约土地、集约发展和先规划后建设的原则，改善生态环境，促进资源、能源节约和综合利用，保护耕地等自然资源和历史文化遗产，保持地方特色、民族特色和传统风貌，防止污染和其他公害，并符合区域人口发展、国防建设、防灾减灾和公共卫生、公共安全的需要。乡规划、村庄规划应当从农村实际出发，尊重村民意愿，体现地方和农村特色。乡规划、村庄规划的内容应当包括：规划区范围，住宅、道路、供水、排水、供电、垃圾收集、畜禽养殖场所等农村生产、生活服务设施、公益事业等各项建设的用地布局、建设要求以及对耕地等自然资源和历史文化遗产保护、防灾减灾等的具体安排。乡规划还应当包括本行政区域内的村庄发展布局。镇的建设和发展，应当结合农村经济社会发展和产业结构调整，优先安排供水、排水、供电、供气、道路、通信、广播电视等基础设施和学校、卫生院、文化站、幼儿园、福利院等公共服务设施的建设，为周边农村提供服务。

（16）《中华人民共和国土地管理法》（1986 年 6 月 25 日第六届全国人民代表大会常务委员会第十六次会议通过，2004 年 8 月 28 日第二次修正）。

为了加强土地管理，维护土地的社会主义公有制，保护、开发土地资源，合理利用土地，切实保护耕地，促进社会经济的可持续发展，根据宪法，制定本法。

本法对土地利用总体规划、耕地保护和建设用地等做出了规定。

二、方针政策

1. 国家近年来对农业发展的指导方针

在农村改革初期，从 1982 年到 1986 年的 5 年间，中共中央、国务院曾经连续 5 年每年发出一个"1 号文件"，对实现农村改革、调动广大农民的积极性和解放农村的生产力起到了巨大的促进作用。2004—2009 年连续出台了 6 个指导农业和农村工作的中央 1 号文件。这 6 个 1 号文件共同形成了新时期加强"三农"工作的基本思路和政策体系，构建了以工促农、以城带乡的制度框架，促进农业和农村发展取得巨大成就。

（1）中共中央、国务院《关于促进农民增加收入若干政策的意见》（2004 年中央 1 号文件）指出，当前和今后一个时期做好农民增收工作的总体要求是：各级党委和政府要认真贯彻十六大和十六届三中全会精神，牢固树立科学发展观，按照统筹城乡经济社会发展的要求，坚持"多予、少取、放活"的方针，调整农业结构，扩大农民就业，加快科技进步，深化农村改革，增加农业投入，强化对农业的支持保护，力争实现农民收入较快增长，尽快扭转城乡居民收入差距不断扩大的趋势。

（2）中共中央、国务院《关于进一步加强农村工作 提高农业综合生产能力若干政策的意见》（2005 年中央 1 号文件）要求：

加强农村基础设施建设，改善农业发展环境。加强农田水利和生态建设，提高农业抵御自然灾害的能力。重点加强农田水利、农业综合开发和农村基础设施建设。

积极推进农业结构调整，提高农业竞争力。按照高产、优质、高效、生态、安全的要求，调整优化农业结构。大力发展特色农业。各地要立足资源优势，选择具有地域特色和市场前景的品种作为开发重点，尽快形成有竞争力的产业体系。建设特色农业标准化示范基地，筛选、繁育优良品种，把传统生产方式与现代技术结合起来，提升特色农产品的品质和生产水平。提高农产品国际竞争力，促进优势农产品出口，扩大农业对外开放。

（3）中共中央、国务院《关于推进社会主义新农村建设的若干意见》（2006 年中央 1 号文件）要求：

着力加强农民最急需的生活基础设施建设。在巩固人畜饮水解困成果的基础上，加快农村饮水安全工程建设，优先解决高氟、高砷、苦咸、污染水及血吸虫病区的饮水安全问题。有条件的地方，可发展集中式供水，提倡饮用水和其他生活用水分质供水。要加快农村能源建设步伐，在适宜地区积极推广沼气、秸秆气化、小水电、太阳能、风力发电等清洁能源技术。加快普及户用沼气，支持养殖场建设大中型沼气。以沼气池建设带动农村改圈、改厕、改厨。加快实施乡村清洁工程，推进人畜粪便、农作物秸秆、生活垃圾和污水的综合治理和转化利用。

加强村庄规划和人居环境治理。各级政府要切实加强村庄规划工作，安排资金支持编制村庄规划和开展村庄治理试点，重点解决农民在饮水、行路、用电和燃料等方面的困难。加强宅基地规划和管理，大力节约村庄建设用地，向农民免费提供经济安全适用、节地节能节材的住宅设计图样。引导和帮助农民切实解决住宅与畜禽圈舍混杂问题，搞好农村污水、垃圾治理，改善农村环境卫生。注重村庄安全建设，防止山洪、泥石流等灾害对村庄的危害。村庄治理要突出乡村特色、地方特色和民族特色，保护有历史文化价值的古村落和古民宅。要本着节约原则，充分立足现有基础进行房屋和设施改造，防止大拆大建，防止加重农民负担，扎实稳步地推进村庄治理。

（4）中共中央、国务院《关于积极发展现代农业　扎实推进社会主义新农村建设的若干意见》（2007 年中央 1 号文件）提出：

提高农业可持续发展能力。鼓励发展循环农业、生态农业，有条件的地方可加快发展有机农业。继续推进天然林保护、退耕还林等重大生态工程建设，进一步完善政策、巩固成果。完善森林生态效益补偿基金制度，探索建立草原生态补偿机制。加快实施退牧还草工程。加强农村环境保护，减少农业面源污染，搞好江河湖海的水污染治理。

大力推广资源节约型农业技术。积极开发运用各种节约型农业技术，提高农业资源和投入品使用效率。大力普及节水灌溉技术，启动旱作节水农业示范工程。扩大测土配方施肥的实施范围和补贴规模，进一步推广诊断施肥、精准施肥等先进施肥技术。改革农业耕作制度和种植方式，开展免耕栽培技术推广补贴试点，加快普及农作物精量半精量播种技术。积极推广集约、高效、生态畜禽水产养殖技术，降低饲料和能源消耗。

推进生物质产业发展。加快开发以农作物秸秆等为主要原料的生物质燃料、肥料、饲料，启动农作物秸秆生物气化和固化成型燃料试点项目，支持秸秆饲料化利用。加强生物质产业技术研发、示范、储备和推广，组织实施农林生物质科技工程。鼓励有条件的地方利用荒山、荒地等资源，发展生物质原料作物种植。加快制定有利于生物质产业发展的扶持政策。

积极发展现代农业。要用现代物质条件装备农业，用现代科学技术改造农业，用现代产业体系提升农业，用现代经营形式推进农业，用现代发展理念引领农业，用培养新型农民发展农业，提高农业水利化、机械化和信息化水平，提高土地产出率、资源利用率和农业劳动生产率，提高农业素质、效益和竞争力。

（5）中共中央、国务院《关于切实加强农业基础建设的若干意见》（2008 年中央 1 号文件）指出，当前的形势是：工业化、信息化、城镇化、市场化、国际化深入发展，农业和农村正经历着深刻变化。农业资源环境和市场约束增强，保障农产品供求平衡难度加大，要求加速转变农业发展方式。农产品贸易竞争加剧，促进优势农产品出口和适时适度调控进口难度加大，要求加快提升农业竞争力。农业比较效益下降，保持粮食稳定发展、农民持续增收难度加大，要求健全农业支持保护体系。农村生产要素外流加剧，缩小城乡差距难度加大，要求加大统筹城乡发展力度。农村社会结构深刻转型，兼顾各方利益和搞好社会管理难度加大，要求进一步完善乡村治理机制。

形成农业增效、农民增收良性互动格局。要通过结构优化增收，继续搞好农产品优势区域布局规划和建设，支持优质农产品生产和特色农业发展，推进农产品精深加工。要通过降低成本增收，大力发展节约型农业，促进秸秆等副产品和生活废弃物资源化利用，提高农业生产效益。要通过非农就业增收，提高乡镇企业、家庭工业和乡村旅游发展水平，增强县域经济发展活力，改善农民工进城就业和返乡创业环境。要通过政策支持增收，加大惠农力度，防止农民负担反弹，合理调控重要农产品和农业生产资料价格。

加强农业标准化和农产品质量安全工作。实施农产品质量安全检验检测体系建设规划，依法开展质量安全监测和检查，巩固农产品质量安全专项整治成果。深入实施无公害农产品行动计划，建立农产品质量安全风险评估机制，健全农产品标识和可追溯制度。积极发展绿色食品和有机食品，培育名牌农产品，加强农产品地理标志保护。

探索建立促进城乡一体化发展的体制机制。着眼于改变农村落后面貌，加快破除城乡二元体制，努力形成城乡发展规划、产业布局、基础设施、公共服务、劳动就业和社会管理一体化新格局。

（6）中共中央、国务院《关于 2009 年促进农业稳定发展 农民持续增收的若干意见》（2008 年 12 月 31 日）提出：全面贯彻党的十七大、十七届三中全会和中央经济工作会议精神，高举中国特色社会主义伟大旗帜，以邓小平理论和"三个代表"

重要思想为指导，深入贯彻落实科学发展观，把保持农业农村经济平稳较快发展作为首要任务，围绕稳粮、增收、强基础、重民生，进一步强化惠农政策，增强科技支撑，加大投入力度，优化产业结构，推进改革创新，千方百计保证国家粮食安全和主要农产品有效供给，千方百计促进农民收入持续增长，为经济社会又好又快发展继续提供有力保障。

在此之前，中国共产党于 2008 年 10 月召开的第十七届中央委员会第三次全体会议上，专门讨论了农村农业问题，并通过了《中共中央关于推进农村改革　发展若干重大问题的决定》。该《决定》指出：发展现代农业，必须按照高产、优质、高效、生态、安全的要求，加快转变农业发展方式，推进农业科技进步和创新，加强农业物质技术装备，健全农业产业体系，提高土地产出率、资源利用率、劳动生产率，增强农业抗风险能力、国际竞争能力、可持续发展能力。

抓紧实施粮食战略工程，推进国家粮食核心产区和后备产区建设，加快落实全国新增千亿斤粮食生产能力建设规划，以县为单位集中投入、整体开发，今年起组织实施。

促进农业可持续发展。按照建设生态文明的要求，发展节约型农业、循环农业、生态农业，加强生态环境保护。继续推进林业重点工程建设，延长天然林保护工程实施期限，完善政策、巩固退耕还林成果，开展植树造林，提高森林覆盖率。实施草原建设和保护工程，推进退牧还草，发展灌溉草场，恢复草原生态植被。强化水资源保护。加强水生生物资源养护，加大增殖放流力度。推进重点流域和区域水土流失综合防治，加快荒漠化石漠化治理，加强自然保护区建设。保护珍稀物种和种质资源，防范外来动植物疫病和有害物种入侵。多渠道筹集森林、草原、水土保持等生态效益补偿资金，逐步提高补偿标准。积极培育以非粮油作物为原料的生物质产业，推进农林副产品和废弃物能源化、资源化利用。推广节能减排技术，加强农村工业、生活污染和农业面源污染防治。

2.“十一五”规划纲要中对农业的要求

《中华人民共和国国民经济和社会发展第十一个五年规划纲要》（2006 年 3 月 14 日第十届全国人民代表大会第四次会议）关于发展现代农业中指出：坚持把发展农业生产力作为建设社会主义新农村的首要任务，推进农业结构战略性调整，转变农业增长方式，提高农业综合生产能力和增值能力，巩固和加强农业基础地位。

坚持最严格的耕地保护制度，确保基本农田总量不减少、质量不下降。加强以小型水利设施为重点的农田基本建设，改造大型灌区，加快中低产田改造，提高耕地质量和农业防灾减灾能力。

提高农业科技创新和转化能力。加快建设国家农业科技创新基地和区域性农业科研中心。加快农作物和畜禽水产良种繁育、饲料饲养、疫病防治、资源节约、污染治理等技术的研发和推广。培育和推广超级杂交水稻等优良品种。加强物种资源保护和合理开发利用。

改革传统耕作方式，推行农业标准化，发展节约型农业。科学使用化肥、农药和农膜，推广测土配方施肥、平衡施肥、缓释氮肥、生物防治病虫害等适用技术。推广先进适用农机具，提高农业机械化水平。

优化农业产业结构。在保证粮棉油稳定增产的同时，提高养殖业比重。加快发展畜牧业和奶业，保护天然草场，建设饲草料基地，改进畜禽饲养方式，提高规模化、集约化和标准化水平。因地制宜发展经济林和花卉产业。发展水产养殖和水产品加工，实施休渔、禁渔制度，控制捕捞强度。

优化农业产品结构。发展高产、优质、高效、生态、安全农产品。重点发展优质专用粮食品种、经济效益高的经济作物、节粮型畜产品和名特优新水产品。

优化农业区域布局。提高黄淮海平原、长江中下游平原和东北平原的粮食综合生产能力。在气候条件适宜区域建设经济作物产业带和名特优新稀热带作物产业带。发展农区、农牧交错区畜牧业，在南方草山草坡和西南岩溶地区发展草地畜牧业，恢复和培育传统牧区可持续发展能力。在缺水地区发展旱作节水农业。

保护修复自然生态部分指出：生态保护和建设的重点要从事后治理向事前保护转变，从人工建设为主向自然恢复为主转变，从源头上扭转生态恶化趋势。

在天然林保护区、重要水源涵养区等限制开发区域建立重要生态功能区，促进自然生态恢复。健全法制、落实主体、分清责任，加强对自然保护区的监管。有效保护生物多样性，防止外来有害物种对我国生态系统的侵害。按照"谁开发谁保护、谁受益谁补偿"的原则，建立生态补偿机制。

3．循环经济、环保和节能方面对农业的要求

《国务院关于加快发展循环经济的若干意见》（国发[2005]22 号）指出："大力发展集约化农业。"建设一批符合循环经济发展要求的农业园区。农业属于对能源、原材料、水等资源消耗环节需要加强管理的重点行业，要求"努力降低消耗，提高资源利用率""农业灌溉水平均有效利用系数提高到 0.5""完善农业水费计收办法"。

《国务院关于落实科学发展观 加强环境保护的决定》（国发[2005]39 号），对农业农村环境保护工作具体提出"以防治土壤污染为重点，加强农村环境保护""以促进人与自然和谐为重点，强化生态保护"。

《国务院关于加强节能工作的决定》（国发[2006]28 号）指出，要抓好农村节能。加快淘汰和更新高耗能落后农业机械和渔船装备，加快农业提水排灌机电设施更新改造，大力发展农村户用沼气和大中型畜禽养殖场沼气工程，推广省柴节煤灶，因地制宜发展小水电、风能、太阳能以及农作物秸秆气化集中供气系统。

第三节　生态农业与食品安全

一、生态农业

中华人民共和国成立六十年来，我国农业增长速度较快，高于世界平均水平。但是中国农业的发展还存在着不少问题。除了类似发达国家的水土流失、资源耗竭和环境污染等问题外，还有发展中国家所普遍存在的人口增长过快，劳动生产率、商品率、人均农产品占有量和人均收入偏低以及经济实力较弱等问题。为了从我国的国情出发，因地制宜地发挥各地区的优势，用先进的科学技术和科学管理来改造农业，建立结构合理、经济效益明显、投入产出效率高的稳定的农业生产体系，提出了发展"生态农业"的口号。

生态农业是按生态学和生态经济学的原理，应用系统工程的方法建立和发展起来的农业体系。它将我国传统农业技术的精华与现代科学技术结合起来，因地制宜地设计生态工程，协调经济发展与环境、资源利用和保护之间的关系，形成生态和经济的良性循环，实现农业的高产、优质、高效、低能耗和持续发展。注重于环境与经济发展的协调和农业生态系统的"整体、协调、循环和再生"功能。

生态农业具有综合性、多样性、高效性和持续性等特点：①综合性。要求粮食生产与多种经济作物生产相结合，种植业与林业、牧业、渔业和加工业相结合。②多样性。提倡根据当地环境、资源和科技等具体情况，选择适合的生态农业模式。③高效性。通过农业物质循环和能量多层次利用，降低农业成本，提高效益。④持续性。改善生态环境，防治污染，维护生态平衡，提高农产品的安全性。

农业部门根据各地生态农业的实践，提出具有代表性的十大类型生态农业模式，并正式将此十大模式作为今后一段时间的重点推广模式。这十大典型模式是：①北方"四位一体"生态模式；②南方"猪—沼—果"生态模式；③平原农林牧复合生态模式；④草地生态恢复与持续利用生态模式；⑤生态种植模式；⑥生态畜牧业生产模式；⑦生态渔业模式；⑧丘陵山区小流域综合治理模式；⑨设施生态农业模式；⑩观光生态农业模式。

二、无公害农产品管理

食品是一种特殊商品，它最直接地关系到每一个消费者的身体健康和生命安全。为了保障食品安全，我国实施食品质量安全市场准入制度和可追溯制度。

食品质量安全市场准入制度是指，为保证食品的质量安全，具备规定条件的生产者才允许进行生产经营活动、具备规定条件的食品才允许生产销售的监管制度。食品质量安全市场准入制度包括 3 项具体制度：对食品生产企业实施生产许可证制度，对企业生产的食品实施强制检验制度以及对实施食品生产许可制度的产品实行市场准入标志制度（对检验合格的食品要加印市场准入标志——QS 标志）。

我国政府除在食品生产加工领域实施食品质量安全市场准入制度外，还在农业生产上推出了无公害食品、绿色食品和有机食品计划，现在初步形成了无公害农产品、绿色食品和有机食品"三位一体、整体推进"的发展格局，有力地促进了农产品质量安全水平的明显提升。

1. 中国政府的"无公害食品行动计划"

我国农业进入新的发展阶段以后，为全面提高农产品质量安全水平，进一步增强农产品国际竞争力，农业部于 2002 年启动"无公害食品行动计划"，以尽快建立健全农产品质量安全体系。通过对农产品质量安全实施"从农田到餐桌"全过程监控，用 8～10 年时间，基本实现农产品无公害生产和消费。

无公害农产品认证制度是"无公害食品行动计划"的一项重要内容。无公害农产品认证是由认证机构（农产品质量安全中心）依据《无公害农产品管理办法》（农业部、国家质检总局第 12 号令）按照无公害农产品质量安全标准进行无公害的产地认定和产品认证，产地认定由省级农业行政主管部门组织实施，产品认证由农业部农产品质量安全中心组织实施，获得无公害农产品产地认定证书的产品方可申请产品认证。

为了保证无公害食品的质量，实行全过程质量控制，以控制农产品生产过程中产生的或易在农产品及人体内残留的并对人体有害的污染物质为重点，产品标准对农产品产地的土壤、水质、大气质量和产品安全质量提出了具体的要求。

在申请无公害农产品的产地认定时要求提供：产地环境状况说明；无公害农产品生产计划；无公害农产品质量控制措施。

在申请无公害农产品的产品认定时要求提供：《无公害农产品产地认定证书》（复印件）；产地《环境检验报告》和《环境评价报告》；无公害农产品的生产计划；无公害农产品质量控制措施；无公害农产品生产操作规程；无公害农产品有关培训情况和计划。

2. 绿色食品和有机食品

在中国，与无公害农产品类似的还有"绿色食品"和"有机食品"，它们有共同点，但也有区别。共同点是：它们都是"从农田到餐桌"全过程监控农产品的质量，控制农产品污染是其主要方面；区别在于：无公害农产品是政府对消费者的承诺，是政府行为，而绿色食品和有机食品则不是。

绿色食品是无污染的、安全、优质、营养食品的统称。由于与环境保护有关的事物通常都冠之以"绿色"，因此将其定名为绿色食品。绿色食品的生产、销售是由农业部绿色食品发展中心监控的商业行为，绿色食品标志在国家工商行政管理局正式注册。绿色食品有自己的生产产地环境标准、生产操作规程以及产品质量标准。从生产环境要求以及对农药残留、有害物质等限量标准比较，一般绿色食品的标准严于无公害蔬菜标准。在绿色食品申报认定过程中分有 A 级和 AA 级绿色食品。A 级和 AA 级的区别在于：AA 级绿色食品在生产过程中不允许使用合成化学品，而 A 级绿色食品在生产过程中允许限量使用合成化学品。区分 A 级和 AA 级绿色食品，一方面是为了促进绿色食品与国际相关食品接轨，AA 级绿色食品标准已达到"国际有机农业运动联盟（IFOAM）"有机食品标准的基本要求；另一方面是为了适应中国国情，采取择优发展，逐步扩大的方针。

有机食品是舶来品，是按照 IFOAM 的标准进行认证的。对生产操作规程要求很严，禁止使用农用化学品，提倡用自然、生态平衡的方法从事农业生产和管理。但是对生产产地的环境和产品质量没有具体的检测要求。

因此，一般说来，无公害农产品是满足广大消费者安全食用的农产品，绿色食品则是满足较高层次要求的农产品，而有机食品满足要求的层次则最高。

第四节　农村环境保护

为贯彻落实《中共中央　国务院关于推进社会主义新农村建设的若干意见》《国务院关于落实科学发展观　加强环境保护的决定》以及第六次全国环境保护大会精神，保护和改善农村环境，优化农村经济增长，促进社会主义新农村建设，环保总局、发展改革委、农业部、建设部、卫生部、水利部、国土资源部、林业局制定《关于加强农村环境保护工作的意见》（国办发[2007]63 号转发，2007 年 11 月 13 日），文件的主要精神体现在以下几个方面。

一、环境保护的主要目标

到 2010 年，农村环境污染加剧的趋势有所控制，农村饮用水水源地环境质量有所改善；摸清全国土壤污染与农业污染源状况，农业面源污染防治取得一定进展，测土配方施肥技术覆盖率与高效、低毒、低残留农药使用率提高 10%以上，农村畜禽粪便、农作物秸秆的资源化利用率以及生活垃圾和污水的处理率均提高 10%以上；农村改水、改厕工作顺利推进，农村卫生厕所普及率达到 65%，严重的农村环境健康危害得到有效控制；农村地区工业污染和生活污染防治取得初步成效，生态示范创建活动深入开展，农村环境监管能力得到加强，公众环保意识提高，农民生活与生产环境有所改善。

到 2015 年，农村人居环境和生态状况明显改善，农业和农村面源污染加剧的势头得到遏制，农村环境监管能力和公众环保意识明显提高，农村环境与经济、社会协调发展。

二、环境保护的主要任务

1. 切实加强农村饮用水水源地环境保护和水质改善

把保障饮用水水质作为农村环境保护工作的首要任务。配合《全国农村饮水安全工程"十一五"规划》的实施，重点抓好农村饮用水水源的环境保护和水质监测与管理，根据农村不同的供水方式采取不同的饮用水水源保护措施。集中饮用水水源地应建立水源保护区，加强监测和监管，坚决依法取缔保护区内的排污口，禁止有毒有害物质进入保护区。要把水源保护区与各级各类自然保护区和生态功能保护区建设结合起来，明确保护目标和管理责任，切实保障农村饮水安全。加强分散供水水源周边环境保护和监测，及时掌握农村饮用水水源环境状况，防止水源污染事故发生。制订饮用水水源保护区应急预案，强化水污染事故的预防和应急处理。大力加强农村地下水资源保护工作，开展地下水污染调查和监测，开展地下水水功能区划，制定保护规划，合理开发利用地下水资源。加强农村饮用水水质卫生监测、评估，掌握水质状况，采取有效措施，保障农村生活饮用水达到卫生标准。

2. 大力推进农村生活污染治理

因地制宜开展农村污水、垃圾污染治理。逐步推进县域污水和垃圾处理设施的统一规划、统一建设、统一管理。有条件的小城镇和规模较大的村庄应建设污水处理设施，城市周边村镇的污水可纳入城市污水收集管网，对居住比较分散、经济条件较差村庄的生活污水，可采取分散式、低成本、易管理的方式进行处理。逐步推广户分类、村收集、乡运输、县处理的方式，提高垃圾无害化处理水平。加强粪便的无害化处理，按照国家农村户厕卫生标准，推广无害化卫生厕所。把农村污染治理和废弃物资源化利用同发展清洁能源结合起来，大力发展农村户用沼气，综合利用作物秸秆，推广"猪—沼—果""四位（沼气池、畜禽舍、厕所、日光温室）一体"等能源生态模式，推行秸秆机械化还田、秸秆气化、秸秆发电等措施，逐步改善农村能源结构。

3. 严格控制农村地区工业污染

加强对农村工业企业的监督管理，严格执行企业污染物达标排放和污染物排放总量控制制度，防治农村地区工业污染。采取有效措施，提高环保准入门槛，防止城市污染向农村地区转移、污染严重的企业向西部和落后农村地区转移。严格执行国家产业政策和环保标准，淘汰污染严重和落后的生产项目、工艺、设备，防止"十五小"和"新五小"等企业在农村地区死灰复燃。

4．加强畜禽、水产养殖污染防治

大力推进健康养殖，强化养殖业污染防治。科学划定畜禽饲养区域（包括饲养区、限养区和禁养区），改变人畜混居现象，改善农民生活环境。鼓励建设生态养殖场和养殖小区，通过发展沼气、生产有机肥和无害化畜禽粪便还田等综合利用方式，重点治理规模化畜禽养殖污染，实现养殖废弃物的减量化、资源化、无害化。对不能达标排放的规模化畜禽养殖场实行限期治理等措施。开展水产养殖污染调查，根据水体承载能力，确定水产养殖方式，控制水库、湖泊网箱养殖规模。加强水产养殖污染的监管，禁止在一级饮用水水源保护区内从事网箱、围栏养殖；禁止向库区及其支流水体投放化肥和动物性饲料。

5．控制农业面源污染

综合采取技术、工程措施，控制农业面源污染。在做好农业污染源普查工作的基础上，着力提高农业面源污染的监测能力。大力推广测土配方施肥技术，积极引导农民科学施肥，在粮食主产区和重点流域要尽快普及。积极引导和鼓励农民使用生物农药或高效、低毒、低残留农药，推广病虫草害综合防治、生物防治和精准施药等技术。进行种植业结构调整与布局优化，在高污染风险区优先种植需肥量低、环境效益突出的农作物。推行田间合理灌排，发展节水农业。鼓励农膜回收再利用。加强秸秆综合利用，发展生物质能源，推行秸秆气化工程、沼气工程、秸秆发电工程等，禁止在禁烧区内露天焚烧秸秆。

6．积极防治农村土壤污染

做好全国土壤污染状况调查，查清土壤污染现状，开展污染土壤修复试点，研究建立适合我国国情的土壤环境质量监管体系。加强对主要农产品产地、污灌区、工矿废弃地等区域的土壤污染监测和修复示范。积极发展生态农业、有机农业，严格控制主要粮食产地和蔬菜基地的污水灌溉，确保农产品质量安全。

7．加强农村自然生态保护

以保护和恢复生态系统功能为重点，营造人与自然和谐的农村生态环境。坚持生态保护与治理并重，加强对矿产、水力、旅游等资源开发活动的监管，努力遏制新的人为生态破坏。重视自然恢复，保护天然植被，加强村庄绿化、庭院绿化、通道绿化、农田防护林建设和林业重点工程建设。加快水土保持生态建设，严格控制土地退化和沙化。加强海洋和内陆水域生态系统的保护，逐步恢复农村地区水体的生态功能。采取有效措施，加强对外来有害入侵物种、转基因生物和病原微生物的环境安全管理，严格控制外来物种在农村的引进与推广，保护农村地区的生物多样性。

三、环境保护的主要措施

1. 完善农村环境保护的政策、法规、标准体系

抓紧研究、完善有关土壤污染防治、畜禽养殖污染防治等农村环境保护方面的法律制度。按照地域特点，研究制定村镇污水、垃圾处理及设施建设的政策、标准和规范，逐步建立农村生活污水和垃圾处理的投入和运行机制。对北方农业高度集约化地区、重要饮用水水源地、南水北调东中线沿线、重要湖泊水域和南方河网地区等水环境敏感地区，制定并颁布污染物排放及治理技术标准。加快制定与农村环境质量、人体健康危害和突发污染事故相关的监测、评价标准和方法。

2. 建立健全农村环境保护管理制度

各级政府要把农村环境保护工作纳入重要日程，研究部署农村环境保护工作，组织编制和实施农村环境保护相关规划，制订工作方案，检查落实情况，及时解决问题。各级环保、发展改革、农业、建设、卫生、水利、国土、林业等部门要加强协调配合，进一步增强服务意识，提高管理效率，形成工作合力。加强农村环境保护能力建设，加大农村环境监管力度，逐步实现城乡环境保护一体化。建立村规民约，积极探索加强农村环境保护工作的自我管理方式，组织村民参与农村环境保护，深入开展农村爱国卫生工作。

3. 加大农村环境保护投入

逐步建立政府、企业、社会多元化投入机制。中央集中的排污费等专项资金应安排一定比例用于农村环境保护。地方各级政府应在本级预算中安排一定资金用于农村环境保护，重点支持饮用水水源地保护、水质改善和卫生监测、农村改厕和粪便管理、生活污水和垃圾处理、畜禽和水产养殖污染治理、土壤污染治理、有机食品基地建设、农村环境健康危害控制、外来有害入侵物种防控及生态示范创建的开展。加大对重要流域和水源地的区域污染治理的投入力度。加强投入资金的制度安排，研究制定乡镇和村庄两级投入制度。引导和鼓励社会资金参与农村环境保护。

4. 增强科技支撑作用

在充分整合和利用现有科技资源的基础上，尽快建立和完善农村环保科技支撑体系。推动农村环境保护科技创新，大力研究、开发和推广农村生活污水和垃圾处理、农业面源污染防治、农业废弃物综合利用以及农村健康危害评价等方面的环保实用技术。建立农村环保适用技术发布制度，加快科研成果转化，通过试点示范、教育培训等方式，促进农村环保适用技术的应用。

5. 加强农村环境监测和监管

建立和完善农村环境监测体系，定期公布全国和区域农村环境状况。加强农村饮用水水源地、自然保护区和基本农田等重点区域的环境监测。严格建设项目环境

管理，依法执行环境影响评价和"三同时"等环境管理制度。禁止不符合区域功能定位和发展方向、不符合国家产业政策的项目在农村地区立项。加大环境监督执法力度，严肃查处违法行为。研究建立农村环境健康危害监测网络，开展污染物与健康危害风险评价工作，提高污染事故鉴定和处置能力。

6. 加大宣传、教育与培训力度

开展多层次、多形式的农村环境保护知识宣传教育，树立生态文明理念，提高农民的环境意识，调动农民参与农村环境保护的积极性和主动性，推广健康文明的生产、生活和消费方式。开展环境保护知识和技能培训活动，培养农民参与农村环境保护的能力。广泛听取农民对涉及自身环境权益的发展规划和建设项目的意见，尊重农民的环境知情权、参与权和监督权，维护农民的环境权益。

第五节 农林类开发项目的环境保护管理

一、加强资源开发生态环境保护监管

《关于加强资源开发生态环境保护监管工作的意见》（环发[2004]24 号）指出：应科学划定生态环境敏感区和各类资源开发"禁区"，加大对水、农业、矿产资源、林草资源、旅游资源、湿地等重点资源开发和外来物种引进、转基因生物应用以及城镇道路设施建设、新区建设、旧城改造项目的环境影响评价和生态环境监管工作力度，防止因开发建设不当造成新的重大生态破坏。

该文件对农业资源开发规划和项目、林草资源开发规划和项目、水资源开发规划和项目以及外来物种引进和转基因生物应用等提出了环评审查和生态环境监管的重点。

1. 农业资源开发规划和项目

禁止毁林毁草（场）开垦和陡坡开垦；禁止在生态环境敏感区域建设规模化畜禽养殖场，畜禽养殖区与生态敏感区域的防护距离最少不得低于 500 m；渔业资源开发要执行捕捞限额和禁渔、休渔制度；水产养殖要合理投饵、施肥和使用药物；禁止在农村集中饮用水水源地周围建设有污染物排放的项目或从事有污染的活动；科学合理使用农药、化肥和农膜，防止农业面源污染。

2. 林草资源规划和开发项目

禁止荒坡地全垦整地、严格控制炼山整地；在年降水量不足 400 mm 的地区，严格限制乔木种植和速生丰产林建设；水资源紧缺地区，不得靠灌溉大面积推进和维持人工造林；草原放牧要严格实行以草定畜和禁牧期、禁牧区及轮牧制度；禁止采集国家重点保护的生物物种资源；在野生生物物种资源丰富的地区，应划定野生生物资源准采区、限采区和禁采区，并严格规范采挖方式。

3．水资源开发规划和项目

流域水资源开发规划要全面评估工程对流域水文条件和水生生物多样性的影响；干旱、半干旱地区要严格控制新建平原水库，将最低生态需水量纳入水资源分配方案；对造成减水河段的水利工程，必须采取措施保护下游生物多样性；兴建河系大闸，要设立鱼蟹洄游通道；在发生江河断流、湖泊萎缩、地下水超采的流域和区域，坚决禁止新的蓄水、引水和灌溉工程建设。

4．外来物种引进和转基因生物应用

引进外来物种和转基因生物环境释放前，必须进行环境影响评估；禁止在生态环境敏感区进行外来物种试验和种植放养活动；严格限制在野生生物原产地进行同类转基因生物的环境释放。

二、建设项目环境影响评价分类管理

根据《建设项目环境影响评价分类管理名录》（环境保护部令第 2 号，2008 年），国家根据建设项目对环境的影响程度，对建设项目的环境影响评价实行分类管理。建设单位应当按照该名录的规定，分别组织编制环境影响报告书、环境影响报告表或者填报环境影响登记表。

建设项目所处环境的敏感性质和敏感程度，是确定建设项目环境影响评价类别的重要依据。建设涉及环境敏感区的项目，应当严格按照本名录确定其环境影响评价类别，不得擅自提高或者降低环境影响评价类别。环境影响评价文件应当就该项目对环境敏感区的影响作重点分析。

所谓环境敏感区，是指依法设立的各级各类自然、文化保护地，以及对建设项目的某类污染因子或者生态影响因子特别敏感的区域，主要包括：（一）自然保护区、风景名胜区、世界文化和自然遗产地、饮用水水源保护区；（二）基本农田保护区、基本草原、森林公园、地质公园、重要湿地、天然林、珍稀濒危野生动植物天然集中分布区、重要水生生物的自然产卵场及索饵场、越冬场和洄游通道、天然渔场、资源型缺水地区、水土流失重点防治区、沙化土地封禁保护区、封闭及半封闭海域、富营养化水域；（三）以居住、医疗卫生、文化教育、科研、行政办公等为主要功能的区域，文物保护单位，具有特殊历史、文化、科学、民族意义的保护地。

跨行业、复合型建设项目，其环境影响评价类别按其中单项等级最高的确定。

本名录未作规定的建设项目，其环境影响评价类别由省级环境保护行政主管部门根据建设项目的污染因子、生态影响因子特征及其所处环境的敏感性质和敏感程度提出建议，报国务院环境保护行政主管部门认定。

《建设项目环境影响评价分类管理名录》涉及农业、林业、畜牧业和渔业的内容

见表 1-1-2。

表 1-1-2　建设项目环境影响评价分类管理名录

环评类别 项目类别	报　告　书	报　告　表	登记表	本栏目环境 敏感区含义
B 农、林、牧、渔				
1. 农业垦殖	5 000 亩以上；涉及环境敏感区的	其他	—	（一）和（二）中的基本草原、重要湿地、资源性缺水地区、水土流失重点防治区、富营养化水域
2. 农田改造项目	—	涉及环境敏感区的	不涉及环境敏感区的	
3. 农产品基地项目	涉及环境敏感区的	不涉及环境敏感区的	—	
4. 经济林基地	原料林基地	其他	—	
5. 森林采伐	皆伐	间伐	—	
6. 防沙治沙工程	—	全部	—	
7. 养殖场（区）	猪常年存栏量 3 000 头以上；肉牛常年存栏量 600 头以上；奶牛常年存栏量 500 头以上；家禽常年存栏量 10 万以上；涉及环境敏感区的	其他	—	（一）、（二）和（三）中的富营养化水域
8. 围栏养殖	年存栏量折合 5 000 羊单位以上	年存栏量折合 5 000～500 羊单位	年存栏量折合 500 羊单位以下	
9. 水产养殖项目	网箱、围网等投饵养殖，涉及环境敏感区的	其他	—	（一）和（二）中的封闭及半封闭海域、富营养化水域
10. 农业转基因项目，物种引进项目	全部	—	—	

第二章 种 植 业

种植业是农业的基础产业，关系到国计民生。根据农业部《主要农作物范围规定》（农业部令第 51 号，2001 年 2 月 26 日发布施行），我国的农作物包括粮食、棉花、油料、麻类、糖料、蔬菜、果树（核桃、板栗等干果除外）、茶树、花卉（野生珍贵花卉除外）、桑树、烟草、中药材、草类、绿肥、食用菌等作物以及橡胶等热带作物。其中主要农作物为稻、小麦、玉米、棉花、大豆、油菜和马铃薯。

各省、自治区、直辖市农业行政主管部门可以根据本地区的实际情况确定其他一种或数种农作物作为主要农作物。例如，河南省确定的主要农作物是小麦、玉米、棉花、水稻、大豆、油菜、马铃薯、花生、西瓜。

第一节 产业政策和行业环境管理

一、产业政策

稳定发展粮食生产，确保国家粮食安全。坚持立足国内实现粮食基本自给的方针，稳定发展粮食生产，持续增加种粮收益，不断提高生产能力，适度利用国际市场，积极保持供求平衡。继续实施优质粮食产业工程和粮食丰产科技工程，加快建设大型商品粮生产基地和粮食产业带，稳定粮食播种面积，不断提高粮食单产、品质和生产效益。（2006 年中央 1 号文件）

实施粮食战略工程，集中力量建设一批基础条件好、生产水平高和调出量大的粮食核心产区；在保护生态前提下，着手开发一批资源有优势、增产有潜力的粮食后备产区。（2008 年中央 1 号文件）

实行最严格的耕地保护制度，切实提高耕地质量。控制非农建设占用耕地，确保基本农田总量不减少、质量不下降、用途不改变，并落实到地块和农户。严禁占用基本农田挖塘养鱼、种树造林或进行其他破坏耕作层的活动。合理引导农村节约集约用地，切实防止破坏耕作层的农业生产行为。加大土地复垦、整理力度。按照田地平整、土壤肥沃、路渠配套的要求，加快建设旱涝保收、高产稳产的高标准农田。（2005 年中央 1 号文件）

巩固、完善、强化强农惠农政策。按照适合国情、着眼长远、逐步增加、健全机制的原则，坚持和完善农业补贴制度，不断强化对农业的支持保护。继续加大对农民的直接补贴力度，增加粮食直补、良种补贴、农机具购置补贴和农资综合直补。（2008 年中央 1 号文件）

加快实施以节水改造为中心的大型灌区续建配套工程。继续推进节水灌溉示范，在粮食主产区进行规模化建设试点。水源条件较好的地区要结合重点水利枢纽建设，扩大灌溉面积。干旱缺水地区要积极发展节水旱作农业，继续建设旱作农业示范区。（2005 年中央 1 号文件）

狠抓小型农田水利建设。重点建设田间灌排工程、小型灌区、非灌区抗旱水源工程。加大粮食主产区中低产田盐碱和渍害治理力度。加快丘陵山区和其他干旱缺水地区雨水集蓄利用工程建设。（2005 年中央 1 号文件）

努力培肥地力。中央和省级财政要较大幅度增加农业综合开发投入，新增资金主要安排在粮食主产区集中用于中低产田改造，建设高标准基本农田。加快实施沃土工程，重点支持有机肥积造和水肥一体化设施建设，鼓励农民发展绿肥、秸秆还田和施用农家肥。（2005 年中央 1 号文件）

积极发展新型肥料、低毒高效农药、多功能农业机械及可降解农膜等新型农业投入品。优化肥料结构，加快发展适合不同土壤、不同作物特点的专用肥、缓释肥。加大对新农药创制工程支持力度，推进农药产品更新换代。（2007 年中央 1 号文件）

重点支持粮食主产区发展农产品加工业。大力扶持食品加工业特别是粮食主产区以粮食为主要原料的加工业。粮食主产区要立足本地优势，以发展农产品加工业为突破口，走新型工业化道路，促进农业增效、农民增收和地区经济发展。（2005 年中央 1 号文件）

二、行业环境管理

种植业的环境保护管理和技术规范、技术标准分为以下几个方面：（1）为防止种植生产对周围环境影响的管理，如农药使用的管理、防止有害外来物种入侵的管理；（2）为保护种植业生产环境的管理，如《农田灌溉水质标准》《农用污泥中污染物控制标准》《农用粉煤灰中污染物控制标准》《城镇垃圾农用控制标准》等；（3）为节约农业资源，发展循环农业、生态农业的管理，如节水、生态农业管理；（4）为提高农产品质量、生产无公害农产品的管理，如无公害农产品、绿色食品、有机食品的管理。

1. 农药使用管理

为了防止农产品中的农药残留危害人群健康，我国政府出台了许多政策、法规和规范，明令禁止多种毒性高、残留时间长、残留量高的农药使用，还规定了一些高毒农药不得在蔬菜、果树、茶叶和中草药材上使用。

农药的田间使用，必须遵照《农药安全使用规程》。《农药安全使用规程》规定了哪些作物可以使用哪些农药、不可以使用哪些农药，并规定了安全使用的剂量以及收获前最后的安全间隔期。

无公害食品、绿色食品、有机食品比一般农业生产要求更严格，限制使用的面更广。

主要法规、标准和规范有：

《中华人民共和国农药管理条例》（1997 年 5 月 8 日国务院发布，2001 年 11 月 29 日修订）。条例指出：为了加强对农药生产、经营和使用的监督管理，保证农药质量，保护农业、林业生产和生态环境，维护人畜安全，制定本条例。本条例所称农药，是指用于预防、消灭或者控制危害农业、林业的病、虫、草和其他有害生物以及有目的地调节植物、昆虫生长的化学合成或者来源于生物、其他天然物质的一种物质或者几种物质的混合物及其制剂。该条例分八章：第一章　总则，第二章　农药登记，第三章　农药生产，第四章　农药经营，第五章　农药使用，第六章　其他规定，第七章　罚则，第八章　附则。

《中华人民共和国农药管理条例实施办法》（1999 年 7 月 23 日农业部令第 20 号发布，2002 年 7 月 27 日和 2007 年 12 月 6 日两次修订）。该实施办法对农药登记、农药经营、农药使用、农药监督以及处罚都有详细的规定。

《禁止使用的农药和不得在蔬菜、果树、茶叶、中草药材上使用的高毒农药》（农业部公告 199 号，2004 年 2 月）。为从源头上解决农产品尤其是蔬菜、水果、茶叶的农药残留超标问题，农业部在对甲胺磷等 5 种高毒有机磷农药加强登记管理的基础上，又停止受理一批高毒、剧毒农药的登记申请，撤销一批高毒农药在一些作物上的登记，同时公布了国家明令禁止使用的农药和不得在蔬菜、果树、茶叶、中草药材上使用的高毒农药品种清单。

《农药合理使用准则》。为指导科学、合理、安全使用农药，有效防治农作物病、虫、草害，防止农产品中农药残留量超过规定的限量标准，保护环境，保障人体健康而制定本准则。准则中详细规定了各种农药在不同作物上的使用时期、使用方法、使用次数、安全间隔期等技术指标。现已公布八批，前七批包括 183 种农药（有效成分），涉及 20 项作物，共 400 项合理使用标准。目前公布的标准编号是：

GB/T 8321.1—2000　农药合理使用准则（一）

GB/T 8321.2—2000　农药合理使用准则（二）

GB/T 8321.3—2000　农药合理使用准则（三）

GB/T 8321.4—1993　农药合理使用准则（四）

GB/T 8321.5—1997　农药合理使用准则（五）

GB/T 8321.6—2000　农药合理使用准则（六）

GB/T 8321.7—2002　农药合理使用准则（七）

　　GB/T 8321.8—2007 农药合理使用准则（八）

　　有关水果、蔬菜、茶叶和粮食的农产品农业残留限量的单项标准。这些标准有许多。如 2008 年 4 月 30 日农业部一次审查批准了 40 项农业行业标准，标准规定了农药产品在蔬菜水果中的最大残留限量。标准涉及的农药产品有：甲拌磷、甲胺磷、甲基对硫磷、久效磷、磷胺、甲基异柳磷、特丁硫磷、甲基硫环磷、治螟磷、内吸磷、克百威、涕灭威、灭线磷、硫环磷、蝇毒磷、地虫硫磷、氯唑磷、苯线磷、杀虫脒、氧乐果、有机磷、有机氯、拟除虫菊酯和氨基甲酸酯类农药。

　　国际组织及世界主要水果贸易国农药残留标准。联合国粮农组织（FAO）和世界卫生组织（WHO）专门组织了农药残留联席会议（JMPR），并通过国际食品法典委员会（CAC）制定和颁布各种农药在不同农产品中的残留限量标准，即最大残留许可量（MRLs）。欧盟作为地区性国际组织，也制定和颁布了相关农产品的农药残留限量标准，并且其标准非常严格（很多超过 CAC 标准）；对尚未确立 MRLs 标准的农药品种采取 0.01 mg/kg 的严格限量标准，其中有些成员国采用的一些农药残留限量标准比之更高。

　　CAC 和其他国际组织在其标准中均对水果农药残留最大限量做了很详细的规定，均按水果具体品种制定标准，例如 CAC 涉及苹果和梨的标准达 33 种。世界各主要农产品（包括水果）贸易国，都制定了各自的农产品（包括水果）上的农药残留限量标准，通常一些发达国家的部分标准明显高于国际标准。例如，CAC 对 200 多种农药制定了 3 574 项限量标准，欧盟、美国和日本则分别对 179 种、258 种、229 种农药，制定了 26 052 项、7 455 项、9 013 项限量标准。

　　发达国家通过设立严格的农药残留限量标准，一方面保证了本国公民的身体健康，另一方面这些标准已成为阻碍包括水果在内的农产品进入国内市场的技术贸易壁垒。所以，出口农产品的生产单位需要特别关注生产产品的农药残留问题。

　　2. 防止有害外来物种入侵

　　有害外来入侵物种已严重影响到人们的日常生活。据不完全统计，入侵我国的外来物种有 200 多种，所造成的经济损失相当惊人。据报道，每年几种主要外来入侵物种给我国造成的经济损失高达 574 亿元人民币。

　　主要法律、法规、名录、名单有：

　　《中华人民共和国进出境动植物检疫法》（1991 年 10 月 30 日第七届全国人民代表大会第二十二次会议通过）。为防止动物传染病、寄生虫病和植物危险性病、虫、杂草以及其他有害生物（以下简称病虫害）传入、传出国境，保护农、林、牧、渔业生产和人体健康，促进对外经济贸易的发展，制定本法。进出境的动植物、动植物产品和其他检疫物，装载动植物、动植物产品和其他检疫物的装载容器、包装物，以及来自动植物疫区的运输工具，依照本法规定实施检疫。内容包括：第一章　总则，第二章　进境检疫，第三章　出境检疫，第四章　过境检疫，第五章　携带、邮寄物检疫，第六章　运输工具检疫，第七章　法律责任，第八章　附则。

《中华人民共和国进出境动植物检疫法实施条例》（1997 年 1 月 1 日起施行）。就检疫审批，进境检疫，出境检疫，过境检疫，携带、邮寄物检疫，检疫监督做了详细的规定。

《中华人民共和国进境植物检疫性有害生物名录》（2007 年 5 月 29 日，农业部第 862 号公告）。1992 年 7 月 25 日农业部发布的《中华人民共和国进境植物检疫　危险性病、虫、杂草名录》。新名录中我国进境植物检疫性有害生物由原来的 84 种增至 435 种。其中昆虫 147 种，软体动物 6 种，真菌 125 种，原核生物 58 种，线虫 20 种，病毒及类病毒 39 种，杂草 41 种。

《中华人民共和国植物检疫条例》（1983 年 1 月 3 日国务院发布，1992 年 5 月 13 日修订）。为了防止为害植物的危险性病、虫、杂草传播蔓延，保护农业、林业生产安全，制定本条例。国务院农业主管部门、林业主管部门主管全国的植物检疫工作，各省、自治区、直辖市农业主管部门、林业主管部门主管本地区的植物检疫工作。凡局部地区发生的危险性大、能随植物及其产品传播的病、虫、杂草，应定为植物检疫对象。农业、林业植物检疫对象和应施检疫的植物、植物产品名单，由国务院农业主管部门、林业主管部门制定。各省、自治区、直辖市农业主管部门、林业主管部门可以根据本地区的需要，制定本省、自治区、直辖市的补充名单，并报国务院农业主管部门、林业主管部门备案。局部地区发生植物检疫对象的，应划为疫区，采取封锁、消灭措施，防止植物检疫对象传出；发生地区已比较普遍的，则应将未发生地区划为保护区，防止植物检疫对象传入。

按上述条例，制定了《植物检疫条例实施细则》（农业部分）（1995 年农业部发布，1997 年修订）和《植物检疫条例实施细则》（林业部分）（1994 年林业部发布）。

《全国植物检疫对象和应施检疫的植物、植物产品名单》（农农发[1995]10 号）。植物检疫对象包括以下八类：（一）稻、麦、玉米、高粱、豆类、薯类等作物的种子、块根、块茎及其他繁殖材料和来源于上述植物运出发生疫情的县级行政区域的植物产品；（二）棉、麻、烟、茶、桑、花生、向日葵、芝麻、油菜、甘蔗、甜菜等作物的种子、种苗及其他繁殖材料和来源于上述植物运出发生疫情的县级行政区域的植物产品；（三）西瓜、甜瓜、哈密瓜、香瓜、葡萄、苹果、梨、桃、李、杏、沙果、梅、山楂、柿、柑、橘、橙、柚、猕猴桃、柠檬、荔枝、枇杷、龙眼、香蕉、菠萝、杧果、咖啡、可可、腰果、番石榴、胡椒等作物的种子、苗木、接穗、砧木、试管苗及其他繁殖材料和来源于上述植物运出发生疫情的县级行政区域的植物产品；（四）花卉的种子、种苗、球茎、鳞茎等繁殖材料及切花、盆景花卉；（五）中药材；（六）蔬菜作物的种子、种苗和运出发生疫情的县级行政区域的蔬菜产品；（七）牧草（含草坪草）、绿肥、食用菌的种子、细胞繁殖体等；（八）麦麸、麦秆、稻草、芦苇等可能受疫情污染的植物产品及包装材料。

2003 年国家环保总局公布了首批入侵我国的 16 种外来物种名单，分别为紫茎泽兰、薇甘菊、空心莲子草、豚草、毒麦、互花米草、飞机草、水葫芦、假高粱、蔗扁蛾、湿地松粉蚧、强大小蠹、美国白蛾、非洲大蜗牛、福寿螺、牛蛙。

3. 农业节水管理

据 2004 年中国水资源公报，农业用水量占总用水量的 64.6%，其中 90%用于种植业灌溉，其余用于林业、牧业、渔业以及农村人畜饮水等。尽管农业用水所占比重近年来明显下降，但农业仍是我国第一用水大户，发展高效节水型农业是国家的基本战略。

国家发展改革委、科技部会同水利部、建设部和农业部组织制定了《中国节水技术政策大纲》（以下简称《大纲》）。《大纲》重点阐明了我国节水技术选择原则、实施途径、发展方向、推动手段和鼓励政策。《大纲》按照"实用性"原则，从我国实际情况出发，根据节水技术的成熟程度、适用的自然条件、社会经济发展水平、成本和节水潜力，采用"研究""开发""推广""限制""淘汰""禁止"等措施指导节水技术的发展。重点强调对那些用水效率高、效益好、影响面大的先进适用节水技术的研发与推广。

《大纲》提出了在种植业实施的农业用水优化配置技术、高效输配水技术、田间灌水技术、生物节水与农艺节水技术、降水和回归水利用技术、非常规水利用技术等一系列适用技术。

4. 种植业有关环境保护标准

为保护种植业生产环境不受污染，制定了一系列标准和监测技术规范。有关农业环境的标准有：

《农田灌溉水质标准》（GB 5084—2005）；

《土壤环境质量标准》（GB 15618—1995）；

《保护农作物的大气污染物最高允许浓度》（GB 9137—88）；

《农用污泥中污染物控制标准》（GB 4284—84）；

《农用粉煤灰中污染物控制标准》（GB 8173—87）；

《城镇垃圾农用控制标准》（GB 8172—87）；

《农药安全使用标准》（GB 4285—89）。

为了适应农业环境监测的需要，农业部根据工作需要和条件可能，就农业环境质量监测，提出了布点采样、分析方法、质量控制、数据处理与结果表达的基本要求。这些要求反映在下列标准之中：

《农田土壤环境质量监测技术规范》（NY/T 395—2000）；

《农用水源环境质量监测技术规范》（NY/T 396—2000）；

《农区土壤环境空气质量监测技术规范》（NY/T 397—2000）。

无公害农产品标准分两部分，无公害农产品产地环境要求和无公害农产品产品安全要求。产地环境要求是推荐性标准，如《农产品安全质量——无公害蔬菜产地环境要求》（GB/T 18407.1—2001），《农产品安全质量——无公害水果产地环境要求》（GB/T 18407.2—2001）；产品安全要求是强制性标准，如《农产品安全质量——无公害蔬菜安全要求》（GB 18406.1—2001），《农产品安全质量——无公害水果安全要求》（GB 18406.2—2001）。

绿色食品的标准属于农业行业标准，如《绿色食品——产地环境技术条件》（NY/T 391—2000），《绿色食品——农药使用准则》（NY/T 393—2000），《绿色食品——肥料使用准则》（NY/T 394—2000）。

有机食品的标准属于环境保护标准，如《有机食品技术规范》（HJ/T 80—2001）。

第二节　工　程　分　析

种植业生产粮食、油料、蔬菜、鲜果、棉麻、花卉和植物药材等丰富的产品以满足城乡居民生存和生活的需要。

种植业是一个与环境紧密相连的产业，任何作物在它生长的整个时期都需要热量、日照、水分、肥料的供应，农作物的生长与地理、土壤和气候条件密不可分。为了获得农业的高产和稳产，就要改造环境为农作物创造更好的生活和生长条件，抵抗不良环境和有害生物的侵袭，因此产生了平整土地、农田水利工程（灌溉）、施肥、防治病虫草鼠害等农业措施以及大棚、温室以及工厂化等栽培形式，同时也不可避免地对环境产生影响。

我国地域广大、气候由热带、亚热带到寒温带，栽培作物的种类多种多样，其对环境的适应性差异很大，因此对生产和环境条件的要求各不相同。如水稻、小麦、棉花、茶树、柑橘、苹果、番茄、康乃馨等作物的生长条件各不相同，对土壤、气温、湿度、日照、降雨要求也各不相同，所以在对水肥、农药和管理的投入上有很大差异，对环境影响上也有很大差异。因此在进行工程分析时，需要根据具体的种植措施进行具体的分析。

种植业的工程种类很多，下面以农田灌溉工程和农田改造工程为例进行讨论。

一、农田灌溉工程

1. 农业灌溉工程组成

农业灌溉工程是由蓄水工程、提水工程（泵站）、引水枢纽工程、灌排工程和田间工程等部分组成。其工程主要组成见表 1-2-1。

表 1-2-1　农业灌溉工程及其组成

分　类	工程组成
蓄水工程	拦水坝、输水建筑物（坝下涵管、隧洞和闸门）、溢洪道
提水工程（泵站）	进水建筑物（包括引渠、前池、进水池等）、泵房、出水建筑物（包括压力水管、出水池等）以及附属建筑物
引水枢纽工程	无坝引水或有坝引水枢纽、附属工程
灌排工程和田间工程	各级输水、配水管道，各级集水、排水沟道和配套建筑，临时性毛渠、输水沟和灌水沟（畦）

2．灌排系统工程的设计

灌排系统按灌溉设计标准、排水设计标准设计，以保证农田灌溉、排涝和预防盐渍化。从环境方面考虑，主要考虑排水设计，除涝、降渍及预防盐碱化。

（1）除涝

目前我国多以 3 年一遇为治涝最低标准。一般用重现期 5～10 年一遇（频率 10%～20%）的暴雨作为除涝的设计标准。需根据经济效益分析，条件较好的地区或有特殊要求的粮棉基地和城市郊区可以适当提高标准。

除涝标准的暴雨历时和排除时间与作物耐淹能力有关。高粱耐涝，小麦、棉花、玉米不耐涝。旱作区一般常用 1～3 d 暴雨、1～3 d 排出；水稻区采用 1～3 d 暴雨、3～5 d 排至耐淹水深。各省根据各省的实际情况提出了各自的抗旱除涝标准。

（2）降渍标准

降渍地区，一般采用 3 d 暴雨，雨后 5～7 d 将地下水排至耐渍至防渍设计的深度。在灌水致渍的旱作区，一般采用灌水后 1 d 内将齐地面的地下水降低 0.2 m 的标准。

（3）改良和防治盐碱化

在盐碱地上，要求返盐季节的农田地下水位控制在某一埋深以下，以利淋洗，防止土壤返盐。这一要求下的地下水埋深，称为临界深度。它与土壤质地、地下水矿化度等条件有关。

3．灌溉制度

灌溉制度是指在一定的自然气候和农业栽培技术条件下，使作物获得一定的产量所需要的灌水时间、次数和水量。具体包括：①灌水定额：农作物某一次需要灌溉的水量；②灌水时间：农作物各次灌水比较适宜的时间，以生育期或日/月表示；③灌水次数：农作物整个生长过程中需要的灌水次数；④灌溉定额：农作物整个生长过程中需要灌溉的水量，即各次灌水定额的总和，也叫总灌水量。

（1）作物需水量

农作物的需水规律决定于作物的特性、气象条件、土壤性质和农业技术措施等，作物在不同地区、不同年份、不同栽培条件下，需水量各不相同。作物的日需水量一般是生长的前后期小，中期大。

作物的需水量计算公式为：

$$E=C_1+M+P+F-C_2 \tag{1-2-1}$$

式中：E——作物全生长期需水量（耗水量），m^3/hm^2；

$\quad\quad C_1$——播前土壤储水量，m^3/hm^2；

$\quad\quad M$——灌溉定额，m^3/hm^2；

$\quad\quad P$——有效降水量，m^3/hm^2；

$\quad\quad F$——作物生长期内地下水的补给量，m^3/hm^2；

$\quad\quad C_2$——收割时土壤储水量，m^3/hm^2。

（2）灌溉定额计算

灌溉定额＝总需水量－有效雨量－地下水可利用量－播前土壤蓄水量＋收后土壤蓄水量。

4．农田灌溉技术

由于我国水资源短缺而农业生产耗水量大，所以提倡节水灌溉。农田灌溉包括引水、输水和田间灌水，因此节水灌溉就需要采取综合措施将农田灌溉过程中损失的水量减少到最低限度。

节水灌溉主要有以下一些方式：

（1）常规节水灌溉

对干支渠道做防渗处理，对田间农渠采用 U 形槽衬砌。在井灌区常使用管道输水，称作管灌。

采用混凝土 U 形槽衬砌。输水损失小，抗冻效果好，施工简单易行，运行管理方便，管理费用少。

低压管道输水，输水损失比渠灌小，田间渠系利用系数在 0.95 以上。另外，管道比渠道灌溉节省运行费用，且管灌运行不受天气影响。

（2）高效节水灌溉

高效节水灌溉分为喷灌和微灌。喷灌有固定式、半固定式和移动式。微灌的方式主要是滴灌。

在农区主要使用半固定式喷灌，适宜各种作物。但是，喷灌受风的影响大，蒸发量和降水量也制约着喷灌。

滴灌技术对水源、水质和土壤含盐量有较高的要求。它投入较高，适宜在产出较高的经济作物区使用，特别适合在日光温室和大棚中使用。

不同的地区、不同的作物、不同的灌溉方式有不同的灌溉定额。灌溉定额分为净定额和毛定额。

灌溉效率反映在灌溉水利用系数上，不同的地区有不同的评价标准，甘肃省农业节水灌溉工程中期评价标准是：

中型灌区渠系水利用系数≥0.65，灌溉水利用系数≥0.60；

小型灌区渠系水利用系数≥0.75，灌溉水利用系数≥0.70；

井灌区管道输水水利用系数≥0.95，灌溉水利用系数≥0.80；

喷灌区灌溉水利用系数≥0.85；

滴灌区灌溉水利用系数≥0.9。

5. 灌溉水质

灌溉水有河水、湖水、地下水以及各种各样的回用水，后者的成分比较复杂，特别需要注意。灌溉主要考虑的水质指标分为物理、化学和生物三类。物理指标主要有温度、悬浮物；化学指标主要有 pH、盐度（全盐量）、氯化物、BOD、COD 以及重金属和有机化合物等；生物指标主要有粪大肠菌群和蛔虫卵。

二、农田改造工程

农田改造工程是指主要采用工程技术，对农用地利用现状进行调整、整治和改造，对田、林、路、电和排灌渠道进行统一改造，以提高农用地质量，增加土地有效供给，提高农田集约化、机械化、水利化水平。改造后农田主要作为耕地，也可作为园地使用。

1. 田块规划与建设

改造后田块有利于作物的生长发育，有利于田间机械作业，有利于水土保持，满足灌溉排水要求和防风要求，便于经营管理。

耕作田块方向的布置应保证耕作田块长边方向受光照时间最长、受光热量最大，宜选用南北向。在水蚀区，耕作田块宜平行等高线布置；在风蚀区，应与当地主导风向垂直或与主导风向垂直线的交角大于30°、小于45°方向布置。

耕作田块长度，根据耕作机械工作效率、田块平整度、灌溉均匀程度以及排水通畅度等因素确定耕作田块的长度。田块长度一般为 500～800 m，具体可依自然条件确定。

耕作田块宽度需考虑田块面积，机械作业、灌溉排水以及防止风沙等要求，同时考虑地形、地貌的限制和田块宽度。机械作业要求田块宽度 200～300 m，灌溉排水要求田块宽度 100～300 m，防止风沙要求田块宽度 200～300 m。

耕作田块形状要求外形规整，长边与短边交角以直角或接近直角为好，形状选择依此为长方形、正方形、梯形、其他形状，长宽比以不小于 4:1 为宜。

耕作田块土壤的质量，主要取决于土壤结构、土壤质地、土壤理化性质等。各地应因地制宜，提出符合当地条件的土壤质量改良要求。

农田田面高程确定根据以下一些因素：地形起伏小、土层厚的旱涝保收农田，田面设计高程根据土方挖填量确定；以防涝为主的农田，田面设计高程高于常年涝水位 0.2 m 以上；地下水位较高的农田，田面设计高程高于常年地下水位 0.8 m 以上；地形起伏大、土层薄的坡地，田面高程设计需因地制宜。

（1）平原地区

水田宜采用格田形式。格田设计要保证排灌畅通，灌排调控方便，并满足水稻作物不同生长发育阶段对水分的要求。格田田面高差在 3 cm 以内，格田长度保持在 60～120 m 为宜，宽度以 20～40 m 为宜。格田之间以田埂为界，埂高以 40 cm 为宜。埂顶宽以 10～20 cm 为宜。旱地田面坡度限在 1∶500 以内。

（2）滨海滩涂区

滨海滩涂区耕作田块设计注意降低地下水位，洗盐排涝，改良土壤，改善环境，在开发利用过程中，可采用挖沟垒田、培土整地的方法。

以降低地下水位为主的农田和以洗盐除碱为主的滩涂田块田面宽宜为 30～50 m，长度为 300～400 m。

（3）丘陵山区

丘陵山区以修筑梯田为主，根据地形、地面坡度、土层厚度的不同可将其修筑成水平梯田、隔坡梯田、坡式梯田等。梯田埂坎形态，因地制宜，视地形、地面坡度、机耕条件、土壤的性质和干旱程度而定。

坡改梯按照《水土保持综合治理技术规范——坡耕地治理技术》（GB/T 16453.1—1996）的技术要求，使用工程手段、生物手段和农艺措施进行综合改造。工程措施：选择坡度在 25°以下坡地进行，本着大弯随势、小弯取直的原则，梯面宜宽则宽，一般梯面不能低于 2.5 m，埂高不超过 1 m，人工垒埂要夯实坚固，土层达 60 cm 以上，耕作层土壤达 15～20 cm。要求达到梯面平、地成梯，路相通，水田要合理配套沟渠，旱地要建有水窖或蓄水池。生物措施：在梯田周边植树造林，在土埂上种植灌木固土减少水土流失。农艺措施：发展节水农业，选用适宜的良种良法，增施有机肥，扩种绿肥，推广配方施肥。

2．道路规划与建设

一般农村道路分干道、支道、田间道路和生产路。项目区内道路网一般与水利工程渠系一致，沿水利沟渠布局，并与项目区外已有道路相连接。

道路宽度，干道路面宽 6～8 m，高出地面 0.7～1.0 m；支道路面宽 3～6 m，高出地面 0.5～0.7 m。

3．农田防护林规划与建设

农田防护林规划根据自然条件和土地利用的要求对林带配置方向、林带防护间距进行规划。

林带结构设计，根据地形、气候条件、风害程度及其特点，因地制宜地确定林带结构、种类、高度、宽度及横断面形状。

林带走向一般与主害风向垂直，偏角不得超过 30°。在一般灌溉地区，林带尽量与渠向一致。

林带间距和网格面积确定。主副林带间距根据土壤条件、防护林类型、害风频率、害风最大风速和平均风速、林带结构和疏透度、林带高度和有效防护距离，同时考虑灌溉条件、地物、地形、田块形状、原有渠系和道路分布等因素确定。在有一般风害的壤土或沙壤土耕地，以及风害不大的灌溉区或水网区，主林带间距宜为 200～250 m，副林带间距宜为 400～500 m，网格面积宜为 8～12.5 hm²；风速大，风害严重的耕地，以及易遭台风袭击的水网区，主林带间距宜为 150 m 左右，副林带间距宜为 300～400 m，网格面积宜为 4.5～6.0 hm²。

4．中低产田改造

针对不同类型的中低产田，实施不同的改造技术工艺。

（1）冷渍田改造

开沟排冷渍，机电排灌，晒田、熏土，增施磷、钾肥，合理轮作。

（2）缺水田改良

配套完善引蓄水工程和灌溉沟渠，减少输水损耗。发展节水农业，选用良种良法，增施有机肥，扩种绿肥，个别没有水源保障的，可改为水浇旱地。

（3）瘦薄型田改良

采用客土，淤泥淤沙，兴建水窖水池。扩种绿肥、机械深耕改良、增施有机肥、秸秆还田、测土配方施肥、推广良种良法。

（4）缺素型田改良

增施有机肥，扩种绿肥，测土配方施肥，针对缺素合理施用微肥，推广良种良法。

（5）毒害型田改良

修建完善排灌沟渠，引水洗压盐碱，改旱地为水田。施用石灰改良酸性土壤。与灌排工程相结合施用石膏改良碱地。选用抗毒性较强的作物品种，增施有机肥和扩种绿肥，测土配方施肥和有针对性地施用微肥。

（6）粮食核心产区和后备产区建设

国家粮食核心产区是指基础条件好、生产水平高、商品量大的粮食产区，主要包括黑龙江、吉林、河南、江西、安徽、湖南、湖北等粮食主产区以及非主产区的粮食生产大县。国家粮食后备产区是指资源有优势、开发规模大、增产有潜力的待开发地区，主要包括黑龙江、吉林、新疆等省区的部分区域。

国家粮食核心产区和后备产区建设是完善我国农业生产力布局的重大措施，是保障国家粮食安全的战略性基础工程。开展这项工作必须进行规划环境影响评价，并应注意以下几方面：

① 这类工程的影响范围较大，往往会引起区域性或流域性的环境问题。

② 这类农业项目与耕地资源和水资源有关，特别需要注意当地的耕地资源与水资源的承载力和水环境的承载力。

③ 工程的实施往往会部分改变区域土地功能、改变区域水资源分配状况（包括地下水）等。

④ 动用后备耕地资源对环境的影响会更大，会改变土地利用格局、土地利用性质和农业生产结构，更重要的是会对区域水资源状况、生态结构和野生动植物造成重大影响，对此类工作的环境影响分析和预测需要慎之又慎。

⑤ 在环境影响分析方面需要考虑：土、水资源环境的承载力，土水资源重新分配带来的影响，对水生生物和陆生生物种群的影响，对生态系统同质化和生物多样性的影响，对水体富营养化的影响和土壤盐渍化的影响，对生态敏感区（自然保护区和天然湿地）的影响以及可能的移民带来的环境影响等。

第三节　环境影响识别与评价因子筛选

一、环境影响识别

环境影响识别应全面列出可能受工程影响的环境要素及环境因子，识别工程对各环境要素及因子的影响性质和程度。应根据受影响的性质、程度筛选出重点评价环境要素及因子。

种植业的主要环节有：农田水利工程、农田建设、播种、田间管理和收获。农田水利工程、农田建设属于施工期，播种、田间管理和收获属于生产期。表 1-2-2 按环境要素进行分析，表中所列的影响指未采取减缓措施的环境影响。

表 1-2-2　种植业环境影响分析

环境要素或因子	施工期	生产期	说明	举例
1. 生态系统				
土壤侵蚀	累积性的不可逆的不利影响	累积性的不可逆的不利影响	一般发生在施工期，生产期操作不当也会发生	农田基本建设、耕种
盐渍化		累积性的可逆的不利影响	开发、灌溉不当	
自然生境（自然植被和野生动物栖息地）	不可逆的不利影响			开荒，农田建设

环境要素或因子	施工期	生产期	说明	举例
生物多样性		不可逆的不利影响		单一种植，农药施用
生物安全		有风险		不适当的引种，转基因植物
2. 自然资源				
土地资源	占用			新开荒地
水资源		消耗	使用量因作物而异	引水灌溉，抽水灌溉
3. 水环境				
BOD、COD 营养盐（氮、磷） 悬浮物	累积性的不可逆的不利影响	累积性的不可逆的不利影响	施工期引起水土流失、生活污水污染，生产期农田灌溉退水污染地表水或地下水	
4. 空气环境				
粉尘	可逆的不利影响		农田建设时产生粉尘，春季翻耕土地	
5. 噪声	可逆的不利影响	可逆的不利影响	施工期机械施工，生产期机械播种和收获	
6. 固体废物	累积性的可逆的不利影响	累积性的可逆的不利影响	通过收集利用为可逆的	施工期弃土、弃石，生长期产生的秸秆和农用薄膜
7. 有毒化学品		不可逆的不利影响	生产期使用农药	有毒的杀虫剂、除草剂、杀菌剂
8. 疾病传播		可逆的不利影响	偶然出现	污水灌溉引起
9. 社会发展				
人类健康		不可逆的不利影响		农药使用
农民收入		增加		
居住环境		改善		
景观		有一定影响		
农村社区发展		有利影响		

　　一般来说，种植业的环境影响主要是：生态系统（水土流失、自然生境、生物安全和生物多样性）、水资源消耗、有毒化学品（农药）、水污染（氮、磷）以及固体废物（秸秆和农用薄膜）。

二、评价因子筛选

根据前面的分析，种植业项目主要评价因子为：

（1）土壤侵蚀和盐渍化

土壤侵蚀（水蚀、风蚀）种类，影响范围，侵蚀模数，水土流失治理面积，盐渍化面积、程度，治理面积等。

（2）植物动物资源

植被类型、生物量、森林覆盖率、敏感物种种类数量、保护动植物种类数量等。

（3）生物安全

生物入侵种类、数量、范围，引进外来物种的安全性。

（4）土地利用

土地利用构成、面积和百分比等。

（5）土壤种类与质量

土壤种类数量，土壤质量（有机质、全氮、全磷、全钾、碱解氮、速效磷、速效钾）、土层厚度。

（6）水资源

地表水可利用量、地下水资源补给量、贮存量、可开采量、使用量等。

（7）水质

地表水（COD、pH、NH_4^+–N、总磷等），地下水（总硬度、pH、NO_3^-–N、NO_2^-–N等）。

（8）大气环境

总悬浮颗粒物。

（9）噪声

等效 A 声级。

（10）固体废物

土石方量、秸秆量。

（11）社会、经济、文化

人口、土地面积、耕地面积、人均土地面积、人均居住面积、一二三产业产值、农业总产值、粮食总产量、作物单产、复种指数、人均粮食产量、人均纯收入。

三、环境影响分析和环境保护目标

种植业工程包括水利灌排工程建设、农田建设和土壤改良等方面，下面分别就水源工程、过水工程、田间灌溉工程、农田建设工程（垦殖）、低产田改造工程、坡改梯工程和农业种植过程的有利与不利影响进行分析。

1. 水源工程

以打井、引水、蓄水工程为例说明。

（1）有利影响

保证灌溉用水稳定有效的供给。

（2）可能存在的不利影响

改变水资源的时间空间分布；

水源输出地区水文情势、地下水位、水生生态系统和湿地生态系统改变；

影响输出地区的生态用水、环境用水、生产用水和生活用水；

地下水抽取地区地下水位下降，过量抽取会造成地面下沉和诱发地震；

兴建水坝占用土地、淹没农田、破坏植被、引起土壤侵蚀，大坝阻断水流，影响水生生物活动，带来移民等经济和社会问题；

土石方工程造成植被破坏和水土流失；

施工中产生噪声和扬尘，施工营地水污染。

2. 过水工程

（1）有利影响

使现有基础配套设施得以完善，改变传统的粗放式经营模式，有利于农业生产；

合理利用水资源，减少水资源无效损失，提高了渠系水的利用率；

缓解水资源供求矛盾，减少地下水开采量。

（2）可能存在的不利影响

建设渠道、渡槽、倒虹吸、涵洞等设施占地，可能有搬迁；

渠水侧渗抬高地下水，会影响土壤肥力并引起土壤盐渍化；

兴建渡槽在一定程度上影响景观；

施工过程中开挖土石方，破坏局部地表的植被，并因不能及时恢复而造成水土流失；

施工期若施工方式不当，会引起局部环境的扬尘污染，风蚀（水蚀）引发的土壤、养分损失。

3. 田间灌溉工程

（1）有利影响

灌溉面积增加可以减轻干旱对农业生产的威胁，改善农业环境和当地群众的生存环境；

土地利用率提高，促进农业生产发展，增加农民收入；

周边发展林草地，绿化荒山荒坡，提高植被覆盖率，能缓解项目区生态压力，使区域生态系统得到改善；

喷灌、滴灌管网工程能够充分提高现有水资源的利用程度；

灌区开通后荒地变为农田，旱地变为水浇地或水田，改变现有耕作方式，使农业生产力提高，促进高效农业发展。

（2）可能存在的不利影响

生态系统发生转变，土著物种栖息地改变，生物群落发生演替，并使生物量增加、物种趋向单一；

不合理的灌溉，使地下水位升高，形成土壤次生潜育化或盐碱化，导致还原物质积累，土壤微生物活性差，有机物难以分解，土壤中速效养分淋失；

灌区小气候发生变化，病虫害发生频率提高和严重程度增加；

灌溉退水和雨季退水含有肥料、农药和土壤盐分，带入水网致使水体水质变坏，造成下游污染；

开挖土石方，破坏局部地表植被；

雨季开挖和回填土方会引起土壤和养分流失；

风日开挖和回填土方会引起扬尘污染；

污水灌溉带入的重金属、病原体等污染物影响土壤质量和农产品质量。

一般说来，节水灌溉工程项目以有利影响为主，但是如果在工程建设期施工不合理、管理不善，工程运行期不能做到科学种植，则仍会存在一些环境问题，因此需要采取相应的环境保护措施以减缓污染或生态破坏。

4. 农田建设工程（垦殖）

（1）有利影响

创造作物生长的良好环境，促进农业高产稳产；

增加农民收入，改善农民生活。

（2）可能存在的不利影响

开垦山林草地，破坏山林（草地）植被，致使地表裸露，易造成水土流失；

围垦滨海滨湖滩地，降低湖泊调节功能，破坏湿地生境；

改变原有的生态系统，破坏动植物的栖息地；

变生物种群的多样性为单一性；

改变土地利用格局；

改变区域水平衡；

对自然景观有一定的影响。

5. 低产田改造工程

一般在低洼盐碱地区、低产地区、山区或半山区对农田进行改造。

（1）有利影响

改善作物生长环境，促进农业高产稳产，增加农民收入。

（2）可能存在的不利影响

旱田改为水田或水田改为旱田，致使生态系统发生改变；

增加农业化学品用量，引起污染。

6. 坡改梯工程

坡改梯也应当看做是一种低产田改造的形式，但由于在山区和半山区农田改造较常见，故将其单列出来。但是，禁止在25°以上坡地上进行坡改梯工程。

（1）有利影响

提高农田高产稳产条件，农田保土保肥，可灌可排；

增加粮食产量，提高山区人民生活水平。

（2）可能存在的不利影响

开挖土石方，遇到雨水冲刷会造成水土流失、养分流失；

梯田的排水系统设计不合理，也会导致水土流失或土壤结构破坏；

开挖土石方会导致局部地表植被破坏；

开采石料，影响景观，丢弃多余石料也影响景观；

开挖和回填土方会引起扬尘污染。

7. 农业种植过程

种植业农业生产包括整地、播种或育苗、施肥、中耕除草、病虫害防治、收获和秸秆处理等环节。

（1）有利影响

为城乡人民提供粮食、水果、蔬菜等产品，提高人民生活水平，促进农民收入增加、社会稳定；木薯等含淀粉原料可以提供替代能源。

（2）可能存在的不利影响

引入外来物种造成生物安全隐患，引入新品种有可能造成新病虫害发生，有生物入侵的风险。

不适当的整地，造成土壤的风蚀或水蚀。

不合理的灌溉引起土壤盐渍化。

农药喷洒过程中，部分形成细小的液滴悬浮在空气中，直接危害人畜健康，有风时影响范围会扩大；农药通过多种途径进入水体，危及水生生物；农药在作物体内残留影响农作物品质，同时也会对人畜有不利影响；持久性农药进入土壤，污染土壤，生物富集作用又会使作物受到毒害，并通过食物链危害人体健康；杀灭天敌，破坏生物多样性。

肥料使用过量，使用时机不当，比例不当，致使养分下渗污染地下水（氮素），随农田退水和雨水流失，构成农业面源污染（氮、磷）。

地膜碎片残留在土壤中会改变土壤的物理性状，抑制作物生长发育，导致作物减产。

焚烧垦荒和对秸秆的焚烧，都会造成严重的空气污染和资源的浪费。

8．环境保护目标

自然保护区、水源地、水土流失区、珍稀濒危物种、生态敏感与脆弱区（湿地、草地、沙地、天然林、热带雨林等）、地表植被、土壤质量和附近居民。

第四节 环境影响评价要点与环境保护措施

一、农田灌溉工程

1．评价要点

（1）水资源利用现状评价

项目区水资源量与赋存形态；

水资源利用现状（水利工程供水能力、水资源利用量、灌溉水利用方式、水资源利用评价）；

地下水来水量、地下水耗水量、地下水平衡分析；

灌溉水质（地表水、地下水、回用水）。

（2）对水资源环境影响分析

水资源供需平衡分析（可供水量的估算、不同代表年、不同发展阶段的需水量预测、余缺水平衡计算及其影响分析）；

水资源利用合理性分析（主要农作物灌溉制度分析，节水灌溉制度与传统灌溉制度比较，节水灌溉技术的技术合理性分析）；

水资源利用的可持续性分析（节水灌溉模式的经济可持续性分析，节水灌溉模式对区域可持续性发展的影响分析）；

地下水动态变化影响因素、动态变化影响预测、控制对策；

井灌对地下水水质影响的途径分析、水质变化预测、控制对策；

对地面沉降的预测。

（3）土壤盐渍化

土壤盐渍化现状（面积、分布、盐渍化土壤类型与盐渍化程度）；

土壤盐渍化成因分析；

灌溉水质对土壤盐渍化的影响预测；

高效节水灌溉对土壤盐渍化的影响预测；

灌溉制度、灌溉方式对土壤盐渍化的影响预测。

（4）回用水对农田土壤质量的影响

重金属在土壤中的积累迁移、土壤对有机污染物的净化、土壤对氮磷污染物的净化、对土壤肥力的影响、病原体在土壤中的变化；

典型农药在土壤中的积累和预测。

2．主要环保措施

（1）施工期

① 尽量减少占地，对占用的基本农田要实行"占一补一"，占用的耕地要按照政策给予农民合理补偿。施工中要尽量缩小施工面，对施工占地要及时复耕。

② 严格按照设计施工，尽量减少对施工范围内植被的破坏，并保护好施工区周边的植被。临时场地，施工结束后立即实施生态恢复。

③ 开挖土方，回填用于平整土地、修筑田埂。弃石、弃渣及时清运。

④ 合理安排施工工序及施工时间，实行分段施工，尽量避开雨季，并在雨季来临前处理好田间排水设施。若在雨季施工，尽量减少推土面坡度，并做到土石方随挖、随填、夯实，以减少雨水冲刷侵蚀。

⑤ 工程使用的粉状施工材料，如水泥、石灰、沙子等的堆放和储存应严格管理，表面覆盖。工程施工分段分区作业，减少扬尘范围。必要时喷洒水以减少扬尘。

⑥ 沿河岸施工时，禁止向河道、沟道弃土弃渣，以免堵塞沟、河道，影响泄洪及增加河流土沙量。

（2）运行期

井灌区为防止地下水水位下降、地下水污染、地面沉降和土壤盐渍化提出以下措施：

① 灌区水资源合理开发、优化调度，提高水资源利用率，保持灌区水资源平衡。

② 制定科学的用水制度，根据不同作物种类、生长发育规律、作物蓄水量与土壤含水量以及降水时空分布，切实做好用水和配水计划。田间配水精度应达到 95%以上，防止因过量灌溉而过度开发地下水以及造成深层渗漏进而污染地下水。

③ 工程设施的良好运行是保障节水灌溉效率的物质基础。建立严格的设施管理和维护体系，定期检查设施运行状况，保证各类节水设施的完好运转。

④ 合理密植，增加复种套种指数，增加土地覆盖度以减少土壤裸露面积和时间，抑制土壤水分增加，抑制土壤返盐作用和增加土壤脱盐作用。

⑤ 合理耕作，适时晒田，抑制土壤返盐。严格控制灌溉水质，防止因盐水灌溉而引起土壤次生盐渍化。一般灌溉河水含盐量低，井水含盐量高，后者必须采取脱盐措施。

二、农田改造工程

1．评价要点

这里主要涉及农田改造项目，即对原有农田改造的环境影响，主要是施工期的影响。如果是新区开发环境影响评价则要复杂得多，从工程设计阶段就必须考虑资源、生态与环境等一系列问题。

（1）现状评价

当地的土地资源现状，农田资源和农田质量现状，农业生产的重要环境问题，自然环境特点。

（2）影响分析

分析对农业生产的影响，对生态的影响（生态的完整性、生物多样性、生物量损失、生态敏感区如湿地），对水资源的影响（水资源平衡）；土石方平衡和水土流失影响（尤其是坡改梯项目）。

2. 主要环保措施

（1）对改造的农田实施田、林、路、渠、电的统一规划，在可能的情况下对附近的村庄一起规划，以提高农村人口聚居程度和土地利用率。按照《土地开发整理项目规划设计规范》（TD/T 1012—2000）执行。

（2）25°以上坡地不得进行建设，退耕还林。

（3）对耕作层 20 cm 的土壤，集中单独堆放，并用苫布苫盖，平整土地完成后，均匀散布在土壤表面，恢复耕作层，以尽快保持地力。

（4）设计和施工过程中按照《水土保持综合治理规划通则》（GB/T 15772—1995）和《水土保持综合治理技术规范——坡耕地治理技术》（GB/T 16453.1—2008）合理设计施工。土石方应优先选用其他项目的多余部分，如没有现成土方，在取土时，应本着就近原则，合理计算填挖量，避免剩余，对于取土点要及时恢复和绿化。开采石料，需经矿产部门批准开采，合理计算，避免剩余过多石料。

（5）参照当地实际经验，选用合理排水系统，防止建成后的水土流失。

（6）做好运行期的管理工作，梯田要加强维护，防止其塌毁。

三、种植活动

1. 评价要点

主要是对农药、化肥、农用薄膜和农业废物的影响分析，核心问题是分析项目实施前后农业化学品种类和数量的变化，评价重点应当是农药。

（1）现状评价

耕作土壤肥力状况（各类耕作土壤的有机质含量、全氮、速效磷、速效钾含量）；

化肥使用量（氮肥、磷肥、钾肥、复合肥）和化肥使用损失（不同灌溉方式下的氮肥利用率、磷肥利用率）；

农药使用量、使用方式与使用效果，农药残留状况；

农膜使用现状（种类、使用量），土壤农膜残留现状分析；

种植业产生的固体废物（主要指作物秸秆以及花生秧、白薯秧和菜叶等）的产生种类、产生量、利用量和使用途径。

（2）环境影响分析

耕作制度对农田生态系统的影响和优化；

化肥使用对农田生态系统的影响和优化；

农药使用对农业生态系统的影响和优化；

农膜使用对农业生态系统的影响和优化；

对固体废物产生量的预测和利用途径的分析。

2. 环境保护措施

（1）肥料污染减缓措施

增加使用有机肥，将有机肥作为底肥，这样可以减少肥料的流失；农作物、林木果树与豆科作物（绿肥作物）间作、套种和轮作，这样可以减少化肥的使用量，还可以减少农民对化肥的投入，一举两得；推荐配方施肥，将氮磷钾按适当的比例施用到农田，提高肥料利用率，减少氮肥损失；推荐测土施肥，根据土壤情况和作物需要合理施肥；开展培训班，教育农民科学合理施肥，既有利于农民增收节支，又有利于保护环境。

（2）农药污染减缓措施

选用抗病虫的作物和苗木，引种时对种子和苗木进行检疫，防止病虫草害传播，通过栽培措施提高植株的抗病虫害的能力。病虫害发生以后尽量用物理方法（如拔除病株、人工捕捉、灯光诱虫等），以达到少施农药或不使用农药的目的。向农户推荐使用矿物药剂、生物制剂以及低毒药剂，在上述药品无效的情况下使用中等毒性的药剂，禁止使用高毒、高残留以及致癌的农药，以降低农药对于人畜和生态系统的影响。按农药使用规程施用农药，对农民进行培训，严格按照农业部颁发的《农药安全使用标准》（GB 4285—1989）确定用量。对农药的使用量、施用方式、环境中的残留等要进行全过程监测。推行无公害农产品计划、绿色食品计划以及有机食品计划。这些计划要求降低化学农药使用量，提倡生物防治、农业防治和综合防治，推荐使用低毒农药，控制使用中毒农药，禁止使用高毒农药，这对于减轻农药污染是积极的和有利的。

（3）农膜污染减缓措施

选择厚度适中的耐老化的薄膜，现在使用的有些薄膜太薄，一般只有 0.004～0.006 mm 厚，薄膜使用寿命短，易碎易裂，不容易回收。宜采用厚度为 0.012 mm 以上的耐老化的薄膜，以便在整地时将薄膜成块回收。

（4）生态系统影响的减缓措施

对引入的新品种种子、苗木进行检疫，防止新的病虫杂草随苗木带入。一般不引入新物种，如需引入新的物种时首先应进行生态风险评价。

多样化种植，避免单一化种植，实行间作套种、轮作，对连年种植的地区降低种植密度，促进其他物种的生长。

保护好天敌，利用自然界物种的平衡来控制病虫害。避免滥用农药，避免大剂量反复使用一种农药，防止昆虫出现抗药性。

采用免耕法，减少耕作对土壤的扰动，实施春耕减少秋耕，以减少水土流失。

充分利用秸秆，利用秸秆作饲料、肥料、生物质能等，实施循环农业。

第五节　环境影响评价中应关注的问题

一、农业开发引发的主要环境问题

中国的农业问题、粮食问题以及十几亿人口的吃饭问题，一直是国内外关心的问题。中国最突出的基本国情是用占世界 7% 的耕地养活占世界 22% 的人口。中国农业人口过多，中国的人均农业资源仅为世界平均水平的 1/3。中国目前的实际人均耕地约为 0.11 hm²，世界人均耕地约为 0.24 hm²。中国的人均耕地数量远低于很多国家。每个农户平均约耕种 0.6 hm² 耕地，农村存在大量剩余农业劳动力。

为了提高粮食生产能力，我国多年来主要通过开垦荒地、扩大种植面积来增加粮食产量。半个世纪以来，我国经历了三次开垦高潮，第一次是在 20 世纪 50 年代，第二次是在文化大革命时期"农业学大寨"（六七十年代），第三次是在经济大潮趋势下的八九十年代。

大面积地毁坏林地、草场和湿地的事例不胜枚举。如对东北地区森林、草场和湿地的开发，内蒙古草原的开发，西北干旱地区的开发，西南林区的开发，长江中下游湿地的开发。大面积、不适当地开荒耕种，造成严重的生态恶化，同时农业发展也不持续。据国家农业区划办公室的卫星遥感调查，1986—1996 年，黑龙江、内蒙古、甘肃、新疆 4 省区共开垦土地 194 万 hm²，而保留面积仅为 98.6 万 hm²，有一半撂荒，而撂荒就意味着荒漠化。

区域开发会破坏生态系统的完整性，影响野生动植物的栖息地，危及珍稀动植物。改变区域水资源平衡，地表水和地下水位变化，局部气候变化，带来土壤沼泽化和盐渍化、土壤沙化等间接影响。因我国现在后备土地资源缺乏，进行区域开发的土地多属于湿地和草原，所以需要按程序进行环境影响评价，充分考虑对环境的不利影响，慎重后行。

二、区域农业开发灌溉带来的环境问题

这里主要讨论水资源重新分配、对地下水的影响以及引起病虫害发生和寄生虫

蔓延的问题。

1. 水资源的重新分配

区域农业开发会导致流域内水资源的重新分配，在干旱与半干旱地区甚至经常引起区域环境的重大改变。灌区开发使下游河流两岸天然河岸林和草场日益衰退。新疆天然河岸林和草场在特定的环境中产生特有的功能，如塔里木河两岸的胡杨林，而额尔齐斯河的河谷林不仅有防风沙的作用，而且是阿尔泰地区牧业生产的重要基地，牲畜过冬的好地方。然而由于灌区面积不断扩大，引水量成倍增加，河道水流越来越少，依靠河水漫溢和地下水滋润的河谷林草场慢慢地衰退，这种环境的劣变在建立新灌区或扩大旧灌区时是我们不得不考虑的。例如在和田河流域规划时，要将耕地面积从 8.4 万 hm^2 扩大到 25.3 万 hm^2。但是根据环境影响评价，必须实现 3 个目标：① 保护和田河下游的绿色走廊；② 保护塔里木河下游的生态用水不小于 10 亿 m^3；③ 要保证和田绿洲不受风沙危害。要达到这三个目标，就必须基本保持现在和田河下泄水量不变，既要引水扩大耕地面积，又要保证河水下泄流量不变，最后采取了汛期末在河道里引水蓄满水库，解决来年春旱需水。

灌区开发还使湖泊干涸和咸化。新疆的内陆湖罗布泊、玛纳斯湖干涸，艾比湖、布伦托海、博斯腾湖面积缩小和咸化，博斯腾湖由内陆淡水湖转变为微咸湖。湖泊干涸和面积缩小，使气候更加干燥，湖水咸化使水生生境改变、水产品产量下降。

这些给予环境影响评价工作的启示是：在农业区域开发中，首先要考虑水资源总量、灌溉需水量、其他需水量以及生态水量，即从全局出发进行水资源平衡测算，不能只考虑农业开发项目本身。

水资源平衡测算中，还应考虑农田排水对容泄区的环境影响。我国农业开发建设历史上有不少忽略排水而导致土壤盐渍化的先例。

2. 对地下水的影响

井灌区大范围超采地下水，会引起地下水水位大幅度下降，形成地表不均匀沉陷，从而破坏公路、铁路，使房屋倒塌，河道堤防断裂，河道变形、下沉、淤积加重。同时，地下水水位迅速下降会导致抽水耗能增加，成本提高，甚至使水泵提水失效、水井报废。在滨海、咸湖周围地区，地下水位大幅度下降会引起咸水入侵，造成地下水水质污染。

在河水灌区，随着灌溉面积的扩大，时间加长，补给地下的水越积越多，地下水位增高。如果灌水不加节制，排水系统不完善或无排水的灌区，开灌后数年之内地下水位就可以接近地表。高地下水位会形成沼泽化环境。

3. 引起病虫害发生和寄生虫蔓延

由于灌溉提供了湿润条件，作物旺盛生长，导致许多病虫害发生。水稻的一些病害如稻瘟病、白叶枯病就是在稻田长期深灌、通风透光不良的情况下发生的。棉花的一些虫害也是在灌溉的条件下发生的。

灌溉有助于钉螺、蚊虫的生长，因此易于传播疟疾和血吸虫病。在灌溉区中流行的疾病还有脑炎、黄热病、盘尾丝虫病等。污水污染了灌溉水，可以传染胃肠道传染病，如人阿米巴原虫引起的阿米巴痢疾、伤寒杆菌引起的伤寒、痢疾杆菌引起的痢疾、霍乱弧菌引起的霍乱、甲型和戊型肝炎病毒引起的肝炎。

三、区域农业开发的社会环境影响

区域农业开发项目的目的是改善社会和自然环境条件，提高项目区的经济效益和群众生活质量。但是，如果发生一些未曾预见的不利社会因素和潜在的环境影响，就会降低建设项目的预期效益，甚至威胁到项目的持久性。

1. 水权争夺

水权争夺常发生在流域上下游灌区，尤其在用水季节，水权争夺会成为社会不稳定因素。从小处看，水权争夺是群体之间对水资源占有权的争夺，从高处看，从大区域发展的总体利益出发，则是地区间的水权之争。上游过量用水会破坏下游地区的环境，如水量减少引起水位、水深、水面宽度及流速变化；水量减少和流速降低会影响河流稀释自净能力及水环境容量；水温、水质、流速和水域面积的变化会影响水生生物区系组成及资源，水位降低和水质恶化会影响取水和用水；江河水位变化会影响两岸地下水位等。在干旱和半干旱地区进行农业开发会对下游绿洲农业和绿洲环境产生影响，甚至导致下游湖泊消亡；滨海地区上游拦截水源使沿海湿地消失，如海河上游修建水坝使天津周围湿地消失。合理规划，加强管理是防止出现水权争夺的办法。

2. 移民问题

不少灌溉和水坝项目会造成移民问题。由于移民失去了祖祖辈辈赖以生存的资源基础和生产生活模式，非自愿移民风险较高。非自愿移民迁入后，造成新定居点人口密度增加，与原来居民争夺生产资源，造成水土流失、资源退化等问题，还会出现人畜流行病的发生，威胁公众健康。

应对安置区进行环境容量预测。安置区预测可采用系统动力学方法。首先是运用系统动力学的理论研究安置区的人口—土地承载力系统，并在此基础上进行结构分析，划分子系统，确定反馈机制，建立数学模型。然后进行模拟和政策分析，评估模型并给出预测结果。

3. 文化遗产和自然遗产保护

有些区域农业开发会对文化遗产和自然遗产有直接影响或间接影响，所以在环评中都必须考虑。

四、农药使用的环境问题

1. 我国农药使用的问题

为了控制植物病害、有害昆虫、杂草和鼠害，农业生产使用了大量的农药。用于有害生物防治的农药，主要有杀虫剂、杀菌剂和除草剂。

杀虫剂有天然的，如除虫菊、苦参、印楝，一般对人畜毒性低，不污染环境，对农作物安全，害虫不易产生抗药性，提倡使用，但往往来源有限，难以大规模应用。常用的是合成杀虫剂，主要使用的是菊酯类、有机磷类（如乐果、敌百虫、敌敌畏）、氨基甲酸酯类（如速灭威、克百威、涕灭威），这三类的毒性由低至高。微生物杀虫剂是另外一种类型，如苏云金杆菌、白僵菌等，具有对人畜低毒、不污染环境、不容易使害虫产生抗药性等优点，但此类药效果受环境影响大，药效作用慢。杀菌剂有无机杀菌剂和有机杀菌剂。前者有波尔多液、石硫合剂等，多属天然药物。后者有有机磷类、杂环类、有机硫类、取代苯类，有一定的毒性。除草剂主要是合成农药，种类繁多。

当前我国农药从技术上看，农药剂型种类少，药械落后，农药有效率低（只有5%～10%），绝大部分进入环境。从农药使用上看，由于大多数农民对农药基本知识缺乏了解，在农药的使用上有以下几个方面的问题：

（1）不问防治对象，见药就用。杀虫剂、杀菌剂、除草剂乱用，特别是在农药紧缺情况下，不分青红皂白滥用一气。

（2）重治轻防，不见病虫草不施药。对害虫的防治一般是在虫卵盛孵或幼虫始发期防治最为有效。而农民往往在虫害已大发生时才开始用药，这样既造成了一定危害，同时又难以发挥药剂效果。

（3）随意加大用药浓度。配药时不按比例，不用量具，没有数量概念，一般都大大超过规定的浓度，不仅造成浪费，而且容易发生药害。同时造成环境污染，使病虫草的抗药性增强。

（4）长期使用单一品种的农药。在农药使用中一旦发现某种农药效果好，就长期使用，即使发现该药对病虫的防治效果下降，也不更换品种，而是采取加大用药量的办法，认识不到病虫已产生了抗药性，结果药量越大，病虫抗性越高，造成恶性循环。

（5）混淆高效与高毒的概念，缺乏安全观念。不少农民错误地认为毒性高效果就好，只认购高毒农药。在使用农药时也不按农药使用标准，把禁止在果树、蔬菜上使用的农药用于果蔬上，造成人、畜中毒。

农药进入环境，会对水生生物、陆生生物、人和畜造成危害，破坏生态平衡。农药可以在生物体内富集，经过生物浓缩和放大作用使农药残留超标。

2．有害生物的综合防治

引起农田作物产量和质量损失的有害生物有：植物病原菌、有害昆虫、杂草和鼠类。为了控制这些有害生物的传播、发生与发展，通常采用以下一些方式控制病虫草鼠害：

（1）植物检疫。植物保护的有效措施之一。检验输出和输入的种子、种苗以及植物产品和包装材料是否带有危险性有害生物，通过国家法令和行政管理手段禁止危险性有害生物通过人为途径从疫区传向非疫区。

（2）抗病虫害品种。一种有效地控制病虫害的手段，效果好费用低，但是抗病虫害品种有局限。抗病虫害是作物育种的主要指标，如果一个新品种不具有抗病虫害的能力是无法推广的。育种的方法有杂交育种、植物克隆（组织培养）育种和植物基因工程育种等。植物基因工程育种形成的转基因植物，通常带有抗病、抗虫和抗除草剂的基因。转基因植物的生态风险需要评估。

（3）栽培技术控制。结合栽培措施控制病虫草害。包括使用轮作倒茬（如水旱轮作有利于防止地老虎、金龟子和蝼蛄等地下害虫和杂草）、间作套种、耕作技术、覆盖技术（如地面覆盖草或覆盖深色地膜防止杂草生长）、灌溉和施肥以及合理密植等以及培育壮苗或增强树势提高对病虫害的抵抗能力，及时拔除病株，秋季清理果园病虫枝叶等。

（4）生物防治。以生物来控制有害生物种群数量的方法。包括利用生物体本身和代谢物控制有害生物，如利用天敌昆虫治虫、利用微生物菌体治虫、利用性引诱剂治虫、利用植物碱防虫、利用抗菌素防病、利用寄生真菌防病、以虫治草、以菌制草等。利用鼠类的天敌（如鸟类、鹰、沙狐、蛇、黄鼠狼、猫等）捕食鼠类或利用有致病力的病原微生物（如肉毒素）消灭鼠类。

（5）化学防治。利用化学手段控制有害生物数量的方法。通常见效快，容易立竿见影，所以常常在防治中首先被采纳。但是人们只注意了其有利的一面，而忽视了其有害的一面。长期地、大量地使用化学农药，天敌数量下降或消失，农药在环境中和农产品中的残留越来越高，同时农药防治效果不断下降，农药用量不断增加，使用成本不断增加。因此不能单纯依靠化学药物来防治有害生物。

现在病虫草害防治提倡"有害生物的综合防治（Integrated Pest Management，IPM）"，综合防治就是从农田生态系统出发，以预防为主，应用农业的、生物的、化学的和物理的等多种手段防治有害生物的策略和措施。要求安全、有效、经济地把有害生物种群控制在经济危害水平以下，既使环境受到的不良影响最小，又维护了农田生态系统的稳定。这里需要着重指出的是：需要多种方法协同作用控制有害生物，不能单纯地依赖化学农药来控制；将有害生物种群控制在经济危害水平以下即可，没有必要对有害生物"斩尽杀绝"。

3. 农药的安全使用

造成农产品中的农药残留超标，更多的原因是农药使用不当，未按农药安全使用规程使用农药。农药安全使用规程规定：可以使用什么农药，不可以使用什么农药，针对不同作物使用不同的农药，使用剂量，收获前最后的安全间隔期等。

我国明令禁止使用的农药有：六六六（HCH）、滴滴涕（DDT）、毒杀芬、二溴氯丙烷、杀虫脒、二溴乙烷（EDB）、除草醚、艾氏剂、狄氏剂、汞制剂、砷类、铅类、敌枯双、氟乙酰胺、甘氟、毒鼠强、氟乙酸钠、毒鼠硅（农业部公告第 199 号）。

不得在蔬菜、果树、茶叶、中草药材上使用的高毒农药有：甲胺磷、甲基对硫磷、对硫磷、久效磷、磷胺、甲拌磷、甲基异柳磷、特丁硫磷、甲基硫环磷、治螟磷、内吸磷、克百威、涕灭威、灭线磷、硫环磷、蝇毒磷、地虫硫磷、氯唑磷、苯线磷 19 种高毒农药。三氯杀螨醇和氰戊菊酯不得用于茶树上。任何农药产品的使用都不得超出农药登记批准的使用范围（农业部公告第 199 号）。

五、肥料使用的环境问题

为了满足作物生长繁殖的需要，需对这些植物供应充足的肥料，其中包括氮肥、磷肥、钾肥和复合肥等，但是如果施用肥料不当，遇到雨水冲刷，便会造成肥分流失，污染水体。

1. 肥料施用的问题

长期以来，我国农村盲目施肥、过量施肥现象普遍。这不仅造成农业生产成本增加，而且带来严重的环境污染，威胁农产品质量安全。问题主要表现在以下一些方面：

（1）有机肥利用率低，在城郊，再度利用的有机物料只占 1/3～1/2。

（2）化肥使用不平衡，沿海地区高，西部地区较低，相当一部分地区过量施肥现象严重。全国平均化肥用量为 231.7 kg/hm²，用量最高的为福建省，施用化肥量已达 1 000 kg/hm²，浙江省也有 443.26 kg/hm²。这些省市都超过了发达国家为防止化肥污染而设置的 225 kg/hm² 的安全上限。

（3）施用化肥结构不合理，氮磷钾肥比例 1：0.36：0.014，磷肥偏低，钾肥明显不足。

（4）肥料利用率不高，撒施、表施现象较为普遍，损失严重，导致环境污染。作物吸收、土壤残留和环境损失是农田中营养元素的三个去向。研究表明，我国氮肥的利用率为 30%～40%；由于土壤固定磷，磷肥的利用率只有 10%～15%；钾肥的利用率相对较高，为 40%～60%。

当前，我国肥料使用存在着一些突出问题，施用肥料品种之间、地区之间、作物之间不平衡，撒施、表施现象较为普遍，相当一部分地区过量施肥现象严重。

2．化肥的环境影响

（1）对土壤的影响。化肥过量施用会造成土壤酸化，使土壤养分不平衡，影响作物对营养元素的吸收。同时化肥中的有害成分（如磷肥中的镉、氟化物和放射性物质）因长期积累而污染土壤。

（2）对水环境的影响。过量施肥、肥料结构和施肥方法不当，会增加氮、磷等养分的流失。过量的氮、磷营养盐向封闭和滞留性水体迁移，引起水体的富营养化，并对水生生物造成不良影响。氮肥以硝态氮形式向地下淋洗，使地下水受到硝酸盐污染，危害人体健康。

（3）对大气环境的影响。氮的挥发以及硝化和反硝化作用造成氮肥气态损失。过量施用氮肥，使大气中氮含量增加，有利于酸雨及酸沉降的形成，引起土壤酸化，同时加速二氧化碳、甲烷、二氧化氮等温室气体的释放。

（4）对农产品品质的影响。由于过量施用化肥，农产品中重金属和硝酸盐积累，风味改变、营养降低、适口性差，品质下降，直接影响到人类健康和生活质量。

3．污染的控制对策

从技术方面应开展以下一些措施：

（1）推广成熟的施肥技术，提高化肥效率，减少对环境的影响。包括确定不同区域主要作物的施肥区划，采用平衡施肥、深施和水肥综合管理措施，重点避免在作物生长早期大量施用氮肥；恰当应用长效缓释肥，鼓励使用有机肥，并采用改良的施肥方法；采用免耕和其他农田保护技术（缓冲带和生态沟渠），减少由于土壤侵蚀导致的磷酸盐。

（2）加强农业推广体系建设，改进对农民的技术服务支持，提高化肥和有机肥的利用率。包括将农业技术推广与商业活动（如经销化肥和农药）分离；通过农民专业技术组织促进农业生产技术推广；拓宽农民的培训方式；增强农技推广人员、农民的环境意识。

（3）在污染区域实施流域综合管理计划，统一规划面源污染控制政策，设立执行部门进行小流域面源污染的综合治理。采用生态沟渠、生态湿地、生态隔离带等技术，同时开展面源污染控制最佳措施体系的研究和示范，尤其是开发适合农村及农田污染物控制的生态技术。在流域的综合管理中，由当地政府设立专门机构，管理农村居住区的环境，控制与处理农村生活污水、生活垃圾和地表径流。

（4）建立、完善监测体系，监测农田环境质量；开展全国范围的面源污染现状调查，为制定政策提供可靠信息；积极推广成熟的高效施肥等。

第三章 林 业

林业作为一项重要的公益事业和基础产业，承担着生态保护、建设和林木产品供给的重要任务。长期以来，我国林业的发展主要是利用森林的经济价值，强调的是林产品供给的功能，而忽视了林业承担生态建设的任务。进入 20 世纪 90 年代末，我国的林业经历了历史性的转折时期——由以木材生产为主向以生态环境建设为主的转变，这是林业发展阶段进步的重要标志。

目前林业建设项目环境影响评价涉及最多的是林纸一体化工程的原料林基地以及森林公园，故本章侧重介绍原料林基地和森林公园建设项目的环境影响评价。

第一节 产业政策和行业环境管理

一、产业政策

1. 林业产业政策

中共中央、国务院《关于加快林业发展的决定》（2003 年 6 月 25 日）指出加快林业发展的基本方针是：坚持全国动员，全民动手，全社会办林业。坚持生态效益、经济效益和社会效益相统一，生态效益优先。坚持严格保护、积极发展、科学经营、持续利用森林资源。坚持政府主导和市场调节相结合，实行林业分类经营和管理。坚持尊重自然和经济规律，因地制宜，乔灌草合理配置，城乡林业协调发展。坚持科教兴林，坚持依法治林。

为了实现中央加快林业发展的目标，必须努力保护好天然林、野生动植物资源、湿地和古树名木；努力营造好主要流域、沙地边缘、沿海地带的水源涵养林、水土保持林、防风固沙林和堤岸防护林；努力绿化好宜林荒山、地埂田头、城乡周围和道渠两旁；努力建设好用材林、经济林、薪炭林和花卉等商品林基地；努力发展好森林公园、城市森林和其他游憩性森林。同时，要加快林业结构调整步伐，提高林业经济效益；加快林业管理体制和经营机制创新，调动社会各方面发展林业的积极性。

当前林业重点工程建设有：（1）天然林保护工程，保护、恢复和发展长江上游、黄河上中游地区和东北、内蒙古等地区的天然林资源；（2）退耕还林（草）工程，落实对退耕农民的补偿政策，结合农业结构调整和特色产业开发发展后续产业；（3）"三北"、长江等重点地区的防护林体系工程建设，营造各种防护林体系、治理好不同类型的生态灾害；（4）京津风沙源治理等防沙治沙工程，保护和增加林草植被，尽快使首都及主要风沙区的风沙危害得到有效遏制；（5）以速生丰产用材林为主的林业产业基地工程，建设各种用材林和其他商品林基地，增加木材等林产品的有效供给，减轻生态建设压力；（6）野生动植物保护及自然保护区工程。

在林业产业方面，加快形成以森林资源培育为基础、以精深加工为带动、以科技进步为支撑的林业产业发展新格局。鼓励以集约经营方式，发展原料林、用材林基地。积极发展木材加工业尤其是精深加工业，延长产业链，实现多次增值，提高木材综合利用率。突出发展名特优新经济林、生态旅游、竹藤花卉、森林食品、珍贵树种和药材培植以及野生动物驯养繁殖等新兴产品产业，培育新的林业经济增长点。

中共中央、国务院 2008 年 6 月 8 日颁发的《关于全面推进集体林权制度改革的意见》（以下简称《意见》），认真总结了改革试点的成功经验，明确提出了改革的指导思想、基本原则、总体目标和主要任务，并对完善政策措施、加强组织领导提出了明确要求。这次改革最重要的内容是，在保持集体林地所有权不变的前提下，将林地经营权和林木所有权通过家庭承包方式落实到户，确立农民的经营主体地位，承包期为 70 年，期满可以继续承包。同时，《意见》还明确提出了要建立支持集体林业发展的公共财政制度、公益林补偿制度、林权抵押贷款制度、政策性森林保险制度、林地林木流转制度及森林资产评估师制度和评估制度等一系列重大政策。这将从根本上理顺集体林业发展的体制机制，为发展现代林业、建设生态文明，实现农民增收、资源增长、生态良好、林区和谐提供制度保障。

2．林纸一体化产业政策

国务院批准的国家计委、财政部、国家林业局《关于加快造纸工业原料林基地建设的若干意见》（2001 年 2 月 7 日）打破了过去用材不造林、林纸分离的管理体制，为我国造纸工业创造了林纸一体化发展的新机制，也将从根本上扭转我国造纸工业原料结构极不合理的局面。

该《意见》在林纸一体化工程建设的领导机构、规划、管理、形式、资金、林木采伐管理和其他相关优惠政策等方面理顺了关系，为我国林纸一体化发展提供了重要的政策依据。

国家发展和改革委员会根据《中华人民共和国国民经济和社会发展第十个五年规划纲要》《关于加快造纸工业原料林基地建设的若干意见》，并结合《重点地区速生丰产用材林基地建设工程规划》制定了《全国林纸一体化工程建设"十五"及 2010 年专项规划》[2003 年 12 月 11 日（以下简称《规划》）]。《规划》分为林纸一体化发展的必要性、实施林纸一体化工程的宏观基础条件、工程建设指导思想和基本原则、工程建设规划以及政策与措施五大部分。

《规划》指出，林纸一体化发展是国际上造纸工业及林业发达国家的普遍做法。制浆造纸企业以多种形式建设速生丰产原料林基地，并将制浆、造纸、造林、营林、采伐与销售结合起来，形成良性循环的产业链，使纸业和林业得到了较快发展。

林纸一体化工程建设必须坚持的基本原则：① 内外结合，要充分利用国内外两个市场。② 因地制宜，要根据各地情况和建设条件确定建设项目，加强统筹规划，合理布局生产能力，分步实施，防止一哄而上；要做到择优扶强，优先支持制浆造纸重点骨干企业发展；要处理好造纸林基地与耕地的关系，鼓励利用荒山、荒地、滩涂等造林，防止占用耕地，保护基本农田。③ 保护环境，项目建设要鼓励采取清洁生产工艺技术和节水措施，凸显水资源节约、污染治理和生态改善。④ 规模效益，鼓励企业按照现代企业制度跨地区、跨部门、跨行业、跨所有制的兼并、联合和重组。对新建项目要突出起始规模，起始规模为：化学木浆单条生产线能力一般要达到年产 50 万 t 及以上；化学竹浆单条生产线能力一般要达到年产 10 万 t 及以上；化学机械木浆单条生产线能力要达到年产 10 万 t 及以上；造纸单条生产线能力要达到年产 10 万 t 及以上。⑤ 调整结构，在草浆比重大、水资源短缺、水环境污染严重的地区，要关闭现有落后的不符合经济规模要求的草浆造纸生产线，实现造纸工业结构不断优化。⑥ 科技创新，引进国外先进的制浆造纸技术和节水、治污措施，加快国内制浆造纸技术装备和节水、治污措施的研究开发和应用，加大科技投入提高造林营林的科技含量。

根据我国气候资源、水资源、水环境、林地资源、造纸工业基础、交通、能源以及林木自然生长特性等因素，全国林纸一体化工程建设总体布局在 500 mm 等降水量线以东的地区，其中长江以南地区是重点地区，长江以北为结构调整适度发展地区；500 mm 等降水量线以西的地区，除个别灌溉条件好且具有制浆造纸龙头企业的地区外，原则上不作为林纸一体化工程建设区域。

全国林纸一体化工程建设具体布局是：

（1）重点发展东南沿海地区，该地区主要包括广东、广西、海南和福建，属热带和亚热带湿润气候，区域内林地资源丰富，自然条件适宜桉树、相思树、加勒比松、马尾松、湿地松、杂交松和竹类等林木生长。该地区林木生长快，轮伐期较短，人工用材林发展迅速，集约化经营水平较高，具有建设造纸林基地和营造速生丰产林的经验，且交通便利，基础设施较完善。该区域在搞好现有龙头企业大中型林纸一体化项目建设的同时，规划建设 3～4 个年产化学木浆 50 万 t 及以上的大型林纸一体化项目。

（2）结合退田还湖、退耕还林，培育长江中下游有条件地区。该地区主要包括湖南、湖北、江西、安徽、江苏和浙江，属亚热带气候区。区域内湖南、湖北、江西和安徽南部林地资源丰富，自然条件优越，土地肥沃，适合发展欧美杨、池杉、马尾松、湿地松、火炬松等速生丰产树种和竹子；长江三角洲地区外商投资的造纸企业比较集中，以商品木浆和废纸为原料造纸。该地区在搞好造纸林基地建设和项目前期工作的同时，加快培育或引进大型林纸一体化工程建设项目的主体，逐步发展成为林纸一体化重点地区之一。

（3）大力调整黄淮海地区纸浆结构。该地区主要指山东、河南、河北和山西，属暖温带半干旱半湿润气候，区域内水资源普遍贫乏，是我国水供需矛盾突出的地区，目前黄淮海平原的水资源开发利用程度已是全国最高水平。区域适宜发展的速生丰产树种以三倍体毛白杨为主，种植欧美杨等也比较适宜。该区域内造纸工业发达，是我国纸及纸板的主产区，并已形成一批具有国际竞争力的造纸企业集团，该区域造纸工业发展对全国纸张市场供应影响甚大。该地区水环境污染严重，水体环境已无纳污能力，特别是草浆造纸造成的高耗水和重污染已严重超过区域内水资源和水环境的承受能力，急需针对草浆造纸进行结构调整，不宜再建设草浆造纸企业。该地区林纸一体化工程建设必须紧密结合造纸工业结构调整，关闭落后的草浆造纸生产线，发展化学机械木浆，通过重点骨干企业林纸一体化项目建设，降低水资源消耗，减少污染物排放。应用现代化造纸工业技术和手段，采用国际先进的制浆造纸工艺技术装备，在适宜地区有重点地建设几个年产化学机械浆 10 万 t 及以上的大中型林纸一体化项目。

（4）配套建设东北地区造纸林基地。该地区包括黑龙江、吉林、辽宁以及内蒙古东部地区，属暖温带半湿润气候区，多年平均年降水量 530～690 mm，年内分配比较均匀，基本适应林木速生丰产对水分的要求，但气候寒冷，树木生长较慢。区域水资源比较丰富，具有一定的开发潜力。主要适宜树种为落叶松、品种杨等。在实施天然林保护工程后，为解决木材原料供应问题，制浆造纸企业急需配套建设原料林基地，逐步实现用材由采伐天然林为主向采伐人工林为主转变。原则上不再新建木浆生产企业。

（5）合理利用西南地区木竹资源。该地区主要指四川、云南、贵州和重庆等，属亚热带和热带气候，降水量比较丰富，多年平均年降水量 1 000～1 260 mm，适宜发展的树种为马尾松、思茅松、桉树、竹类等。该地区水资源丰富，开发潜力很大。区域内天保工程禁伐区以外的人工中幼林、宜林荒山、荒地、退耕还林等林地充足，自然条件优越，林木生长快，森林资源丰富，且是竹子生长主要地区，现有竹类资源亟待开发利用。该地区林纸一体化建设以发展竹浆为重点，在搞好木浆发展的同时，重点建设几个 10 万～50 万 t 竹浆纸一体化项目。

3. 森林公园产业政策

中共中央、国务院《关于加强林业发展的决定》（2003 年 6 月 25 日）明确提出："努力发展好森林公园、城市森林和其他游憩性森林"；国家发改委公布的《产业结构调整指导目录（2005 年本）》中明确规定，工业旅游、农业旅游、森林旅游、生态旅游及其他旅游资源综合开发项目建设，属于鼓励类的产业。国家发改委《产业结构调整指导目录（2007 年本）》（征求意见稿）又重申了森林旅游、生态旅游建设项目属于鼓励类产业。

《关于加快森林公园发展的意见》（林场发[2006]261 号，以下简称《意见》）提出目标任务是：力争到 2010 年，全国森林公园总数达到 2 800 处，规划总面积达到 3 900 万 hm²，使我国林业建设区划范围内各类具有重要意义的森林风景资源得到有效保护，森林公园建设管理水平不断提高，游客接待服务能力不断增强，形成布局合理、功能完备的森林风景资源保护、管理和利用体系。

二、行业环境管理

1. 林业资源保护管理

（1）森林资源管理的原则、方针和体制

森林公园管理的原则是：生态效益、经济效益和社会效益相统一，生态效益优先。

森林公园管理的方针是：严格保护、积极发展、科学经营、持续利用森林资源。

国家对森林资源实行林业分类经营管理体制。按照主要用途的不同，将全国林业区分为公益林业和商品林业两大类，分别采取不同的管理体制和经营机制。公益林要按照公益事业进行管理，以政府投资为主，吸引社会力量共同建设。商品林要按照基础产业进行管理，主要由市场配置资源，政府给予必要扶持。

（2）林地管理

《森林法》（1984 年 9 月 20 日通过，1998 年 4 月 29 日修正）规定：进行勘察、开采矿藏和各项建设工程，应当不占或者少占林地；必须占用或者征用林地的，经县级以上人民政府林业主管部门审核同意后，依照有关土地管理的法律、行政法规办理建设用地审批手续，并由用地单位依照国务院有关规定缴纳森林植被恢复费。森林植被恢复费专款专用，由林业主管部门依照有关规定统一安排植树造林、恢复森林植被，植树造林面积不得少于因占用、征用林地而减少的森林植被面积。

《森林法实施条例》（2000 年 1 月 29 日，国务院令第 278 号）规定：占用或者征用防护林林地或者特种用途林林地面积 10 hm² 以上的，用材林、经济林、薪炭林林地及其采伐迹地面积 35 hm² 以上的，其他林地面积 70 hm² 以上的，由国务院林业主管部门审核；占用或征用林地面积低于上述规定数量的，由省（自治区、直辖市）人民政府林业主管部门审核。占用或者征用重点林区林地的，由国务院林业主管部门审核。

（3）禁止毁林和封山育林

《森林法》和《森林法实施条例》中规定：禁止毁林开垦和毁林采石、采砂、采土以及其他毁林行为；禁止在幼林地和特种用途林内砍柴、放牧；进入森林和森林边缘地区的人们，不得擅自移动或者损坏为林业服务的标志。

封山育林是指对划定的区域采取封禁措施，利用林木天然更新能力使森林恢复的育林方法。封山育林的对象是具备天然更新能力的疏林地、造林不易成活需要改善立地条件的荒山荒地和幼龄林林地等。《森林法》规定，封山育林区和封山育林期由当地人民政府因地制宜地划定。在封山育林区内，禁止或者限制开荒、砍柴和放牧等活动。

（4）天然林资源保护工程

天然林资源保护工程是党中央、国务院从改善我国生态环境和实现国民经济可持续发展的战略高度作出的重大战略决策。该决策实施后，全面停止长江、黄河中上游地区划定的生态公益林的森林采伐；调减东北、内蒙古国有林区天然林资源的采伐量，严格控制木材消耗，杜绝超限额采伐。通过森林管护、造林和转产项目建设，现有天然林资源初步得到保护和恢复，缓解了生态环境恶化趋势。

（5）退耕还林和退耕还林工程

《森林法实施条例》规定："25°以上的坡地应当用于植树、种草；25°以上的坡耕地应当按照当地人民政府制定的规划，逐步退耕，植树和种草。"

根据《国务院进一步做好退耕还林改革试点工作的若干意见》（国发[2000]24号）、《国务院关于进一步完善退耕还林政策措施的若干意见》（国发[2002]10号）和《退耕还林条例》（2002年国务院令第367号）的规定，国家林业局会同相关部门编制了《退耕还林工程规划（2001—2010年)》。工程建设范围包括北京、天津、河北、山西、内蒙古、辽宁、吉林、黑龙江、安徽、江西、河南、湖北、湖南、广西、海南、重庆、四川、云南、贵州、西藏、陕西、甘肃、青海、宁夏、新疆25个省（自治区、直辖市）和新疆生产建设兵团，共1 897个县（含市、区、旗）。通过国家无偿向退耕农民提供粮食、生活补助费和向退耕农民提供种苗补助费等政策的实施，实现退耕还林。其中，要注意的是，退耕还林必须坚持生态优先，其营造生态林的面积以县为核算单位，不得低于退耕还林面积的80%。

（6）森林病虫害防治、动植物检疫和外来物种入侵的管理

森林病虫害防治的基本方针是"预防为主，综合治理"，基本原则是"谁经营，谁防治"。各级林业主管部门负责森林病虫害的监测和预报，并及时提出防治方案，组织森林病虫害防治工作。森林经营者应当选用良种，营造混交林，实行科学育林，提高防御森林病虫害的能力；发生森林病虫害时，有关部门、森林经营者应当采取综合防治措施，及时进行防治；发生严重森林病虫害时，当地人民政府应当采取紧急防治措施，遏制蔓延，消除隐患。

为了防治林业有害生物和外来物种入侵，国家林业局颁布了《林业有害生物发生及成灾标准》《突发林业有害生物事件处置办法》《引进林木种子、苗木及其他繁

殖材料检疫审批和监管规定》和《引进陆生野生动物外来物种种类及数量审批管理办法》等。

防治野生动物外来入侵物种实行"预防为主，防治结合"的方针，遵循预防为主和重点防治的原则，并结合环境影响评价、风险评估、监测等措施，对外来物种的引进、隔离、野外放生、特殊保护区域以及种类、数量进行严格的审批。

（7）森林防火制度

《森林法》第二十一条规定：地方各级人民政府应当切实做好森林火灾的预防和扑救工作：

规定森林防火期，在森林防火期内，禁止在林区野外用火；因特殊情况需要用火的，必须经过县级人民政府或者县级人民政府授权的机关批准；

在林区设置防火设施；

发生森林火灾，必须立即组织当地军民和有关部门扑救；

因扑救森林火灾负伤、致残、牺牲的，国家职工由所在单位给予医疗、抚恤，起火单位对起火没有责任或者确实无力负担的，由当地人民政府给予医疗、抚恤。另外，《森林防火条例》（2008 年国务院令第 541 号修订）对国家和地方森林防火组织的设立及其职责，森林火灾的预防、扑救、调查和统计等方面，做了相应的规定。

（8）植树造林

鼓励植树造林、封山育林、扩大森林面积。县级以上地方人民政府应当按照国务院确定的森林覆盖率奋斗目标，确定本行政区域森林覆盖率的奋斗目标，并组织实施。

深入开展全民义务植树运动，采取多种形式发展社会造林。提高义务植树的实际成效。义务植树要实行属地管理，农村以乡镇为单位、城市以街道为单位，建立健全义务植树登记制度和考核制度。

铁路公路两旁、江河两岸、湖泊水库周围，各有关主管单位是造林绿化的责任单位。工矿区、机关、学校用地，部队营区以及农场、牧场、渔场经营地区，各单位是造林绿化的责任单位。

《森林法实施条例》规定：植树造林应当遵守造林技术规程，实行科学造林，提高林木的成活率。国家及行业植树造林方面的标准有《造林技术规程》（GB/T 15776—2006）、《森林抚育规程》（GB/T 15781—2009）、《林木种子质量分级》（GB 7908—1999）、《林木种子检验规程》（GB 2772—1999）、《主要造林树种苗木质量分级》（GB 6000—1999）、《生态公益林建设技术规程》（GB/T 18337.2—2001）和《速生丰产用材林建设导则》（LY/T 1647—2005），以及日本落叶松、毛竹林、杉木、长白落叶松、兴安落叶松、红松、杨树、马尾松、水杉、湿地松、红皮云杉等速生丰产用材林技术标准。

（9）森林采伐与更新管理

严格控制采伐限额。国家根据用材林的消耗量低于生长量的原则，严格控制森林年采伐量，地方林业以县为单位，国家各重点林区以森工企业为单位制定年采伐限额，按程序上报国务院批准。国务院批准的年采伐限额每 5 年核定一次，并实行木材生产计划年度管理制度。

森林采伐和更新必须遵守的原则是：成熟和过成熟的用材林应当根据不同情况分别采取择伐、皆伐和渐伐方式，应当严格控制皆伐；在采伐当年或者次年完成更新造林；对中幼龄用材林实施抚育伐（幼龄林的透光线和中龄林的生长伐）；符合改造条件的低产林视不同情况可进行择伐或皆伐改造。

防护林和特种用途林中的国防林、母树林、环境保护林、风景林，只准进行抚育和更新性质的采伐；特种用途林中的名胜古迹和革命纪念地的林木、自然保护区的森林，严禁采伐。2001 年以后，国家林业局从"生态优先"的原则出发，扩大了禁伐林的范围。其不仅包括生态地位极端重要地区的森林、生态环境极端脆弱地区的森林，还包括按国家、省（自治区、直辖市）法律法规划定的长期或定期全面封禁管护的森林，不许进行任何形式的采伐，包括抚育伐和更新采伐。禁伐林以外其他的生态公益林可以抚育伐和进行合理的更新采伐。只有符合改造条件的低效防护林经论证和办理严格的审批程序后，才可以进行择伐改造和皆伐改造。

实行木材采伐许可证和木材运输证制度：各级政府林业主管部门按权限核发木材采伐许可证。采伐林木的单位或个人必须按照许可证的规定进行采伐和更新造林，更新造林的面积和株数不得少于采伐的面积和株数。国家林业局为规范森林采伐，公布了行业标准 LY/T 1646—2005《森林采伐作业规程》。

为鼓励和推动速生丰产用材林工程健康发展，国家林业局对森林资源管理政策进行了调整和改革。对于"一定规模"的速生丰产林，包括林浆纸一体化工程的原料林采伐可实行单列单批，进一步放宽了人工用材林的采伐限制。

（10）野生动植物保护

①野生动物保护：国家对野生动物实行"加强资源保护、积极驯养繁殖、合理开发利用"的方针，鼓励开展野生动物科学研究，对珍贵、濒危野生动物实行重点保护，禁止任何单位和个人非法猎捕或者破坏；禁止猎捕、杀害国家和地方重点保护野生动物；实施"特许猎捕证"和"狩猎证"制度；鼓励驯养繁殖野生动物；严格管理野生动物及其产品的经营利用和进出口活动。

国家对珍贵、濒危的野生动物实行重点保护、分级管理。国家重点保护的野生动物分为一级保护野生动物和二级保护野生动物。地方重点保护野生动物保护名录由省（自治区、直辖市）政府制定并公布，报国务院备案。国家保护的有益的或者有重要经济、科学研究价值（"三有"）的陆生野生动物名录及其调整，由国务院野生动物行政主管部门制定并公布。1989 年经国务院批准，林业部、农业部发布《国家重点保护野生动物名录》。

②野生植物资源保护：国家对野生植物资源实行"加强保护、积极发展、合理利用"的方针，建立野生植物保护监督的管理制度，对重点保护野生植物实行采集证制度；保护野生植物的生长环境。

野生植物保护实行分级管理。重点保护野生植物分为国家重点保护野生植物和地方重点保护野生植物。国家重点保护野生植物分为国家一级保护野生植物和国家二级保护野生植物。地方重点保护野生植物，是指国家重点保护野生植物以外，由省、自治区、直辖市保护的野生植物。地方重点保护野生植物名录，由省、自治区、直辖市人民政府制定并公布，报国务院备案。1999 年经国务院批准，国家林业局、农业部发布了《国家重点保护野生植物名录（第一批）》。

为了保护林业资源，除采取以上管理措施外，还有林业基金制度、森林资源清查及建档制度、野生动物资源清查及建档制度、建立保护区制度等措施。

2. 特殊区域环境管理

（1）自然保护区

国家对自然保护区实行综合管理和分部门管理相结合的管理体制。国务院环境保护行政主管部门负责全国自然保护区的综合管理。国务院林业、农业、地质矿产、水利、海洋等有关行政主管部门在各自的职责范围内，主管有关的自然保护区。

自然保护区环境管理实行分区管理：核心区禁止任何单位和个人进入；缓冲区只准从事科学研究观测活动，禁止开展旅游和生产经营活动，在核心区和缓冲区内都不得建设任何生产设施；经管理机构同意在实验区可从事科学实验，教学实习，参观考察，旅游以及驯化、繁殖珍稀、濒危野生动植物等活动。出于保护的需要，不得建设污染环境、破坏资源或景观的生产设施。

在自然保护区的实验区内和外围保护地带，其建设项目不得损害自然保护区的环境质量，不得建设污染环境、破坏资源或者景观的生产设施；对已造成环境损害的，应当限期治理；对已经建成的设施其污染物排放超过国家和地方规定的排放标准的，应当限期整治，并采取补救措施。作出限期治理决定的机关是相应的人民政府。

因发生污染事故或其他突发事件，造成或者可能造成自然保护区污染或破坏的单位及个人，必须立即采取措施处理，及时通报可能受到危害的单位和居民，并向自然保护区管理机构、当地环境保护行政主管部门和自然保护区行政主管部门报告，接受调查处理。

（2）湿地环境管理

湿地具有保持水源、净化水质、蓄洪防旱、调节气候和维护生物多样性等重要生态功能。2003 年国务院正式批复了《全国湿地保护工程规划（2004—2030）》。2004年 6 月，经国务院同意，国务院办公厅发出了《关于加强湿地保护管理的通知》，黑龙江、广东、湖南、陕西、甘肃、西藏、内蒙古、海南等省（自治区）先后发布了本辖区的《湿地保护条例》。根据《全国湿地保护工程规划》、国务院办公厅《关于加强湿地保护的通知》和各省发布的《湿地保护条例》相关内容，对湿地环境的管理主要有以下几点：

① 湿地保护管理的原则。全面保护、生态优先、突出重点、合理利用、持续发展。

② 湿地保护管理体制。在各级政府领导下，实行综合协调、分部门实施的管理体制。政府林业行政主管部门负责湿地保护的组织、协调和监督，政府的林业、水利、国土资源、环境保护、建设、海洋与渔业实行行政主管部门各负其责，共同做好湿地保护管理工作。

③ 湿地实行分级管理制度。湿地分为重要湿地和一般湿地。重要湿地又可分为国家重要湿地和地方重要湿地。

国家重要湿地指列入《湿地公约》"国际重要湿地名录"和"中国重要湿地名录"上的湿地。地方重要湿地名录一般是由省级政府林业主管部门会同其他部门确定，报省政府批准发布。

各级政府在对现有自然湿地资源普遍保护的基础上，加强国家和地方重要湿地的保护和监管。通过建立自然保护区、保护小区、可持续利用示范区等对重要湿地进行保护和管理。

国家规定凡是列入"国际重要湿地名录"和"中国重要湿地名录"及位于自然保护区的湿地一律禁止开垦占用。各省（自治区、直辖市）规定，凡是列入地方重要湿地名录的湿地需要占用和征用的，必须办理审批手续。

④ 禁止非法占用湿地和破坏湿地资源。禁止非法在湿地范围内从事下列活动：围（开）垦、填埋湿地；挖塘、采砂、取土、烧荒；排放湿地水资源，或者修建阻水、排水设施；采伐林木，采集国家或者省重点保护的野生植物；猎捕保护的野生动物或者捡拾鸟蛋。

禁止在湿地范围内从事下列活动：破坏鱼类等水生生物洄游通道，采用炸鱼、毒鱼等灭绝性方式捕捞鱼类及其他水生生物；破坏野生动植物的重要繁殖区、栖息地和原生地；排放污水或者有毒有害物质，投放可能危害水体、水生及湿生生物的化学物品或者倾倒固体废弃物；其他破坏湿地资源的行为。

⑤ 要强化对自然湿地开发利用的管理：对涉及向自然湿地区域排污或改变湿地自然状态，以及建设项目占用自然湿地的，行政审批部门要会同相关部门按照《中华人民共和国环境影响评价法》等法律法规进行环境影响评价和严格审批。

（3）沙化地区环境管理

为了提高北京的国际地位，实施绿色奥运，保障这个地区经济社会协调发展，2000—2010 年国家实施了京津风沙源治理工程。为了保证京津风沙源治理工程的实施，推动和规范全国范围防沙治沙工作的开展，国家于 2001 年 8 月公布了《中华人民共和国防沙治沙法》。

①　防沙治沙工作的原则。统一规划，因地制宜，分步实施，坚持区域防治与重点防治相结合；预防为主，防治结合，综合治理；保护和恢复植被与合理利用自然资源相结合；遵循生态规律，依靠科技进步；改善生态环境与帮助农牧民脱贫致富相结合；国家支持与地方自力更生相结合，政府组织与社会各界参与相结合，鼓励单位、个人承包防治；保障防沙治沙者的合法权益。

②　制定防沙治沙规划。对沙化土地实行分类保护、综合治理和合理利用。在规划期内不具备治理条件的以及因保护生态的需要，不宜开发利用的连片沙化土地，应当规划为沙化土地封禁保护区，实行封禁保护。沙化土地封禁保护区的范围，由全国防沙治沙规划及省（自治区、直辖市）防沙治沙规划确定。

③　防沙治沙应以预防为主。预防土地沙化主要包括建立土地沙化监测系统，建立气象干旱和沙尘暴天气发生的应急机制；种植乔灌草结合的防风固沙林带；制定沙化土地植被管护制度；草场实行舍饲圈养，以产草量确定载畜量；发展节水产业，实施小流域综合治理；禁止在沙漠边缘地带毁林毁草开荒，已开垦的要有计划地退耕还林还草；在沙化土地范围内从事开发建设活动应执行环境影响评价制度；对封禁区实施严格管护并进行生态移民。

④　积极治理沙化土地。沙化土地所在地区的地方各级人民政府，应当按照防沙治沙规划，组织有关部门、单位和个人，因地制宜地采取人工造林种草、飞机播种造林种草、封沙育林育草和合理调配生态用水等措施，恢复和增加植被，治理已经沙化的土地。已经沙化的国有土地的使用权人和农民集体所有土地的承包经营权人，必须采取治理措施，改善土地质量，按照国家有关规定，享受人民政府提供的政策优惠。从事营利性治沙活动的单位和个人，必须按照治理方案进行治理。已经沙化的土地范围内的铁路、公路、河流和水渠两侧，城镇、村庄、厂矿和水库周围，实行单位治理责任制。

（4）森林公园环境管理

森林公园是保护和利用森林风景资源，为社会提供良好森林游憩服务，不断满足人们日益增长的生态文化和健康消费需求的森林区域。1995 年林业部公布《森林公园总体设计规范》（LY/T 5132—1995），又陆续公布《森林公园总体设计规范》（LY/T 5132—1995）、《中国森林公园风景资源质量等级评定》（GB/T 18005—1999）。2005 年 6 月 16 日国家林业局颁布的《国家级森林公园设立、撤销、合并、改变经营范围或者是变更隶属关系审批管理办法》，2006 年 12 月 21 日国家林业局颁布的《关于加快森林公园发展的意见》要求：

①　在森林公园的筹建期，根据社会经济发展对林业主导需求转变的具体要求，要合理调整森林资源主导功能利用布局，实行科学的分类经营和主导目标利用。其中，风景优美的森林景观资源应作为重点特种用途林加以保护，需要特殊保护的则

需要局部封禁或定期封禁乃至长期封禁。

② 认真编制森林公园总体规划，"要先规划后建设，没有规划不能建设"。

③ 建成后坚持以保护自然景观为主的建设方向，加强森林公园规划范围的林地、森林和各种野生动植物的保护管理，严格控制各类容易造成森林景观及其环境破坏的大型永久性设施的建设，杜绝不按规划建设的现象发生。

④ 地质遗址，遗迹，历史古迹和珍稀、濒危物种分布区域，具有重大科学文化价值的区域，采取特殊保护；在珍稀景物、重要景点和核心景区，除了必要的保护和附属设施外，不得建设宾馆、招待所、疗养院和其他工程设施。

⑤ 森林公园必须根据环境容量确定合理的接待规模，有组织地开展游览活动，不得无限制超量接纳游览者，对不超出森林公园游客容量，但超出了局部景点容量而造成较严重生态破坏的地方，实行定期封禁管护或轮休。

第二节　工程分析

按照《森林法》，我国的森林划分为五大类，即用材林、防护林、经济林、薪炭林及特种用途林。目前所见到的林业工程项目的环境影响评价最多的是有关林纸一体化工程林纸基地建设的环境影响评价。故本文主要对用材林基地建设和森业公园的建设进行工程分析。

一、原料林基地建设

1. 立地条件

森林的生长与森林生长的立地条件有很大的关系，立地条件影响了种植的树种，也影响了树木生长的速度和产量。

在造林地上凡是对森林生长发育有直接影响的环境因子的综合体统称为立地条件。主要包括地形、土壤、生物、水文和人为活动五大环境因子。

（1）地形包括海拔高度、坡向、坡形和坡位、坡度、小地形等；

（2）土壤包括土壤种类、土层厚度（总厚度和有效厚度）、腐殖层厚度和腐殖质含量、土壤侵蚀程度、土壤各层次的石砾含量、机械组成、结构、结持力、酸碱度、土壤中的养分元素含量、含盐量及其组成、成土母质和母质种类、来源及性质等；

（3）生物包括植物群落、结构、盖度及其地上地下部分的生长状况，病虫兽害情况、有益生物（如蚯蚓）及微生物（如菌根菌）的存在状况等；

（4）水文包括地下水位深度及季节变化、地下水矿化度及其盐分组成，有无季节积水及持续期、地表水侧方浸润状况、水淹没的可能性、持续期和季节等；

（5）人为活动包括土地利用状况的历史沿革及现状，各项人为活动对环境的影响等。

除以上条件以外，气候条件对树木的生长发育影响也很大，气候因子可用年平均气温、降水量、蒸发量、无霜期以及风沙为害等表述。

2. 造林地的种类

按照林业部门对造林地的分类，有四大类：

（1）荒山、荒地。指没有生长过森林的植被，或多年前森林植被遭破坏，已退化为荒山荒地的造林地，这包括草坡、灌木坡、竹丛坡以及不便于农业利用的沙地、盐碱地、沼泽地和河滩地等；

（2）农田防护林地、四旁地及撂荒地；

（3）采伐迹地和火烧迹地；

（4）需要局部更新的造林地，这部分造林地有较好的森林环境，但是数量分布不足或质量不佳或已衰老，需要补充或更新造林。

3. 原料林树种

正确地选择速生丰产原料林基地造林树种，适地造林，是人工培育森林成功的关键之一。如果造林树种选择不当，不但会造成人财物的极大浪费，而且使造林地生产潜力十年甚至几十年得不到发挥。如我国北方地区有不少"小老树"，形成的原因既与立地条件有关，也与树种选择不当有直接关系。

森林培育目标不同选择的树种也不一样。用材林有为生产大径木材而培养的用材林、造纸用材林、矿柱用材林、胶合板用材林和珍贵用材林等之分，它们使用的树种是不一样的。

每一个树种都有其固有的生物学特性。如生活习性（如对光、温度、水分和土壤的要求不同）、生长特性（年平均树高、年平均胸径、年平均生长量、主伐年龄、耗水量、耗肥量、病虫害受害程度）等。林木的这些特性对环境有一定的要求，同时又对环境产生一定的影响，主要表现在对水资源和环境、土壤环境以及生物灾害的影响方面。用材林的主要目的是获得较高的材积和木材应用价值，因此要求所选择的树种具有"速生、丰产、优质和稳定"的性质。

造林工作的任务是要将树木栽到它最适宜生长的地方，使造林树种的生态特性与造林的立地条件相适应，这是造林的基本原则。造林是否适地适树可以用如下标准来衡量：（1）成活率和保存率；（2）数量质量要求，如浙江省规定杉木的立地指数，25 年树高达到 10 m 以上才可发展杉木林，北京有人提出 25 年油松树高不到 7 m 不宜发展油松；（3）生长的稳定性，抗御自然灾害的能力；（4）成本效益评估，根据投入产出比衡量。

在《造林技术规程》（GB/T 15776—2006）中，在其中的附录 C 主要造林树种适生条件中列举了杉木、马尾松等 99 种，分别列举了其主要生物学特性、主要适生地区和适宜立地条件。

目前国内纸浆林常选用的树种为马尾松、杨树、桉树、落叶松和竹子等速生适地种，具体选用的树种可参考表 1-3-1。

表 1-3-1　原料林（速生丰产林）建设类型区域

区域	范围涉及省区	特点	主要适宜树种与主要建设方向
东南沿海地区	广东、广西、海南、福建	属热带、亚热带湿润气候区。气候火热，雨量充沛，是我国降水量最丰富的地区，多年平均降水量超过 1 500 mm；热量充足，年平均气温 16℃以上。水陆交通方便，水资源充足。商品林地资源充足。人工用材林发展迅速，经营水平普遍较高，建设地点主要在沿海丘陵台地、低山丘陵地区	沿海丘陵台地域适宜发展以桉树、相思树、加勒比松等树种为主的浆纸原料林；低山丘陵地域适宜发展以马尾松、湿地松、火炬松等树种为主的浆纸或人造板原料林和柚木、桃花木、西南桦等树种为主的珍贵大径级用材林，以及竹林
长江中下游地区	湖南、湖北、江西、安徽、江苏、浙江、上海	属亚热带气候区，降水量丰富，多年平均降水量 1 100 m 左右，温度适宜，年平均气温 14℃以上。土地肥沃，树种资源与商品林地资源丰富，人工用材林发展较快，经营水平较高。水资源丰富。交通条件好，特别是水路交通发达，建设地点主要在长江沿岸及湖区	长江沿岸地区及洞庭湖、鄱阳湖湖区等适宜发展欧美杨、池杉等工业原料林，低山丘陵区适宜发展马尾松、湿地松、火炬松和竹子等工业原料林
黄河中下游地区	河北、山东、河南	属暖温带气候区。气候温暖、光照充足。多年平均降水量 500 mm 以上，雨量集中在夏、秋季，年平均气温 11℃以上。地势平坦，土层深厚，多数地区具有良好的灌溉条件，但水资源较紧张。有一定的商品林地资源。建设地点主要在黄淮海平原、低丘地区	适宜发展杨树、泡桐、柳树、刺槐等树种和工业纤维原料林
东北地区	黑龙江、吉林、辽宁、内蒙古自治区	属温带半湿润地区，多年平均降水量 530～690 mm。年内分配比较均匀。地势平缓，土壤肥沃，土层深厚，年平均气温在 0℃以上。无霜期较长，森林资源丰富，除天然林保护工程林外，尚有相当的商品林经营面积，水资源比较丰富，开发利用较少	适宜发展以大青杨、甜杨、山杨、白城杨以及耐寒性强的杂交杨、桦树等阔叶树种和落叶松等针叶树种为主的工业纤维原料林和红松、云杉、落叶松、水曲柳、胡桃楸、黄菠萝等珍贵或大径级用材林
西南地区	四川、云南、贵州、重庆	属亚热带、热带湿润气候，气候温和。降水量比较丰富，多年平均年降水量 1 000 mm 以上。水资源丰富。属长江中上游地区，为生态建设核心区，天然林保护任务繁重，但仍有相当部分商品林经营面积	适宜发展桉树、松类、竹子等工业纤维原料林，以及珍贵阔叶树种大径材原料林

在环境评价工程分析时，需要阐明造林树种的生态特性与造林的立地条件相适应的问题。

4．人工林结构

人工林并不是许多林木简单的组合，而是具有一定结构的群体。群体结构特征包括树种的组成、密度、配置、林层、根系等在时间和空间上的分布。通常人工林群体结构如密度、配置等是事先设计安排的，合理与否对林分的生长、稳定性有很大影响。同时，群体结构具有一定的相对性，随着人工林的生长发育，林层、根系等营养空间必将发生变化。这里主要介绍三点：造林密度、配置、纯林和混交林。

（1）造林密度。造林密度是指单位面积上栽植的株数，又称初植密度。在多数情况下，造林密度随树体增大，需要通过间伐手段的调整来满足林木生长的要求，这时密度叫经营密度。

确定造林密度要考虑以下几方面的因素：经营目的，树种特性，立地条件，造林技术和经济条件。确定造林密度的因素是复杂的，必须综合考虑各方面的因素确定。同时林木在生长种的合理密度上不是一成不变的，要保持合理的密度就需要在林木生长发育的过程中采取人为的手段来调整。

（2）配置。配置是指在密度确定以后，种植点在造林地上的排列形式。排列形式有均匀式和不均匀式两种，如有均匀式行状配置（正方形、长方形、等腰三角形、正三角形）和不均匀式簇状配置。

（3）纯林和混交林。由单一树种组成的人工林叫纯林，由两个或两个以上树种组成的人工林叫混交林。纯林和混交林的林分结构不同，纯林多为单层林，混交林多为复层林，在大乔木、亚乔木和灌木共同混交的情况下，分层更为明显。

正确选择混交树种是混交林成功的关键。根据每个树种在混交林中的地位和作用，可以分为主要树种、伴生树种和灌木树种。由不同搭配而形成的林分类型有：乔木混交（主要树种间的混交——针叶—针叶、针叶—阔叶、阔叶—阔叶）、主辅混交（主要树种和伴生树种混交——一般主要树种居上层而伴生树种居下层）、乔灌混交（一般乔木居上层而灌木居下层）以及综合混交（主要树种、伴生树种和灌木混交）。在混交方法上，有株间混交、行间混交、带状混交和块状混交。

在环境评价工程分析时，需要从造林密度、配置和混交程度等方面说明原料林结构等方面的问题。

5．原料林营造

从播种育苗到采伐经历了多种环节。包括选择造林地、清理、整地、育苗、种植、选择合理结构、抚育等，涉及的有关技术标准有：《造林技术规程》（GB/T 15776—2006）、《育苗技术规程》（GB 6001—1985）、《森林抚育规程》（GB/T 15781—2009）以及《造林质量管理暂行办法》（国家林业局，2002-4-17）。

（1）育苗。好种才有好苗，种子供应须符合国家和地方颁布的各项法规的要求。

育苗一般自设苗圃，苗圃从采种基地采种，一般采用常规育苗和营养钵（袋）育苗，这样可以确保基地造林使用良种壮苗。苗圃同园地的环境影响相似，主要是农药、肥料和农膜的污染。

（2）清理。清理是在翻耕土地之前清除造林地上的灌木、杂草等植被或清除采伐迹地上的枝丫、伐根、梢头、倒木等。如果造林地植被不很茂密，或迹地上采伐的剩余物数量不多，则无须清理。清理的主要目的是便于整地、造林作业和清除病虫害的栖息环境。主要方法有：割除法（全面清理、带状清理和块状清理），火烧法（劈山和炼山）以及化学药剂清理。它们对环境有不同的影响，应采取有针对性的措施减缓影响。

（3）整地。整地指造林前耕翻林地土壤的工序。整地能起到改善立地条件、保持水土和提高幼林成活率的作用。造林整地和农耕整地不同，造林整地只进行局部整地，培育一代只进行一次整地，所以要求质量高、作用时间长。

整地的时间一般除了土壤封冻期以外都可以进行。春夏秋季均可以整地，以伏天最好，既有利于消灭杂草，也有利于蓄水保墒，但是要注意防止水土流失。风蚀沙荒地不宜过早整地，应随整随造。

整地一般为带状整地和块状整地。带状整地适于平原区、风蚀较低的地区、坡度平缓或坡度虽大但是坡面平整的山地。块状整地即在栽植点周围块状翻耕造林地土壤，不受地形条件限制、省工、成本低，是目前广泛采用的方法。挖明穴、回表土的块状整地（穴垦），一般按品字形（梅花形）沿等高线排列穴植，或挖鱼鳞坑。整地技术的规格要求，包括整地的深度、破土的宽度、断面形式都影响到造林的效果和环境。

当坡面长度超过 200 m 时，应在坡中部沿等高线保留（设置）一个宽 3 m 左右的植被保护带。在陡坡地带应保留山顶、山腰、山脚、沟边等地的自然植被。

（4）抚育。抚育工作可分为幼林抚育、成林抚育。幼林抚育主要是除草、松土培土、灌水排水、施肥、病虫害防治。抚育年限一般持续 3～5 年，直至幼林全部郁闭为止。抚育次数每年 1～3 次，具体视生产情况而定。

幼林抚育提倡块状抚育方法，并将所锄杂草沿等高线堆积于林木行间，形成水平滞留带，防止土壤侵蚀。幼林抚育时间应尽可能地避开雨季，以免水土流失。保护好林下植被和枯枝落叶，促进林地凋落物的积累和矿质循环，以提高林地肥力。

施肥。包括施基肥和追肥，在结合回填表土施用基肥，抚育时追肥。不同的树种和不同的土壤条件对肥料的要求是不一样的，根际根瘤菌丰富的林木对肥料的要求不高。

病虫害防治。大面积物种单一的人工林容易受病虫害的侵袭。病虫害一般通过综合防治控制。化学防治会对环境有不利影响。

幼林管护。包括整枝、打杈、封山育林和预防风害、冻害等。

成林抚育主要是对幼龄林进行透光伐，中龄林进行生长伐，为林木创造良好的环境条件。这样既调整了林分密度，清除了劣质林木，增强了林分抗性，又提高了木材的产量和质量。

（5）森林防火。火灾是林业生产的大敌。火源有天然火源和人为火源。林火通常分为地表火、树冠火和地下火。

森林火灾的预防除加强行政管理以外，应采取的技术措施包括林火预报、林火监测以及采用林火阻隔措施。阻隔措施有：修建防火道路、建立防火线和防火林带。防火道路有阻隔和快速反应的作用，一般与林区建设发展通盘考虑。防火线是阻隔林火蔓延的有效措施，国境防火线宽度为 50～100 m，铁路防火线宽度为 50～100 m，林缘防火线宽度为 30～100 m（南方 10～15 m），其他防火线宽度为 50～100 m。防火林带主要利用具有防火能力的乔木或灌木组成的林带来阻隔或抑制林火发生和蔓延。对林带宽度、网格的密度、林带的结构和树种都有一定的要求。在林地边界、主山脊以及火源容易侵入蔓延的地带设置防火线，在每年旱季来临之前对防火线割草翻土会破坏原有植被，从而造成水土流失。

6. 采伐更新

采伐更新，即森林达到成熟期需要对成熟林木进行采伐，与此同时培育起新的一代幼林。相关管理文件有：《森林采伐更新管理办法》（林业部，1987 年 9 月 10 日），《关于严格天然林采伐管理的意见》（国家林业局，2003 年 12 月 15 日）等。

采伐更新有多种方式，基本上可以归纳为三种类型：

（1）皆伐。皆伐更新，即一次性采伐全部成熟林木，在采伐迹地上采取天然更新或人工更新。皆伐出材量大，便于机械化作业，木材生产成本较低。皆伐骤然改变了迹地小气候，土壤和植被发生变化，不利于天然更新，耐阴树种的更新尤为困难，并会引起不同程度的水土流失，不利于生物多样性的保护。容易引起水土流失的山地、陡坡、水湿地、江河两岸、水库集水区以及排水不良的低洼地不适于采用皆伐，因其易引起冲刷与沼泽化。皆伐更新根据伐区大小和形状不同，分为带状皆伐和块状皆伐。

（2）渐伐。渐伐更新，即在较长期限内分若干次（典型为四次）伐尽伐区上的林木，利用保留木下种并为幼苗提供遮阴条件。林木全部采伐完毕后，林地也先行更新。渐伐按照伐区区划方式不同，分为均匀渐伐、带状渐伐和群状渐伐。

渐伐将采伐与更新紧密地结合在一起，是按天然更新的发展过程来进行的。因此，不仅为更新提供了丰富的种源，也为种子的发芽成苗、幼苗幼树的生长发育提供了较好的条件。同时，渐伐有利于保持森林生态环境，持续发挥森林的防护效能。但是，渐伐成本较高，并且技术要求高。

（3）择伐。择伐更新，即单株或群状伐去已达到成熟的林木，林地上仍然保留一定数量的林木。更新在林冠下进行，在全部成熟林木采伐完毕以前更新已经完成。

择伐在采伐后仍保持完好林相，有利于森林生态平衡，更新过程与原始林的自然更新相似。择伐增加了伐木和积材的费用，技术要求较高。

择伐最适于耐阴树种组成的复层异龄林。混有珍贵树种的林分，宜采用择伐将珍贵树种留作母树，使其下种繁殖后代。

提倡小面积块状皆伐。采伐块之间应当保留相当于皆伐面积的林块，对保留的林块，待采伐迹地更新的幼树生长稳定后方可采伐。伐后次年及时造林更新，以维持森林生态系统的稳定性。

7. 配套基础设施建设

指为保证原料林建设质量达到预期目标而同步建设的配套基础设施，主要包括苗圃建设、良种繁殖、土壤改良、林地水利、森林经营管理和主伐更新等相配套的基础设施建设。

二、森林公园建设

1. 森林公园选址和建设布局的环境合理性分析

森林公园建设选址一般选择在森林景观优美、自然景观和人文景观集中的林地，经建设可成为具有一定规模，可供人们游览，休息或进行科学、文化、教育活动的场所。重点应从以下几方面分析：选址必须是林地，不得占用基本农田，一般不占用农民房基地，并征得土地主管部门的同意；森林景观优美或自然景观和人文景观集中；选址必须具有一定的规模，所占的森林和林地面积较大，能容纳较多的游客；选址必须符合城市或区域的总体规划、土地利用规划、林业建设规划；对重点生态公益林、水源保护区、文物古迹等应符合相关要求。选址符合环境保护的法律法规政策和区域的生态保护规划、环境保护规划。森林公园的建设应有利于保护和改善生态环境，并应妥善处理开发利用与保护、游览与生产和服务及生活等诸多方面之间的关系。

依据《森林公园的总体设计规范》，森林公园按其使用功能一般可划分为三大区，即森林旅游区、生产经营区和管理生活区；十个功能区，即游览区、游乐区、狩猎区、野营区、休闲疗养区、接待服务区、生态保护区、生产经营区、行政管理区和居民生活区。

在对拟建的森林公园范围内和周边环境进行全面调查的基础上，认真研究公园建设总体规划、项目建议书或可研报告，着重分析：布局是否合理，是否充分利用了地域空间，是否满足森林公园多种功能的需要。在充分分析各种功能特点及其相互关系的基础上，是否做到以游览区为核心，合理组织各种功能系统，既要突出各功能区特点，又要注意总体的协调性，使各功能区之间相互配合、协调发展，构成一个有机整体。

2. 景点、景区（含游乐区）、景观与旅游路线的分析

分析景点、景区的平面布置，景点、景区的主题与特色，景点内各种建筑设施及其占地面积、体量、风格、色彩、材料及建设标准。

要根据具体情况，明确施工期各景点、景区及游乐区建设所破坏的植被类型及损失的生物量；根据游客与各景点、景区及游乐点的距离判定运营期游客对景点、景区植被的影响程度，即破坏的植被类型及损失的生物量等；旅游路线应尽量选择连接各景区、景点及游乐区的最近线路，线路游览对植被的破坏也应进行预测。

按照林业部《森林公园管理办法》，"在珍贵景物、重要景点和核心景区，除必要的保护和附属设施外，不得建设宾馆、招待所、疗养院及其他工程设施"。

景点、景区、景观以及后文提到的保护工程的生态补偿都涉及风景林的营造和风景林树种的选择问题。风景林质量和艺术水平的提高，很大程度上取决于造林植物的选择和配置。因此森林公园在保护好已有的风景林的前提下，以当地森林植被的植物群落组成和结构的调查研究为基础，遵循适地适树、以乡土树种为主，外来树种为辅、兼顾生态功能和景观效果的树种选择原则。

森林公园风景林树种的选择必须坚持：① 适合本地气候条件；② 适合林地立地条件；③ 适合不同林型生态功能；④ 景观效果好；⑤ 无公害或耐病虫害；⑥ 对污染有一定抗性等条件来选择最适树种。风景林的空间配置，要力求多样化；保持一定的透视景深；巧用对景、造景、障景和隔景的手法，合理配置风景林，使之互相烘托，互相陪衬。

3. 保护工程分析

森林公园建设和发展的关键在于公园内保护工程的建设和运行，森林保护工程建设应将保护放在首位，坚持开发与保护相结合的原则，确保自然生态的良性循环；森林公园保护工程应从实际出发，结合地区特点，分析其建设方案。

森林公园建设必须包括动植物资源的保护、森林防火、森林有害生物防护、景观资源保护、环境污染防治、水土流失保护工程等，并分析项目可研及设计中上述工程是否符合技术规范要求。

4. 旅游服务设施、基础设施工程分析

森林公园的旅游服务设施工程包括餐饮、住宿、娱乐、购物、医疗、导游标志等。这些服务类的设施均建设在园区内，服务对象仅限于游客。它们的设计均应按照游览里程和实际条件、游客规模和需求加以统筹安排，造型新颖，且与周围自然环境协调。各类设施的建设要符合相关的、国家现行的设计规范。

森林公园建设涉及的基础设施工程主要是园内路网和索道等建设，以满足森林旅游、护林及森林公园职工生产生活等需要。另外，还要有配套的给水排水设施、供电设施、供热设施、通信设施、燃气设施和广播电视等。

森林公园基础设施建设应尽量减少工程量，尽可能地使用和修缮原有的基础设

施（如集材道、楞场、废弃苗圃等），必须建设的基础设施尽量选择荒山荒地，不得占用重点生态公益林，尽量减少生物量损失，保护和维持生态平衡。

森林公园的游览内容及设施的设置，必须确保游人安全。

森林公园内垃圾投放应有规定地点，并妥善处理，处置率应达到 100%。垃圾存放场及处理设施应设在隐蔽地带；厕所，应既隐蔽又方便使用。宜设方便残疾人使用的厕所。厕所设置应符合下列要求：按日环境容量的 2%设置厕所蹲位（包括小便斗位数），男女蹲位比例为（1～1.5）∶1；厕所的服务半径不宜超过 500 m。各厕所内的蹲位数应与公园内的游人分布密度相适应。

第三节　环境影响识别与评价因子筛选

一、环境影响识别

1. 原料林基地建设项目

原料林基地建设的主要环节有：清理、整地、育苗、种植、抚育和采伐。育苗在专用的苗圃中进行，清理、整地和采伐属于施工期，育苗、种植和抚育属于生产运行期。按影响因子进行分析，原料林建设项目对环境的影响如表 1-3-2 所示。表中所列的影响指标是采取减缓措施的潜在影响。

2. 森林公园建设项目

森林公园对环境的影响，在不同时期的环境影响因子是不同的。

（1）施工期。森林公园的旅游服务设施和基础设施的建设，均需破坏地表植被，引起水土流失，同时，项目的永久占地和施工的临时占地使区域中绿地数量和空间分布发生改变以及对森林中的动植物产生不可逆的影响。此外施工过程也产生了区域景观的美学影响，局部区域在施工期内裸露的地表造成自然美在视觉上的破坏。施工期产生的建筑垃圾，弃土，扬尘和车辆、机械的尾气，以及生产废水和施工人员的生活污水、生活垃圾对环境都会产生不利的影响。

林相改造在整地、栽植、抚育管理等过程中，只要能够按照相关的技术规范作业，造成的水土流失量就会很小。但是，有的林相改造基本在山上，且有一定的坡度，又经过松土，所以还是存在新增水土流失问题。

（2）运营期。①游客和工作人员、车辆对环境和生态的影响。生态的影响主要是游园活动对森林公园内的森林植物群落和动物资源产生一定的影响。②水污染包括生活污水排放、游乐设施的使用、清洗过程对水质的影响。③车辆尾气、餐饮锅炉废气、油烟等对大气的污染。④车辆及娱乐场所产生的噪声。⑤游客和工作人员的生活垃圾和维护固废对周围环境的影响。⑥森林公园建设的环境影响。按影响因子进行分析，表 1-3-2 中所列的影响指标是采取减缓措施的潜在影响。

表 1-3-2　原料林和森林公园建设项目环境影响分析

环境要素/因子	施工期	生产期	说明	举例
1. 生态系统				
土壤侵蚀	累积性的可逆的不利影响	累积性的可逆的不利影响		不适当的清理、整地和采伐、防火道建设
自然生境（自然植被和野生动物栖息地）	可逆的不利影响		整个造林基地建设改变陆生生态系统的植被类型和野生动物栖息地	
生物多样性		不可逆的不利影响	物种单一化	纯林密植、农药施用、田间除草
森林植被	不可逆的不利影响	可逆的不利影响	生物量的损失可通过复绿、林相改造异地补偿	森林公园建设：施工期的伐木；运营期游客的践踏
生物安全		有风险		不适当的引种
2. 自然资源				
土地资源	占用			人造林基地建设
水资源	消耗	消耗	树木蒸腾耗水量大，地下水位下降	树木种植森林公园建设：游客、工作人员的生活用水
水土保持	水土流失	少量水土流失		森林公园建设：施工开挖地面、清林、整地
土壤肥力		有利影响	增加土壤肥力	林地腐殖质增加
3. 水环境　BOD、COD　营养盐（氮、磷）　悬浮物	累积性的可逆的不利影响	累积性的可逆的不利影响		施工期引起水土流失，生产期施用基肥和追肥
4. 空气环境　粉尘	可逆的不利影响		清理和整地时产生粉尘和烟尘	劈山、炼山、施工期的扬尘
5. 声环境	可逆的不利影响	可逆的不利影响		机械整地、伐木

环境要素/因子	施工期	生产期	说明	举例
6. 固体废物	累积性的可逆的不利影响	累积性的可逆的不利影响	通过收集利用为可逆的	施工期弃土、弃石，温室建筑材料、农膜，枝杈 森林公园建设：建筑垃圾，生活垃圾；运营期的生活垃圾
7. 有毒化学品		不可逆的不利影响		病虫害防治施用农药
8. 社会发展				
人类健康		有利影响/不利影响		净化空气/施用农药
居住环境		有利影响		林地负离子高
景观		有利影响		林地景观
农民收入		有利影响		
农村社区发展		有利影响		
历史文化古迹	可能有不利影响	有利影响	历史文化古迹分级保护	森林公园建设

二、评价因子筛选

1. 原料林基地建设主要评价因子

（1）生态环境。生物多样性（动植物种类、保护动植物、植被类型及分布情况、生物量、森林覆盖率等）；景观生态（生态系统类型、分布、景观优势度）；水土流失（土壤侵蚀程度、面积、侵蚀模数、水土流失治理面积等）；土壤环境（土壤类型、土壤厚度及容重等）；生物安全（外来物种的引进）等。

（2）水环境。pH、COD、BOD、SS、NH_4^+-N、总磷、粪大肠菌群、农药及地下水位等。

（3）固体废物。土石方量、弃土、枯枝落叶等。

（4）声环境。等效 A 声级。

（5）社会经济及文化环境。农业产值、作物产量、林业产值及其占农业产值的比重、对当地经济发展的影响、人均纯收入。

2. 森林公园建设主要评价因子

（1）生态环境。动植物资源（植被类型及分布情况、生物量、森林覆盖率、濒危动植物种类及生境等）；景观结构（生态系统类型、分布、景观优势度、模地、廊道和斑块等）；水土流失（土壤侵蚀强度及侵蚀量等）；生态系统完整性；生物安全（外来物种的引进等）。

（2）地表水环境。pH、COD、BOD、SS、NH_4^+-N、总磷、粪大肠菌群等。

（3）大气环境。SO_2、NO_2、TSP、餐饮油烟等。

（4）声环境。等效声级[dB(A)]。

（5）固体废物。施工期施工人员的生活垃圾、建筑垃圾、弃土、枯枝落叶等；运营期游客、工作人员的生活垃圾，医院和疗养院的医疗废物，枯枝落叶等。

（6）社会经济及文化环境。对当地生态文明的建设、森林资源的保护、经济发展水平、历史文化古迹的影响等。

（7）根据森林公园所在区域的环境状况可增选的评价因子有：酸雨、恶臭、放射性、电磁辐射和地表水中的石油类等因子。

三、环境保护目标

1. 原料林基地建设环境影响和环境保护目标

（1）环境影响。生态系统（生物多样性改变、土壤肥力降低、生物安全和水土流失）、水资源消耗、土地利用格局（景观）、有毒物质（农药）、面源水污染（氮、磷）以及固体废物（树桩、枝杈等）。

（2）环境保护目标。珍稀濒危物种、自然保护区、风景名胜区、水源保护区、森林公园、基本农田保护区、基本草原、重要湿地和生态公益林，所在地区的生物多样性、土壤的质量（土层的厚度、有机质含量和有毒有害物质含量）、受纳水体、地下水源地和其他的环境敏感点。

2. 森林公园建设环境影响和环境保护目标

（1）环境影响。森林生态系统（部分植被破坏、侵占珍稀濒危物种栖息地、生物多样性改变、生物安全和水土流失）、景观、水污染（生活污水）、大气污染（扬尘）、固体废物（生活垃圾、建筑垃圾）。

（2）环境保护目标。公园内珍稀濒危物种、重点生态公益林、水源保护区、历史文化古迹、地质遗迹等，以及森林公园周边的居民区、学校、医院和其他的环境敏感点。

森林公园建成后，除生产经营区外，全园的林木均划为生态公益林，应加以保护。

以上环境保护目标可根据建设项目的实际情况进行确定。

第四节　环境影响评价要点和环境保护措施

一、环境影响评价要点

1. 原料林基地建设评价要点

（1）生态现状评价

项目所在地森林资源现状利用卫片和森林资源两类调查资料（地带性植被类型、林型、立地类型、森林覆盖率、各类林地面积、各类用林面积、退耕还林面积、木材蓄积量）对环境现状进行评价。

主要评价内容：

① 项目所在地主要的环境问题、森林资源特点和用材林生产的主要问题；

② 项目所在地林地动植物物种、珍稀保护物种、植物群落结构与生物多样性，列出国家级和地方保护的动植物名录；

③ 原有原料林基地指标（包括面积、范围、单位木材蓄积量、出材率、木材产量、损益分析等）；

④ 林地土壤状况（土层厚度、土壤种类、土壤容量、土壤有机质含量、氮磷含量）；

⑤ 气候特点、降水量及地下水位、地表水与地下水补给关系等情况；

⑥ 水土流失现状（利用卫星影像图片和实地测试相结合分析土壤侵蚀量、土壤侵蚀面积、土壤侵蚀强度并分析水土流失的成因）；

⑦ 项目所在区域的珍稀濒危物种、自然保护区、风景名胜区、森林公园、基本农田保护区、基本草原、水源保护区、重要湿地，以及文物古迹等环境敏感点的基本情况、保护范围；

⑧ 项目所在地社会经济发展状况（农业、农民生活水平、经济发展水平）。

（2）原料林基地分析

主要对原料林基地建设的环境合理性进行分析。从原料林基地的立地条件、使用的树种、人工林结构等生态方面，以及发展总体规划、土地利用、环境保护和林业建设要求方面论述。

① 原料林基地建设指标，包括面积、范围、单位木材蓄积量、出材率、木材产量、损益分析等。

② 基地建设分析，包括基地选择原则、树种选择、人工林结构、建设规模与布局等。

③ 营林技术分析，包括供种、育苗、造林地选择、清理整地、造林密度及配置、幼林抚育、施肥、病虫害防治、间伐采伐、森林防火等。

④ 采伐方式分析。

⑤ 林业发展总体规划、生态规划、土地利用类型、森林分类经营区划等。宜林荒山荒地、灌木林地、疏林地、采伐迹地、火烧迹地及其他适于发展原料林建设的土地。

（3）森林资源供求关系与影响分析

主要分析基地生产能力是否能满足造纸厂的需求以及在短缺情况下的解决途径。

① 需求量包括对不同规划水平年的木材需求量的分析。主要调查造纸厂木浆年产量、木材产浆系数、纸浆材年需量、纸浆材缺口。

② 供应量包括对不同年份的木材供应量的分析。涉及已落实的现有林业基地、新建林业基地、规划林业基地以及农民自有林地的面积、木材蓄积量、合理年采伐量和年木材产量。

③ 供求平衡分析。

④ 解决途径分析：分析影响纸浆材供求平衡的因素，提出实现供求平衡的途径。

（4）原料林基地影响评价

① 占用土地的影响分析。占用土地面积、原有土地利用方式以及转变为林地以后带来的影响。

② 对自然生态系统生产力影响评价。通过计算自然体系生产力变化，对原料林基地建设前后评价区生产能力的变化情况及建设地生态系统稳定性进行评价分析。

③ 对水源涵养的分析。在土壤调查的样地内，同时调查林地凋落物。采集样方内枯枝落叶，分未分解、半分解和全分解分别称量；带两份样品回实验室，一份用于测定枯枝落叶含水率，另一份用于测定枯枝落叶层物理性质（最大持水量）。

④ 对区域水平衡和地下水位影响的分析。原料林基地建设面积大，森林需要吸收和蒸发大量的水分，改变了局地气候，同时使所在区域水平衡发生了改变。通过计算和类比调查，对其地下水水位以及地表水和地下水的补给关系产生的影响进行分析并作出评估。

⑤ 对水土流失的影响。分析生产基地造林营林等各种生产活动中引起水土流失的因素。选择不同林地类型，推算各种林地类型的水土流失量。重点在建设前、建设后，采伐前和采伐后水土流失的估算。根据上述计算结果，对基地建设、各种生产措施造成的水土流失后果作比较和评价。

⑥ 对生物多样性的影响。生物多样性的调查是在林分组成结构调查和林地植物调查的基础上进行的，取得各种植物种类、数量、盖度等数值，计算各种类型林地树种、植物的多度、丰富度和多样性指数等。

⑦ 明确原料林基地建设对所在区域的珍稀濒危物种、自然保护区、风景名胜区、森林公园、基本农田保护区、基本草原、水源保护区、重要湿地，以及文物古迹等

环境敏感点的影响程度、影响范围，并绘出原料林基地与生态敏感点的叠加图件。

除对浆纸林基地内部的小区域生物多样性进行分析以外，还须对基地林所在地区的整体生物多样性进行分析和评价。

2．森林公园建设评价要点

（1）环境现状调查

① 生态现状调查

生态现状调查必须在大量收集现有资料（如遥感资料、森林资源两类调查资料等）的前提下，进行实地踏勘、调查。主要是：土地利用现状、植被动物现状、水土流失现状等。具体可参考原料林基地建设生态现状调查部分。

生态现状调查重点是：珍稀濒危物种、生态公益林、水源保护区、历史文化古迹、地质遗迹等，以及森林公园周边的居民区、学校、医院和其他的环境敏感点。

② 污染现状调查和评价

主要包括森林公园所在区域的污染源现状调查以及大气环境、水环境、声环境等环境质量现状监测与评价。

③ 原有项目的环境问题和"以新带老"的措施

森林公园建设项目是以原有林场为基础建设的，所以要分析原有的环境问题以及新建森林公园如何解决遗留的环境问题。

（2）森林公园建设的分析

森林公园建设的分析包括工程分析和公园建设的环境合理性分析，同第二节森林公园建设工程分析。

（3）生态影响分析

① 对动植物的影响预测与分析

施工期：重点在对拟破土区域的动植物调查的基础上，通过计算和分析，得出其损失情况，包括植被类型、面积、生物量、珍稀濒危动植物栖息地的影响程度。

营运期：通过对不同影响源潜在影响区域的分析，参考表 1-3-3。将评价区域划分为显著影响区域、一般影响区域和轻微影响区域三类。通过分析不同类型影响区域的影响特点和生物反映特点，确定评价区内显著影响区域、一般影响区域和轻微影响区域的区间和面积。

通过分析以上不同影响区类型的空间特性，便于弄清影响区域的空间特点；了解人为活动对公园内动植物的直接、间接干扰，为各类预防性保护和管理方案的编制提供支撑条件。

② 对评价区自然体系生态完整性影响的预测

预测评价区内自然体系生产能力变化、自然体系的稳定状况、景观生态的影响。各工程建设对公园内景观生态的影响，采用生产力估算方法和景观生态学方法进行预测与评价。

表 1-3-3　不同类型影响区域的人为干扰和生态影响特点

区域类型	人为干扰特点	生态影响特点
显著影响区域	紧邻人为活动区域，易遭受建设过程中的多种直接机械干扰，运营过程中则将面对所有游客多种类型的直接人为干扰，包括践踏、生物采集、土壤扰动和各类污染物排放等	动植物种类将受到严重干扰，其中植物种类受干扰最大，而动物种类则可能会放弃这一区域的生境
一般影响区域	通常面对一些强壮游客或刻意性游憩活动（如探险）的直接人为影响，也可受到建设活动和游憩行为的视觉、声音等间接影响	植物种类一般会受到轻微影响，但动物种类仍将受到显著干扰，一些敏感物种可能会放弃这一区域的生境
轻微影响区域	该区域通常不会受到游客和建设活动的直接影响，但可遭受一些视觉和声音方面的间接影响	植物种类一般不会受到影响，但一些对人类活动敏感的动物种类还会受到显著影响

③ 水土流失预测与评价

项目建设对公园水土流失的影响主要体现在施工期，而运营期水土流失影响较小，对于施工期项目建设对公园水土流失的影响，采用《环境影响评价技术导则》中推荐的美国"通用土壤流失方程"进行预测，以确定本项目可能产生的水土流失量，并分析其潜在的危害。

林相改造区水土流失预测，我国目前还没有关于林相改造过程新增水土流失量的预测方法，因此，可通过分析林相改造的程序、现场调查等方法来估算其新增水土流失量。新增水土流失量的预测方法可采用经验公式法。

（4）污染影响预测与评价

森林公园建设对大气环境、水环境、声环境及固废的影响分析均按《环境影响评价技术导则》相关内容进行预测分析。

（5）环境敏感点的影响预测与评价

在生态影响分析和污染影响预测与评价中要注重对森林公园内外珍稀濒危物种、生态公益林、水源保护区、历史文化古迹、地质遗迹等，以及森林公园周边的学校、医院、居民区和其他的环境敏感点的影响预测、分析和评价。

（6）外污染源对森林公园的影响分析

可利用森林公园周围企业的竣工验收报告或经环保部门审批的建设项目环境影响报告书、全国污染源普查中的相关数据会同环境现状调查和监测所获得的数据进行分析。

3．评价相关标准

《环境影响评价技术导则——非污染生态影响》（HT/T 19—1997）；《地下水质量标准》（GB/T 14848—1993）；《地表水环境质量标准》（GB 3838—2002）；《环境空气

质量标准》（GB 3095—1996）；《土壤侵蚀分类分级标准》（SL 190—2007）。评价中，除按照环境功能区划选用相应的评价标准外，常用的林业行业标准有：

> 《公益林与商品林分类技术指标》（LY/T 1556—2000）
> 《速生丰产用材林建设导则》（LY/T 1647—2005）
> 《造林技术规程》（GB/T 15776—2006）
> 《森林抚育规程》（GB/T 15781—2009）
> 《集约经营用材林基地造林总体设计规程》（GB/T 15782—1995）
> 《森林采伐作业规程》（GB/T 1646—2005）
> 《生态公益林建设系列标准》（GB/T 18337—2001）
> 《中国森林公园风景资源质量等级评定》（GB/T 18005—1999）
> 《森林公园总体设计规范》（LY/T 5132—1995）

二、环境保护措施

1. 原料林基地建设环境保护措施

（1）森林植被和物种多样性保护措施

① 不在自然保护区、风景名胜区、生态公益林区、基本农田保护区安排林业建设基地。

② 不引入新物种，如需引入新的物种时首先应进行生态风险评价。对引入的新品种种子、苗木进行检疫，防止新的病虫杂草随苗木带入。

③ 防止物种单一。防止纯林种植过密，保护林下植被的多样性。防止纯林面积过大。在造林整地时，注意保护造林地周围的天然次生林、灌木林，严禁砍伐，这样造林基地将与天然林形成块状混交林。一定面积的林地（如不超过 3.34 hm² 的竹林），横纵各建一条一定宽度的（如 20 m）乔灌混生的隔离带，起到阻断和隔离病虫害的作用。营造混交林，防止炼山和全垦整地，不同森林群落实行轮作。

④ 保护好天敌，利用自然界物种的平衡来控制病虫害。避免滥用农药，避免大剂量反复使用一种农药，防止昆虫出现抗药性。

⑤ 林纸基地要划出生物通道，保障动物活动区域间的连通，从而保证动物种群的最小栖息面积。

（2）水土保持措施

① 使用坡度大于 25°的退耕还林地造林的，不得进行常规管护，减少扰动地表的次数，对人为活动要尽力加以限制，禁止使用对地表扰动较大的工艺。

② 在发展原料林基地时，进行水土流失防护设计。

③ 人工管护过程中做好防止坡地水土流失的工作，具体措施包括：块状整地，"品"字形布置，保留块间原有灌草和小乔木等植被。栽植后用清除的杂草、小灌木

覆盖在栽植穴的周围，以防止雨水对地表的直接冲刷。成林复垦后，同样用枯枝落叶覆盖地表，保持水土，涵养水源。人工管护一般要在非雨季进行。减少中耕除草、耕地开沟、削山掘土、挖除竹篱等管护措施的次数。

④ 分年度造林，合理确定轮伐期，降低由于皆伐造成的土地裸露。

⑤ 不在水土流失易发生的地区建设林业基地。

（3）农药肥料污染的减缓措施

① 选用抗病虫的苗木，引种时对种子和苗木进行检疫，防止病虫害传播。通过间作其他树种，多植混交林，使林地地底层灌木、草本植物自然生长，保持林间的生物多样性和生态稳定性，可以减少农药的使用。

② 不用或少用农药，如发生病虫害需要使用时，要选用高效低残留农药，或使用生物农药。

③ 以有机肥和化肥作为底肥，以减少肥料的流失；与豆科作物间作、套种，这样可以减少化肥的使用量。

④ 施肥采用在林木根部或幼林树冠外缘上坡挖穴深施，并结合抚育进行覆土，不在地表撒施。

（4）环境保护监测

确定原料林基地的监测样地（点），制订环境监测方案，包括水土流失监测、土壤肥力监测、病虫害监测、地下水位的监测，进行长期跟踪监测。

2．森林公园建设环境保护措施

（1）生态保护措施

① 防护措施。对特殊区域、地段，进行重点保护，对古树名木、重点保护野生植物要挂牌，有专人负责；园路或景点的修建不得侵占濒危动植物的栖息地；为防止引进外来物种，应建立森林公园相关规章制度，防范无意或有意引进外来入侵有害物种。

② 减缓措施。按核准的环境容量控制旅客的规模；应进行生态学设计，减少破碎化程度的设计和岛屿之间、园道之间的生物通道设计等；施工期为消减对周围植被的破坏，应标桩化界，并禁止施工人员进入非施工区域等。

③ 补偿措施。项目在施工过程中，对被占用的林地必须补偿。森林公园的生态补偿措施主要是种树种草等绿化工程。植树造林、林相改造以本土优良风景林树种为主，营造混交林，避免单一林相。

④ 恢复措施。生态恢复的技术方案基本围绕有序演替的过程来进行，也可以根据项目所在区域的地形特点，因地制宜。为了保持协调的视觉景观，在进行植被恢复过程中，首先应营造与山坡林相一致的树种；在考虑生态恢复时，还要特别注意尽量利用现有的资源，尤其是土壤资源和生物资源。例如表土层含有的丰富的有机物质和植物种子、块根、块茎等繁殖体，均是可以利用的宝贵资源。

年游客量对个别景点带来的负面影响较大，公园内可设置多个备用景点，各个景点间进行轮换休息恢复，以保护森林风景资源。例如，长春净月森林公园 2008 年开始新建森林浴场 1～2 个，实行 2～3 年轮换使用源。

（2）水土流失防治措施

森林公园的主辅工程建设应该分期分批进行；选择合适的施工期，土方工程尽量避开雨季；在施工场地修建排水沟、沉砂池、挡土墙，施工开挖后的地面及时硬化，应尽量缩短施工期限。项目完成后，应对陡坡进行工程、生物或两者相结合的护坡措施，以防止雨季造成水土流失、塌方、泥石流。

（3）污染防治措施

① 森林公园集中的生活污水可自行处理，也可以通过市政管网，进入城镇污水处理厂处理。自建污水处理厂要达标排放，建议自行处理后的水质最好达到《城镇污水处理厂污染物排放标准》一级 A 标准，经消毒后回用于绿化或景区生态补水。分散的水冲厕所要上小型处理装置，处理达标后，可用于绿化；分散的旱厕要及时清运，集中堆肥；其中，疗养院和医院废水需要先消毒后再进入自建的污水处理厂或市政管网。

② 控制进园车辆；对餐饮油烟按规定安装油烟净化器，选用低硫燃料；锅炉应装高效脱硫除尘装置，处理达标后实施高空排放。

③ 园内垃圾进行分类收集和集中收集，及时清运至垃圾填埋场或垃圾焚烧场。其中灯管、电池等危险废物交由专业的有资质的单位处理。疗养院和医院的医疗废物要送至有资质的专门的医疗废物焚烧场处理。抚育采伐和林相改造产生的小径木、枝杈材进行综合利用，可作为纤维板、刨花板的原料。

④ 尽量利用天敌等生物措施防治病虫害，若没有成熟技术条件则应使用高效低毒的农药，不得使用国家规定的淘汰的农药。需要施肥的花草树木应施底肥，追肥应采用穴状法，以防治面源污染水环境。

（4）节能减排、清洁生产措施

森林公园内生活、娱乐设施最好使用节水器具；生活污水处理后尽量做到中水回用；建筑设施按国家或地方建筑节能规定设计，尽量使用风能、太阳能；园内游览车选用电瓶车，以减轻其对能源的消耗和污染物的排放等。

（5）环境保护管理

实施岗位和目标管理责任制；制定生态防护和环境保护管理制度，保障生态、环境保护工作的正常运行；对于集中的生活污水和锅炉废气实行污染物总量控制；加强游客直接、间接的管理，控制入园游客规模，对游客进行事先教育，通过法律、制度制约游客不良行为；实行政府主导、社会参与的管理模式；通过建立生态和环境监测制度，及时观测生态和环境的变化，防止生物多样性的损失和生态系统的失调以及环境的污染；公园主要路口和重要景点应设生态保护和环境保护的宣传牌、警示牌，提醒人们重视生态环境保护。

第五节　环境影响评价中应关注的问题

一、原料林基地建设应关注的问题

1. 纸浆林基地的主要生态影响

（1）生态系统结构均化、功能简化，物种多样性减少

纸浆林是一种人工的纯林，选用的是速生丰产林树种，与天然林相比，其自然性较低。集约化造林往往在整地过程中将原有的乔木和灌木基本清除，而被培育成为绝对优势种群，林下植被难以发育，通常形成单层结构，生物多样性明显降低。为保证林基地速生丰产，还要翻耕土地，施肥，喷药杀虫防病，这就使该系统受外来干扰频繁，稳定性随之下降。

大面积纯林经营造成林内外环境剧烈改变，导致生态问题日益凸显。主要表现在纯林病虫害发生频繁，种类增多，危害严重。而且由于速生浆纸林基地更强调集约化经营、超短期轮伐等而使问题进一步加剧。

在发展林基地时，如果企业受经济利益的驱动，占用天然林地，或用速生丰产林或速生纯林取代天然林，或者营林措施不当，或者速生丰产林基地在一个地区占的面积过高，将会带来严重的生态灾难。

（2）快速消耗地力，使得土壤贫瘠化

浆纸林长到一定规格时要收获，不具有公益林的结构和功能，也没有其他用材林那样较长时间的稳定性，它更像是一种多年生的"庄稼"，但它比"庄稼"更快更多地消耗土壤中的各种营养成分，容易使土壤贫瘠化。清除地表植物不仅引发表土流失，使土壤微型动物和土壤微生物减少，还会影响有机物（植物茎叶及其他有机肥）的腐烂分解利用，进而影响土壤肥力。

（3）容易造成水土流失

翻耕土地，清除杂木杂草，显著降低表土层的稳定性，容易造成水土流失。特别是在坡地上的林基地，这个问题会更加突出。造林地的径流和土壤侵蚀主要发生在造林施工当年和次年，造林前的炼山清场（或全面清场）和整地作业，是导致造林水土流失的主要原因。而且轮伐期越短，水土流失发生越频繁。

（4）水资源消耗

速生丰产林生长需要大量的水分，降水量有限的地区会对局部地段地下水位产生干扰，进而影响社会用水和生态用水。

（5）外来物种的入侵

大规模引进外来树种如桉树发展林纸一体化，会对我国局部区域生物多样性丰富地区的生态带来不利影响。因为桉树人工林种植过密会抑制林下植被的生长，这就是所谓的"桉林下不见草"。有资料表明，随连栽伐次的增加，桉树林下植被丰富度降低，多样性指数下降，生物量明显减少。

2．林纸基地区域的规划环评

林纸一体化工程建设包括东南沿海地区、长江中下游地区、黄淮海地区、东北地区及西南地区共五大区，涉及广东、山东、吉林等共 21 个省、区、市。涉及的省、市、区应制定区域林纸一体规划并进行规划环评。

列入规划的各省、自治区和直辖市，应根据自然条件、林地资源、水资源和造纸发展基础以及环境保护总体要求确定总体发展目标和分区布局方案。

对于 500 mm 等雨量线以西，个别灌溉条件较好，且具有制浆造纸龙头企业的地区，需发展林纸一体化工程时，应在规划层次上进行环境影响评价，从资源、环境、社会和经济等方面论证发展规模、布局、选址的环境合理性。

3．原料林基地选址

作为林纸一体化的原料林基地必须在《重点地区速生丰产用材林基地建设工程规划》和《全国林纸一体化工程建设"十五"及 2010 年专项规划》的范围内，并被纳入所在省区商品林用地规划；不允许与"天然林保护工程""三北和长江中下游地区等重点防护林体系建设工程""退耕还林还草工程""京津风沙源治理工程""野生动植物保护及自然保护区建设工程"等生态公益林建设在地域上或相关规定上有冲突，因上述工程作为我国生态公益林建设的主要内容，对水源涵养、水土保持、防风固沙等发挥着巨大的生态效益。确保林基地选址与生态公益林建设分开，应服从生态建设的需要，保护天然林资源，不与水土保持林、水源涵养林竞争土地资源，以加强生态公益林的保护和管理，改善生态，促进经济和社会可持续发展。

原料林基地选址不应占用具有较高生态价值的湿地和滩涂。在东北和内蒙古东部地区，特别需要注意对湿地资源的保护，防止原料林基地建设导致湿地资源退化。

同时做好与退耕还林、退耕还湖工程的衔接。利用退耕还林地发展原料林基地的项目，应符合国家有关退耕还林条例的要求，符合所在省区退耕还林的总体计划安排。利用退耕还湖用地发展原料林基地的项目，应符合国家关于退耕还湖的有关政策和要求，基地建设应纳入相关湖泊综合整治规划或计划之中；防止占用耕地，保护基本农田；要禁止毁好林造林。

应按照国家有关速生丰产林营林的标准和规范营造速生丰产林基地；提倡块状针阔混交造林，使林地灌丛自然生长；避免形成大面积连片的速生纯林。

以改培林为主发展速生丰产林基地的地区（如东北和内蒙古东部地区），应禁止将现有的混交林转变为速生纯林，避免改变现有生境拼块格局，确保景观异质性和留有生态走廊，以保障生态体系的稳定性；在以新造林地为主发展速生丰产林基地的地区，其生态多样性指标不宜低于现状生态多样性指标。

4. 纸浆原料林基地的造林面积的落实

从已建、正建、待建的几个林纸一体化项目的进展情况来看，原料林基地建设面积的落实是整个项目顺利进行的关键之一。无论是环境影响评价，还是原料林基地建设的可行性研究报告，都要求原料林基地若占用林地，要落实到林业小班；占用非林地的荒山荒地和撂荒坡耕地要落实到地块。建设单位要与土地的权属人签订合同或协议。这就需要原料林基地的环境影响评价工作要和原料林基地小班或地块的落实同步进行，一定要保证其符合环境保护的要求。

二、森林公园建设项目

1. 必须坚持"以生态优先"的原则，严防生态破坏

坚持"以生态优先"的原则，①必须对区域内的动植物，尤其是对重点公益林、水源保护区以及濒危动植物进行详细调查，充分掌握其数量、分布等情况，从生态角度审视建设方案，判断公园的功能区划、景区景点、道路、索道、服务设施、办公场所等布置的合理性，并分析其保护工程是否合适、到位，严防生态破坏。如泰山在 1983 年修建从中天门到南天门的索道时，著名景观月观峰的峰面被炸 1/3，形成大面积的生石面和倒石堆，破坏地貌及植被 1.9×10^4 m²；湖南张家界国家森林公园天子山景区修建的垂直观光电梯，直接影响到景区的自然环境，被世界遗产组织亮黄牌警告。②杜绝外来有害生物的入侵。外来种的入侵将会引起直接减少物种数量；间接减少依赖于当地物种生存的物种的数量；改变当地生态系统和景观；对火灾和虫害的控制和抵抗能力降低；土壤保持和营养改善能力降低；水分保持和水质提高能力降低；生物多样性保护能力降低等生态系统灾难性的破坏等严重后果。因此植树造林进行绿化时尽量选取当地优良品种，《林业有害生物发生及成灾标准》（LY/T 1681—2006）所涉及的有害生物是我们在评价中要特别关注的。③生态补偿生物量要大于损失量。对于同步的林相改造、道路绿化等绿化工程，其完工后补偿的生物量应远大于损失的生物量。④施工期、运营期均应实施环境监理制度。主要监督施工期的生态防护、污染防治措施的落实和实施；运营期应进行生态监测和加强污染处理设施的监管，保证设施的正常运行。⑤对需要特殊保护的生态公益林要采取封禁管理等措施，涉及水源保护区的要严格执行《水污染防治法》等有关法规规定。

2. 根据环境容量严格控制游客规模

构成自然景观的生态系统对旅游活动本身存在一定的承载能力，这种承载能力由生态系统的结构决定，超过其承载能力的旅游活动将使旅游区生态系统结构发生

变化、旅游区旅游功能丧失。超过景点容纳容量的超规模接待将破坏旅游区自然生态系统平衡，表现在：①由于旅游区本身设施的不完善和游客素养不高，随着旅游活动规模的扩大，景点垃圾遗弃量日益增加。旅游区内污水横流、大量垃圾随意抛撒堆积，破坏了自然景观，污染了景点水体，使旅游区水体富营养化。②大量游人将旅游区土地踏实，使土壤板结，树木花草死亡；大量游人在山地爬山登踏，破坏了自然条件下长期形成的稳定落叶层和腐殖层，造成水土流失，树木根系裸露，山草倒伏，从而对旅游区的景观资源和生态系统带来危害。比如，一些溶洞因游客过多，开发时间过长，洞内的石笋、钟乳风化、变黄，表面疏松、脱离，观赏价值大为降低。而某些山地景区则出现了明显的城市化倾向。如庐山景区，随着人民生活条件和生活水平的改善，休养区、疗养院、宾馆、接待中心等各种建筑如雨后春笋般出现在旅游区，庐山俨然变成了一座山城。

因此森林公园的建设，应注重规划，注意功能分区的合理性。科学预测环境容量，严格控制园区的游客规模，处理好资源、环境和旅游业发展的关系，这样既能保护公园森林生态系统和旅游资源免遭退化和破坏，又能保证旅游者的满意度和旅游体验，避免因游客量饱和与超载而破坏公园森林生态系统，从而引发生态安全问题。解决游客超员除了采取带薪休假、调整黄金周等全国性措施外，还应结合当地情况，利用经济和行政的手段以及技术手段，如运用 GPS 等手段来控制游客的规模。

3. 外环境对森林公园的影响

外环境污染源对生态旅游区的不良影响在全国范围内是常有发生的，如在云南石林旅游区建设大型水泥厂，在北京周口店猿人遗址建设灰窑、煤窑等。森林公园建成后，要将其作为环境的敏感点加以保护。建设方与地方政府应积极协商，调整区域建设规划和经济结构类型、生产力布局，采用关停并转和限期治理等方式防治外污染源对森林公园的不良影响。

第四章　畜　牧　业

畜牧业是现代农业产业体系的重要组成部分。它为城乡居民提供优质的蛋白质（肉、蛋、奶）食品和其他畜产品，改善人们膳食结构，对提高国民体质具有重要意义；同时它对增加农民收入，促进农业结构优化升级有重要作用。它能为种植业提供优质肥料，构成农村经济的良性循环。但是，如果养殖数量过多会造成粪便污染严重、草原超载等问题。

中国农业几千年经久不衰，与我国农业种养结合的模式有很大关系。几千年来我国农业生产一直采取家畜—肥料—粮、果、菜为主的生产模式。土地收纳家畜的粪尿，粪尿中富含有机质和氮、磷、钾以及微量元素等成分，化学元素被作物吸收，有机质经过微生物分解和自然合成作用转化成为土壤腐殖质，改善了土壤结构和肥力。但是，从 20 世纪 80 年代以来，我国畜牧业迅猛发展，集约化养殖场以及养殖专业村、乡和镇的出现，使畜禽粪便产生量急剧增加，集约化养殖中的粪便问题日益突出。矛盾主要表现在以下几方面：①粪便常年产出与农田使用集中的矛盾，动物粪便主要作为基肥在春耕和秋耕时施用；②粪便产生量和农田消纳量的矛盾，养殖规模的不断扩大与农田种植规模不断缩小造成矛盾日益突出；③化肥的大量供应减少了农民对有机肥的需求，化肥运送施用方便降低了生产成本，而家畜粪便则因运送施用不便增加了生产成本。

我国是一个草原资源大国，拥有各类天然草原近 4 亿 hm^2，主要分布在内蒙古、新疆、西藏、青海、四川和宁夏等省（自治区），草原总面积仅次于澳大利亚，居世界第二位；但人均占有草原面积只有 0.33 hm^2，仅为世界平均水平的一半。当前草原保护、管理中出现了一些亟待解决的问题：①超载过牧、乱垦滥挖草原的现象严重，部分草原的鼠害、病虫害还未得到有效控制，草原沙化、退化、荒漠化的趋势加剧；②草原承包中重利用轻养护、重索取轻建设等掠夺性经营的现象比较突出；③对草原投入不足，草原基础设施和服务体系建设滞后；④对破坏草原等违法行为的处罚力度不够。

第一节　产业政策和行业环境管理

一、产业政策

《国务院关于促进畜牧业持续健康发展的意见》（国发[2007]4 号）明确指出，"十五"以来，我国畜牧业取得了长足发展，综合生产能力显著提高，肉、蛋、奶等主要畜产品产量居世界前列，畜牧业已经成为我国农业农村经济的支柱产业和农民收入的重要来源，进入了一个生产不断发展、质量稳步提高、综合生产能力不断增强的新阶段。但我国畜牧业发展中也存在生产方式落后，产业结构和布局不合理，组织化程度低，市场竞争力不强，支持保障体系不健全，抵御风险能力弱等问题。因此，要加快推进畜牧业增长方式转变。即（一）优化畜产品区域布局。要根据区域资源承载能力，明确区域功能定位，充分发挥区域资源优势，加快产业带建设，形成各具特色的优势畜产品产区。东部沿海地区和无规定动物疫病区要加强畜产品出口基地建设，发展外向型畜牧业。中部地区要充分利用粮食和劳动力资源丰富的优势，加快现代畜牧业建设。西部地区要稳步发展草原畜牧业，大力发展特色畜牧业。（二）加大畜牧业结构调整力度。继续稳定生猪、家禽生产，突出发展牛羊等节粮型草食家畜，大力发展奶业，加快发展特种养殖业。（三）加快推进健康养殖。发展规模养殖和畜禽养殖小区，抓好畜禽良种、饲料供给、动物防疫、养殖环境等基础工作，改变人畜混居、畜禽混养的落后状况，改善农村居民的生产生活环境。全面推行草畜平衡，实施天然草原禁牧休牧轮牧制度，保护天然草场，建设饲草基地，推广舍饲半舍饲饲养技术，增强草原畜牧业的发展能力。（四）促进畜牧业科技进步。（五）大力发展产业化经营。

二、行业环境管理

畜牧业的环境管理主要有以下几个方面：（1）防止环境污染，对畜禽粪尿的管理、对动物疾病和人畜共患病的控制；（2）防止生态破坏，草原保护；（3）控制养殖生产条件和防止饲料添加剂、兽药滥用以保证畜产品质量安全。

1. 畜禽养殖污染防治管理

《中华人民共和国动物防疫法》规定动物饲养场（养殖小区）和隔离场所，动物屠宰加工场所，以及动物和动物产品无害化处理场所，应当符合下列动物防疫条件：（一）场所的位置与居民生活区、生活饮用水水源地、学校、医院等公共场所的距离符合国务院兽医主管部门规定的标准；（二）生产区封闭隔离，工程设计和工艺流程符合动物防疫要求；（三）有相应的污水、污物、病死动物、染疫动物产品的无害化处理设施设备和清洗消毒设施设备；（四）有为其服务的动物防疫技术人员；（五）有完善的动物防疫制度；（六）具备国务院兽医主管部门规定的其他动物防疫条件。

为防治畜禽养殖污染，保护环境，保障人体健康，国家环境保护总局于 2001 年 5 月 8 日发布了《畜禽养殖污染防治管理办法》（2001 年 3 月 20 日国家环境保护总局令第 9 号，以下简称《办法》）。《办法》禁止在以下区域建设畜禽养殖场：（1）生活饮用水水源保护区、风景名胜区、自然保护区的核心区及缓冲区；（2）城市和城镇中居民区、文教科研区、医疗区等人口集中地区；（3）县级人民政府依法划定的禁养区域；（4）国家或地方法律、法规规定需特殊保护的其他区域。《办法》颁布前已建成的、地处上述区域内的畜禽养殖场应限期搬迁或关闭。

一些省市也制定了控制畜禽养殖污染的地方法规，如《上海市畜禽养殖管理办法》（2004 年 7 月 1 日），《北京市畜禽养殖场污染治理规划》（2002 年 2 月 20 日）。

2. 动物防疫和人畜共患病控制

经历了非典型性肺炎和高致病性禽流感袭击的中国，人们越发认识到动物防疫在国家生活中的重要意义。

我国是世界第一养殖大国，家禽和生猪饲养量居世界首位。重大动物疫情的发生，不仅严重影响养殖业的健康发展和农民的持续增收，而且严重威胁公共卫生安全和经济社会的发展大局。

为了促进畜牧业健康发展，并控制人畜共患病和寄生虫病（如高致病性禽流感、狂犬病、炭疽、结核、布氏杆菌病、猪囊尾蚴病、旋毛虫病等）以免给人民健康带来威胁，国家颁布了《中华人民共和国动物防疫法》《家畜家禽防疫条例》等法律法规，规定了"预防为主"的畜禽防疫方针。

按照国家法律，动物疫病被分为三类：一类疫病，是指对人与动物危害严重，需要采取紧急、严厉的强制预防、控制、扑灭措施的；二类疫病，是指可能造成重大经济损失，需要采取严格控制、扑灭措施，防止扩散的；三类疫病，是指常见多发、可能造成重大经济损失，需要控制和净化的。

农业部于 2008 年 12 月 11 日公布了一、二、三类动物疫病病种名录（表 1-4-1）。

表 1-4-1　一、二、三类动物疫病病种名录

疫病种类	疫病名称
一类动物疫病（17种）	口蹄疫、猪水泡病、猪瘟、非洲猪瘟、高致病性猪蓝耳病、非洲马瘟、牛瘟、牛传染性胸膜肺炎、牛海绵状脑病、痒病、蓝舌病、小反刍兽疫、绵羊痘和山羊痘、高致病性禽流感、新城疫、鲤春病毒血症、白斑综合征

疫病种类	疫病名称
二类动物疫病（77种）	多种动物共患病（9种）：狂犬病、布鲁氏菌病、炭疽、伪狂犬病、魏氏梭菌病、副结核病、弓形虫病、棘球蚴病、钩端螺旋体病 牛病（8种）：牛结核病、牛传染性鼻气管炎、牛恶性卡他热、牛白血病、牛出血性败血病、牛梨形虫病（牛焦虫病）、牛锥虫病、日本血吸虫病 绵羊和山羊病（2种）：山羊关节炎脑炎、梅迪—维斯纳病 猪病（12种）：猪繁殖与呼吸综合征（经典猪蓝耳病）、猪乙型脑炎、猪细小病毒病、猪丹毒、猪肺疫、猪链球菌病、猪传染性萎缩性鼻炎、猪支原体肺炎、旋毛虫病、猪囊尾蚴病、猪圆环病毒病、副猪嗜血杆菌病 马病（5种）：马传染性贫血、马流行性淋巴管炎、马鼻疽、马巴贝斯虫病、伊氏锥虫病 禽病（18种）：鸡传染性喉气管炎、鸡传染性支气管炎、传染性法氏囊病、马立克氏病、产蛋下降综合征、禽白血病、禽痘、鸭瘟、鸭病毒性肝炎、鸭浆膜炎、小鹅瘟、禽霍乱、鸡白痢、禽伤寒、鸡败血支原体感染、鸡球虫病、低致病性禽流感、禽网状内皮组织增殖症 兔病（4种）：兔病毒性出血病、兔黏液瘤病、野兔热、兔球虫病 蜜蜂病（2种）：美洲幼虫腐臭病、欧洲幼虫腐臭病 鱼类病（11种）：草鱼出血病、传染性脾肾坏死病、锦鲤疱疹病毒病、刺激隐核虫病、淡水鱼细菌性败血症、病毒性神经坏死病、流行性造血器官坏死病、斑点叉尾鮰病毒病、传染性造血器官坏死病、病毒性出血性败血症、流行性溃疡综合征 甲壳类病（6种）：桃拉综合征、黄头病、罗氏沼虾白尾病、对虾杆状病毒病、传染性皮下和造血器官坏死病、传染性肌肉坏死病
三类动物疫病（63种）	多种动物共患病（8种）：大肠杆菌病、李氏杆菌病、类鼻疽、放线菌病、肝片吸虫病、丝虫病、附红细胞体病、Q热 牛病（5种）：牛流行热、牛病毒性腹泻/黏膜病、牛生殖器弯曲杆菌病、毛滴虫病、牛皮蝇蛆病 绵羊和山羊病（6种）：肺腺瘤病、传染性脓疱、羊肠毒血症、干酪性淋巴结炎、绵羊疥癣、绵羊地方性流产 马病（5种）：马流行性感冒、马腺疫、马鼻腔肺炎、溃疡性淋巴管炎、马媾疫 猪病（4种）：猪传染性胃肠炎、猪流行性感冒、猪副伤寒、猪密螺旋体痢疾 禽病（4种）：鸡病毒性关节炎、禽传染性脑脊髓炎、传染性鼻炎、禽结核病 蚕、蜂病（7种）：蚕型多角体病、蚕白僵病、蜂螨病、瓦螨病、亮热厉螨病、蜜蜂孢子虫病、白垩病 犬猫等动物病（7种）：水貂阿留申病、水貂病毒性肠炎、犬瘟热、犬细小病毒病、犬传染性肝炎、猫泛白细胞减少症、利什曼病 鱼类病（7种）：鮰类肠败血症、迟缓爱德华氏菌病、小瓜虫病、黏孢子虫病、三代虫病、指环虫病、链球菌病 甲壳类病（2种）：河蟹颤抖病、斑节对虾杆状病毒病 贝类病（6种）：鲍脓疱病、鲍立克次体病、鲍病毒性死亡病、包纳米虫病、折光马尔太虫病、奥尔森派琴虫病 两栖与爬行类病（2种）：鳖腮腺炎病、蛙脑膜炎败血金黄杆菌病

3. 食物安全

动物产品的安全与卫生，不仅关系到畜牧业生产和畜牧业经济，还关系到人类的身体健康和生存环境，这已成为世界各国政府和人民广泛关注的政治性问题。长期以来，我国的畜牧业管理者和生产者追求提高动物产品和动物食品的数量，忽略了动物产品和动物食品质量安全性问题。一方面，人们对安全、卫生、营养、健康越来越关心，对动物产品质量的要求越来越高。另一方面，我国加入 WTO 后，如果动物产品安全问题不解决，我国动物产品出不去，外国动物产品涌进，势必影响我国畜牧业发展。

安全卫生的动物产品应该具有：① 无传染病、寄生虫病侵染；② 无注水及掺杂使假；③ 无有害药物残留；④ 在非污染环境中生长（无农药和工业"三废"环境）；⑤ 无外源性二次污染（运输过程中污染）；⑥ 无不良气味（药味、饲料味、病理性气味）；⑦ 无色泽异常（如黄疸、白肌肉、红膘肉等）。

动物产品中常见的污染源：农药、工业废物通过水源、饲料、饲草的污染，人畜共患病的病原体（包括病原微生物及寄生虫），兽药和饲料添加剂的滥用和污染。

当前兽药和饲料添加剂的滥用问题十分严重，这些药剂引起动物产品中药物残留，危害人体健康。主要品种有：① 违禁药物和未被批准使用的药物，如甾体激素，β-兴奋剂、甲状腺抑制剂、玉米赤霉醇和镇静药物。② 怀疑有"三致"作用的药物和人畜共用的抗菌药物，如磺胺类、硝基呋喃类、硝基咪唑类、喹口恶啉类、四环素类、氨基糖苷类和 β-内酰胺类等。目前滥用的主要是盐酸克仑特罗，它可以提高猪的瘦肉率，但危害人的健康。1997 年农业部已明确规定禁止盐酸克仑特罗作饲料添加剂，但禁而不止。③ 其他药物，主要指允许使用的兽药品种，但未遵守休药期规定。

为了控制非法使用兽药，农业部于 1998 年发布了《关于严禁非法使用兽药的通知》，禁用激素类、类激素类和安眠镇定类药物。随后于 2002 年 2 月农业部、卫生部、国家药品监督管理局联合发布了《禁止在饲料和动物饮用水中使用的药物品种目录》。2002 年 3 月，农业部又发布了《食品动物禁用的兽药及其他化合物清单》。这些药物包括：肾上腺素受体激动剂类（如盐酸克仑特罗等），性激素类（如己烯雌酚、雌二醇、玉米赤霉醇等）、蛋白同化激素类（甲状腺素的前驱物质）、精神药品（如盐酸氯丙嗪、盐酸异丙嗪、安定等）、各种抗生素滤渣、抗菌杀虫剂（孔雀石绿、呋喃丹、杀虫脒）等。

4. 草原保护

草原既是牧民的基本生产资料，又是生态保护的屏障。因此，保护、建设和合理利用草原，对国民经济和社会发展具有十分重要的战略意义。党和国家历来高度重视草原的保护管理工作，制定了一系列方针政策，全国人大常委会于 1985 年制定了《中华人民共和国草原法》。这部法律的实施，对加强草原的保护、建设和合理利用，保护和改善生态环境，发挥了积极的作用。

国家对草原实行草畜平衡制度。所谓草畜平衡，是指为保持草原生态系统良性循环，在一定时间内，草原使用者或承包经营者通过草原和其他途径获取的可利用饲草饲料总量与其饲养的牲畜所需的饲草饲料量保持动态平衡。按照《草畜平衡管理办法》（2005 年农业部令第 48 号），农业部根据全国草原的类型、生产能力、牲畜可采食比例等基本情况，制定并公布了草原载畜量标准；省级或地（市）级人民政府草原行政主管部门根据农业部制定的草原载畜量标准，结合当地实际情况，制定并公布本行政区域不同草原类型的具体载畜量标准；县级人民政府草原行政主管部门应当根据农业部制定的草原载畜量标准和省级或地（市）级人民政府草原行政主管部门制定的不同草原类型具体载畜量标准，结合草原使用者或承包经营者所使用的天然草原、人工草地和饲草饲料基地前五年平均生产能力，核定草原载畜量，明确草原使用者或承包经营者的牲畜饲养量；草畜平衡核定每五年进行一次；县级人民政府草原行政主管部门应当与草原使用者或承包经营者签订草畜平衡责任书。

国家禁止采集和销售发菜，对甘草、麻黄草、苁蓉、雪莲和虫草实行采集证制度。

第二节　工　程　分　析

畜牧业发展的牲畜和家禽品种主要有：猪、肉牛、乳牛、役用牛、山羊、绵羊、肉鸡、蛋鸡、鸭、鹅、火鸡、马、驴、骡和兔等，其中以猪、肉牛、乳牛、绵羊、肉鸡和蛋鸡数量最大。

家畜可以分为两大类，非反刍类和反刍类。前者需要充分的粮食饲料供应，如猪、鸡等；后者还需要有足够的草料，如牛、羊等。所以对后者除考虑有足够的粮食饲料以外，还需要足够的草场（草料）以生产出足够的草料供反刍类家畜常年食用。从工艺上分析，家畜家禽的饲养方式有：圈养、放养和工厂化饲养等。发展畜牧业的主要方式是建设畜禽饲养场（或养殖区）。畜禽饲养场是种畜禽、商品畜禽的生产基地。

国家环保总局制定了《畜禽养殖业污染防治技术规范》（HJ/T 81—2001），规定了畜禽养殖场的选址要求、产区布局与清粪工艺、畜禽粪便贮存、污水处理、固体粪肥的处理利用、饲料和饲养管理、病死畜禽尸体处理与处置、污染物监测等污染防治的基本技术要求。

一、饲养场（养殖区）的建设

1. 场址的选择

场址的选择是根据养殖场经营的种类、方式、规模、生产特点、饲养管理方式以及生产集约化的程度等基本特点，对地势、地形、土质、水源以及居民点的配置、交通、电力和物资供应等方面全面考察后确定的。良好的养殖场环境条件是：保证场区有较好的小气候条件，有利于畜禽舍内空气环境的控制；便于严格执行各项卫生防疫制度和措施；便于合理组织生产，提高设备利用率和工作人员劳动生产率。

选择场址，要遵循节约用地，不占良田，不占或少占耕地的原则，选择交通便利，水、电供应可靠，便于排污的地方建场；在城镇周围建场时，场址用地应符合当地城镇发展规划和土地利用规划的要求；不能在旅游区、自然保护区、水源保护区和环境公害污染严重的地区建场；应选择位于居民区常年主导风向的下风向或侧风向处。要有一定的面积，例如，中、小型集约化养猪场占地面积参数应按年出栏一头育肥猪不超过 3 m² 计算。出于畜禽安全考虑，场界距离交通干线不少于 500 m；距居民居住区和其他畜牧场不少于 1 000 m，距离畜产品加工厂 1 000 m 左右。

按照《畜禽养殖业污染防治技术规范》的要求，禁止在下列区域内建设畜禽养殖场：生活饮用水水源保护区、风景名胜区、自然保护区的核心区和缓冲区；城市和城镇居民区（包括文教科研区、医疗区、商业区、工业区、游览区等人口集中地区）；县级人民政府依法划定的禁养区域；国家或地方法律、法规规定需特殊保护的其他区域。新建、改建和扩建的养殖场应避开上述地区，在禁建区域附近建设的，应在禁建区常年主导风向的下风向或侧风向处，场界与禁止区边界的最小距离不得小于 500 m。贮存设施的位置必须远离各类功能地表水体（距离不得小于 400 m），并应设在养殖场生产及生活管理区的常年主导风向的下风向和侧风向处。

畜禽场的环境质量应符合《畜禽场环境质量评价标准》（GB/T 19525.5—2004）和《畜禽场环境质量标准》（NY/T 388—1999）。无公害动物产品对产地的环境质量有一定的要求，可参见《农产品安全质量——无公害畜禽肉产品产地环境要求》（GB/T 18407.3—2001）。

2. 畜禽场的布局

为了建立良好的牧场环境和组织高效率生产，需要对选定的场地进行分区规划。分区规划的原则大致是：

（1）在满足生产的前提下，尽量节约用地，少占或不占耕地；

（2）合理利用地形地势，解决挡风防寒、通风采光、防暑降温，有效地利用原有道路、供水、供电线路和原有建筑物等，创造有利的养殖环境、卫生防疫条件和生产联系，以达到提高生产率、减少投资、降低生产成本的目的；

（3）全面考虑畜禽粪尿和废水的处理和循环利用，与种植业、沼气生产和蚯蚓养殖等结合在一起；

（4）养殖场应尽量一次建成投产，必须采用分期建场时，应做好各期规划，使后期工程建设不影响前期已投产的防疫和生产。

养殖场分区规划时，首先从人畜健康的角度出发，考虑地势和主风向，合理安排各区位置。一般养殖场通常分三个功能区，即管理区、生产区和隔离区。各区应从上风向到下风向、从坡上到坡下依次布置。各个功能区之间的间距不少于 50 m，并有防疫隔离带或墙。管理区包括行政办公及生活用房、生产附属用房（消毒淋浴更衣室、饲料库、水塔、车库等）；生产区包括畜禽圈舍、饲料间、值班室、畜禽运动场等；隔离区包括病畜隔离舍、剖检室、粪便污水及畜尸处理设施等。

3．畜禽舍建筑

畜禽舍建筑需要根据当地气候条件和养殖的品种确定，还需要符合卫生要求，做到科学合理。畜禽舍建设一般是就地取材，经济实用。

北方的畜禽舍，要求保暖防寒；南方的畜禽舍要求通风防暑。畜禽舍一般按四周墙壁严密程度划分为封闭舍、半开放舍和开放舍。

畜禽舍的环境调控需要注意：

（1）保温与隔热。如猪防寒和防热的温度界限是 13℃和 28℃，低于和高于此限应分别采取防寒和防暑措施。

（2）通风换气。在封闭饲养的情况下，通风换气可以排出舍内的污浊空气和水汽，改善舍内空气卫生状况。可酌情采用自然通风，必要时采用机械通风（包括正压通风、负压通风以及正负压结合的联合通风）。

（3）排水与防潮。合理设置畜禽舍排水系统，采用粪便和尿、水分离的工艺，及时清除粪尿和污水是防潮的重要措施。传统使用粪尿沟、排出管和粪水池等清粪排水设施；有条件的场可利用垫草，不仅可保持畜体清洁，还可吸收尿水和有害气体改善畜舍环境；现代化畜禽饲养修建漏缝地板，或使用网床、高床培育仔猪和幼猪以及用高床笼养蛋鸡。

（4）采光和照明。在开放式与半开放式畜禽舍和一般有窗畜禽舍主要靠自然采光辅以人工照明，在无窗畜禽舍则依靠人工照明。

4．公共卫生设施

（1）场界与场内的防护设施。畜禽场应谢绝场外人员、车辆进入生产区。场区四周设围墙，大门出入口设值班室，人员消毒淋浴更衣室，车辆消毒通道；活畜或产品出场应设装车台，种猪场应设选猪间。

（2）畜禽场的供水设施。畜禽场用水包括生产用水（饮用、冲洗、降温）、生活用水、消防用水以及生态用水。水源应符合《生活饮用水卫生标准》（GB 5749—2006）的要求，对不符合标准的水源需要进行净化消毒。保证供水压力为 1.5～2.0 kg/cm²。

（3）排水设施。包括场地地面排水和畜禽舍排水，两者不得混排，后者须地下管网排放，雨水沟渠需做防渗。

（4）粪便和污水处理设施。安置在隔离区并置于生产场区下风向和地势低处；在管理区和生产区之间留出足够的卫生间距，并宜设绿化隔离带。处理设施需做防渗处理。

（5）场区绿化。可以改善场区小气候，吸收太阳辐射、降低环境温度、减少空气中的尘埃和微生物、减弱噪声。绿化包括种植防风林，隔离林，行道绿化，遮阳绿化和修建绿地。

（6）水源防护。取水口上游 1 000 m 至下游 100 m 的水域内，不得有工业废水和生活污水排入，取水点附近两岸 20 m 以内，不得有厕所、粪坑、污水坑以及垃圾堆等污染源。

5. 集约化饲养

集约化饲养是指采用先进的科学技术和生产工艺，实行高密度、高效率、连续均衡生产家畜和家禽。集约化饲养密度高、产品规格化、生产周期短、增重消耗少，机械化、自动化程度高，劳动生产率高。

按饲养的规模分为小型、中型和大型三种。一般年出栏商品猪头数＞10 000，基础母猪数＞600 为大型猪场；年出栏商品猪头数 5 000～10 000，基础母猪数 300～600 为中型猪场；年出栏商品猪头数 2 000～5 000，基础母猪数 120～300 为小型猪场。

以猪为例，肥育速度达到 170～180 日龄，体重达到 90～100 kg，肉料比在 1∶3.3 以下（商品肉猪增重与消耗饲料之比）或 1∶4.0 以下（商品肉猪增重与全群消耗饲料），生产每头肥猪用的建筑面积在 1.0 m² 以下、场地面积在 3.0～4.0 m²，1 kg 商品猪的生产成本相当于 5～6 kg 配合饲料的价格，饲料成本占总成本的 75% 左右。每个劳动力年生产肉猪 225～500 头。

在生产工艺上实行"全进全出"等管理工艺，把整个生产过程划分为若干阶段，并依次划分车间进行流水作业。如生产划分为 4 个阶段，分 4 个车间操作：繁殖车间，哺乳车间 4 周，保育车间饲养 40 d，育成车间饲养至 120 d，出栏车间肥育猪达到 5.5～6 月龄出栏。机械设备使用自动饮水设备、喂料设备和清粪处理设备，自动化程度较高。

二、粪尿产生量

1. 各种家畜、家禽的粪尿特点

各种家畜每天排粪次数不同。一般牛每天排粪 12～18 次，马 8～12 次，猫和狗 2～3 次。

各种家禽、家畜的粪便的含水量不同（表 1-4-2）。牛粪含水较多，约占 83.3%，粪便稀软叠连成薄饼状，内含大量的纤维素的粪块；如放牧或喂多汁的饲料，则粪便呈稀粥状。羊粪的含水量较少，约占 65.5%。由于羊结肠较细，食料在羊消化道中停留时间较长，需要 7～8 d，甚至十几天，故羊粪为颗粒状的"羊粪蛋"。猪粪含水量较高，约占 81.5%，食物在猪消化道内停留时间较短，24 h 之内能全部排完，致使水分在大肠内来不及吸收。家禽的直肠很短，肠内容物在这里停留时间不长，对消化作用不甚重要。粪便形成后排入泄殖腔，与尿液混合排出体外。

表 1-4-2　各种家畜、家禽新鲜粪便的含水量和肥分含量　　　　单位：%

种类	水分	有机质	氮（N）	磷（P_2O_5）	钾（K_2O）
猪粪	81.5	15.0	0.60	0.40	0.44
马粪	75.8	21.0	0.58	0.30	0.24
牛粪	83.3	14.5	0.32	0.25	0.16
羊粪	65.5	31.4	0.65	0.47	0.23
鸡粪	50.5	25.5	1.63	1.54	0.85
鸭粪	56.6	26.2	1.10	1.40	0.62
鹅粪	77.1	23.4	0.55	1.50	0.95
鸽粪	51.0	30.8	1.76	1.78	1.00

（来源于张景路、徐本生《土壤肥料学》，转引自《家畜粪便学》，1999）

2．不同家畜、家禽的排粪尿量

各种家畜、家禽每日的排泄量是不同的（表 1-4-3 和表 1-4-4）。一般来说，牛平均每天排粪 25～35 kg，马 15～20 kg，猪 1～2 kg，绵羊 1～3 kg，鸡 150 g。排粪量还与动物摄入的饲料量、饲料的性质有关，如日粮中粗纤维的比例加大，排粪量也加大。

表 1-4-3　健康家畜排粪尿量（原始量）

种类	饲养期	每头日排泄量/kg			每头年排泄量/t		
		粪量	尿量	总计	粪量	尿量	总计
乳牛	365	30～50	13～25	45～75	14.6	7.3	21.9
成牛	365	20～35	10～17	30～52	10.6	4.9	15.5
育成牛	365	10～20	5～10	15～30	5.5	2.7	8.2
犊牛	180	3～7	2～5	5～12	0.9	0.45	1.5
成年马	365	10～20	5～10	15～30	5.5	2.7	8.2
种公猪	365	2.0～3.0	4.0～7.0	6.0～10.0	0.9	2.0	2.9
哺乳母猪	365	2.5～4.2	4.0～7.0	6.9～11.2	1.2	2.0	3.2
后备母猪	180	2.1～2.8	3.0～6.0	5.1～8.8	0.4	0.8	1.2

种类	饲养期	每头日排泄量/kg			每头年排泄量/t		
		粪量	尿量	总计	粪量	尿量	总计
出栏猪（大）	180	2.17	3.5	5.67	0.4	0.6	1.0
出栏猪（中）	90	1.3	2.0	3.3	0.12	0.18	0.3
羊	365	2.0	0.66	2.66	0.73	0.24	0.97
兔	365	0.15	0.55	0.70	0.05	0.20	0.25

（引自《家畜粪便学》，1999）

表 1-4-4　健康家禽排泄量

家禽种类	饲养期/d	每羽日排泄量/kg	每羽年排泄量/kg
产蛋鸡	365	0.14～0.16	60
肉鸡	50	0.09	4.5
肉鸭	55	0.10	5.5
蛋种鸡	365	0.17	62.1
蛋种鸭	365	0.17	62.1

（引自《家畜粪便学》，1999）

3. 家畜、家禽粪便产生量的计算

家畜、家禽粪便产生量的计算方法分区域性计算法和畜牧场计算法。

（1）区域性计算方法

估算一个地区的家畜、家禽粪便产生量一般比较粗。县、乡镇等通过区域性计算估计各种家畜、家禽年产出量，见下式：

粪产出量（t）＝个体日产粪量（kg）×饲养期（d）×饲养数（头、羽）×10^{-3}

尿产出量（t）＝个体日产尿量（kg）×饲养期（d）×饲养数（头、羽）×10^{-3}

例如，上海松江县采用下面的数据计算粪和尿的产出量（表 1-4-5）。

表 1-4-5　上海地区家畜、家禽年饲养天数和个体日均产粪、尿量

项目		猪			鸡		鸭		牛		羊	兔
		公猪	母猪	出栏猪	肉鸡	蛋鸡	肉鸭	蛋鸭	奶牛	耕牛		
饲养天数/d		365	365	180	50	365	55	365	365	365	365	365
个体日产量/kg	粪	3.00	5.00	2.17	0.07	0.15	0.08	0.17	30.00	440.00	2.60	0.15
	尿	6.9	5.5	3.0					18.00	26.00	0.66	0.05

（转引自《家畜粪便学》，1999）

（2）畜牧场、专业户计算方法

对畜牧场、专业户进行估算需要细一些。各饲养场的饲养管理工艺，特别是清粪工艺不同，家畜粪便的产生量和性质也不尽相同。干清粪工艺以及厚垫料饲养工艺分别产

生纯鲜粪或粪和垫料的混合物，这种粪称为干粪，含水 70%～80%。粪尿混合物含水量约为90%的称为半流体粪，水冲粪或水泡粪含水量均在90%以上，称为液粪。

上海松江县采用下面的数据（表1-4-6、表1-4-7和表1-4-8）分别计算畜牧场产粪量、垫料量和产尿量，最后算出畜牧场粪便产生总量。

表1-4-6　上海市畜牧场家畜、家禽年饲养天数和个体日均产粪量

项目	猪					奶牛			鸡			鸭			
	公猪	生产母猪	后备母猪	出栏		成年牛	后备牛	犊牛	蛋鸡种鸡	后备蛋鸡种鸡	肉鸡	蛋鸭	后备蛋鸭		肉鸭
				大猪	中猪								大种鸭	小种鸭	
天数/d	365	365	180	180	90	365	365	180	365	126	50	365	120	90	55
日均产粪量/kg	3.00	5.00	2.20	2.17	1.3	30.0	17.0	5.00	0.15	0.07	0.07	0.17	0.09	0.08	0.08

（转引自《家畜粪便学》，1999）

表1-4-7　上海市畜牧场家畜、家禽使用垫料天数和个体日均使用量

项目	猪					奶牛			鸡			鸭			
	公猪	生产母猪	后备母猪	出栏		成年牛	后备牛	犊牛	蛋鸡种鸡	后备蛋鸡种鸡	肉鸡	蛋鸭	后备蛋鸭		肉鸭
				大猪	中猪								大种鸭	小种鸭	
年使用天数/d	0	100	0	0	0	210	180	180	0	126	50	365	120	90	55
日均使用垫料量/kg	0	2.0	0	0	0	1.5	1.0	1.0	0	0.012	0.015	0.008	0.016	0.017	0.018

（转引自《家畜粪便学》，1999）

表1-4-8　上海市畜牧场家畜年饲养天数和个体日均产尿量

项目	猪					奶牛		
	公猪	生产母猪	后备母猪	出栏		成年牛	后备牛	犊牛
				大猪	中猪			
天数/d	356	365	120	180	90	365	365	180
日均产尿量/kg	6.9	5.5	4.0	3.5	2.0	18.0	7.5	3.5

（转引自《家畜粪便学》，1999）

（3）家畜污染当量

这种方法不直接计算家畜产粪量，而是将养殖量折算成 1 头猪的量，例如《畜禽养殖业污染物排放标准》在计算畜禽养殖场规模时，采用猪当量：如 30 只蛋鸡折算为 1 头猪，60 只肉鸡折算为 1 头猪，1 头奶牛折算为 10 头猪，1 头肉牛折算为 5 头猪，3 头羊折算为 1 头猪等。

三、畜牧场的污水产生量

畜牧场的污水量，可按全场用水量的 70%计，其依据如下：

全场畜禽舍排出的污水，在理论上可采用下式计算：

污水量=生产用水量+尿量+粪量+其他残余物量−饮水量−畜禽舍内外流失量

经过实际观察，由于家畜尿量、粪量、其他残余物量和饮水量在日污水量中所占比例很小，并且难以估算，为了方便计算，上式可以简化为：

污水量=生产用水量−畜禽舍内外流失量

流失量大小与南北地域、养殖规模、养殖种类和养殖方式等有关。

[例] 计算猪场污水参数（供参考）

存栏猪全群平均每天产粪和尿各 3 kg；水冲清粪、水泡粪和干清粪的污水排放量平均每头每天分别约为 50 L、20 L 和 12 L；每千克猪粪和尿的五日生化需氧量 BOD_5 排泄量分别为 63 g 和 5 g。猪场污水的 pH 值为 7.5～8.1，悬浮物（SS）为 5 000～12 000 mg/L，BOD_5 为 2 000～6 000 mg/L，猪场化学需氧量（COD_{Cr}）5 000～10 000 mg/L，氨态氮（NH_3-N）为 100～600 mg/L，硝酸盐态氮（NO_3-N）为 1～2 mg/L，细菌总数为 $1×10^5$～$1×10^7$ 个/L，蠕虫卵数为 5～7 个/L。

四、粪尿和污水处理

与粪尿和污水管理有关的标准有：《畜禽场养殖业污染物排放标准》（GB 18596—2001），《中、小型集约化养猪场环境参数及环境管理》（GB/T 17824—1999），《中、小型集约化养猪场建设》（GB/T 17824.1—1999）。《畜禽养殖业污染物排放标准》规定了集约化、规模化畜禽养殖场和养殖区的污染物控制化学、生物学和感官指标。

1. 畜牧场清粪方式

在规模化畜牧场中粪便的收集与处理是一项非常繁重的工作，它约占猪场中全部工作量的 50%。粪便如不及时收集和处理，将会造成场区内外环境污染，有碍于家畜生产，也会威胁场区内外人群的健康。

清粪是利用一定的工具和方法将畜舍内的粪便清除至舍外。按照所用工具和方法的不同，可分为人工清粪、机械清粪和水冲清粪。

（1）人工清粪。在小型养殖场人工清粪很普遍，主要是靠人力利用清扫工具将畜舍内的粪清扫集中，然后用人力推车或者通过设在畜舍内排粪区墙根下的排粪孔推排到畜舍外，再用拖拉机或其他运输工具将粪便运走处理。这种方法简便可靠，不用机械设备、不用电，投资少，但劳动强度大，效率低。

（2）机械清粪。机械清粪是目前规模化畜牧场使用较为普遍的一种清粪方式。用机械代替人力可以大大地减轻劳动强度，提高劳动效率，但是机械清粪不太可靠。因为粪便对金属腐蚀性大，所以装置耐用性差，平均使用寿命只有 2～3 年。机械清粪设备有铲式清粪机、刮板式清粪装置和输送带式清粪机等几种形式。

（3）水冲清粪。采用缝隙地板或侧向排水沟，过去在猪场中使用比较广泛。其优点是：设备简单、效率高、故障少，有利于场区卫生，也易于控制疫病传播。缺点是：基建投资大、粪便处理工程量大。常见的水冲清粪方式有喷头水冲清粪、闸门式水冲清粪和自流式水冲清粪。

根据《畜禽养殖业污染防治技术规范》（HJ/T 81—2001），新建、改建和扩建的畜禽养殖场应采取干法清粪工艺，粪便与尿、污水在带坡度的畜床或缝隙地板上分离，并将粪便及时运至贮存或处理场所，实现粪污及时清，畜舍环境状况好，污水量少且有机浓度低，便于净化处理。采用水冲粪、水泡粪湿法清粪工艺的养殖场，要逐步改为干法清粪工艺。

2．畜牧场粪便贮存

《畜禽养殖业污染防治技术规范》要求贮存设施的位置必须远离各种功能地表水体（距离不得小于 400 m），并应设在养殖场生产及生活管理区的常年主导风向的下风向或侧风向处。贮存设施应采取有效的防渗处理工艺，防止畜禽粪便污染地下水。贮存设施应采取设置顶盖等防止降雨（水）进入的措施。所用贮存设施形式因粪便的含水率而异。

（1）液态和半液态粪便的贮存设施。贮存含干物质少于 7.5%的液态粪是不经济的，所以贮存的非固态粪便的干物质含量都在 7.5%～17.5%，此类粪便可以用泵进行输送。有以下三种形式：

畜舍内地下贮粪坑。常见于猪舍和牛舍。坑由混凝土砌成，上盖缝隙地板。粪坑贮存粪便的时间为 4～6 个月。粪坑通气口上常设有 1～2 个专用排风口，以排出潮气并避免有害气体进入畜舍。

畜舍外地下贮粪坑。即一个敞开的混凝土结构或经防渗处理的土结构的粪坑，常见于隔栏饲养的牛舍。牛粪经过接收坑再由离心式或活塞式粪泵输入贮粪坑。贮存期常为一年。

畜舍外地上贮粪池。这是国外趋于流行的一种贮存设施。常用钢板制成，内覆有高分子涂层。

（2）固态粪便贮存设施。其包括坚硬的水泥地面、堆积墙和装料机。往往用于加垫料的拴养牛舍和平养鸡舍。堆粪地面的墙脚有一排水沟与直径 20 cm 的排水管相连，以将粪液和雨水排入粪水池。堆积和取粪可借助于装载机。在需要施肥时可用粪肥撒布机施向农田。

3. 畜牧场粪尿处置、处理与利用

（1）化粪池处理

化粪池使家畜粪便和冲洗水稳定化，液体部分 BOD 浓度可以减少到能洒施到农田或经固液分离及消毒等深度处理后用做循环冲粪水的程度。沉淀的固态物须进行定期清除。化粪池分为好气性和兼气性化粪池以及厌气性化粪池。

好气性和兼气性化粪池根据氧气的供应情况又有自然充气式和机械充气式之分。自然充气式相当于氧化塘，依靠水面上的藻类光合作用提供氧气，在 40 d 内可以使 BOD 值减少 93%～98%。自然充气式不需要任何动力，但是占地面积大，解决的方法是尽量减少进入污水中的有机物含量，如粪液进入化粪池前先进行固液分离。机械充气式利用压缩空气或机械曝气装置，深度在 2～6 m，上层好氧分解下层厌氧分解，采用较小动力的曝气机，节省动力效果也比较好。

厌气性化粪池深度在 3～6 m，不需要能量，管理少，费用低，但是处理时间长，要求池的容积大，对温度敏感，寒冷天气分解差，有臭味。厌气性化粪池的结构与舍外地下贮粪坑相似。用新化粪池时，应加入池容量 1/3～1/2 的水；粪便最好每天加一次；化粪池上部的液体每年排 1～2 次，排出容积的 1/3 以上，但是保留一半的容量，以保证细菌的活动；沉淀的污泥有时可以 6～7 年清理一次。厌气性化粪池的最小设计容量见表 1-4-9，最小设计容量是为了保留应有的细菌数量，炎热地区采用小值，寒冷地区采取大值。

表 1-4-9　厌氧性化粪池的最小设计容量 单位：m³/1 000 kg

畜禽种类	育肥猪	母猪和仔猪	肉牛	奶牛	蛋鸡	肉鸡
最小设计容量	45.5～86	61.9～114.9	49.1～93.7	56.3～107.4	115.4～220.5	146.9～280.5

（据 Managing Livestock Waste, 1981，转引自《家畜粪便学》，1999）

注：1 000 kg 是指畜禽的活体质量。

（2）堆制处理

堆制处理是利用多种微生物人为地促进生物来源的有机废物好氧分解和稳定化的过程。在这一过程中，有机质被分解，其终产物为简单的无机物 CO_2、H_2O、NO_3^-、矿物质等，有机物还会形成性质稳定的大分子的腐殖质物质，同时释放出大量热能而产生 70℃ 的高温，从而杀灭病原微生物。有机固体废物经堆制处理后，其产物中含丰富的氮、磷营养物质和有机物质，故称为堆肥。

　　堆制处理还有干化作用，同时堆肥是植物良好的肥料和土壤改良剂。但堆制处理存在以下问题：①堆肥质量不易稳定，因为有机废物的组成和含水量等随着来源的不同和季节的变化会有很大变化，在固体堆制过程中温、湿度控制等操作工艺会有很大不同。有些边角部位的温度常常会达不到规定的温度或规定的时间，因而在这样的部位有机质不仅不会彻底腐熟，还会有有害生物存活。②受社会、文化、经济因素的影响推广使用困难。如堆制处理劳动强度大，人畜禽粪尿脏臭，堆肥的使用也不如化肥方便。

　　堆制工艺类型很多，按反应器特点分为反应器型和非反应器型，主要有非反应器型的静态堆制工艺和反应器型的机械搅拌式。

　　静态堆制工艺是我国传统使用的一种有机肥堆制法。堆制前需对原料进行预处理，调整含水量和 C/N，作成条形堆，自然通风。堆好后呈龟背形，堆中竖插秸秆或竹竿捆把以通风供氧，堆好后用稀泥封堆，以防热量散失。也可不插竹竿，而采用人工翻堆方式通气。较先进的方法是采用强制通气的方法，堆制时将木片掺入污泥堆成条形堆，下面敷设通气管道，鼓风或抽气。静态堆制工艺要求堆制场地坚实不渗水，堆场要有顶棚遮盖，大风频繁的地区应在逆风面设置挡风墙。

　　反应器型的机械搅拌式堆制发酵一般分两个阶段，第一阶段为高温发酵，发酵结束以后移出反应器进行二次发酵（熟化）。搅拌式堆制在料仓内进行，采用机械搅拌通入空气。第一阶段为前 5～7 d 的动态发酵，此阶段好氧菌活性强，升温快，温度高，有机物分解快，发酵 7 d 内绝大部分致病菌死亡。7 d 后用皮带输送发酵半成品到另一车间进行静态二次发酵，使有机质进一步降解至稳定，20～25 d 达到腐熟。

　　促进堆制过程的添加剂有三种：天然接种剂（inoculant）、微生物接种剂和起爆剂。天然接种剂有粪肥、腐熟堆肥、耕层土壤等。微生物接种剂由从堆肥中分离的或其他来源的细菌、放线菌、霉菌等组成，具有分解蛋白质、脂肪、糖类、纤维素、木质素、蟹壳和除臭等功能，经常是中温型与高温型微生物组合在一起，这类接种剂现已走出实验室进入市场。起爆剂不含有微生物接种体，而是一些微生物容易分解的有机质如糖蜜、蔗糖和蛋白质等，其作用是为了缩短潜育期。

　　（3）污水厌氧生物处理（沼气池）

　　厌氧消化法是一种有效地处理高浓度粪便的方法，同时可以产生沼气提供能源，沼液、沼渣是一种含有生物活性物质和肥料元素，能够使作物增产。但是沼气发酵设施投入高，技术要求高，且需注意发酵液和沼渣的利用，否则易造成二次污染。

　　（4）污水好氧生物处理

　　处理高浓度有机废水的方法都可以用来处理养殖场废水。如自然处理法有土地消纳法、厌氧塘、兼性塘、氧化塘、稳定塘、人工湿地等，设备处理法有人工曝气活性污泥法、生物滤池和生物转盘生物膜法等。

（5）粪便脱水干燥

粪便可酌情用做培养料（蘑菇、蚯蚓、蝇蛆等）或转化为饲料。脱水干燥主要用于鸡粪处置。脱水后鸡粪的含水量降到 15%以下。脱水干燥一方面减少了粪便的体积和重量以便于运输；另一方面有效地抑制了微生物的活动，从而减少养分损失，避免腐败。脱水干燥的主要方法有：在回转烘干炉上高温快速干燥，太阳能自然干燥和舍内干燥处理。

干燥后的鸡粪用做饲料，对此有争议，主要集中在其安全性和营养性问题。在营养问题上，持肯定态度的观点认为，家畜粪便中含有未被消化吸收的各种营养成分，经过适当处理后可再次被动物利用，从而节约饲料降低成本。持否定或慎重态度的观点认为，粪便中的养分毕竟是不能被消化的部分，作为饲料利用价值不高，经过处理虽然可以提高利用率，但需要计算投入产出比。在安全性上，粪便中有各种药物和抗菌素被浓缩，含有大量病原微生物和寄生虫，同时还有许多有毒有害物质（氨、硫化氢、吲哚、粪臭素等），这些都会影响到家畜健康。

据研究与实践，只要对畜粪适当加以处理并控制其用量，一般不会对家畜造成危害。畜粪可以占到日粮的 10%～30%，不会影响其生产力和健康。首选以鸡粪做饲料喂牛、羊等反刍动物。畜粪用做饲料的处理方法多种多样，如青贮、发酵、烘干和膨化。青贮是简便易行的经济有效的方法之一。脱水干燥是最常用的加工办法，常用塑料大棚日光晒干、加热烘干。一般认为，生物发酵法既可以杀灭病菌，又可以提高其营养价值和利用率。鸡粪添加发酵基质和发酵剂在发酵机中充氧发酵几小时，再经过蒸汽灭菌就可以作为饲料。

第三节　环境影响识别与评价因子筛选

一、环境影响识别

养殖业规模和形式有很大差别，主要有农户饲养、养殖专业户饲养、饲养场饲养、养殖小区饲养以及工厂化饲养。反刍动物除消耗粮食以外，还需要一定的饲草，要有一定规模的草场。表 1-4-10 表明的是一般的情况。按影响因子进行分析，表中所列的影响指未采取减缓措施的潜在影响。

一般来说，养殖业的主要环境影响是：水污染（点源污染和面源污染）、固体废物（粪便）、臭气污染以及引起传染病。放牧会造成生态系统的破坏（水土流失和植被破坏）。

表 1-4-10　畜牧业环境影响分析

环境要素/因子	施工期	生产期	说明	举例
1. 生态系统				
土壤侵蚀		累积性的不可逆的不利影响	开荒	高强度放牧
土壤肥力		提高	粪便施用到农田	
自然生境（自然植被和野生动物栖息地）		累积性的不可逆的不利影响		高强度放牧
生物多样性		不可逆的不利影响		人工草场单一种植，农药施用
生物安全		有风险		不适当的引种带入传染病、草场引入有风险的物种
2. 自然资源				
土地资源	占用		畜牧场和草场建设占地	
水资源		消耗	水清粪消耗水资源更多	冲洗畜舍、冲洗降温开采地下水，建设人工草场
3. 水污染				
BOD、COD营养盐（氮、磷）	累积性的不利影响	严重的累积性的不利影响	施工期有少量生活污水，生产期有大量的畜禽粪尿和冲洗水	养殖场造成的点源污染，放牧造成面源污染，草地施肥污染
4. 空气污染				
粉尘、病原微生物、恶臭、SO_2、NO_x、温室气体（CO_2、CH_4）	可逆的不利影响	严重的可逆的不利影响	生产期产生强烈恶臭，气溶胶携带病原微生物，增加温室气体排放	施工期有一定的粉尘，生产期的取暖锅炉、饲料饲草加工的污染
5. 声环境	可逆的不利影响	可逆的不利影响	施工期和生产期噪声是轻微的	生产期的动物叫声、机械噪声（铡草机、饲料粉碎机、风机、真空泵），建设期施工机械
6. 固体废物	累积性的可逆的不利影响	累积性的可逆的不利影响	施工期产生渣土和生产期产生粪便、垫料	
7. 有毒物质		一般毒性	生产期使用消毒剂	防疫使用消毒剂，草地使用农药

环境要素/因子	施工期	生产期	说明	举例
		8. 社会发展		
人类健康		不利影响	人畜共患病危及人类健康	病畜禽、死畜禽传播疾病
居住环境		不利影响	靠近畜牧场居住条件较差	
景观		有一定影响		
农民收入		增加		
农村社区发展		有利影响	农牧结合有利于农业发展	

二、评价因子筛选

根据以上分析，畜牧业项目的主要评价因子筛选为：

（1）土壤侵蚀

土壤侵蚀（水蚀、风蚀）种类、影响范围、侵蚀模数、水土流失治理面积等。

（2）植物动物资源

植被类型、生物量、森林覆盖率、敏感物种、保护动植物、草场面积、产草量、草场质量等。

（3）生物安全

生态入侵现状，引进外来物种的安全性。

（4）土地利用

土地利用构成、面积等。

（5）土壤质量

有机质、全氮、全磷、全钾、碱解氮、速效磷、速效钾。

（6）水资源

地表水可利用量、地下水资源补给量、贮存量、可开采量、使用量等。

（7）水质

地表水——COD、pH、NH_4^+-N、总氮、总磷等；

地下水——总硬度、pH、NH_3-N、NH_2^--N 等。

（8）大气环境

总悬浮颗粒物、恶臭、温室气体。

（9）噪声等效声级

（10）固体废物

土石方量、粪尿与垫料产生量和处理量。

（11）社会、经济、文化

农业产值、作物产量、人均粮食产量、畜牧业产值、畜牧业产值总农业总产值的比重、人均纯收入、人均土地面积、人均居住面积、传染病的种类、死亡率。

三、环境影响分析和环境保护目标

养殖业项目的环境问题主要是畜禽粪便大量堆积造成的，其影响是多方面的：对畜牧场来说，浪费了大量的粪便资源，同时给畜牧场的环境卫生和疫病防治工作带来诸多不利影响，畜舍内排泄物产生的高浓度有害气体造成家畜的生产力下降、疾病和死亡增加；对大环境来说，直接排放的粪便和污水造成河水的 BOD 增高，致使河水发黑发臭，氮和磷进入缓慢流动或静止的水体造成水体的富营养化，粪便经过土壤渗漏到地下水中，致使地下水中硝酸盐等超标。

1．养殖场建设

（1）有利影响

有利于农业和牧业的结合，改善农村经济结构，促进农业持续发展；

有利于提高农民收入；

利用种植业产生的秸秆等废物，减少焚烧污染，"过腹还田"增加了有机肥料，改善了土壤肥力。

（2）可能存在的不利影响

养殖场产生的粪尿如不及时处理会污染地表水和地下水；

牲畜排泄出的大量粪尿不经处理或没有足够的土地消纳会成为重要污染源；

粪尿产生的臭气臭味污染空气，影响周围居民生活；

动物呼吸、消化道、沼气设备产生温室气体；

畜禽传染病蔓延威胁动物及人体健康；

畜舍禽舍冲洗耗水，采用水清粪方式水资源消耗更大；

施工期开挖土石方，破坏局部植被，遇到雨水冲刷造成水土流失，开挖和回填土方会引起扬尘污染，机械施工产生噪声可能会扰民。

（3）环境保护目标

受纳水体、地下水源地、空气、附近居民。

2．放牧场建设

（1）有利影响

有利于农业和牧业的结合，调整农村经济结构，促进农业持续发展和增加农民收入。

（2）可能存在的不利影响

牧场的牲畜粪尿构成面源污染，污染地表水和地下水；

牲畜圈和围栏粪尿产生的臭气臭味污染空气；

疾病蔓延威胁动物及人体健康；

过度放牧会破坏生态系统的稳定性，严重的会造成水土流失和土壤沙化；

牧草种植过程中开荒种植，会造成水土流失，施用肥料、农药，会污染水体、大气和土壤；

引入外来物种造成生物安全隐患，有生物入侵的风险。

（3）环境保护目标

自然保护区、风景名胜区、森林公园、生态林、珍稀濒危物种、地表植被、土壤的质量、受纳水体、地下水源地、附近居民。

第四节　环境影响评价要点与环境保护措施

首先讨论养殖场和放牧场的环境影响评价要点，然后以养殖场和养殖区为例，讨论主要环保措施。

一、环境影响评价要点

1. 当地农业生产现状分析

包括对项目所在地以下农业生产情况的分析：作物种植种类、面积，作物产量，总产量；畜禽养殖种类、规模、产量、效益；秸秆产生量、使用途径和应用潜力；草场面积、载畜能力、载畜量；畜禽粪便产生量和消纳情况；土壤肥力等。

2. 项目资源消耗

包括项目占地；项目所在地水资源状况；项目水资源消耗量（生产用水和生活用水）；项目饲料消耗量（粗饲料、精饲料、青/青贮饲料等）；项目能源消耗等。

3. 项目污染源分析

包括各种污染物的产生量和强度。如各种畜禽粪尿的年产生量与折合的总氮和总磷的量；养殖场废水年产生量；养殖场废气年产生量；养殖场单位时间向空气中排放的氨气和 H_2S 的总量；养殖场单位时间废水产生量；养殖场锅炉的源强；恶臭强度。

4. 畜牧场场址选择的环境合理性分析

应考虑以下因素：水源、饲料源状况；周围的各类保护区、城镇或城郊的敏感区和敏感点；水文地质状况；环境防护距离；与城市发展规划的协调性；农田、林地等各类土地对粪便的消纳能力。

5. 场区布置和设计的环境合理性分析

应分析养殖场周围的敏感目标与下述方面的关系：生产区和生活区的隔离与布置，粪尿和水处理处置设施与家畜焚烧炉（填埋场）的位置，污水排放口位置。

6. 生产工艺的环境合理性和可行性分析

包括以下内容：饲养场建设概况与饲养工艺流程；饲喂与饮水方式（工艺、设施和清洁生产分析）；清粪、出粪方式（工艺、设施和合理性分析）；卫生防疫（包括外来畜禽的防疫、消毒措施、疫苗接种、疫情报告制度、病畜隔离与治疗、死畜处置等）；粪尿和废水贮存设施防渗；排水排污系统（雨污分流、固液分离、布设形式）；粪尿和废水处理（处理工艺、设施和可行性分析）；节能设计（供暖、降温、采光、太阳能利用、沼气能利用）。

7. 粪便消纳

包括以下内容：用于消纳粪便的土地（农田、园地和林地）数量；当地肥料使用水平（有机肥和无机肥使用量）和使用特点；计算家畜粪便农田负荷量；环境影响预测；防止农田负荷过量所采取的预防和缓解措施。

8. 畜草平衡

包括以下内容：畜牧发展规模和需草量；饲料供给量；粮食产量和精饲料供给量；牧草种植的品种、牧草种植面积、各季单位产草量、总产草量；作物秸秆种类、单位产生量、总量；防止畜草失衡所采取的预防和缓解措施。

9. 环境影响分析与预测

包括以下内容：对农田生态系统的影响（折合产生的肥料量、对土壤肥力的提高）；对农业生态系统的有利影响（对系统生物量、生物多样性和生物安全的影响分析）；水环境影响分析与预测；恶臭环境影响分析与预测；锅炉烟气环境影响分析与预测；噪声环境影响分析与预测；固体废弃物环境影响分析与预测；对人群健康的分析与预测；社会经济环境影响分析（包括项目投产前后畜禽产量、产值、农民收入变化、吸引劳动力的情况、对当地经济的促进作用）。

二、环境保护措施

1. 畜禽场粪便污染的综合治理

畜禽场污染（含粪污）治理必须遵循生产过程减量化、处理结果无害化、处理后资源化的原则，努力实现清洁生产、资源节约、环境友好的生态养殖。

（1）改革工艺减少或消除家畜粪便污染

最重要的一条是在畜舍内实行粪水分流。包括粪与尿、污水分流，尿和污水可以混合，但是粪要尽量不混入尿和污水中；粪与饮水槽剩水分流，如采用饮水槽和刮板式清粪机的笼养鸡舍，水槽不能漏水，不能使饮水槽的剩水流入粪槽里；食槽水与地面尿污水分流，如奶牛舍内食槽里的饮用剩水量往往超过地面的尿、污水量，而且比后者干净，食槽水中仅仅有草渣、泥沙和剩余饲料，分流后简单处理即可排放。应当指出，漏缝地板固然有清洁、省工等优点，但是粪、尿、水混合后处理起来十分困难，且处理费用高，不推荐使用。粪水分流有利于：粪便运输和无害化处理；尿中含粪少，便于净化处理；肥料养分损失少。

（2）加强饲养管理减少污染物产生

严格执行卫生防疫消毒制度；及时清除、处理粪便污水及其他污物；定期检修设备以减少饲料、水的浪费；采用理想蛋白质体系、酶制剂、酸制剂、微生态制剂等饲料营养技术，提高饲料转化率，减少粪便和 N、P 排出量及恶臭的产生。

（3）合理选用粪便无害化和污水处理方法

规模化养殖场污染物排放按《畜禽场养殖业污染物排放标准》（GB 18596—2001）执行。选用投资少、运转费用低和管理方便的简单适用的处理方法，如采用投资大、运转费用高而工艺复杂的方法，可能不能持久，运行一段就会停下来。一般粪便无害化和污水处理工程投资不宜超过总投资的 10%，工艺复杂的工程投资也不宜超过 20%。污染处理运行费一般占全场收入的 10%左右。出售粪肥的收入应与处理费用相抵，甚至略有盈余。

（4）农牧结合、整体规划

最好将畜牧场内外统一规划，农牧结合，将种植业和养殖业纳入一个系统通盘考虑。粪便和污水处理后可做肥料、蝇蛆蚯蚓培养料或用于肥塘养鱼和生产沼气等，以实现多级资源化利用，促进农牧结合。搞好场区绿化，绿化可使畜牧场空气中的臭气减少 50%、细菌数减少 22%～79%。

（5）因地制宜，控制畜牧场规模

为了便于控制污染和粪肥还田，要控制大型养殖场。为了取得规模效益，上海提出肉猪存栏要在 1 000 头以上，奶牛要在 100 头以上，肉鸡要在 2 万羽以上，蛋鸡要在 5 万羽以上。但是不是越多越好，广东省的经验是猪场的最佳规模是 5 000 头，超过万头不易达到经济效益和环境效益的统一。

（6）日常管理

畜禽场粪便管理应规范化、制度化，需要有一套完整的规章制度来保证治理系统的正常运行。

① 实行场长负责制。作为场长，有责任既做到本场的畜牧业持续稳定的发展，又使畜禽粪便不污染场内外环境。因此，防止畜禽场粪便污染应作为其业绩的考核指标。

② 实行畜禽粪便供用合同。供肥单位是畜牧场，堆制后供给种植单位，双方应签订合同，明确使用量、运输责任、有偿或无偿使用等细节。合同期至少一年，也可 3～5 年。尿和污水如作灌溉农田用，畜牧场也最好与有关单位签订合同。

③ 实行场内岗位负责制。将全场防治污染的责任分解落实到班组和个人。一般的做法是畜舍内粪便的清扫和外运由饲养员进行，奶牛场则有专门的清洁工负责。舍外环境卫生采取分区包干，尿和污水系统由专人负责，粪由场内往场外运输应有

专人负责。各种工作须规定具体要求，定期考核，与奖惩挂钩。

④ 制定防治污染的操作规程。操作规程分为以下几个部分：粪便管理、污水管理、其他环境管理（草料、饲料、畜舍、堆肥厂、死亡畜禽处置、场区环境卫生和消毒等）、环境监测、组织分工。

⑤ 搞好环境卫生。养殖场容易滋生蚊蝇，搔扰人畜，因此要及时清除和处理粪便和污水，不得在场区存放，以保持环境的清洁、干燥，防止昆虫滋生。灭鼠除虫措施须效果确实、人畜安全。

2. 畜禽场污水处理

家畜场污水处理的目标应符合《畜禽养殖业污染物排放标准》的规定，有排放标准的应执行地方标准，污水作为灌溉用水排入农田应符合《农田灌溉水质标准》的要求。

（1）基本原则

① 需要限制用大量的水冲洗粪便，因为高浓度有机废水很难处理，代之的方法是采用高压水龙头冲洗栏舍或采用垫料。

② 污水生化处理之前先进行固液分离。据测定，原猪舍污水含 COD 浓度为 10 900 mg/L，经过固液分离以后的污水，其 COD 下降 60%～70%。先清粪再用水冲，这样既节约水资源又减少污染负荷。

③ 一水多用，循环利用。在经济可行的前提下，净化消毒以后的中水可用做冲洗栏圈用水。

④ 污水处理工程应与畜牧场主体建筑同时设计、同时施工和同时运行。

（2）基本方法

常用的方法有：

① 固液分离法

使用固液分离机将粪便固形物分离，分离机有振动筛式、回转筛式和挤压式。

② 污水处理法

高浓度的有机废水最好采取厌氧-好氧联合处理法，有土地的地方可采用氧化塘或生物塘，处理达标后进入农业灌溉系统。

3. 恶臭控制

畜禽场避免建设在居民点、旅游景点、交通干线附近，要与畜牧场保持 500～1 000 m 的距离，并且畜牧场要在下风向。水源保护区和旅游区不允许建设畜牧场。

饲养方式和清粪工艺与产生恶臭有关，选择的工艺应尽量做到粪与尿和水分离，粪便及时清除，排水通畅，保持粪和畜床干燥，如此可以减少恶臭源。

由于畜禽饲养场的恶臭污染源很分散，集中处理很困难，最好的方法是预防为主，在恶臭源头就地处理。

（1）日粮设计与恶臭控制

家畜禽场恶臭的控制从日粮设计和日粮供给开始。饲料在消化过程中，未消化吸收的部分进入后段肠道，因微生物作用产生臭气，排出体外继续经微生物作用产生更多的臭气。提高日粮消化率、减少干物质（蛋白质）排出量是减少恶臭来源的有效措施。据测定，日粮粗纤维每增加 1%，蛋白质消化率就降低 1.4%；减少日粮蛋白质 2%，粪便排泄量可降低 20%。育肥猪每增重 1 kg 只需要 350 g 粗蛋白、22.1 g 赖氨酸，但一般粗蛋白的推荐量为 400 g，实际应用一般会多于 500 g，这无疑是极大的浪费，也增加了臭气产生量。

（2）饲料添加剂的应用

日粮中采用某些添加剂，除可以提高畜禽生产性能外，还可以控制恶臭。这些添加剂是：①酶制剂，加入饲料中可以提高营养利用率；②抗生素，添加亚治疗剂量的抗生素确实可以提高断奶仔猪的日增重和饲料转化率，但是往饲料里添加抗菌素要慎重；③益生菌，即选用活菌剂、芽孢杆菌、乳酸链球菌、乳杆菌和酵母菌等抑制肠道内恶臭物质的产生，保持消化道内微生态平衡；酸化剂，低 pH 值可以使氨处于非挥发性的 NH_4^+ 状态，这样就减少了空气中的氨水平。酸化剂有硫酸钙、苯甲酸钙、氯化钙以及新研究出的己二酸。

（3）除臭剂的使用

产生的恶臭可以用多种化学和生物产品来控制。多用强氧化剂和杀菌剂来消除微生物产生的臭味或化学氧化臭味物质。常用的氧化剂有过氧化氢和高锰酸钾，还可以用硅酸盐矿石沸石（分子筛）选择性吸收 NH_3、H_2S 和 CO_2。生物除臭可以使用丝兰属植物提取物抑制脲酶活性，控制氨生成，还可以利用细菌和酶制剂通过生化过程降解臭味物质。

4．防疫与尸体无害化处理

加强对动物的防疫工作，预防、控制和扑灭动物疫病，是促进养殖业发展和保护人体健康、防治环境污染的重要环节。对动物疫病实行预防为主的方针。

依据《中华人民共和国动物防疫法》，在发生一、二类动物疫病时，应当采取控制和扑灭措施。这些措施包括：对疫区实行封锁、隔离、捕杀、销毁、消毒、无害化处理、紧急免疫接种等强制性措施。

按照《畜禽养殖业污染防治技术规范》（HJ/T 81—2001），对病死畜禽尸体的处理与处置的要求是：

（1）病死畜禽尸体要及时处理，严禁随意丢弃，严禁出售或作为饲料再利用。

（2）病死禽畜尸体处理应采用焚烧炉焚烧的方法，在养殖场比较集中的地区应集中设置焚烧设施；同时焚烧产生的烟气应采取有效的净化措施，防止烟尘、一氧化碳、恶臭等对周围大气环境的污染。

（3）不具备焚烧条件的养殖场应设置两个以上安全填埋井，填埋井应为混凝土结构，深度大于 2 m，直径 1 m，井口加盖密封。进行填埋时，在每次投入畜禽尸体后，应覆盖一层厚度大于 10 cm 的熟石灰，井填满后，须用黏土填埋压实并封口。

相关标准和技术规范还有：《畜禽病害肉尸及其产品无害化处理规程》（GB 16548—1996），《高致病性禽流感疫情处置技术规范》（农业部，2005 年 11 月 14 日），《病死及死因不明动物处置办法（试行）》（农业部，2005 年 10 月 21 日）。

第五节　环境影响评价中应关注的问题

一、集约化养殖场的粪便消纳

畜禽粪便对种植业来说是宝贵的肥料资源，但是管理不善、处理不当会成为重要的环境污染源。粪肥在保持和提高土壤肥力的效果上远远超过化肥。含水量为 20% 的肉鸡粪 1 t 约含 26.7 kg 氮、26.7 kg 磷和 17.8 kg 钾。

集约化养殖场的出现和发展，使畜牧场由分散到集中，由小型变大型，由农村转向城镇矿区周围，限于土地面积少，运输压力大，畜粪多用水冲洗，使用畜禽粪便不如化肥方便，而且农业用肥有季节性要求。

有些国家为了防止畜禽粪便的污染，规定了粪肥施用的最高限度。一般规定，$0.067 \ hm^2$ 施粪肥不得超过 3 t。若是粪肥用量超过推荐量的 30%，容易造成氮素污染地下水和地表水。这样，一个 400 头成年母牛的奶牛场，加上牛犊和育成牛，每天排粪 30～40 t，每年达 1.1 万～1.4 万 t；如用做肥料，需 3 800～4 900 亩土地才能消纳。一个 10 万羽蛋鸡场，包括育成鸡在内，每天产粪 10～15 t，每年产生粪量为 3 650～5 480 t，需要 6 900 亩土地才能消纳；养成 1 000 头出栏猪，需要拥有 50～100 亩地才能消纳猪场的粪肥。

从上海的情况来看，以饲养场为中心，半径超过 2.5 km 的农民就不大愿意去拉粪肥。

为了使畜禽粪便与农田负荷量保持均等，国外一些经济学家、畜牧兽医专家提出一个畜牧生产点和每公顷土地上的最大饲养头（羽）数，可作为参考（表 1-4-11 和表 1-4-12）。

表 1-4-11　英国一个生产点最大饲养头（羽）数

畜禽种类	头（羽）数	畜禽种类	头（羽）数
奶牛	200	肥猪	3 000
肉牛	1 000	蛋鸡	70 000
种猪	500	绵羊	1 000

（中国家畜环境研究会编《现代化畜牧生产的环境与环境管理》，1993，转引自《家畜粪便学》，1999）

表 1-4-12　德国每公顷土地与最大饲养头（羽）数

畜禽种类		头（羽）数
牛	成年牛	3
	青年牛	6
	犊牛	9
猪	繁殖/妊娠猪	9
	肉猪	15
马	成年马	3
	青年马（1 岁以下）	9
鸡	肉鸡	300
	蛋鸡	900
鸭	—	450
火鸡	—	300
羊	—	18

（中国家畜环境研究会编《现代化畜牧生产的环境与环境管理》，1993，转引自《家畜粪便学》，1999）

　　家畜粪便农田负荷量（环境容量）是指每公顷耕地所能承担的粪便量。有两种计算方法：

　　（1）重量负荷量

　　负荷量 ＝ 当年家畜排泄量（t）/当年耕地面积（hm²）

　　（2）肥效负荷量

　　各类家畜粪的养分是不同的，如果以含氮量计 1 kg 鸡粪相当于 3 kg 猪粪或 5 kg 牛粪，为了便于计算肥效负荷量，有必要将各种粪便统一换算成猪粪单位。一个猪粪单位是指 1 kg 新鲜猪粪的含氮量。各种畜禽粪换算成猪粪单位的换算系数见表 1-4-13。

表 1-4-13　畜禽粪含氮量及换算成猪粪单位的换算系数

畜禽种类	猪	鸡	鸭	牛	马	羊	兔
含氮量/%	0.65	1.63	1.10	0.45	0.55	0.80	1.94
换算系数	1	2.51	1.69	0.69	0.85	1.23	2.98

（引自《家畜粪便学》，1999）

　　计算方法：

　　猪粪单位量总和 ＝ 当年猪（鸡、鸭、牛、马、羊、兔）粪排泄量（t）×换算系数×1 000

　　负荷量 ＝ 猪粪单位量总和/当年耕地面积（hm²）

二、畜草平衡

发展畜牧业需要考虑畜草平衡的问题。一个地区和一个牧场有一定的载畜量，超过了这个载畜量，草场就会受到破坏，严重时难以恢复。

载畜量作为评价草地生产力的一种指标，长期用来评价牲畜—草地系统。其含义为：以一定的草地面积，在适度利用的原则下，能够使家畜正常生长繁殖的饲养天数及头数。它有三种表示方法：家畜单位、时间单位和草地单位。家畜单位指在一定的时间内，单位面积的草地上可以养活的家畜数量。时间单位指在单位面积的草地上，可以供一头家畜放牧的天数或月数。草地单位指在单位时间内，一头家畜所需要的草地面积。在环境影响评价中，最常用的是家畜单位。

载畜量的指标常采用家畜单位（或家畜当量、家畜指数），它是依据家畜对饲料的需求量将各种家畜折合成一种标准家畜。

我国使用的是羊单位，或一个标准羊单位。1 只体重 50 kg 并哺半岁以内单羔，日消耗 1.8 kg 标准干草（含水量 14%）的成年母绵羊，或与此相当的其他家畜为羊单位。

美国草地管理学会（1974）指定以牛为标准家畜，一个家畜单位（AU）的含义为：1 头成年体重为 454 kg 的母牛或与此相等的家畜，平均每天消耗量为 12 kg 干物质（DM）。常用的数量单位是家畜单位天（AU）、家畜单位月（AUM）和家畜单位年（AUY），它们分别代表的牧草需求量为 12 kgDM、360 kgDM 和 4 380 kgDM。

1. 《天然草地合理载畜量的计算》（农业部行业标准，NY/T 635—2002）

（1）各种成年家畜折合为标准单位（羊单位）的折算系数（体重/kg，羊单位折算系数）

体型	体重/kg	折算系数	体型	体重/kg	折算系数
①绵羊、山羊			中 型	（450～500 kg）	6.0
特大型	（＞＞55 kg）	1.2	小 型	（351～450 kg）	5.0
大 型	（51～55 kg）	1.1	特小型	（＜350 kg）	4.5
大中型	（46～50 kg）	1.0	③水牛		
中 型	（40～45 kg）	0.9	大 型	（＞500 kg）	7.0
小 型	（35～39 kg）	0.8	中 型	（450～500 kg）	6.5
特小型	（＜35 kg）	0.7	小 型	（＜450 kg）	6.0
②黄牛			④牦牛		
特大型	（＞550 kg）	8.0	大 型	（＞350 kg）	5.0
大 型	（501～550 kg）	6.5	中 型	（300～350 kg）	4.5

体型	体重/kg	折算系数	体型	体重/kg	折算系数
小　型	（＜300 kg）	4.0	中　型	（130～200 kg）	3.0
⑤ 马			小　型	（＜130 kg）	2.5
大　型	（＞370 kg）	6.5	⑦ 骆驼		
中　型	（300～370 kg）	6.0	大　型	（＞570 kg）	8.0
小　型	（＜300 kg）	5.0	小　型	（＜570 kg）	7.5
⑥ 驴			—	—	—
大　型	（＞200 kg）	4.0	—	—	—

（2）幼畜与成年畜的家畜单位折算系数（幼畜年龄，相当于同类成年家畜当量）

幼畜年龄	折算系数	幼畜年龄	折算系数
① 绵羊、山羊		③ 骆驼	
断奶～1 岁	0.4	断奶～1 岁	0.3
1～1.5 岁	0.8	1～2 岁	0.6
② 马、牛、驴		2～3 岁	0.8
断奶～1 岁	0.3	1～2 岁	0.7

2. 美国农业部水土保持协会方法（1945）

（1）牛

断奶犊牛及 1 岁犊牛=0.6AU

成年母牛（带犊或不带犊）=1AU

2 岁及 2 岁以上公牛=1.3AU

（2）马

1 岁驹=0.75AU

2 岁驹=1.0AU

3 岁驹=1.25AU

（3）绵羊和山羊

5 只断奶羊和 1 岁羔羊=0.6AU

5 只带或不带哺乳羔的母羊=1.0AU

5 只公羊=1.3AU

有关草原管理涉及的标准和规范有：《天然草地退化、沙化、盐渍化的分级指标》（GB 19377—2003）、《草原划区轮牧技术规程（试行）》《休牧和禁牧技术规程（试行）》《人工草地建设技术规程（试行）》和《严重鼠害草地治理技术规程（试行）》。

三、水平衡

畜牧业生产需要消耗水资源。有人统计，每生产 1 kg 牛肉需耗水 31.5 t。水量的消耗与养殖的家畜家禽的种类、地域、养殖方式和养殖水平有很大关系。

1. 养殖场耗水

畜禽场用水一般占全场用水的 80%，生活用水一般占全场用水的 20%。前者主要用于畜禽饮用、粪尿的冲洗、畜禽舍和各种器具清洁用水以及畜禽降温用水，后者主要用于工作人员的做饭、饮用、洗澡、洗衣和卫生等。各种畜禽的日平均用水量见表 1-4-14。

表 1-4-14　上海市畜牧场猪、奶牛、禽个体日均用水量和人员生活用水　　单位：kg

种类	猪	奶牛	鸡	鸭	人员生活用水
个体日均 用水量范围	12 10～20	170 100～500	0.5 0.4～1.5	0.6 0.5～0.9	20～40

（根据《家畜粪便学》补充）

畜禽场每日的用水量是不均衡的，在上海夏季用水量比冬季用水量增加 30%～50%，高温日的用水量更多。所以在进行给排水设计时，日用水量和日排水量应按高温日计。

2. 牧场耗水

草场放牧，不仅要考虑畜草平衡，还要考虑畜水平衡。后者在干旱、半干旱地区尤为突出。

我国西北地区深居内陆，属于典型的大陆性干旱、半干旱气候区，该区由于水资源利用不合理和土地资源利用不合理而引起的荒漠化土地为 60 万 km² 左右。

由于水资源利用不合理引起的土地荒漠化：① 在内陆干旱区，由于河流上中游用水过多，造成下游河湖干涸，荒漠扩大。② 在沙漠边缘地区，由于超采地下水，植被枯萎，造成土地沙化。③ 在大中型灌区，由于灌溉不当，地下水位上升，造成土壤次生盐碱化。

由于土地资源利用不合理引起的土地荒漠化：① 草原牧区由于严重超载过牧，造成大面积退化甚至沙化。② 在农牧交错区，由于滥垦、滥牧、滥樵、滥采，造成大面积土地退化甚至沙化。③ 在农区，由于不合理的种植结构和耕作制度，造成一些地方的土地退化甚至沙化。④ 在有些山区，由于乱伐滥垦，造成林地的退化。⑤ 在黄土高原区，由于边治理、边破坏，土壤侵蚀总面积仍有所增加。

据分析，造成上述情况的直接原因是土水资源结构与农牧业结构之间发生错位，全区水资源贫乏而草地资源丰富的资源结构与种植业占 70%左右、畜牧业只占 28.5%左右的农牧业结构不匹配。为此，在本地区提出了"退耕还林""退耕还草"的方针。

在干旱、半干旱草原区发展畜牧业需注意以下问题：

（1）发展现代节水灌溉，要求灌溉水利用系数提高至 0.15～0.2，建设高标准基本草牧场，草地干物质生产水平提高到 180 kg/亩。

（2）退耕休牧，变过牧超载为以草定畜、草畜平衡，必须与围栏、轮牧、小水利、人工草场等措施相结合。

（3）在年降水量在 400 mm 以下的地区，应明确规定以灌、草为主的植被建设方向，并应充分利用草原生态系统的自我修复能力。要修订和完善有关地方在执行退耕还林政策中一些不符合客观规律和当地实际情况的做法。

四、恶臭

1. 恶臭的来源

恶臭指一切刺激嗅觉器官引起人们不愉快及损害生活环境的气体，畜禽饲养过程产生的恶臭不仅对人有害，也对畜禽有害，影响畜禽生产。畜牧场规模越大产生恶臭的潜力越大。随着我国畜牧业的迅速发展，大型集约化养殖场在城郊和工矿区大量出现，导致恶臭污染问题严重，恶臭投诉事件时有发生。

畜禽场的恶臭来自畜禽粪尿、污水、垫料、饲料和畜禽尸体等的腐败分解过程，新鲜粪便、消化道排出的气体、皮脂腺和汗腺分泌物、畜体外激素、黏附在体表的污物以及呼出的二氧化碳（含量约为空气中的 100 倍）等也会散发出不同畜禽所特有的难闻气味。但是畜禽场恶臭的主要来源是畜禽粪尿排出体外之后的腐败分解。

恶臭在养殖场和处理场等处均可产生（表 1-4-15）。影响畜禽场恶臭产生的主要因素是清粪方式、管理水平、粪便和污水处理程度、贮存方式等，同时也与场址选择、场地规划和布局、畜舍设计、畜舍通风等有关。

表 1-4-15　养殖场产生恶臭的工段、工艺过程、设施及物质组成

工段	工艺过程	设施	物质组成
饲养场	—	畜舍、饲料加工厂、排气装置	氨态氮、挥发性胺、硫化氢、氨
病畜处理	剖检、焚烧、掩埋	解剖室、污物处理设备、焚尸炉	氨、硫醇、硫化氢
鸡粪干燥场	—	干燥设施	氨态氮、氨
粪尿、污水处理厂	运输、粪尿熟化池	真空装置、入装室、接收槽、储留槽、熟化污物储留槽、熟化脱离液、充气槽	硫化氢、氨、焦磷酸硫醇、粪臭素、丙酸脂肪酸、醋酸

（摘引自《家畜环境卫生学》，2004）

恶臭的成分十分复杂，因家畜的种类、清粪方式、日粮组成、粪便和污水处理等不同而异，有机成分是硫醇类、胺类、吲哚、挥发性有机酸、酚类、醛类、酮类、醇类、酯类以及含氮杂环化合物等，无机成分主要是氨和硫化氢。据研究，一个万头牛场仅从通风系统中排出的氨气就达 57 kg/d；一个近 11 万头的养猪场，每小时向大气中排出 159 kg 氨和 14.5 kg 硫化氢；一个 72 万只的养禽场每小时由通风系统向大气排放 13.3 kg 氨、41.4 kg 粉尘和 2 087 m^3 二氧化碳。

2. 恶臭预测

一般认为，距离恶臭源越近，臭气浓度越高。据测定，一般认为，畜牧场的恶臭范围在 200～500 m，但也不尽如此，还受其他因素影响，有时距离污染源很远，恶臭物并未有明显降低（表 1-4-16）。

表 1-4-16　不同距离恶臭污染物的平均浓度

距离/m	5	10	20	40	80	160	320	640	1 280	GB 14554—1993 标准（二级）*
NH_3/（mg/L）										0.001 5
养猪业	0.65	0.45	0.66	0.73	0.56	0.39	0.64	0.23	0.00	
养牛业	0.60	0.49	0.46	0.45	0.33	0.42				
养鸡业	0.95	1.23	0.67	0.69	0.61	0.26				
CH_3SH/（μg/L）										0.007
养猪业	3.67	0.82	2.76	0.18	3.32	0.25	1.00	0.00		
养牛业	0.74	4.77	2.70	0.00	0.73	0.74	0.00			
养鸡业	7.83	9.17	0.88	1.25	0.11	0.00	0.39	0.00		
H_2S/（μg/L）										0.06
养猪业	5.95	2.82	3.87	1.03	13.09	1.84	2.00	0.00		
养牛业	12.74	2.25	4.63	3.22	3.77	5.60				
养鸡业	11.32	30.14	6.79	1.94	1.94	1.00	1.33	0.00		
$(CH_3)_3N$/（μg/L）										0.08
养猪业	0.56	13.61	0.25	0.22	8.58	0.30	17.00			
养牛业	0.96	0.40	0.75	0.00	.0.00	0.00				
养鸡业	1.03	0.14	1.50	1.69	0.11	0.52	0.00	0.00		

*引自恶臭污染物排放标准（GB 14554—1993）的恶臭污染物厂界标准值（二级）。

（根据《家畜环境卫生学》，2004）

五、人畜共患病的控制

人畜共患病是畜牧业影响人类健康安全的最重要因素之一。许多传染病和寄生虫病可以互相感染人和脊椎动物。目前已知人畜共患病有 250 多种，其中包括艾滋病、口蹄疫、炭疽病、鼠疫、牛型结核病、布鲁氏菌病、狂犬病、日本乙型脑炎、登革热、血吸虫病、猪猫弓形体病、猪囊尾蚴病等，尤其是近年来疯牛病、口蹄疫、新出现的尼帕病毒脑炎、裂谷热等疫病的发生和蔓延，不仅给发病国家造成了严重的灾难性影响，而且这种影响已波及全世界，越来越受到世界粮农组织（FAO）、世界动物卫生组织（OIE）等有关国际组织，各国政府，社会团体和广大人民群众的关注和重视。

1. 畜禽传染病及其传播途径

引起动物传染病的病原体主要是细菌、病毒和寄生虫。病原体在患病动物体内生长繁殖，并不断向体外排出病原体，通过多种途径传给更多的易感动物，使疾病流行起来。传染源、传播途径和易感动物是传染病发生的三个基本条件，三者缺一传染病都不会发生。

传播途径分为直接接触传染和间接传染。直接接触传染包括交配和啃咬等方式，最为典型的例子就是狂犬病。间接传染通过饲料、饲草、饮水、空气、土壤、中间宿主、饲养管理用具、昆虫、鼠类、畜禽及其他野生动物使畜禽染病。

病畜病禽排出的粪尿和尸体中含有的病原菌会造成水污染，引起传染病的传播和流行，这不仅危害畜禽本身也会危及人类。猪丹毒、副伤寒、马鼻疽、布鲁氏菌病、炭疽病、钩端螺旋体病和土拉菌病都是水传疾病，而口蹄疫、鸡新城疫则可以经胃肠道传播（表 1-4-17）。

表 1-4-17　畜禽粪便中潜在的病原微生物

类别	病原微生物种类
鸡粪	丹毒丝菌、李斯特氏菌、禽结核杆菌、白色念珠菌、梭菌、棒杆菌、金黄色葡萄球菌、沙门氏菌、烟曲霉、鹦鹉热衣原体和鸡新城疫病毒等
猪粪	猪霍乱沙门氏菌、猪伤寒沙门氏菌、猪巴斯德氏菌、猪布鲁氏菌、绿脓杆菌、李斯特氏菌、猪丹毒丝菌、化脓棒状杆菌、猪链球菌、猪瘟病毒和猪水泡病毒等
马粪	马放线杆菌、沙门氏菌、马棒状杆菌、李斯特氏菌、坏死杆菌、马巴斯德氏菌、马腺疫链球菌、马流感病毒、马隐球酵母等
牛粪	魏氏梭菌、牛流产布鲁氏菌、绿脓杆菌、坏死杆菌、化脓棒状杆菌、副结核分枝杆菌、金黄色葡萄球菌、无乳链球菌、牛疱疹病毒、牛放线菌、伊氏放线菌等
羊粪	羊布鲁氏菌、炭疽杆菌、破伤风梭菌、沙门氏菌、腐败梭菌、绵羊棒状杆菌、羊链球菌、肠球菌、魏氏梭菌、口蹄疫病毒、羊痘病毒等

2．控制途径

（1）加强检疫

动物检疫是国家法定的行为，是动物防疫工作的主要部分，是预防动物疾病发生的关键环节。

（2）免疫接种

免疫接种是根据特异性免疫的原理，采用人工的方法，给动物接种菌苗、疫苗或免疫血清等生物制品，实际上是模拟动物的轻度自然感染过程，使机体产生对相应病原体的抵抗力，即特异性免疫力，以使易感动物转变为非易感动物，从而达到预防和控制传染病的目的。规模化养殖场通过规范的免疫接种预防疫病的发生。

（3）疫病预防

做好禽畜饲养场舍卫生可以达到控制和切断传染源及传播途径的效果。及时淘汰处理易感动物和带病动物，辅以必要的药物治疗来控制疫病，同时采取消毒、隔离、封锁等项措施预防疾病发生。

加强饲养管理，使家畜保持良好的环境条件，在饲料中添加某些抗菌素和药物遏止某些疾病的发生，但是不能根除，且容易产生一些新的疾病。

第五章　水　产　业

随着我国社会经济快速发展和人口不断增加，人类活动与资源环境的矛盾日益尖锐。我国水生生物资源及水域环境正面临着多方面的问题。

（1）水域污染导致水域环境不断恶化。由于我国近海和内陆水域的有机物和氮磷污染使我国主要经济水生生物产卵场和索饵场的功能明显退化，饵料生物减少，水生生物群体繁殖能力和幼体存活率降低，水生生物资源得不到有效补充，因此水域生产力下降，水生生物总量减少，赤潮、水华已成为频发性自然生态灾害。目前近海水域生产力水平大幅度下降，内陆水域中有 2 400 km 江段鱼虾绝迹。全国每年由于环境污染所造成的捕捞产量损失约 50 万 t，经济价值 30 亿元。

（2）各种人类活动使水生生物栖息地遭到破坏。水利水电拦河筑坝、围湖围海造田造地以及航道航运工程等人类活动严重破坏了各类水生生物的栖息地及其生境，造成大量水生生物生存空间被挤占，洄游通道被切断以及产卵场遭破坏，这些对内陆水域中水生生物资源特别是珍稀濒危水生野生动物的破坏非常明显。近年来，我国珍稀濒危水生野生动植物的物种数量急剧增加，濒危程度不断加剧，目前列入《中国濒危动物红皮书》的濒危鱼类物种数达 92 种，列入《濒危野生动植物种国际贸易公约》附录的物种近 300 种。

（3）过度捕捞造成渔业资源严重衰退。目前，我国有机动渔船 48 万余艘，是世界上机动渔船最多的国家，其捕捞强度已超过渔业资源承受能力，致使渔业资源严重衰退。主要经济鱼类品种衰退，水生生物种间平衡被打破从而使种群演替现象明显，渔获组成营养级水平逐年下降，低龄化、小型化和低值化现象日益加剧。目前低值品种比例已上升到总渔获量的 60% 以上，捕捞生产效益和经济效益显著下降。

（4）水产养殖对环境的污染和生态的破坏。水产养殖可能引起两方面的环境问题：①由于投饵而引起的环境污染；②由于不适当地开发滩涂和湿地等而带来的生态破坏。养殖过程中排放三类污染物：①易被生物降解的有机物在分解过程中消耗氧气，降低水中溶解氧含量；②氮、磷引起水中的藻类大量繁殖，造成水体富营养化；③鱼虾养殖生产的消毒物（生石灰、熟石灰、漂白粉等）。

大规模地把滩涂、湿地改造为鱼塘或虾池也会破坏湿地水域生态平衡。养虾业损害多种沿海环境，包括红树林、盐水和淡水沼泽地、珊瑚礁。据波士顿大学海洋生物实验室的研究员调查，在过去 20 年间，全球红树林消失了 1/3 以上，而其中有 38% 都直接归因于养虾业的发展。红树林除了维持动植物的多样性以外，还有防止海岸侵蚀、抵抗热带风暴以及作为多种鱼类、甲壳类动物的避难所和栖息地等多种功能。养虾场排放的有机废物会导致珊瑚礁窒息。我国曾于20世纪50年代和80年代分别掀起了围海造田和发展养虾业两次大规模围海热潮，近年又进行过围海造地和港口开发，使得沿海自然滩涂湿地不断减少。结果不仅使滩涂湿地的自然景观遭到了严重破坏，重要经济鱼、虾、蟹、贝类的生息和繁衍场所消失，许多珍稀濒危野生动植物绝迹，而且还大大降低了滩涂湿地调节气候、储水分洪、抵御风暴潮及护岸保田等的能力。

第一节　产业政策和行业环境管理

一、产业政策

《中共中央关于制定国民经济和社会发展第十一个五年规划的建议》中指出：积极发展水产业，保护和合理利用渔业资源。

《国家产业技术政策》（工信部联科[2009]232号）第十五条：制定和完善产业技术发展规划。依据《国家中长期科学和技术发展规划纲要（2006—2020年）》，按照重点行业的实际发展情况，积极完善我国重点产业的技术发展规划，增强重点产业的竞争实力。加强规划与国家科技计划的衔接，加快组织实施对我国经济社会发展影响深远、带动性强的关键和共性技术与装备的研制开发，不断提升我国的产业技术水平。

水产业资源环境保护工作日益得到党和国家的重视，为养护水生生物资源和保护水域环境，各级政府、渔业行政主管部门及其相关部门相继开展了一系列工作，如建立了相应的保护法律法规体系。先后颁布了《渔业法》《野生动物保护法》《海洋环境保护法》等法律，以及相关配套的行政法规，如《水产资源繁殖保护条例》（1979年2月10日国务院发布）、《自然保护区管理条例》（1994年10月9日国务院发布）、《渔业捕捞许可管理规定》（2002年8月23日农业部发布）、《中国水生生物资源养护行动纲要》（2006年2月14日国务院发布）、《全国渔业发展第十一个五年规划（2006—2010年）》（2006年11月7日农业部发布）等，还有配套法律法规的部门规章及地方性法规为补充的法律法规体系。另外，渔业行政主管部门也颁布了一系列管理制度和措施，例如海洋捕捞伏季休渔制度、长江禁渔制度、捕捞许可管理制度、养殖证制度、海洋捕捞渔船数量和功率指标控制、海洋捕捞产量"零增长"和"负增长"计划等以及开展了水生生物资源增殖放流、人工鱼礁建设、建立水生生物自然保护区、濒绝水生野生动物救助、退田还湖等措施。

（1）捕捞业

捕捞业是一种资源依赖产业，渔业资源是捕捞业的物质基础。目前我国捕捞力量增长和资源有限矛盾日益尖锐，过度捕捞已成为我国渔业资源衰退的主要原因之一。实行责任捕捞管理是养护渔业资源、实现捕捞业可持续发展的关键。

在科学规范管理的基础上，控制和压缩捕捞强度，调整作业结构，合理安排力量，从而有效养护和合理利用渔业资源，使捕捞业在有序、适度的前提下得到健康持续发展。

发展和规范远洋渔业，加大对远洋渔业的支持力度，加快捕捞力量转移，缓解近海渔业资源压力。优化远洋渔业产业结构，开发公海及极地新渔场，增加捕捞对象品种和作业区域，合理开发利用国际渔业资源，实行远洋捕捞许可证审批制度，加强远洋渔业执法能力建设和执法工作。

加大渔业管理和渔业资源保护的执法力度，严厉打击各种非法行为。加强渔政执法能力建设，改善执行装备，强化执行手段，规范管理行为，为各项捕捞管理和渔业资源保护制度和措施的顺利实施提供组织和执法保障。

（2）养殖业

按照养殖水域规划，合理安排养殖生产布局，根据水域环境状况，科学确定养殖品种结构，鼓励发展轮换休耕式养殖。

鼓励推广各种生态养殖技术，发展生态渔业。根据鱼、虾、蟹、贝、藻的生活习性，通过鱼虾贝蟹藻间养、轮养、混养及立体养殖等方式，充分、合理利用水域中营养物质，保护和改善水域环境。

渔业行政主管部门应进一步加强对水产养殖生产环境的保护和监督，保障水产品质量安全，促进水产养殖生产可持续健康发展。

二、行业环境管理

渔业水域生态环境决定着渔业资源和渔业生产的存在和兴衰。渔业行政主管部门根据有关法律赋予的职责，制定了渔业资源保护与管理、捕捞许可制度与管理、水产养殖管理、水生野生动物保护与管理、水生生物种质资源的保护与管理、渔业环境保护与管理等一系列的政策、法规，全方位对整个渔业水域生态环境进行监督、管理。

1. 渔业资源保护与管理

渔业资源是具有可开发利用和经济效益的水生生物资源。《中华人民共和国渔业法》《水产资源繁殖保护条例》对渔业资源保护与管理作出专门的规定。通过制定总可捕量和捕捞限额制度、捕捞许可管理制度、选择性捕捞管理制度、渔船报废制度、禁渔区和禁渔期制度等措施进行渔业资源保护与管理。

（1）捕捞限额制度

目前实施的海洋捕捞和渔船指标双控与海洋捕捞产量"负增长"计划，从投入控制和产出控制两方面使捕捞量低于资源增长量，并逐步对渔船、渔具、渔业产量等指标实行限额式量化管理，建立健全资源评估、配额分配和生产监管体系，为捕捞限额制度提供保障。

（2）捕捞许可管理制度

在渔业资源遭到过度利用的情况下，我国政府逐渐认识到捕捞强度必须适应渔业资源生态的自然规律，于 1979 年确立捕捞许可制度，1980 年起对海洋捕捞渔船实行捕捞许可制度。1989 年农业部颁布《捕捞许可证管理办法》，2002 年农业部 19 号令颁布《渔业捕捞许可管理规定》，并于 2002 年 12 月 1 日起施行。渔业捕捞许可内容包括作业场所许可，作业时限许可，作业类型许可，作业渔具、捕捞方法许可和捕捞对象许可。

（3）选择性捕捞管理制度

制定重要渔业品种的最小标准，实行最小网目管理制度和幼鱼比例检查制度。调整作业结构，合理配置各种作业类型比例。进行选择性网具的研制和推广。制定渔具准用目录，取缔禁用渔具，打击非法作业方式。

（4）禁渔区和禁渔期制度

巩固和完善现有禁渔区和禁渔期制度，继续实施海洋伏季休渔，长江禁渔区和禁渔期及海洋机轮拖网禁渔区等制度，科学确定禁渔时间和禁渔范围，在内陆主要渔业水域和重要鱼类品种的主要栖息地和繁殖期设立新的禁渔区和禁渔期，加强对重要鱼类品种产卵群体和补充群体的保护。

（5）渔船报废制度

为加强渔业船舶安全管理、保障渔业船舶航行作业安全、控制捕捞强度、促进渔业可持续发展，2002 年 5 月农业部、国家安全生产监督管理局联合发布了《渔业船舶报废管理暂行规定》。按照各类渔船报废年限和安全要求，对超龄或不适航的捕捞渔船进行强制报废，改善渔船安全性能，保障渔业生产安全。鼓励未达报废年限的渔船自愿报废，以降低捕捞强度。

2．水产养殖业管理

（1）水产养殖业

渔业行政主管部门通过制定养殖规划和核发养殖使用证实施水产养殖业管理。凡在规划用于水产养殖的水域从事养殖生产的单位和个人均须领取《养殖使用证》，不符合养殖规划的，不核发养殖使用证，属无证养殖的要进行登记，限期拆除养殖设施。

渔业行政主管部门通过养殖水域回顾性环境影响评价，评价其养殖数量、规模是否超过环境容量，如超过环境容量需要削减养殖规模，或利用生态养殖改善养殖环境。同时通过评价对现有养殖水产生物有害物质残留严重超标的、严重病害暴发流行的、检测发现有赤潮毒素的、发生污染事故而造成周边环境严重危害的，渔业行政主管部门立即关闭其养殖区或养殖场，禁止其捕养殖水产生物的上市。

养殖场项目选址严格遵循养殖规划，不得对自然保护区、红树村、海岸防护林、基本农田用地、鱼虾的产卵场、重要苗种场、水产种质资源保护区、水源地及海岸自然景观等造成影响和破坏。

（2）防治外来物种入侵

外来物种入侵一般通过三种途径：①引入用于渔业生产、生态环境改造与恢复、景观美化等目的的物种，之后演变为入侵种，即有意识的引进；②随着贸易、运输、旅游等活动而传入的物种，即无意识的引进；③靠物种自身的扩散传播能力或借助于自然力量而传入，即自然引进。《中华人民共和国水生野生动物保护实施条例》（1993 年农业部令第 1 号）第二十二条规定：从国外引进水生野生动物的，应当向省、自治区、直辖市人民政府渔业行政主管部门提出申请，经省级以上人民政府渔业行政主管部门指定的科研机构论证后，报国务院渔业行政主管部门批准。《水产苗种管理办法》（2005 年 1 月 24 日，农业部令第 46 号）规定：任何单位或个人从境外引进和向境外提供水产种质资源的，应当经农业部批准。单位或个人在引进时须将适量的种质资源送交指定机构供保存和利用。

（3）水产品质量安全

水产品质量安全管理涉及水产养殖产地环境管理、渔用饲料和添加剂管理、渔药管理等多个方面。

其中水产养殖产地环境管理通过养殖水域划分、养殖水域环境监测，执行《贝类生产环境卫生监督管理暂行规定》（1997 年 11 月 21 日）、《农产品安全质量——无公害水产品产地环境要求》（GB 18407.4—2001）、《无公害食品　海水养殖用水水质》（NY 5052—2001）、《无公害食品　淡水养殖用水水质》（NY 5051—2001）等标准来保证水产养殖产地环境质量。

渔用饲料是指能为水产动物提供一种或多种营养物质，使其能正常生长、繁殖和生产各种水产品的天然或人工物质。饲料添加剂是指在饲料加工、制作、使用过程中添加的少量或微量物质，包括营养性饲料添加剂和一般饲料添加剂。《饲料和饲料添加剂管理条例》（1999 年国务院令第 266 号发布，2001 年国务院令第 327 号修订）对饲料的审定与进口、生产与经营管理做了明确规定。渔用饲料和添加剂的管理措施主要包括：制定渔用饲料安全标准，强化渔用饲料质量和生产状况的行业监督抽查，严格执行渔用饲料新产品的鉴定检验规定，进行渔用饲料生产企业管理和技术人员的质量管理及法规知识的教育与培训。

渔药是指为提高水产养殖产量，用以预防、诊断、控制和治疗水生生物病虫害，促进养殖品种健康生长以及为改善养殖环境所使用的物质。凡是渔用药物必须符合国家有关药物管理的规定。渔药管理措施主要包括：国家行业主管部门组织制定有关渔用药物的行业标准，加强渔药生产各个环节的管理，严格实行许可证制度，渔用药物按国家规定进行临床试验，加强渔用药物的安全使用管理，渔用药物向广谱、高效、低毒方向发展。

（4）排污规定

《海水养殖水排放要求》（SC/T 9103—2007）规定了海水养殖排放水分级和排放水域划分。根据排放海区的海域使用功能和海水养殖水的特性，将海水养殖水排放要求分为一级和二级排放标准。按使用功能和保护目标，将海水养殖水排放去向的海水水域分为重点保护水域和一般水域两种。其中：重点保护水域是指《海水水质标准》（GB 3097—1997）中规定的Ⅰ类、Ⅱ类水域，对排入该水域的海水养殖水执行一级排放标准；一般水域是指《海水水质标准》（GB 3097—1997）中规定的Ⅲ类、Ⅳ类水域，对排入该水域的海水养殖水执行二级排放标准。

《淡水池塘养殖水排放要求》（SC/T 9101—2007）规定了淡水池塘养殖水排放分级和水域划分。根据接纳淡水池塘养殖水排放区域的使用功能，将淡水池塘养殖水排放要求分为一级和二级。按使用功能和保护目标，将淡水池塘养殖水排放去向的淡水水域划分为三种水域：特殊保护水域，指《地表水环境质量标准》（GB 3838—2002）中Ⅰ类水域，主要适合于源头水、国家自然保护区，在此区域内不得新建淡水池塘养殖水排放口，原有的养殖用水应循环使用或对排放水进行处理，一时无法处理安排的养殖水排放应达到一级标准；重点保护水域，指《地表水环境质量标准》（GB 3838—2002）中Ⅱ类水域，主要适合于集中式生活饮用水水源地一级保护区、珍稀水生生物栖息地、鱼虾类产卵场、仔稚幼鱼的索饵场等，在此区域内不得新建淡水池塘养殖水排放口，原有的养殖水排放应达到一级标准。一般水域，指《地表水环境质量标准》（GB 3838—2002）中的Ⅲ类、Ⅳ类和Ⅴ类水域，主要适合于集中式生活饮用水水源地二级保护区、鱼虾类产卵场、洄游通道、水产养殖区、游泳区、工业用水区、人体非直接接触的娱乐用水区、农业用水区及一般景观要求水域，排入该水域的淡水池塘养殖水执行二级标准。

3．水生野生动物和水生生物种质资源保护

（1）水生野生动物保护

国家重点保护水生野生动物是指珍贵、濒危的水生野生动物，《国家重点保护水生野生动物名录》（2006年11月22日）规定了需重点保护的国家一级、二级水生野生动物，见表 1-5-1。水生野生动物管理分为产区管理和流通领域管理。产区管理是指对野生动物本身（种群和个体）及其栖息环境的管理，流通领域管理是指野生动物离开原来的栖息环境后所在的各种场所的管理。《野生动物保护法》作出了对水生野生动物捕捉、驯养繁殖、经营利用、运输管理、进出口管理和保护费征收的法律规定。

水生野生动物保护措施包括开展资源调查，建立资源档案，制定、调整水生野生动物保护品种名录的物种保护，水生野生动物栖息环境保护和受伤、误捕及搁浅

等水生野生动物的保护。

表 1-5-1 国家重点保护水生野生动物名录

中文名	学名	保护级别	
		I 级	II 级
兽纲 MAMMALIA			
食肉目	CARNIVORA		
鼬科	Mustelidae		
水獭（所有种）	*Lutra* spp.		II
小爪水獭	Aonyx cinerea		II
鳍足目（所有种）	PINNIPEDIA		II
海牛目	SIRENIA		
儒艮科	Dugongidae		
儒艮	Dugong dugong	I	
鲸目	CETACEA		
喙豚科	Platanistidae		
白鱀豚	Lipotes vexillifer	I	
海豚科	Delphinidae		
中华白海豚	Sousa chinensis	I	
其他鲸类	(Cetacea)		II
爬行纲 REPTILIA			
龟鳖目	TESTUDOFORMES		
龟科	Emydidae		
地龟	*Geoemyda spengleri*		II
三线闭壳龟	*Cuora trifasciata*		II
云南闭壳龟	*Cuora yunnanensis*		II
海龟科	Cheloniidae		
龟	*Caretta caretta*		II
绿海龟	*Chelonia mydas*		II
玳瑁	*Eretmochelys imbricata*		II
太平洋丽龟	*Lepidochelys olivacea*		II
棱皮龟科	Dermochelyidae		
棱皮龟	*Dermochelys coriacea*		II
鳖科	Trionychidae		
鼋	Pelochelys bibroni	I	
山瑞鳖	*Trionyx steindachneri*		II
两栖纲 AMPHIBIA			
有尾目	CAUDATA		
隐鳃鲵科	Cryptobranchidae		

中文名	学名	保护级别	
		Ⅰ级	Ⅱ级
大鲵	*Andrias davidianus*		Ⅱ
蝾螈科	Salamandridae		
细痣疣螈	*Tylototriton asperrimus*		Ⅱ
镇海疣螈	*Tylototriton chinhaiensis*		Ⅱ
贵州疣螈	*Tylototriton kweichowensis*		Ⅱ
大凉疣螈	*Tylototriton taliangensis*		Ⅱ
细瘰疣螈	*Tylototriton verrucosus*		Ⅱ
鱼纲　PISCES			
鲈形目	PERCIFORMES		
石首鱼科	Sciaenidae		
黄唇鱼	*Bahaba flavolabiata*		Ⅱ
杜父鱼科	Cottidae		
松江鲈鱼	*Trachidermus fasciatus*		Ⅱ
海龙鱼目	SYNGNATHIFORMES		
海龙鱼科	Syngnathidae		
克氏海马鱼	*Hippocampus kelloggi*		Ⅱ
鲤形目	CYPRINIFORMES		
胭脂鱼科	Catostomidae		
胭脂鱼	*Myxocyprinus asiaticus*		Ⅱ
鲤科	Cyprinidae		
唐鱼	*Tanichthys albonubes*		Ⅱ
大头鲤	*Cyprinus pellegrini*		Ⅱ
金线鲃	*Sinocyclocheilus grahami*		Ⅱ
新疆大头鱼	*Aspiorhynckus laticeps*	Ⅰ	
大理裂腹鱼	*Schizothorax taliensis*		Ⅱ
鳗鲡目	ANGUILLIFOMES		
鳗鲡科	Anguillidae		
花鳗鲡	*Anguilla marmorata*		Ⅱ
鲑形目	SALMONIFORMES		
鲑科	Salmonidae		
川陕哲罗鲑	*Hucho bleekeri*		Ⅱ
秦岭细鳞鲑	*Brachymystax lenok tsinlingensis*		Ⅱ
鲟形目	ACIPENSERIFORMES		
鲟科	Acipenseridae		
中华鲟	*Acipenser sinensis*	Ⅰ	
达氏鲟	*Acipenser dabryanus*	Ⅰ	
匙吻鲟科	Polyodontidae		

中文名	学名	保护级别	
		Ⅰ级	Ⅱ级
白鲟	*Psephurus gladiys*	Ⅰ	
文昌鱼纲 APPENDICULARIA			
文昌鱼目	AMPHIOXIFORMES		
文昌鱼科	Branchiostomatidae		
文昌鱼	*Branchiotoma belcheri*		Ⅱ
珊瑚纲 ANTHOZOA			
柳珊瑚目	GORGONACEA		
红珊瑚科	Coralliidae		
红珊瑚	*Corallium* spp.	Ⅰ	
腹足纲 GASTROPODA			
中腹足目	MESOGASTROPODA		
宝贝科	Cypraeidae		
虎纹宝贝	*Cypraea tigris*		Ⅱ
冠螺科	Cassididae		
冠螺	*Cassis cornuta*		Ⅱ
瓣鳃纲 LAMELLIBRANCHIA			
异柱目	ANISOMYARIA		
珍珠贝科	Pteriidae		
大珠母贝	*Pinctada maxima*		Ⅱ
真瓣鳃目	EULAMELLIBRANCHIA		
砗磲科	Tridacnidae		
库氏砗磲	*Tridacna cookiana*	Ⅰ	
蚌科	Unionidae		
佛耳丽蚌	*Lamprotula mansuyi*		Ⅱ
头足纲 CEPHALOPODA			
四鳃目	TETRABRANCHIA		
鹦鹉螺科	Nautilidae		
鹦鹉螺	*Nautilus pompilius*	Ⅰ	
肠鳃纲 ENTEROPNEUSTA			
柱头虫科	Balanoglossidae		
多鳃孔舌形虫	*Glossobalanus polybranchioporus*	Ⅰ	
玉钩虫科	Harrimaniidae		
黄岛长吻虫	*Saccoglossus hwangtauensis*	Ⅰ	

（2）水生生物种质资源保护

水生生物种质资源是指具有一定遗传物质，对生产和选育有现实或潜在利用价值的水生生物。水生生物种质资源是水产养殖生产和品种改良必不可少的物质基础。

《中华人民共和国渔业法》《水产资源繁殖保护条例》《中华人民共和国水生动植物自然保护区管理办法》（1997 年农业部令第 24 号）、《长江渔业资源管理规定》（1995年 9 月 28 日，农业部令第 38 号修订）等对水生生物种质资源保护都有明确规定。《水产资源繁殖保护条例》（1979 年 2 月 10 日，国发[1979]34 号）规定，凡是有经济价值的水生动物和植物的亲体、幼体、卵子、孢子等，以及赖以繁殖成长的水域环境都要加以保护。农业部第 948 号公告（2007 年 12 月 12 日）公布了《国家重点保护经济水生动植物资源名录》（第一批）（表 1-5-2）。

表 1-5-2　国家重点保护经济水生动物资源名录

类别	种　　类
海水鱼	鲱、金色沙丁鱼、鳓、鳀、黄鲫、大头狗母鱼、海鳗、大头鳕、鲮、鲻、尖吻鲈、花鲈、赤点石斑鱼、青石斑鱼、宽额鲈、蓝圆鲹、竹荚鱼、高体鰤、军曹鱼、白姑鱼、黄姑鱼、棘头梅童鱼、黑鳃梅童鱼、鮸、大黄鱼、小黄鱼、红笛鲷、真鲷、二长棘鲷、黑鲷、金线鱼、玉筋鱼、带鱼、鲅、蓝点马鲛、银鲳、灰鲳、鲬、褐牙鲆、高眼鲽、钝吻黄盖鲽、半滑舌鳎、绿鳍马面鲀、黄鳍马面鲀、黄鮟鱇、刀鲚、凤鲚、红鳍东方鲀、假晴东方鲀、暗纹东方鲀、鳗鲡
淡水鱼	大马哈鱼、花羔红点鲑、乌苏里白鲑、太湖新银鱼、大银鱼、黑斑狗鱼、白斑狗鱼、青鱼、草鱼、赤眼鳟、翘嘴鲌、鳤、三角鲂、团头鲂、广东鲂、鳊、红鳍原鲌、蒙古鲌、鲢、鳙、细鳞斜颌鲴、银鲴、倒刺鲃、光倒刺鲃、中华倒刺鲃、白甲鱼、圆口铜鱼、铜鱼、鲮、青海湖裸鲤、重口裂腹鱼、拉萨裸裂尻鱼、鲤、鲫、岩原鲤、长薄鳅、大口鲇、兰州鲶、黄颡鱼、长吻鮠、斑鳠、黑斑原鲱、黄鳝、鳜、大眼鳜、乌鳢、斑鳢
虾蟹类	大管鞭虾、中华管鞭虾、中国对虾、长毛对虾、竹节对虾、斑节对虾、鹰爪虾、脊尾白虾、中国毛虾、秀丽白虾、青虾、中国龙虾、三疣梭子蟹、海蟳、锯缘青蟹、中华绒螯蟹、梭子蟹
头足类	太平洋褶柔鱼、中国枪乌贼、日本枪乌贼、剑尖枪乌贼、曼氏无针乌贼、金乌贼、章鱼
贝类	皱纹盘鲍、杂色鲍、脉红螺、魁蚶、毛蚶、泥蚶、厚壳贻贝、紫贻贝、翡翠贻贝、栉江瑶、合浦珠母贝、栉孔扇贝、太平洋牡蛎、西施舌、缢蛏、文蛤、菲律宾蛤仔、三角帆蚌、褶纹冠蚌、河蚬
海藻类	坛紫菜、条斑紫菜、裙带菜、石花菜、细基江蓠、海带、珍珠麒麟菜
淡水水生植物类	莲、菱、芦苇、茭白、水芹、芡实、荸荠、慈姑
其他	梅花参、刺参、马粪海胆、海蜇、鳖、乌龟

水生生物种质资源保护的策略和措施包括对遗传多样性予以鉴别和保护，在生物繁殖、生长、进化的原栖息地，通过对生态系统和栖息环境的就地保护来保护生物的群体，乃至群落，在物种原栖息地以外的人工环境下对生物多样性的某种成分，如群体、家系、个体、器官或组织、细胞、亚细胞等予以异地保护。用于杂交生产

的商品苗种和亲本必须是纯系群体。可育的杂交种不得用做亲本繁育。对用于杂交个体和通过生物工程等技术改变其遗传性状的个体后代，其场所必须建立严格的隔离和防逃措施，禁止将其投放于河流、湖泊、水库和海域等自然水域。

根据《渔业法》的规定和《中国水生生物资源养护行动纲要》的有关要求，农业部第947号公告和第1130号公告（2007年12月12日），批准建立黄河鄂尔多斯段黄河鲶等40处（表1-5-3）和阜平中华鳖等63处国家级水产种质资源保护区（表1-5-4）。

表1-5-3　国家级水产种质资源保护区名单（第一批）

编号	保护区名称	所在地区
1501	黄河鄂尔多斯段黄河鲶国家级水产种质资源保护区	内蒙古自治区
1502	额尔古纳河根河段哲罗鱼国家级水产种质资源保护区	内蒙古自治区
2201	密江河大麻哈鱼国家级水产种质资源保护区	吉林省
2202	鸭绿江集安段石川氏哲罗鱼国家级水产种质资源保护区	吉林省
2203	嫩江大安段乌苏里拟鲿国家级水产种质资源保护区	吉林省
2301	黑龙江萝北段乌苏里白鲑国家级水产种质资源保护区	黑龙江省
2302	盘古河细鳞鱼江鳕国家级水产种质资源保护区	黑龙江省
3201	海州湾中国对虾国家级水产种质资源保护区	江苏省
3202	太湖银鱼翘嘴红鲌秀丽白虾国家级水产种质资源保护区	江苏省
3203	洪泽湖青虾河蚬国家级水产种质资源保护区	江苏省
3204	阳澄湖中华绒螯蟹国家级水产种质资源保护区	江苏省
3205	长江靖江段中华绒螯蟹、鳜鱼国家级水产种质资源保护区	江苏省
3206	蒋家沙竹根沙泥螺文蛤国家级水产种质资源保护区	江苏省
3501	官井洋大黄鱼国家级水产种质资源保护区	福建省
3601	鄱阳湖鳜鱼翘嘴红鲌国家级水产种质资源保护区	江西省
3701	崆峒列岛刺参国家级水产种质资源保护区	山东省
3702	南四湖乌鳢青虾国家级水产种质资源保护区	山东省
3703	长岛皱纹盘鲍光棘球海胆国家级水产种质资源保护区	山东省
3704	海州湾大竹蛏国家级水产种质资源保护区	山东省
3705	莱州湾单环刺螠近江牡蛎国家级水产种质资源保护区	山东省
3706	靖海湾松江鲈鱼国家级水产种质资源保护区	山东省
4101	黄河郑州段黄河鲤国家级水产种质资源保护区	河南省
4102	淇河鲫鱼国家级水产种质资源保护区	河南省
4201	梁子湖武昌鱼国家级水产种质资源保护区	湖北省
4202	西凉湖鳜鱼黄颡鱼国家级水产种质资源保护区	湖北省
4301	东洞庭湖鲤鲫黄颡鱼国家级水产种质资源保护区	湖南省

编号	保护区名称	所在地区
4302	南洞庭湖银鱼三角帆蚌国家级水产种质资源保护区	湖南省
4303	湘江湘潭段野鲤国家级水产种质资源保护区	湖南省
4401	西江广东鲂国家级水产种质资源保护区	广东省
4402	上下川岛中国龙虾国家级水产种质资源保护区	广东省
4403	石窟河斑鳠国家级水产种质资源保护区	广东省
4404	流溪河光倒刺鲃国家级水产种质资源保护区	广东省
5301	弥苴河大理裂腹鱼国家级水产种质资源保护区	云南省
5302	南捧河四须鲃国家级水产种质资源保护区	云南省
6201	黄河刘家峡兰州鲶国家级水产种质资源保护区	甘肃省
6301	青海湖裸鲤国家级水产种质资源保护区	青海省
6401	黄河卫宁段兰州鲶国家级水产种质资源保护区	宁夏回族自治区
6402	黄河青石段大鼻吻鮈国家级水产种质资源保护区	宁夏回族自治区
0001	辽东湾渤海湾莱州湾国家级水产种质资源保护区	渤海
0002	黄河上游特有鱼类国家级水产种质资源保护区	四川、甘肃、青海

表 1-5-4　国家级水产种质资源保护区名单（第二批）

编号	保护区名称	所在地区
1301	阜平中华鳖国家级水产种质资源保护区	河北省
1401	圣天湖鲶鱼黄河鲤国家级水产种质资源保护区	山西省
1503	呼伦湖红鳍鲌国家级水产种质资源保护区	内蒙古自治区
1504	达里诺尔湖雅罗鱼国家级水产种质资源保护区	
2101	双台子河口海蜇中华绒螯蟹国家级水产种质资源保护区	辽宁省
2204	鸭绿江云峰段斑鳜茴鱼国家级水产种质资源保护区	
2205	牡丹江上游黑斑狗鱼国家级水产种质资源保护区	吉林省
2206	珲春河大麻哈鱼国家级水产种质资源保护区	
2303	黑龙江嘉荫段黑斑狗鱼雅罗鱼国家级水产种质资源保护区	
2304	松花江乌苏里拟鲿细鳞斜颌鲴国家级水产种质资源保护区	黑龙江省
2305	黑龙江李家岛翘嘴鲌国家级水产种质资源保护区	
3207	长江大胜关长吻鮠铜鱼国家级水产种质资源保护区	
3208	固城湖中华绒螯蟹国家级水产种质资源保护区	
3209	高邮湖大银鱼湖鲚国家级水产种质资源保护区	江苏省
3210	长江扬州段四大家鱼国家级水产种质资源保护区	
3211	白马湖泥鳅沙塘鳢国家级水产种质资源保护区	
3301	乐清湾泥蚶国家级水产种质资源保护区	浙江省
3401	泊湖秀丽白虾青虾国家级水产种质资源保护区	
3402	长江安庆江段长吻鮠大口鲶鳜鱼国家级水产种质资源保护区	
3403	武昌湖中华鳖黄鳝国家级水产种质资源保护区	安徽省
3404	破罡湖黄颡鱼国家级水产种质资源保护区	
3405	焦港湖芡实国家级水产种质资源保护区	

编号	保护区名称	所在地区
3602	桃江刺鲃国家级水产种质资源保护区	江西省
3603	庐山西海鳡国家级水产种质资源保护区	
3604	太泊湖彭泽鲫国家级水产种质资源保护区	
3605	泸溪河大鳍鳠国家级水产种质资源保护区	
3606	抚河鳜鱼国家级水产种质资源保护区	
3707	泰山赤鳞鱼国家级水产种质资源保护区	山东省
3708	马颊河文蛤国家级水产种质资源保护区	
3709	蓬莱牙鲆黄盖鲽国家级水产种质资源保护区	
3710	黄河口半滑舌鳎国家级水产种质资源保护区	
3711	灵山岛皱纹盘鲍刺参国家级水产种质资源保护区	
4103	光山青虾国家级水产种质资源保护区	河南省
4104	宿鸭湖褶纹冠蚌国家级水产种质资源保护区	
4203	淤泥湖团头鲂国家级水产种质资源保护区	湖北省
4204	长湖鲌类国家级水产种质资源保护区	
4205	长江黄石段四大家鱼国家级水产种质资源保护区	
4206	汉江沙洋段长吻鮠瓦氏黄颡鱼国家级水产种质资源保护区	
4207	汉江钟祥段鳜鳖鲸鱼国家级水产种质资源保护区	
4304	南洞庭湖大口鲶青虾中华鳖国家级水产种质资源保护区	湖南省
4305	南洞庭湖草龟中华鳖国家级水产种质资源保护区	
4405	增江光倒刺鲃大刺鳅国家级水产种质资源保护区	广东省
4406	海陵湾近江牡蛎国家级水产种质资源保护区	
4407	西江赤眼鳟海南红鲌国家级水产种质资源保护区	
4501	漓江光倒刺鲃金线鲃国家级水产种质资源保护区	广西壮族自治区
4601	西沙东岛海域国家级水产种质资源保护区	海南省
5001	长江重庆段四大家鱼国家级水产种质资源保护区	重庆市
5101	大通江河岩原鲤国家级水产种质资源保护区	四川省
5102	郪江黄颡鱼国家级水产种质资源保护区	
5103	渠江黄颡鱼白甲鱼国家级水产种质资源保护区	
5104	嘉陵江岩原鲤中华倒刺鲃国家级水产种质资源保护区	
5303	元江鲤国家级水产种质资源保护区	云南省
5304	槟榔江黄斑褶鮡拟鳗国家级水产种质资源保护区	
5305	澜沧江短须鱼芒中华刀鲶叉尾鲶国家级水产种质资源保护区	
6101	黑河多鳞铲颌鱼国家级水产种质资源保护区	陕西省
6102	黄河洽川段乌鳢国家级水产种质资源保护区	
6202	白水江重口裂腹鱼国家级水产种质资源保护区	甘肃省
6203	洮河扁咽齿鱼国家级水产种质资源保护区	
6204	大夏河裸裂尻鱼国家级水产种质资源保护区	
6302	扎陵湖鄂陵湖花斑裸鲤极边扁咽齿鱼国家级水产种质资源保护区	青海省
6303	玛柯河重口裂腹鱼国家级水产种质资源保护区	
0003	东海带鱼国家级水产种质资源保护区	东海
0004	北部湾二长棘鲷长毛对虾国家级水产种质资源保护区	南海

第二节　工程分析

目前涉及水产业自身建设的项目主要是养殖场建设、人工鱼礁建设、水产品加工厂、渔港建设和保护区建设项目。其中养殖场建设项目包括淡水养殖和海水养殖，在养殖模式上有池塘养殖、工厂化养殖、网箱养殖、围栏养殖、浅海筏式养殖、滩涂底播养殖等，养殖的种类有：鱼类、蟹类、贝类、藻类。这里主要对网箱养殖、虾池改造和人工鱼礁工程做简要工程分析。

一、网箱养殖

网箱养殖，是在海洋、湖泊、水库水中设置以竹、木、合成纤维、金属等材料装制成的一定形状的箱体，将鱼、虾等养殖对象放入其内，投饵养殖的方式。这种养殖方式灵活、简便，不占土地，并借助自然水体的流动和潮位的涨落而达到甚好的水质条件，节约了动力，增加了鱼体容存量，是一种较好的集约化养殖方式。从我国目前的情况看，适于网箱养殖的鱼种有：真鲷、黑鲷、胡椒鲷、黄鳍鲷、六线鱼、鲈鱼、尖吻鲈、石斑鱼、虹鳟、银鲑、罗非鱼、牙鲆、大菱鲆、六指马鲅、黄姑鱼、大黄鱼、眼斑拟石首鱼、欧洲鳗等。

网箱养殖生产工艺见图 1-5-1。

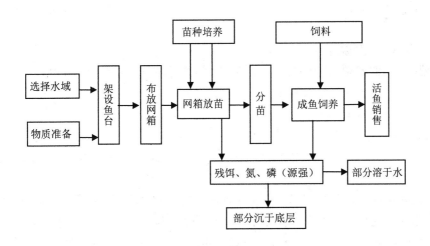

图 1-5-1　网箱养殖生产工艺

1. 养殖水域的选择

选择网箱养殖的水域，既要考虑其环境条件能最大限度地满足养殖鱼类生存和生长的需要，又要符合养殖方式的特殊要求，选择风浪较小、潮流畅通、地势平坦、水质无污染的内湾、湖泊、水库或岛礁环抱、避风较好的浅海。另外还要苗种饵料易得、交通方便、社会治安条件好等。从养殖环境上应特别注意如下几点：

（1）底质。泥沙底质易于下锚但不牢，易使网箱移动。应尽量避开常年进行牡蛎、珍珠贝养殖的水域，其底质多易被污染。

（2）水深。为避免网底被海底、湖底碎石磨破或被蟹类咬破，并减少海底、湖底、水库底被养殖生物的排泄物和残饵污染，必须使网底和水底的距离在最低潮时一般不小于 2 m，而总水深应是网箱高度的 2 倍以上。

（3）水流和波浪。由于网箱在水中阻力大，在水流急、风浪大的海区，浮动式网箱的网衣不能保持完整的形状，严重影响鱼类生长。最适流速以每秒 0.25～1 m 为宜。流速大于每秒 1 m 则不宜养鱼，应采取阻流措施。

（4）水温。养殖水域的水温对养殖种类一定要有足够的适温期，使其在养殖阶段长成商品规格。必须选择养殖种类可越冬或度夏的水域布设网箱，最好不要设在河口或受河流影响大的海区。

（5）溶解氧。当海水中溶解氧低于 3 mg/L 时，一些鱼类就会出现摄食量下降、生产停滞的现象，溶解氧降至 2 mg/L 以下时，则会产生停食、浮头乃至死亡。内湾、湖泊中设置网箱，网箱的总面积一般不应大于内湾、湖泊水面面积的 10%。

（6）重金属离子含量。应严格控制在《渔业水质标准》所规定的范围之内。从环境保护的角度出发，网箱需要远离排污口，贝类养殖还应远离生活污水排污口，以防病原体污染。注意避免在特别保护区、自然保护区和风景游览区新上网箱养殖项目。

2. 养殖网箱的类型

我国常用的养殖网箱类型有：浮动式网箱、固定式网箱和沉下式网箱三种。从外形上又可分为方形、圆形和多角形。从组合形式上可分为单个网箱和组合式网箱。

（1）浮动式网箱

这种网箱是将网衣挂在浮架上，借助浮架的浮力使网箱浮于水的上层，网箱随潮水的涨落而浮动，而保证养鱼水体不变。这种网箱移动较为方便，其形状多为方形，也有圆形的。

目前我国海水养鱼用网箱主要是浮动式，其基本结构都是由浮架、箱形（网衣）、沉子等组成。内湾型的网箱多采用东南亚平面木结构组合式。这种网箱常常 6 个、9 个或 12 个组合在一起，每个网箱为 3 m×3 m、4 m×4 m、5 m×5 m 的框架。近海型的网箱由于海区比内湾风浪大，框架结构采用三角台型钢结构。框架每边为 3 根平行的内径为 0.03 m 或 0.038 m 镀锌管构成，其横截面为三角形，四个边相连，使整体为正方形。边长（内边）为 4 m、5 m、6 m 不等。箱体（网衣），其材料有尼龙、聚乙烯或金属（铁、锌等合金）等，国内多采用聚乙烯网线（14 股左右）编结。网高随低潮时水深而异，一般网高为 3～5 m。网衣、网目应根据养殖对象的大小而定，尽量节省材料并以达到网箱水体最高交换率为原则，最好以破一目而不能逃鱼为度。网衣的设置有单层和双层两种，一般采用单层者居多，水流畅通，操作方便，但不安全。双层网一般是里面一层网目小些，外面一层网目大些，以利水流畅通。

（2）固定式网箱

适用于潮差较小的海湾、湖泊。网箱固定于插在水底的水泥桩之上，所以不随潮水涨落而沉浮。但箱内水的体积却随水位的涨落而变动。网箱的形状不会因受水流的影响而变形。

（3）沉下式网箱

适用于水深较深的近海。整个网箱沉入海水中，在上部留有投饵网口。网箱位于水层中间，网箱内的水体体积不变，在风浪袭击时不易受损。可用于暖水性鱼类越冬或冷水性鱼类度夏。

3. 投饵

（1）饵料

网箱养殖鱼、虾的饵料有两类：新鲜或冷冻保存的鲐鱼、鲹鱼和小型低质杂鱼；软颗粒配合饲料，将小杂鱼绞碎以后与等量的鱼粉混合成型，并加入 5%的鱼油，形成浮水性膨化饲料。

（2）投喂方式、投饵数量以及残饵和排泄物数量

投饵方式都采用人工投饵，投喂及残饵和排泄物的数量根据网箱养殖的鱼种而定。

例如，山东省威海市网箱养殖牙鲆鱼，一般牙鲆鱼的投喂根据水温、水质及摄食情况灵活掌握，成鱼阶段日投喂量一般控制在鱼体重的 5%～6%，单网平均每日需投喂饵料约 20 kg，约产生残饵 1 kg，牙鲆鱼的排泄物为 11.4～15.2 kg。牙鲆鱼单体规格达到 0.75 kg 时，即可收获出售，产量为 16 kg/m²，网箱平均单产可达 400 kg。

残饵及排泄物数量：投入网箱中的饵料一部分被鱼类摄食，经消化转化为鱼体内的蛋白质，蓄积在体内，其余则以粪便和尿液的形式排出体外。残饵量估算公式：

$$R_2 = R_1 - F（G_1 - G_0） \tag{1-5-1}$$

式中：R_1——投饵量；

R_2——残饵量；

G_0——养殖开始时鱼、虾的总重量；

G_1——养殖结束时鱼、虾的总重量；

F——饵料系数。

饵料系数是指摄食量与增重量之比，可用来评定配合饲料的质量，影响饵料系数高低的因素很多，与鱼种、养殖方式、水环境和饲料的种类与质量有关。

4．养殖污染物排放量

养殖污染物排放量一般用氮、磷的环境负荷量或排放量表示。计算氮、磷环境负荷量的方法很多，其中以竹内俊郎采用的方法较为简单而实用，即"从给饵的营养成分中，扣除蓄积在养殖生物体内的量，剩余的即是环境负荷量"，计算方法如下：

$$T_N = （C \times N_f - N_b）\times 10^3 \tag{1-5-2}$$

$$T_P = （C \times P_f - P_b）\times 10^3 \tag{1-5-3}$$

式中：T_N、T_P——氮负荷和磷负荷量，kg/t；

　　　C——饵料系数；

　　　N_f、P_f——饵料中氮和磷的含量，%；

　　　N_b、P_b——养殖生物体内氮和磷的含量，%。

（1）网箱养殖鱼类养殖排泄物（粪便）数量

如网箱养殖鱼类养殖排泄物（粪便）数量的 N_b 平均取 2.86%，P_b 平均取 0.63%，N_f 取 2.5%，P_f 取 0.4%，饵料系数取 7（南方），由此计算出每生产一吨的网箱养殖鱼类，理论上（不包括被野生动物食用）所产生的氮、磷数量分别为 146.4 kg 和 21.7 kg。所以可以根据项目区的网箱数计算出预计产量、残饵排放量、氮排放量和磷排放量。

（2）贝类养殖排泄物（粪便）数量

根据日本有关学者的计算，牡蛎的排泄量重为 100.7 mg/(粒·d)；扇贝的排泄量重为 15.0 mg/(个·d)。福建省牡蛎养殖每公顷 31 台架挂养 6 000 串，每串附苗 260 粒，经过 6 个月养殖，成活率 50%。牡蛎排泄物中含氮率为 1.2%（日本楠木等人研究结果）。

所以牡蛎养殖每公顷一个养殖周期产生的排泄物总量为：

$$T = 100.7 \times 6\,000 \times 260 \times 180 \times 0.5 = 14.14 （t/hm^2）$$

每公顷排泄物含氮总量为：

$$T_N = 14.14 \times 1.2\% = 0.17 （t）$$

福建省扇贝养殖每公顷 6 000 网笼，每个网笼 7 层，每层放苗 42～43 粒，每公顷共 180 万粒，经过 6 个月养殖，成活率 75%。扇贝排泄物中含氮率为 1.2%（日本楠木等人研究结果）。

所以扇贝养殖每公顷一个养殖周期产生的排泄物总量为：

$$T = 15.0 \times 1\,800\,000 \times 180 \times 0.75 = 3.65 （t/hm^2）$$

每公顷排泄物含氮总量为：

$$T_N = 3.65 \times 1.2\% = 0.044 （t）$$

实际上，这个数值偏高，因为通常在投饵区附近有大量野生动物觅食。

二、虾池改造

20 世纪 80 年代到 90 年代初期是我国对虾养殖的大发展时期，1993 年前后对虾暴发性流行病，使对虾养殖产量由 22 万 t 大幅度下跌到几万吨，因此才有虾池改造项目。

1. 工程概况

项目吸收国内外养虾生产的经验和教训，结合我国国情与各地区具体情况，按照国内外最新养虾防病技术的要求，对现有虾池和配套设施进行全面的技术改造。虾池改造的主要措施是减少污染物的排放量，加强自身净化能力，减轻自身对水环境的污染，从而切断病毒传播途径，其适于不同的水源条件的养殖池。

具体方案是：增设水质净化池和水质处理池；将大池改为小池，长池改为短池，浅池改为深池；粗养改精养，单养改混养，并采用生态养殖模式。

改造后的虾池采用半封闭内循环的养殖模式，天然海水、淡水或养殖池排出的废水，进入水质净化池进行 72 h 的自然沉淀和生物净化，然后进入水质处理池，经过沉淀和消毒处理，再进入养殖池使用。

福建省的做法是，在海水进入养虾池以前先进入消毒池，将大而狭长的虾池一分为三，第一池用于调节水质，第二池用于养殖鱼虾，第三池用于养殖双壳类，以改善排水水质。调整不科学的灌排系统，实行灌排分家，为此需要开挖新的河道，增加节制闸。放苗前对虾池进行清淤消毒，将池底沉积土清除出池，经过彻底暴晒和用漂白粉消毒后，将经过水质净化和消毒处理的海水注入池内，并适当施肥，以利于池内尽快形成天然生物饵料群体，同时投入适量的沙蚕，既可以为虾提供饵料，又可以净化池底，消耗掉养殖产生的残饵和碎屑。适当增加养殖池的深度（2～2.5 m），并安装增氧机。改造后的虾池养殖品种以虾为主，混养一定的梭鱼、罗非鱼等，水质净化池主要采用生物净化方式，池内放养一定数量的牙鲆鱼、河豚鱼、蛤仔和缢蛏等，可以消耗废水中的残饵、悬浮物等。

虾池投喂的饲料包括池内天然基础饵料、优质配方饵料和部分鲜活饵料，配合饵料系全价系列饵料，其主要成分有鱼粉、花生饼、熟豆饼、虾糠、鱼骨粉、微量元素、黏合剂和抗菌素等。在合理投喂的情况下，其利用率可以达 80%。这样的饵料结构既有利于增加营养，又有利于抵御虾病。

防病是虾池改造的核心，虾池加深和面积改小，并加增氧机，设置水质处理池和水质净化池等措施，都有利于防病，也减少了废水外排，因此防止虾病等工艺要求与减轻海洋环境污染是一致的。

2. 虾池排放的污染物种类与数量

（1）虾池清淤

冬季清淤清理出的淤泥，平均每公顷 500 m³（根据清淤 0.05 m 计算），清除的淤泥运往果园作为肥料用。

（2）对虾养殖

① 根据物料平衡估算

根据环境负荷量计算式（1-5-2）和式（1-5-3），可估算每吨对虾的总氮、磷负荷和每公顷虾池的氮、磷排放量。如饵料系数 C 取 1.4，饵料中的氮含量 N_f 取 6.4%，饵料中的磷含量 P_f 取 2.2%，养殖生物体内氮的含量 N_b 取 2.96%，养殖生物体内磷的含量 P_b 取 0.26%，则每生产一吨对虾产生 60 kg 总氮、28 kg 总磷；每公顷虾池产生 135 kg 总氮、63 kg 总磷。

② 根据 COD 浓度计算

不同虾池以及在不同时间的废水的 COD 浓度是不同的，COD 浓度随着养殖密度和投饵量等不同而不同。根据福建省的监测结果，虾池排放水中的 COD 的平均质量浓度为 2.3 mg/L，而海区海水的 COD 的平均质量浓度为 1.35 mg/L。北方虾池排放水中的 COD 的平均质量浓度为 2.0 mg/L。

每年虾池污水排放量按下列经验方法计算：

南方（福建）虾池前期（20～30 d）为添水，中后期（30～60 d）每天换水 10%，按虾池水深 1 m、清水塘体积按养殖塘的 2 倍计算，每公顷虾池一年两季养虾污水总排放量为（Q）：

$$Q = （10\,000 \times 10\% \times 60 + 20\,000）\times 2 = 160\,000（t/hm^2）$$

北方的虾池 6 月底至 7 月中旬前基本上不换水，只是到了 7 月下旬以后才换水，7 月末至 9 月养殖期约为 70 d，平均每天换水量不超过水体的 10%，如果虾池平均水深为 1.5 m，每公顷虾池水量为 15\,000 m³，平均每日排放入海的污水量约 1\,500 m³，最后虾池收获后放水 15\,000 m³，则虾池每生产季节的废水排放量（Q）为：

$$Q = 15\,000 \times 10\% \times 70 + 15\,000 = 120\,000（t/hm^2）$$

③ 消毒剂用量

每公顷虾池使用生石灰 6\,800 kg，漂白粉 1\,540 kg。

三、人工鱼礁工程

人工鱼礁是用钢筋水泥构件或者废旧船只、汽车、轮胎、不规则混凝土构件、石块等材料作为礁体，建成或组合成鱼、虾、贝、蟹、藻等水生生物生长的环境条件。它能促使初级生产力的滋生，增加鱼类、贝类的食物来源，促进海区生物多样化结构与生长，加快修复和增加海洋资源，促进海洋中的鱼、虾、蟹等水生动物聚集、滞留、定居和繁殖，增加渔业资源，提高海区捕捞能力和经济效益。

利用残旧渔船改造而成的船礁，可以使残旧渔船的价值得到利用，以与当前的产业结构调整相符合；另外，人工鱼礁还可以阻止违规的拖网作业，同时又可为其他作业方式（如钓、刺、笼捕等）创造优良的作业渔场。人工鱼礁可与滨海旅游相结合，既丰富了滨海旅游的内涵，促进休闲渔业和相关产业发展，又可以有效地解决渔船的出路和转产渔民的就业问题，带动地方经济发展和维护社会稳定。

1. 人工鱼礁生产工艺

利用渔区大量报废的废旧渔船，拆除机器、配件及其他多余物件，保留、修复或新装船底阀门。用木屑等消除油污、清洗船体后，在机舱内浇灌混凝土，船舱用石块进行压载，在船甲板上设置钢筋混凝土构架；对船体进行必要的改装，用钢质角铁加固船体并设铁脚以加强海底锚抓力；把船体拖到沉礁海区沉放海底（图1-5-2）。

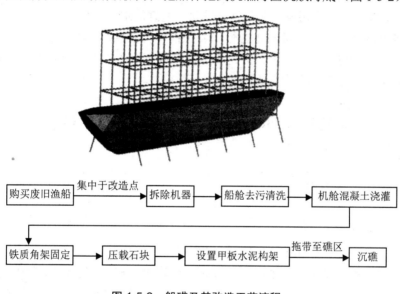

图1-5-2　船礁及其改造工艺流程

2. 清洗工艺

（1）用水泵冲洗机舱两侧船舷、隔舱板和船底表面油污；

（2）用潜水泵抽出油污水，送至岸上进入专门油污水池集中处理；

（3）用木屑把余油和水吸干并取出；

（4）再把干净木屑撒入舱内，用铲子或钝刀把木板与钢板上的油垢铲除干净，油垢和木屑在岸上烧毁处理；

（5）舱内有油污处撒上烧碱，几小时后用水清洗，抽出油污水，交当地油污水处理船或在岸上设置的专门油污水处理站集中处理；

（6）最后向船舱内撒上膨润土。

3. 船礁压载重量估算

为保证船礁投放海底后，在海流及波浪作用下不移位，以达到鱼礁长久有效、可持续利用的目的，必须根据投放海域的自然环境，对船礁的压载石块重量进行估算。为了防止石块移位翻转，石块不能太小，应达到一定标准。

4. 投放技术规程

为了保证鱼礁工程实施的进度，须在投放工程中严把技术关。投礁时间应尽量选择小潮期间的憩流时段以及风浪小的天气。投放时以 GPS 定位结合小艇浮标定位来确定礁区的准确位置。投放后在礁区设置明显的浮标来标示礁区范围。

5. 人工鱼礁投放海区选择

人工鱼礁投放海区需满足以下几方面的条件其功能才能得到充分发挥：

水域底质较硬、泥沙淤积较少，以保证人工鱼礁的稳定性；海区透明度较好、受风浪影响较小、不受污染；流速不宜过急；适宜的水深（10～60 m）；与天然礁距离大于 500 m 为宜；海区要有地方性、岩礁性鱼类栖息，或有洄游性鱼类按季节通过为宜；禁止在与水利、海上开采、航运、海底管线等涉海项目及海洋功能区划相冲突的海区建设人工鱼礁。

第三节　环境影响识别与评价因子筛选

一、环境影响识别

1. 水产养殖

不同养殖方式和养殖种类，对环境的影响也各不相同。

鱼、虾、蟹类养殖过程中产生的残饵及代谢物使养殖区水体悬浮物、化学需氧量、生化需氧量、碳、氮、磷等含量增加，残饵鱼类代谢物中的非溶出部分会沉积在养殖区底质，增加有机碳含量和底质耗氧量，降低底质氧化还原能力，释放硫化氢、甲烷，增加氮、磷等含量，导致底栖生物种类生成和数量分布发生变化，养殖过程中发生病害时使用药物将产生程度不一的影响。大面积网箱养殖也影响着养殖区的水流速度，从而影响水质、底质的质量。

贝类为滤食性底栖生物，其对环境有利一面是具有净化水质作用，它在新陈代谢过程中，需要不断滤食藻类，而天然水域中含有的氮、磷、二氧化碳等物质正是藻类生长繁殖所必需的物质。但在大规模高密度养殖条件下，贝类排泄物中含有的氮、磷有机颗粒，沉积海底，会导致底质环境质量下降而威胁底栖生物的生存。

藻类养殖过程中，藻类主要靠光合作用和水体中无机盐进行繁殖生长，可减少水中氮、磷负荷，吸收二氧化碳，放出氧氮，对环境影响是正效应。但在春、夏季，当水体中氮、磷等营养缺乏时，为了提高产量，如实施人工施肥，施肥不当，除了被藻类吸收外，多余和流失的肥料有可能增加水中营养物负荷，存在引发赤潮的可能性。

一般来说，水产养殖业的主要环境影响是：建设期兴建鱼塘和虾池破坏滩涂上的动植物，运营期引起水域污染（有机物和氮磷）。

表1-5-5按环境要素进行分析，表中所列的影响指未采取减缓措施的环境影响。

表1-5-5 水产养殖业环境影响分析

影响要素/因子	施工期	生产期	说明	举例
生态系统				
土壤侵蚀	不可逆的不利影响			滩涂湿地开垦、新建坑塘
自然生境（自然植被和野生动物栖息地）	不可逆的不利影响			滩涂湿地开垦、新建坑塘
生物多样性		不利影响		单一养殖
生物安全		有风险		不适当的引种
自然资源				
生物资源		有利影响		水产养殖可以保护生物资源（不能人工繁殖的种苗除外）
滩涂资源	占用			新建坑塘养殖
水环境：BOD、COD 营养盐（氮、磷）悬浮物	累积性的不利影响	累积性的不利影响	新开养殖塘施工期引起水土流失，生产期养殖污染水体	生长期残饵、死亡鱼虾
空气环境：粉尘 SO₂、NOₓ	可逆的不利影响	可逆的不利影响	一般不会对空气有影响（鱼饲料加工厂除外）	
声环境	可逆的不利影响		一般不会产生对附近居民有影响的噪声（鱼饲料加工厂除外）	
固体废物			一般不会产生对陆域环境有影响的固体废物	
有毒化学品		不可逆的不利影响	坑塘养殖不合理地使用消毒剂、饲料，其中含有抗菌素、激素成分	
社会发展				
人类健康				通常水产养殖疾病不会传染给人
农民收入		增加		
景观	有一定影响	有一定影响		网箱养殖和滩涂养殖
社区发展		有利影响		

2. 人工鱼礁

人工鱼礁建设对环境的影响主要分施工期和营运期，施工期的主要影响因子为油类，其由残旧渔船改造成人工鱼礁，需对残旧渔船进行清洗，从而产生含油废水；放礁作业过程中会有施工船只频繁往来于该海域，施工船舶的含油废水主要来自机舱水、甲板冲洗水和施工机械设备油污水，此外还有施工船只跑冒滴漏进入海域的含油废水。其次是施工人员的生活污水及生活固废。营运期污染源主要为船礁溶出物，主要影响因子为有机物、船体残留的少量油污以及礁体架构中的重金属；游钓船只产生的船舶含油污水、生活污水和生活垃圾。

二、评价因子筛选

根据以上分析，水产业项目主要评价因子筛选为：

（1）植物、动物资源

包括滩涂和水域的植被类型、种类组成、生物量（湿地植物、浮游生物、游泳生物、底栖动物、鱼卵仔鱼）、敏感物种、保护动植物等。

（2）生物安全

生态入侵现状，引进外来物种的安全性。

（3）土地、水域、海域利用

土地、水域、海域利用构成、面积等。

（4）水质

海水——SS、pH、DO、化学需氧量、无机氮、活性磷酸盐、油类、铜、锌等；

地表水——SS、COD、pH、DO、NH_4^+-N、总磷、铜、锌、油类等；

地下水——总硬度、pH、NO_3^--N、NO_2^--N 等。

（5）水资源（淡水养殖）

地表水可利用量、地下水资源补给量、贮存量、可开采量、使用量等。

（6）土壤、沉积物质量

有机质、全氮、全磷、全钾、碱解氮、速效磷、速效钾、铜、锌、油类、硫化物等。

（7）大气环境

总悬浮颗粒物。

（8）噪声

等效 A 声级。

（9）固体废物

土石方量、养殖池塘清淤底泥量、旧渔船清除的固体废物量等。

（10）社会、经济、文化

渔业捕捞水域面积、捕捞种类、产量、产值、渔业养殖面积、养殖种类、产量、产值，占农业产值的比重、增加就业机会、人均纯收入等。

三、环境影响分析和环境保护目标

1. 网箱养殖

（1）有利影响

通过养殖增加水产品产量，减少对天然海产品的捕捞。增加水产品的市场供应，使农民增加收入。

（2）可能存在的不利影响

残饵及鱼类排泄物影响养殖区水质，残饵及鱼类排泄物造成水体中悬浮物、BOD、COD、N、P 含量增加，其影响程度与养殖种类、养殖方法、管理技术、温度等因素密切相关，也与养殖区水（海）流的流速、水体的深度有关。

残饵及鱼类排泄物影响养殖区底质，残饵及鱼类排泄物的非溶出部分沉积到水体底部，引起底质的一些物理、化学变化，如增加有机碳含量和底质耗氧量，降低底质氧化能力，释放硫化氢和甲烷，增加氮、磷、硅、钙、铜、锌等的含量，导致底栖动物种类组成和数量的变化。

在养殖过程中使用的药物，如抗菌素、杀虫剂、菌苗、消毒剂以及在养殖材料中使用的一些处理药物等，因使用的剂量和方式的不同也会产生程度不一的生态影响。

影响养殖区的水（海）流流速。如在同一地方放置较大规模的网箱，将会造成网箱区的水流流速减缓，使残饵、鱼类排泄物随水流迁移的速度降低，大量的污染物将留在养殖区，影响水质和底质。

（3）环境保护目标

特别保护区，自然保护区，鱼虾类的产卵场、索饵场、越冬场、洄游通道，风景游览区，浴场等。

2. 虾池改造

（1）有利影响

通过减少排水量，降低排水中有机物的浓度，既有利于保护环境，又有利于养虾业的发展。

（2）可能存在的不利影响

易被生物降解的有机物，消耗水中氧气，并释放出氮磷等营养盐；

残留饵料和排泄物中的氮、磷，过量的氮磷会造成水体富营养化；

在养殖过程中投入的消毒药物，常用的有：石灰、漂白粉，会改变水体的酸碱度和氯度。

（3）环境保护目标

滩涂盐沼湿地，养殖废水排入区附近水体功能。

3. 人工鱼礁

（1）有利影响

人工鱼礁区建成后，在海区形成的流、光、音、味及生物新环境为各种鱼类提供了索饵、避害、产卵的场所，再辅以一些生物种类资源的人工放流增殖等配套设施，成为海洋牧场，对于改善、修复该区域的海洋生态环境，增加渔业产量，保护生物多样性和实现海洋渔业可持续发展意义重大。

开展人工鱼礁建设一方面可以淘汰一批废旧渔船，将渔船作为礁体沉没于适宜的鱼礁建设区，降低建设成本，营造人工鱼礁；另一方面也能在局部海区限制违规底拖网的作业，降低捕捞强度，逐步恢复传统的流、钓作业，营造良好的作业渔场，对于被调整作业类型的渔船劳动力又是一个很好的出路。

（2）不利影响

施工期残旧渔船清洗废水含有油类污染物，施工船舶含油废水及少量的船上垃圾、重金属及有机物等，如不集中收集、处理，对环境会产生不利影响。

人工鱼礁建成后，经长时间海水的腐蚀，"礁体"因腐烂作用而产生的有机物、船体残留的少量油污以及礁体架构中的重金属，将缓慢溶出进入水体，礁体溶出物不可避免，但是溶出物数量较少。

人工鱼礁建成后，鱼礁区局地流场发生改变，人工鱼礁的迎流面产生上升流，在人工鱼礁背流区产生涡流区。

人工鱼礁建成后，在海域形成障碍区，不再适合船舶通航、管线敷设。

（3）环境保护目标

项目周边海域及相邻的各种海洋自然保护区、航道、海底管线等。

第四节 环境影响评价要点与环境保护措施

一、环境影响评价要点

在评价时要注意以下一些方面：

——场址选址是否邻近敏感点：自然保护区、红树林、海岸防护林、基本农田用地、鱼虾产卵场、索饵场、越冬场、洄游通道、航道、水源地、海岸自然景观、海滨风景游览区、海滨浴场等。注意不得对上述敏感点产生影响。

——养殖生产布局是否合理，养殖密度是否过大。

——养殖结构、品种是否合理。

——拟使用饵料是否是符合标准的饲料。

——与产业链有关的环境问题，如冷冻车间、渔港、鱼饲料加工厂、水产品加工厂等。

1. 生态环境现状调查与评价

（1）水环境调查和评价

水体：水深、水温、水色、透明度、悬浮物、盐度、pH、溶解氧、COD、BOD、无机氮（氨氮、硝态氮、亚硝态氮）、活性磷酸盐、H_2S、油类、铜、锌、铅、镉、细菌总数、粪大肠菌群；

底质：硫化物、有机质、铜、锌、铅、镉。

（2）水生生物调查和评价

浮游植物、浮游动物、游泳生物、底栖生物的生物量、种类组成、群落结构、叶绿素 a 和初级生产力；

鱼卵仔鱼的种类组成和数量分布；

生物体内石油烃、农药、铜、锌的含量；

珍稀水生生物物种。

（3）水生生物保护区调查

范围、性质、保护物种、功能等。

（4）近岸污染源和污染物调查与分析

陆上工业废水和生活污水（贝类养殖注意生活污水和医院污水污染）；

港口、船舶、海上石油平台和水产养殖；

入海河流。

2. 污染源分析

（1）各类养殖活动中污染源分析主要是残饵、粪便中的氮、磷排放量，养殖废水排水中的 COD、氮、磷浓度；

（2）人工鱼礁建设项目的污染源分析主要是残旧渔船清洗产生的含油废水。

3. 水质预测

COD、BOD、无机氮（淡水为总氮）、活性磷酸盐（淡水为总磷）、油类等指标的影响范围和浓度。水质预测方法根据所在区域的环境特征和污染源强分析结果，参考《环境影响评价技术导则　地面水环境》（HJ 2.3—93）进行。

4. 底质预测

有机物以及 N 和 P 等指标的影响范围和浓度。

在网箱养鱼过程中，残饵及鱼类排泄物中的不可溶部分沉积到水底，会对底质造成影响。进入底质的污染物一般约占总排放量的 20%。进入底质的污染物比较稳定，其分解速度较慢，因此不断积累，长期会对底质发生影响。所以，网箱养殖区应考虑间断性养殖，并考虑变换网箱位置。

残饵及鱼类排泄物在网箱底部的堆积现象，直接与下列因素有关：污染物的总量、养殖区海底表面的性质、水深、潮流速度，残饵及鱼类排泄物的扩散距离可以通过式（1-5-4）计算：

$$d = D \times C_v / v \tag{1-5-4}$$

式中：d——扩散距离；

　　　D——水深；

　　　v——颗粒物的沉降速度；

　　　C_v——海流速度。

网箱养殖过程中产生的沉降物，一般都是以网箱为中心朝着潮流的方向呈椭圆形分布。网箱正下方沉降物占总沉降量的 40%～70%，在网箱周边 25 m 范围内沉降物占总沉降量的 90%，50 m 范围内沉降物几乎占总沉降量的 100%。沉降物的分布范围与海流流速和水深成正比，网箱所在位置水深越大，沉降物分布的范围越广，沉积厚度越薄；同样，潮流流速越大，沉降物分布范围越广，厚度也越薄。

5. 固体废物预测

在养殖场建设中根据物料平衡和工艺预测产生的废土石方量，根据养殖规模和养殖技术流程预测养殖池塘的清淤底泥量，根据旧渔船改造特性和工艺流程预测清除的固体废物量。

6. 水产养殖环境容量分析

确定养殖水域的环境容量对于控制养殖污染有积极的作用，评价工作中根据水域养殖系统的营养动力学特征、基础生产力和供饵力、养殖物种的生理生态学特征、养殖区环境特征和养殖特征，引用相关的研究成果和研究方法，如营养动态模式、无机磷供需平衡法、统计分析法等，分析、确定水域的养殖容量和环境容量。通过养殖水域的回顾性环境影响评价，评价养殖数量、规模是否超过环境容量，如超过环境容量需要削减养殖规模，并通过生态养殖削减排放量。

如依据能量收支平衡原理，以海域的初级生产力和叶绿素 a 含量及养殖贝类和非养殖滤食性附着动物栖息密度及其滤水率，估算某海域贝类单位面积可养密度，进而估算海域贝类的养殖容量。其模式为：

$$CC=[P-K \times Chla \times \sum（FR_{fj} \times B_j）]/（K \times Chla \times FR_s） \tag{1-5-5}$$

式中：CC——估算的单位面积养殖容量，个/m²；

　　　P——初级生产力，按碳计，mg/(m²·d)；

　　　K——浮游植物体内有机碳与叶绿素 a 的比值；

　　　FR_{fj}——非养殖不同种类滤食性生物滤水率，m³/个；

Chla——叶绿素 a 平均含量，mg/m³；

FR_s——估算的养殖贝类滤水率，m³/个；

B_j——非养殖不同种类的滤食性附着生物密度，个/m²。

如有 m 种非养殖不同种类，则对其求和。

7．评价相关标准

（1）水质标准

《渔业水质标准》（GB 11607—1989）；《海水水质标准》（GB 3097—1997）；《地表水环境质量标准》（GB 3838—2002）；《海洋生物质量标准》（GB 18421—2001）；《海洋沉积物质量标准》（GB 18668—2002）；《渔业生态环境监测规范》（SC/T 9102—2007）。

各类调查、分析方法按《渔业生态环境监测规范》及相关监测规范执行。

（2）养殖水标准和技术规范

《淡水池塘养殖水排放要求》（SC/T 9101—2007）；《海水养殖水排放要求》（SC/T 9103—2007）；《无公害食品 海水养殖用水水质》（NY 5052—2001）；《无公害食品 淡水养殖用水水质》（NY 5051—2001）。

（3）水产品质量和技术规范

《农产品安全质量——无公害水产品产地环境要求》（GB/T 18407.4—2001）；《农产品安全质量——无公害水产品安全要求》（GB 18406.4—2001）；《无公害食品 渔用药物准则》（NY 5071—2002）；《无公害食品 水产品中渔药残留量限量》（NY 5070—2002）；《无公害食品 渔用配合饲料安全限量》（NY 5072—2002）；《无公害食品 水产品中有毒有害物质限量》（NY 5073—2006）以及各类水产品的质量安全要求、养殖技术规范等。《饲料药物添加剂使用规范》（2001 年农业部第 168 号公告）等畜牧兽医方面的标准和技术规范有些也适用于水产养殖。

二、环境保护措施

1．合理规划

按照不同水域的使用功能，对其养殖水面进行科学规划。通过持续的水质、底质、生物监测及调查，掌握养殖区营养状况、影响因素及变化趋势，根据环境容量确定水域适宜的生产规模和水体对网围精养或网箱养殖的负载能力，综合利用各种相关的数学模型确定养殖水体对营养元素尤其是 N、P 的负载能力，以便科学规划养殖水面，尤其是合理确定网围、网箱面积和网箱密度等，实现对养殖水体的可持续利用。

设立水环境监测站和水样采集点，建立渔业环境监控预警服务系统，进行渔业水域环境的监测和评估。

2. 建立不同生态养殖模式

水域生态系统具有空间立体性和不同层次的食物链关系，采用不同生态养殖模式，合理安排各个水层养殖生物的种群结构，在水层之间形成合理的食物链关系。改变单一品种、单一模式、大排、大灌的传统养殖模式，建立多品种、多层次、半封闭、循环式、轮养等不同的生态养殖模式，充分利用生态环境和养殖设施，减少养殖用水，又为生物创造良好的生存环境，最大限度地发挥养殖的生产潜力，提高养殖系统的综合效益。

3. 污染物的控制

水质控制对养殖生产和环境保护都是必要的。水生生物对氨氮敏感，所以也需要通过生物方法以及物理化学方法降解氨氮。

生物方法是通过养殖净化水质的鱼类或种植大型水生生物来达到净化水质的目的。适当放养滤食性的上层鱼类（鲢鱼、鳙鱼）可调控浮游生物的结构，防止水质过肥，起到以鱼养水的目的。对浅水湖库可利用大型水生植物如紫萍、芦苇等净化水质，通过植物收获使吸收的氮、磷离开水体。接种光合细菌、芽孢杆菌等益生菌，当有益细菌成为水中优势菌种后可控制病菌繁殖，达到防病治病的作用。

物理和化学措施有施用改水剂、使用增氧设备等。增氧促使有害物质和有机物分解，能直接减少有害物质。泼撒沸石粉或活性炭，能有效地吸附氨氮并提供生长元素。用紫外线消毒水体，无二次污染，且紫外线具有广谱性的杀菌特点。

对养殖生产、水产品加工过程中的废弃物尽可能进一步利用，如淤泥资源化，下脚料中可食部分经处理后作为饵料或饲料添加剂，不可食部分用做种植业肥料。

4. 改进饵料与投喂方式

大多数水产养殖废物来自饲料，要降低由此而产生的废物，应注意饲料营养成分和投喂方式。

配合饲料不但碳、氮和磷的比例要合理，而且微量元素配比要合理，须根据不同鱼种、不同生长阶段、各种水体的养殖模式和水域的环境而定。选择饲料中能量值与蛋白质含量的最佳比（C/N），可以减少氮和能量物质的排泄，加入易消化的碳水化合物会提高蛋白质利用率。

采用科学的投喂标准可减少残饵量。根据养殖对象，按水温、溶解氧、季节变化、鱼体重等随时调整投喂率、投喂量、投饵次数和时间。变投喂沉性饵料为投喂浮性颗粒饵料和对饵料过筛可防止碎饵料在水中流失所造成的污染。

合理使用饲料，提高饲料的利用率。养殖生产中应鼓励使用绿色环保型饲料，限制直接投天然鲜杂鱼饲料，科学控制饲料以防止残饵污染水质。

5. 规范健康养殖，减少药物使用量

在健康养殖模式下，合理的养殖密度，科学的放养品种结构，以及适度的投入，能使水体保持良好的环境。在养殖设施的结构和布局上，既要满足鱼类健康生长所

需空间和基本的进排水功能，又要具备水质调控和净化功能，以减少对水域大环境的影响。使用高效饲料及合理的投喂技术，把饲料对水质的影响降到最低点。

使用鱼药防病既会增加污染机会，又会降低水产品的质量。近年来，各国医学家和药物专家纷纷把目光盯在药用植物身上，研究出了新一代的药品，即"绿色药品"。绿色药品指的是安全无害的药品。它是利用现代先进制药技术生产的用于防治水产动物疾病和改善水产动物恶劣环境的药品，代表着药品发展的未来趋势。它既不会破坏水产动物的生态平衡，也不会产生药物残留，而且防治效果较佳。

第五节　环境影响评价中应关注的问题

一、海岸带开发中的环境问题

当前，我国海洋环境总体质量仍不容乐观。沿海滩涂湿地、红树林和珊瑚礁均遭受严重破坏，海底沉积环境受到污染，若不采取措施，必将直接影响到我国经济的健康发展。

湿地是地球上具有多种功能的独特的生态系统，是自然界最富生物多样性的生态景观和人类社会赖以生存和发展的环境之一。它具有调节气候、补充地下水、降解环境污染、蓄洪抗旱、控制土壤侵蚀、促淤造陆、保护生物多样性等多种功能，被称为"地球之肾"。因此，保护湿地生物多样性，保证湿地资源的可持续利用愈来愈引起世界各国的高度重视。然而，近 40 年来，围海造田、造地和以发展滩涂养殖业为目标的大规模围垦，使沿海地区累计丧失海滨滩涂湿地约 219 万 hm^2，相当于沿海湿地总面积的 50%，严重破坏了湿地景观，造成了巨大的损失。目前，我国虽然已加强了滩涂湿地的保护工作，建立了大量的湿地保护区，但是海岸滩涂湿地保护现状仍不容乐观，除个别地区环境改善外，大部分区域的状况仍在恶化。所以，不仅要加强保护区的建设，还要搞好非保护区滩涂的合理开发。

我国红树林的生态状况堪忧。红树林素有"海底森林"之称，是珍贵的生态资源。红树林具有防浪护岸功能，对维护海岸生物多样性和资源生产力至关重要，并能减轻污染、净化环境，是重要的生物资源和旅游资源。近 40 年来，特别是最近十多年来，由于围海造田、围海养殖、砍伐等人为因素，不少地区的红树林面积锐减，甚至已经消失。我国红树林面积已由 40 年前的 4.2 万 hm^2 减少到 1.46 万 hm^2。1998年，广东省南澳县和深圳等地海域先后暴发大面积的赤潮，造成直接经济损失近亿元。广东省生态专家一致认为，赤潮泛滥的主要原因之一，就是由于红树林的大面积减少。由此可见，海岸生态关键区的丧失，必然导致海岸生物多样性和海岸水产资源及一系列相关社会价值和生态价值的丧失或削弱，并带来污染加剧、海岸环境恶化的严重后果。目前，我国已建立国家级红树林自然保护区 4 个、省级 6 个、县市级 8 个，保护区的红树林已占全国总面积的一半以上。但是要真正实现红树林和红树林海岸的有效保护，还有大量工作要做。

珊瑚礁具有重要的环境价值、经济价值和科学研究价值，我国珊瑚礁目前也正受到海洋污染和人为的严重破坏与威胁。如：海南省文昌县清澜港出海口东侧的邦塘湾，邻近海域有 500 余 hm^2 的珊瑚礁。近年来，由于滥采珊瑚礁，邦塘湾的生态遭受严重破坏，近岸珊瑚礁已所剩无几，海岸遭受严重侵蚀，海水冲击村庄，迫使居民举家迁移，同时也使珊瑚礁鱼类、贝类资源锐减。

近岸沉积物污染问题突出。我国海岸地区的主要污染源为入海河口污染源、直排口污染源及近岸海域污染源。研究表明，重金属、放射性废物、有机物质及营养盐在沉积中聚集并随沉积物运移，产生二次污染，并已危及人类健康和安全。

赤潮的发生与海洋污染有直接关系。沉积物和与海底环境的相互作用受到海底地质和沉积物搬运过程的强烈影响，成为难以治理的污染源，长期污染着海岸带环境。海底沉积物污染又通过食物链污染海产品，危害人民健康。而且，海水中的有机污染物会污染供饮用的沿海淡水层。由于污染，我国一些海域海底的海草出现退化，引起一系列的生态和环境问题。

所以在环境影响评价中，要注意水产业引起的区域环境问题。

二、水产生产中有毒物质的控制

近年来水产养殖业迅猛发展，1999 年我国水产品年产量已达 4 100 万 t，连续多年居世界首位，出口量也与日俱增。然而近年来水产品药物超标现象不断出现，且呈日趋严重的态势；因药物残留超标而被退货、销毁甚至中断贸易往来的事件时有发生。过去的几年，日本市场已多次退回或销毁抗生素超标的我国鳗鱼或其制品，欧盟因氯霉素残留问题将中国产冻虾产品纳入其食品快速预警机制，并于 2002 年年初通过决议全面暂停从中国进口动物源性食品，造成巨大的经济损失。更令人担忧的是由于欧盟的禁令，美国、日本等国已高度关注我国出口水产品的质量。

1. 禁止使用的有毒化学品

（1）渔药

由于养殖的集约化，饲料药物添加剂和亚治疗量的各类抗生素在生产中广泛应用，以及用药混乱及不合理规范等因素的存在，水产品药物残留问题日益突出。现在国际上比较重视的残留药物有抗生素类（链霉素、新霉素、四环素族、氯霉素）、磺胺类、呋喃类、喹诺酮类等。氯霉素对人体的造血系统危害很大，容易引起再生障碍性贫血，是禁用抗生素，国外对禽畜水产品的氯霉素残留的限量相当严格，香港的限量标准为 1 μg/kg，欧盟为 0.3 μg/kg。磺胺类是常用的广谱抗菌素，用于治疗鱼、虾、蟹的细菌性疾病，是人鱼共用药物，如果通过食物链传递，人体会产生抗药性。磺胺二甲基嘧啶具致甲状腺肿瘤的可能性，欧盟规定肉类磺胺的最大残留总量不得超过 100 μg/kg。

（2）促生长剂

为促进生长而添加的物质有己烯雌酚、甲基睾酮、盐酸克仑特罗等，欧盟所有成员国都一致同意应该禁用具有基因毒性的己烯雌酚及其衍生物。早在 20 世纪 70 年代，在欧洲对水产品使用同化激素就已引起了媒体的注意，比利时最近发现仍有违法使用已禁用的同化激素的现象。激素类药物残留会使正常人的生理功能发生紊乱，更严重的是影响儿童正常的生长发育。己烯雌酚属人工合成激素类药物，作为饲料添加剂，能提高动物的日增重和饲料效率；然而，许多科学实验表明己烯雌酚能引发动物和人的癌症，而且妊娠期间使用还会殃及下一代。1972 年，FAO/WHO 禁止使用己烯雌酚。

（3）消毒剂

消毒剂用于养殖环境的消毒。一般用漂白粉消毒。近来关注的主要是孔雀石绿。孔雀石绿（又名碱性绿、盐基块绿、孔雀绿）是一种带有金属光泽的绿色结晶体，属三苯甲烷类染料，过去常被用做染色剂。1933 年起将其作为驱虫剂、杀菌剂、防腐剂在水产中使用，后曾被广泛用于预防与治疗各类水产动物的水霉病、鳃霉病和小瓜虫病等，同时也经常用于育苗过程中亲鱼或鱼苗（种）的消毒。它的抑菌机理是当细胞分裂时，抑制细胞内的谷氨酸，将其转变为肽类和有关产物，从而使细胞分裂受到抑制，产生抗菌效果。

但后来首先英国发现生产孔雀石绿的工人常患膀胱癌，由此发现孔雀石绿具有高毒、高残留及致畸、致癌、致突变等副作用，对人体危害较大，因此世界上许多国家已将孔雀石绿列为水产养殖禁用药物，我国也于 2002 年 5 月将孔雀石绿列入《食品动物禁用的兽药及其化合物清单》（农业部公告第 193 号）。虽然孔雀石绿已被列为水产养殖禁用药，但因其低廉的价格，在水霉病防治方面尚无很好的替代品，同时又缺乏有效的监督管理，因此目前仍有个别单位在使用。

2．对策

为解决水产品中氯霉素及其他禁用药物（以下简称禁用药物）的残留问题，提高水产品质量，保障消费者食用安全；增强我国水产品的国际竞争能力，促进水产品国际贸易的顺利发展，特制订水产品药物残留专项整治计划。

（1）整治重点地区

整治重点地区是：出口水产品捕捞、养殖、加工的主要地区，出口检验和国内残留监控检出产品问题较多的地区，渔药的主要产地。

（2）重点单位

重点单位是：渔药、饲料、饲料添加剂的生产、经营单位和个人，出口水产品原料生产基地（养殖场、捕捞渔船），出口加工企业。

（3）重点环节

重点环节是：禁用药物的生产、经营和使用。

（4）整治内容

①整治、查处违法生产、经营、使用禁用兽药活动

查处违法生产、经营含禁用药物的渔药、饲料和饲料添加剂的行为；

查处在水产养殖、捕捞生产中违法使用禁用药物的行为；清理标签不规范和成分不清的渔药、饲料及饲料添加剂。

②规范养殖、捕捞生产行为

养殖企业不得在不符合养殖水质标准的水域进行生产；

建立生产日志制度，日志要有专人负责，记录完整，建档保存；

养殖企业须在专业技术人员的指导下科学用药，并逐步建立用药处方制度；

养殖企业必须在规定的期限内清理、封存并销毁已购的含禁用药物的渔药、饲料和饲料添加剂；

捕捞企业要按照《船上渔获物加冰保鲜操作技术规程》（SC/T 3002—1988）、《渔获物装卸操作技术规程》（SC/T 3002—1988）的要求操作，不得使用含氯霉素等我国和主要进口国规定的禁用药物的保鲜、防腐、消毒剂。处理鱼获物的船员和操作人员不得使用各种含有氯霉素等我国和主要进口国规定的禁用药物成分的药剂擦手。

三、外来水生动物的入侵

水产养殖引种需要考虑水生生物入侵问题。

1. 入侵的或潜在入侵的水生动物

近来引起关注的入侵水生动物，包括鱼类、两栖类、爬行类和软体类动物等。

清道夫鱼，原产于亚马孙河流域的杂食鱼类，属鲇鱼科，又名吸盘鱼。该类鱼种作为观赏鱼引进中国，生存能力强，以吸食藻类、底栖动物和水中的垃圾为生，并每天能吞食 3 000～5 000 鱼卵和大量鱼苗。一般在鱼缸内养殖重量不到 100 g，而 2005 年在重庆市附近的长江水系发现重 500 g 的清道夫，表明该鱼可在长江水域里很好地生存，并安然过冬。一旦清道夫鱼由个体发展为种群，将严重危害土著鱼类种群，给当地水域生物链带来灾难性后果。

食人鲳，我国南方很多水域基本符合它们的生存条件，一旦适应了我国自然水域形成自然种群，将对水中的动物甚至人的生命安全造成威胁，猎食我国土著鱼类从而对生物多样性、水生生态系统造成极大的破坏，同时必将危及我国渔业。2002年 12 月 24 日，农业部渔业局发出《关于查处食人鲳的紧急通知》，要求各地全面围剿食人鲳。各地渔政部门对市场上销售的以及公园、水族馆等养殖、展示的食人鲳

进行检查，一经发现立即没收和销毁，并严禁将食人鲳放入自然水域。

大牛蛙，原产美洲，由于大量养殖和逃逸，目前在我国已经有相当数量的野外种群。它们的适应性和繁殖力也都很强，由于没有相关的研究，现在还不知道牛蛙对中国土著的两栖类有多大的威胁。

巴西龟，也叫红耳龟，因其小巧可爱，在我国许多宠物市场上出售，许多家庭当宠物饲养，或用于放生，因为适应性和繁殖力都很强的巴西龟会对中国本土的野生龟构成很大威胁，我国目前已经停止了所有被甲小于 10 cm 龟类的进口。

小龙虾，学名克氏原螯虾，原产中、南美洲，20 世纪 30—40 年代我国从日本引进。它们的适应性强、食性广、幼体成活率高，擅长在堤坝上打洞。目前世界各地都有养殖，并在野外形成数量巨大的种群，我国长江中下游以及华南分布很广。

大瓶螺，俗称福寿螺，20 世纪 80 年代引入我国，养殖食用。由于过度养殖，加上味道不好，它被释放到野外。它们适应能力强，食量大且食性杂，繁殖快，破坏蔬菜和水生农作物，在长江以南可自然越冬。20 世纪 90 年代在四川荣昌县曾有人租用农民 100 亩稻田养殖福寿螺。由于管理不善，加之成螺出口受阻，次年将捡拾"干净"的养螺水田还给农民，结果造成 100 多亩稻田当年几乎颗粒无收。目前，全县 40 余万亩稻田都出现了福寿螺。

2. 水域水生动物入侵的危害——以洱海为例

洱海鱼类物种结构单一，食物链结构简单，生态失去平衡，水质随之恶化。这些与外来鱼种入侵有很大关系。

洱海原有鱼类 17 种，它们是鲫鱼、杞麓鲤、大眼鲤、春鲤、洱海鲤、大理鲤、油四须鲃、洱海四须鲃、灰裂腹鱼、云南裂腹鱼、大理裂腹鱼、光唇裂腹鱼、泥鳅、云南侧纹鳅、拟鳗副鳅、黄鳝、中华青鳉。它们生活在不同水层，摄食对象各异，与浮游植物、浮游动物、底栖动物、水生维管束植物、微生物等形成环环相扣的食物链、食物网。人们通过捕捞鱼虾，割捞水草，将湖内的营养盐向湖外转移，洱海物质能量处于良性循环状态。

20 世纪 60 年代，洱海引进外来鱼种青、草、鲢、鳙四大家鱼，同时带入鰕虎鱼、麦穗鱼、棒花鱼等小杂鱼类；1984—1990 年，洱海多次从滇池引进太湖银鱼，1991 年形成规模产量，产量在 200～700 t。

引进外来鱼种后，由于它们失去了原来环境的天敌控制，在新环境中种群数量迅速增加，导致原有类型的灭绝。小杂鱼类及太湖银鱼在洱海大量繁殖，与土著鱼类进行饵料竞争，占领了土著鱼类的产卵场所和生存空间，并吞食其鱼卵，导致土著鱼类逐渐走向消亡。

防治洱海外来鱼种入侵危害，一是引进天敌。如马口鱼属、红鲌鱼属是中上层捕食太湖银鱼的肉食性鱼类，是太湖银鱼的天敌。但必须进行科学评估，证明引进马口鱼属、红鲌鱼属在控制太湖银鱼的同时，对洱海生态系统不产生危害，才能引入。二是在洱海内放养不同层次、不同食性的多种鱼类，恢复洱海土著鱼类。三是在洱海取缔违禁渔具，制止酷渔滥捕，实行封湖休渔 2～3 年。四是恢复土著鱼类的产卵和洄游场所，划定鱼类产卵保护区，实施长年保护。

3. 严格管理，控制外来水生动物入侵

（1）根据《渔业法》和《海洋环境保护法》，水产苗种的进口要由国务院渔业行政主管部门或者省、自治区、直辖市人民政府渔业行政主管部门审批。引进的物种，应当进行科学论证，避免对海洋或淡水生态系统造成危害。

规范外来物种引进审批程序，在立法的基础上建立生物引进风险评价制度。我国《进出境动植物检疫法》，对防止动物传染病、寄生虫病和植物危险性病、虫、杂草以及其他有害生物传入、传出国境，保护农、林、牧、渔业生产和人体健康，促进对外经济贸易的发展，起到重要作用。目前政府部门关于入侵物种的管理法规还是一项空白。现行的动植物、卫生检疫法规，是为防范外来有害生物入侵而制定的，是针对性检疫，只对已知的特定有害生物进行检疫，《农业法》、《森林法》、《种子法》、《渔业法》和《环境保护法》等相关法规均未明确涉及外来生物入侵问题。

（2）应加强监测，一旦发现入侵外来生物，应立即采取行动严格控制其扩散，并予以根除。饲养繁殖经过批准的外来生物，严防逃逸。建立应急预案，一旦发现问题及时采取措施，加强围堵，尽早控制。

（3）除控制外来生物入侵以外，需严格控制新物种。禁止水生动物的转基因，严格限制杂交物种释放到环境中，可以进行多倍体育种。

四、生态补偿和生态修复

随着人们对生物资源可持续利用的日益重视，现有的法律法规已明确规定对建设项目造成生物资源的损失，应实施生态补偿。目前与水产业相关的一些建设项目，在其环境影响评价中没有对生物资源给出定量的损害评价结果，或虽给出了定量的损害评价结果，但没有落实生态补偿和生态修复措施，使生态补偿和生态修复没有得到贯彻和落实。

因此在各类建设项目环境影响评价中，针对工程造成不利影响的对象、范围、时段和程度，根据环境保护目标要求，提出预防、减免、恢复、补偿、管理、科研、监测等对策措施；按照"谁开发谁保护、谁受益谁补偿、谁损坏谁修复"的原则，根据影响预测评价的结果，估算渔业生态经济损失，列入环境保护投资，同时制定可行的渔业生态及渔业资源环境保护措施。制定环境保护措施应进行经济技术论证，选择技术先进、经济合理、便于实施、保护和改善环境效果好的措施，以建立完善的生态补偿机制。

第六章 案 例

第一节 国家森林公园项目

近年来，一些省（市）对森林公园建设项目开展了环境影响评价工作。《吉林红石国家森林公园建设项目环境影响报告书》系 2006 年年末编制完成，2007 年 1 月吉林省环境保护局批复。限于篇幅，将该报告书的一些要点摘要于后。

一、项目概况

1．项目基本情况

（1）项目名称：吉林省红石国家森林公园。

（2）建设单位：中国吉林森工集团，红石林业局。

（3）建设地点：吉林省桦甸市红石镇。

（4）建设性质：新建。

（5）建设投资：9 524 万元。

2．项目地理位置及占地

（1）地理位置和交通状况。吉林红石国家森林公园位于吉林省桦甸市红石镇内，项目南起白山湖两江交汇处，经白山湖，过红石湖，北至红石林业局局址红林大桥。地理坐标：东经 127°05′～127°19′，北纬 42°34′～43°06′。地处长春市净月国家森林公园、吉林市松花湖国家级风景名胜区、长白山国家级自然保护区和露水河国家森林公园等保护区和风景名胜区中间，交通便利。

（2）公园占地面积及权属等情况。红石国家森林公园占地面积为 28 574.6 hm²，其中水域面积 2 269 hm²。公园及园外景区占地权属为红石林业局，为国有林地，涉及水域已与白山水电公司（辖红石水电站）签订了协议。

3．项目建设内容

（1）功能分区。根据森林公园的现状、公园性质和风景资源分布的特点，按照功能分区的原则，将公园区划为五个功能区。即森林资源保护区、生态保育区、游览观光区、综合服务区和行政管理区，其中，森林资源保护区主要为生态公益林。见图 1-6-1。

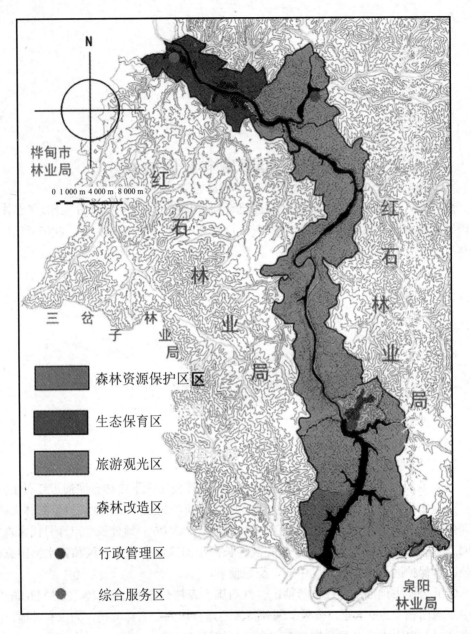

图1-6-1 吉林红石国家森林公园功能区划

（2）公园景区景点建设（主体工程）。根据森林公园建设的可行性研究报告和规划，红石森林公园近中期拟建景区有森林游吧、红叶博览园、红色故乡、江南水岸区、漂流休闲区及生态体验教育基地等。

（3）基础设施建设（辅助工程）。充分利用现有的集材（运材）道路，改建公路

35 km；供水和排水管线约 1.0 km；供电网络约 2.0 km；新建宾馆，建筑面积 8 000 m²；新建停车场 5 个，停车位共计 240 个，占地面积为 7 880 m²。另外，建生态厕所 6 座；购置集粪车 2 辆；垃圾箱若干个。

二、评价工作等级及环境保护目标

1．评价工作等级

根据《环境影响评价技术导则　非污染生态影响》（HJ/T 19—1997）中评价工作的分级原则，吉林红石国家森林公园建设项目是以景区建设为主，其影响面积大于 50 km²，但生物量减少小于 50%，故本项目生态环境影响评价工作等级定为二级；地表水环境影响评价工作等级定为三级；大气和声环境影响评价工作从简。

2．主要环境保护目标

（1）生态环境。吉林红石国家森林公园范围内天然次生林资源，特别是重点生态公益林，以及评价区内珍稀动植物资源。

（2）地表水环境。根据吉林省地表水功能区划，白山湖、红石湖、红石电站以下河段水环境功能区划为Ⅱ类水域，不得新建排污口，以保护水环境质量。

（3）大气和声环境。林业局机关、林业职工居住区、红石镇居民区和附近村屯，应符合大气二类功能区，噪声 1 类、2 类功能区（其中村屯噪声为 1 类功能区）的要求。

表 1-6-1　评价区各景区景点规划一览表

序号	景　区	可游览面积/hm²	位　　置	景　点	用地规模/hm²	用地类型
1	森林游吧	300	小红石林场，森林公园西侧，距公园最近距离约 1.2 km	大门	0.01	林地
				停车场	0.31	
				木栈道	10	
				木屋		
				游乐设施		
				木桌椅		
2	红叶博览园	255	批洲林场，森林公园中西部，距公园最近距离约 0.5 km	停车场	0.10	林地
				红叶长廊	60	
				林间木屋	0.04	
				木桌椅	0.2	
3	红色故乡	400	小红石林场，森林公园的西侧，距公园最近距离 1.6 km	停车场	0.15	林地料场
				杨靖宇雕塑	4	
				抗联密营	0.002	
				英雄纪念馆	1.0	
				古树棚灶	0.002	

序号	景区	可游览面积/hm²	位置	景点	用地规模/hm²	用地类型
3	红色故乡	400	小红石林场，森林公园的西侧，距公园最近距离 1.6 km	将军湖	0.03	林地料场
				磨房	0.001 6	
				月亮湖	0.02	
				药房	0.05	
				将军泉	2.0	
				太阳湖	2.0	
4	漂流休闲区	50	起点在公园西侧，距公园 1.0 km，终点在公园内批洲林场 9 林班	停车场	0.048	林地、林间湿地
				大门	0.01	
				养鱼池	5.0	
				浮动码头	—	—
5	江南水岸景区	150	小红石林场内，红石林业局及沿江两岸景观带	烈士陵园	50	林地、林业设施用地
				湖心岛	10	
				红石砬子	2.0	
				雾凇		
				产品一条街	0.1	
				宾馆	1.0	
				民族营	2.0	
				祭江台	0.02	
				停车场	0.08	
				露天剧场	2.0	
				山神庙	2.0	
				饮水亭	0.01	
6	生态体验教育基地	170	柳河林业站站址及种子园处，森林公园西侧，距公园最近距离约 2.0 km	拓展基地	2.0	林地圃地
				林果采摘园	100	
				森林主题营地	50	
7	其他	2	老岭林场 118 林班	瞭望塔	0.006	林地水域
				四海龙王庙	2.0	
			白山湖　高兴湖	浮动码头（2）	1.0	

三、工程分析

1. 主辅工程分析

吉林红石国家级森林公园建设主体工程主要包括各景区景点的建设和停车场的建设；辅助工程主要包括道路、供水供电管线等基础设施建设。因受作业面限制，施工方法以人工施工为主，机械施工为辅，其工程量见表 1-6-2。

表 1-6-2 施工期生态影响

序号	景区	景点	用地规模/hm²	植被类型	拟破土面积/m²	砍采主要树种	挖方量/m³	填方量/m³	弃方量/m³	生物量损失/kg
1	森林游吧	大门	0.01	白桦天然次生林	100	白桦	20	10	10	3 790
		停车场	0.31		0	—	0	0	0	0
		木栈道			0	—	0	0	0	0
		木屋	10		1 000	杂木	100	80	20	20 500
		游乐设施			1 600	杂木	1 000	800	200	37 160
		木桌椅			300	草本	20	10	10	6 050
2	红叶博览园	停车场	0.10	阔叶混交林，针阔叶混交林	0	—	0	0	0	0
		红叶长廊	60		300	草本	50	50	0	8 800
		林间木屋	0.04		100	杂木	20	10	10	2 000
		木桌椅	0.2		100	草本	10	10	10	2 000
3	红色故乡	停车场	0.15	阔叶混交林	0	—	0	0	0	0
		杨靖宇雕塑	4		11 500	杂木	5 000	4 800	200	143 000
		抗联密营	0.002		0	—	0	0	0	0
		英雄纪念馆	1.0		8 200	柞树	3 000	2 900	100	102 500
		古树棚灶	0.002		0	—	0	0	0	0
		将军湖	0.03		0	—	0	0	0	0
		磨房	0.001 6		0	—	0	0	0	0
		月亮湖	0.02		0	—	0	0	0	0
		药房	0.05		300	杂木	20	20	0	2 500
		将军泉	2.0		0	—	0	0	0	0
		太阳湖	2.0		0	—	0	0	0	0
4	漂流休闲区	停车场	0.048	阔叶混交林	0	—	0	0	0	0
		大门	0.01		100	杂木	20	10	10	2 200
		养鱼池	5.0		0	—	0	0	0	0
		浮动码头	1.0		1 400	杂木	480	450	30	31 550
5	江南水岸景区	烈士陵园	50	阔叶混交林，疏林	0	—	0	0	0	0
		湖心岛	10		0	—	0	0	0	0
		红石砬子	2.0		0	—	0	0	0	0
		雾凇	0		0	—	0	0	0	0
		产品一条街	0.1		700	—	200	170	30	0
		宾馆	1.0		4 000	—	2 000	1 800	200	0
		民族营	2.0		1 000	草本	200	150	50	12 500
		祭江台	0.02		200	白桦	100	80	20	5 000
		停车场	0.08		0	—	0	0	0	0
		露天剧场	2.0		10 000	草本	2 800	2 500	300	82 000
		山神庙	2.0		15 000	杂木	4 000	3 900	100	282 800
		饮水亭	0.01		100	杂木	50	40	10	2 100

序号	景区	景点	用地规模/hm²	植被类型	拟破土面积/m²	砍采主要树种	挖方量/m³	填方量/m³	弃方量/m³	生物量损失/kg
6	生态体验教育基地	拓展基地	2.0	未成林，疏林	2 000	草本	60	60	0	20 000
		林果采摘园	100		8 000	草本	50	50	0	82 000
		森林主题营地	50		0	—	0	0	0	0
7	其他	瞭望塔	0.006	阔叶混交林	0	—	0	0	0	0
		四海龙王庙	2.0		20 000	杂木	800	700	100	248 000
		浮动码头（2）	0		0	—	0	0	0	0
	道　路		—		35 000	草本	500	300	200	260 000
	合　计		309.19		121 000		20 500	18 900	1 600	1 356 450

2．生态影响途径分析

（1）施工期生态影响途径分析

施工期拟破土面积及植被生物损失量情况详见表 1-6-2，拟破土面积为 121 000 m²，均为杂木、白桦、柞树、灌木及草本等；生物损失量为 1 356.45 t；临时占地面积 524 hm²，永久占地面积 320 hm²。土地利用状况稍有改变。挖方量计 20 500 m³，填方量为 18 900 m³，弃方量为 1 600 m³。在林间施工产生的弃土用于平整林地。

（2）运营期的生态影响途径分析

运营期即为森林公园对游客开放游览，即建设完成后，区域空间格局和土地利用状况有所改变；另外，人为活动的增加对公园生态环境有所影响，因此游客容量不能超过森林公园的环境容量。

3．污染源源强的计算

包括水、气、声及固废的源强分析，略。

4．森林公园建设环境合理性分析

（1）公园选址合理性分析。红石林业局结合天然林保护工程的实施，利用所辖区域丰富森林资源并借助白山的水面和壮观的峡谷型水电站以及抗联营址迹地建设红石国家森林公园。其公园占地面积为 28 574.6 hm²，建设规模较大，其中林地占 90%，为 26 463.9 hm²；建设用地和农业用地分别占 1.6%和 0.8%。另有 3%的面积位于森林公园界外，为部分景区景点。上述用地均属红石林业局所属的国有用地。水域面积占总面积的 7.8%，已与白山水电公司（辖红石水电站）签订协议。公园占地已落实，不存在权属方面的争议，且不涉及自然保护区和水源地保护区。

森林公园地理位置比较优越，交通方便，北距吉林市、西距长春市、东距延吉市、南至通化市，行车只需 1～3 h，来自上述城市的游客可以当天往返，公园位于长春净月潭森林公园、吉林市松花湖国家级风景名胜区、长白山国家级自然保护区和露水河国家森林公园等保护区和风景名胜区中间，并设有宾馆，便于度长假的游客长线观光，可以保持一定的游客数量。

项目符合地方发展总体规划。红石湖与白山湖，是桦甸市"一线五区九景"的重要组成部分，符合桦甸市总体规划。红石国家森林公园具有山、林、江、湖、冰雪、雾凇等多种山地森林自然景观和水体景观，是吉林长白山旅游的重要组成部分。

综上所述，红石国家森林公园选址是合理的，并符合国家环保要求。

（2）公园总体布局的环境合理性分析

符合"在保护前提下适度开发"的原则。红石国家森林公园建设项目的开展是以保护森林公园森林资源和重点生态公益林为主，以发展旅游业为辅。项目规划充分体现了这一原则，如许多景区及景点都建在红石国家森林公园的外部，距公园一定距离（最近的也有 0.5 km）的一般公益林中，而综合服务区则集中规划在红石林业局的局址附近，这样既可减少旅游给森林公园生态带来的直接和间接影响，也避免因服务设施的建设而砍伐大面积的森林，符合"以保护为主"的理念。为了保护森林公园所在区域的野生动物资源，红石森林公园不设狩猎场。考虑森林公园管理上的方便，该公园也不设生产经营区。

（3）公园景区景点建设环境合理性分析

公园各景区景点及停车场建设地点，从保护资源和保护环境角度看，基本合理。各景区选择时充分利用文化遗址及天然生物景观，合理划分景区建设景点。停车场基本利用原有林场作业的料场、楞场。因森林公园面积大，有些景区又分布于公园外，因此公园旅游采用以景区游览的方式是合理的。另外，各景区景点建设的建筑物均以木质色调为主，为节约木材，有些建筑构筑物采用仿木质建造而成，如已建成的公园大门（包括森林公园、森林游吧、红色故乡及漂流休闲）均是仿木质的水泥钢筋结构，外形逼真，与周围环境协调。但是，也有不尽合理之处，如从表 1-6-2 可以看出：江南水岸景区拟动土面积较大，产生的土石方量也较大，砍伐树木较多，山神庙建设时需再做环境影响评价；民族营的建设也应尽量减少建设小木屋等建筑物，以活动帐篷代替木屋，在林间空地可用钢筋打好支帐篷的基础，公园管理处可提供帐篷租赁。

（4）基础设施建设环境合理性分析

公园建设规划充分利用现有林场的供电、供水、道路等基础设施，新建基础设施较少。综合服务区（含宾馆和购物一条街）设在局址旁，占用建设用地，不占用林地，符合国家的相关规定。公园道路充分利用采伐木材的运（集）材道路，坡度大于 15° 的部分道路已用江石将路面硬化，减少了水土流失量。但是，从目前已完工的停车场护坡工程来看，多数都使用江石混凝土进行硬化，建议最好采用镂空砖进行护坡处理（包括停车场的路面），这样可减少硬化的地面面积，增加地下水的渗透量。

（5）公园环境容量和游客规模的合理性分析

① 公园环境容量预测

森林公园因面积大，故各景区采用以"游道法"为主、"面积法"为辅的方式计算游客环境容量。综合参照国外同类基本空间标准及我国森林公园中使用的经验数据，计算景区景点环境的承载量。

　　游道法

$$C = \frac{M}{m} \times D \qquad\qquad (1\text{-}6\text{-}1)$$

式中：C——日环境容量，人次；

　　　M——游道全长，m；

　　　m——每位游客占用的合理游道长度，m；

　　　D——周转率（D=游道全天开放时间/游完全部游道所需时间）。

　　面积法

$$C = \frac{A}{a} \times D \qquad\qquad (1\text{-}6\text{-}2)$$

式中：C——日环境容量，人次；

　　　A——可游览面积，m²；

　　　a——每位游客占用的合理面积，m²；

　　　D——周转率（D=游道全天开放时间/游完全部游道所需时间）。

　　根据上述"游道法"和"面积法"预测公式，计算出各景区的环境容量，即得出森林公园日环境容量为 18 314 人次/日，见表 1-6-3。

表 1-6-3　公园日合理环境容量

景区名称	可游面积/hm²	游览线路/m	容人指标/（hm²/人，m/人）	周转率/次	环境容量/（人次/d）
森林游吧	300	—	0.5	2	1 200
		2 000	2	2	2 000
红叶博览园区	255	—	0.5	1	510
		1 800	2	1	900
红色故乡	400	—	0.6	1	667
		4 000	2	1	2 000
漂流休闲区	50	—	0.5	1	100
		5 000	2	1	2 500
江南水岸景区	150	—	0.2	2	750
		1 200	1	2	2 400
生态体验教育基地	170	—	0.5	2	680
		1 200	2	2	1 200
森林资源保护区	1 444	—	0.6	1	2 407
		2 000	2	1	1 000
总　计	2 769	17 200	16.4	20	18 314

② 公园游客容量的预测

游客容量预测可根据游客游完某景区或某游道所需时间及游客每天游览最合适的时间来进行预测。

<u>游客容量的预测方法</u>

$$G = \frac{t}{T} \times C \qquad (1\text{-}6\text{-}3)$$

式中：G——日游客容量，人；

　　　t——游客游完某景区或某游道所需时间，min；

　　　T——游客每天游览最合适的时间，min。

<u>合理游客容量预测</u>

见表 1-6-4。

表 1-6-4　公园合理游客容量

景区名称	环境容量/（人次/d）	开放时间/h	合理时间/h	合理游客容量/（人次/d）
森林游吧	3 200	8	10	2 560
红叶博览园	1 410	8	10	1 128
红色故乡	2 667	8	12	1 778
漂流休闲区	2 600	6	10	1 560
江南水岸景区	3 150	8	10	2 520
生态体验教育基地	1 880	8	12	1 253
森林资源保护区	3 407	8	10	2 725
总计	18 314	54	74	13 524

经计算，森林公园合理游客量为 13 524 人次/d，在公园环境容量允许的范围之内（18 314 人次/d）。

四、环境现状调查与评价

1. 自然环境概况

森林公园处于老龙岗山脉东侧，张广才岭南部，地势起伏，属于长白山褶皱隆起带的"弦形构造"，海拔 400～1 000 m，坡度为 30°～45°，为高寒中山地带，东、南群山起伏，层峦叠嶂，海拔较高，北部地区较低。境内高低悬殊，山势险峻。

本区成土母岩以花岗岩、沉积岩和玄武岩为主，主要土壤有暗棕壤、白浆土、冲积土、草甸土等。

森林公园区属北温带季风气候区，四季分明，春季多风而少雨，夏季温热而多雨，秋季短暂而晴朗，冬季漫长而寒冷。全年平均气温 3.4℃，最冷为 1 月份，平均气温-18.8℃；最热为 7 月份，平均气温 22.5℃，是天然的避暑胜地。全年降水量为 700～800 mm，多集中在 7～8 月份，占全年降水量的 60%。

公园区河流分布广泛，5 km 以上的河流有 10 条以上，主要有第二松花江、头道至五道河、尖山子沟河等，均属第二松花江水系，河水清澈透明，水质较好。

2．生态环境现状调查

（1）土地利用现状调查。以搜集资料为主，现地实际调查为辅，充分利用国家林业局森林资源二类调查资料，根据森林资源调查小班卡及林相图，制作表格，分项列出土地类型、数目和面积。调查统计结果表明，森林公园内目前林业用地（林地）在土地利用结构中占据绝对优势，面积比重达到 90%，为 26 463.9 hm^2。另外，水体占评价区面积的 7.8%，而建设用地和农业用地分别占 1.6% 和 0.8%，面积比重比较小。

（2）动植物现状调查与分析。评价区植物属长白植物区系，地带性植被为红松阔叶林，但目前红松不足两成，次生阔叶林类型很多。园内共有植物 190 种，其中有国家濒危保护植物 5 种（均为国家一级、二级保护植物），主要分布在海拔较高的针叶混交林和针阔叶混交林之中；动物 230 余种，其中有国家濒危保护动物 20 余种，国家一级、二级保护动物有 13 种，包括兽类、鸟类和爬行类等（略）。

（3）自然生态系统生态完整性评价

① 自然生态系统本底生产能力分析。自然植被的净第一性生产力反映了植物群落在自然环境条件下的生产能力，即自然生态系统在未受人为任何干扰情况下的生产能力。采用中国科学院植物研究所（北京）建立的数学生态模型进行计算，评价区自然植被本底净第一性生产力结果见表 1-6-5。

表 1-6-5　评价区自然植被净第一性生产力测算结果

指　标	BT/℃	r/mm	RDI	NPP（净第一性生产力）	
				t/（hm^2·a）	g/（m^2·d）
评价区	11～15.4	780～1 020	0.64～0.68	10.43～12.27	2.85～3.36

注：BT 为年平均生物温度，r 为降水量，RDI 为辐射干燥度。

据此，根据奥德姆将地球上生态系统按照生产力的高低划分的四个等级，评价区生态系统本底的生产力水平处于 0.5～3.0 g/（m^2·d）和 3～10 g/（m^2·d），即多数地方生态系统本底的生产力水平"较高"，而少部分地方生态系统本底的生产力水平"较低"，如公园内的灌木林、无林地和未成林造林地等，但总体来说，评价区自然生态系统本底的生产力水平较高。

② 自然生态系统本底稳定状况分析。自然系统的恢复稳定性可根据植被净生产力的多少度量，植被净生产力高，则其恢复稳定性强，反之则弱。根据表 1-6-5 的计

算结果，评价区的生产力处于 2.85～3.36 g/（m²·d）[1 040～1 226 g/（m²·a）]，通过对地球上生态系统的净生产力和植物生物量的研究成果进行比较分析，评价区的平均净生产力处于北方针叶林[800 g/（m²·a）]和温带阔叶林[1 200 g/（m²·a）]的平均净生产力左右，而这两个系统有较强的恢复稳定性，表明评价区本底的恢复稳定性较强。

③ 评价区生态完整性维护现状分析。本项目涉及区域的自然体系的生产力的生态数据来自森林资源二类调查和实地调查，同时参考了国内外的研究成果进行分析。根据区内植被立地情况将评价区内植被类型划分为森林、灌木林、疏林地、草地、农田植被和河流滩地 6 类，其平均生产力水平见表 1-6-6。

表 1-6-6　评价区生态系统自然生产力情况

植被类型	代表植物	面积/ km²	占评价区/ %	平均净生产力/ [g/（m²·a）]
森林	蒙古栎、山杨、白桦、红松、落叶松	249.38	84.7	1 054
灌木林	以忍冬、榛子、刺五加、胡枝子、悬钩子等为主	1.64	0.6	600
疏林地	落叶松、紫穗槐、樟子松等未成林林地	1.47	0.5	600
草地	大叶章、大穗薹草、宽叶薹草	0.60	0.2	270
农田植被	水稻、小麦、玉米、高粱、油菜、豆类等	2.23	0.8	644
河流滩地	主要为芦苇及藻类	22.90	7.8	500
合计	—	278.22	94.6	943.6

表 1-6-6 的调查统计结果表明：评价区平均净生产力为 943.6 g/（m²·a）[2.59 g/（m²·d）]，低于该地区的自然本底值 1 040～1 226 g/（m²·a）[2.85～3.36 g/（m²·d）]，处于"较低"的山地森林、热带稀树草原等。表明森林公园区内植被已遭到人类活动的干扰和破坏，由表 1-6-6 可知，森林公园内道路、各类建筑及其他难利用地面积为 16.15 km²，占总面积的 5.5%。所以从总体上说，目前评价区（森林公园）内自然系统的生产力接近全球生产力水平。评价区森林生产力水平较高，其占公园总面积的 84.7%；草地（无林地）、河流滩地的生产力水平低，其面积分别占评价区土地面积的 0.2% 和 7.8%；农田植被的生产力水平接近全球水平，仅占评价区土地面积的 0.8%；评价区有林地、灌木林和疏林地所占比例较高，为 85.8%；而评价区内道路、建筑用地及其他难利用地面积仅占公园土地面积的 5.4%，是使评价区平均净生产力值降低的主要原因。

综合分析表明红石森林公园人类活动对自然体系的生产力存在一定干扰，但自然等级的性质未发生根本改变，自然系统还具有一定的恢复和调控能力。

（4）景观稳定性分析。从景观优势度来看，评价区土地利用结构分为如下五大类：林地、草地、耕地、水域（含河滩地）、各类建筑及交通用地。见表 1-6-7。

表 1-6-7　评价区土地利用结构现状

拼块类型	数目/块	数目比例/%	面积/km²	面积比例/%
林地（有林及灌木林）	395	24.6	251.0	85.3
草地（未成林及无林）	102	6.3	2.1	0.7
耕地	436	27.1	5.2	1.8
水域	82	5.1	22.9	7.7
建筑及交通	594	36.9	13.2	4.5
小计	1 609	100	294.4	100

根据景观估势度计算公式计算可得出：评价区的模地为林地，其景观优势度为71.5%，远大于草地、耕地等，具有较好的景观稳定性。

从景观的生物恢复力看，评价区植被净第一性生产力和本底相比，虽然降低了99.4～283.4 g/(m²·a)，但仍然保持为北方针叶林和温带阔叶林之间的过渡生态系统，表明森林公园自然体系的生物恢复能力较强。

（5）水土流失现状调查与评价。根据林相图、地形图及实地踏实，采用《土壤侵蚀强度分级标准》（SL190—96）和美国"通用土壤流失方程"计算得出：评价区存在三种不同类型的水土流失发生区域，即为裸露地表区域、植被覆盖度较差且坡度较大的天然次生林地区域和人工林——特别是未成林造林地且坡度较大的区域。这些区域多为强度侵蚀和极强度侵蚀，而其他区域多为轻度或微度侵蚀。

总之，评价区景观模地为森林，具有丰富的动植物资源，自然生态系统本底的生产力水平较高，具有较强的生态恢复能力和调控能力，生态环境质量较好。

3. 环境质量现状调查与评价

大气环境、地表水环境和声环境等环境质量现状监测与评价以及周围污染源调查从略。

五、环境影响预测与分析

1. 施工期环境影响分析

施工期环境影响分析中重点分析非污染生态影响，而大气环境影响、水环境影响、声环境影响和固废影响从略。

（1）生物损失量预测

通过对拟建景区景点周边植被的调查及计算，得出植物生物量损失情况，见表1-6-8。

表 1-6-8　施工面植物生物量损失预测表

施工区域	游览面积/hm²	植被破坏面积/m²	破坏植被类型	主要树种	乔木数量/株	损失生物量/kg	其中森林公园内损失生物量/kg
森林游吧	300	3 000	白桦天然次生林	白桦、灌木及草本	4	67 500	
红叶博览园	255	500	阔叶混交林，针阔叶混交林	灌木、草本		12 800	
红色故乡	400	20 000	阔叶混交林，疏林	柞树灌草	10	248 000	
漂流休闲区	50	1 500	阔叶混交林	灌草		33 750	2 250
江南水岸景区	150	31 000	阔叶混交林，疏林	落叶松和灌草	10	384 400	384 400
生态体验教育基地	170	10 000	未成林，疏林	灌草		102 000	0
基础设施建设（含其他300 m²）		20 000	阔叶混交林，疏林	灌草		248 000	35 000
道路		35 000	疏林地	灌草		260 000	
总　计	1 325	121 000			24	1 356 450	421 650

红石国家森林公园建设项目因施工对植被的破坏面积为 12.1 hm²，占可游览面积的 0.91%，占评价区面积的 0.03%，生物量损失为 1 356.45 t，其中森林公园的损失量为 421.7 t，占总损失量的 31.1%，主要分布在江南水岸景区。生物量损失中乔木主要为白桦、柞树和人工落叶松，没有国家保护的野生动植物，生物量损失以灌木和草本为主。

（2）水土流失。因本项目建设充分利用现有的集材道和运材道，只改扩建道路；停车场也充分利用原堆料场和贮木场，因此项目建设期应注意施工季节及采取相关措施，水土流失量很小。

（3）对森林公园中的动植物影响。施工期人为活动频繁，再加施工期噪声对公园内的植被和动物有一定的影响。

2. 运营期环境影响分析

运营期间环境影响重点阐述非污染生态环境影响，而大气、地表水、声环境影响从略。

（1）对评价区动植物的影响分析

运营期人为活动对动植物的影响主要表现在机械破坏、主动干扰和随意游憩活动干扰。参考国内外关于山地型森林公园生态影响幅度和范围的研究结果，确定本项目不同的线状和点状影响源的影响范围为距边缘 100 m 以内的区域，其中 20 m 以内的区域为显著影响区域，20～50 m 区间为一般影响区域，50～100 m 区间为轻微影响区域。

通过计算预测可知：①人为活动影响区域较小，仅占评价区面积的 0.79%（没有对点状影响源与线状影响源之间重叠部分做剔除处理），其中，显著影响区域约占影响区域的 31%。② 对不同影响区类型的高程分布情况分析表明：超过 50% 以上的各类影响区域海拔高程均为 500～700 m，游人活动比较集中。由于重点生态公益林普遍位于海拔较高区域，因此，这种开发格局对其影响较小。③ 对不同影响区类型的坡度梯度分布情况分析表明：显著影响范围为平地和平缓坡区域的占 63.7%，明显高于一般影响区（35.3%）和轻微影响区（21.7%）；显著影响范围为缓坡和陡坡区域的明显小于上述两种影响区范围。由此可见，各景区景点的选址贯彻了"趋平就低"的设计原则，避免对高海拔、高坡度的生态干扰以及对动植物的影响。

（2）评价区自然生态系统生态完整性影响分析

① 评价区自然体系生产能力变化分析

森林公园各景区、景点及基础设施建设以及采取生态恢复措施（如树木的移植和补植等）后，使评价区景观中各拼块类型发生变化，引起评价区生物量变化情况，详见表 1-6-9。

表 1-6-9　评价区建设前后生物量变化情况表

占地区域	拼块类型变化		生物量变化/kg
	类型	面积/m²	
森林游吧	白桦天然次生林	−3 000	−67 500
红叶博览园	针阔叶混交林	−500	−12 800
红色故乡	阔叶混交林，疏林	−20 000	−248 000
漂流休闲区	阔叶混交林	−1 500	−33 750
江南水岸景区	阔叶混交林，疏林	−31 000	−384 400
生态体验教育基地	未成林，疏林	−10 000	−102 000
基础设施建设	阔叶混交林，疏林	−20 000	−248 000
已移植及补植	阔叶混交林	+30 000	+375 000
	小　计	−56 000	−721 450
评价区内平均生物量增加/[g/（m²·a）]			−2.45
预测工程运行后评价区自然体系的生产能力/[g/（m²·a）]			941.2
该自然体系生产力最低限值/[g/（m²·a）]			182.5

注：本表只列出植被破坏面积及生物量损失和已移植、补植的生物量。

与森林公园建设前评价区生态系统自然生产力相比较，各景区景点及基础设施建设后，评价区自然体系的生产能力稍有下降，平均下降 2.45 g/（m²·a），生产能力由现状的 943.6 g/（m²·a）下降为 941.2 g/（m²·a），但仍高于该自然体系生产力最低限值 182.5 g/(m²·a)，处于该自然体系的生产力范围的较低等级的上限水平，即山地森林。

② 对评价区自然体系的稳定性影响

由表 1-6-9 可知：红石森林公园建设使评价区内陆地生态系统生物量减少了 721.45 t，生产力平均减少 2.45 g/（m²·a），平均净生产力维持在 941.2 g/（m²·a），对自然体系恢复稳定性影响很小，若进行加倍生态补偿将有利于评价区域内自然体系的恢复。

（3）评价区景观稳定性的影响预测

森林公园各景区景点及基础设施建设实施后，评价区内土地利用格局将发生改变，其变化情况见表 1-6-10。

表 1-6-10　森林公园建设实施前后评价区主要拼块类型数目和面积比较

拼块类型	建成前		建成后	
	数目/块	面积/km²	数目/块	面积/km²
林　地	395	251.0	395	242.1
草　地	102	2.1	102	2.4
耕　地	436	5.2	436	5.2
水　域	82	22.9	82	22.9
各类建筑区	594	13.2	636	21.8
小　计	1 609	294.4	1 651	294.4

注：表中建成后只有建筑拼块增加，同时建筑面积增加按植被破坏面积计算，约为 8.6 km²。

各景区景点实施后的各土地类型优势度值见表 1-6-11。各景区景点及基础设施工程建设并运行后土地利用格局仅发生很小的变化，其中：原为模地的林地，其重要性没有太大的变化，其优势度值由项目建设前的 71.5%减小到 69.8%；耕地、草地、水域等优势度值均有小幅减小，但不大，仍维持原有水平。只有建筑区的优势度值因项目建设而稍有增加，其优势度值较项目建设前增加了 1.9%。可见，项目建设后林地仍为区域的模地，表明本项目的实施和运行对评价区自然体系的景观质量没有较大影响。

综上所述，森林公园各景区建设实施后所造成的土地利用格局的变化，将对公园自然体系的空间结构带来较小的影响，通过项目涉及区自然生态体系的自我调节，各建设工程运行后，对公园自然生态体系的恢复影响较小，对公园的景观影响不大，并未改变模地，林地的优势度几乎没有变化。

表 1-6-11　　森林公园建设工程实施前后评价区各类拼块优势度值

拼块类型	R_d/%		R_f/%		L_p/%		D_o/%	
	实施前	实施后	实施前	实施后	实施前	实施后	实施前	实施后
林地	24.6	23.9	90.8	90.7	85.3	82.2	71.5	69.8
草地	6.3	6.2	0.6	0.6	0.7	0.8	2.1	2.1
耕地	27.1	26.4	2.5	2.4	1.8	1.8	8.3	8.1
水域	5.1	5.0	1.7	1.7	7.7	7.8	5.6	5.6
各类建筑区	36.9	38.5	4.4	4.6	4.5	7.4	12.6	14.5

注：R_d 为密度，R_f 为频度，L_p 为景观比例，D_o 为优势度值。

（4）对水土流失的影响（略）

总之，红石国家森林公园在建设期，拟破土面积为 12.1 hm²，多为杂木林和天然白桦次生林，砍伐树木多为胡枝子等灌木、白桦和柞树等乔木，生物量损失为 1 356.4 t。通过对评价区自然体系生态完整性及景观稳定性的分析可知，采取生态恢复措施后，红石国家森林公园建设对非污染生态影响较小，不会改变其原有的山地森林生态系统的模地。项目运营期，游人活动对评价区生态影响主要表现为机械破坏、主动干扰和随意性游憩活动干扰，通过不同影响源潜在影响分析和不同影响区类型空间特征分析可知：游人游览活动对红石国家森林公园生态影响较小。

六、环境影响减缓措施

环境影响减缓措施包括生态影响减缓措施和污染防治措施，限于篇幅，只讨论生态影响减缓措施（包括生态保护措施和旅游环境容量控制措施）。

1. 生态保护措施

（1）规避措施。调整功能分区布局和景点、景区的布设，以加强森林公园的生态保护，尽量减少、避免旅游给环境带来的负面影响。如公园内不设生产经营区，尽量利用原有的集材道、运材道和楞场等场地，建立森林防火瞭望塔，并用做观光之用，慎重选择景点建设，少占林地，少破坏林木，避免因砍伐林木造成的生态影响。

（2）减缓措施。凡施工可能造成林地破碎化和岛屿化的地方，应进行生态学设计。如减少破碎化程度的设计；为野生动物留有通道设计；林间的集材道坡度大于15°的部分要用江石将路面硬化；停车场路面硬化，铺设镂空砖，裸露坡面进行护坡；禁止在森林资源保护区内新建道路等基础设施，在森林资源保护区边界设置标牌；采用活动帐篷的方式代替木屋，在林间空地可用钢筋打好支帐篷的基础等。

设置林果采摘园，种植人参、草莓、樱桃、灵芝、北芪、五味子等森林特色植物；设置养殖区养殖野兔、野猪及各种鸟类，以满足游客观赏采摘欲，从而减缓对生态的影响。

（3）补偿措施。项目在施工过程中，对被占用的林地必须补偿。对于临时性的占地，可以通过复垦进行补偿；而对于永久性占地，则采用异地补偿的方法恢复生境。如根据占地生物损失量拟移植、补栽林地面积 100 000 m²，在红色故乡及红叶博览园已栽植槐树 4 000 多株、移栽各种槭树 4 000 余株、补植白桦及红松 3 700 株，约 40 000 m²。其余部分在生态体验教育基地补栽。

（4）恢复措施。在森林资源改造区，通过对天然次生林的人工抚育，种植红松、云冷杉等针叶树种，使其尽快达到地带性植物群落——红松针阔叶混交林。如通过林相改造、低质低产林改造等措施恢复森林生态系统。另外，为保护森林生态旅游资源，对年游客量较多的景点，进行轮换休息恢复。

2. 旅游环境容量控制措施

（1）游客的直接管理。主要表现在对游客的引导、教育、制度约束和对游客数量进行控制。

根据游客量预测，到 2015 年年末，游客量（11.5 万～12.3 万人次/a）仍在环境容量（494.5 万人次/a）的许可值范围内。但是，由于游客量季节性和时间性波动大，游客高峰日一般都出现在周末和节假日，同一天各个时段内的旅游者分布也很不均衡。因此，为了保证旅游资源的持续利用和旅游者的舒适感受，应对各旅游景点进行峰值管理，及时发布信息，引导游人合理流动。即将超载的景区、景点，可及时通过通信机构传播信息，引导游人合理安排活动计划。

（2）游客的间接管理。通过技术手段加强对旅游者的管理，如通过减少森林公园的入口数量，封闭个别路段；规划正确的设施位置，提供足够的设施数量和种类；加强巡逻和维护、维修工作，进行环境清理和环境监测等。

七、结论与建议

1. 评价结论

吉林红石国家森林公园建设项目符合桦甸市城乡建设总体规划、区域旅游规划和区域环境保护的要求，是林业产业结构调整的需要，项目建设得到吉林省三湖保护区管理局和白山发电厂的同意和支持。通过上述对该项目建设期和运营期各环境要素的影响预测和分析可知，若采取了本评价提出的环境保护措施，项目的建设和运营与周围环境的相互影响可以接受。只要认真落实国家环境保护的法律、法规、规范和本报告提出的防治措施，本报告认为从环境保护的角度考虑，该项目的选址和建设是可行的。希望项目能创造出更大的经济、社会和环境效益。

2. 建议

建议桦甸市政府协调白山水电站、红石水、白镇、红镇、县旅游部门和森林公园共同投资在水库周围建立污水管线和污水处理站，处理后的污水浇灌林地，不向松花江排放。

【案例评析】

森林公园建设项目总体来说，属于非污染的生态环境影响项目，但其运营期也存在着一定的生活污染，评价的重点应放在施工期的生态环境部分和运行期的生活污染。限于篇幅，本案例只是着重讨论了生态影响及其减缓措施以及环境容量等问题，对旅游区的生活污水和生活垃圾的产生、搜集和处理没有做详细的讨论。

本案例生态环境现状调查主要从国家林业局森林资源二类调查资料入手，分析评价区的植被类型、种群状况等，环境影响评价重点从评价区生态完整性入手，尽量采用定量的方法，对自然体系生产力、自然体系稳定状况及景观结构质量等进行评价，使其具有较强的说服力。

森林公园建设项目属于旅游业项目，需要对旅客的容量及森林公园环境容量是否相符进行分析，环境容量的预测要根据公园面积的大小而采用"游道法"和"面积法"进行预测分析。

在对生态影响的防护与恢复上，本案例从生态影响的避免、生态影响的消减和生态影响的补偿等方面提出了防治措施。鉴于森林公园建设项目的性质，仍不能忽视项目在运营期"三废"污染对环境的影响，因此，在其对环境的影响上也应提出详细的防治措施。

第二节 奶牛养殖项目

本项目位于我国东北黑龙江省，是一个万头奶牛养殖项目，经过地方环保局同意建设。本案例主要选取了有关粪尿污染和污水污物处理等方面的内容。

一、工程内容及规模

（1）项目组成。牧场养殖总规模为 10 000 头奶牛，占地总面积约 85 hm²。因养殖规模大，为满足每天的产奶需要特设计了两套挤奶设施，见图 1-6-2。与项目配套的 75 hm² 青贮玉米种植基地不在本次评价范围之内。见表 1-6-12。

表 1-6-12 项目组成

序号	工程（车间）名称	规模	建筑面积/m²	备注
一、生产设施				
1	泌乳牛舍	10 座	52 938	（达产后）
2	转盘挤奶厅	30 位	700	

序号	工程（车间）名称	规模	建筑面积/m²	备注
3	并列挤奶厅	2×60 位	3 700	含贮奶间 500
4	隔离牛舍		4 050	
5	管道挤奶厅	53×17×2 座	901	
6	干乳牛舍	2 座	10 588	
7	产房	1 座	5 294	
8	后备牛舍	8 座	30 470	
二、辅助生产设施				
1	锅炉房		150	
2	精料库	2 座	3 840	
3	青贮窖	8 座	25 200	
4	干草棚	4 座	7 680	
5	有机肥车间		3 800	
6	污水处理场		2 000	
7	机修车间		1 080	
三、其他				
1	办公用房（含宿舍）		2 743.61	
2	食堂		432	
3	更衣室（兼消毒池）		344	

（2）项目性质。新建。项目总平面图见图1-6-2。

（3）项目投资。项目总投资 27 000 万元，其中建设投资 23 500 万元，流动资金 3 500 万元。环保投资 1 366 万元，占总投资的 5.03%。

二、工程分析及工程污染分析

1．工艺流程及产污环节分析

本项目的奶牛饲养可概括为四个主要环节：①备料过程；②饲养过程；③挤奶过程；④牛排泄物处理过程。

生产工艺流程及产污环节见图1-6-3。

本项目采用干清粪养殖工艺。

2．污染物排放情况

（1）水污染源源强分析

本项目所产原奶直接外卖，不进行乳制品加工生产。项目运营期饮水器采用自行设计的牛触摸式自动控制，并且饮水器与饲料槽单独建设分用，耗水量低于传统饮水方式，有效地节约了用水量。

水源一部分是自备水源，另一部分是饲料中的含水（约含 65%）。水量平衡见图1-6-4。

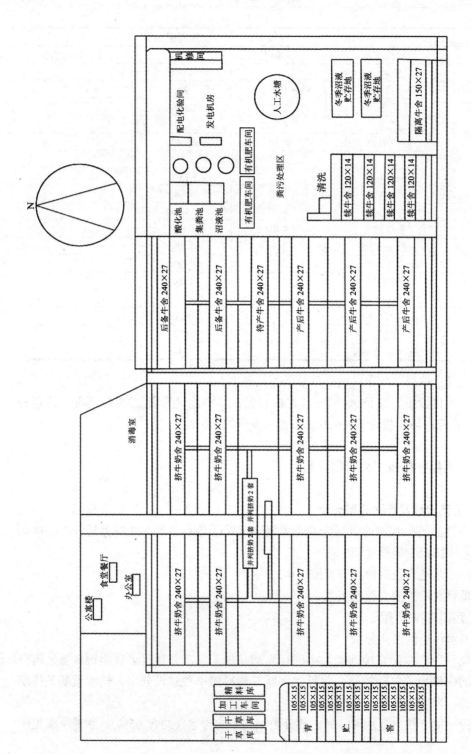

图 1-6-2 项目总平面

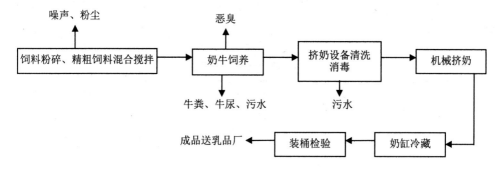

图 1-6-3 主要工艺流程及产污环节图

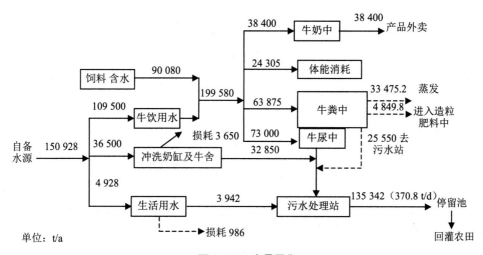

图 1-6-4 水量平衡

本项目废水主要包括牛尿与牛粪堆场渗滤液、清洗废水及职工生活污水，废水产生源强详见表 1-6-13。

（2）环境空气污染源源强分析

①工艺污染源

恶臭

牛粪堆积和处理过程中有恶臭物质产生，属无组织排放（主要成分为氨），本次环评类比安徽马鞍山蒙牛万头奶牛养殖场的臭气强度进行分析，其无组织排放质量浓度为 0.94 mg/m³，通过污染物（氨和臭气因子）的污染等效程度比较，根据《恶臭污染物排放标准》（GB 14554—1993），氨排放质量浓度 1.5 mg/m³ 相当于臭气排放浓度[①]20，故本项目的主要大气污染源无组织排放的氨满足《恶臭污染物排放标准》二级限值；

---

① 指臭气以无臭空气稀释，恰好臭味消失时的稀释倍数。

臭气浓度小于 20，满足《畜禽养殖业污染物排放标准》（GB 18596—2001）（标准值为 70）。

表 1-6-13　废水产生源强

废水来源	废水量/（m³/d）	污染因子	质量浓度/（mg/L）	产生量/（t/a）	拟采取的处理方式	排放方式及去向
废水 + 牛粪	270	COD	4 000	394.20	进粪污处理系统处理	连续排入厂内贮池，最终外运回灌玉米等旱作作物农田
		BOD$_5$	1 650	162.62		
		SS	244	24.05		
		NH$_3$-N	300	29.57		
		TP	28	2.76		
		粪大肠菌群数	1.4×10⁸ 个/L	—		
		蛔虫卵	—	—		
清洗废水	90	COD	800	26.28		
		SS	1 000	32.85		
生活污水	10.8	COD	300	1.18		
		SS	200	0.79		
		NH$_3$-N	30	0.12		
		TP	4	0.02		

粉尘

饲料粉碎时产生粉尘，按每日饲料粉碎作业 2 h 计算，污染源强见表 1-6-14。

表 1-6-14　有组织排放废气产生源强

种类	编号	污染源 名称	废气量/（m³/h）	粉尘/（kg/h）	粉尘/（mg/m³）	高度/m	直径/mm	总量/（t/a）	拟采取的处理方式	排放方式及去向
废气	G$_0$	干草粉碎废气	4 000	0.225	56.25	15	200	0.33	布袋除尘器	高空间歇排放
	G$_1$	玉米粉碎废气	4 000	0.45	112.5	15	200	0.66		

②供热污染源（略）。

（3）噪声污染源强分析（略）

（4）固废产生源强

本项目固体废弃物有牛粪和生活垃圾，根据同类企业污染物产生量类比，其产生量见图 1-6-5 及表 1-6-15。

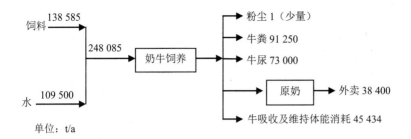

图 1-6-5 饲养物料平衡

表 1-6-15 固体废弃物源强

序号	名称	性状	产生量/（t/a）	含水率/%	拟采取的处理处置方式
1	牛粪	固体	91 250	70	进入粪污处理系统综合利用
2	剩余污泥	固体	1 650	80	制有机肥
3	生活垃圾	固体	46	10	环卫处理
4	沼渣	固体	70.2	—	制有机肥
5	锅炉灰渣	固体	324	—	综合利用

3．土石方平衡分析（略）

三、养殖场选址环境合理性分析

1．拟选场址周边工业污染源的调查

项目拟选场址周围 1 000 m 范围内无工业企业，无工业废水及大气污染源，环境质量良好，有利于奶牛的生长并保持良好的健康状态。场址周围区域内无强噪声源，不会对牛群产生惊扰。

2．拟选场址周边环境敏感点的分布

项目所在地不属于旅游区、自然保护区和饮用水源保护区，项目建设地不在"禁区"内。场区周围 500 m 之内无村屯、住户，无工矿企业。可避免奶牛牧场对人群和其他动物造成的污染及人畜患病的交叉传播。场址周围以自然植被为主。距离牧场较近的地表水体为场界东侧 400 m 处的 L 水库。

3．卫生防护距离

项目地处乌吉密乡的东南方向约 2.5 km 处，项目所在位置不是规划区，该处场址区域的主导风向为西南风向，项目的选址位于城市常年主导风向的下风向处。

根据《畜禽养殖业污染防治技术规范》，养殖场场界与禁建区域（生活饮用水源保护区、风景名胜区、自然保护区的核心区及缓冲区、城市城镇居民区等）边界的

最小距离不得小于 500 m，故该项目卫生防护距离确定为 500 m。经现场踏勘调研，距该项目场界 500 m 范围内无自然村屯、无住户、无居民，不会对本项目周围的环境保护目标产生影响。可见项目选址符合《畜禽养殖业污染防治技术规范》要求。

4. 土地利用

本项目位于乌吉密乡。项目地块为丘陵间岗地和林地，项目所在区域土地类型情况为：集体林地 35 hm²，人工林 7 hm²，水稻 1.5 hm²，其他为荒地。其中：林地主要树种为落叶松、樟松、人工杨树，占用林地性质为商品林。水稻田是当地农民开垦的小片荒，不属于基本农田。

本项目已取得所在市建设局下达的建设用地规划许可证。项目征用林地 34.134 2 hm²，取得了黑龙江省林业厅下达的使用林地审核意见书，并且建设单位已与该市乌珠河林场签订了占用林地、林木补偿协议书。

5. 农灌方式的可行性分析

项目所排废水经处理后达到《农田灌溉水质标准》中旱作作物类灌溉水质标准，通过稳定塘后可被周围农田使用。冬储夏灌：牧场现就沼液的出路已与当地有关部门签订了灌溉协议。建设单位现与乌吉密乡政府签订合同，将项目周边和平村、政新村 75 hm² 农田改为青贮玉米种植基地。陆续还将与农户签订 330 hm² 饲料地种植协议。经建设单位咨询农业种植专家及当地村委会，项目所排水量能够满足灌溉需求。

可见项目选址符合《畜禽养殖业污染防治技术规范》要求，因此项目选址可行。

四、主要环境影响分析

1. 项目施工期环境影响分析（略）

2. 营运期环境影响评价

（1）地表水环境影响评价

由于牧场废水拟实现"零排放"，冬储夏灌，全部回用饲料地或农田，不排入地表水体，故本次地表水环境评价重点做事故排水预测。

①污水站正常运行

污水处理设施正常运行，但未能及时回灌农田而排入乌珠河，后汇入蚂蚁河，其预测结果见表 1-6-16。

表 1-6-16　水质预测结果

预测河流	预测断面	项目	现状值/（mg/L）	预测值/（mg/L）	增减量/（mg/L）
蚂蚁河	蚂蚁河、乌珠河入口下游 2 000 m	COD	18	18.060 2	+0.060 2

②污水站事故状态

污水处理站个别处理设施如果出现故障，将影响整体处理效率，使外排污水水质浓度较预期增高。本事故分析按污水处理站内各主要设施均发生事故的不利条件考虑，其排水水质浓度按未处理计算，则预测结果见表1-6-17。

表 1-6-17　污水处理站事故状态水体影响预测

预测河流	预测断面	项目	现状值/（mg/L）	预测值/（mg/L）	增减量/（mg/L）
蚂蚁河	蚂蚁河、乌珠河入口下游 2 000 m	COD	18	18.661 5	+0.661 5

由预测结果可知，处理站事故状态下，工程排水对纳污水体产生的影响较大，预测断面 COD 指数增加 0.661 5 mg/L。

从表 1-6-17 预测结果可知，污水处理站正常运行情况下，牧场排水对纳污水体产生了一定程度上的影响。预测断面蚂蚁河、乌珠河入口下游 2 000 m 断面 COD 质量浓度值 18.060 2 mg/L，较现状值增加 0.060 2 mg/L。

由以上两种预测状态下的预测结果可见，牧场事故排水将对纳污水体产生一定影响，COD 断面浓度预测值较现状浓度值增加 0.060 2～0.661 5 mg/L。

（2）地下水环境影响分析

① 正常状态下对地下水环境的影响

由于本工程场址地质条件较差，天然防渗层较薄，甚至无黏土层，因此本项目拟建的场区内的人工水塘均应加设防渗设施，以防止污染区域地下水环境质量。

经实地踏勘与调查，本次拟建田间贮池均远离村屯居民区及水源保护地，距离村屯最近的田间贮池也有 1.5 km 左右，且距离牧场较近的乌吉密乡（和平村）居民饮用水为自来水，本项目的人工水塘及田间贮池在加设人工防渗措施后，杜绝了渗入地下的可能途径。因此，当工程正常使用时，不会污染地下水环境。贮池的建设不会对居民饮用水产生不良影响。

② 事故状态下对地下水环境影响的控制措施

污水贮池事故状态下，可能造成地下水环境污染的主要途径是污水下渗影响，影响较大的因素如防渗膜破裂，使污水渗入地下含水层，对地下水水质造成影响。

（3）环境空气影响分析

① 锅炉环境空气影响（略）

② 恶臭影响分析

项目牛粪堆场是本项目产生有害因素的车间，对外排放恶臭气体（主要成分为氨），其无组织排放质量浓度为 0.94 mg/m³（数据类比同等规模的奶牛养殖场），通过污染物（氨和臭气因子）的污染等效程度比较，根据《恶臭污染物排放标准》，氨排放质量浓度 1.5 mg/m³ 相当于臭气排放浓度 20，故本项目的主要大气污染源无组织排放的氨满足《恶臭污染物排放标准》二级限值；臭气浓度小于 20，满足《畜禽养殖业污染物排放标准》（标准值为 70）。

（4）声环境影响评价（略）

（5）固废环境影响分析

随着对养殖场建设的引导，以及当地政府的支持，周围将逐步种植奶牛饲料，对奶牛粪便进行发酵处理产沼发电，沼液可回灌于周围的种植田。

通过以上措施，建设项目产生的固体废物均得到了妥善处置和利用，符合《畜禽养殖业污染防治技术规范》，不向环境排放，并能给企业创造良好的经济效益。

综上所述，项目产生的各类固废均可得到有效的处置和利用，不会产生二次污染，对周围地表水和大气环境不会产生明显影响。

（6）生态环境影响分析

项目征地涉及林地、农田等。项目施工建设对周围的生态环境产生的影响是：有一定程度的水土流失；改变了原有地貌，地表植被量减少。建设中的地基开挖、回填、道路的铺设等都不可避免地产生弃土、弃渣。建设过程中应尽可能做到挖填平衡。

建设单位结合当地农业生产实际，经咨询农业种植专家及当地村委会，已计划与当地政府协作推动当地农业种植产业结构的调整，将和平村、政新村周边约 75 hm² 的农田改为青贮种植基地（每年 5 月到 9 月可以种植青贮），所有产品由建设单位公司包收。种植产业结构调整完成后，对区域农业生态无明显影响。对于恢复生态环境、保持水土流失有积极作用，从一定程度上可以弥补施工期造成的生态损失。

（7）对生态环境敏感目标的影响分析

项目场址所在地 3 km 区域内有两处旅游景点，即滑雪场和东北抗日纪念林。根据《畜禽养殖业污染防治技术规范》（HJ 81—2001）本次养殖场的卫生防护距离确定为 500 m。

上述两处旅游景点与场址的相对位置分别为场界西北 2 000 m 四方顶子山西北向山坡（W 滑雪场），场界北 1 000 m 山坡下（东北抗日纪念林），两处景点均位于卫生防护距离以外，但由于该项目的建设和运营，势必增加区域内的人口流动、交通量及环境负荷等，因此建设单位应加强培养工作人员的环保意识，严格控制污染物排放总量，以免对两处景点造成生态影响。

五、污染防治措施及技术经济可行性论证

1. 场区排放废水、牛粪防治措施

（1）处理工艺

本项目采用清粪养殖工艺，牛粪不与尿、污水混合。本评价推荐采用奶牛粪污

发酵产沼处置工艺＋SBR法处置项目产生的牛粪及废水。

① 奶牛粪污发酵产沼处置工艺流程

产沼及综合利用工艺流程可参见图 1-6-6。将尿液、冲洗废水及生活污水等混合废水通过污水处理站前段工序调节后进入酸化池，经水解酸化后泵入搅拌溶解池与牛粪混合（因项目所在地区气温较低，进入搅拌池的牛粪必须考虑保温措施，拟采用大棚将牛粪罩住，防止牛粪结冻），使粪与污水充分混合并将粪便中的大部分可溶性有机物进入废水中，同时也可保证后续处理构筑物进水水质、水量的均匀。由于牛粪中含有大量的长草等粗纤维，在经过搅拌后将这些长草从粪污中分离出来，保证泵的正常运行。牛粪中含有的少量沙砾会沉积在搅拌溶解池内，运行一段时间后需要对溶解池进行清理。粪污稀疏废水经计量池计量后由上水泵均匀提升至厌氧反应器，厌氧系统的温度在35℃左右，池内设有加热系统利用发电机余热给粪污加温，冬季时可利用沼气炉为粪污加温。

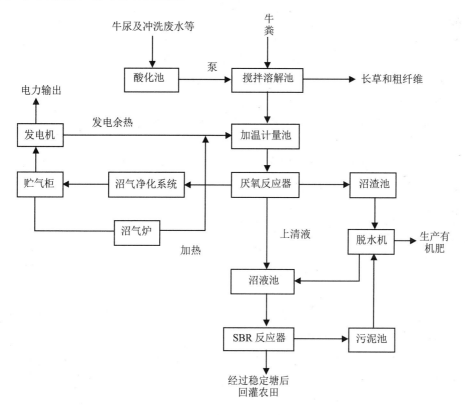

图 1-6-6　奶牛粪污发酵产沼处置工艺流程

经计算，根据本项目的工程分析，粪污处理系统厌氧消化器每天添加的发酵原料（粪＋污水）最大为650 t，沼渣及沼液产生量见图 1-6-7。

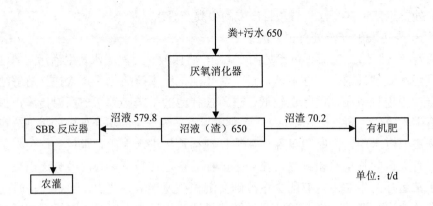

图1-6-7　粪污处理系统物料平衡

根据表1-6-16可计算确定在完全混合后废水进水水质为：

COD=3 118 mg/L，BOD_5≈1 280 mg/L，SS=426 mg/L，NH_3-N≈280 mg/L。

经牛粪污发酵产沼工艺厌氧单元处理后，从厌氧反应器排出的上清液以及沼渣脱水产生的沼液混合后 COD=1 715 mg/L，BOD_5≈640 mg/L，SS=256 mg/L，NH_3-N≈140 mg/L，经污水处理站后续的 SBR 反应池及消毒处理达到《农田灌溉水质标准》中的旱作标准后排入稳定塘，可以作为液体肥料用于农田。

②SBR法处理工艺流程

生活污水首先进入调节池，在调节池中进行水质和水量的调节，以保证废水处理系统的正常运行，同时使废水进行沉淀，去除部分悬浮物及浮渣。

生活污水进入初沉池可进一步除去浮渣及部分有机物，以利于后续处理。

生活污水经污水泵进入SBR处理装置，通过SBR处理池处理，废水中的有机物被分解去除。

混凝沉淀池是将生活污水中的污染物通过混凝沉淀后进一步净化出去，可进一步降低出水 SS 和 COD，保证出水水质。

石英沙滤池的作用是去除生活污水中的浊度，同时对水中有机物和细菌等有一定的去除作用。

消毒采用加氯消毒方式，保证出水中粪大肠菌群数量符合标准。具体工艺流程详见图1-6-8。

从表中可以看出，经 SBR 处理后，生活污水中 BOD_5、氨氮、总氮、石油类和总磷等指标均符合《农田灌溉水质标准》（GB 5084—2005）中的灌溉水质要求。最后经加氯消毒可保证粪大肠菌群指标符合标准。

表 1-6-18　SBR 法各处理单元水质情况

指标	SBR			混凝沉淀池			过滤-消毒		
	进水	出水	去除率	进水	出水	去除率	进水	出水	去除率
COD_{Cr}	1 715	374	＞88	205	179	＞12.5	35	134	＞25
BOD_5	640	64	＞90	64	61	＞30	61	53	＞14
SS	256	15	＞94	15	6	＞64	6	1	＞80
氨氮	140	35	＞75	35	35	—	35	5	—

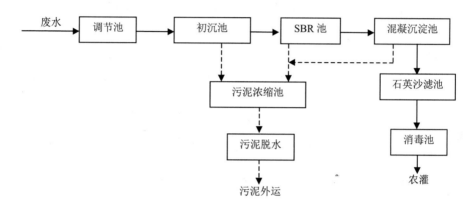

图 1-6-8　SBR 法污水处理工艺流程

③ 沼气发电系统

沼气中因含有二氧化碳等不可燃气体，其抗爆性能好，辛烷值较高，是一种良好的动力燃料。通常情况下，沼气发电的基本流程为：

发酵罐→沼气→脱硫→稳压→发电机组→电力输出

经建设单位委托有关单位估算，本工程按上述规划处置粪便（发酵产沼）可日产沼气约 12 600 m^3。每天的总发电量约为 18 900 kW·h。

（2）养殖场废水受纳去向分析

① 可供灌溉的农田数量统计

建设单位从环境保护角度出发，结合当地农业生产实际，已规划与当地政府协作推动当地农业种植产业结构的调整，将周边和平村、政新村范围内的约 75 hm^2（1 125 亩）农田改为青贮种植基地，所有产品均由建设单位包收。

② 养殖场周边农田接纳项目废水可行性分析

据统计，养殖场周边约 75 hm^2（1 125 亩）农田改为青贮种植基地，每年农田生长季节可使用本项目处理后的废水进行农田灌溉。二类农作物（旱作）的灌溉用水量标准：4 500 m^3/（hm^2·a），养殖场全年经处理后的全部水量为 135 342 m^3/a，仅能够满足农作物生长季节项目周边 30 hm^2（451 亩）农田的灌溉用水量。

可以看出，养殖场周围农田依次用处理过的废水进行农灌，仍有 45 hm² （674 亩）农田用地下水进行灌溉。

因此，养殖场周边农田完全可以接纳本项目产生的废水循环灌溉周围农田。

③ 储存池的容积

冬季本系统产生的沼液无法回灌农田，储存在场内污水处理区的两座贮存池内（位置见图 1-6-2），贮存池尺寸为 120 m×100 m×4 m，总容积为 96 000 m³，完全可贮存本系统冬季产生的沼液（79 722 m³），到夏季由购买方运走回灌农田。

（3）养殖场废水作为农田用水的可行性分析

①污水处理站污水处理情况

本项目产生的废水执行《农田灌溉水质标准》（GB 5084—2005），牛粪污发酵产沼处置工艺+SBR 法出水水质与《农田灌溉水质标准》主要污染物的比较见表 1-6-19。

表 1-6-19　项目出水水质与《农田灌溉水质标准》主要污染物比较

污染物	本项目污水处理站出水水质	《农田灌溉水质标准》
COD/（mg/L）	134	150
BOD_5/（mg/L）	53	60
SS/（mg/L）	1	80
粪大肠菌群数/（个/L）	100	4 000

由表 1-6-19 可见，本项目经处理后的废水水质满足《农田灌溉水质标准》中的水作要求，可以用于项目周边的水作和旱作，但禁止用于蔬菜作物灌溉。

②农灌方式

对于灌溉方式选择，对于牧场周围 2 km 范围内的农田，通过管道将水输送至农户田中，主管道采用 DN100HDPE 管道，支管采用 DN32 钢丝胶管道直接送至农户田头；牧场内外路均为水泥路面，部分支路小道铺设石子路面，牧场周围 2 km 范围外的农田通过罐车运输。共计 3 辆 30 m³ 的斯太尔罐车，按每天排放废水 370.8 m³ 计算，每天每辆车最多运输 5 个车次。

（4）储存池防渗处理

由于本工程场址地质条件较差，天然防渗层较薄，甚至无黏土层，因此本项目拟建的二储水池必须进行防渗设施，以防止污染区域地下水环境质量。目前，已经推广可采用的人造防渗材料有：氯乙烯系、橡胶系、乙烯系和土工合成黏土衬垫等，另外还有黏土衬垫与钠基膨润土防水板联合的防渗衬层和沥青混凝土防渗衬层等。本项目防渗材料拟采用高密度聚乙烯土工膜（HDPE）。这种敷设 HDPE 防渗膜的土池不仅易于开挖、投资低廉，而且完全能满足污水处理池功能上的要求，并能因地制宜，极好地适应现场的地形，在某些特殊的地质条件下，如土质疏松地区，其优点得到更充分的体现。敷设 HDPE 防渗膜的土池使用寿命远远超过钢筋混凝土池。

2. 大气污染物防治措施

（1）恶臭气体控制分析

项目放牧场及牛舍每天清理牛粪一次，以保持厂区内道路清洁，杜绝牛粪随意散落。牛舍附带的运动场须经常打扫，并经常喷洒石灰，蚊蝇滋长季节应喷洒虫卵消毒液，杜绝蚊蝇的生长。避免或减少对附近居民的影响。

本项目通过合理调整冲洗次数缩短牛粪滞留时间，同时对牛舍进行通风设计，这样可有效控制牛舍恶臭污染物的浓度；对粪便堆场的固形物定期清理，夏季应视恶臭程度增加清理频次，使得粪便停留时间短，以减少恶臭污染物产生量；将粪便处置区设置于场区的东南角较为开阔地带，也有利于污染物的扩散。减轻恶臭污染物对周围环境的影响。

建议本项目养殖饲料在采用 TMR 饲喂的同时，使用微生物制剂、酶制剂和植物提取液等活性物质，原因是：这些微生物进入家畜体内后，能使肠内的有益细菌增殖，使肠的活动能力增强，从而达到抑制粪尿恶臭的目的。

同时，根据《畜禽养殖业污染防治技术规范》的有关规定，卫生防护距离应是"场界与禁建区域边界的最小距离不得小于 500 m"。

（2）粉尘、锅炉烟气等其他气体污染控制分析

粉碎机产生的粉尘经高效布袋除尘器除尘后排放，布袋除尘器除尘是粉尘的有效处理方法，特别是对干性粉尘除尘效果可达 95%～99%。项目干草粉碎机和玉米粉碎机均有一台布袋除尘器，单台除尘器的风量 4 000 m^3/h，排气筒高 15 m，经除尘后排放粉尘（56.25～112.5 mg/m^3，0.225～0.45 kg/h），达到《大气污染物综合排放标准》二级标准要求。收集的粉尘作为牛用饲料。

项目新建一台 4 t/h 的燃煤锅炉，拟上多管旋风除尘器一台，多管旋风除尘器的除尘效率可达 95%左右，经过处理后的主要污染物烟尘、SO_2 排放质量浓度分别为 168.26 mg/m^3 和 276.92 mg/m^3，可以满足《锅炉大气污染物排放标准》（GB 13271—2001）中二类区二时段的排放标准（烟尘、SO_2 质量浓度分别为 200 mg/m^3 和 900 mg/m^3）要求。

3. 固废处置措施

本项目产生的固体废弃物主要是牛粪，年产生量 91 250 t。采用奶牛粪污发酵产沼工艺处理后转化成有机肥料。

另外，污水处理站年产剩余污泥 1 650 t（含水 80%左右），由于所含主要成分与牛粪相似，也送去制作有机肥（约可制作 350 t/a）还田。职工生活垃圾产生量 46 t/a，拟委托环卫部门处理。

4. 噪声防治措施

见表 1-6-20。

表 1-6-20　　噪声治理措施及降噪效果

设备名称	声级值/dB（A）	采取的防治措施	预计场界噪声值/dB（A）	标准限值/dB（A）
青饲料切碎机	90	室内、减振、隔声；同时控制作业时间	白天：60 夜间：50	白天：60 夜间：50
玉米粉碎机	90	室内、减振、隔声；同时控制作业时间		
鼓风机	85	减振、隔声、消声		
发料机	80	室内、减振、隔声		
水泵	75	减振、隔声		

注：除风机外，其余设备基本上夜间不运行。

在采取了有效的防治措施后，场界噪声可达到《工业企业厂界噪声标准》（GB 12348—1990）中的Ⅱ类标准。

六、清洁生产水平分析

1. 国家产业政策及行业发展规划

本项目不属于我国有关部门规定的禁止或限制类的项目，也不属于《关于进一步加强产业政策和信贷政策协调配合控制信贷风险有关问题的通知》（发改委、人民银行和银监会，发改产业[2004]746号）中规定的禁止或限制类项目。

本项目属于《产业结构调整指导目录（2005年本）》中的鼓励类第一类（农林业）第15条（奶牛养殖）项目，符合国家产业政策。

2. 工艺先进性分析

（1）牧场奶牛品种为引自澳大利亚的荷斯坦良种奶牛，有利于奶牛养殖稳定健康、持续发展。

（2）采取适度规模的集约化养殖方式，有利于采用能耗物耗小、污染物排放量少的清洁生产工艺，提高经济效益，提高环境质量。

（3）项目吸收国外先进饲养管理和挤奶方式，进口世界领先水平的转盘挤奶机、并列式挤奶机、管道挤奶机，采用世界领先水平的全混日粮搅拌机。

（4）牧场设施完善，牛舍结构合理，设计和建设时充分考虑环保的要求，牛舍里的粪便干法清除，牛尿、冲洗污水通过不同管道分流，以便分类收集处理。

（5）牛舍配有使用方便的清粪系统，主要有走道刮粪机和横向刮粪机。牛粪日产日清并集中到贮存场，渗滤液排入污水处理站，干粪移入发酵棚发酵处理形成有机肥还用农田，实现粪便无害化。

3．节水节能降耗措施

建设项目拟采用以下节水节能降耗措施：

（1）建设项目为节约自来水的消耗量，建四口水井取水，用做冲洗牛舍和生产生活用水。

（2）奶牛饮水设施合理，防止泼洒浪费。

（3）牧场污水经处理达标后全部还田，用做牧草、饲料种植灌溉用水。

（4）优先选用低耗能设备，以利节能。

（5）建设项目废水排放量约 370.8 m³/d，折算为百头牛废水排放量为 3.6 m³/d，远小于《畜禽养殖业污染物排放标准》（GB 18596—2001）集约化养殖业干清粪最高允许排水量[四季平均 18.5 m³/（百头牛·d）]。

4．清洁生产水平分析

（1）原辅材料

本项目主要的原辅材料为奶牛的饲料、消毒剂及生石灰，以及用来制作有机肥的堆肥助剂。本项目周围农田种植奶牛饲料前，全部原料均外购，年供应量约 138 585 t。材料无毒性。

（2）设备先进性

项目所用设备：转盘挤奶机、并列式挤奶机、管道挤奶机均为引进的国外先进设备。

（3）能源资源综合利用

项目年产牛粪 91 250 t，全部用来制作有机肥，项目选用的处理工艺可生产有机肥造粒 32 258 t/a，污水处理站年产剩余污泥 1 650 t（含水 80%左右），由于所含主要成分与牛粪相似，也送去制作有机肥（约可制作 350 t/a）还田。根据建设单位规划，将来项目所排废水经处理达到农田灌溉旱作作物类标准后，可用来回灌于项目周围的农田，提供奶牛饲料，达到资源和能源的综合利用。

（4）过程控制

本项目生产过程从备料、饲养、挤奶到原奶运输等环节，均经过多重消毒，保证了产品的质量。

（5）末端控制

通过分析，项目所排废气、废水、噪声均不会降低项目所在区域的功能级别。固废用于制作有机肥回用于农田。待场区周围奶牛饲料种植区形成后，夏季废水经处理达标后灌溉农田。

（6）产品分析

牧场主要为乳品生产线提供优质奶源，在产品生命周期内不对周围环境和人体健康产生影响。

（7）管理水平

本项目在工程管理、生产过程及废物处理等环节，都严格遵循了国家和地方有关环境法律法规和标准。

（8）清洁生产水平分析结论

综上分析，由于畜禽养殖业暂无行业清洁生产标准，参照国内外同类装置清洁生产指标，本项目在工艺，装备选择，资源能源利用，产品设计和使用，生产过程中的废弃物产生量，废物回收利用和环境管理等方面均能达到国内先进水平，即清洁生产二级标准。

七、评价结论

本项目的建设符合国家产业政策，特别是国家农业产业结构调整和农业产业化经营政策。项目选址符合要求。项目采用先进的养殖工艺和管理技术，引进国际先进的生产设备，符合清洁生产要求。牧场运行后，废水、废气、固废污染物均达标排放并能满足总量控制指标。牧场粪污经处理达农灌旱作作物标准后沼液全部回灌于周围的农田及奶牛饲料种植田，冬储夏灌实现废水"零排放"；项目粪污处理系统产生的沼渣和污水处理站污泥全部用于制作有机肥，不对周围环境造成影响；废气和噪声的排放不会降低区域环境功能级别。

因此，从环境保护角度而言，本评价认为，项目建设可行。

【案例评析】

在东北黑龙江建设大型奶牛场有许多优势，饲料资源、土地资源和水资源都比较丰富，但是也有劣势，就是气候严寒，不利于废物处理。

该项目选择的是地广人稀的农区，远离村庄和其他敏感点，使用丘陵间岗地和疏林地等，在选址上和土地利用上不存在障碍。报告书在场址的环境合理性分析、水平衡分析、污染源源强分析等方面有比较细致的工作，在治理措施上有一定的分析。但是对有些环境影响和措施缺少比较深入的分析，如冬季污水的厌氧处理和好气处理的有效性，污水冬季的贮存和夏季的使用，"零排放"的失效，有机废物的土地处理，堆肥产品的销售以及对地表水和地下水的影响。另外，饲料基地的建设和堆肥场的建设也应纳入评价。

第三节　水产养殖基地建设项目

一、项目概况

1．项目名称和建设地点

建设地点：江苏省南通市启东东元镇滩涂，面积约 40 hm²。

2．工程内容及规模

该项目主要内容包括：围堤建闸，开挖池塘；搭建越冬暖棚和建造专家楼；建造综合楼和种苗繁育实验室等。其中：

围堤建闸。围堤 800 m，设置 2 道大堤进排水闸口，开挖海水、淡水河道 2 500 m，建造载重 10 t 的桥梁一座；

开挖池塘。开挖进水明渠 1 800 m，排水明渠道 1.4 万 m²，建造海水河拦水闸及闸房 2 座，开挖池塘 86 口（其中 5 亩的 54 口，2 亩的 6 口，1 亩的 8 口，25 m×10 m 的 18 口）；

搭建越冬暖棚和建造专家楼。搭建越冬暖棚 5 400 m²，建造 1 幢建筑面积 300 m² 的专家楼，铺设砾石机耕路 10 000 m；

建造综合楼和种苗繁育实验室。建造 1 座建筑面积 2 710 m² 的综合楼，建造 4 座海水鱼种苗繁育实验室（每座面积 1 500 m²），建造 48 套（每套有效养殖水体 1 008m³）带独立水循环系统的海水鱼种鱼驯化实验室。

水产养殖基地面积约 40 hm²，总投资 5 112 万元。

二、评价等级和环境保护目标

1．评价等级

本项目计划占用滩涂面积为 40 hm²，施工影响范围小于 20 km²，该区域没有珍稀濒危物种及主要的环境敏感点，项目建设养殖基地，与该区滩涂整体开发利用的目标是一致的，依据《环境影响评价技术导则　非污染生态影响》，确定生态环境评价等级为 3 级。

2．环境保护目标

（1）生态环境保护目标

项目将在滩涂上进行基建，并在工程区外向海 500 m 内区域取土方进行围堰填高，在施工期会破坏滩涂的养殖功能，并影响到滩涂盐沼湿地内生物群落的稳定，如大米草群落、底栖生物、浮游动物、鱼类等，在项目运行期养殖废水的排放有可能影响附近海域水质及浮游生物群落的稳定，因而生态环境保护目标为滩涂盐沼湿地和工程区附近海域水体。

（2）声和环境空气保护目标

项目周围地区主要为具养殖功能的滩涂，属开阔地带，且距村庄等人类聚居区距离较远，工程施工产生的噪声和扬尘影响范围较小，因此本项目无主要的声和环境空气保护目标。

三、工程污染源分析

1. 施工期污染源分析

（1）水环境污染源分析

① 施工人员的生活废水

施工期间的生活污水是指施工人员每天生活起居、用餐和食堂工作所产生的废水。施工期间，每人每天用水以 150 L 计，施工人员以 50 人计，整个工地施工人员生活用水量为 7.5 m³/d。以 90%的排放率计，工地污水产生量为 6.75 m³/d。

生活污水处理前的质量浓度为：COD_{Cr}：300 mg/L，BOD_5：220 mg/L，SS：220 mg/L，石油类：100 mg/L。

② 泥沙悬浮及围堤溢流口排放水

项目施工位于滩涂，按照江苏省江海围堤标准建造围堤，所需土方部分须以吹填方式从围堤外海域（500 m 范围）获取，水中砂泥沉淀形成陆域，而废水可经溢流口重新排入海域。如不注意控制溢流口排废水的入海悬浮物浓度并在工程上采取相应措施，必将造成工程水域悬浮物浓度超标。

③ 工地泥浆水及地面降雨径流污水

工地泥浆水一般为地下水、水泥搅拌产生的泥浆水，此外在降雨时产生的径流污水一般含有泥沙、建筑垃圾等。

（2）大气环境污染源分析（略）

（3）声环境污染源分析（略）

（4）固体废弃物污染源分析

施工期主要固体废弃物有碎石、生活垃圾或施工废料、建筑垃圾。施工人员以 50人、生活垃圾产生系数以 0.5 kg/（人·d）计，则施工工地日产生活垃圾量为 0.025 t/d。

2. 运营期污染源分析

本项目在运营期主要水污染来源为生活污水、养殖废水。生活污水主要污染物为 COD_{Cr}、SS 和油类，养殖废水主要污染物为 COD_{Mn}、悬浮物、溶解性无机氮、磷酸盐。主要固体废物来源为常驻人员生活垃圾和养殖产生的固体废物。

（1）水环境污染源分析

① 基地内职工日常生活中产生的生活污水

基地生活污水指基地工作人员日常生活起居、用餐产生的废水。生活污水源强估计：以基地人员 20 人计，生活污水产生量为 3 m³/d。以 90%的排放率计，污水产生量为 2.7 m³/d。生活污水处理前的质量浓度为：COD_{Cr}：300 mg/L，BOD_5：220 mg/L，SS：220 mg/L，石油类：100 mg/L。

② 实验室废水

科研基地建成后设化学实验室，并进行水质分析，这样会产生某些化学废液，或是有机毒物废液，如随废水排放至海域，会对环境产生严重影响。

③ 养殖废水

养殖废水的污染物主要为悬浮固体、有机物（COD 和 BOD）、无机氮和磷酸盐。污染物的主要来源是残饵和鱼虾的排泄物。资料表明，水产养殖中有 50%～80%的饵料转变为残饵，而粪便中也含有未被利用的氮、磷，以鲑鳟鱼为例，每消化 100 g 饲料产生粪便 25～30 g。残饵和排泄物在养殖塘内积累和缓慢分解转化后，会导致水中无机氮、磷和有机物浓度的增加。

源强估计：养殖废水中 COD_{Mn} 一般在 4～8 mg/L，平均 6 mg/L；悬浮固体的质量浓度为 10～30 mg/L，平均 20 mg/L；溶解性无机氮为 1.2～3.4 mg/L，平均 2.3 mg/L；活性磷酸盐质量浓度为 0.14～0.34 mg/L，平均 0.24 mg/L。

基地建造 296 亩健康养殖试验区，水深设计为 1.5 m，根据每天换水率 10%计算，年产生废水量为 1.08×10⁷ m³，以平均浓度计算，年污染物产生量为：COD_{Mn} 64.8 t/a，SS=216 t/a，溶解性无机氮=24.84 t/a，活性磷酸盐=2.59 t/a。

根据《海水养殖水排放要求》（SC/T 9103—2007），养殖废水排放海域属二类海域，执行一级排放标准：化学需氧量（COD_{Mn}）≤10 mg/L，悬浮物≤40 mg/L，无机氮 0.5 mg/L，活性磷酸盐 0.05 mg/L。本项目养殖废水中 COD_{Mn}=6 mg/L（COD_{Cr} 平均 15 mg/L，按 2.5 系数换算），悬浮固体的质量浓度为 20 mg/L，无机氮平均为 2.3 mg/L，活性磷酸盐质量浓度平均为 0.24 mg/L。虽然 COD_{Mn} 和悬浮物浓度达到排放要求，但无机氮和活性磷酸盐达不到排放要求，须对养殖废水排放处理。本项目养殖废水排放处理过程中 COD_{Mn} 和悬浮物的去除率计为 50%，经处理无机氮和活性磷酸盐达到排放要求。按年产生废水量为 1.08×10⁷ m³ 计算，污染物的最终排放量为：COD_{Mn}=32.4 t/a，SS=108 t/a，溶解性无机氮=5.4 t/a，活性磷酸盐=0.5 t/a。

（2）固体废弃物污染源分析

① 生活垃圾

科研基地常驻人员日常生活过程中产生的垃圾，以常驻人员 20 人、生活垃圾产生系数 0.5 kg/（人·d）计，日产生活垃圾量为 0.01 t/d，则年产生活垃圾量为 3.65 t/a。

② 实验室废物

实验室日常产生的固体废物，其中部分可能含有有毒物质。

③ 养殖过程产生的固体废物

养殖过程中，剩余的饵料和鱼苗的粪便会沉积在养殖塘的底部形成污泥。养殖废水在排放前处理过程中会产生一些含水率较高的固体废物。

养殖产生的底泥：以每平方米残饵及粪便年沉积率 5 kg/m² 计算，296 亩鱼塘年产生底泥为 985.7 t/a。养殖废水在排放前进行沉淀处理，其中的悬浮物会成为固体废物，以 10 mg/L 沉积量计算，年产生固体废物 107.9 t。二者相加，得每年养殖活动产生的固体废弃物总量为 1 093.6 t/a。

将计算所得的运营期污染物产生量减去消减量，得到最终排放量。

四、生态环境的现状调查与评价

1. 调查范围及内容

对工程所在滩涂环境状况进行调查，其中分高潮位、中潮位、低潮位对底栖生物进行定性及定量调查，并采集表层沉积物样品，进行沉积物中重金属、油类检测。在低潮位进行浮游生物样品、水化学样品采集，同时进行物理、化学因子（水温、盐度、溶解氧、pH 值、DO、COD、油类、亚硝酸盐、硝酸盐、氨氮、活性磷酸盐、Cu、Zn、Pb、Cd）测量。

2. 生态环境现状评价内容及评价方法

（1）评价内容

—— 近岸海域水环境质量评价；

—— 沉积物环境质量评价；

—— 滩涂底栖生物现状评价；

—— 近岸水体浮游植物、浮游动物分布现状评价。

（2）评价方法

水环境质量评价。水质分析因子为 pH 值、DO、COD、油类、亚硝酸盐、硝酸盐、氨氮、活性磷酸盐、Cu、Zn、Pb、Cd。分析方法按《海洋监测规范》中的推荐方法进行；采用《海水水质标准》（GB 3097—1997）中的二类标准评价 pH 值、溶解氧、油类、无机氮、活性磷酸盐、COD、Cu、Zn、Pb、Cd。

沉积物环境质量评价。按《海洋沉积物质量标准》（GB 18668—2002）中的规定方法进行沉积物样品分析。其中底质重金属分析采用原子吸收法，石油烃分析采用紫外分光光度法。采用《海洋沉积物质量标准》（GB 18668—2002）中的一类标准评价沉积物中的 Cu、Zn、Pb、Cd、油类。

滩涂底栖生物。生物定性、定量样品的采集均按照《海洋监测规范》中近海污染生态调查和生物监测规范进行。生物样品在现场经 75%酒精固定后，带回实验室分析鉴定。

浮游植物。采集表层水样 1 000 mL，现场用鲁哥氏液固定，带回实验室，经浓缩后镜检，按个体计数法进行计数、统计和分析。

浮游动物。在本评价附近水域设立 3 个测站，分别采集 15 L 水样，用孔径 0.505 mm 的筛绢过滤，获取浮游动物样品，所获样品均经 5%福尔马林溶液固定带回实验室进行分类、鉴定、统计。

（3）生态环境现状评价结果

水环境质量状况。项目区溶解氧、pH、无机氮、活性磷酸盐均达到《海水水质标准》（GB 3097—1997）二类标准，重金属指标除铅未达二类标准外，Cu、Zn、Cd 均达标；重金属 Pb、COD_{Mn} 全部超出《海水水质标准》（GB 3097—1997）二类标准，但比对《渔业水质标准》（GB 11607—89）中相应标准值，Pb 达标，油类含量符合水产养殖区油类含量要求，项目工程区附近海域水质基本达到水产养殖区水质标准，总体水质较好。

沉积物环境质量状况。高、中、低潮位沉积物中 Cu、Zn、Pb、Cd、油类五项指标均达到《海洋沉积物质量标准》一类标准，表明工程区所在滩涂沉积物质量良好，达到海水养殖区沉积物质量要求。

潮间带底栖生物状况。潮间带生物的种类共有 18 种，其中腔肠动物 1 种、多毛类 4 种、软体动物 6 种、甲壳动物 5 种、鱼类 2 种，软体动物和甲壳动物构成了潮间带生物的主要类群。高潮区分布有底栖生物 12 种，中潮区分布有底栖生物 9 种，低潮区分布有底栖生物 7 种。低潮区底栖生物栖息密度最高，达 436 个/m²，高、中潮区栖息密度均为 60 个/m²，多毛类和软体动物栖息密度在三个潮区均占较高比例。低潮区总生物量为最高，高潮区最低。分类群来看，在三个潮区，软体动物生物量均是各类群中最高的，其次是甲壳类。调查区滩涂底栖生物群落结构稳定。

浮游植物。共鉴定浮游植物 23 种，属 1 门 14 属，优势种为中肋骨条藻、念珠直链藻和海链藻属。三个采样点浮游植物密度分别为：养殖场北 12×10³ 个/L，养殖场南 24.6×10³ 个/L，养殖场中 18.2×10³ 个/L，平均为 18.3×10³ 个/L，三个采样点的生物多样性指数分别为 1.45，1.64，1.55。评价水域浮游植物群落结构较稳定。

浮游动物。评价水域共出现浮游动物 11 种，浮游幼体比例最高，为总种数的 45.45%，其次为桡足类。以幼蛤、卵圆涟虫、虫肢歪水蚤和幼螺为优势种，河口半咸水种类为其主要生态类型。浮游动物总丰度平均值为 1.49 个/L，其中北部水域最高（2.73 个/L），中部水域最低（0.47 个/L）。在浮游动物总丰度分布中，幼蛤和卵圆涟虫是影响总丰度变化的主要种类。多样度 H' 平均值为 1.90，小于 2；其中，中、南部水域较高，均大于 2；北部水域仅为 0.88，小于 1。均匀度 J 均值较高，单纯度 C 平均值较低，反映出评价水域浮游动物种间分布比较均匀。综合各项生态指标，表明评价水域浮游动物群落结构较稳定。

五、生态环境影响分析

1. 施工期生态环境影响分析

在本项目施工期，污水管网还无法布及该区，如不采用相应应对措施处理施工期产生的各种类型废水，使之直接排放至附近海域，则会对海域生态环境产生不利影响，如生活污水中的 COD_{Cr}、石油类等均可造成海域富营养化；水域施工过程对底质的扰动会改变底质结构，使沉积其中的污染物重新析出，造成二次污染；少量水土会发生流失等。但施工期此类影响为暂时性，只要控制措施得当，不会对生态环境产生明显影响，并会随着施工结束而消失。

2. 运行期生态环境影响分析

项目运行期养殖废水中的 COD、营养盐等污染物会对水生生态系统的稳定性产生影响，有机悬浮物的沉积造成的底质环境的改变会影响底栖生物群落的稳定。养殖废水的直接排放会改变海域的营养状况，使海域营养盐限制状况得到缓解，从而促进浮游植物生产力的提高，在适当的条件下会形成赤潮。养殖废水中浮游生物的群落结构会因养殖物种的滤食或捕食而发生改变，有数据表明滤食性贝类可以控制浮游植物的数量。庙岛海峡养殖区在 20 世纪 80 年代初浮游植物数量年平均值高达 $3.0×10^6$ 个/m³，而 1988 年、1989 年两年的平均值仅为 $0.54×10^6$ 个/m³，仅为前者的 1/6，且在同一养殖区不同区域浮游植物数量也有显著差异。不仅浮游植物数量受到明显限制，而且浮游植物多样性和粒级结构也改变了，在排放的养殖废水中，浮游植物多样性非常低，小型藻类占有优势。浮游植物数量、多样性、粒级的改变还促使浮游动物群落结构发生变化，浮游动物群落多样性显著降低，个体也向小型化发展。

养殖过程中多余的饵料沉积于养殖池底，造成底质环境富营养化，底泥中 C、N、P 含量及耗氧量远远高于自然水域，由于缺氧极易造成还原化环境，养殖水产生物由此大量死亡，在某些开放养殖水域，还出现了鱼类的逃脱现象。从许多养殖环境研究中都可看出，养殖区底泥沉积物具有高硫化物、高营养盐、高 COD 的特点。

3. 养殖废水达标排放可行性分析

养殖废水中 COD_{Mn} 一般在 4～8 mg/L，悬浮固体的质量浓度为 10～30 mg/L，溶解性无机氮为 1.2～3.4 mg/L，活性磷酸盐质量浓度为 0.14～0.34 mg/L。按执行一级排放要求（化学需氧量 COD_{Mn}≤10 mg/L，悬浮物 SS≤10 mg/L，无机氮≤0.50 mg/L，活性磷酸盐≤0.050 mg/L），养殖废水中化学需氧量和悬浮物不需处理就已达到排放要求，而无机氮、活性磷酸盐浓度需处理。19.7 hm² 池塘的养殖废水通过 4 个面积各为 0.33 hm² 的池塘的沉淀、泡沫分离、砂滤和臭氧消毒氧化等一系列处理后，完全可以满足海水养殖水的排放要求。

六、环境影响缓解措施及管理建议

1．水环境影响缓解措施

（1）施工人员生活污水的集中收集处理

合理安排施工人员生活场所，以便于生活污水的集中收集，于施工前期在工地开挖临时性水池或水桶，用于承载生活废水，如对食堂的含油废水，应设隔油池预处理后与生活污水混合贮存。诸类池子最好采取一定的防渗漏措施，如使用水泥涂层防护等，经处理后的污水如排入就近海域，需严格执行《污水综合排放标准》（GB 8978—1996）中一级标准，防治对养殖水域的环境污染，池底淤泥需用槽车运往垃圾填埋场处置。

对施工人员进行环保教育，提高全体施工人员的环保意识。

（2）工地泥浆水和降雨径流

建立泥浆水和雨水的收集系统，以收集工地建设和开挖过程中形成的泥浆水和雨水径流，建议开挖临时性泥沙沉淀池用于泥浆水和雨水的处理，待泥沙沉淀后出水可排入就近海域。

（3）围堤溢流口排放水

在进行陆域形成时设置围堤，围堤外侧用干净石料堆填，以防止泥沙污染水域，内侧使用混合土石料填充，同时为使围堤牢固和防止雨水冲刷，围堤外侧用石料堆填简易护岸工程。严格控制围堤溢流口排放水的悬浮物质量浓度在 150 mg/L 之内，这需要泥浆在围堤内有足够的沉淀时间，以保证回排水的悬浮物浓度达标，作业过程中如发现超标可适当延长吹填区泥浆水的停留时间以降低浓度值。

（4）生活污水和雨水

在运营期，基地内应建立完善的污水和雨水收集系统。生活污水可直接接入现有的城市污水管网，并执行《污水综合排放标准》（GB 8978—1996）中的三级标准，雨水可就近排入围堤外水域。

（5）实验室废水

实验室应设置单独的废液贮存设施，用于分别收集各种不同性质的化学废液，如含重金属的酸性废液（如 COD 测定中排放的含汞、银和铬的废液）和含有机毒物的废液，收集的有毒废物应交有关资质单位进行处置。贮存设施可采用聚乙烯桶等惰性材料制成的容器，并加盖密封以防止泄漏和气体逃逸。

（6）养殖废水

养殖废水的主要污染物为悬浮物和营养盐，通过沉淀、泡沫分离、砂滤和臭氧消毒氧化等一系列处理后，部分达到养殖用水标准的回用水产养殖，部分达到养殖废水排放标准的进行排放。其中泡沫分离对于养殖废水中的微型颗粒物如微型藻类以及溶解性污染物如蛋白质、尿素、磷和氨氮有理想的去除效果。臭氧消毒过程不仅可以灭活水中的致病菌，还可以氧化降解有机物。如果滩涂附近有大量闲置的空地，还可以采用国际上大型水产养殖中应用较多的人工湿地和生物稳定塘技术去除养殖废水中的悬浮物和营养盐，处理后的出水可直接排放附近海域。人工湿地主要利用了植物对营养盐和重金属的吸收吸附、土壤和植物根系对悬浮固体的物理截留以及根系和细菌对有机物的分解作用。生物稳定塘是通过细菌和藻类的协同作用，使养殖废水中的营养盐和剩余饵料及鱼虾粪便得以降解或被转化为可收获做饲料或肥料的藻类。采用物化的处理方法如沉淀、泡沫分离或砂滤会产生少量的废水和污泥，废水可以排入沉淀池处理后排放城市管网，污泥可直接用槽车运往垃圾填埋场处置。由于污泥主要为沉淀的剩余饵料或鱼的粪便，因此也可以机械脱水后做农肥。

2．大气环境影响缓解措施

略。

3．声环境影响缓解措施

略。

4．水土流失缓解措施

略。

5．固体废物环境影响缓解措施

（1）工程垃圾的处理

建筑施工单位应向渣土管理部门办理渣土垃圾排放计划、处置计划申报手续，并配备管理人员，对施工现场实施管理，并如实填报《建筑垃圾、工程渣土处置日报表》。此外，工程竣工后，施工单位应在 1 个月内将工地剩余建筑垃圾及工程渣土处理干净。

（2）生活垃圾处理

应由专人负责清理集中，并由环卫部门定时清运，严禁随地丢弃、污染环境。基地内设置若干垃圾分类收集桶，并合理安排垃圾收集点。积极回收生活垃圾中的有用部分，分类放置垃圾最终由当地环卫部门统一处理。

（3）实验室固体废弃物的处理

对于一般性的固体废物，应积极回收其中有用部分，并设定点贮存，由当地环卫部门处理，对于危险废物（如剧毒的废物，过期的药品），应严格遵照《固体废物污染环境防治法》的规定进行申报登记，并且在贮存、处置危险废物的场所和容器进行危险标记，最后由具有处置资质的单位处理。

（4）养殖产生的固体废弃物的处理

养殖过程中，剩余的饵料和鱼苗的粪便会沉积在养殖塘的底部形成污泥，应定期清理以避免细菌的大量繁殖导致鱼苗对疾病抵抗力的下降。沉淀的淤泥由于含水率较高（99%以上），机械脱水后可运往垃圾填埋场处置或做农肥。养殖用水净化过程中会产生一些含水率较高的固体废物，可以通过机械脱水运往垃圾填埋场处置。如果净水过程中未大量使用盐或其他化学品，脱水后的污泥也可做农肥。

6. 环境管理建议

环境的管理应严格执行相关环境法律、法规，体现法律、法规的严肃性。

在养殖用排水方面，农业部令第 31 号《水产养殖质量安全管理规定》明确规定了养殖用水的水质标准应符合《无公害食品 海水养殖用水水质》（NY 5052—2001），禁止将不符合水质标准的水源用于水产养殖，并规定，水产养殖单位和个人应当定期监测养殖用水水质。养殖用水水源受到污染时，应当立即停止使用，确需使用的，应当经过净化处理达到养殖用水水质标准，养殖水体水质不符合养殖用水水质标准时，应当立即采取措施进行处理，经处理后仍达不到要求的，应当停止养殖活动，并向当地渔业行政主管部门报告，其养殖水产品按该规定第十三条处理。养殖场或池塘的进排水系统应当分开，水产养殖废水排放应当达到国家或地方规定的排放标准。建议本项目养殖采用清洁、健康养殖方式，合理安排饲料投放量、药物的使用，防止对水环境的人为污染。

以科学严谨的态度采纳执行本评价提出的相关环境影响缓解措施，并请有关具环保设计资质单位设计具体环境保护方案。在运营期健全相关缓解管理体制，明确环境管理机构，设置专职环境保护岗位。项目建成后，应按环保要求加强对基地环境的管理，设立专门的环境管理机构，配备专职的环境管理人员，并对环境管理人员加强环保培训，专项负责基地内生活污水、生活垃圾、养殖废水、养殖固体废物、化学分析实验室废液、固体废物的收集、处理和处置，包括对有毒废物的收集、处理、转运、处理申报等诸方面。切实落实与实施基地绿化规划。

【案例评析】

该案例在水产养殖基地建设项目的生态现状调查、污染源强分析、污染防治措施上工作细致，但是在对工程占地、土石方平衡、对陆生和水生生物量的影响分析上存在不足。

参考文献

[1] 赵子定，李惠明，等. 农业灌溉工程环境影响评价方法[M]. 北京：中国农业大学出版社，2001.

[2] 王敬国. 农用化学物质的利用与污染控制[M]. 北京：北京出版社，2001.

[3] 中国农业大学，等. 家畜粪便学[M]. 上海：上海交通大学出版社，1997.

[4] 刘凤华. 家畜环境卫生学[M]. 北京：中国农业大学出版社，2004.

[5] 李建国. 畜牧学概论[M]. 北京：中国农业出版社，2002.

[6] 向劲松. 林业生态工程[M]. 北京：高等教育出版社，2002.

[7] 黄云鹏. 森林培育[M]. 北京：高等教育出版社，2002.

[8] 《中国林业工作手册》编纂委员会. 中国林业工作手册[M]. 北京：中国林业出版社，2006.

[9] 兰思仁. 国家森林公园理论与实践[M]. 北京：中国林业出版社，2004.

[10] 李芳柏，万洪富，李定强. 新丰江水库欧洲鳗网箱养殖对水质的影响[J]. 重庆环境科学，1999，21（6）：36-38.

[11] 李秋芬，袁有宪. 海水养殖环境影响修复技术展望[J]. 中国水产科学，2000，7（2）：18-26.

[12] 林钦，林燕棠，李纯厚，等. 我国海水网箱养殖对氮、磷负荷量的评估[M]. 海洋水产研究文集. 广州：广东科技出版社，2000：215-217.

[13] 郑岳夫，孙忠. 海水网箱养殖[M]. 北京：中国农业出版社，2000.

[14] 何国民. 人工鱼礁三大效益分析人工鱼礁[J]. 中国水产，2001（5）：65-66.

[15] 何国民，曾嘉，梁小芸. 广东沿海人工鱼礁建设的规划原则和选点思路[J]. 中国水产，2002（7）：28-29.

[16] 王清印. 海水健康养殖的理论与实践[M]. 北京：海洋出版社，2003.

[17] 徐家声. 近海与虾池赤潮[M]. 北京：海洋出版社，2003.

[18] 张秋华，俞国平，沈新强. 渔业水域生态环境保护与管理[M]. 上海：复旦大学出版社，2003.

[19] 刘年丰. 生态容量及环境价值损失评价[M]. 北京：化学工业出版社，2005.

[20] 赵卫红，杨登峰，王江涛，等. 中国对虾养殖系统中无机和各形态有机 N、P 浓度及其变化[J]. 海洋环境科学，2006，25（2）：1-5.

第二篇
水利水电

第一章 水利水电行业环境保护相关法律法规、政策与环境管理

第一节 法律法规

一、环境影响评价依据的法律法规

1. 环境保护和相关法律

环境影响评价，是指对规划和建设项目实施后可能造成的环境影响进行分析、预测和评估，提出预防或者减轻不良环境影响的对策和措施，进行跟踪监测的方法与制度。

我国的环境影响评价经过 30 多年的发展，已有多部法律规范环境影响评价，并制定了专门的环境影响评价法；有配套的规范环境影响评价的国务院行政法规；有涉及有关区域、行业环境影响评价的部门规章和地方发布的法规规章，初步形成了我国环境影响评价制度体系。

1979 年《中华人民共和国环境保护法（试行）》颁布，第一次用法律规定了建设项目环境影响评价，在我国确立了环境影响评价制度。1989 年颁布的《中华人民共和国环境保护法》，进一步用法律确立和规范了我国的环境影响评价制度。2002年 10 月 28 日通过的《中华人民共和国环境影响评价法》，用法律把环境影响评价从项目环境影响评价拓展到规划环境影响评价，成为我国环境影响评价史的重要里程碑，中国的环境影响评价制度发展到一个新阶段。

《中华人民共和国环境保护法》是一项综合法。国家还陆续颁布了各项环境保护单行法，如：《中华人民共和国水污染防治法》（1996 年、2008 年两次修订）、《中华人民共和国大气污染防治法》（1995 年、2000 年两次修订）、《中华人民共和国固体废物污染环境防治法》（2004 年修订）、《中华人民共和国环境噪声污染防治法》（1996 年）等都对建设项目环境影响评价有具体条文规定。

水利水电工程涉及面广，影响环境要素较多。环境影响评价中除必须依据上述环境保护法律外，还应认真贯彻执行与自然资源保护、文物、健康等相关的法律。如：《中华人民共和国水法》（2002 年修订）、《中华人民共和国水土保持法》（1991年）、《中华人民共和国野生动物保护法》（2004 年修订）、《中华人民共和国土地管

理法》(1998年、2004年两次修订)、《中华人民共和国文物保护法》(2002年)、《中华人民共和国传染病防治法》(2004年修订)、《中华人民共和国森林法》(1998年修订)、《中华人民共和国渔业法》(2000年、2004年两次修订)、《中华人民共和国草原法》(2002年修订)等。

2. 环境保护行政法规与政府部门规章

环境保护行政法规是由国务院制定并公布或经国务院批准有关主管部门公布的环境保护规范性文件。包括两部分：①根据法律授权制定的环境保护法的实施细则或条例；②针对环境保护的某个领域而制定的条例、规定和办法。政府部门规章是指国务院环境保护行政主管部门单独发布或与国务院有关部门联合发布的环境保护规范性文件，以及政府其他有关行政主管部门依法制定的环境保护规范性文件。

水利水电环评中所依据的主要法规有：《建设项目环境保护管理条例》(1998年11月29日，国务院令第253号)、《〈中华人民共和国水污染防治法〉实施细则》(2000年3月20日，国务院令第284号)、《中华人民共和国自然保护区管理条例》(1994年10月9日，国务院令第167号)、《风景名胜区条例》(2006年9月19日，国务院令第474号)、《饮用水源保护区污染防治管理规定》(1989年7月10日，国家环保局、卫生部、建设部、水利部、地矿部，[89]环管字第201号)、《中华人民共和国野生植物保护条例》(1996年9月30日，国务院令第204号)、《中华人民共和国水生野生动物保护实施条例》(1993年9月17日国务院批准，1993年10月5日农业部发布，国函[1993]130号)、《基本农田保护条例》(1998年12月27日，国务院令第257号)、《中华人民共和国河道管理条例》(国务院1988年6月10日发布)、《土地复垦规定》(国务院1988年11月8日发布)、《中华人民共和国文物法实施条例》(2003年5月18日，国务院令第377号)、《国务院关于加强城市供水节水和水污染防治工作的通知》(2000年11月7日，国发[2000]36号)、《大中型水利水电工程建设征地补偿和移民安置条例》(国务院2006年7月7日发布)、《关于进一步加强自然保护区建设和管理工作的通知》(2002年11月19日，国家环保总局，环发[2002]163号)、《关于加强生态保护工作的意见》(1997年11月28日，国家环保总局，环发[1997]758号)、《关于加强自然资源开发建设项目的生态环境管理的通知》(1994年12月21日，国家环境保护局，环然[1994]664号)、《关于加强水电建设环境保护工作的通知》(2005年1月20日，国家环境保护总局、国家发展和改革委员会，环发[2005]13号)、《关于有序开发小水电切实保护生态环境的通知》(2006年6月18日，国家环境保护总局，环发[2006]93号)、《水电水利建设项目河道生态用水、低温水和过鱼设施环境影响评价技术指南（试行）》(2006年1月16日，国家环境保护总局，环评函[2006]4号)等。

同时，评价中还应依据环境保护地方性法规和地方性规章。

环境保护地方性法规和地方性规章是享有立法权的地方权力机关和地方政府机

关依据《宪法》和相关法律制定的环境保护规范性文件。这些规范性文件是根据本地实际情况和特定环境问题制定的，并在本地区实施，有较强的可操作性。环境保护地方性法规和地方性规章不能和法律、国务院行政规章相抵触。

二、法律法规关于环境影响评价的规定

环境影响评价依据的法律法规较多，下面介绍部分有关规定。

（1）《中华人民共和国环境保护法》第十三条，建设项目的环境影响报告书，必须对建设项目产生的污染和对环境影响作出评价，规定防范措施。第十七条，各级人民政府对具有代表性的各种类型的自然生态系统区域，应当采取措施加以保护，严禁破坏。第十九条，开发利用自然资源，必须采取措施保护生态环境。

（2）《中华人民共和国环境影响评价法》第十六条，建设项目可能造成重大环境影响的，应当编制环境影响报告书，对产生的环境影响进行全面评价。

（3）《中华人民共和国水法》第二十七条，在水生生物洄游通道的河流上修建永久性拦河闸坝，建设单位应当同时修建过鱼设施，或者经国务院授权的部门批准采取其他补救措施，并妥善安排施工和蓄水期间的水生生物保护。第三十一条，从事水资源开发、利用、节约、保护和防治水害等水事活动，应当遵守经批准的规划；因违反规划造成江河和湖泊水域使用功能降低、水体污染的，应承担治理责任。

（4）《中华人民共和国水污染防治法》第十七条，新建、改建、扩建直接或者间接向水体排放污染物的建设项目和其他水上设施，应当依法进行环境影响评价。

（5）《中华人民共和国水土保持法》第二十七条，企事业单位在建设和生产过程中必须采取水土保持措施，对造成的水土流失负责治理。建设过程中发生的水土流失防治费用，从基本建设投资中列支；生产过程中发生的水土流失防治费用，从生产费用中列支。

（6）《中华人民共和国野生动物保护法》第八条，国家保护野生动物及其生存环境，禁止任何单位和个人非法猎捕或者破坏。第九条，国家对珍贵、濒危的野生动物实行重点保护。国家重点保护的野生动物分为一级保护野生动物和二级保护野生动物。国家重点保护的野生动物名录及其调整，由国务院野生动物行政主管部门制定，报国务院批准公布。第十二条，建设项目对国家或者地方重点保护野生动物的生存环境产生不利影响的，建设单位应当提交环境影响报告书。

（7）《中华人民共和国森林法》第十八条，各项建设工程，应当不占或者少占林地；必须占用或者征用林地的，经县级以上人民政府林业主管部门审核同意后，依照有关土地管理的法律、行政法规办理建设用地审批手续，依照国务院有关规定缴纳森林植被恢复费。

（8）《中华人民共和国渔业法》第三十二条，在鱼、虾、蟹洄游通道建闸、筑坝，

对渔业资源有严重影响的，建设单位应当建造过鱼设施或者采取其他补救措施。

（9）《中华人民共和国文物保护法》第二十条，建设工程选址，应当尽可能避开不可移动文物；因特殊情况不能避开的，对文物保护单位应当尽可能实施原址保护。

（10）《建设项目环境管理条例》对环境影响评价的主要内容进行了规定。报告书应当包括下列内容：① 建设项目概况；② 建设项目周围环境现状；③ 建设项目对环境可能造成的影响的分析和预测；④ 环境保护措施及其经济、技术论证；⑤ 环境影响经济损益分析；⑥ 对建设项目实施环境监测的建议；⑦ 环境影响评价结论。

（11）《中华人民共和国自然保护区管理条例》第三十二条，在自然保护区的核心区和缓冲区内，不得建设任何生产设施。在自然保护区的实验区内，不得建设污染环境、破坏资源或者景观的生产设施；建设其他项目，其污染物排放不得超过国家和地方规定的污染物排放标准。在自然保护区的实验区内已经建成的设施，其污染物排放超过国家和地方规定的排放标准的，应当限期治理；造成损害的，必须采取补救措施。

在自然保护区的外围保护地带建设的项目，不得损害自然保护区内的环境质量；已造成损害的，应当限期治理。

（12）《风景名胜区条例》第二十二条，经批准的风景名胜区规划不得擅自修改。确需对风景名胜区总体规划中的风景名胜区范围、性质、保护目标、生态资源保护措施、重大建设项目布局、开发利用强度以及风景名胜区的功能结构、空间布局、游客容量进行修改的，应当报原审批机关批准；对其他内容进行修改的，应当报原审批机关备案。

（13）《饮用水源保护区污染防治管理规定》第二章：饮用水地表水源保护区的划分和防护，第七条至第十二条共有六条，关于地表水源保护区划分为一级保护区、二级保护区和准保护区 3 级，规定了各级保护区的防护措施。

（14）《中华人民共和国野生植物保护条例》第九条，国家保护野生植物及其生长环境。禁止任何单位和个人非法采集野生植物或者破坏其生长环境。第十三条，建设项目对国家重点保护野生植物和地方重点保护野生植物的生长环境产生不利影响的，建设单位提交的环境影响报告书中必须对此作出评价。

（15）《中华人民共和国水生野生动物保护实施条例》第七条，渔业行政主管部门应当组织社会各方面力量，采取有效措施，维护和改善水生野生动物的生存环境，保护和增殖水生野生动物资源。禁止任何单位和个人破坏国家重点保护的和地方重点保护的水生野生动物生息繁衍的水域、场所和生存条件。

（16）《基本农田保护条例》第十五条，国家能源、水利等重点建设项目选址确定无法避开基本农田保护区，需要占用基本农田，涉及农用地转用或者征用土地的，必须经国务院批准。第二十四条，占用基本农田兴建国家重点建设项目的，在建设项目环境影响报告书中，应当有基本农田环境保护方案。

（17）《关于加强生态保护工作的意见》要求：采取有效措施，防止资源开发造成新的生态破坏；建设生态示范区，促进生态保护，防治农村面源污染；保护生物多样性，保证生物资源的永续利用。

（18）《关于加强自然资源开发建设项目的生态环境管理的通知》规定，应加强水利水电工程、矿产资源开发环境影响评价中生态影响评价的管理工作。

（19）《关于加强水电建设环境保护工作的通知》要求河流水电开发规划开展环境影响评价工作，对规划实施后可能造成的环境影响进行认真分析、预测和评价，提出预防或者减轻不良影响的对策和措施，并以此指导河流开发规划方案的选定和实施。未进行环境影响评价工作的河流水电开发规划，审批机关不得予以审批；水电建设项目要按照《环境影响评价法》《建设项目环境保护条例》的有关规定，严格执行环境影响评价制度，认真做好水电建设的环境影响评价和环境保护设计，特别要落实好低温水、鱼类保护、陆生珍稀动植物保护、施工期水土保持和移民安置等环境保护措施，最大限度地减小水电对生态环境的不利影响；优化水电站的运行管理，减轻对水环境和水生生态的影响。

（20）《关于有序开发小水电　切实保护生态环境的通知》要求：做好小水电资源开发利用规划，依法实行规划环境影响评价；严格小水电项目建设程序和准入条件，加强环境影响评价管理；强化后续监管，落实各项生态保护措施；扩大公众参与，强化社会监督。

（21）《水电水利建设项目河道生态用水、低温水和过鱼设施环境影响评价技术指南（试行）》对进一步规范水电水利建设项目水生生态与水环境影响评价工作作出了具体规定。

（22）《建设项目环境影响评价分类管理名录》：国家根据建设项目对环境的影响程度，对建设项目的环境影响评价实行分类管理。项目建设单位和承担环境影响评价任务的单位应当按照名录的规定，分别组织编制环境影响报告书、环境影响报告表或者填报环境影响登记表。

第二节　环境政策与技术标准

一、环境政策

国务院制定并公布或由国务院有关主管部门、省、自治区、直辖市负责制定，经国务院批准发布的环境保护规范性文件（包括决定、办法、批复等）均属于环境政策类。环境政策是推动和指导经济与环境可持续发展的重要依据和措施，在环境影响评价中必须认真贯彻执行。

（一）环境政策中有关水利水电的规定

水利水电工程是国民经济可持续发展的基础设施，在促进经济社会发展、解决贫困、改善生态环境方面具有重要作用。但是，也要看到水利水电工程也会对生态环境产生的不利影响。我国环境政策十分重视水利水电的环境保护问题。现介绍几项重要环境政策和产业政策中关于水利水电的规定。

1.《全国生态环境保护纲要》（2000 年 11 月 26 日，国务院国发[2000]38 号）

其中关于重要生态功能区的类型和级别及保护措施要求：江河源头区、重要水源涵养区、水土保持的重点预防保护区和重点监督区、江河洪水调蓄区、防风固沙区和重要渔业水域等重要生态功能区，在保持流域、区域生态平衡，减轻自然灾害，确保国家和地区生态环境安全方面具有重要作用。对这些区域的现有植被和自然生态系统应严加保护，通过建立生态功能保护区，实施保护措施，防止生态环境的破坏和生态功能的退化。

在各类资源开发利用的生态环境保护中要求：① 切实加强对水、土地等重要自然资源的环境管理，严格资源开发利用中的生态环境保护工作。各类自然资源的开发，必须遵守相关的法律法规，依法履行生态环境影响评价手续；资源开发重点建设项目，应编报水土保持方案，否则一律不得开工建设。② 水资源的开发利用要全流域统筹兼顾，生产、生活和生态用水综合平衡，坚持开源与节流并重，节流优先，治污为本，科学开源，综合利用。建立缺水地区高耗水项目管制制度，逐步调整用水紧缺地区的高耗水产业，停止新上高耗水项目，确保流域生态用水。在发生江河断流、湖泊萎缩、地下水超采的流域和地区，应停上新的加重水平衡失调的蓄水、引水和灌溉工程；合理控制地下水开采，做到采补平衡；在地下水严重超采地区，划定地下水禁采区，抓紧清理不合理的抽水设施，防止出现大面积的地下漏斗和地表塌陷。对于擅自围垦的湖泊和填占的河道，要限期退耕还湖还水。通过科学的监测评价和功能区划，规范排污许可证制度和排污口管理制度。

2.《关于落实科学发展观　加强环境保护的决定》（2005 年 12 月 3 日，国务院国发[2005]39 号）

其中提出的环境目标要求到 2010 年"城市集中饮用水源和农村饮用水水质、全国地表水水质和近岸海域水质有所好转"，"水土流失治理和生态修复面积有所增加"，"地下水超采及污染趋势减缓"。"2020 年环境质量和生态明显改善"。在切实解决突出的环境问题中要求"以饮水安全和重点流域治理为重点，加强水污染防治"。"把淮河、海河、辽河、松花江、三峡水库库区及上游，黄河小浪底水库库区及上游，南水北调水源地及沿线，太湖、滇池、巢湖作为流域水污染治理的重点"。"严禁直接向江河湖海排放超标的工业污水"。

3.《**大中型水利水电工程建设征地补偿和移民安置条例**》（2006 年 7 月 7 日，国务院令第 471 号）

其从保护移民合法权益、维护社会稳定的原则出发，明确了移民工作管理体制，强化了移民安置规划的法律地位，特别是对征收耕地的土地补偿费和安置补助费标准、移民安置的程序和方式、水库移民后期扶持制度以及移民工作的监督管理等问题作了比较全面的规定。在征地补偿和移民安置原则中要遵循"以人为本，保障移民的合法权益，满足移民生存与发展的需求；顾全大局，服从国家整体安排，兼顾国家、集体、个人利益；节约利用土地，合理规划工程占地，控制移民规模；可持续发展，与资源综合开发利用、生态环境保护相协调；因地制宜，统筹规划"。

第十三条，对农村移民安置进行规划，应当坚持以农业生产安置为主，遵循因地制宜、有利生产、方便生活、保护生态的原则，合理规划农村移民安置点。

第十四条，工矿企业的迁建，应当符合国家的产业政策，结合技术改造和结构调整进行；对技术落后、浪费资源、产品质量低劣、污染严重、不具备安全生产条件的企业，应当依法关闭。

4.《**国务院关于印发节能减排综合性工作方案的通知**》（2007 年 6 月 3 日，国发[2007]15 号）

其在控制增量，调整和优化能源结构中要求：积极推进能源结构调整。大力发展可再生能源，推进水利电力的开发和建设。

在加大投入，全面实施重点工程中要求：加快水污染治理工程建设。严格饮用水水源保护，加大污染防治力度。

在创新模式，加快发展循环经济中要求：实施水资源节约利用。加快实施重点行业节水改造，"十一五"期间实现重点行业节水 31 亿 m^3。

5. **产业政策中的环保要求**

为使我国国民经济按照可持续发展战略的原则，在适应国内市场的需求和有利于开拓国际市场的条件下，改善投资结构，促进产业的技术进步，有利于节约资源和改善生态环境，促进经济结构的合理化，从而使各产业部门得以协调、有序、持续、快速、健康的发展，实现国家对经济的宏观调控而制定的有关政策，通称为产业政策。

各项产业政策是为适应某一特定时期某些要求而制定的政策。因此，随着时间的推移，国民经济的发展，科学技术的进步，新技术、新工艺、新产品的开发，以及环境保护的要求，国家将对有关产业政策予以废止、修订或新增。因此，在工作中应密切关注国家经济发展动向，注意有关产业政策的变化，以免发生差错。

现将涉及水利水电的主要产业政策介绍如下。

（1）《促进产业结构调整暂行规定》（2005 年 12 月 2 日，国务院环发[2005]40 号）。

第五条，加强能源、交通、水利和信息等基础设施建设，增强对经济社会发展的保障能力。

加强水利建设，优化水资源配置。统筹上下游、地表地下水资源调配、控制地下水开采，积极开展海水淡化。加强防洪抗旱工程建设，以堤防加固和控制性水利枢纽等防洪体系为重点，强化防洪减灾薄弱环节建设，继续加强大江大河干流堤防、行蓄洪区、病险水库除险加固和城市防洪骨干工程建设，建设南水北调工程。加大人畜饮水工程和灌区配套工程建设改造力度。

第九条，大力发展循环经济，建设资源节约型和环境友好型社会。大力发展环保产业，以控制不合理的资源开发为重点，强化对水资源、土地、森林、草原、海洋等的生态保护。

（2）《产业结构调整指导目录》（2005 年 12 月 21 日，国家发展和改革委员会，第 40 号令），第一类鼓励类中关于水利类有：①大江、大河、大湖治理及干支流控制性工程；②跨流域调水工程；③水资源短缺地区水源工程；④农村人畜饮水及改水工程；⑤蓄滞洪区安全建设；⑥海堤防维护及建设；⑦江河湖库清淤疏浚工程；⑧病险水库和堤防除险加固工程；⑨堤坝隐患监测与修复技术开发应用；⑩城市积涝预警和防洪工程；⑪出海口门整治工程；⑫综合利用水利枢纽工程；⑬牧区水利工程；⑭淤地坝工程等 20 项工程。

在电力类中把水力发电列为鼓励类第一项。

（二）水利行业环境保护技术政策

水利行业贯彻落实科学发展观，坚持依法治水，针对水利发展与改革急需的政策，围绕《中华人民共和国水法》配套法律法规体系建设，开展规章和各项政策的修订，出台了一系列规章，如《取水许可和水资源费征收管理条例》《开发建设项目水土保持方案管理办法》《水土保持生态环境监测网络管理办法》《关于划分国家级水土流失重点防治区的公告》《湖库富营养化防治技术政策》《入河排污口监督管理办法》等。加强和逐步完善了水利行业环境保护政策，推动了可持续发展水利建设。有力地促进了水资源保护、水土保持生态建设等水利环境保护的发展。主要体现在：① 坚持水资源可持续利用，统筹考虑水资源开发、利用、治理与节约、配置和保护，统筹生活、生产和生态用水。大力推进节水型社会建设，提高水资源承载力和水环境承载力，促进社会可持续发展。② 坚持人和自然和谐相处，改变长期以来人水争地，以及无节制的围垦河道、湖泊、湿地的做法。充分发挥大自然的自我修复能力，加快治理水土流失。③ 坚持以人为本，把解决饮水困难和饮水安全、供水安全作为首要任务，满足经济社会发展和用水需求。④ 最大限度地减轻洪涝灾害损失，保护人民生产、生活和生态环境。⑤ 充分发挥水利工程的生态功能，维护河流"健康"，保护和修复水生态系统。

现介绍几个有关水利环境保护的技术政策。

1．水环境保护

在水环境保护观念的转变方面，由狭义的水污染扩展到包括水多、水少、水脏以及水土流失等所有与水有关的环境问题。水环境问题防治由防洪、供水治污各自考虑发展为互相联系起来系统研究，提出了解决水资源短缺问题要水量、水质结合，开源、节流、保护并重；防治水污染首先节约用水，从末端治理为主转向源头控制为主，尽量减少排污量；水资源供需分析要考虑生态用水和环境用水；研究水资源承受能力时，必须分析水环境承载能力、水生态承载能力；改善水环境必须做到人口、资源、经济和环境协调发展；以水资源的可持续利用支持经济社会的可持续发展等一系列治水新思路，根据《中华人民共和国水法》《中华人民共和国水污染防治法》《中华人民共和国水土保持法》等制定了相关政策。在水环境保护措施方面从过去只单纯地污水技术处理转到采取行政、法律、经济、工程、技术综合措施。随着法律法规和技术政策的不断完善，以及通过上述新思路的指导，水环境保护取得新的突破。

但是，还必须看到，这些新的治水思路和政策要为广大干部和群众普遍认识和接受，并自觉贯彻执行，还需要做很艰巨的工作。水环境保护是一项开创性的工作，在很多方面需要不断探索和完善，要真正实现社会、经济和环境协调发展，任重道远。为控制我国河流、湖库严重的水污染，保护和改善水环境，促进社会经济可持续发展，必须采取下列综合、有效的技术政策和战略对策。

（1）加强水质监测，搞好水质评价。水质监测是开展水质管理和水体污染防治的基础，是贯彻执行环境保护法规和顺利开展水环境保护的关键。通过监测可以了解水体污染的性质、来源、污染物浓度及分布状况。水质评价是水环境保护工作中的一项重要内容，要将水质调查、监测资料与相应的水质量标准要求进行比较，对水体质量进行合理划分，定出等级或类型，并按污染的性质和浓度划出不同的污染区，准确地反映水体环境质量或污染情况的现状，指出发展的趋势，为规划和管理水环境、保护水体、防治污染提供信息。

（2）控制源头污染。防治水污染、保护水质主要从源头抓起，要大力推行清洁生产，调整工业结构，改革生产工艺，关停耗水量大、工艺落后、生产效率低下的落后厂矿，采取现代化的生产管理手段，把污染控制在源头。

（3）面源治理。来自农村的非点源污染，量大面广，防治尤为困难，要全面推行农业和林业综合管理措施，控制和减少化肥、农药的使用量，研究和使用高效低毒的农药，最大限度地控制和减少面源污染。

（4）加强污水治理。针对当前的水质状况，要加大投资力度，加快污水处理厂建设，尽量实现废污水资源化，提高废污水的处理率和回用率。

（5）节水减污。关于生活污水，必须建立全民的节水意识，根据各地的不同情况，采取多种多样的节水措施和节水器具。在保证环境用水和生态需水量的条件下，大力节水，减少使用量，降低排放率，同时又要提高生活污水的处理率。

（6）毒性物质的管理与治理。对毒性物质的污染，要强调政府行为，制定严格的管理法规，进行全过程管理，对含有有毒物质的工业废水，在排入污水系统以前进行预处理，避免有毒物质向外扩散。

2. 水土保持生态建设

根据《中华人民共和国水土保持法》，国务院发布了《中华人民共和国水土保持法实施条例》和《国务院关于加强水土保持工作的通知》。随后，全国各省、自治区、直辖市制定了配套的地方法规、政策，水土保持工作进入法制轨道。经过多年探索，提出"预防为主，全面规划，综合防治，因地制宜，加强管理，注重效益"的工作方针。近年来，根据中央指示精神，又提出"注重依靠大自然的力量，充分发挥生态的自我修复能力，实现人与自然和谐相处"的治水思路，明确了水土保持工作方向。水土保持是必须长期坚持的一项基本国策，并应加大投资力度。上述各项政策，将促使我国水土保持工作步入一个新阶段，开创水土保持生态建设的新局面。但是也必须看到我国水土流失地区自然条件的脆弱性和水土流失治理、生态环境改善的艰巨性、长期性。今后必须继续贯彻落实各项水土保持政策，坚持不懈地做好水土流失治理工作。主要有以下几方面：

（1）发挥生态的自我修复能力，人与自然和谐相处。我国水土流失面广量大，水土保持任务艰巨，要坚决制止人为进一步破坏，保护现有植被，并遵循自然规律，充分发挥生态的自我修复能力，逐步实行封山禁牧、封育轮牧等措施，依靠自然的力量保护并逐步恢复林草植被。有条件的地方，加强小流域综合治理，综合开发，发展经济，为合理规划退耕还林还草和保护植被创造条件。

（2）综合治理与综合开发相结合。水土流失治理实行山、水、田、林、路、电统一规划，植被措施与工程措施相结合，治坡与治沟相结合，治理措施的长远效益与近期效益相结合。水土流失综合治理要以改造坡耕地、兴建基本农田为重点，改善农业生产条件，促进农业稳产高产，结合农业结构调整，提高农民收入，为脱贫致富创造条件，为防治水土流失、改善生态环境奠定基础。

（3）因地制宜，采取不同的治理措施。由于我国各水土流失区自然条件不同，流失类型不同，因而采取的治理措施必须与当地的自然条件相适应，措施要得当，要因地制宜。工程措施与生物措施密切配合，宜林则林，宜草则草，或乔、灌、草结合。

（4）加强宣传教育工作。通过宣传教育使水土流失区广大人民群众深刻认识到，水土保持是保护生态环境、改善农业生产条件、脱贫致富的根本措施，积极投入水土保持生态建设工作。

（5）加强法制，加大监督执法力度。切实执行《中华人民共和国水土保持法》《中华人民共和国环境保护法》《中华人民共和国水法》《中华人民共和国防沙治沙法》

和《中华人民共和国水土保持法实施条例》等法律、法规，而且要加强监督执法力度，做到依法保护和治理生态环境，防止人为破坏活动。

（6）治理重点与目标。根据国务院治理水土流失、建设生态农业的战略部署，水土流失治理以现有适宜治理的 195.54 万 km² 为对象，以水土流失严重、生态环境恶化的长江与黄河上中游、长城沿线农牧交错区、环北京风沙区、黑河和塔里木河为重点，大力开展水土保持综合治理；在水土流失区和潜在水土流失区建立起完善的水土流失预防监督体系和水土流失动态监测网络；制止草地退化、沙化、碱化发展。预计 2030 年水土流失治理程度达到 75%，森林覆盖率达到 20%，使现有的水土流失区的大部分地区农业生产条件和生态环境明显改善，使当地群众有一个良好的生产、生活条件。

3. 全国水利发展"十一五"规划关于水环境治理与水土保持要点

（1）总体思路

在水资源保护与水环境治理方面：以恢复和改善水体功能为目标，以水源地保护为重点，建立排污总量控制、定额管理、水质监测、超标预警、过量惩罚等水资源保护制度；大力发展循环经济，加大污水处理和再生利用；实行严格的地下水保护政策，加强地下水超采区的综合治理。

在水土保持生态建设方面：充分发挥生态自我修复能力，以预防保护和有效监督为主，工程措施、行政措施、技术措施、管理措施等相结合，国家投入与政策引导相结合。加强对重点水土流失地区和生态脆弱河流的治理，逐步扭转我国与水相关的生态恶化趋势。

（2）主要目标和任务

① 水资源保护和水环境治理。采取工程措施、生态措施和严格的管理措施，保证水功能区和水质要求；加强对南水北调工程水源区和输水沿线，三峡库区，重要城市和重点地区供水水源地的监测和保护；主要江河湖库二级水功能区水质达标率提高到 55%左右，城市主要供水水源地水质达标率提高到 90%以上；对"三河""三湖"等水污染严重的江河湖泊，按照"谁污染、谁治理"的原则，加大投入，加大治理；重视农村改水改厕，减少生活用水污染；结合农村环境保护和生态农业建设，削减有机污染排放总量。

② 水土保持和水生态建设

因地制宜采取工程措施、生物措施和封育措施，增加植被，挖蓄泥沙，保护水土资源和生态环境。

对长江上游、珠江流域石漠化地区，要加大封育力度，同时结合"坡改梯"，有效保护好土壤资源；

对黄土高原多沙粗沙区，要充分发挥小流域综合治理的作用，加强淤地坝建设和管理，治坡和治沟相结合；

对西北干旱半干旱地区，实行乔、灌、草相结合，加强风沙草原区治理；

对内陆河流域，要控制人工绿洲的盲目扩大，保证水资源对河流的有效补给；

加强南方丘陵红土区、东北黑土漫岗区水土流失的综合治理。

全国新增水土流失治理面积 25 万 km²，实施生态修复面积 30 万 km²，水土流失面积占国土面积的比例由 36%降低至 34%。通过采取综合性措施，加强对北方地区河流断流、湿地萎缩、生态恶化地区的生态治理，一些生态脆弱的河流或生态严重破坏的河流得到挽救和治理。全国湿地保护面积有所恢复。

4．湖库富营养化防治技术政策

本技术政策由国家环境保护总局、农业部、水利部、交通部、科学技术部联合发布（2004 年 4 月 5 日，环发[2004]59 号）。本政策指导目标及技术措施如下：

（1）指导目标。通过 30 年左右努力，遏制湖库富营养化发展，使湖库水质良好，生态处于良性循环，湖区经济可持续发展。

（2）本政策总的技术原则。坚持预防为主、防治结合，对目前水质及生态良好的湖库应加大保护力度，防止水体富营养化；对已经发生富营养化的湖库，应坚持污染源点源和面源治理与生态恢复相结合、内源治理和外源治理并重、工程措施和管理措施并举，利用多种生态恢复的方法逐步恢复湖库及流域地区的生态环境，保持湖库生态系统的良性循环。

（3）本政策总的技术措施。大力提高湖库周边城镇地区的排水管网普及率和城镇污水处理率，加强工业污染源综合治理，控制入湖库污染物总量；对湖库流域重点地区进行工业和农业产业结构调整，控制湖库流域地区面源污染；开展湖库及其流域地区生态保护和建设，确保湖库生态系统安全与湖库水体的使用功能。

5．入河排污口监督管理办法

为加强入河排污口管理，保护水资源，保障防洪和工程设施安全，促进水资源的可持续利用，水利部制定了《入河排污口监督管理办法》（2004 年 11 月 30 日，水利部令第 22 号），规定入河排污口设置应当符合水功能区划、水资源保护规划的要求。设置入河排污口应当提交入河排污口设置论证报告，入河排污口设置论证报告应当包括下列内容：

（1）入河排污口所在水域水质、接纳污水及取水现状；

（2）入河排污口位置、排放方式；

（3）入河污水所含主要污染物种类及其排放浓度和总量；

（4）水域水质保护要求，入河污水对水域水质和水功能区的影响；

（5）入河排污口设置对有利害关系的第三者的影响；

（6）水质保护措施及效果分析；

（7）论证结论。

入河排污口的监督管理由各级水行政管理部门负责。

（三）水电行业环境保护技术政策

1. 水电发展战略和环境保护目标

我国大陆水力资源理论蕴藏量在 10 MW 以上的河流共 3 886 条,年发电量 60 829 亿 kW·h,平均功率 69 400 万 kW。技术可开发装机容量 5.42 亿 kW,年发电量 24 740 亿 kW·h。我国常规能源资源以煤炭和水能为主,水能资源仅次于煤炭,居十分重要的地位。能源节约和资源综合利用是我国经济社会发展的长远战略方针。优先发展水电能有效地节约宝贵的化石能源资源,减少环境污染。

我国水力资源较集中地分布在大江大河干流上,便于建立水电基地、实行战略性集中开发。其中富集于金沙江、雅砻江、大渡河、澜沧江、乌江、长江上游、南盘江红水河、黄河上游、湘西、闽浙赣、东北、黄河中游北干流及怒江的 13 大水电基地,其装机容量约占全国技术可开发量的 50.9%。同时这些地区生物多样性丰富,也是生态环境敏感、需要重点保护的地区。

河流是完整的生态体系,是人类社会的生命线。从全局的角度考虑,水电建设有利于环境保护,并符合我国可持续发展战略要求,但水电开发也会给河流生态带来不利影响,应积极主动地推动可行的环保措施,减免不利影响,保护好生态环境。

我国提出 2020 年要实现国内生产总值比 2000 年翻两番的目标,据测算,届时国家需电力装机 11.5 亿 kW,其中水电装机达到 3.28 亿 kW。这意味着今后平均每年要新增水电装机 1 000 多万 kW,才能满足翻两番的能源需求。随着中国西部大开发和"西电东送"战略的实施,水电建设进入了一个高潮期,水电建设生态环境保护是造福子孙后代的大事,须得到进一步加强。

水电建设环境保护坚持"预防为主、防治结合、综合治理"的原则;坚持"谁污染谁治理、谁开发谁保护"的原则;坚持建设项目"三同时"制度。

水电站建设期环境保护目标:合理开发和利用土地资源,防止工程建设与移民安置产生水土流失,施工弃渣均做挡护和排水设施,减少悬浮物排放量,弃渣场和料场在施工结束后尽快复土垦种和绿化。

水电站运行期环境保护目标:保护和合理利用水资源,不降低工程影响水域原定水质标准,按审定要求满足水功能区水质标准,保护好库区及其周围的生态环境。

2. 在保护生态的基础上有序开发水电

能源问题是制约我国经济发展、社会进步的关键因素,水电是我国能源的重要组成部分。一方面,在中国开发水电符合国家全局利益,从全局出发,水电须加快建设;另一方面应当遵循科学发展观、以人为本、自主创新的原则,依据国家"十一五"规划纲要中"在保护生态基础上有序开发水电"的要求,进行水电的有序开发,并进一步以开发促进保护,加快水电开发所在地区的生态环境保护工作。

在保护生态基础上有序开发水电,总体上应把握以下三点:

（1）在保护生态基础上有序开发水电，着眼点还是发展，约束条件是保护生态和有序开发。水电开发应坚持与地区生态建设、经济建设、江河治理、扶贫开发相结合，切实搞好在保护生态基础上有序开发，实现水电开发和生态环境保护的"双赢"。

（2）科学制订规划，保证按照科学规划实施开发。水电开发中在杜绝无水电规划的条件下，首先进行水电项目的开发。应当在综合考虑生态保护的基础上，制定全国水电开发的总体规划与各流域河段的水电规划，并对已批复的水电规划进行复核，必要时针对具体的生态环境问题提出相应的生态环境保护措施。按下列情况分别处理：

① 对于已有水电规划，并已经基本完成水电开发的河段，应按生态环境保护要求，针对具体问题提出环境保护措施，减少对生态环境的影响。

② 对于已有水电规划，但未完成水电开发的河段，应按生态环境保护要求，核实规划中水电项目对生态环境的影响，必要时调整水电规划。

③ 对于正在开展的水电规划工作，应严格按照生态环境保护要求，提出与生态环境保护相和谐的水电开发规划。

④ 对于全国尚未进行水电规划工作的相关河段，应在全国生态保护的总体要求基础上，科学规划全国的水电开发，并制定近期、中期、长期的水电开发规划。同时，协调相关河段的大中型水电开发与支流小水电开发之间的关系，提出支流限制小水电开发、保护生态原貌的具体规划，实现水电开发与生态保护的"双赢"。

（3）加强水电开发的管理工作，落实水电开发的全程生态监管。在水电开发中加大各级政府及相关行政主管部门对水电规划、设计、审批、建设、运行等环节的全程生态监管力度，落实生态环境保护措施，促进水电开发所在地区的生态保护工作。

3. 努力实现水电建设与环境保护的协调与可持续发展

一方面，从环境保护的角度看，大规模的水电开发对生态环境的影响是广泛而深远的。水电建设对生态环境的影响主要是大坝修建引起的，无论是修建调节性能好的大型水库，还是修建径流式电站、抽水蓄能电站和跨流域引水发电工程等，其对生态环境的影响都是由工程建筑物对河道的阻隔，引起水沙情势的变化、水库淹没和移民以及工程施工本身造成的；流域梯级滚动开发也加剧了对河流生态的影响。在水电开发过程中，如果不采取有效的对策和预防措施，将影响我国可持续发展战略的实施。

另一方面，水电是可再生能源，不消耗水资源量，且能永续利用。在世界能源结构中，化石能源占大部分，其中煤炭占首位，其次是石油和天然气。根据国际通行的预测，石油可用 40 年，天然气可用 60 年，煤炭也只能用 220 年。中国能源形势更不容乐观，中国人口约占世界的五分之一，人均能源资源占有量不到世界平均水平的一半，大量消耗有限的煤炭和石油天然气资源是不可取的。化石能源的燃烧产生了大量的温室气体和有毒有害物质，造成的酸雨已在全球范围内产生危害，温室气体对全球气候变化产生影响，长远来看对生态的影响更加难以预料。而水电没有污染物的排放，对大气环境保护有利。

同时水电工程具有显著的综合利用效益。中国是水资源相对贫乏的国家，加之水旱灾害十分频繁，水电工程在提高水资源利用率以及防洪抗旱等方面发挥了越来越重要的作用。一方面，中国的水电开发程度还比较低，经济建设和社会发展需要水电提供清洁而廉价的能源；另一方面，在水电开发建设的同时要做好生态环境的保护工作，把工程建设对生态环境的不利影响降低到最低限度。

一方面，从目前已建水电站的情况来看，工程地区的环境质量明显改善，绝大多数水电站成为风景宜人的旅游区，社会经济发展迅速，工程带来的经济效益、社会效益和环境效益十分显著。另一方面，在水电站的施工期，还存在一些环境污染和生态破坏的现象，需要进一步提高认识，加强管理，防止和减少这些不良现象的发生。一些水电站对水生生物造成了不利影响，这些影响是不可逆的，虽然工程积极采取措施予以补救，如葛洲坝为了保护中华鲟，成功地进行了人工繁殖放流，使这一珍贵的物种不会因为工程建设而灭绝；但是，这种不利影响是不可避免的。

总之，水电建设和生态环境保护是一对矛盾，既对立又统一。处理好这对矛盾可以实现社会发展和环境保护"双赢"的目标；反之，可能要在经济发展或生态保护方面付出巨大的代价。

二、环境影响评价技术规范与标准

环境标准是为了防治环境污染、维护生态平衡、保护人群健康，对环境保护工作中需要统一的各项技术规范和技术要求所作的规定。环境标准是国家环境政策在技术方面的具体体现，是行使环境监督管理和进行环境规划的主要依据，也是进行环境影响评价、编制环境影响报告书的准绳和依据。水利水电工程环境影响评价依据的技术标准可分为技术规范、环境质量标准和污染物排放标准。各类标准很多，现将评价工作中常用标准介绍如下。

（一）技术标准

1. 环境影响评价技术规范

评价中主要依据的环境技术导则、规范有：《环境影响评价技术导则　总纲》（HJ/T 2.1—1993）、《环境影响评价技术导则　大气环境》（HJ 2.2—2008）、《环境影响评价技术导则　地面水环境》（HJ/T 2.3—1993）、《环境影响评价技术导则　声环境》（HJ/T 2.4—1995）、《环境影响评价技术导则　非污染生态影响》（HJ/T 19—1997）、《环境影响评价技术导则　水利水电工程》（HJ/T 88—2003）、《地表水和污水监测技术规范》（HJ/T 91—2002）、《建设项目环境风险评价技术导则》（HJ/T 169—2004）等。

环境影响评价相关标准有：

《江河流域规划环境影响评价规范》（SL 45—2006）、《开发建设项目水土保持方案技术规范》（SL 204—98）、《村镇供水工程技术规范》（SL 310—2004）、《生活饮用水水质卫生规范》、《城市生活垃圾卫生填埋技术标准》（CJJ 17—2001）、《水利水电工程环境保护概（估）算编制规程》（SL 359—2006）等。

2. 环境质量标准

环境质量标准是评价区域水、气、声、土壤等环境状况的依据，如：《地表水环境质量标准》（GB 3838—2002）、《地下水质量标准》（GB/T 14848—1993）、《生活饮用水卫生标准》（GB 5749—2006）、《渔业水质标准》（GB 11607—1989）、《环境空气质量标准》（GB 3095—1996）、《声环境质量标准》（GB 3096—2008）、《土壤侵蚀分类分级标准》（SL 190—2007）等。

环评中应依据这些标准评价项目区环境质量现状，工程建设后环境质量的变化。环评中对项目区环境质量执行哪一类标准应依据经审批的环境功能区确定，或者经当地环境保护行政主管部门确认。

3. 污染物排放标准

水利水电工程基本上属非污染生态项目，但在施工期也有污染物排放。执行的标准有：《污水综合排放标准》（GB 8978—1996）、《大气污染物综合排放标准》（GB 16297—1996）、《工业企业厂界环境噪声排放标准》（GB 12348—2008）、《建筑施工场界噪声限值》（GB 12523—1990）等。

（二）水利水电工程和江河流域规划环评规范技术要点

1.《环境影响评价技术导则　水利水电工程》，（HJ/T 88—2003 以下简称《技术导则》）要点

《技术导则》共包括正文 10 章和 5 个附录，各章的主要技术内容及要点介绍如下。

（1）总则

包括编制目的、适用范围、共性要求和引用标准。

（2）工程概况与工程分析

① 工程概况

规定了总体要求，流域（河段）规划、工程地理位置、工程任务和规模、工程总布置及主要建筑物、工程施工布置及进度、淹没、占地与移民安置的规划描述的要求。工程概况应针对环评需要，根据工程可行性研究报告编写。

② 工程分析

主要为一般要求、分析对象、分析时段和分析重点。

工程分析是确定对环境的作用因素和影响源、影响方式与范围、污染源强和排放量、生态影响程度。工程分析对象主要有施工、淹没占地、移民安置、工程运行等。时段分施工期和运行期。工程分析应以影响强度大、范围广、历时长的环境要素为重点。对在敏感区内和周围地区的保护目标应进行重点分析。

③ 方案比选与环境风险分析

方案比选主要是对工程位置、工程规模的各种方案，从生态、水环境、移民、施工方案方面进行环境比选。经比选，提出环境可行的推荐方案。环境风险分析主要包括垮坝、特大洪水、诱发地质灾害、突发性环境污染事故、生态风险等。

（3）环境现状调查与评价

包括调查要求、方法、范围、内容和现状评价。

① 资料收集和调查内容。包括地质，气候与气象、水文、泥沙，水环境，环境空气、环境噪声，土壤与水土流失，陆生生物、水生生物与生态，人群健康，景观与文物。

② 环境现状分析与评价。水环境、环境空气、声环境现状应按照相应的环境质量标准评价；生态现状评价应从生态完整性角度评价现状环境质量；用可持续发展的观点评价自然资源现状、发展趋势和承受干扰的能力。主要环境问题有洪涝灾害、物种减少、水土流失、荒漠化、地质灾害、水污染、空气污染等。

（4）环境影响识别

包括影响因子识别，提出环境影响评价系统，识别环境要素及因子。影响性质识别，包括有利影响和不利影响、直接影响和间接影响、暂时影响和累积影响、局部影响和区域影响、可逆影响和不可逆影响等识别。影响程度识别，分大、中、小、无等。通过识别确定重点评价要素及因素。

（5）环境影响预测评价

规定了一般要求、主要环境要素及因子预测评价内容和方法。

① 水文、泥沙。规定了工程对水文情势、泥沙冲淤的影响评价内容。

② 局地气候。包括对气温的影响、对降水的影响、对风速的影响和对湿度的影响。

③ 水环境。包括工程施工对水质的影响，水库水质评价，工程对下游或输水线路沿程水质变化预测，移民安置对水质的影响，预测水库的水温垂向分布，下泄水温沿程变化。

④ 环境地质。包括水库诱发地震，库岸稳定，水库渗漏。

⑤ 土壤环境、土地资源。

⑥ 生态。包括生态完整性评价，陆生植物影响，陆生动物影响，水生生物影响，湿地生态影响，自然保护区影响，水土流失的影响。

⑦ 大气环境、声环境、固体废物。

⑧ 人群健康。规定了环境性疾病评价、移民、施工人员人群健康影响评价内容。

⑨ 景观与文物。

⑩ 移民与社会经济。移民包括移民环境容量分析，城镇、集镇、工矿企业迁建对环境的影响，专业项目设施复、改建对环境的影响。

社会经济，包括对区域或流域可持续发展的作用和影响，防洪、水电、灌溉、供水工程对社会经济影响评价内容。

此外，预测方法可采用数学模型法、物理模型法、类比分析法、景观生态学法、图形叠置法等。

（6）对策措施

① 原则与要求。

② 分项对策措施。包括水环境保护措施，大气污染防治、噪声防治措施，固体废物处理处置、生态保护措施，土壤环境保护、人群健康保护、景观保护，水土保持。

（7）环境监测与管理

① 环境监测任务。主要规定了监测计划、突发性污染事故的监测。

② 监测站点布设。本节规定了站、点布设的环境要素及因子，对专业人员、规模的要求。

③ 技术要求。规定了范围、调查位置、频率及监测方法和技术要求。

④ 环境管理。规定了管理时段、任务、管理体制及信息系统要求。

（8）环境保护投资与环境影响经济损益分析

① 环境保护投资估算。包括投资估算项目划分及编制依据，环境保护投资估算的项目，环境保护措施、环境监测措施、仪器设备、环境保护临时措施、独立费用。

② 环境影响经济损益分析。规定了对环境效益分析、环境影响经济损失分析和分析结论的要求。

（9）公众参与

规定了公众参与方式、代表性和反馈意见要求。

（10）评价结论

规定了评价结论内容及建议。评价结论包括环境现状、工程分析、预测评价、措施实施的结论。

（11）附录部分

① 水利水电工程环境影响评价大纲的编制内容和要求。

② 水利水电工程环境影响报告书的编制内容和格式。

③ 地表水水利水电工程环境影响报告表的编制内容和要求。

④ 水质影响预测方法。

⑤ 生态影响预测方法。

2.《江河流域规划环境影响评价规范》（SL 45—2006）要点

《江河流域规划环境影响评价规范》修编后由水利部于 2006 年 10 月 23 日正式颁布，2006 年 12 月 1 日施行，替代 SL 45—1992 版本。

（1）总则

① 本规范适用于大江大河和重要中等河流的流域综合规划或专业规划的环境影响评价。区域综合规划或专业规划、一般中小河流的流域综合规划或专业规划的环境影响评价，可参照本规范执行。

② 流域规划环境影响评价应遵循的原则：流域可持续发展战略原则；与流域、区域相关规划协调一致原则；客观、公正和公开原则；整体性和综合性原则；早期介入原则。

③ 流域规划环境影响评价的范围，应包括规划范围和可能受到影响的其他区域。

④ 流域规划环境影响评价作为流域规划的组成部分，应贯穿流域规划的全过程。流域规划环境影响评价工作深度应与规划的层次、详尽程度相一致。

⑤ 本规范主要引用标准。

（2）规划分析

① 规划概述应说明规划编制背景、规划目标、规划任务、规划方案主要内容和近期工程实施意见等内容。说明本规划与相关的资源、环境区划，上一级规划和相关其他区域、行业规划的关系。

② 分析流域规划与相关法律、法规及所在区域其他相关规划的协调性。

识别流域或区域水资源配置、工程布局、移民等主要治理开发活动及受影响的环境要素；初步确定环境可行的规划方案。

重点分析近期规划实施方案对流域、区域未来发展可能造成重大环境影响的因素及影响途径。 应对规划设定的环境目标进行合理性分析，确认或提出调整意见。

（3）环境现状调查与评价

① 环境现状调查。自然环境。流域地理位置、地貌、地质、气候、水文水资源、水环境、土壤等。

生态。陆生生物、水生生物物种和生态系统。重点调查珍稀濒危及特有动、植物。

社会环境。人口、水资源和土地资源，工业、农业，生活质量、人群健康，景观、文物。

环境敏感区。需特殊保护地区、生态敏感与脆弱区、社会关注区等。

② 环境现状分析与评价

主要环境问题分析；生态完整性与敏感生态问题分析；土地资源开发利用现状分析；水环境质量现状分析。

应分析无规划方案条件下流域、区域规划水平年环境变化趋势。

（4）规划环境影响识别与环境保护目标

① 环境影响识别

环境系统及环境要素识别；

影响范围识别；

时间跨度识别；

影响性质和程度识别；

影响重点识别。

② 环境保护目标

环境与生态功能目标包括：水功能、生态系统功能和土地利用功能目标等。

环境敏感目标包括：需特殊保护区、生态敏感与脆弱区和社会关注区等敏感目标。

（5）规划环境影响预测与评价

规划环境影响应结合流域环境系统和环境要素特征进行预测，按流域水资源配置、规划布局、规模、实施时序、近期开发治理工程等内容进行评价。

流域范围较大时，可分区进行影响预测评价。

按预测水平年，对拟订规划方案与无规划方案的环境趋势进行对比分析。

① 环境影响预测

规划对环境系统的宏观影响；

规划对水文水资源的影响；

规划对水环境的影响；

规划对土地资源的影响；

规划对生态的影响；

规划对社会经济的影响及其他影响。

② 环境影响分析与评价

根据预测结果评价环境保护目标实现状况、环境质量状况；

对规划方案的水资源配置、规划布局与规模、开发时序、近期治理开发工程等内容进行环境合理性分析。

（6）规划方案环境比选及环境保护对策措施

① 对环境可行方案进行排序；提出推荐方案或修改规划建议。

② 环境保护对策措施。

主要包括：

水资源保护。节约用水和合理利用水资源，控制地表水资源过度开发和地下水过量开采等对策措施。重要水源地水质保护，维护、恢复水域功能，防止地下水污染和水温恢复等对策措施。

土地资源保护措施包括减少占地，合理开发利用土地资源，防止土地退化和土壤污染等对策措施。

生态保护措施应提出保护珍稀、濒危物种及其生境，重要的生态系统，水生生物洄游通道及其他生态敏感区域的对策措施，提出河道、湖泊及其他重要湿地生态需水量要求。河道内生态需水量计算方法可参照附录 C（略）推荐的方法确定。

（7）环境监测与跟踪评价计划

根据规划的环境影响拟订水资源、水环境、生态、土壤环境等环境监测方案和实施计划。

跟踪评价计划应明确规划实施后的环境影响、环境保护对策措施的落实情况和效果，以及提高规划的环境效益所需的改进措施等。

（8）公众参与

公众参与的内容应包括公众对规划方案的意见，公众关心的流域现状主要环境问题，规划方案实施可能引发的主要环境问题，环境保护对策措施和建议等。

（9）执行总结

包括规划背景、规划主要内容、评价过程、环境现状、环境影响预测与评价、推荐的规划方案、主要环境保护对策措施、公众参与的主要意见和处理结果、总体评价结论等，应提出下一层次规划或项目环境评价要求与建议。

规范还包括附录 A（略）：环境影响评价文件编写提纲、附录 B（略）：流域规划环境保护目标与评价指标和附录 C（略）：河道内生态需水量计算。

第三节 环境管理

一、各设计阶段环境管理

水利水电环境管理是对水利水电建设和运行过程中的环境保护工作的管理。水利水电建设环境管理按建设项目进度分以下几方面。

1. 规划阶段

在流域规划阶段，环境影响评价应早期介入，编制规划环境影响报告书和环境影响评价篇章。2006 年 10 月水利部发布《江河流域规划环境影响评价规范》（SL 45—2006），对水利规划环评的原则、内容和技术方法作出具体规定。规划目标中应有环境保护目标。规划环境影响评价应进行规划方案与相关规划的协调性分析，进行环境可行的规划方案比选。从规划方案总体布局与规模、开发时序进行影响预测和评价，提出对策措施。在合理规划指导下，进行建设项目环境影响评价。

河流水电规划工作需要收集流域的水文气象、地质地貌、河流比降和当地自然环境、社会经济方面的基础资料，从水资源综合利用的角度，科学合理地布局水电站址。规划阶段也应开展相应深度的环境影响评价工作。原电力工业部颁布的《河流水电规划编制规程》对水电规划中的环境影响评价提出了如下要求：

对规划河流应进行环境状况调查，并对环境现状作出分析评价。

应根据国家环境保护法规，结合规划河流的实际情况和技术条件、经济能力，提出环境保护要求。

对拟订的各梯级组合方案应进行环境影响总体评价，从宏观上评价各梯级组合方案对流域环境的影响，分析各方案环境影响的差异，提出对方案的比选意见。

对选定的河流梯级开发方案和推荐的近期工程应对可能造成的环境影响作出简要说明，并提出减免不利影响的对策、措施和建议。

2. 可行性研究阶段

（1）水利工程环境影响评价

包括：

准备工作。项目建设单位向负责审批环境影响报告书的环境保护主管部门申报，确定编制环境影响报告书或报告表，验证评价单位的资格。工程建设单位向评价工作负责单位提出评价任务委托书。

编制和审批环境影响报告书。水利工程环境影响报告书由项目法人单位报送行业主管部门组织预审后，再由负责预审的主管部门将预审意见、专家评审结果或预审会议纪要以及修改好的环境影响报告书，报送有审批权的环境保护行政主管部门审批。

（2）水电工程环境影响评价分为预可行性研究和可行性研究两个阶段

原电力工业部颁布的预可行性研究报告编制规程规定，预可行性研究阶段应开展相应深度的初步环境影响评价，预可行性研究报告中应有环境保护篇章。目的是掌握工程建设对环境影响的程度，是否存在制约性的环境问题。编制的依据为国家现行的法律法规、技术标准。具体要求为：调查工程影响地区的自然环境和社会环境状况；对工程环境影响的主要因素进行预测和初步评价；分析工程对环境产生的主要有利影响和不利影响；工程兴建后环境总体变化趋势；从环境角度初步分析工程建设的可行性。

水电工程的可行性研究要求达到初步设计的深度，在环保工作方面包括环境影响报告书的编报工作和相当于初步设计深度的环境保护设计工作。根据国务院《建设项目环境保护管理条例》的规定，建设项目在可行性研究阶段应编制环境影响报告书。关于环境影响报告书编报的程序和要求，环境保护部已经颁布了一系列的技术规范、标准和规定。电力行业结合行业的特点已经形成比较规范的水电工程环境影响报告书的内容和格式。原则上，水电工程在可行性研究阶段还应根据经环境保护部审批的环境影响报告书开展环境保护设计工作，对环境影响报告书中的对策措施进行细化和具体设计，具体要求为：

环境保护工程措施设计；

环境保护对策设施计划；

环境监测站网设计和环境监测计划；

环境管理计划；

环境保护投资概算。

3．初步设计阶段

水利工程环境保护设计是从技术、投资角度防止环境污染与生态破坏的具体措施。设计工作一般分两阶段进行，即初步设计和施工图设计。初步设计，必须有环境保护篇（章），具体落实环境影响报告书和审批文件所提出的各项环境保护措施；施工图设计，按已获批准的初步设计文件及其环境保护篇（章）所确定的各种要求进行设计。在审查初步设计时，由环境保护部门与项目主管部门派人参加，共同审查环境保护篇（章）。

4．施工阶段

施工阶段环境管理主要是施工区环境管理，对工程施工区的环境保护工作进行的组织、计划、协调和控制。其目的是按设计文件要求落实施工环境保护计划与进度，保证工程质量；防治由施工活动造成的环境污染和生态破坏。

管理内容主要包括：① 组织编制施工区环境保护计划，并报负责单位审批；制订年度或分阶段实施计划和有关管理规章制度。② 检查项目经理（或项目部）是否按设计要求或国家政策组织招标投标。③ 进一步复查设计文件，核查施工现场执行情况，并妥善处理环境保护设计的变更。④ 检查环境保护工程项目是否纳入项目经理（或项目部）和施工单位的施工计划，是否严格按照设计和审查要求进行施工。⑤ 严格保证施工进度，保证环境保护工程项目的如期完成；控制环境保护投资的计划与使用。⑥ 检查环境保护工程施工质量；检查环境保护设施的运行与维护情况，确保环境保护设施按设计标准正常运行。⑦ 结合工程施工区特点，组织开展环境保护科研、技术攻关、宣传、教育和培训等。⑧ 负责区域环境质量监测、污染源排放及公共卫生监督监测的实施。⑨ 主持环境保护设施和专项环境保护项目的竣工验收，负责组织编制枢纽工程竣工环境保护验收报告。⑩ 协调工程施工区各方及与各级环境卫生、资源等行政主管部门和相关单位的关系。

管理方法主要是：① 建立环境保护工程或设施的施工进度报告制度和环境保护工作报告制度。② 深入现场进行直接检查和监测，及时检查处理施工单位报表反映的情况。③ 建立会商制度，定期或不定期地对施工区有关环境保护工作的问题进行研究和协调、交流总结经验。④ 配合地方环境保护行政主管部门开展环境保护设施与主体工程同时设计、同时施工、同时投产的"三同时"检查，促进并加强工程施工区环境管理。

5. 竣工验收阶段

1994 年 12 月，国家环境保护总局以第十四号令发布了《建设项目环境保护设施竣工验收管理规定》，水利水电工程开始了环境保护设施的专项验收。现在水利水电工程竣工环境保护验收的模式已经基本形成。2001 年 12 月国家环境保护总局颁布了《建设项目竣工环境保护验收管理办法》，进一步规范了水利水电工程环境保护竣工验收工作。

竣工验收的内容包括：环境影响报告书（表）和设计文件及其审批意见所规定的环境保护措施，还包括建设单位根据实际环境影响补充增加的措施，工程建成后对环境与生态的影响跟踪评价等。

根据水利水电工程项目特点，其竣工环境保护验收可分为单项工程竣工环境保护验收和总体工程竣工环境保护验收。

单项工程竣工验收，指水利水电工程建设已形成具备生产能力的环境保护设施项目的竣工验收，其验收工作可直接参照有关环境保护设施的竣工验收程序和方法进行。

总体工程竣工验收，指水利水电工程整体竣工验收。主要内容包括：施工区环境保护措施及执行情况；水库淹没区与移民安置区环境保护措施及执行情况；其他环境保护措施及执行情况；环境管理及环境监测计划执行情况；已显现出的工程环境影响分析；环境保护投资使用情况及环境效益分析等。

6. 运行阶段

主要任务是保证工程环境效益的发挥，并防止人类活动对工程区域的环境污染和生态破坏，同时监测环境影响评价阶段确认的某些具有长期或潜在影响的生态因子的变化。主要内容包括：① 根据工程特点，制定阶段性环境保护规划、专题性环境保护规划及年度实施计划。② 根据环境影响报告书的要求，继续落实生态恢复措施。③ 开展生态与环境监测，及时掌握工程区和库区的环境状况；必要时，开展环境影响回顾评价。④ 对水利水电工程区域的产业活动（包括旅游、餐饮、工业生产等）开展经常性的环境监督管理。⑤ 水利水电工程环境保护设施的日常维护与管理。

二、工程施工区与库区环境管理

1. 施工区环境管理

加强大坝工程施工的环境管理，对于有效地防治因工程施工活动引起的环境污染和生态破坏，保障施工人员的身体健康，加快工程建设以及促进工程建设与环境保护的协调发展具有重大意义。随着国际环境保护事业的发展和我国环境保护管理法规的建立健全，我国水利工程建设环境保护由只重环境影响评价不重环境保护措施落实的状况，逐步发展到针对环境影响进行环境管理，并对其管理方式进行研究和不断完善。

（1）施工区环境保护措施管理

不同的工程和不同区域，工程施工区环境影响的侧重点有所区别，采取环境保护措施的条件也不尽相同。大型工程施工区生态保护、污染治理的主要环保措施包括：

① 景观生态的恢复和协调

对于因工程施工开挖或填筑而产生的裸露边坡或施工迹地，应及时采取浆砌块石挡土墙、喷混凝土或砂浆边坡支护等工程措施，各种边坡绿化施工、环境及园林绿化等植物措施，以避免水土流失和影响人身安全与正常施工的顺利进行。

建筑物的设计（包括房屋、桥梁、隧道、园林设施等）应与周围景观和区域远景景观规划相协调，施工区物资、设备堆放应井然有序，要做好弃渣场和料场的规划和防护工作。

② 施工区公共卫生综合治理

搞好施工区环境卫生工作，建设符合标准的生活垃圾处理设施；保护饮用水源，加强供水设施的净化、消毒管理，确保生活供水水质符合国家卫生标准；加强食品卫生、公共场所卫生的监督管理和从业人员的健康体检，以及对施工人员的劳动保护；积极开展灭鼠、蚊、蝇和卫生防疫工作，切实做好对传染病的预防和监督管理。

③ 噪声防护

我国水利水电工程噪声防护措施主要是加强对受噪声影响人群的保护，如建设隔声装置、佩戴个人防护用具、将受影响的人群搬迁等，部分项目可以通过施工工艺适当地降低噪声，如爆破可通过设计最大松动爆破噪声降低影响。

④ 粉尘治理

包括提高运输路面的硬化率，加强道路养护、维修、洒水和清扫；搞好道路两侧的绿化，减少裸露面；采用降低粉尘产生量的施工工艺和方法，如钻孔的湿法作业、水泥和粉煤灰的集装箱运输；搞好拌和楼除尘器的安装和正常的维护、检修管理等。

⑤ 水质保护

沙石料加工系统和混凝土拌和系统的生产废水，可经过一定的沉淀工艺和设施处理达标后排放或回收利用。对办公生活区集中的生活污水，可采用集中式污水处理工艺，使污水达标排放或回收利用；对分散布置的办公生活区，根据地形和排污浓度采用适当的分散治理工艺（如各种改进型的化粪池、小型氧化沟及小型成沟生活污水处理设施等），使污水达标排放。同时，要加强污水治理设施运行的管理和监测工作。

（2）施工区环境保护规划

编制大坝工程施工区环境保护规划，是继环境影响评价以来的一项新的环境保护措施，1994 年 8 月和 1995 年 12 月，长江三峡工程和黄河小浪底工程分别提出了施工区环境保护规划。环境保护规划的编制，必须在符合国家环境保护法律、标准的前提下，充分考虑工程施工区的主要环境影响，密切联系工程施工总体布置，制定分区规划；对不同的区域、不同的环境影响和保护对象，按照工程进度安排，并根据不同的标准和要求制定实施规划；同时，规划要经济合理，技术可行，方法简便，效益显著。

① 环境保护规划的原则及目标

施工区环境保护规划是工程施工总体规划的一个组成部分，目的是为了保护施工区的环境，减缓因工程施工活动所引起的环境问题；紧密结合工程施工实际和主要环境影响，对环境影响报告书中施工区各项环境保护对策和防治措施提出具体规划，达到工程施工和环境保护的协调发展，以维护和改善施工区环境质量，减缓工程施工的不利环境影响，保障施工人员身体健康，为施工区环境保护及管理提供科学依据。

施工区环境保护规划除依据国家有关环境保护法规和标准外，还应遵循以下原则：

坚持"三同时"原则。即环境保护设施与建设项目同时设计、同时施工、同时投入运行，环境保护工作贯穿施工全过程。

可操作性的原则。规划应紧密结合施工布置和施工进度实际，环境保护措施具体，技术上可行，经济上合理，操作上方便，使规划既有利于保护环境，又有利于工程建设。

突出重点的原则。由于施工环境影响众多，规划应抓住主要问题，突出重点。

② 环境保护规划的内容

环境保护规划的内容应紧密结合工程施工环境影响，不同工程环境保护规划的内容和重点不同。环境保护规划内容依据环境保护要素或因子划分，包括水质保护规划、空气质量保护规划、噪声防治规划、施工区绿化和水土保持规划、人群健康保护规划。从环境保护手段上分，环境保护规划内容包括防护和治理措施规划、施工区环境监测规划、环境管理规划。

（3）施工区环境保护管理机构与职责

工程施工环境管理的基本任务就是在贯彻执行我国现有的环境保护法规和标准的前提下，充分利用各种管理手段和现有技术，保证环境保护目标的实现。

长江三峡工程和黄河小浪底工程在施工区环境保护管理方面是比较领先的，提供了一定的经验。

① 成立环境保护管理机构或体系

环境保护机构或体系，不仅是环境保护规划实施的组织保证，而且，通过机构或体系的建立健全，还可表现出建设单位对环境保护的承诺、重视和自我约束。

② 制定保护工作实施规划和计划

由于水利水电工程施工期较长，如长江三峡工程施工期 17 年，为保证环境保护管理的目标性、有效性和主动性，应结合工程建设各个阶段环境保护工作的特点和重点，制定环境保护管理的实施规划和年度计划，指导环境保护管理工作。

③ 制定规范化的管理制度

水利水电工程建设均实行新的建设管理体制，如"项目法人负责制、招标承包制、工程监理制和合同管理制"，工程施工环境管理体制应与工程施工管理体制相适应；并结合工程建设管理体制，制定规范化的环境保护管理制度，明确参与工程施工各方环境保护行为的法律文件。开展和加强有针对性的环境保护宣传、教育，如长江三峡工程施工的《三峡工程施工区环境保护管理实施办法》，黄河小浪底工程的《环境保护手册》和"关于施工区环境监理工作的实施意见"等。

④ 组织开展日常环境保护的监督管理工作

环境保护管理机构，依据制订的环境保护计划和规章制度，进行日常环境保护管理和监督工作。

（4）环境监理

环境监理是依据环境保护行政法规和技术标准，综合利用法律、经济、行政和技术手段对工程建设参与者的环保行为以及他们的责、权、利进行必要的协调与约束，防治环境污染，保护生态环境。1994 年以来，我国部分工程相继开展了环境监理工作的探索。环境监理使环境保护和工程施工紧密结合，使环境管理工作融入整个工程的施工过程中，变被动环境管理为主动环境管理，变事后环境管理为过程环境管理，从而，督促和保证工程施工环境保护工作的顺利实施。水利水电工程环境监理是依据环境保护法规和监理合同，对水利水电工程实施的环境监测以及环保措施进行的监督与审核。

① 环境监理任务。编制监理计划，规定监理内容，受业主委托，根据环境保护措施方案的要求，监督和检查环境保护措施的实施和效果，及时解决出现的环境问题。主要监督承包商是否按环境保护设计进行生产、生活污水处理，噪声防治，环境空气保护，固体废物处置，水土流失防治，土地利用，人群健康、珍稀动植物、文物等的保护。对工程环境保护的设计方案，在施工中进行进度控制、投资控制、质量控制、合同管理、信息管理和组织协调，使每一个设计方案（或措施）通过环境监理得到落实。

② 环境监理方法

包括：

a）旁站。这是一种相对固定的检查方式。环境监理工程师一直在现场，检查整个过程可能出现的环境问题，如碱性废水处理、固体废物堆放、植被恢复等。

b）日常巡视。这是一种流动的检查方式。环境监理工程师对工程的环境分散项目实行巡回检查，如环境空气保护项目、噪声防治项目、人群健康保护项目、文物保护项目等。

c）遥感。利用遥感信息，如通过卫星提供的环境信息、彩红外航片等进行目视解译和计算机分析，宏观监控环境问题，如水土流失、水污染和生物影响等。

d）定点监理。环境监理工程师按固定时间监理各指标的执行情况，如移民安置区环境规划实施项目。

e）监测。根据施工区环境保护工作的需要，开展环境监测工作，使环境监理依据可靠的现场资料进行科学决策。

f）例会制度。按固定时间（如 1 个月）召开承包商的环境管理人员会议，检查工作中的成绩、存在的问题，提出整改的要求。

g）报告制度。每隔一固定时间，承包商向环境监理工程师提交一份环境报告，环境监理工程师向工程环境管理部门提交一份环境报告，进行全面总结。

h）指令文件。环境监理工程师通过签发指令性文件（如通知单、备忘录等）指出工程中出现的各种环境问题，提请承包商注意。

（5）环境监测

环境监测是环境管理的基本手段，并且直接服务于环境监理。其监测内容包括：施工过程中污染物排放的监测，污染治理设施运行效果的监测，工程项目竣工前后和施工过程中区域环境质量的监测，人群健康及生态状况的监测，监测成果的提交和应用等。

2．库区环境管理

（1）库区环境规划原则及主要内容

为了减免移民安置规划实施对环境的不利影响，在编制移民安置规划时，要求在环境影响评价的基础上，针对各类环境问题，同时编制库区环境规划。规划原则是：必须坚持高层次、全面性、长远性的观点，正确处理移民安置、城乡建设、经济发展与环境保护的关系，地方环境保护总体规划与工程移民安置规划的关系，针对库区环境问题，提出切实可行的对策和保护措施，防止因移民迁建和经济发展对生态环境产生新的破坏。以工程建设为契机，利用移民补偿投资，改善库区环境质量，促进库区经济与环境协调持续发展。

环境规划是在环境现状调查和环境质量评价基础上进行的。规划涉及面广，既具有全面性、整体性、系统性、实用性的特点，又要求重点突出，强化农村环境保护。规划的主要内容包括：

土地资源开发利用环境保护规划。以农村安置区水土保持和城镇、工矿企业迁建，专业项目复建的水土保持为重点。

城镇迁建环境保护规划。包括城镇布局功能分区，城镇迁建环境影响复核；工业污染源控制规划，水污染防治规划，大气污染防治规划，噪声防治与固体废弃物处理规划，城镇生态环境保护规划，城镇环境监测规划。

工矿企业迁建与移民二、三产业污染防治规划。包括迁建工矿企业排污及治理现状的调查研究，企业新址环境可行性分析，污染物排放趋势预测，迁建的环境影响分析及环境对策措施的制定。

人群健康保护规划。包括医疗卫生、防疫保健体系与机构规划，免疫接种规划，卫生清理规划。

生态建设规划。包括森林植被、特有物种、珍稀濒危动植物和古大树保护规划等。

安置区生态环境监测及环境管理系统规划。

环境保护投资概（估）算。

实施环境规划还必须提高库区人民的环境意识，使他们认识到环境保护是造福子孙的宏伟事业，把实施环境规划变成自觉行动。严格控制移民安置中新产生的环境污染，防止生态的破坏。

（2）库区环境保护规划的主要措施

从宏观上要改变过去以大量消耗资源和粗放经营为特征的传统发展模式，坚持经济建设、城乡建设、环境建设同步规划、同步实施、同步发展的方针，转变发展战略，走可持续发展道路。在具体工作中，主要是针对移民对环境的影响，落实各项措施：

推广生态农业，提高和改善移民环境容量。主要是加强以改坡耕地为梯田，兴建水利为中心的农田基本建设。因地制宜增加耕地氮磷肥料和生态农业、植树造林、培育森林的投入，提高粮食产量，发展经济林、建设综合林业基础，使生态改善与经济协调发展，从而提高人口环境容量，使移民安居乐业。

防治水土流失。大力种树种草，增加森林覆盖率，逐渐做到大于25°坡地退耕还林，减少土壤侵蚀。

加强生物多样性保护。防止移民迁建和开发活动对野生动植物资源的破坏。特别是对受到工程影响的野生珍稀物种应加强保护。禁止乱捕滥猎珍稀动物，乱采滥挖珍稀植物。对有科学价值、特殊生态环境的库区，经过论证可考虑建设或扩大自然保护区。

城镇迁建和二、三产业安置应防治环境污染。库区在城镇、工矿企业迁建时，应合理布局，综合治理和控制新老污染源，避免出现"先污染，后治理"局面。新城区建设要将市政工程与污水处理工程结合起来完善城市的供、排水系统。在峡谷山区，大气扩散能力弱，发展工业应防治燃煤烟尘对大气造成污染。

实行水环境目标管理，库区水域应根据功能满足饮用、工农业、旅游用水要求。建设城市污水处理系统。

防止疾病流行，保护人群健康。要建立和健全库区的卫生防疫机构，在移民投资中，要考虑卫生事业和技术力量的投入，强化防疫体系。水库蓄水前要彻底清理库底，对传染性污染物应就地消毒净化、严防扩散。制定和实施移民安置及食品卫生、饮用水卫生的管理工作，减少疾病对新老居民健康的威胁。

大力推广科技进步，加强环境科学研究，积极发展环保产业。

（3）移民工程环境监理

环境监理是工程监理的重要组成部分。引进环境监理体制是强化库区环境管理、保证工程建设中落实环保措施的重要前提，开展移民工程环境监理是水利枢纽工程环境保护的新发展。黄河小浪底工程因实施了移民工程环境监理，取得良好效果。根据黄河小浪底工程的实践，移民安置规划及实施的环境监理包括：

检查移民安置规划中是否有环保措施。

监督、审查、评估移民规划实施中环保措施的落实情况。如对安置区水源地建设必须首先予以重视，水质应符合卫生标准；移民迁建应加强卫生防疫，预防疾病暴发、流行；定期对生态状况进行监测；新建或扩建工矿企业必须坚持"三同时"原则，对"三废"进行处理，实现达标排放；移民迁建中弃土必须进行防护处理，以免产生新的水土流失；对文物及生态环境保护开展宣传教育服务等。

在移民工作开始实施后，环境监理主要范围在移民后靠、近迁和远迁安置区。

移民环境监理采取自下而上和自上而下两种方式：

由移民安置所在村、乡工作人员填写专用表，主要是总结移民安置过程中和安置后环境改善状况及出现的环境问题。

由环境保护组织机构监理人员对移民安置规划及实施工作进度和内容定期进行环境检查，全面分析环境保护措施落实情况及存在的问题，下一步计划解决问题的途径和方法。

（4）库区环境管理的组织与职责

工程环境保护实施规划在国家和地方环保局的指导和监督下，由工程建设管理单位、移民主管部门组织实施。环境管理体系由领导机构、组织机构、实施机构、协助机构和咨询机构五部分组成。

领导机构。由工程建设、施工、管理单位及地方有关部门的领导、专家组成，负责决定有关环保办法，协调各部门关系。

组织机构。由建设管理单位所属环保机构组成，主要负责编制和实施工程环境规划和年度计划，对工程环境依法监督、检查、验收。

实施机构。由各承包商、施工单位、区内地方政府及驻工地单位组成，负责完成区内特定环保内容，接受组织机构检查监督。

协助机构。由设计单位、监理单位、具有相关资质的技术咨询单位等组成，受委托开展监测、监理、评估等工作。

咨询机构。由受聘的环保移民专家组成，对环保进行咨询、评估，并提出建议。

第二章 工程概况与工程分析

工程概况与工程分析是建设项目环境影响评价的基础工作，其主要任务是：在建设项目工程概况介绍的基础上，对项目的建设活动与环境的关系进行初步分析。主要为分析工程项目与相关规划的协调性；工程方案的环境合理性比选；工程作用因素与受影响的环境要素的关系，找出污染源和生态破坏的作用源。通过工程分析确定工程施工和运行过程对环境的作用因素与影响源，影响方式与范围，污染物源强和排放量、生态影响程度；为环境影响识别提供依据。确定环境保护目标与工程的关系。

工程分析总体上是宏观定性与定量相结合的分析，是工程与环境之间建立的一种联系。工程分析的作用集中体现在为项目决策提供依据；弥补"可行性研究报告"对建设项目产污环节和源强估算的不足；为环保设计提供优化建议；为项目的环境管理提供建议指标和科学依据。本章主要介绍水利水电工程概况、工程分析和工程分析实例。

第一节 工程概况

工程概况是工程分析的基础。工程概况是对建设项目工程主要情况的介绍，主要内容来源于建设项目的设计文件，根据工程分析的需要，有选择地选取工程内容进行介绍。本节内容包括：流域概况、水利水电工程概况和不同类型工程概况。

一、流域概况

水利水电工程项目均属于水资源开发项目，一般与河流流域关系密切，因此，应首先介绍与建设项目有关的流域概况。流域概况包括流域自然概况；水资源时空分布特点及开发利用现状；流域的总体规划方案；工程与流域开发的关系，在流域开发中的地位和作用，流域开发对该建设项目的要求等。并附流域规划方案分布示意图和本项目地理位置图。

由于单一水利水电建设项目一般都包括在流域规划项目中，与流域开发规划有密切的关系，并受制于流域规划，因此，需要简要介绍流域规划环境影响评价的概况、相应环境保护措施以及对该建设项目的环境保护要求、"以新带老"要求和项目实施需要关注的环境问题等。

流域概况主要是为分析工程任务的区域性和环境合理性服务，虽然要求范围相对大、内容相对宏观，但应注意针对性要强。

二、水利水电工程概况

工程概况是为分析工程建设和运行与周围环境关系服务的。水利水电工程主要内容包括工程名称、地理位置、工程组成及工程规模、工程总布置与主要建筑物、工程施工组织设计、工程运行方式及预期效果、淹没、占地与移民安置规划、工程投资等。编写工程概况时要按工程特点列出工程的项目组成表和工程特性表，有些工程的特性表内容很多，在列工程特性表时，注意不要漏掉与环境影响有关的项目。工程概况要附工程总布置图、施工布置图、水库淹没范围及移民安置区示意图。应根据工程可行性研究设计文件，阐述以下内容。

1．工程建设的必要性

说明工程开发任务、目的与综合效益，阐述工程建设对促进环境保护、资源可持续利用与经济发展的作用，对工程建设的必要性和迫切性进行分析。

2．工程在流域规划中的地位与作用

说明工程建设与当地环境保护规划、经济社会发展规划的关系。流域（河段）规划内容介绍主要包括：本工程所在流域的自然地理和社会经济、水资源的时空分布特点、开发利用与保护管理状况；说明工程在流域规划中的地位和作用，给出标明工程所在位置的流域（河段）规划示意图。

3．工程地理位置

主要包括工程所在流域（河段）位置、行政区划位置[省、自治区、直辖市，地区（市），县（市）等]、交通位置、经纬度位置等。

4．工程任务和规模

主要包括工程的防洪、发电、航运、灌溉、供水、水产、旅游等任务，说明工程规模、工程运行方式。

5．工程组成及工程内容

根据建设项目的立项文件和有关设计文件，明确项目的组成和建设内容，包括主体项目和附属项目。如果是多个项目，更需要明确项目组成；对分期实施的项目需介绍相关工程建设情况。

6．工程布置及主要建筑物

主要包括工程设计标准、主要建筑物级别、工程布置和主要建筑物形式、规模及工程特性指标，给出工程特性参数表和工程布置图等。

7．工程施工布置及工程量

主要包括施工条件、天然建筑材料分布及开采工艺、施工导流、截流方式、主

体工程施工程序与方法、施工交通及施工总体布置、施工工程量、施工总进度与工期，给出施工总平面布置图。

8. 工程运行方式

工程运行调度方案，包括防洪、灌溉、供水、发电调度等。防洪调度方案包括不同防洪标准的水库蓄泄方式和调节性能，堤防安全泄洪量，蓄滞洪区运用原则等。灌溉调度包括不同水平年、不同设计保证率下的灌溉调度，水利用系数，灌溉效率等。供水调度包括供水设计保证率、供水方式和过程。发电调度包括水库的调度运行、发电效率和发电运行方式。

灌溉、供水和发电运行调度中要特别注意对下游生态环境造成明显影响的运行方式。如：灌溉引水造成下游河段的减水；引水式电站和供水水库运行造成下游河道的脱水或减水；调峰发电运行造成下泄流量在不发电时段的断流。对于上述情况，应较详细地介绍运行调度方式，如：灌溉引水工程要给出典型年引水调度方案；引水式电站和供水水库工程要给出典型年运行方案，包括下游脱、减水情况及下泄生态需水量运行设计；调峰发电运行要给出典型日发电泄水调度方案。

9. 移民拆迁安置规划

主要包括淹没处理范围、淹没和占地面积、土地利用现状、人口及组成、工矿企业、城镇和专业项目设施等。移民安置规划，应简述移民安置区自然环境和社会环境现状，移民安置方式、去向地点以及恢复和发展生产、安排生活措施等，特别要说明土地开发、城镇迁建、公路迁建规划的环境可行性的有关内容。附水库淹没与移民安置规划图。

10. 工程投资

工程投资组成及投资。

三、不同类型工程概况

根据《水利水电工程可行性研究报告编制规程》的规定，水利水电工程按工程任务分为综合利用水库及水电工程，防洪工程（河道与堤防工程，行、蓄洪区工程），灌溉工程，治涝工程，城镇及工业供水工程，通航过木工程及围垦工程。上述工程分类中综合利用水库及水电工程已包含以发电为主的水电工程；灌溉工程和治涝工程中已包含农业基础设施建设工程；城镇及工业供水工程已包含调水、供水和引水工程；围垦工程已包含河口整治、滩涂利用等工程。考虑到综合利用水库及水电工程中已包含通航过木工程，通航过木工程不作为单独工程类别介绍。

1. 综合利用水库和水电站工程

综合利用水库和以发电为主兼有综合利用任务要求的水电工程（或水力发电工程）均属该类。这类工程对流域或区域的国民经济发展有一定的影响。编写工程概况时要简要介绍流域概况，但要注意流域概况虽然与环境现状有交叉，然其范围、深度、对象均有所不同。流域概况更宏观，是给工程建设提供背景材料的。而环境现状则是针对工程影响范围内各环境要素进行全面调查，是影响评价的基础。应给出标明工程所在位置的流域（河段）规划示意图和本工程地理位置图。有关国民经济发展对工程的需求可结合工程可行性研究设计文件编写。

以发电为主兼有综合利用任务要求的水电工程（或水力发电工程）要注意说明水电站组成、调度运行方式、调峰要求、设计负荷及设计保证率等。

2. 防洪、治涝工程

概述防洪对象、洪灾状况、现有防洪工程设施及其标准和对该工程的要求，防凌及减淤对该工程的要求；概述该工程防护地区，说明防洪保护对象的洪水灾害情况、洪灾成因、防洪要求和治理原则。

（1）防洪河道与堤防工程

① 河道特点、河道比降、横断面宽度、河床质及河道演变等情况。

② 堤防沿革、断面形式及险工险段，说明河道现状安全泄量及其防洪标准。

③ 河道清障规划，包括清障的范围、清理对象和工作量及采取的措施。

④ 穿堤建筑物种类、数量和质量，说明河道堤防防洪标准线路布置、堤距选择、河道与堤防纵横断面、堤顶高程。

（2）行、蓄洪区工程

① 行、蓄洪区工程的任务，与河道的关系，在整个防洪工程体系中的作用以及行、蓄洪区工程的正常运用和非正常运用洪水标准。

② 行、蓄洪区挡水，进水，退水建筑物及连接工程的总体布置和规模；行、蓄洪区调度运用的原则和方式；明确垫底库容和起调水位；选定泄洪闸形式、孔数、宽度及闸底坎高程，各种频率的泄量、设计库容、校核库容及相应的水位；列出调洪计算成果，推算行、蓄洪区回水曲线，列出行、蓄洪区各控制断面回水水位。

③ 行、蓄洪区安全建设规划。主要包括预警、转移、通信等保安措施，以及行、蓄洪区的安全建设和开发利用规划，提出防洪保险意见等。

（3）治涝工程

① 涝区的基本状况及涝灾的情况与成因，说明治涝的要求。

② 治涝原则、治涝标准、治涝分区及措施、治涝方案。

③ 承泄区、滞涝区、排涝河道（渠系）、堤防线路等的工程布置方案和排涝水位等主要参数；如必须设置泵站及排水闸时，应说明工程的任务和规模、运用原则、设计标准和主要特征值。

3. 灌溉工程

（1）灌溉区水利工程现状和自然灾害等；根据有关规划阐明灌溉及国民经济其他部门对供水的要求。

（2）灌区供水水源条件核定不同水文年的径流过程及年内分配情况。

（3）灌区土地利用规划、农业生产结构、作物组成、轮作制度和复种指数等。简述灌区水利土壤改良分区及相应综合治理措施。

（4）灌区范围、灌溉面积、水源工程水库引水枢纽泵站等及灌区开发方式。

（5）灌溉设计保证率和灌溉制度及灌区供需水量平衡和总需水量。

（6）灌区总体布置、灌区水源工程（水库、引水枢纽、泵站等）和灌排渠系及其建筑物规模及参数。

（7）灌区排涝标准、排渍标准、改良和预防盐碱化的排水标准、承泄区水位标准、排水模数及灌溉节水措施。

4．调水及供水工程

（1）调水和供水地区水资源（地下水、地表水）总量及可利用的水资源量。

（2）城镇和工业的耗水量、供水范围、主要供水对象、各典型水平年调水和供水量及保证率。

（3）水源工程和输水工程的规模、布置和主要参数。

（4）调水和供水工程综合调度运用原则和调度措施。

5．围垦工程

（1）围垦地区基本情况，说明洪水、泥沙、潮汐、台风等特性以及地形、地质、河道、河口、滩涂等围垦区水源条件。

（2）河道、河口治理和滩涂开发规划以及水源条件，围垦区范围和土地利用规划。

（3）围垦区防洪、挡潮、灌溉供水、排水的设计标准，围垦工程措施和总体布置。

第二节　工程分析内容

一、工程分析的目的和对象

1．工程分析的目的

工程分析是从环境保护角度，分析工程建设和运行与环境保护的关系，确定工程对环境的影响源、影响方式及影响程度，在工程与环境之间建立一种联系，属于问题层面分析。通过工程分析，选择确定环境影响评价的对象、内容和重点，有针对性地开展评价工作。

2．工程分析的对象

水利水电工程类型较多，综合起来，工程分析对象主要有：工程建设的环境合理性；工程施工、淹没占地和移民安置、工程运行等方面。根据各类工程的特点，分析工程作用因素和影响源与各环境要素的关系，分析其影响及影响程度。

工程分析重点关注环境敏感目标和环境保护目标，分析工程对这些目标的影响。

二、工程分析的技术要求

1. 分析要全面完整

要把所有的工程活动均纳入分析中，无论临时的、永久的，施工期的或运行期的，直接的或间接的，都应考虑在内。

2. 分析要依据充分和有针对性

应紧密结合工程特点，根据施工规划，说明施工工艺、主要设备、施工材料、材料的来源及储运、物料平衡、水的用量与平衡等。

3. 污染源要明确、分析要量化

阐述主要产生污染的施工项目，污染物类型、源强、排放方式和纳污环境等。水利水电项目属于非污染型项目，污染物的排放集中在施工期，对施工期可能产生的污染源要明确，另外，污染源的控制要求与纳污的环境功能密切相关，因此必须同纳污环境联系起来。

根据工程特性及工程量，分析废水、废气的类型、排放量和排放方式及其污染物种类、性质、排放浓度；工程基础开挖、沙石料开采及弃渣堆放的方式、数量；噪声的特性及数值；施工交通线路、物流、车流量。对上述影响源与环境的关系，可通过类比分析进行量化。

4. 分析要思路清晰且重点突出

对主要造成环境影响的工程，应将其作为重点的工程分析对象，明确其位置、规模、施工方法等，一般还应将其涉及的环境作为分析对象。如淹没与移民、工程运行对环境的作用与影响分析，要综合考虑对相关环境因素及其构成的生态系统的影响。如淹没不仅引起水位、流量变化，而且对耕园地、森林、栖息地也造成影响；移民还对生态、社会环境造成影响；工程运行对水文情势、水资源、水质、水生物及生态系统带来广泛影响。一般应重点分析水环境和生态影响，长期影响和不可逆影响尤应作为重点分析。

三、工程分析主要内容

1. 相关规划的协调性分析

阐述与水利水电建设项目相关流域或区域水资源开发利用规划、生态保护规划、环境保护规划和经济社会发展规划的关系，按规划类别，分析与工程的相容性、协调一致性。

首先，应分辨规划类别，明确应遵守的与应分析的内容。

城市和区域的总体发展规划、环境保护规划等经地方人大批准的规划，都具有法律效力，应当遵守。

流域（河段）规划，应分析工程所在流域的自然地理和社会经济、水资源的时空分布特点、开发利用与保护管理状况。说明工程在流域规划中的地位和作用，给出标明工程所在位置的流域（河段）规划示意图。流域规划进行了环境影响评价的，应分析建设项目与规划环境影响评价提出的优化方案的一致性和相符性，是否符合规划环评提出的相应环境保护要求。

产业部门或企业的发展和开发规划，不具有法律效力，并且是应当开展环境影响评价的对象，但其与建设项目有密切的关系，故首先应当阐明规划内容并明确其与建设项目的相关关系。

其次，注意收集调查相关规划时要全面，特别应包括所有有关生态保护和环境保护的规划。分析项目与规划的相容性和协调性，判断项目是否符合流域或区域总体发展目标，是否符合规划区划环境功能，是否影响重要的规划保护目标，是否导致规划修改或流域、区域可持续发展。

2．工程方案的环境合理性分析

水利水电工程建设对区域或流域产生某种程度的环境影响是不可回避的现实，科学合理地确定工程的位置（如坝址、厂房、施工"三场"位置等），是缓解、减少工程环境影响的关键性措施。工程选址应结合一般的环评方法对其环境影响进行比选、论证，在诸多方面构建准确的量化指标，保证结果的客观性和科学合理性，为确定最佳工程位置方案提供科学依据。

水利水电工程设计方案也是决定工程环境影响的核心问题，对不同设计方案进行环境合理性分析、比选，力求提供满足各方面要求的、环境负面效应最小的设计方案应该是和谐社会追求的工程目标。设计方案的合理性分析是指在详细分析不同工程设计方案，比较其工程设计目标、功能要求、规模形式、生产工艺、施工管理等对其所在区域或流域环境可持续发展影响程度的基础上，进行优选，为工程提供环境合理的设计方案。

（1）一般技术要求

水利水电工程环境影响评价中对于选址及设计方案的环境合理性分析，根据工程地理位置及规模不同要求略有不同，一般可以概括为以下六个方面。

① 符合规划。符合规划目标、符合规划方案和规划环境影响评价的相关要求，符合功能区划要求。

② 战略性要求。不造成流域、区域性影响，不损害流域、区域的可持续发展。

③ 环境安全性。不设置于环境风险大的点、段上或不造成自然灾害。

④ 环境敏感目标。对法定的或科学评价认定的重要保护目标不会造成重大影响。

⑤ 资源影响。不影响重要资源，不造成重大的资源损失。

⑥ 生态影响。不造成重要生态系统不可修复的损失，不造成物种和重要栖息地损失，不造成不可逆的生态功能损失；不设置于敏感景观点，不影响重要景观，不影响风景名胜区景观效果。

（2）方案环境合理性分析的主要内容

① 对相关规划的执行分析

建设项目是规划的具体实施。建设项目选址主要由规划确定，并主要应在规划环境影响评价中论证其环境合理性。对于尚未进行规划环评的建设项目则应做选址合理性论证。

应判断与规划的协调性：是否符合流域或区域总体发展目标，是否符合规划区域环境功能，是否符合规划环评提出的环境保护要求，是否影响重要的规划保护目标，是否导致规划修改或影响流域、区域可持续发展。最后，论证项目自身目标的可达性及是否可持续发展。

② 工程"三场"设置的环境合理性分析

工程"三场"即取土场、弃渣场、采石场，对其选址的环境合理性进行分析。主要论证"三场"设置是否处于自然保护区、风景名胜区、世界文化和自然遗产地等敏感区域；是否影响重要资源（如基本农田、特产地、重要矿产等）；是否置于环境风险地段（如崩塌、滑坡、泥石流处及泄洪通道、大风通道等环境不稳定地段）；是否影响环境敏感目标，是否易于景观恢复、植被恢复、土地恢复利用等；运输通道是否穿越不宜穿越地区（如城区、集中居民区、医院、学校等）。

③ 对敏感目标影响分析

环评要求有效地保护环境敏感目标，减少或消除对敏感目标的影响。在选址的环境合理性论证中，敏感目标保护是必不可少的内容重点。一般采取避绕措施，对不可避绕的则进行细致的调查与评价。

对敏感性目标影响的论证与评估主要包括：a. 明确环境敏感目标的性质、法律地位、规划目标与保护要求等；b. 准确描述建设项目与敏感目标的相对关系，分析评价建设项目对敏感目标的影响性质与程度；c. 详细论述环保措施及措施的有效性；d. 深入研究生态监测与持续管理策略。对于不同类型和性质的敏感目标，所评价的重点和所采取的措施应当各不相同且应具有针对性。

④ 工程调度运行方案的环境合理性分析

应根据工程运行调度改变水资源分配和建筑物阻隔影响，分析工程运用和运行引起水文泥沙情势的变化，进而对生态环境产生的影响。

水工建筑物可能阻隔水生生物的通道，影响或破坏其生境，特别是对洄游性鱼类将可能造成毁灭性的破坏。建筑物阻隔包括阻隔方式、阻隔影响程度等。

水利水电工程的调度方式包括：水库初期蓄水调度、防洪调度、发电调度、灌溉方式、供水调度等，一般这些调度方案主要是为工程开发功能服务的，通过人为调度改变了河流和水域的天然水文条件和水资源的时空分布，将对水域生态环境产生深远的影响。因此，工程分析应根据工程对不同频率来水的调节作用、水库调节性能，分析调度运行过程中的水文情势变化，关注各水期流量分配和变化，以及最小下泄流量的变化，分析主要的生态环境影响，为下一步环境影响预测和提出生态调度改进方案奠定基础。

⑤ 从环境角度提出推荐方案

在以上方案环境比选分析的基础上，提出环境优化的工程方案，包括优化的坝址方案、施工布置方案、工程运行或运用方案等。在后面的预测评价章节中，根据原方案和优化的方案分别进行定量的环境影响预测评价，进一步评价方案的环境影响优劣。

3．工程环境影响分析

工程分析主要有施工、淹没、占地、移民安置、工程运行等方面的分析，水利水电工程类型多，应根据工程特性进行选择，确定工程分析的重点。工程分析重点应为影响强度大、范围广、历时长或涉及敏感区的作用因素和影响源。涉及多工程设计方案的环境比选，应结合各工程设计方案的工程位置、工程规模、工程施工及工程运行的不同特点，对不同方案进行环境影响对比分析，从环境角度提出推荐方案。在工程施工和运行过程中，对于由于自然和人为原因可能产生的重大环境事故，应分析其环境风险性质和影响范围，提出风险防范管理措施。工程分析应分别对施工期和运行期的建设活动进行。

（1）工程施工分析

工程施工分析主要是根据施工组织设计确定施工期的作用因素或影响源及其对环境的影响。在水利水电工程施工中，可能对环境造成影响的作用因素主要包括施工场地布置；土石方开挖；混凝土浇筑；天然建筑材料开采、加工；机械设备运行；料场、渣场、交通运输、施工营地及人员活动等。其影响范围主要是施工区及附近区域，一般为短期和局部的影响。

施工中产生的主要环境问题有：废水排放可能对受纳水体产生污染，降低水体功能；粉尘和噪声影响施工人员和周边居民身体健康；土方开挖等施工活动产生的弃土弃渣可能破坏当地植被、引发新增水土流失；水上施工可能影响水生生物等。

例如，水利水电工程施工沙石料加工系统废水量较大，如果不进行处理排放到环境水体，将影响其水质，沙石料加工是作用因素，加工系统废水排放为影响源。施工分析时应介绍沙石料加工系统的生产能力、废水排放量、废水中主要污染物的类别和浓度，废水排放口和排放去向，还应该了解受纳水体的环境功能，分析其对水环境的影响及影响程度。又如：施工噪声影响分析，首先应了解施工主要方法与施工工艺，施工机械种类的数量等，确定各类噪声影响方式和影响范围及主要的影响对象，分析施工噪声的环境影响及影响程度。

水利水电工程施工分析过程中污染物排放对受纳水体、环境空气、施工人员和周边居民的影响，尤其应关注周围的环境敏感点，如学校、集中居民点、水源地等。应分析废水排放与受纳水体的关系，废气、噪声与周围环境敏感点的关系。施工中生产废水、生活污水应明确其排放位置、排放去向、排放量、污染物质类别和浓度等。明确施工土石方开挖位置、弃土弃渣量、料场渣场位置等。废气、固体废物、噪声等可量化的影响源，也应给出定量分析。工程施工永久占地和临时占地影响给出定量分析。

（2）淹没占地分析

水库淹没不仅造成生态破坏和生态损失，而且造成库区社会经济结构解体和重构。淹没占地分析，应根据淹没占地处理范围，淹没的对象，土地利用方式改变，生物量变化等分析淹没占地与环境的关系。水库淹没占地既有施工期影响也有运行期影响，主要是长期的不可逆影响，这是工程分析的重点。其中既有自然生态影响又有巨大的社会影响。

① 淹没分析范围。一般指正常蓄水位以下，影响范围根据水库调度运用和周边环境，适当延伸。淹没分析一般包括淹没范围、淹没对象等内容。可根据设计文件确定，应在了解当地生态系统和社会现状的基础上，从水库淹没与生物多样性、土地资源、景观、水环境的关系上，多方面分析确定淹没面积、方式（淹没时间、分期蓄水等）和对象。同时也要考虑水库淹没线以上的浸没影响。

② 水库淹没与生物多样性。首先应在了解当地生态系统现状的基础上，重点关注对环境敏感点的影响，是否涉及物种的灭绝。其次关注淹没范围内动、植物资源的损失，水库淹没将破坏野生生物生境，应分析有无珍稀保护动、植物。淹没是否破坏生态系统的结构和稳定性。

③ 淹没与土地资源。水库淹没占地同时造成大量优质土地资源的永久丧失，对当地农业生态产生影响；库周的浸没使库周土地盐渍化、潜育化，将加重当地的土地压力。

④ 淹没与景观。水利水电工程将大幅度改变当地的地形、地貌，库区与周边景观的关系。

⑤ 淹没与水环境。筑坝蓄水有可能发生水库泥沙淤积和富营养化，还有初期蓄水的水质问题。

（3）移民安置分析

移民安置活动主要有农村移民安置；集镇、城镇迁建；工业企业迁建；专项改建、复建；防护工程；库区水域开发利用；库底清理等。移民安置工程的范围，就地区而言，涉及淹没占地区、移民安置区和受益区；就时间而言涉及前期、搬迁安置期、恢复期和发展期。移民安置分析，重点分析移民安置活动与土地利用、植被、动物栖息地及社会经济的关系。确定各项移民安置活动的影响源、影响方式和影响程度。

农村移民安置活动主要包括生活安置：农村居民点建设，生产安置：改造中低产田、开垦土地后备资源等。生活安置主要是分析居民点选点与周边环境的关系。农村移民安置主要关注其生产安置方案。明确开发规模、方式、待开发土地的现状类型和功能等。由于土地开发对环境影响较大，而生产安置大多从土地资源角度对土地利用方式进行规划，缺乏从生态保护角度考虑土地资源开发的环境合理性，因此须重点分析土地资源开发与当地生态环境的关系，主要是分析生态和水土流失两大因子。

集镇、城镇迁建活动除与一般建设项目相同施工期的环境问题外，由于人口多，规模大，主要环境问题还有：新址选择与当地生态的关系，如侵占动物栖息地、与当地水功能区划的关系；新址建设产生的水土流失；集镇形成后新增污染；人群健康问题。需明确集镇、城镇迁建规模、地点；新增污染物排放方式和强度；施工活动。

工业企业迁建需明确搬迁企业性质、规模、数量和迁建方式。以便分析迁建企业的合法性和环境合理性。

专项改建复建需明确复建规模、地点、施工方式。对大型专项改建、复建工程如铁路、公路、矿区，一般需单独进行环评。对中小型专项，环评内容主要是建设期的水土流失，以及选线的环境合理性。

库区防护工程是为减少淹没需采取的工程措施。防护工程建设主要是为减少工程运行风险，防护工程若不能达到设计要求，会在运行期给防护区内的居民生产生活带来影响。

（4）工程运行分析

工程运行分析，应根据工程调度运行改变水资源配置，水文、泥沙情势变化，建筑物阻隔等，分析工程运行与水文、泥沙情势及水生生物等的关系。工程运行可能产生的环境问题是长远的和累积性的。

① 水资源配置改变与环境的关系

水利水电工程调度方案包括防洪调度、发电调度、灌溉方式、供水调度、初期蓄水等。调度方案主要是为满足工程开发功能服务，而正是这些人为调度大大改变了水资源的时空分布，改变了河流天然的水流条件，对所在河流的生态环境（尤其是水生生态环境）产生了深远的影响。工程分析应给出工程对不同频率来水的调节作用，具体用工程运行前后下泄过程表示；给出各项调度运用过程的水文情势变化情况，各水期流量分配的变化以及最小下泄流量变化。

防洪工程。防洪水库需明确下游防洪标准、水库规模（防洪水位、库容）、调节性能（多年调节、年调节、日调节等）、防洪调度方式；堤防工程需明确洪水过程线，与现状对比各主要控制断面的水位的变化过程。蓄滞洪工程需明确蓄滞洪量、蓄滞洪运用方案等。

灌溉工程。分水源工程、渠系工程和田间工程，需明确灌溉取水量、取水方式和灌溉方式、田间排水方式等。灌溉不仅给土壤输入了水分也输入了盐分，当排水不配套时，灌溉可使地下水位升高，北方会因此产生次生盐碱化，而南方则可能产生土壤潜育化。

城镇和工业供水工程。需明确水源工程、输水工程组成及供水对象、取水供水方式、年供水量、供水调度方案等。重点分析项目实施后，输水总干渠工程、分水干渠、调蓄工程沿线所在区域的土地利用现状改变，输水总干渠工程、分水干渠、调蓄工程沿线对地下水和动物阻隔、生态线形切割问题及对区域生态完整性的影响。

② 建筑物阻隔与环境的关系

河流是水生生物的生存通道，水利工程将割断水生生物的通道，破坏它们的生存环境，建筑物的阻隔对洄游性水生生物将是一道不可逾越的障碍，严重的可造成物种的消失和灭绝。大坝的阻隔包括阻隔方式，阻隔可能的影响程度（完全阻断或不定时阻断等）；堤防建设对各支流河口的阻隔及影响程度等。

4．不同类型工程分析重点

（1）综合利用水库和水电站工程

① 工程各项调度运用过程对水文情势变化的影响，重点是流量的削减、各水文期流量分配的变化以及下泄流量变化，重点关注最小下泄流量能否满足坝下游生态需水量。

② 大坝建筑物对洄游性水生生物的阻隔及水生生物生境的影响。

③ 对河道湿地和地下水的影响及浸没影响。

④ 水库初期蓄水对下游河道的影响。

（2）防洪、治涝工程

① 防洪工程（水库）重点分析对下游的防洪作用，分析工程建成后洪水过程的变化。

② 堤防工程重点关注堤防建设对各支流河口的阻隔及影响程度，堤防建设对河势变化的影响。

③ 行蓄洪区工程重点分析行蓄洪后对蓄滞洪区生态环境的影响及退水对水环境的影响。

④ 治涝工程针对具体治涝方案进行分析：治涝方案对地下水及土壤环境的影响，排涝渍水对受纳水环境的影响，排涝泵站噪声对环境的影响。

⑤ 河道整治工程重点分析清淤淤泥的环境影响，主要是对地下水和土壤的影响。

（3）灌溉工程

① 水资源平衡分析，节水灌溉方案。

② 灌区退水对受纳水环境的影响。

③ 水库下泄低温水对灌溉的影响。

④ 灌溉对地下水的影响及是否产生土壤次生盐碱化或土壤潜育化。

（4）调水及供水工程

① 流域可调水量分析，水资源平衡分析。

② 调水后对下游河道及河口生态、区域用水、河流航运等的影响分析。

③ 重点关注水源地和输水干渠水质保护。分析项目实施后，输水总干渠工程、分水干渠、调蓄工程沿线所在区域的土地利用现状改变，输水总干渠工程、分水干渠、调蓄工程沿线对地下水和动物阻隔、生态线形切割问题及对区域生态完整性的影响。

④ 城市供水工程，要注意供水量增加使废污水排放量增加对受纳水环境的影响。如果工程包括净水厂，要对净水厂的环境影响进行分析。

（5）围垦工程

① 工程施工中要针对围垦工程涉及吹填、采沙、护岸及围堤等的施工工艺进行作用因素和产污环节的分析。

② 对围垦工程实施后局部区域河势、海岸的改变造成的影响分析，对防洪、防潮及航运的影响分析，对围垦区及周围区域生态环境产生潜在影响的分析。

5. 流域梯级开发的环境合理性分析

水电梯级开发可发挥梯级经济效益。梯级水电开发可提高水资源的利用率，协调水资源综合利用之间的矛盾，获得梯级效益。上游龙头水电站水库调节径流可增大下游所有梯级水电站的保证出力和年发电量；上、下游水库联合调度，可协调发电和其他用水要求的矛盾；上游水电站削减洪峰、蓄存洪量，可提高下游各级水电站防洪标准，减小泄洪设施规模；上游电站水库有时可为下游电站缩短初期蓄水时间。梯级连续开发，可优化安排各级水电站的施工进度：施工期互相搭接，施工高峰又互相错开，利用上游水库蓄水时机减少下游电站的施工导流流量，减少施工队伍转移的费用和时间，提高施工设备和场地的利用率，缩短总体工期，减少总投资。

但梯级开发是一种高度干预河流生态的活动，它会从根本上改变河流和流域的生态系统、资源形势和社会结构，而且其环境影响亦具有群体性、系统性和累积性等特征。影响范围广、因素复杂、周期长，有些影响具有累积和滞后效应，甚至有一些不可逆的影响。

河流梯级开发中，骨干梯级的布局（龙头水库）具有决定性的影响。因此，在梯级开发规划项目环境影响评价的工程分析中，应重点分析梯级电站布置方案的环境合理性，从不同规划布置方案对环境影响的角度评价其优劣，比选出工程合理、经济效益好并且环境影响小的梯级布置方案。

（1）高坝大库修建在上游

高坝大库修建在上游的梯级，对流域环境产生的影响主要是该梯级本身对流域（河段）环境的影响，包括水文泥沙情势变化、水质及水温变化等及其对下游生态环境的影响。

如：红水河梯级开发中，龙头水库龙滩电站建在上游，这种布局对流域环境影响最明显的是防洪和泥沙。龙滩水库为下游提供 50 亿 m³ 的防洪库容，可大大提高西江下游的防洪标准。龙滩水库对下游洪水的削峰作用，提高了下游各梯级的防洪标准，减少了库区淹没损失，提高了水电站的出力。

珠江流域年平均悬移质输沙量为 8 872 万 t。天生桥一级、龙滩水库兴建后，每年将 4 750 万 t 泥沙淤积在水库内，这将大大提高其下游各梯级水库的使用寿命。

上游河道坡降大，河谷狭窄，人烟稀少，交通不便，经济不发达，因此在上游修建高坝大库，淹没损失所造成的经济影响一般较中下游小，但生态环境影响可能会较大。

（2）高坝大库修建在中游

中游是上游与下游的过渡地段，随着工程所处位置的不同及其对流域的控制程度不同，对生态环境的影响往往具有过渡的特性，即一方面具有高坝大库建在上游的特性；另一方面又有建在下游的特性。

汉江丹江口水利枢纽坝址以下为中游。汉江流域上游现已修建了石泉、安康、黄龙滩等大、中型水利水电工程。从现有汉江水资源开发对生态环境影响的分析可知，中游地区修建高坝大库对生态环境的影响往往是较大的。它既承接上游石泉、安康、黄龙滩等梯级水沙情势、水化学特性、水生物变化对它的影响，又对库区周围及下游地区的生态与环境产生广泛而深远的影响。以丹江口水利枢纽为骨干的汉江流域规划及其实施，带动了流域水土资源的开发和利用，改善了这个地区的航运条件，打破了这个地区经济、文化的封闭状况，使我国汽车城——"二汽"在此诞生并得以发展。

（3）高坝大库修建在下游

流域下游一般是流域经济发达的地区。河道坡降小、水面宽，交通方便，农业产量高，工业较发达，城镇多、人口密集是流域下游河段的共同特性。在这个河段修建高坝大库对生态环境影响的特点是：对流域水沙情势控制强，特别对大洪水的控制作用及有效性都很高；库区淹没损失一般较大；对河口地区的影响大；对水生物的影响可能体现为全流域的影响特点等。

闽江水口电站、黄河小浪底水利枢纽工程都建于流域下游。水口电站对闽江地区的影响；小浪底拦河、拦沙对下游河势稳定的作用及对河口地区的影响等，都具有下游河段兴建高坝大库对生态环境影响的典型特性。

第三节　工程分析实例

这里列举了两个水利工程项目的工程分析，重点给出工程环境影响因素及产生污染物需分析的内容。

一、汉江兴隆水利枢纽工程分析

汉江兴隆水利枢纽是长江重要支流汉江最下游的一个梯级，同时也是南水北调中线工程补偿项目，枢纽组成比较复杂，既有泄水闸、船闸、电站厂房，又有为消除阻隔影响而布设的过鱼设施。从功能上也较为复杂，既有灌溉、供水、发电、航运功能，又要解决调水引起水位下降和大坝阻隔影响的问题，是一个功能全面、代表性强的典型案例。案例从工程施工、水库淹没、占地、移民安置及工程运行对环境的影响等方面进行了深入全面的分析。工程施工分析结合施工场地布置、交通运输、施工机械设备运行、施工占地、施工人员活动及弃渣处置等从影响源到影响强度进行了定量分析，并估算了污染源强。对于水库淹没占地及移民安置，结合移民安置规划对其影响进行了详细分析；工程运行分析主要针对大坝阻隔、水库浸没、蓄水后水环境及水生生境改变等进行分析，分析较全面，重点较为突出。

1. 工程项目组成

兴隆水利枢纽工程由永久工程、临时工程和水库淹没处理与移民安置工程等项目组成，详见表 2-2-1。

表 2-2-1　兴隆水利枢纽工程项目组成

工程项目		工程组成	备注
永久工程	泄水闸	泄水建筑物选用开敞式平底闸，闸孔总净宽为 784 m，共布置 56 孔	1 级建筑物
	船闸	通航建筑物选用单线一级船闸，船闸有效尺寸采用 180 m×23 m×3.5 m	上闸首为 1 级建筑物，闸室和下闸首为 2 级建筑物，其他为 3 级建筑物
	电站厂房	采用河床式电站厂房，共装机 4 台，单机容量 8.25 MW	3 级建筑物
	过鱼设施	鱼道长 461.60 m、纵坡为 1/62.5，过鱼池净宽 3.0 m，设计水深 2.0 m，侧缝宽 40 cm	

工程项目		工程组成	备注
临时工程	导流工程	导流明渠工程、上下游土石围堰及纵向土石围堰	
	场内交通工程	对外交通改建公路长度约 10 km；需修建场内道路 17.7 km	
	施工辅助企业	沙石料加工系统、右岸砼拌和系统、综合加工系统、仓储企业	
	其他工程	贾店村黏土料场、马良山石料场、左右岸弃渣场以及办公和生活建筑等	
水库淹没处理与移民安置工程	农村移民安置	规划生产安置人口总数 5 480 人，生活安置 2 237 人。移民就近后靠安置和在附近沙洋农场、漳湖垸农场安置	
	专业项目恢复	电话线路 6 km，10 kV 电力线 2.5 km	

2. 工程特性

兴隆水利枢纽为低水头径流式枢纽，无调节库容，枢纽运行按基本维持天然径流方式调度，即水来多少泄多少。兴隆枢纽正常蓄水位 36.2 m（黄海高程），水面基本不上滩，但洪水位较高；枢纽仅枯水期挡水，汛期则要求尽量保持天然河道行洪条件，枢纽泄洪时上下游水位基本平齐。

兴隆枢纽主体建筑物由泄水闸、船闸、电站厂房和过鱼设施组成，采用闸桥式布置形式，主体建筑物以外的河漫滩不设挡水建筑物，采用交通桥与两岸堤防连接，汛期利用宽阔的滩地分泄洪水。

根据枢纽布置特点，施工场地布置采取以右岸为主、左岸为辅的布置方式，施工总工期 4.5 年，施工高峰人数 1 200 人。本工程特性见表 2-2-2。

表 2-2-2 汉江兴隆水利枢纽工程特性

序号	名称	单位	数量	备注
		一、水文		
1	流域面积			
	全流域	km²	159 000	
	坝址以上流域面积	km²	144 200	
2	利用的水文系列年限	年	44	
3	多年平均年径流量	亿 m³	322	2010 水平年
4	代表性流量			
	多年平均流量	m³/s	1 020	2010 水平年
	实测最大流量	m³/s	21 600	1983 年

序号	名称	单位	数量	备注
	设计、校核洪水标准（P>1%）及流量	m³/s	19 400	丹江口大坝加高
	施工导流标准（P=10%）及流量	m³/s	15 600	丹江口水库现状
5	泥沙			
	多年平均输沙量	万 t	1 607	丹江口水库建库后
	多年平均含沙量	kg/m³	0.36	丹江口水库建库后
二、水库				
1	水库水位			
	设计、校核洪水位	m	41.75	防洪高水位
	正常蓄水位	m	36.20	
2	回水长度	km	76.4	
3	水库库容			
	总库容（校核洪水位以下库容）	亿 m³	4.85	
	正常蓄水位以下库容	亿 m³	2.73	
三、下泄流量及相应下游水位				
1	设计、校核洪水位时最大泄量	m³/s	19 400	
	相应下游水位	m	41.60	
四、工程效益指标				
1	灌溉效益			
	现状灌溉面积	万亩	196.8	
	规划灌溉面积	万亩	327.6	
2	通航工程			
	改善航道里程	km	≥80	
	过船吨位	t	1 000	
	规划过坝运量（远景 2030 年）	万 t/a	990.5	其中下行 878.8 万 t
3	发电效益			丹江口大坝加高，调水 95 亿 m³
	装机容量	MW	37	
	保证出力（P=95%）	MW	13.0	
	多年平均发电量	亿 kW·h	2.18	
	年利用小时	h	5 892	
五、淹没损失及工程永久占地				
1	水库淹没耕地	亩	11 569	其中排渗工程 2 645 亩
2	坝区工程永久占地	亩	8 028	
3	坝区生产安置人口	人	5 480	其中坝区 2 700 人，库区 2 780 人（包括库区 I 类河滩地和排水沟征地）

序号	名称	单位	数量	备注
4	迁移人口	人	2 237	
5	坝区占压房屋面积	万 m²	13.14	
	六、主要建筑物及设备			
1	坝轴线总长度	m	2 835	坝轴线与两岸堤防中心线交点的距离
2	泄水建筑物			
	型式	—	开敞式平底闸	
	孔数	孔	56	
	泄水闸前缘总长度	m	938	
	闸底板高程	m	28.00	
	闸顶高程	m	44.70	
	孔口净宽	m	14	
	闸高	m	19.20	
	闸门型式、尺寸（宽×高）	m	弧形门（14×8.2）	
	启闭机型式	—	液压启闭机	
	启闭机数量	台	56	
	设计单宽流量	m²/s	19.0	
	消能方式	—	底流消能	
	地基特性	—	第四系覆盖层	主要为粉细砂
	地基加固处理方案	—	深层搅拌桩	
3	通航建筑物			
	型式	—	船闸	单线一级
	闸室有效尺寸	m	180×23×3.5	长×宽×槛上水深
	过闸最大吨位	t	4 000	1＋4×1 000 t 船队
	年最大单向通过能力	万 t	878.8	远景（2030 年）
	最大通航流量	m³/s	10 000	
	最小通航流量	m³/s	420	
	上游最高通航水位	m	37.80	相应最大通航流量
	上游最低通航水位	m	35.90	考虑正常蓄水位下的消落影响
	下游最高通航水位	m	37.70	相应最大通航流量
	下游最低通航水位	m	29.70	相应最小通航流量
	地基特性	—	第四系覆盖层	主要为粉细砂
	地基加固处理方案	—	深层搅拌桩	
4	电站厂房			
	型式	—	河床径流式	
	主厂房尺寸（长×宽×高）	m	77×69×54	
	安装场长度	m	30.0	
	水轮机安装高程	m	22.70	

序号	名称	单位	数量	备注
	地基特性	—	第四系覆盖层	主要为粉细砂
	地基加固处理方案	—	深层搅拌桩	
5	鱼道			
	型式	—	单侧竖导式	
	有效段长	m	461.60	
	纵坡	—	1/62.5	
	过鱼池	个	95	
	过鱼池尺寸（长×宽）	m	3.2×3.0	
	侧缝宽	cm	40	
6	开关站			
	型式	—	GIS 装置	SF_6
7	主要机电设备			
	水轮机台数	台	4	
	型号	—	GZ1131－WP—600	
	额定出力	MW	9.72	
	额定转速	r/min	75	
	吸出高度	m	－6.35	
	最大工作水头	m	7.15	
	最小工作水头	m	1.0	
	额定水头	m	4.49	
	额定流量	m³/s	248	
	发电机台数	台	4	
	发电机额定容量	MV·A	10.3	
	发电机额定功率	MW	9.25	
	发电机功率因素	—	0.9	
	发电机额定电压	kV	10.5	
	主变压器台数	台	2	
	单台容量	MV·A	25	
	电站输电电压	kV	110	
	电站回路数	回路	1	
	输电距离	km	18	
	七、施工			
1	主体工程数量			包括导流工程
	明挖土方	万 m³	2 706.93	
	填筑土方	万 m³	272.19	
	填筑石方	万 m³	174.01	
	混凝土和钢筋混凝土	万 m³	58.16	
	钢筋	t	25 065	

序号	名称	单位	数量	备注
	金属结构	t	12 591	
	地基混凝土防渗墙	万 m²	7.12	
2	主要建筑物材料数量			
	木材	万 m³	0.85	
	水泥	万 t	22	
	钢材	万 t	4.19	
3	所需劳动力			
	平均人数	人	838	
	高峰年人数	人	1 200	
4	施工临时房屋	万 m²	3.84	
5	对外交通			
	距离	km	10	
	最大运量	万 t/a	17	
6	施工导流型式	—	明渠导流	
7	施工临时占地	亩	390	不含弃土场临时占地
8	施工工期			
	准备工期	年	约 1.5	
	投产工期	年	约 3.5	
	总工期	年	4.5	
八、经济指标				
1	静态总投资	万元	255 028.01	

3. 工程环境影响分析

兴隆水利枢纽工程的建设和运行将对周围环境产生不同性质、不同程度的影响。影响的内容、范围和时间也随工程活动的不同而不同。根据工程特性与环境状况，本工程对环境影响的主要作用因素为工程施工，淹没、占地，移民安置及工程运行。

（1）工程施工环境影响分析

兴隆水利枢纽工程施工对环境的影响作用因素和影响源主要有施工场地布置、交通运输、施工机械设备运行、施工占地、施工人员活动、弃渣处置等。工程施工将对水质、声环境、环境空气质量、生态环境、人群健康等产生影响。施工主要影响源如下：

① 施工废、污水影响

施工生产废水的影响源主要为沙石料加工系统含悬浮物冲洗废水、基坑废水、施工车辆含油冲洗水、砼养护和砼搅拌系统冲洗碱性废水等。施工生活污水影响源为施工人员洗涤、冲厕污水等。

a）沙石料加工冲洗废水

本工程沙石料加工系统位于坝址上游 45 km 的马良山石料场内，供水设计规模为 5 000 m³/d，经估算沙石料加工冲洗废水约为 4 000 m³/d，排放方式为集中排放。沙石料冲洗废水中悬浮物质量浓度高达 70 000 mg/L，施工废水如不经处理直接排放，将造成汉江岸边局部水域悬浮物浓度增大。

b）导流明渠开挖扰动水体

工程导流明渠汛期施工采用挖掘机和绞吸式挖泥船相结合的方式进行开挖。挖泥船施工扰动水体，将使施工江段局部水体悬浮物浓度增加，从而对水质产生影响。

c）混凝土养护碱性废水

工程混凝土拌和系统布置在汉江右岸施工区，位于汉江堤内。混凝土浇筑量为 57.72 万 m³，最大月浇筑强度 4.72 万 m³/月。据有关资料，养护 1 m³ 混凝土约产生 0.35 m³ 碱性废水，其 pH 可达 9～12。据此估算，最大碱性废水量约 1.65 万 m³/月，排放方式为分散排放。碱性废水如随意排放，将破坏周围土壤环境，影响施工江段水质。

d）含油废水

工程在两岸施工区的堤外滩地上分别布置机械、汽车保养场，需定期清洗的主要施工机械设备约 100 台（辆）。机械车辆维修、冲洗排放的废水中悬浮物和石油类含量较高。工程导流明渠汛期采用 4 台挖泥船进行施工，沙石料运输采用 15 台驳船，施工船舶将产生一定的含油废水。据对黄河小浪底施工情况调查，洗车污水排放点石油类质量浓度一般为 1～6 mg/L，含油废水如随意排放，将影响施工江段水质。

e）基坑废水

主体建筑物开挖形成基坑，基坑排水的悬浮物含量和 pH 较高，如不处理排放，将对施工江段水质产生影响。

f）施工人员生活污水

工程施工高峰期人数为 1 200 人，生活污水排放量为 96 m³/d。根据施工布置，在两岸堤内施工区各设置一个办公生活区，主要污染物为 COD、BOD_5 等，排放方式为集中排放。生活污水如不经处理，直接排放，将影响施工江段岸边水域水质。

② 施工噪声影响

本工程施工噪声源主要有沙石料加工系统、施工机械、混凝土拌和系统等固定噪声源和运输车辆流动噪声源两种。

a）固定噪声源

固定噪声源噪声级与施工机械种类有关，一般在 75～120 dB（A），其中搅拌机噪声级 75～88 dB（A），挖掘机噪声级 112 dB（A），综合加工噪声级 105 dB（A）。

b）流动噪声源

流动噪声源噪声级与车辆运行状况有关，重型载重汽车 88～93（84～89）dB（A），中型载重汽车 85～91（79～85）dB（A），轻型载重汽车 82～90（76～84）dB（A），括号内外的数据分别为匀速（50 km/h）噪声值和加速噪声值。

根据施工总布置和现场查勘，施工区固定噪声源周围的噪声敏感点有兴隆小学、兴隆村以及右岸施工生活营地，与施工噪声源的最短距离分别约为 300 m、85 m 和 130 m。施工噪声对兴隆小学、兴隆村和右岸施工生活营地可能产生影响。施工运输车辆产生的噪声对运输道路两侧的敏感点产生一定影响。此外，高噪声级机械设备操作人员也将受到影响。

③ 施工废气影响

主要影响源为燃油机械设备、运输车辆燃油产生的废气以及主体工程开挖、料场取料、沙石料生产、车辆行驶过程产生的粉尘、扬尘。

本工程主要施工机械设备有正铲、反铲、推土机、自卸汽车、挖泥船等，施工机械使用柴油和汽油，燃油机械产生的废气中含有烟尘、CO、NO_2 等污染物。运输过程中还会产生一定数量的扬尘。主体工程开挖、料场开采、沙石料生产过程中将产生粉尘。但工程施工区处于空旷的农村地段，环境空气质量背景值较低，大气扩散条件较好。

④ 施工生态影响

工程施工对生态的影响主要包括植被损毁、地形地貌改变使自然资源受到影响，工程施工废水、废气及固体废物排放使周围环境质量变化而影响动植物生境质量等。

施工活动将扰动地表，破坏地貌，使施工区原有的地形、地貌、土地利用方式发生改变，破坏水土保持设施。项目建设区共计占用土地 1 410.68 hm²，扰动地表面积为 1 150.55 hm²，损坏水土保持设施面积 834.32 hm²，产生弃渣 2 670.40 万 m³。工程施工对水土流失的影响为主体工程基础开挖、施工道路修建、施工场地平整、附属工厂兴建、料场开挖、弃渣处置等将扰动地表，破坏林草植被；开挖产生的弃土弃渣，若不采取防护措施，遇降雨冲刷，将会产生水土流失。

⑤ 人群健康

本工程施工总工期 4.5 年，施工高峰人数 1 200 人。施工期施工区内人口密度增加，施工人员可能带入传染病原体，交叉感染机会增多，对区域环境卫生、人群健康带来不利影响。外来施工人员进入新环境，对地方流行病易感程度相对高于本地人员，易感染疾病。

（2）水库淹没及占地影响

本工程水库淹没主要为两岸大堤之间的水域、已开垦的滩地、未利用的沙滩及其他土地。正常蓄水位 36.2 m 以下经常淹没区总面积为 46 089 亩（1 亩=1/15 hm²），其中水域 37 261 亩，已开垦的滩地 5 622 亩、未利用的沙滩及其他土地 3 206 亩。临时淹没区总面积为 7 667 亩，其中水域 3 764 亩，已开垦的滩地 3 302 亩、未利用的沙滩及其他土地 601 亩。库区排渗工程征地总面积 6 804 亩，其中永久征地 2 645 亩，临时征地 4 159 亩。

兴隆水利枢纽坝区永久征地的总面积为 8 028 亩，其中堤内耕地面积 2 702 亩；

堤外滩地 4 007 亩；坝区临时占地的总面积为 2 910 亩，其中堤内耕地面积 2 162 亩。

水库淹没和工程占地使库坝区土地资源受到损失，对农业生产带来不利影响；水库淹没导致区域景观结构发生变化。

（3）移民安置环境影响

坝区征地范围内移民涉及潜江市高石碑镇的沿堤、姚岭 2 个村和天门市多宝镇的兴场村，征地范围内搬迁农业人口 567 户，计 2 237 人。规划水平年生产安置人口为 5 480 人，其中坝区 2 700 人，水库淹没影响（库区 I 类河滩地和排渗沟征地）2 780 人。

潜江市高石碑镇沿堤村 153 户、566 人迁往附近的漳湖垸农场六分场。姚岭村 42 户、158 人在该村就近后靠，分散安置。天门市多宝镇兴场村 372 户、1 513 人集中安置在沙洋农场 13 分场、14 分场、15 分场。规划生产安置标准为人均耕地 1.5 亩（其中水田 0.3 亩，旱地 1.2 亩），建房安置标准为人均建设用地 80 m^2。

移民在安置建房、基础设施建设、开垦土地活动中，将对土地资源、水土流失、陆生生态等产生影响。移民安置也将对移民生活质量、人群健康、社会经济等产生影响。

（4）工程运行环境影响分析

大坝拦蓄使水库水位抬高，可改善沿岸灌溉条件和河道航运条件，并具有一定的发电效益，对当地社会经济发展产生有利影响。

水库蓄水及工程调度运行使河段水文情势发生改变。兴隆枢纽为径流式枢纽，主要在枯水期挡水，汛期基本上不拦蓄洪水，洪水期枢纽上下游最大水位差仅为 0.15 m。水库蓄水后枯水期库区河段水位抬升到 36.2 m，流速减缓，汛期基本与天然情况一样。

水位抬高至 36.2 m，库区原有的一部分陆地变成水域，回水区域内水体容积增加，稀释作用加强。但由于该水域流速减缓，不利于污染物扩散及自净，枢纽及回水区域内的排污口附近局部水域污染物浓度将有所升高。

水库蓄水改变水域生境条件。水库蓄水后对生态环境的影响主要包括水生生物生境面积扩大引起水生生物及鱼类资源种类和分布的变化。枢纽阻隔了洄游性鱼类和半洄游性鱼类的洄游通道，水库蓄水，水位抬高，影响位于马良的产漂流性卵的鱼类产卵场；水库水面积增加导致陆生植被损失、植物数量和种类的变化；库区蓄水，水流变缓，浮游生物、水生植物、底栖动物及定居性鱼类鲤鲫等的数量和生物量发生相应变化。

水库蓄水，抬升堤内地下水位。水库蓄水使堤内原有浸没区面积扩大，浸没时间延长，对浸没区土壤环境产生影响。

4. 评价要素及评价重点

根据项目影响区生态与环境特征，结合工程项目环境影响的性质、范围和程度，用矩阵法识别本工程对评价区生态与环境的影响，确定评价要素为水文情势、水环境、水生态、工程施工、移民安置、人群健康、社会经济和地质环境。其中对水环境、生态、工程施工和移民安置进行重点评价，人群健康和社会经济做一般评价，水文情势和环境地质将做简要分析。

二、某围滩吹填工程的工程分析

水利水电工程中围滩吹填工程环境影响评价相对少见，且吹填采沙活动对环境的影响与一般施工影响不同，对水生生境、水环境及河势、防洪影响较为特殊。列举本案例主要是使读者对围滩吹填项目这类工程分析有一个较全面的了解。

案例中将围滩吹填项目施工分为：围堤工程、吹填工程、护岸工程、采沙施工及施工人员活动五类，并针对各自施工的特点对产污环节、污染源强、影响范围和强度进行了全面的分析；工程运行期分析重点：结合吹填围滩后对滩地及水域生境改变、采沙后对河势的影响、采沙及围滩实施后对防洪（潮）影响及航运影响等进行深入分析。

1. 工程作用因素及产污环节分析

工程建设对生态与环境的影响主要源于围滩吹填工程的各种施工活动及围滩吹填工程的实施运行。工程对环境的影响按影响时段可分为施工期和运行期。

（1）施工期

各项施工活动对环境产生影响的作用因素及产污环节分析如下：

1）围堤工程

① 施工作业方式

围堤工程包括基础处理、堤身吹填、砌筑和护坡工程。施工程序为：堤身施工→基础处理→护坡工程。

堤身施工程序：袋装沙围堰→吹填施工→龙口合拢。

基础处理施工程序：沙被铺设→塑料排水板。

护坡工程施工程序：土工布铺设→干砌块石施工→混凝土工程施工。

② 工程作用因素及产污环节分析

围堤工程施工对水环境、生态环境、声环境及环境空气产生一定影响，主要产污环节表现为：a. 水质。袋装沙围堰砌筑、堤身吹填、铺设沙被、排水板施工导致吹填施工区泥浆扩散，使近岸水体中 SS 增加。b. 生态环境。围堤堤线两侧的原长江河床被永久占用，使局部潮下带湿地生境丧失。c. 噪声。排水板施工、袋装沙围堰砌筑、堤身吹填、干砌块石运输，插板机和输砂泵等施工机械及汽车运行产生噪声污染。d. 环境空气。汽车运输过程中产生道路扬尘，施工机械运行将产生一定的 TSP 和 NO_2 等污染环境。

2）吹填施工

① 施工作业方式

2#料场（白茆河小沙下段）距工程区较近，采用绞吸式挖泥船开挖吹填。1#料场（北支口门段）距吹填区较远，经水路用驳船转运后输泥泵吹填。吹填施工程序为：吹填区清理平整→测量控制→排泥管铺设→吹填施工→退水口施工。吹填按在平面上分区、立面上分层、时间上分期的顺序进行。

② 工程作用因素及产污环节分析

吹填施工主要表现为对生态环境、水质、噪声及土地利用的影响。其工程影响及产污环节分析如下：a．生态环境。吹填施工及吹填区场地平整等均会对原有滩地上的芦苇等产生破坏作用，改变围滩吹填区原有湿地生态功能；围滩吹填实施后，使吹填区 2.85 km² 范围内的原长江堤外江滩和近岸水域永久被占用，使湿地生境彻底丧失；吹填施工可能对吹填区附近江段鱼类、珍稀水生动物的栖息、觅食及繁殖等造成不利影响。b．水质。运沙船泥沙泄漏和退水口排水，退水口和吹沙船附近泥浆扩散，使局部水域水体 SS 增加，同时运沙船含油废水泄漏可能造成水体石油类污染。c．噪声。运沙船运行对现场施工人员及附近居民产生一定的噪声污染。d．土地利用。围滩吹填后所形成的陆地用于码头建设，由原来的滩地（未利用地）改变成建设用地，其用地性质发生变化。

3）护岸工程

① 施工作业方式

护岸工程施工主要包括水下抛石和沙肋软体排等工程项目。按先沙肋软体排后抛石的施工顺序进行。

水下抛石施工程序：定位船定位→放置水面标志→抛石→测量并补抛找平。

砂肋软体排施工程序：软体排制作→软体排摊（沉）铺→软体排固定。

② 工程作用因素及产污环节分析

护岸工程施工，对水质、水生动物、噪声及环境空气质量产生一定影响。其影响主要表现为：a．水质。沙肋软体排和抛石施工扰动河床底泥，增加水体中 SS。b．水生动物。抛石及施工船舶运行，对附近水域水体中水生动物产生惊扰，并破坏了部分底栖生物生境。c．噪声。施工机械运用和船舶运行将产生一定的噪声，由于工程施工江段的主江堤 50～200 m 存在少量散在居民户，因此影响对象为堤内居民及现场施工人员。d．环境空气质量。施工江段主江堤上交通运输以及混凝土拌和等，将产生一定的 TSP 和 NO_2 等污染环境。

4）采沙施工

① 工程施工工艺

采沙。2#料场采用绞吸式挖泥船（海狸 3 800 型挖泥船）开采，控制开采厚度 4 m，开采面积为 100 万 m²；1#料场采用吸沙泵、大马力渣浆泵（1 650 马力以上俗称取砂王）及链斗式挖泥船等开采，控制开采厚度 4 m，开采面积为 262.5 万 m²。

运沙。通过 300~800 m³（以 500 m³ 驳船为主）的驳船水路运输至吹填区。

② 工程作用因素及产污环节分析

采沙施工主要表现为对水生生物、水质、航运及噪声等环境因子的影响。其影响表现为：a．水生生物。沙源区取沙后，使采沙区水生生境破坏，对水生生物产生一定影响；运沙船在运沙过程中对途经运沙沿线的洄游性鱼类的洄游线路产生一定影响，同时船舶运行中螺旋桨运转可能对水生动物产生误伤。b．水质。采沙区泥浆扩散，使采沙区 SS 浓度增加，同时运沙船舶油水泄漏造成运沙沿线石油类污染。c．航运。施工期施工船舶增加，运沙驳船来住穿行于太仓长江主航道之间，对过往太仓境内的长江航道的船舶产生一定不利影响。d．噪声。采沙和运沙船舶施工对现场施工人员产生一定的噪声污染。

5）施工人员活动

施工人员活动可能对人群健康、水环境等带来一定影响，主要表现为：a．人群健康。本工程施工高峰期人数为 800 人（含各类船舶施工人员），其中陆上的施工人员多为外来人员，可能带来一定的传染性疾病的流行等人群健康问题；同时地方传染性疾病也可能对外来施工人员产生一定影响。b．水质。施工人员排放的生活污水等可能对局部江段水环境质量产生影响，主要影响因子为 TP、NH_3-N 和 COD。c．固体废弃物。在主江堤内施工生活营地施工人员产生的一定的生活垃圾。

（2）运行期

本围滩吹填工程建成后，原来的沿江外滩地和水域变成了平整的陆地，后期作为码头建设用地。工程实施运行后，可能对局部区域河势、防洪（潮）、航运及生态环境产生潜在影响。

① 生态环境。工程实施使吹填区范围内滩地及水域全部变为陆域面积，使堤外吹填区范围内的湿地生境消失，改变了其原有生态功能。

② 河势。北支口门及白茆小沙下段采沙完成以后，小区域水下地形及水流条件可能发生变化，进而可能对河势产生影响。

③ 防洪（潮）。采沙及围滩工程实施后，可能导致局部区域潮位变化，可能对防洪（潮）产生影响。

④ 航运。采沙区采沙后，由于采沙江段河流泥沙和流速发生变化，采沙区附近水域分流比由此发生变化，这可能会对长江主航道水深产生一定影响。

2．污染源强分析

（1）水污染源

① 悬浮物

采沙作业会使采沙区附近局部水域水体悬浮物浓度增大，吹填作业中渗出的尾水会使吹填江段近岸水域的悬浮物浓度增大。施工期悬浮物可能增加的施工环节和发生地点见表 2-2-3。

围堤施工和吹填尾水排放的悬浮物源强与长江水流及排污量等因素有关。类比太仓二期围滩吹填工程可知，采用链斗式挖泥船进行采沙时，悬浮物的源强产生量约为 6 kg/(s·艘)。

表 2-2-3 某围滩吹填工程施工对悬浮物的影响情况

序号	施工环节	影响发生区段
1	围堤	东侧堤、正堤和西侧堤所在的长江近岸水域
2	采沙	1 号和 2 号沙源附近
3	吹填	吹填区退水口附近、吹沙船附近

② 船舶含油废水

在工程施工作业过程中，挖泥船、运输船和吹沙船的含油污水，将对采沙区及吹填区附近水域的水质产生污染，甚至影响局部水域的水质级别。

施工船舶含油废水主要来源于船舶机械的润滑油和冷却水。类比已建同类工程，施工船舶（载重 500～3 000 t）单船油污水产生量为 0.5 m³/(艘·d)。根据实际调查分析，由于长江水域船舶大多比较陈旧，本工程施工船舶含油废水质量浓度取 5 000 mg/L，船舶含油废水经船上油水分离器处理后的石油类质量浓度为 5 mg/L。

本工程各类耗油量较大的机械如施工船舶（吨位大多在 500 t 以上）、输泥泵等共计 51 艘（台）。施工期含油废水产生、排放情况见表 2-2-4。

表 2-2-4 某围滩吹填工程船舶含油废水排放情况表

项目	施工船舶数量/艘	机舱水发生量/（m³/艘）	产生质量浓度/（mg/L）	废水排放量/（t/d）	废水排放质量浓度/（mg/L）	石油类排放量/（kg/d）
数量	51	0.5	5 000	25.5	5	0.13

③ 生活污水

本工程施工高峰期人数为 800 人。船舶施工人员一般早出晚归，即工作时上船，休息时回施工营地（堤内），所以生活污水主要发生在施工营地。

根据同类吹填工程调查，本工程施工人员的生活用水量约 100 L/(d·人)。生活污水排放量按用水量的 80% 计，排放量为 80 L/(d·人)。施工期船上施工人数按 420 人计，生活污水排放量为 33.6 m³/d；陆域施工人员按 380 人计，生活污水排放量为 30.4 m³/d。生活污水产生情况见表 2-2-5。

表 2-2-5　某围滩吹填工程施工人员生活污染物产生情况表

项　目		COD	BOD_5	SS	NH_3-N	TP
产生质量浓度/（mg/L）		400	200	400	80	10
产生量/（kg/d）	船上	13.44	6.72	13.44	2.69	0.34
	陆域	12.16	6.08	12.16	2.43	0.30
	小计	25.60	12.80	25.60	5.12	0.64
排放质量浓度/（mg/L）		100	20	70	15	0.5
排放量/（kg/d）	船上	3.36	0.67	2.35	0.50	0.02
	陆域	3.04	0.61	2.13	0.46	0.02
	小计	6.40	1.28	4.48	0.96	0.04

（2）空气污染源

本工程施工期空气污染源主要为船舶燃油废气，施工机械主要有链斗式挖泥船、驳船、输泥船、定位船等，总动力为 21 477.6 马力[①]，按 135 柴油机耗能为 170 g/马力计，总耗油量为 3 651.2 kg/h。采用（英）劳氏船舶大气污染物排放估算方法，NO_2 排放总量为 26.27 kg/h，SO_2 排放总量为 36.51 kg/h。污染源强分析见表 2-2-6。

表 2-2-6　某围滩吹填工程施工船舶尾气排放情况

施工机械	设备名称（型号）	数量	单机动力/（马力/艘）	小时耗油量/kg	污染物源强/（kg/h）	
					NO_2	SO_2
吸沙船	750 m^3/h 链斗式挖泥船	3	1 836.00	936.4	6.74	9.36
	辅机	3	641.00	326.9	2.35	3.27
运沙船	500 m^3 驳船	29	26.4	130.2	0.94	1.30
挖泥船	海狸 3800 型	1	3 506.00	596.1	4.29	5.96
	辅机	1	641.00	109.0	0.78	1.09
定位船	500 t 充灌及定位船	8	1 120.00	1 523.2	10.96	15.23
输泥泵	10PNK-20	5	26.8	22.8	0.16	0.23
	6PNK	5	8.0	6.8	0.05	0.07
合　计	—	55	—	3 651.4	26.27	36.51

（3）噪声污染

本工程的建设产生的噪声来自混凝土搅拌机、挖泥船、驳船、吹泥船等施工机械，参照《交通部环保设计规范》等资料，主要施工机械的最大噪声值见表 2-2-7。

---

① 1 马力=735.499 W。

表 2-2-7 某围滩吹填工程主要噪声源和最大噪声值

声源类型	设备名称	数量	单船（机）最大噪声/dB（A）
固定声源	混凝土搅拌机	1 台	88
	挖泥船	4 艘	95
	输泥泵	8 台	80
流动声源	驳船	29 艘	85

某围滩吹填工程作用因素及产污环节见图 2-2-1。

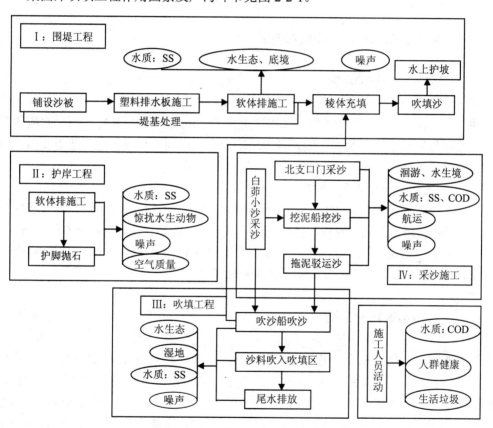

图 2-2-1 某围滩吹填工程作用因素及产污环节

第三章 环境影响识别与评价因子筛选

第一节 环境影响识别

一、环境影响识别目的和技术要求

1. 环境影响识别的目的

环境影响识别就是通过系统地检查拟建项目的各项"活动"与各环境要素之间一种关系，在工程分析的基础上，识别可能产生的环境影响。环境影响识别应注意全面给出与工程实施有关的环境要素和环境因子，识别工程对各环境要素及因子的影响性质和影响程度。

2. 环境影响识别的技术要求

在建设项目环境影响识别中，应考虑：项目的工程特性；环境特性及环境保护要求；环境敏感区和敏感目标。按照自然环境影响和社会环境影响两个方面识别。

环境影响识别要识别出主要环境影响要素、主要环境影响因子，说明环境影响性质，判断环境影响程度、影响范围和影响时段。

二、环境影响评价系统

在工程分析的基础上，建立环境影响评价系统，将环境分为四个层次：环境总体、环境种类、环境要素和环境因子。环境总体由自然环境和社会环境两大类组成，自然环境由水文泥沙、局地气候、水环境、环境空气、声环境、环境地质、生态等环境要素组成；社会环境由资源、人群健康、景观、文物古迹、移民、社会经济等组成。

水利水电工程环境影响评价系统较为复杂，一般的层次结构见表 2-3-1。

表 2-3-1 水利水电项目环境影响评价系统

环境系统	环境要素	环境因子
自然环境	水文、泥沙	水位、流量、流速、水深、泥沙冲淤
	局地气候	气温、降水、湿度、蒸发、风、雾、无霜期

环境系统	环境要素		环境因子
自然环境	水环境	水质	有机物、有毒有害物质、营养物质等
		水温	水温结构、下泄水温
	环境空气		大气污染物
	声环境		噪声级
	环境地质		诱发地震、库岸稳定、水库渗漏
	生态	陆生生态	森林、草原、珍稀特有植物、野生动物、珍稀特有动物等
		水生生态	浮游生物、底栖生物、鱼类、珍稀特有水生物、产卵场等
		湿地生态	河滩、滨湖、沼泽、海涂等
		自然保护区	自然保护区类型级别、保护动物植物等
		农业生态	耕地、作物、种植结构、用水等
		土壤	土壤肥力、土壤结构、沙漠化、次生盐渍化等
		水土流失	土壤水力侵蚀、风力侵蚀
社会环境	资源		土地资源、矿产资源、森林资源等
	人群健康		流行疾病、涉水传染病、虫媒传染病、地方病
	景观、文物古迹		风景名胜、文物古迹、遗址公园、古树名木、地质公园
	移民		移民搬迁、城镇搬迁、专项设施
	社会经济		人口、产业结构、经济指标、地区发展

三、环境影响识别内容

1. 影响范围识别

建设项目环境影响范围，主要指工程施工活动和运行过程直接或间接影响涉及的区域。水利水电工程环境影响范围一般比较大，根据工程作用因素的区域变化，对环境影响范围划分不同的区域，主要影响范围为水库淹没影响范围，施工区、料场、渣场、道路影响范围，工程上下游区域，移民安置区等。在上述分区的基础上进一步划分具体影响区域，与工程相关的水源保护区、自然保护区、风景名胜区、噪声敏感区等。

工程环境影响范围的识别，为确定环境影响评价和影响预测范围提供依据。环境影响识别一般可分为施工期和运行期涉及的范围，对于跨流域调水工程可分别按照水源区及下游区、受水区和调水沿线区域来识别影响范围。

2. 影响性质识别

工程的环境影响性质识别，可以分为有利影响和不利影响两类。工程对环境问题的治理和改善为有利影响；工程使环境质量变差为不利影响。环境质量改善和变差的识别标准，可按照无工程时的环境质量状况进行比较分析。

环境影响性质识别还可分为可逆影响和不可逆影响，对于不可逆影响应重点进行评价。显著影响和潜在影响，应更关注潜在影响可能发生的环境风险。长期影响和短期影响，应更关注长期影响。

3. 影响程度识别

环境影响程度识别，可从环境受工程影响的范围、时段和强度上进行识别。影响范围大小可用淹没占地面积、施工占地面积、移民安置占地面积以及受影响的水域面积来识别；影响时段长短可用施工期和运行期引起的环境改变时段的长短来识别；影响强度可根据作用因素和污染源强度来识别。环境要素受影响的敏感性可依据环境敏感度、资源敏感度、经济敏感度和受社会及民众的关注程度来识别。环境影响程度识别为确定重点评价因子服务。

影响程度可分为影响大、影响中度、影响小和无影响等，具体识别可参照表 2-3-2 的要求进行。

表 2-3-2　环境影响程度识别的参考条件

影响程度	环境影响参考条件
"影响大"的项目	① 可能造成生态系统结构重大变化或生物多样性明显减少的项目 ② 可能对脆弱生态系统产生较大的影响并引发和加剧自然灾害的项目 ③ 使原有重要环境功能发生改变的项目 ④ 所有流域开发、跨流域调水等项目
"影响中度"的项目	① 对地形、地貌、水文情势、土壤、生物多样性有一定影响，但不改变生态系统结构和功能的项目 ② 污染因素单一，污染物种类较少、产生量小，影响为短期或暂时的，影响是可逆的项目 ③ 基本不对环境敏感区和敏感目标造成影响的项目
"影响小"的项目	① 基本不改变地形、地貌、水文情势、土壤、生物多样性等，不改变生态系统结构和功能的项目 ② 对环境敏感区和敏感目标没有影响的项目

关于工程对环境敏感区的影响是识别工程环境影响程度的重要指标，因此，对环境敏感区的识别是项目环境影响识别的重要内容。对环境敏感区的判断应按照《建设项目环境影响评价分类管理名录》来确定，可参考本章第三节的内容。

四、环境影响识别方法

环境影响识别是在环境影响分析的基础上进行的，因此，其方法同时可以用于工程环境影响分析和环境影响识别。主要方法包括以下几种。

1. 定性分析法

工程环境影响分析从性质上讲，可以分为定性和定量两种。定性分析法是对环境影响从宏观上做出概念性判断，即依据实测和调查资料，通过因果分析和统计对比后，按逻辑推理，定性判断出某种影响的利或害，长久或短暂，能否恢复等。

定性分析法又分两种：一种是比较法，对工程兴建前后对环境影响要素、影响的物理机制及变化过程进行对比分析；另一种是类比法，是用已建成的相似工程进行类比，类比法可以是定性的，也可以是定量的，或者定性与定量结合使用。

2．矩阵分析法

这种方法是把建设项目的开发行为和受影响的环境因子组成一个矩阵，在开发行为和环境影响之间建立直接的因果关系，定量或半定量地说明建设项目对环境的影响。

矩阵分析法分为具有代表性的相关矩阵法和迭代矩阵法两种。相关矩阵法由美国地质调查局利奥波德（Lana B. Leopold）等人于 1971 年提出。该方法的基本原理是编制一个矩阵，横轴列出建设项目的开发行为或作用，纵轴列出环境因子，每一项开发行为或作用对每个环境因子产生影响时，就在矩阵相关的方格中标出，方格中数值越大，影响的面越广，影响程度就越重。该方法是一种包含物理—生物环境，社会—经济环境的综合评价方法。迭代矩阵法，是 1980 年在瑞士召开的阿尔卑斯山水库环境影响评价学术会议上介绍的方法。

3．图形叠置法

是美国麦哈格（Lan Mc Harg）于 1968 年提出的。该法是将研究的区域的经济、社会、自然环境分别制成环境质量等级分布图，将这些图叠置起来，可以做出影响识别和综合评价。

4．网络法

采用网络图表示环境影响的因素与影响结果，按照工程行为对水文情势的影响、水环境理化指标的影响、生态影响等，分别绘制影响因素和影响结果网络图，分析得出主要环境影响因子。

5．概率评分法

这一方法是英国波顿莱在第十一届大坝会议上首次提出的，具体做法是把环境影响因子分为三类：有利因素、不利因素、相对矛盾的因素。然后按 100 分制对每项因子的影响程度做出估计，再确定各项因子的出现概率，评价指标 $Y = \sum_{i=1}^{n} E_i G_i$；式中，$E_i$ 表示影响程度，G_i 表示出现的概率。

6．环境质量指标法

该方法又称巴特尔环境评价系统，由美国 BATTELE-COLAMBUS 研究所 1972 年提出，它的特点是将各种复杂的环境影响采用各种评价函数曲线，把环境参数转换成环境质量等级值——某种指数或评价值，以表示建设项目对环境的影响。

环境质量指标法的基本公式是：

$$E = \sum_{i=1}^{n}(e_{2i} - e_{1i})W_I \tag{2-3-1}$$

式中：E——工程建设前后环境质量指标的变化值，即工程对环境的综合影响；

e_{1i}，e_{2i}——工程建设前、后的环境因子的环境质量指标；

W_I——环境 I 的权重；

n——环境因子的总数。

7. 模糊综合评价法

水利水电工程的环境影响是一个规模大、结构复杂、因素众多、动态变化、边界模糊的大系统。模糊综合评价法就是利用模糊数学原理，根据环境影响的特性，选用评价的环境因子，按各层次建立因素集，形成评价树结构，将各层次的环境因子划分评价等级，构成评价集，并确定各因子的隶属函数和权重值，求出各层次的模糊关系矩阵，进行最低层次的模糊综合评判，依次由低层往高层综合，得到环境总体影响的综合评价结果。为了定量表达模糊概念，用一个 0 与 1 之间的数，来反映论域中元素从属于模糊集合的程度。评价步骤为：建立因素集；确定数量指标的隶属函数关系；建立评价集；确定加权的模糊向量；进行单因素评判的模糊运算；多因素模糊综合评价。应用模糊综合评判所得的结果，只能反映对某种环境现状的评价，若要对环境影响做预断，必须将建设项目前后的环境影响分别计算，进行比较才能得出预测评价的结果。

8. 灰色关联分析法

灰色关联分析法是用对比方法来判断有限数据序列之间的相似程度，针对工程兴建前后不同水平年的环境因子序列与理想环境序列（母序列）的关联系数和关联度，分析工程建设对环境的综合影响和单项环境因子的变化。建立各环境因子的理想环境序列；建立建库前后的环境因子序列；计算建库前后各环境因子与理想环境因子的关联系数和关联度。

9. 权重评分法和专家评价法

该方法主要是分析影响因子对环境总体的影响程序，即该因子在工程环境影响系统中的地位与作用，将各因子的影响程度和权重相乘，累加作为评价的综合指标。组织专家对中小型水电工程进行环境评价是一种简便的方法。

第二节 评价因子筛选

环境影响评价因子筛选是在环境影响识别的基础上，分析出受工程影响的环境要素及相应的因子，将重点环境要素作为评价的重点，相应的环境因子为重点评价因子。筛选的目的就是要抓住主要受影响的环境要素，突出评价的重点，对重点评价因子进行定量影响预测评价，有针对性地提出环境保护措施。

对于水利水电建设项目来说，工程运行期影响的重点为：水环境、生态环境和社会环境；施工期影响的重点为：水环境、声环境和大气环境。对于不同的工程期，对于环境要素要筛选确定出重点评价因子。

根据对环境影响要素的识别分析，评价项目分为水文情势、水环境、生态环境、大气环境、声环境、人群健康、社会经济等；工程阶段分为施工期、运行期和移民安置期。筛选确定出评价因子，见表 2-3-3。

表 2-3-3　项目主要评价因子筛选分析

工程阶段\\评价项目	工程施工期					运行期	移民安置期
	施工废水	施工噪声	施工扬尘	开挖/固废	生活污水		
水文情势				泥沙		水位、流量流速、泥沙	
水环境	pH、SS、石油类			SS	COD，BOD氨氮，油类	水质、水温	COD，BOD氨氮，油类
生态环境	水生生境	水生生物陆生生物		植被水土流失	水生生境	水生生物陆生生物	植被水土流失
大气环境			TSP，PM_{10}				TSP，PM_{10}
声环境		等效声级					
人群健康		等效声级	TSP，PM_{10}			涉水疾病	流行病等
社会经济				文物古迹		经济效益	居住环境

一、地表水评价因子

建设项目对地表水环境的影响主要有两个方面：①对水利状况与水文循环的影响；②对水质的影响。前者主要由蓄水、引水和排水等水资源利用建设项目所引起；后者主要是由于污染物进入受纳水体或由于稀释水量的减少所引起。

1. 水文情势

水利水电工程对河流水系的水文情势产生较大的影响，因此，现状和预测重点评价因子为：水位、流量、流速以及水循环规律、泥沙等。例如河流上水库蓄水运行后，原有河道的水位将发生改变；由于人为的调度使河流流量过程发生改变，因此流速随之发生变化。评价这些水文因子的变化及过程的变化。

2. 水温

水利水电工程，随着水文情势的变化，河流的水温分布也将产生变化，特别是对于大型水库工程，库区水深加大后，水温结构将发生变化。预测评价要重点评价水库的水温分布情况和水库下泄水温。

3．水质

水质评价因子主要是水质指标，按照其性质可分类如下：

物理指标。温度、臭、味、色、浊度、固体。

化学指标。无机如：含盐量、硬度、pH、铁、锰、氯化物、硫酸盐、硫化物、重金属（汞、铅、镉、铬、铜、锌等）、氮、磷；有机如：COD、BOD、DO、挥发酚、油等。

生物指标。大肠杆菌等。

筛选确定水质评价因子时应注意以下几点：

① 污染源评价需要根据污水的特点，以及纳污水域的功能和污染现状特点，选取重点评价指标。

② 水质现状评价指标。要根据地区水域的水质特点选取评价指标，现状评价水质指标最好与流域和区域常规监测指标一致，并且根据建设项目影响特点适当增加评价指标。

③ 水质预测评价指标。一般少于水质现状评价指标，应根据水环境特点、区域总量控制指标和关注的主要污染物指标来确定预测评价指标；一般我国南方水域除了控制指标 COD 以外，还要考虑 BOD、氨氮、总氮、总磷等；北方干旱缺水地区还要考虑含盐量、总硬度指标等。

④ 水质评价因子确定。要关注超标和接近超标的指标，以及对于水质起到决定性作用的指标，或能表征工程影响的水质指标。

4．富营养化

对于湖泊、水库和河流的富营养化评价，一般选取的评价因子为：叶绿素、透明度、总磷、总氮、COD_{Mn}、BOD_5 和氨氮等。

二、地下水评价因子

对于水利水电工程，地下水影响评价因子分为两类：一类是地下水水质；另一类是水文地质。

1．地下水水质

地下水水质因子，根据区域地下水的特征、建设项目对地下水的主要影响因子及地下水的功能等确定。一般情况可根据《地下水质量标准》（GB/T 14848—1993）中的指标，选取其中部分指标。如果地下水为水源地，还要考虑《生活饮用水卫生标准》（GB 5749—2006）的指标，并且要评价地下水的类型。

2．水文地质

水文地质因子，包括：地下水资源量；地下水水位；流向、流速；径流、补给和排泄关系；与地表水的转换关系等。

三、生态评价因子

生态评价因子的确定，一般情况可分为陆生生态、水生生态、局地气候和土壤，见表 2-3-4。

根据表中给出的一般生态评价因子，结合建设项目主要生态影响特点，确定出重点评价因子，进行生态现状评价。预测评价可将工程运行后对这些因子的影响和改变进行评价；当然，生态综合评价还要评价生物多样性、生态系统稳定性、阻抗稳定性等。

表 2-3-4 生态评价因子

环境要素	评价因子
陆生生态	天然植被类型、结构，保护植物物种、分布、习性等
	人工植被、基本农田和耕地、土地利用
	陆生野生动物物种、数量、分布、习性等，保护性动物物种、分布、习性，人工禽畜种类、数量等
	重点保护和地方特有野生动植物生境
水生生态	水生野生动物物种、数量、习性等，保护性物种、分布、习性，鱼类和水产养殖品种、产量等
	水生植物种类、数量等
	浮游生物种群、数量等
	珍稀濒危物种种类、数量、分布、习性等
	鱼类产卵场、索饵场、越冬场和洄游通道
局地气候	气温、湿度、雾、蒸发量、积温、无霜期等
土壤	土壤质量、肥力、侵蚀、盐碱化
	次生盐渍化、荒漠化

四、大气环境和声环境评价因子

对于水利水电建设项目，对大气和声环境的影响主要是在施工期。

1. 大气环境

大气环境评价因子主要是结合施工大气污染源的分析来确定，一般主要是施工扬尘，包括固体悬浮物、可吸入颗粒物和施工机械排放尾气中的氮氧化物等。

2. 声环境

声环境评价因子为等效声级。

第三节 环境保护目标

环境保护目标包括区域应达到的环境质量标准或功能要求的环境功能保护目标和环境敏感保护目标两大类。

一、环境功能保护目标

环境功能保护目标根据环境质量标准确定。不同的功能类别分别执行相应类别的标准值。如：依据地表水水域环境功能和保护目标划分为五类：

Ⅰ类为源头水、国家自然保护区，执行Ⅰ类水质标准；

Ⅱ类为集中式生活饮用水源地一级保护区、珍稀水生生物栖息地，鱼虾类产卵场、仔稚幼鱼的索饵场等，执行Ⅱ类水质标准；

Ⅲ类为集中式生活饮用水地表水水源地二级保护区、鱼虾类越冬场、洄游通道、水产养殖区等渔业水域及游泳区，执行Ⅲ类水质标准；

Ⅳ类为一般工业用水区及人体非直接接触的娱乐用水区，执行Ⅳ类水质标准；

Ⅴ类为农业用水区及一般景观要求水域，执行Ⅴ类水质标准。

兴建水利水电工程应维护所在地区环境功能，不能降低功能保护目标和必须执行的环境标准。因工程开工需要改变功能类别和执行标准的，应经有关部门审批。

关于生态功能区的划分，需要收集建设项目所在省、市或地区关于生态功能分区的资料和文件，按照相关的保护目标和要求进行确定。一般情况下，需要在分析当地生态环境问题、生态功能要求、生态过程的特点、生态环境的敏感性之后，确定生态环境的敏感目标和保护目标。

大气环境、声环境也应根据当地规划环境目标和相应的环境功能要求，确定对目标的保护程度以及是否作为评价的重点。

工程项目建设应注意合理开发建设，不因项目实施而降低区域原有规定的功能。

二、环境敏感保护目标

1. 环境敏感目标

在环境影响评价中，环境敏感目标常作为评价的重点，也是衡量评价工作是否深入或是否完成评价主要任务的标志。然而，环境敏感目标又是一个比较笼统的概念，环境敏感目标包括一切重要的、值得保护或需要保护的目标，其中最主要的是法规已明确其保护地位的目标，详见表2-3-5。

表 2-3-5 法律确定的保护目标

保护目标	依据法律
1. 具有代表性的各种类型的自然生态系统区域	《环境保护法》《海洋环境保护法》《草原法》《森林法》
2. 珍稀、濒危的野生动植物自然分布区域	《环境保护法》《森林法》《野生动物保护法》
3. 重要的水源涵养区域	《环境保护法》《水土保持法》
4. 地表水饮用水源保护区、地下水饮用水源保护区	《水法》《环境保护法》《饮用水水源保护区污染防治管理规定》
5. 具有重大科学文化价值的地质构造、著名溶洞和化石分布区、冰川、火山、温泉等自然遗迹	《环境保护法》《矿产资源法》《文物法》
6. 人文遗迹、古树名木	《环境保护法》《文物法》
7. 风景名胜区、自然保护区等	《风景名胜区条例》《自然保护区条例》
8. 自然景观	《环境保护法》《风景名胜区条例》
9. 海洋特别保护区、海上自然保护区、滨海风景游览区	《海洋环境保护法》
10. 水产资源、水产养殖场、鱼蟹洄游通道	《渔业法》
11. 海涂、海岸防护林、风景林、风景石、红树林、珊瑚礁	《海洋环境保护法》
12. 水土资源、植被、（坡）荒地	《水法》《水土保持法》《防沙治沙法》
13. 崩塌滑坡危险区、泥石流易发区	《土地管理法》《水土保持法》《矿产资源法》
14. 耕地、基本农田保护区	《土地管理法》《基本农田保护条例》

按照《建设项目环境影响评价分类管理名录》，把这类环境敏感保护目标称作"环境敏感区"，环境敏感区是指依法设立的各级各类自然、文化保护地，以及对建设项目的某类污染因子或者生态影响因子特别敏感的区域，主要包括：

（1）自然保护区、风景名胜区、世界文化和自然遗产地、饮用水水源保护区；

（2）基本农田保护区、基本草原、森林公园、地质公园、重要湿地、天然林、珍稀濒危野生动植物天然集中分布区、重要水生生物的自然产卵场及索饵场、越冬场和洄游通道、天然渔场、资源型缺水地区、水土流失重点防治区、沙化土地封禁保护区、封闭及半封闭海域、富营养化水域；

（3）以居住、医疗卫生、文化教育、科研、行政办公等为主要功能的区域，文物保护单位，具有特殊历史、文化、科学、民族意义的保护地。

此外，在评价中，还须特别注意环境质量已达不到规划功能要求的区域，因为这些区域的建设项目会受到严重制约。

2. 环境保护目标确定的参考条件

在水利水电工程生态环境影响评价中，"环境保护目标"可参考下述要求：

（1）法律规定的保护区及《建设项目环境影响评价分类管理名录》规定的环境敏感目标。

（2）具有生态学意义的保护目标。如具有代表性的生态系统、珍稀濒危野生动植物、重要生境等，鱼类的自然产卵场、索饵场、越冬场和洄游通道、湿地、海涂等，红树林分布区，珊瑚礁分布区，原始森林等生物多样性较高的生态系统，都是具有重要生态学保护意义的对象。

（3）生态脆弱区和生态环境严重恶化区。脆弱的生态系统或处于剧烈退化中的生态系统，都可能演化为灾害易发区，应作为一类重要的敏感目标对待，如沙尘暴源区、严重和剧烈沙漠化区、强烈和剧烈水土流失区和石漠化地区，高山峡谷和陡坡、海岸蚀退区等不稳定地区等。

（4）人类建立的各种具有生态环境保护意义的对象。如植物园、动物园、珍稀濒危生物保护繁殖基地、种子基地、森林公园、城市公园与绿地、生态示范区、天然林保护区等。

（5）具有美学意义的保护目标。如具有特色的自然景观、人文景观、风景区和游览区及古树名木、风景林、风景石等。

（6）具有科学研究意义的保护目标。如具有科学研究价值的地质构造、著名溶洞和化石分布区、冰川、火山和温泉等自然遗迹，贝壳堤等罕见自然景物；有关的地理学标志物等。

（7）具有经济价值的保护目标。如水资源和水源涵养区、耕地和基本农田保护区，天然渔场、水产资源和养殖场以及其他具有经济学意义的自然资源。

（8）具有社会安全意义的保护目标。如重要生态功能区、崩塌和滑坡危险区、泥石流易发区、排洪泄洪通道、河湖堤岸等。

（9）环境质量急剧退化或环境质量已达不到环境功能区划要求的地域、水域。

（10）社会特别关注的保护对象。如文物古迹、学校、医院、科研文教区以及集中居民区等。

第四章　主要环境要素影响评价

第一节　水利水电项目的主要环境问题

水利水电开发对环境的影响，主要是由于水资源利用方式的改变或兴建大坝而引起的。水利水电开发，无论是调节性能好的大型水库，还是径流式发电、引水发电、抽水蓄能发电、跨流域调水等开发方式，其对自然生态环境造成的影响，都是由于构筑物（大坝或其他建筑物）对河道的阻隔、引发的水文情势变化、水库淹没、移民安置以及工程施工区施工作业等引起的。其主要影响有以下几方面：大坝或其他构筑物阻隔河道或引水造成下游河道减（脱）水对水生生态尤其是鱼类的影响；库区蓄水与移民安置对陆生生态的影响；工程运行对水环境的影响；水库修建对社会环境的影响；工程施工对环境的影响等。这几方面既是开展环境影响评价工作的重点，也是技术评估的要点。

一、大坝及其他构筑物阻隔河道对水生生态的影响

修建水坝改变了河流的基本水文特征：河水流速降低，下泄水的水量（瞬时）、水温、浊度和水质都发生变化。建坝前天然状况下流量的季节变化和洪水过程变成由人工控制的过程，导致下游河道形态、生态环境系统的结构和功能发生重大变化，从而产生改变原有水生生物生境（特别是鱼类栖息环境）、破坏产卵场、阻隔洄游通道等影响。例如，东江水电站环境影响回顾评价表明：水库下泄低温水和清水使下游水生生物种类和数量减少，随着距大坝距离的增加，低温水逐步恢复到天然状态，沿程营养物质的汇入，使生物逐渐呈现多样化趋势；丹江口水库兴建后，由于水库的调节作用，春末夏初坝下不出现涨水过程，使大坝至下游谷城河段家鱼产卵场缩小或消失；新安江水库下泄的低温水对下游富春江鲥鱼繁殖产生了不利影响。在长江上游金沙江上在建的一大型水电站，由于大坝阻隔将改变金沙江下游乃至长江上游径流时空分布格局，同时工程运行后将下泄低温水，这些都会对其下游的白鲟、达氏鲟、胭脂鱼等重要珍稀鱼类产卵场、产卵活动以及繁殖群体产生不利影响。

筑坝建库，库区水面扩大，水深增加，河流流速变缓，使污染物的扩散能力减弱，库区水域污染物的浓度、分布都将发生变化。在水体交换次数少的库汊、库湾，

以及岸边污染源排放口附近，水质下降更严重。水库拦蓄营养物质氮、磷、钾，促进藻类生长，容易发生富营养化现象。例如，葛洲坝枢纽工程兴建后，黄柏河沿岸污染带加重以及库湾水域发生富营养化，已成为人们十分关注的问题。随着沉积于库底重金属的不断积累，还存在二次污染的潜在危险。同时，天然状况下河流输送的漂浮物、悬浮物和其他营养物质被滞留堆积在坝前或沉积于水库内，有的腐烂变质，影响库内水质，而从大坝底孔泄出的水中有机颗粒和营养物质含量又很少，从而影响下游水生生物的生长。

大坝还使水库水生生物群落与大坝下游河道水生生物处于隔断状态，更阻断了洄游性鱼类的洄游通道，直接影响其生长和繁殖，甚至对其生存带来威胁。国家一级保护动物中华鲟是一种洄游性的鲟科鱼类，在海洋里生长，成熟后溯游到江河内产卵繁殖，原产卵场主要分布在长江上游和金沙江下游，但葛洲坝水利枢纽的兴建阻断了其洄游通道，使其无法到上游产卵繁殖。现在，中华鲟已处于高度濒危状态。由于葛洲坝的阻隔，形成上下游两个与天然情况不同的水生生态系统，受其阻隔影响的还有白鲟和长江鲟等重要保护珍稀鱼类。

此外，大坝修建使得坝址附近水位落差增大，导致排洪期下泄水体氮气过饱和，严重影响鱼类等水生生物的生存。同时，水库的调节作用使上下游天然的水位变动过程趋于均化，也影响部分水生生物的繁殖。

二、工程占地、水库淹没与移民对陆生生态的影响

工程占地、水库蓄水淹没往往影响大片森林植被，从而直接影响陆生动植物生存。工程占地和水库淹没对野生动物的不利影响一般有四种：① 觅食地的丧失和被迫转移；② 栖息地的丧失；③ 栖息地连通性受到破坏，活动范围受限制；④ 多种动植物在水库蓄水时被淹没或被迫迁移他处。三峡工程库区蓄水淹没一些珍稀濒危植物的原产地和重要植株资源，如三峡库区特有的荷叶铁线蕨，库区珍稀经济林如荔枝、龙眼等大部分被淹没。拟建的龙滩水电站库区淹没涉及广西布柳河、穿洞河和贵州的双江、渡邑、罗羊 5 个自然保护区，这些自然保护区内有国家级保护的珍稀野生动植物和资源植物。

水库淹没引起大批居民搬迁和安置，需新开发大量田地，导致土地资源结构发生变化，如果安置不当，会造成库区乱垦滥伐，加剧水土流失，导致陆生动植物生存环境的破坏。许多专项设施要复建，也会导致相当严重的生态环境问题。

三、工程运行对水环境的影响

水库兴建后由于水库的调节运行，原河道径流在时间、空间上的分布将发生变

化。对水环境影响主要有两个方面：①水库蓄水后，水库回水区干流、支流水文情势将发生显著变化，水深加大、断面平均流速相应减小，库区水域的水环境承载能力减小，在相同污染负荷条件下水域的污染范围扩大，局部水环境恶化；部分支流回水区和库湾受水库回水顶托影响，在枯水期水库高水位运行时，支流来水量小，回水区水体处于相对静止状态（流速很小），造成进入水体的污染物质不易扩散，大量污染物质进入水体易形成较为严重的污染问题；同时，在支流回水区和库湾水体中氮、磷等大量营养物质富集，可能会出现富营养化等问题。随着库区及其上游地区社会、经济发展的加快，城市化水平的提高，废污水排放量的增加以及水土流失的影响，大量污染物质随地表径流、废污水排放进入水库，将对水库的水环境安全构成严重威胁。②对大坝下游水环境的影响。建坝后，通过水库的径流调蓄作用，一般情况下坝下河段径流的年内分配趋于均化，虽然丰水期、平水期在建坝后有所减少，水环境容量相应减少，但由于此期间总体径流较大，其对水环境影响不明显，而其他时段建坝后下泄流量则有所增加，特别在枯水期下泄流量较天然状况有较大增加，将有利于增加水体的稀释自净能力，提高水环境容量。水电站在调峰运行时由于变幅较大使坝下水文情势产生显著变化，导致坝下河道发生大幅减水甚至脱水，对水环境也将产生显著影响。

四、水库修建对社会环境的影响

有些水库的兴建，会淹没许多村庄、大片良田和一些基础设施，使库区粮食产量急剧减少，人地矛盾突出。新中国成立以来，全国共修建 8.6 万座水库，其中仅大中型水库就淹没耕地近 1 000 万亩（66.7 万 hm^2），移民约 1 000 万人。由于对移民与环境的关系认识不够，由此引起土地紧张，环境恶化，一些大型水库淹没的城镇，在迁建前既没有充分论证新城址的自然环境条件，也没有进行充分的环境容量分析，导致移民二次搬迁。此外，由于没有进行土地适宜性分析，土地资源结构的变化，使大部分移民由传统的粮食种植转向其他陌生的行业，其生产、生活方式发生较大变化，在一定时期内，移民生活水平有所下降。有些水库兴建还会淹没城镇，导致大批移民，甚至将山区少有或稀缺的可以建设城市的坪坝地带淹没，从而影响山区的发展潜力。

五、水利水电工程施工对环境的影响

工程施工时场地平整、围堰填筑、隧洞排水、沙石骨料加工冲洗、混凝土拌和浇筑及养护、化学灌浆、施工机械及施工附属企业排放的生产废水，未经处理的生活污水等排入江河，影响河流水质。例如，某电站施工中混凝土骨料加工、冲洗水等生产废水未经处理直接排入河道，影响下游工厂企业引水水质及产品质量。

由于水利水电工程施工规模一般较大，工程施工将破坏施工区附近的地表植被，产生的弃渣处置不当，将引起严重的水土流失。例如，广州抽水蓄能电站永久性公路施工产生的大量弃渣，因处置不当，每逢雨季弃渣沿着 6 条冲沟直泻而下，污染环境，泥石流不但淤高了山下的九曲河河床，而且淹没了部分农田。据调查，仅 1989—1990 年流入九曲河的弃渣就达 2.75 万 m^3，进入农田的泥沙量达 1.22 万 m^3，4.1 hm^2 农田被覆盖。

水电工程施工期间，开挖、爆破、碎石、运输等作业和大量施工人员的进入，干扰施工区附近动物的栖息和觅食环境，河中沙石料开挖可能破坏鱼类产卵场。例如，葛洲坝工程施工期间，所需卵石主要采自中华鲟产卵场所在江段，使产卵场的自然面貌改变，采石船发出的巨大响声，也使亲鲟的产卵活动受到干扰。

水电站施工产生的噪声、粉尘等也是不容忽视的问题，有些水利水电工程由于大量施工人员的进驻和高度集中，导致传染病的流行，影响施工人员和当地居民的健康。

六、其他环境影响

水库可能淹没文物古迹，风景名胜，自然保护区，疗养区及其他重要的政治、军事、文化设施，回水引起的地下水位的上升，可能降低铁路、公路的路基稳定性。一些水库蓄水后，出现了诱发地震。一些水库由于水位的不断升降，破坏了局部岸段的土体结构，在库区局部岸段出现滑坡塌岸和地基下沉现象。例如，水口水库自 1993 年蓄水发电至 1996 年，已发现 250 处总长约 50 km 的库岸发生不同程度的崩塌、裂缝、错位、下沉，严重困扰着安置点移民的安居乐业。

水库淹没还带来一些间接的影响。兴建水库引起局地气候变化或地下水位上升导致土地浸渍、沼泽化、盐碱化、土壤水分和湿润程度的变化。这种间接影响往往是潜在的和长期的。

此外，日调节电站下游水位日变化的频繁波动也对航运带来不利影响。

水利水电工程开发引起的其他影响还有很多，以下简要介绍环境地质与土壤环境影响。

1. 对环境地质的影响

水库蓄水会引起水库诱发地震、库岸崩塌滑坡和泥石流以及水库渗漏等环境地质问题。水库诱发地震是因蓄水而引起库盆及其邻近地区原有地震活动性发生明显变化的现象。诱发地震大体可分为三类：① 由内部成因引起的构造型水库地震；② 外部成因引起的喀斯特型、表层卸荷型水库地震；③ 混合型地震。水库诱发地震可能造成工程建筑和周边房屋、土地的破坏。

水库蓄水位变化，会使库岸边坡岩体失稳，形成滑坡、崩塌、泥石流等现象。评价中应对地质因素、外部水文条件进行分析和预测，评价可能造成的危害。此外，水库蓄水、灌溉等，会使地下水位抬高造成水库渗漏、浸没等，从而产生蓄水减少、土壤潜育化等环境问题。

2. 对土壤环境的影响

水利水电工程对土壤环境的影响有有利和不利两方面：

对土壤环境的有利影响：① 通过筑堤建库、疏通水道等措施，保护农田免受淹没、冲刷等灾害；② 通过拦截天然径流、调节地表径流进行适时适量灌溉等措施，可以补充土壤的水分和改善土壤的养分和热状况，并可改善小气候及水文条件，改变区域水循环，防止土壤冲蚀，使农作物获得良好的生长环境；③ 通过等高截流、控制内外河水位和地下水位、明沟和暗管排水、抽排、井排、控制灌溉饮水等措施，消除土壤中对植物生长发育有害的多余水分，使植物根系扎深，更广泛地吸收土壤中的养分，促进土壤养分分解，改良土壤结构，减少表土冲蚀。

对土壤环境的不利影响：① 在人口稠密的城镇和农业发达的河谷平原，水库淹没对土壤环境影响较大，一般湖泊型水库淹没影响比峡谷型水库大，特别是平原水库对周围土壤的影响很大；② 水库诱发地震和库岸崩塌、滑坡，引起土壤环境破坏；③ 水库下游洪泛平原的淤泥肥源减少，土壤肥力下降；④ 闸、坝等水工建筑物使水流变缓，泥沙淤积，河床抬高，两岸平坦地区土地排水受到影响；⑤ 水利工程兴修后，如长期土壤处于饱和状态或地下水位过高，将引起低洼圩（湖）区及山前平原地区土壤沼泽化或次生潜育化；⑥ 蓄水工程和输水工程，使地下水位抬高，使土壤含盐地区表层聚盐和返盐，产生次生盐渍化；⑦ 农田灌排把大部分农药和化肥残留体带入地下，影响地下水水质和土壤性状。

第二节　生态环境影响评价

一、生态环境影响评价原则与标准

1. 生态环境影响评价原则

进行生态环境影响评价，一般应遵循如下基本原则：

（1）生态系统概念与生态整体性影响评价

生态环境是一个系统。凡是系统都具有整体性特点。生态系统最显著的特点是：系统整体性，即系统是一个整体，具有"牵一发而动全身"的特点，对于外界的作用，无论是作用于系统什么点位，其反应都是全系统性的。生态系统的结构、过程和功能是一个紧密联系的整体，系统具有一定的自我调节和修复功能。系统局部结构和运行过程的破坏，亦有可能使系统完全崩溃。

生态系统是开放性的。一个生态系统与周围环境不断地进行物质、能量和信息的交流，有进亦有出。换句话说，任何生态系统都不是封闭的，不是静止不动的。例如自然保护区，外界的生物会进入自然保护区，自然保护区的野生生物也会到保护区外活动，有时甚至会长距离迁徙。保持生态系统和外界的物质、能量、信息交流，防止阻隔性影响，是自然保护区存在的条件之一。

生态系统具有地域性。这一点使生态系统无比绚丽多彩、丰富生动，也使生态环境影响评价变得十分复杂和困难。

生态系统还具有动态变化性。系统不是静止的，而是不断变化的。生态系统的变化趋势主要有两个方向：一是自然演替，使系统结构趋于复杂、完善，环境服务功能提高；二是在强烈和持久的外力作用下发生的退化过程，系统向着衰败甚至瓦解的方向发展。

（2）以生物多样性保护为核心，以预防性保护为重点

生物多样性包括遗传多样性、物种多样性和生态系统多样性三个层次。生态环境保护和生态环境影响评价都是围绕着这一问题进行的，最终都要落实到生物多样性保护这个基点上。生态环境保护的目的主要是为保护遗传多样性；而遗传多样性寓于物种多样性之中，所以要保护遗传多样性必须从物种多样性保护着手；任何物种又都依赖于一定的生态系统（生境）生存，只有生态系统或生境多样化了，物种多样性才可能得以保护，所以保护物种多样性应从生态系统多样性或生境多样性保护入手。因此，在环境影响评价中，首要的是保护生态系统多样性或者说是保护生境多样性。

生态系统作为人类的环境，是人类可持续生存与发展的物质基础。它对人类的价值或环境功能是巨大而且无可替代的。主要是生产粮食、木材、薪柴等生物资源的生产功能；提供水源涵养、土壤保持、防风固沙、净化污染和美化环境的环境服务等价值远远超过生产功能的环境服务功能；提供物种更新、支持农牧渔业发展的物种选择功能，以及作为一种自然存在，提供人类启智、娱乐、学习和舒解紧张的文化功能等。这些功能的发挥取决于生态系统的健康和持续存在，而生态系统的存在又依赖于生物多样性的存在。

生态系统因生物多样性的存在而变得千姿百态，异彩纷呈。也因生物多样性而形成系统的整体性。生态系统犹如一架结构完整的飞机，每个物种宛如机身上的一个铆钉。假若飞机上失掉了一两个铆钉，也许是安然无恙的，然而当铆钉一个接一个地失去时，飞机的解体就是必然的结果了。任何物种的消失都可能造成意想不到的后果。例如，中国养蜂业引入了意大利蜜蜂，这种意蜂的生态学行为与土生土长的中华小蜜蜂十分相似，因而当意蜂侵入到中华小蜜蜂的蜂巢时，中华小蜜蜂的“门岗、卫兵”就不能明确识别敌我，很容易误将意蜂放进蜂巢。出于生物的本能，这

不速之客侵入蜂巢后就直奔蜂后，并毫不犹豫地杀死她。没了蜂后的蜂群就终结了繁殖，因而解体，种群亦因之死亡。中华小蜜蜂的减少又影响到大多数依靠它们传粉的中国开花植物，而植物繁殖受损又进而影响到以它们为食的动物种群……一切生态系统因之可能在某个时刻发生。

生物多样性的任何一种功能都是人类必不可少的。现在，世界人口已近 70 亿，而养活如此庞大的人口所依赖的物种却少之又少，主要是小麦、玉米、稻米三大类。在人工栽培条件下，任何一个作物品种都会迅速退化，其寿命也就是几十年。而作物品种的更新换代必须依靠大自然提供的野生物种。人类饲养的家畜、家禽也是同样的趋势。这就是选择价值的意义。

遗憾的是，人类至今对生物多样性的认识仍十分有限，我们并不知道哪些物种是未来必需的（从整体性出发，所有的物种都具有生态学意义），也不清楚各种物种之间是怎样精妙地联系着。因无知而无畏，正如刚会爬的婴儿，即使爬到井沿上仍然会一往无前地爬进。所以当金沙江上修建水电站涉及白鲟、达氏鲟和胭脂鱼的影响和可能的灭绝问题时，竟有人不屑地说："不就是三条鱼吗！"岂不知我们正在"三条"（三个物种）、三条地损失着物种多样性，也因而正在使整个水生生态系统濒临毁灭的危险境地。

生物多样性保护的策略主要是预防破坏，这是最有效也是最省钱的保护方法。从生态学的观念出发，任何破坏以后再重新建立的生态系统，都已不是原先的生态系统。例如，人们可以通过增殖放流来保存某些鱼类物种，但人工增殖的鱼类已经丢失了天然鱼类的一些遗传基因，鱼类的品质可能因之降低。换句话说，这种保存方式是不得已的措施，它不及原生境保存的效果好，不能完全代替原生境的保护。

（3）生态功能保护与生态功能影响评价

环境保护的任务是保护人类生活环境和生态环境，目的是使人类在地球上可持续地生存和发展。从这一根本目的出发，人们将环境按其可以为人类提供服务的功能划分了质量等级。例如，将地表水依据使用目的及其相应的质量要求划分为五类：

Ⅰ类，主要适用于源头水，国家自然保护区；

Ⅱ类，主要适用于集中式生活饮用水地表水源地一级保护区，珍稀水生生物栖息地，鱼虾类产卵场，仔稚幼鱼的索饵场等；

Ⅲ类，主要适用于集中式生活饮用水地表水源地二级保护区、鱼虾类越冬场、洄游通道、水产养殖区等渔业水域及游泳区；

Ⅳ类，主要适用于一般工业用水区及人体非接触的娱乐用水区；

Ⅴ类，主要适用于农业用水区及一般景观要求水域。

如此划分之后，在落实到具体水域水体时，就产生了其水质如何、是否满足人们期望的用途（标准）等评价问题。换句话说，环境保护是按照保护环境对人类的服务功能进行的，可以称为"功能保护论"。

环境影响评价和决定采取何种保护措施，也是以保障环境对人的服务功能（简称环境功能）为出发点的，生态环境影响评价也不例外。现在全国都已进行了生态功能区划，划分了生态功能区。这种功能的确定就是生态环境是否"达标"的判别依据。生态环境的好与不好，改善或退化，实质也都是以其生态环境功能的进退为依据的。所以，在进行生态环境影响评价时，须从生态系统的环境功能着眼和着手。

现在，在区域和城市规划中大多进行了生态功能区的划分，为建设项目的环评提供了基本依据。建设项目环评应注意依据规划，项目选址和建设方案应符合规划的要求。

（4）树立以人为本观念，贯彻可持续发展观

我国的国家发展战略已从"以经济为中心"的单一目标发展到贯彻科学发展观，以人为本，可持续发展和全面建设小康社会的经济、社会、环境多目标或综合目标的新阶段。许多固有的传统观念、做法、标准、要求，都应更新和发展。现在，环评中遇到的观念大致可分为经济中心论、生态中心论和以人为本三种（表2-4-1）。

表2-4-1 环评中的三个"中心"论

中心	主 要 观 点	环 评 示 例
经济	发展是硬道理 环保为经济建设服务 资源充分利用	水电梯级开发按发电量最大化设计，强行拆迁城镇，强行改变自然保护区功能区；资源单一利用，吃光榨尽
生态	生物与人类平等 存在即合理	保护生物多样性、保护生态完整性和自然性，生态伦理道德反对一切改变自然生态状态的行动，崇尚自然主义
人类	以人为本 小康社会 可持续发展	生态环境功能评价与保护、压力不超过生态承载力 自然资源可持续利用、开发强度不超过资源承载力 保护敏感环境区和重点目标 社会公平、公正，经济、社会与环境、生态协调发展

目前，我国的环保政策、法规、理念，大都是在"以经济为中心"的时代形成的，决策重点倾向于开发而不是保护，要改变这种状态还需要很长时期的努力。但环评作为决策的先导性工作，必须以最科学和最先进的思想武装自己，提出适应未来和代表先进生产力的主张。

（5）针对敏感目标，实行重点保护

从可行性和有效性出发，生态环境影响评价和生态环境保护都采取了重点性原则，即大力保护那些对生物多样性保护和人类生存与发展最为重要的地区、对象，将其称为敏感保护目标。因此，在环境影响评价中，识别敏感保护目标，判别其与开发建设活动的关系，阐明开发建设活动对敏感保护目标的影响，寻求有效的保护措施，就成为环评中最为重要的工作之一。

所谓"敏感"，是指这类地区或对象对外界的影响反应最为强烈、灵敏，或者特别重要，或者特别容易遭受破坏，或者特别容易使其服务功能丧失，而这些地区或保护对象的破坏会使人类受到很大的损失。

实行敏感目标的重点保护是协调开发与保护、经济社会与环境相互关系的重要策略。这也是以人为本的环境保护观不同于生态保护主义者的重要区别之一。

敏感目标的影响评价与生态系统整体性影响的评价，是生态环境影响评价中的两个相互联系的问题，二者相辅相成而又相互区别。环评中，这两个方面的评价都是必要的。

资源与环境保护法规，都做出了对重点保护对象的保护规定。在环保政策和产业政策中，更不断针对经济社会发展中产生的重点资源和环境问题出台新政策、应对新问题，因此环评必须依据法规和政策进行。

（6）做好现状调查与评价，重视生态环境影响特点

我们星球上最为复杂，也最为多变和丰富的是生命世界。至今，人类对自己生活于其中的生态系统，对与自己生存与发展息息相关的动物植物，依然知之甚少，对其规律和特点的认识非常肤浅。要进行生态环境影响评价，首先必须认识自己评价的对象，因此，做好生态环境现状调查，正确认识生态系统这个评价的客体，是正确评价的基础。

此外，生态环境影响有一些特殊之点必须对其加以认识：

一是生态影响具有综合性特点，或曰整体性，这是由其复杂的组成和系统内部千丝万缕的复杂联系所决定的。换言之，它的影响不是因与果一一对应的关系，而是一因多果或多因一果，或互为因果。

二是生态影响具有区域性特点，这亦与其组成的复杂性和组成因子间紧密的联系相关。诸如外来生物入侵等问题，都是大范围的问题。

三是生态影响具有累积性，具有由量变到质变的特点。其影响效果的渐进性累积和影响恶果的突然暴发性出现，都对环评提出了更高的要求，评价须深入微末，洞察深远，措施须防微杜渐，生效于未举之先。

总之，生态影响是复杂的、多变的，需要评价者深入的学习、认识、调查和评价。

2. 生态环境评价标准

针对环境影响评价对象和评价目的，寻求能够表征其性质、结构、状态、动态变化和影响效应、对人类的利弊得失或功能状态的评价指标（评价因子），是环评的重要任务。将评价指标或评价因子进行分级，从而判别生态系统结构优劣、状态好坏、功能大小与进退，就形成了评价标准。

环境影响评价的标准大致分为四类：第一类是表征生态系统结构与状态的，即表征生态环境质量的标准；第二类是表征生态系统功能与作用的环境标准；第三类是表征对自然资源合理利用的限制性要求的标准；第四类是其他标准，包括管理标

准、工作成效、污染控制、国际履约、社会环境方面要求的一些限定性内容。生态环境影响评价中，这些标准大都须根据具体条件确定（生态环境的地域性所决定），而非划一数据，因而常有"生态没有标准"之说。

从本质上研究，环境标准主要是表征环境功能的指标的级别和参数。环境标准来源于人类对环境功能的需求，更确切地说，标准来源于人类的环境政策，进而来源于落实政策的环境规划，即标准是按相应的规划功能给出的，是规划的环境功能的具体指标和参数。生态环境也是一样，有了生态环境政策，有了生态功能规划，也有了生态环境的标准，所不同是因为生态环境的复杂性，即功能类型和大小取决于生态系统的结构和状态，因而还需要一套表征其结构和状态的标准。此外，生态环境的动态与资源的利用方式和利用强度密切相关，因而还须有相关的资源利用评价标准。

（1）生态环境质量

以生态环境功能的高低大小考察陆地生态环境质量，其决定性的因素是植被，主要指标可有生物量或生产量、盖度和覆盖率、生物多样性（含生物物种多样性和生态系统多样性）和重要保护生物等。

影响生态环境质量的因素或对生态环境质量起主导作用的因素是生态系统的结构和运行过程（表2-4-2）。

表2-4-2　决定生态环境质量的基本因素

因　素	含义与内容	可能选择的评价指标
层次结构	个体→种群→群落→系统	生物量、密度、盖度、多样性
	浮游植物→浮游动物→鱼类→鸟类	生物量、多样性
空间结构	乔木、灌木、草本、地被植物	盖度、生物量……
	上层鱼、下层鱼、底栖生物	生物量、多样性
生态过程	物质循环、能量流动、遗传传递	通量
状态	景观、生产力	生物量、植被盖度、多样性
环境因素	空气、水、土壤质量、匹配情况	环境质量、资源丰匮

生态系统质量好坏最主要的表征指标是生物量（或生产力）、生物多样性。

从保障可持续发展出发，生态系统的保护目标或评价标准主要是：保持评价区生物多样性不降低；保持评价区生态系统的生产力不降低。应按此标准评价影响的大小和采取必需的生态保护措施与生态补偿措施。

（2）生态环境评价标准：区域背景值

生态系统的地域性特点使得不同地区的生态系统的生产力、生物多样性很不相同，因而不能用统一化的数据表征。但每个地区都有其相对"理想"的状态——区域背景值。这就有了一个判别的基准。一般认为，未经人类干预的区域自然生态系统，就是该区域的"理想状态"，因而区域背景就是指区域原始的和自然的状态，可用诸如生物量（或生产力）、生物多样性、植被覆盖率、土壤质量或土壤侵蚀程度等一组指标和参数表征。

区域背景值可通过一系列实地测量而获得。

在许多情况下，往往找不着这种原始的或自然性很高的自然生态系统作为背景，经常亦可用评价区的现状作为测量的对象和背景（或是本底），即以现状作为评价的标准。在建设项目环评中，这样做至少可获得建设项目前后的生态环境状态对比，可做到项目建设后其生态环境不能比项目建设前差的判别。

区域背景值还可用理论值表示，主要有按当地气候估算的生产力，分别可按气温、降水量、蒸散量进行估算，亦有按太阳能利用率计算者，还有通过综合考虑非生物性因素如土壤有机质和有效水分含量等估算的生产力。

一般来说，生态系统的实际生产能力距离这些理想状态（标准）越远，其生态环境质量也就越差。

（3）生态环境评价标准：规划目标与指标

以规划的目标或指标作为生态环境质量标准和评价依据，反映的主要是人类对生态环境的需求或愿望，也常是进行生态环境保护与建设的目标。例如，一座城市要建成生态型城市，要求其绿化覆盖率达到 50%，那么这就成为该城市所有建设项目应当达到的"标准"。

这类以人类需求为基点的生态环境标准，通过政策和法规推动，已大量地反映在行业标准和规范中，成为环评中可依据的"标准"。达到行业要求的即为"达标"，未达到要求的就须重新设计，使其"达标"。环评中也须按这些最起码的要求执行。

有时，生态系统进行了区划，确定了环境功能类型，如城市水源保护功能区等，但没有规划相应的指标，如森林覆盖率要求等，此时若要评价区划的生态系统的质量，评价其是否满足作为水源保护功能区的要求，则依然可以前述的"区域背景值"作为评价标准，并按水源保护功能区应具有的"品质"设置评价指标体系。根据指标体系进行分级，评价区划的生态环境功能区达到什么样的质量水平，从而可明确应采取的主要保护措施。

（4）生态环境质量标准：容量与阈值

环境容量和一些"阈值"在评价污染的生态影响时被广泛应用。例如，污染对水生生物（浮游生物、底栖生物、鱼类等）的影响评价，就大量用到此类"阈值"。这些阈值有的以法规或标准的形式明确其为"标准"，有的则仍处于科学研究阶段或仅作为科研使用的"标准"。只要这些影响"阈值"是真实的、经科学证明的、具有客观性的，就可以作为环评中的"标准"参考使用。

环境容量在污染影响评价中被广泛应用，有的已明确为"标准"，生态环评中同样采用。

与环境容量具有同样意义的是生态承载力，虽然因其体系复杂，比较难以确定，但对生态系统的压力不应超过其承载力，依然是一个基本原则。当生态功能区划以后，为保障区划的生态功能长久维持，这个生态系统对外界的压力承受力就有了"定值"，标准也就有了。在实际工作中，更直接的评价因素可能是水资源供应能力，土地资源利用承载力和土地人口承载力以及生态安全保障区和生态功能保护区等与生态环境动态密切相关的资源和生态承载力问题，其评价标准按照可持续发展要求和有关要求具体确定。

水土流失、沙漠化和其他特定的生态环境问题也都有程度的划分和区别，表征生态环境对干扰的承受和允许程度，也是一类标准。

3. 生态环境评价方法与指标体系

（1）生态环境评价方法与指标一般认识

表征生态环境质量的指标体系，既依据不同类型的生态系统，也与评价的方法和目的有关。陆地生态系统的指标，如前所述，最主要的是生产力（或生物量）、生物多样性。在实际评价中，还有诸如重要生物（珍稀濒危的、法定保护的、地方特有的、经济或社会资源性的）及其生境问题，土壤侵蚀问题，土地退化问题，完整性、脆弱性或稳定性问题等，其表征指标是一个比较复杂的体系。

生态环境评价指标体系常随不同评价方法的采用而形成不同的指标体系。例如，同是评价土地沙漠化程度，采用景观生态学和生物学两种评价方法，就形成不同的评价指标体系（表2-4-3和表2-4-4）。

表2-4-3　土地沙漠化程度景观判别（标准）

形态特征	面积年增长率/%	流沙面积率/%	沙漠化程度
① 大部分土地未见沙地，偶见流动沙点	0.25 以下	5 以下	潜在沙漠化土地
② 有片状流沙，灌丛沙堆，有风蚀吹扬	0.26～1.0	6～25	正在发展中的沙漠化土地
③ 流沙大面积分布，灌丛堆积，吹扬强烈	1.1～2.0	26～50	强烈发展中的沙漠化土地
④ 密集流沙沙丘占优势	2.1 以上	50 以上	严重沙漠化土地

表2-4-4　土地沙漠化发展的生态学特征（标准）

植被盖度/%	农田系统能量产投比/%	生物生产量/[t/(hm²·a)]	沙漠化程度
>60	>80	3～4.5	潜在
59～30	79～60	2.9～1.5	正在发展
29～10	59～30	1.4～1.0	强烈发展
9～0	29～0	0.9～0	严重

（2）生态环境评价方法

生态环境评价方法依据评价对象、评价目的以及评价者的技术专长和偏好而有不同的选择。有的是多因子综合性评价方法，有的是针对或侧重某一方面的单要素或专门问题的评价方法。在实际应用中，经常是多种方法综合运用的。

①《生态环境状况评价技术规范（试行）》（HJ/T 192—2006）

这是一种建立在遥感影像解释获取评价信息基础上的综合性评价方法，其评价指标有生物丰度（含林地、草地、水域湿地、耕地、建筑用地、未利用地）、植物覆盖度、水网密度、土地退化、环境质量等，对这些指标赋予相应的权重，进行综合，再进行分级评价。该法为陆生生态环境评价法，可应用于各种自然生态环境的环境质量评价，也能用于判别未来的变化趋势，即用于影响评价。值得注意的是，按照生态学最低量律原理，生态系统的生存状态取决于最小的约束性资源的供给量，因而当存在某种主要的约束性因素时，不要因综合性评价而掩盖或淡化系统存在的主要矛盾，得出不确切的评价结论。

② 景观生态学评价方法

一种建立在遥感技术和地理信息技术基础上的评价方法，尤其适用于区域性生态环境状况的评价。本章在"陆生生态环境影响评价"部分中，将结合应用实例重点介绍这种方法。这种方法的应用应注意其尺度性问题和评价的精确度。在水利水电项目评价中，这是一种十分有效的方法。

③ 生物多样性调查法

以生态系统类型多样性和物种多样性为指标，进行历史的文献调查、回顾性调查与分析，并利用"3S"手段和现状踏勘、科研资料和受理的资料做调查分析，进行现状与问题分析，影响要素与影响后果分析。该法可用于现状评价与影响评价。该法针对的是生态系统的核心问题，因而能为生态环境保护提供十分有价值的参考。

在生物多样性调查中，进行生态系统类型和分布的调查十分重要，其中尤以森林生态和湿地生态系统、水生生态的调查最为重要。在这些调查中，确定那些对生物多样性保护至关重要的地区是十分重要的，无论其是否已被列为法定的保护对象。

生物多样性调查中，凡有珍稀的、地方特有的动植物分布，则应对其进行重点调查，这是确定重点保护地区所必要的。

生物多样性的野外实地调查是十分重要的。这些调查一般需请专业人员按规范的方法进行，并且需要考虑给予足够的时间和合适的调查季节，以保证调查资料的可靠性。环评须将野外调查和资料收集获得的信息做去伪存真的工作，这样才可作出科学的评价。

④ 生态系统服务功能价值的评价方法

以生态系统的服务功能价值作为评价生态系统重要性和进退变化的方法，是有效的和直观的，其要点是确定指标体系（计算哪些价值），一般都有直接生产生物资源的生产功能和资源价值，如农林牧副渔业、供水、航运、发电、休闲娱乐等；间接的环境服务价值，如涵养水源、调蓄洪水、保持土壤、净化污染物、固定 CO_2 和释放氧气、提供生物生境、提供文化和启智等多方面的价值。评价中的另一个难点是确定价值参数。目前一般参照 Robert Costanza 的全球生态系统平均公益价值的参数（见 Nature，1997，387：253～260；世界环境，1999（2）：5～8），在评价时还需进行价值折现的修正。

生态系统服务功能价值评价可以比较各类不同的生态系统对人类的重要性，从而确定保护重点和了解生态破坏带来的损失，并为生态补偿措施提供理论依据。由于纳入计算的生态价值指标总是低于其实际的价值类型，因而这样的价值评价总是低估实际价值的，只宜作为参考。

⑤　生态敏感性评价方法

《建设项目环境影响评价分类管理名录》将是否对"环境敏感区"产生影响作为分类管理的重要划分依据。"环境敏感区"包含着重要性和脆弱性等含义，除依法划定的自然保护区、风景名胜区、饮用水水源保护区外，许多环境重要性敏感区或环境脆弱性敏感区经常需要通过评价工作予以认定。

生态敏感性是指生态系统对各种自然的和人为活动影响或干扰的敏感程度。敏感程度取决于评价对象的稀有性、不可替代性或重要性，如某种珍稀生物或地方特有生物的残存的生境等；另外取决于评价对象对外界作用力的耐受性、受到影响后的恢复能力，也就是取决于其生态脆弱性。在环境影响评价中，常把那种易破坏而不易恢复的环境称作"脆弱"。脆弱性也是敏感的主要表现之一。

生态敏感性评价中最为关键的技术是建立表征敏感性的指标体系。《生态功能区划暂行规程》提出了生态敏感性评价的方法和指标，列入分析的内容主要有：土壤侵蚀敏感性评价、沙漠化敏感性评价、盐渍化敏感性评价、石漠化敏感性评价、酸雨敏感性评价以及生态服务功能重要性评价等，可供参照。在建设项目环评中，还可根据具体情况，选择地形地貌、植被（类型和覆盖率）、珍稀或特有物种、光温、土壤或土地利用方式（基本农田、湿地等）、自然灾害因素（气候的、地质的）、受到外界压力和干扰的强度等作为指标评价敏感性或脆弱性，深入揭示生态的敏感性。敏感性评价同样可以采用指标分等级和赋分的综合评价方法进行不同区块的生态敏感性评价，从而得出高度敏感区、较高敏感区、中度敏感区等不同的敏感等级区块。高度敏感区和较高敏感区则可能须加强保护、避免干扰或采取措施少干扰或减轻干扰。

⑥　生态环境风险评价方法

风险是指那种影响作用不确定、发生概率较低，一旦发生则影响后果特别严重的环境影响类型。生态环境风险一般是指那种可能导致区域性的物种濒危或灭绝、生态系统整体性严重破坏、珍稀特有生物重要的生境丧失、敏感环境区受到严重破坏或影响、引发自然灾害等严重影响的环境影响类型。造成生态环境风险的影响作用可能是人为的污染物排放、农药施用、砍伐森林、疏干湿地、引入外来物种、修筑大坝、疏浚河道等，或来源于自然的干旱、洪涝、地质灾害、水土流失等，或此两者兼而有之。这些作用可能是突如其来的，如暴雨与洪水、施工破坏鱼类产卵场、水库大坝截流、污染事故如油轮泄漏等，更多的可能是日积月累、量变引起质变、最终导致不可逆转的后果，如水土流失发展成为泥石流灾害、污染积累导致物种灭绝、外来物种排斥样本地物种等。

生态环境风险评价的基本步骤是：

识别可能的风险源和筛选主要风险源；

进行风险源有关调查，统计风险概率和认识风险作用性质、过程及作用受体和后果等；

根据风险源的发生频率、强度、危害等，对其赋权重；

筛选风险作用受体（选对风险作用敏感者、区域生态环境中重要者），并确定生态终点（判定影响程度）；

进行暴露和风险影响评价，包括：对风险受体的生态环境敏感性进行排序，判别风险影响是否影响到最敏感的保护目标；对风险影响的程度进行分析，判别其是否导致严重的不可逆转、不可修复的影响；

最后进行生态风险评价综合分析，可划分出不同的风险分区，给出风险概率及说明；综合说明风险的影响程度以提供风险决策者参考。

生态风险是十分重要的影响类型，许多生态环境影响因其长期性和复杂性而很难确切地说明其影响后果，或者说很多生态环境影响都具有风险影响的性质。因此，进行生态风险评价和按风险防范进行决策是十分重要的。

⑦ 生态系统重要性评估

生态系统评估的重要任务之一是评估生态系统的重要度，即以生态学意义的重要与否出发评估区域内相对重要的生态系统（亦含生境），明确保护的重点和评估影响的严重性，凡影响到重要生态系统者为严重影响；导致重要生态系统功能严重损失甚至造成系统毁灭者，即为不可接受的影响。

生态系统重要度评估，一是直接用几项指标做宏观判断；二是设计若干指标，分级给分，然后综合，按得分值做优先性判断，然后排序，最优先者亦是最重要者（表 2-4-5 和表 2-4-6）。

表 2-4-5 自然生态系统重要性评估指标与标准

评估指标	参 数 及 说 明	评 估 标 准
系统大小	包括某个物种生存地区的植被类型和群落大小	大而连续，最好
多样性	可表示单个物种的丰富度或根据其重要性加权	支持特有种，濒危种者更重要
稀有度	10 km² 范围内的唯一性或与国家级、地区级种群大小相比较	稀有度高者价值高

评估指标	参 数 及 说 明	评 估 标 准
自然性	受人类影响越小（人类印记越少），自然性越高	自然性高者价值高
代表性	在国家、区域或生物地理区内典型性	有代表性者重要
脆弱性	对干扰的敏感度、易变性（人类管理的生态系统一般较脆弱）	保护优先
环境功能	对区域有重要环境功能的，如集水、防灾、调节	有重要功能者价值高，优先保护
历史记录	记录历史长短（年代）	记录历史长且完整者意义大
潜在价值	对区域的生态价值、经济价值等	值得保护者
科学意义	地理、地质、生态及其他科研、科教、科普及潜在利用价值	在地理和生态上处于过渡地带者，重要；凡有科学意义者，均重要
社会意义	相关公众数量、社会关注程度	公众关注程度高者，重要，优先保护

表 2-4-6 优先保护的生态系统或生境

较 高 优 先 权 者	较 低 优 先 权 者	评 判 标 准
自然的或原生的系统与生境	人为活动改变的或人工的	自然性、代表性、稀有性、多样性
未被破坏的系统与生境	已破坏的系统与生境且无法恢复	自然性、多样性、生态功能
大的且不破碎区域（生境）	小的、破碎生境且非稀有或特殊性者	面积、多样性、代表性、潜在价值等
独特的（有珍稀濒危物种或地方特有物种或特化生境等）	普遍存在的	稀有性、多样性、脆弱性、独特功能
古老的（有连续记录者尤佳）	新近形成的	自然性、代表性、科学意义
物种丰富	物种贫乏且无特别者	多样性、自然性
多样性高（生境、系统、物种）	多样性低且无特别者	类型（如地貌）、多样性
具有关键物种	无关键和重要物种者	物种保护级别及潜在价值等
稀有的或分布局限的	普遍的、广泛分布的	稀有性、脆弱性
区域性下降或受威胁	区域稳定或安全的	生态环境功能，退化速度
脆弱的（易破坏、恢复慢）	一般的	脆弱性
不可（易）恢复的	可恢复的	可替代性
不了解的	已了解的	可替代性
功能上相互联系的生境	功能孤立生境	廊道、阻隔性
可发展为更具有保护价值者	无发展潜力	保护价值类比、区域比较

《生态功能区划暂行规程》已给出了针对生物多样性保护的重要性、水源涵养的重要性、土壤保持的重要性、沙漠化控制和营养物质保持的评价方法和判别指标，可在评价中参照执行。

4. 生态环评中应注意的问题

（1）依据具体情况和突出针对性

环评按一定的程式（如评价规范）设计还是根据具体环境条件进行具体设计，是一个并未取得完全一致认识的问题。例如，南桠河一级梯级，为在河口地带并围绕着石棉县城建设的水电工程，闸首在县城上游，电站在县城下游，其环评大纲如何编制？是按一般山区水电工程将生物多样性问题放在首位，并进行区域生态整体性影响评价（遵循规范），还是按城市生态特点和需求去分析影响、评估措施、确定重点（根据实际），这一差别实际上反映出环评的一些基本观念：环评是解决实际环保问题还是让建设项目走一道法定程序、过一道"关"？环评单位是环保的卫士还是建设单位雇用的文件编造手？如何理解建设项目环评的"针对性"问题？

显然，环评应按具体的环境条件去设计，解决具体的环境问题。按规范搞，可以足不出户，纸上谈兵，容易；按实际搞，就需要亲临现场，艰苦跋涉，难。

（2）依法评价与科学评价相结合

建设项目环境影响评价是一个执行法规的过程，因而必须依法评价。依法评价就是一切按法规规定的程序进行，并按法规的要求规范人的行为，达到法规要求的行为准则。依法评价也是一个强制贯彻执行法律法规的过程。所以，环评设计须按法规要求的程序、内容、重点进行。但是，如果环评仅仅是一个执法过程，许多时候可能就不需要环评了，也许建立一支执法和监察队伍进行执法更为有效。可是，显然，执法监察不能代替环评。因为环评还有另一个更为重要的过程——追求行为的科学合理性。

环境影响评价的定义是：一个不断评价不断决策的过程。换句话说，环境影响评价主要是为了科学决策。这才是环评的真谛：科学评价或做科学合理性评价。

科学评价就是要强调评价的科学性，或者说要评价真实的和实际的影响。因为合理而不合法和合法而不合理的事情是经常遇到的，而环评要同时兼顾合法与合理两个方面，这就要求环评设计要非常重视合理性（科学性）问题。一般来说，法规总是针对普遍性矛盾问题而言的，环评却往往须针对解决特殊性问题而进行。

例如，依照《自然保护区条例》做自然保护区的影响评价和提出保护措施，是依法评价，解决合法性问题。而区分野生动物保护区、野生植物保护区或化石（如恐龙蛋）保护区，或者区分兽类保护区（如华南虎保护区）与鸟类保护区（如丹顶鹤保护区），并按其不同保护对象和不同保护需求提出更具针对性的保护措施，才真正体现环评的意义——科学合理性。

（3）环评思想观念须与时俱进

环境保护是一项新兴事业，也是一项迅猛发展的事业。在这项事业中，新思想、新观念层出不穷，新技术、新手段日新月异。环保事业又与社会经济有着血肉相连的关系：随着社会经济和科学技术的发展而不断地更新自己的思想观念和政策法规，不断提出新要求、新标准，因而环评必须充分体现其最新发展水平和最高发展要求。

在环评中，经常遇到规范化与新要求的矛盾问题，也会遇到因老法规被否定而使环评结论违背政策法规的尴尬现象。例如，《环境空气质量功能区划分原则与技术方法》（HJ 14—1996）于 1996 年 10 月 1 日起实施，规定了"特定工业区"可执行三类环境空气质量功能区标准（三级标准），"但不包括 1998 年后新建的任何工业区"。这就是说，自 1998 年后，新建的任何工业区都须按二类环境空气质量功能区定位，执行《环境空气质量标准》二级标准。但是，直到目前，还有按执行《环境空气质量标准》三级标准规划"工业区"者，也有按此标准进行工业区环境空气质量评价者。

因此，环评设计须与时俱进，跟上环保事业发展的步伐。这就需要环境影响评价从业人员不断学习，不断进步。进入新世纪以来，我国发展战略和环境政策已发生了巨大变化和进步，对环境保护的要求愈来愈高，必须用新思想、新观念和新的战略政策武装头脑，指导工作，作出正确的评价结论。

（4）一定要合乎生态的具体情况，不要用一般常识代替科学分析

例如，在环评中，生物监测一般只做一季或一次，往往不能反映生物活动的全貌。在热带水域，全年的不同季节都有生物繁殖，而且以此巧妙地避免生物种间的恶性竞争，成为一种生态习性。环评以一次监测所得和支离破碎的资料很难得出正确的评价结论。目前存在的问题是，资料信息不全，或武断结论，或按照人类的生态习性推及野生生物，或附和评价委托者的意愿而言不由衷，还有故意隐瞒或掩盖事实真相者，或对严重问题轻描淡写，从而得出乐观的结论——可行。这些倾向都是危险的！值得高度重视。

二、水生生态环境影响评价

1. 水生生态环境面临的严峻形势

河流湖泊地区，曾经是人类文明的发祥地，至今仍是养育人口的主要地区。但是，全世界的水域生态系统已受到严重破坏，主要的破坏因素是污染。因此，控制污染和恢复水域生态系统成为世界各国环境保护的主要任务。在美国，1975 年就开始全国性的湖泊清洁计划，1990 年开始了庞大的水域生态恢复计划：要在 2010 年前恢复受损河流 64 万 km、湖泊 67 万 hm^2、湿地 400 万 hm^2。这些计划最终要恢复河流、湖泊和湿地生态系统的完整性，以改善和促进结构与功能的正常运转。欧洲国家也开展了大量水域生态恢复工作，以改善其湖泊酸化和解决其他生态问题。我国也已提出"三河"（淮河、海河、辽河）、"三湖"（太湖、巢湖、滇池）的整治目标，都是水域恢复与重建工程。

我国水生态系统受影响的原因比较复杂。内陆水域生态系统遭受破坏的主要原

因是因人均水资源量少，人们过度利用水资源，使河流断流、湖泊枯竭，从而破坏了水生生态系统；在全国范围内，因污染而使水质恶化，甚至完全丧失了水作为资源的利用功能，使水生生物不能生存，破坏了水域生态系统，是最普遍的原因；水域生态外环境遭破坏，如森林砍伐造成水土流失，源头水减少使河流大起大落，湖泊淤积老化，再加上围垦湿地、滩涂，恶化了水生生物生境，使水域生态遭到破坏；还有滥加捕捞，竭泽而渔，吃尽了鱼子鱼孙，或采取毁灭性的渔猎方式（毒鱼、炸鱼、电鱼），导致水生生态系统严重破坏。

水电水利工程改变水文条件，如江河改道、河流湖泊提水或建闸、筑坝，都会从根本上改变河流和湖泊的水文状况，或发生量的变化（如提水使流量减少），或发生质的变化（如建坝造成河流断流或脱水），对水生生态系统将产生重大甚至毁灭性影响。

此外，河流筑坝蓄水形成水面后，地方常发展水产养殖以弥补自然生态系统的生产力损失，但在某些水域生态系统引入外来物种，常招致灾难性后果。一般情况下是土著物种因无法与竞争力强的广布种对抗而被淘汰出系统。我国云贵地区的高原湖泊、新疆等地的内陆湖泊，都已发生过引入外来物种使土著物种灭亡的事件。

此外，河湖的岸滩浅水区，常是水生生物产卵、繁育和索饵的场所。围湖造田、挖沙、整治河道河岸或其他活动破坏此类主要栖息地，会极大地破坏水生生态系统。此外，水生生物的生息往往有其偏好的集中地区，实际上这是最适于其生存的区域，这类区域的破坏也会招致水生生物的消亡和水生生态系统的巨大变化。

累积性影响是水生生态系统逐渐退化并最终遭受破坏的重要影响方式。

微量的污染物和农药，可改变水生生物的遗传特性；微小的生境变化如土壤侵蚀导致的湖泊水库淤积或河道淤塞变形，都可能使某些水生生物受到实质性的危害，久而久之，水生生态最终都遭到破坏。

据初步调查统计，河流和湖泊水生生态系统的破坏，给我国水生生物已造成巨大灾难。全国现存 800 多种淡水鱼类中，已有近百种濒临灭绝，其中分布于云南的异龙中鲤等 4 种鱼类已经灭绝；乌苏里江的大麻哈鱼因建库筑坝隔断了其洄游通道和淹没了产卵场而濒临消亡；白鲟、中华鲟、胭脂鱼等种类已到了灭绝的边缘。长江中下游湖泊中原生活有百余种野生鱼类，现在仅有二三十种，且出现明显的小型化倾向。长江及支流嘉陵江盛产的鳊鱼和清波鱼（中华倒刺鲃），捕获量逐年减少，不少河段已不见其踪迹。四川沱江因水质污染，以往达氏鲟、白鲟、鳗鲡、突吻鱼、中华倒刺鲃、长吻鮠、瓣结鱼、铜鱼、岩原鲤、胭脂鱼等已经绝迹。黄浦江曾是多种洄游性鱼类的洄游通道，因江水污染，形成长达几十公里的污染区，阻断了鱼蟹类洄游，使鳗鲡、河蟹、鲻鱼、梭鱼、鲈鱼、鲥鱼等大量减少。松江四鳃鲈曾是黄浦江一大名产，目前已无踪影。

全国主要的水系、河流，情况均大同小异。中国水生生态的破坏是普遍的、严重的，保护和重建水生生态的任务也是异常艰难的。

2. 水生生态现状调查与评价

水生生态系统主要指陆地的河流、湖泊、库塘等。水中的溶解氧含量和光照常成为水生生物生活和分布的限制因子。此外，水量、水温、水文（流态）、水质、盐度也对水生生物的分布、生长起重要作用。

水生生态系统的生产者，除一部分水生高等植物外，主要是体型微小但数量惊人的浮游植物。水生生态系统按食物链关系结成相互依赖的生态系统整体。

（1）水生生态现状调查

水生生态现状调查内容可分为水生生物现状调查和水生物生境条件调查两大项。

水生生物现状调查按浮游生物、底栖生物、游泳生物和鱼类资源进行。其中，底栖生物的状态既能反映水质和水生物生境状态，也能反映水生生态系统的生产力状态。底栖生物是很多鱼类的饵料生物，它们的丰匮影响鱼类资源的生产力。水生生物现状调查除了物种、生产力（密度、生物量）以外，水生物的生态习性亦是很重要的调查内容。

水生物生境条件调查包括水质、水温、水文状态以及特殊生境（产卵场、索饵场、越冬场）的调查。对于洄游性生物，其洄游通道亦是十分重要的调查内容，见表 2-4-7。

表 2-4-7　河流生态系统调查与评价的环境因子与参数

评价因子	主要参数
水　文	水系分布、流量（多年平均，年最大、最小）、洪枯比，极端水情
水　质	pH、水温、溶解氧及其他水质参数、主要污染源与主要污染物
物种多样性	水生植物：种类（沉水类、挺水类）、分布、生长状态 浮游生物：种类、分布、生物量（密度）、优势种及优势度（%） 底栖生物：种类、分布、密度、生物量、优势种及优势度（%） 游泳动物：种类、分布、习性 鱼类：种类、生产力与渔获量、分布、主要资源动态（历史变迁）
重要生物	保护生物：种类、保护级别、分布、生态习性、种群、生境需求 珍稀濒危生物：种类、珍稀濒危度、生态习性、种群动态、生境条件 特有生物：种类、保护级别、分布与生境、种群动态、生态习性
重要生境	产卵场、索饵场、越冬场：分布、生境状态、栖息生物 自然河段、河口、洲滩、浅水湾等：分布、面积、生物利用情况
河流环境	河源、河长，自然比降，落差，流域地形地貌，河床地形，地质土壤特性，河道河岸自然性、整体性，流域水土流失与河流泥沙、水工建筑
水工构筑物	水坝、水闸、人工河岸、排污口（或排污河段）、扬水泵站

（2）水生生态现状评价

在实际评价工作中，水生生态调查尤其是水生生物调查，经常由水产或其他科研部门的专家完成。用这些专业调查提供的信息进行环境现状评价，则须由评价单位的专家们完成。建设项目环境影响评价中的环境现状评价不同于做规划或进行自然保护调查中的现状评价，它主要须明确重点保护的地区与对象，应对说明建设项目影响的性质和程度有意义，对寻求有效保护措施有指导作用。

水生生态现状评价内容依据评价的对象特征、评价要求阐明的问题的不同而有不同的选择，但一般应包括表 2-4-8 所列的内容。

表 2-4-8　水生生态现状评价可选择内容

现状评价内容	评价意义与说明
浮游生物优势种群、密度	指示水质富营养化程度，评价水质状况
底栖生物种群、密度、生产力	生态系统生产力，水环境整体状况
鱼类资源生产力、动态变化	生态系统生产力，生态系统整体状况
国家或地方保护生物	确定重点保护生物及其生境（地区）
珍稀濒危生物	确立重点保护生物及其生境（地区）
特有生物	确立重点保护生物及其生境（地区）
主要或特有经济鱼类	确立重点保护生物及其生境（地区）
鱼类产卵场、索饵场与越冬场	确立重点保护生境（地区）

水生生态现状调查与评价是紧密联系的。调查的目的是为了科学认识评价的对象，调查的内容由评价目的决定。无论调查还是评价，生物多样性（物种多样性和生境多样性）始终是关注的焦点。环境现状调查之后，一定要做好评价。例如以浮游生物为评价因子评价水体营养状态（资料摘自郑大增等《福建省南平安丰水电站环境影响报告书》）：

① 藻类密度评价

一般认为，水体中的藻类密度$>10×10^5$个/L，为富营养水体；藻类密度在$3×10^5\sim10×10^5$个/L 为中营养水体；藻类密度$<3×10^5$个/L，为贫营养水体。据此可根据藻类（浮游植物）的调查（监测）结果评价水体富营养化状态。

② 叶绿素 a 评价

水体初级生产力叶绿素 a 亦是水质营养状况的重要指示。根据 Gekstatter 提出的划分水质营养状态的叶绿素 a 质量浓度标准，叶绿素 a 质量浓度$<4\,\mu g/L$ 为贫营养；叶绿素 a 质量浓度$>10\,\mu g/L$ 为富营养；居于二者之间为中营养。

③ 浮游生物优势种评价

浮游生物优势种可指示水体营养状态，一般情况下：硅藻为优势种，水体一般为中营养。

④ Shannon 多样性指数评价

藻类 Shannon 多样性指数 DI 可用做评价水体富营养的指数，计算公式为：

$$DI = -\sum_{i=1}^{S}(n_i/N)\ln(n_i/N) \qquad (2\text{-}4\text{-}1)$$

式中：n_i——i 属藻类的数量；

　　　　N——所有藻类的总数量；

　　　　S——藻类属数。

当 $DI=0\sim1$ 时，水体为重污染；当 $DI=1\sim2$ 时，水体为中污染；当 $DI=2\sim3$ 时，水体为轻污染。

（3）现状评价要点问题

在做生物多样性现状评价时，珍稀濒危生物、列入国家和省市保护名录的生物以及当地特有的生物，只要有，就必须成为评价的重点，成为"敏感保护目标"。对此类保护目标或对象需逐一阐述其生态习性、分布状况、历史变迁以及其生存所需的特殊生境。例如，在《福建省南平安丰水电站环境影响报告书》中，对胭脂鱼描述如下：

胭脂鱼，俗称雷公鱼、黄排、燕雀鱼等，属鲤形目、亚口鱼科，胭脂鱼属，分布在长江、闽江水系。胭脂鱼的幼、成鱼不仅形态不同，生态习性也不相同。要求的生境：鱼苗阶段常喜群集于水流较缓的砾石之间生活，多在水体上层活动，游动缓慢；中等大小的幼、成鱼则生活在水体中下层。幼体活动迟缓，成体行动矫健。性成熟亲鱼每年 2 月中旬始上溯到上游大支流的急流浅滩中繁殖，3~4 月产卵，7~10 天孵出。亲鱼产卵后仍在附近逗留，直到秋季退水时期才回归到干流深水处越冬。主要以底栖无脊椎动物和水底泥渣中的有机物质为食，亦食一些高等植物碎片和藻类。20 世纪 80 年代，建瓯附近为其主要产卵场，但根据《中国濒危动物红皮书——鱼类》对胭脂鱼分布的资料，"目前，闽江中已属少见，现存个体多见于长江水系，尤以上游的分布为多"。

对珍稀、特有水生生物生境的调查与评价，应是环境影响评价中最为重要的工作任务之一。一些鱼类之所以变得珍稀或特有（只分布在十分有限的区域内），往往是因为这些鱼类有特殊的生境要求，而能满足其生存要求的生境又十分有限，只存在于某些特别的地区。这样的生境一旦破坏或消失，就意味着依赖其生存的珍稀或特有鱼类必然跟着灭绝。例如，大渡河特有的稀有鮈鲫，只分布于大渡河支流流沙河中，一旦流沙河受到影响，鮈鲫就很可能灭绝。这种生境的唯一性、稀有性，是其价值的主要指标。实际上，大渡河瀑布沟电站正是要淹没流沙河河口和下游地段，虽然流沙河还有中上游河段得以保存，但人们不知道鮈鲫与其下游和河口段究竟是什么关系，也就难以化解鮈鲫受影响而灭绝的疑虑和风险。这种问题的产生，就意味着在环境现状评价中，要对鮈鲫问题有十分深入的调查与评价，包括鮈鲫的生态和生境两个方面。如果已有的观察和知识积累不足以说明鮈鲫的生态习性或生境（如流沙河）的特殊性，就需要制订一个继续观察和研究的计划，通过观察、实验等手段来加深认识，阐明问题，直至了解，直至能说明影响并寻找到可行的保护方案。所以，现状调查与评价也并不仅仅是能做到什么程度就算什么程度，而是要根据需要来确定应当做些什么和做到什么程度。

（4）大渡河水生生物多样性调查

以下为水电建设项目水生生态调查示例，表明调查评价一般应做的工作和应达到的水平要求，可供评价人员参考。

大渡河共规划 17 座梯级电站。最大的电站为瀑布沟电站，装机容量 3 300 MW，位于雅安市汉原县境内。本项调查系国电公司成都勘测设计研究院委托四川省水产研究所于 1984 年、1985 年和 2002 年对大渡河中游水生生物进行的现场调查。调查统计工作按规范进行。水生生物监测断面覆盖拟建的坝下、库中、库尾及主要支流和主要支流河口。调查结果概述如下：

① 水生生物群落及分布特点

水生维管束植物。2002 年调查与 1984—1985 年调查成果相似，在干流未发现水生维管束植物，仅在小型支流邻近静水水域或沟渠中有少量的菹草和聚草，为零星分布，生物量很小。

浮游植物。根据本阶段调查结果，库区共有浮游植物 4 门 28 属。以硅藻门为主，有 14 属；其次为绿藻门、蓝藻门和甲藻门，分别有 9 种、4 种、1 种优势种。常见种有席藻、针杆藻、脆杆藻、卵形藻、等片藻、桥穹藻和羽纹藻。各站点浮游植物平均生物量为 656 328 个/L 和 1.224 1 mg/L，其中最多的是硅藻类，数量分别占浮游植物总数的 92.63%和 99.32%；最少的是绿藻类，仅占总数的 2.63%和 0.43%。

浮游动物。本次调查共采集到浮游动物 4 类 18 种，较 1984—1985 年阶段略有增加，其中原生动物 4 种、轮虫 5 种、枝角类 5 种、桡足类 4 种，种类稀少，无优势种和常见种。流沙河的种类分布最多，有 14 种，大大高于大渡河站点。浮游动物生物量平均数为 300 个/m³ 和 5.142 mg/m³。

底栖生物。本次调查共采集到底栖动物 3 类 8 属，其中扁形动物 1 属，软体动物 1 属，水生昆虫 6 属，优势种为环足摇蚊，常见种为蜉蝣目的幼虫。

4 个站点的底栖动物平均生物量分别为 267.75 个/m² 和 1 027.525 mg/m²，其中重量最大的是涡虫和环足摇蚊，各占总数的 31.93%和 30.16%；数量最多的是软体动物水土蜗和涡虫，分别占总量的 39.72%和 32.85%。

水生生物种群数量和生物量的动态演变。将本次调查的水生生物资源状况和 20 世纪 80 年代的调查结果比较，种群数量与生物量大幅度下降，减少一倍到数十倍；唯一增加的种类是浮游动物，但仅于流沙河汉源站点上。该断面浮游动物的增加，说明汉源县城镇的生活污染较 20 世纪 80 年代严重。从水环境状况的评价分析来看，虽然该江段的水质属于洁净无污染，但纵向比较结果表明，水生生物种类数下降的同时，少数耐污种类的个体数却在增加，群落结构的变化表明环境的污染在加重。

②鱼类

按全流域、库区段、支流等分区段调查，并针对重要生境进行调查与评价。具体内容示例如下：

鱼类区系组成及特点。据近年调查和有关文献记载，大渡河流域共有鱼类 129 种（包括亚种），隶属于 7 目 16 科。其中，鲤科占大渡河鱼类的 58.1%，为主要成分；鳅科占 12.4%，鲿科占 7.8%，平鳍鳅科占 5.4%，鮠科占 4.7%；其余 11 科共占 11.6%。区系组成以中国江河平原鱼类占绝对优势，为 42.64%，多分布在中下游丘陵区和盆地平原过渡地带。

大渡河水系因地形和气候等自然条件的关系，鱼类分布的差异性较大，河源和上游部分的鱼类区系结构比较简单，以属于裂腹鱼亚科和条鳅类的西部高山高原鱼类为基本成分，在海拔较高的河源和上游（包括中游上段）河段尚有适应这一地区条件的特化类型——裸裂尻鱼属和重唇鱼属。下游峨边以下河段几乎全是平原性鱼类，以鲤科中的亚科、雅罗鱼亚科、鳊亚科和某些亚科较多，种类也很复杂。大渡河鱼类的分布在一定程度上受到了已建龚嘴和铜街子水电站大坝的影响，如原可上溯至大坝以上的圆口铜鱼现仅局限于铜街子大坝以下。

瀑布沟库区位于大渡河中游，处于四川西部高山高原与东部盆地的过渡带，鱼类区系组成以江河平原区系鱼类组成为主体，兼具西部高山高原鱼类区系的特点。

库区鱼类已知有 65 种和亚种，占四川鱼类总数 241 种的 26.9%，区系组成比较贫乏。库区鱼类分属于 7 目 15 科 51 属，与大渡河鱼类科、目组成基本相同，种类占大渡河鱼类总种数的 50.4%。其中，以鲤形目最多，占总种数的 70.8%；其次是鲇形目、鲈形目，分别占 15.4%和 7.7%；其余 4 目共占 6.1%。鲤形目中以鲤科鱼类最多，有 30 种，占鲤形目总种数的 65.2%，占库区鱼类总数的 46.2%；其次是鳅科，有 9 种，占鲤形目的 19.6%，占库区总种数的 13.8%。

生态适应性及分布特点。库区上段和下段两岸高山延绵、河谷深狭、水流湍急，适应江河急流最特化和江河流水水底环境的鱼类，如裂腹鱼类、鳅科鱼类、平鳍鳅科等鱼类分布于此江段；库区中段和个别支流下段水流平稳，漫滩阶地、叉流、沙丘等发育较好，河谷开敞，适宜平原性鱼类生存，同时也具有上段和下段生活鱼类与生态环境，鱼类种类分布相对较多。

库区干流广泛分布的鱼类。库区江段广泛分布的鱼类有：红尾副鳅、短体副鳅、过山鳅、斯氏高原鳅、细尾高原鳅、长薄鳅、红唇薄鳅、宽鳍鱲、长鳍吻鮈、蛇鮈、异鳔鳅鮀、白甲鱼、齐口裂腹鱼、重口裂腹鱼、鲤鱼、侧沟爬岩鳅、四川爬岩鳅、犁头鳅、短身间吸鳅、中华间吸鳅、粗唇鮠、凹尾拟鲿、黑尾鱼央、福建纹胸鮡、黄石爬鳅共 25 种，占库区鱼类种数的 38.5%。

库区干流中段分布的鱼类。有贝氏高原鳅、泥鳅、马口鱼、草鱼、宜宾鲷、中华鳑鲏、峨眉鳕、唇鳎、花鳕、麦穗鱼、棒花鱼、银鮈、乐山小鳔鮈、中华倒刺鲃、鲈鲤、四川白甲、泉水鱼、墨头鱼、鲫鱼、西昌华吸鳅、峨眉后平鳅、大口鲇、瓦氏黄颡鱼、切尾拟鲿、大鳍鳠、青石爬鳅、青鳉、黄鱼幼、子陵栉鰕虎鱼、成都栉鰕虎鱼、叉尾斗鱼共 32 种，占库区鱼类种数的 49.2%。

库区主要支流分布的鱼类。库区主要支流流沙河水土流失严重，涨水时含沙量相当高，给鱼类生存环境带来严重威胁。在流沙河支流及坑中分布有红尾副鳅、短体副鳅、山鳅、泥鳅、宽鳍鱲、稀有鮈鲫、棒花鱼、峨眉鳕、中华鳑鲏、麦穗鱼、墨头鱼、鲤鱼、鲫鱼、侧沟爬岩鳅、犁头鳅、西昌华吸鳅、黄石爬鳅、青鳉、黄鳝、黄鱼幼、子陵栉鰕虎鱼、成都栉鰕虎鱼、叉尾斗鱼、齐口裂腹鱼 24 种鱼类，占库区鱼类种数的 36.9%。其中列入《濒危动物红皮书》的稀有鮈鲫，到目前为止，尚未发现干流和其他支流有分布，仅分布于流沙河。这一属于东洋区的鱼类，能在流沙河生存至今，在动物地理学上，尚值得深入研究。

库区鱼类产卵场、越冬场与索饵场分布。根据库区河道的底质、水文特征，从关帝沱至瀑布沟大坝，坪阳村至石棉、小堡、大树等处都有越冬场分布。这些河段滩沱交错，底质多为乱石或礁石，凹凸不平，是库区齐口裂腹鱼、重口裂腹鱼、墨头鱼、鲈鱼、泉水鱼、黄石爬鳅、蛇鮈、长鳍吻鮈、白甲鱼等的越冬场。

产卵场主要分布在万工以上至迎征以下江段，由于鱼类产卵习性各异，产卵场的生物环境和非生物环境很不相同，有的鱼类在主流回水区，有的在近岸缓流水区，有的在湾沱沙岸回水区等。

索饵场较集中的是汉源至丰乐江段，这一江段河面宽，侧流形成河网，王河坝和任家河心有两个大倒角，两岸农田肥沃，是齐口裂腹鱼、重口裂腹鱼、红尾副鳅等鱼类幼鱼良好的索饵场。水库蓄水后，库区大多数原越冬场、产卵场、索饵场均不存在，库尾江段可能保留部分，在库区两岸乱石堆，水深 3～5 m 深处形成新的越冬场。索饵场面积将更大。产黏性卵的鱼类（静水或缓流水体产卵鱼类），在库区近岸水草或乱石集中地方形成产卵场。在流水上产卵的鱼类将迁移到库区以上江段寻找新的产卵场。

资源保护与利用：

a）珍稀保护鱼类。据文献记载，库区河段曾有国家二级保护鱼类虎嘉鱼、省级保护鱼类长薄鳅与列入《中国濒危动物红皮书》的稀有鮈鲫分布。其中虎嘉鱼近二十年无一例捕获，其栖息范围已缩至库区上游丹巴以上河段；长薄鳅在库区及大渡河中游河段均有分布，但数量较少；稀有鮈鲫分布于流沙河。

b）长江上游特有鱼类

瀑布沟库区的长江上游特有鱼类有：长鳍吻鮈、四川白甲鱼、华鲮、短体副鳅、过山鳅、齐口裂腹鱼、重口裂腹鱼、红唇薄鳅、四川爬岩鳅、侧沟爬岩鳅、异鳔鳅鮀、西昌华吸鳅、青石爬鮡、黄石爬鮡、宜宾鲴、峨眉鱊、鲈鲤、成都栉鰕虎鱼、短身间吸鳅、中华间吸鳅 20 种，占库区鱼类总数的 30.8%。

c）渔业资源

库区鱼类以齐口和重口裂腹鱼为主，占渔获量的 85%，鳅科鱼类渔获量超过10%，草鱼、鲤鱼、鲫鱼、大口鲇、宽鳍鱲、墨头鱼、泉水鱼、白甲鱼、长薄鳅、唇鲴、云南光唇鱼、黄石爬鮡和大鳍鳠13 种鱼类仅占 5%。

齐口裂腹鱼常捕个体为 0.1～0.4 kg，重口裂腹鱼在 0.1～0.35 kg。黄石爬鮡在0.025～0.05 kg，并且小个体占渔获物的 30%以上。由于渔获物个体越来越小，它们的年龄组成也趋向低龄化，许多个体未到达性成熟年龄即被捕获，失去了生殖机会。由此导致产卵群体的补充量越来越小，资源的增殖受到影响。

库区鱼产量无法准确统计，从渔获物情况判断，鱼类资源量已较贫乏，已到危机程度。

较 20 世纪 80 年代调查结果，鱼资源量明显下降，捕获物年龄幼化，组成也发生了一定变化。鲤科鱼类仍为主要渔获物（与四川省其他江河渔获物组成相似），但种类组成发生了变化，鲤鱼、大口鲇、白甲鱼、墨头鱼、云南光唇鱼等鱼类数量已大大减少，鳅科鱼类数量有所增加，占库区渔获量的 10%。库区某些生态类型鱼的减少，亦即生态类型向单纯化发展的现象是水体渔产力下降的标志，也是资源下降的反映。

（资料来源：王红梅，等. 四川大渡河瀑布沟水电站环境影响评价复核报告书. 国家电力公司勘测设计研究院，2003：54-60）

（5）鱼类资源调查与评价实例：金沙江鱼类资源与特有鱼类

① 鱼类种类组成

根据《云南鱼类志》《四川鱼类志》《中国动物志硬骨鱼纲、鲇形目》《中国动物志硬骨鱼纲、鲤形目》《横断山区鱼类》等文献资料，金沙江中下段（石鼓以下江段）共有鱼类 141 种。其中，长江上游特有鱼类 50 种，秀丽高原鳅（*Triplophysa venusta*）、前鳍高原鳅（*Triplophysa anterodorsalis*）、嵩明白鱼（*Anabarilius songmingensis*）、短臀白鱼（*Anabarilius brevianalis*）、小裂腹鱼（*Schizothorax parvus Tsao*）、硬刺松潘裸鲤（*Gymnocypris potanini firmispinatus*）、横斑原缨口鳅（*Vanmanenia Striata Chen*）、长须鮠（*Leiocassis longibarbus*）8 种为仅分布于金沙江的鱼类。

2004 年现场调查中，在金安桥电站坝下江段采到 40 种鱼类，在库区及其支流采集到 7 种，在库尾以上干支流采集到 15 种，在石鼓至攀枝花江段累计采集到 44种。本次调查，未发现新种；但采集到两种文献中在金沙江下段水域无记录种类：侧纹云南鳅、食蚊鱼。根据历史资料，侧纹云南鳅主要分布于星云湖、抚仙湖、滇池、洱海、程海，但本次调查在金沙江干流多个地点采集到。食蚊鱼是典型的外来种，在我国，特别是南方地区的许多水体中均有此鱼。中华鲟（*Acipenser sinensis*）和鳗鲡（*Anguilla japonica*）是过河口洄游性鱼类，历史上在金沙江下段曾有分布，但由于葛洲坝枢纽的修建已经阻断了其洄游通道，因而多年来金沙江下段已未见其自然分布，暂不列入目录中。

在金安桥电站影响区分布的 141 种鱼类分别隶属于鲟形目、鳗鲡目、鲤形目、鲇形目、鳉形目、鲈形目和合鳃鱼目 7 目 18 科 87 属。其中，长江水系特有属有 4 个：异鳔鳅属（Xenophysogobio Chen et Tsao，1977）、泉水鱼属（Pseudogyrinocheilus，Fang，1933）、金沙鳅属（Jinshaia Kottelat et Chu，1988）、石爬鮡属（Euchiloglanis Regon，1907）；鲤科 52 属 78 种，鳅科 8 属 18 种，鲿科 4 属 12 种，平鳍鳅科 6 属 8 种，钝头鮠科为 1 属 4 种，鮡科为 3 属 4 种，鲟科、鲇科、鮨科和鰕虎鱼科均为 1 属 2 种，其他 8 科有匙吻鲟科、亚口鱼科、胎鳉科、青鳉科、合鳃鱼科、塘鳢科、斗鱼科和鳢科，各为 1 属 1 种。

从金沙江中游河段的鱼类组成可以看出，鲤形目和鲇形目鱼类占绝大多数，而鲤形目鱼类的种类最多，共有 105 种，占总种数的 74.5%。鲇形目有 22 种，占总种数的 15.6%。在 18 个科中，种数最多的是鲤科，占总种数的 55.3%；鳅科次之，占总种数的 12.8%；鲿科第三，占总种数的 8.5%。

② 鱼类区系特点

鲤科 12 亚科的代表均出现在金沙江中游，而雅罗鱼亚科、鲴亚科、鲢亚科、鲌亚科、鮈亚科、鳅鮀亚科等鱼类就有 48 种，占总种数的 34%；且雅罗鱼亚科的 6 种均为该亚科特化的东亚类群鱼类，而其余亚科在区系类型上均属于东亚类群。说明金沙江中游，特别是其下段的鱼类区系是以鲤科鱼类的东亚类群占主导地位的。

老第三纪类群，即鲃亚科、丹亚科、鲤亚科和鳈亚科等鱼类在该区段仅 15 种，占总种数的 10.6%。

以裂腹鱼类为代表的青藏高原类群仅 11 种，仅占总种数的 7.8%。但加上青藏高原特有的 3 种鳅鮡鱼类：青石爬鮡、中华鮡、前臀鮡和 7 种高原鳅，该类群鱼类总计 21 种，占总种数的 14.9%。

以野鲮亚科为代表的南方类群仅 4 种，占 2.8%。该亚科在亚洲主要分布于东洋区，也可以看做东洋区鱼类。平鳍鳅科鱼类为典型的东洋区鱼类，长江水系为其分布的北缘。本区段的平鳍鳅类共计 8 种，占总种数的 5.7%。鳅科沙鳅亚科鱼类主要分布于我国东部江河平原地区至东南亚地区，也属于东洋区鱼类。该类群在本区段分布有 5 种，加上鲤科野鲮亚科 4 种和平鳍鳅科 8 种，东洋区鱼类在本区段共计 17 种，占总种数的 12.1%。

总体分析后可以看出，金沙江中游鱼类区系是以鲤科的东亚类群为主，掺杂着老第三纪类群、南方类群等成分，这些区系成分合起来可以看做江河平原鱼类。而本区段恰为江河平原鱼类区系和青藏高原鱼类区系这两大区系类型的交汇地区，因此虽以江河平原鱼类为主，也不乏青藏高原类群鱼类。众所周知，金沙江上游（虎跳峡以上）与中下游之间的鱼类区系具有很大的差别，虎跳峡可以看做是金沙江鱼类区系的"界桩"。在虎跳峡以上江段以裂腹鱼类、鳇鲱鱼类和高原鳅类等典型的青藏高原类群为主要成分，而金沙江下游以江河平原（复合体）鱼类为优势类群的。

③ 金安桥水电站影响区常见的鱼类

如前所述，金沙江下段是江河平原鱼类区系与青藏高原鱼类区系的交汇地带，而金安桥水电站影响的敏感区位于此交汇地带的"上段"，即有较多的青藏高原鱼类区系成分。因此，尽管除河海洄游性鱼类被葛洲坝、三峡阻隔外，历史上金沙江下段的 139 种鱼类在工程影响区都可能有分布，但由于金安桥所处的位置、生境及饵料条件等原因，对于某些鱼类，特别是那些在江河平原区域广泛分布的种类，金安桥水电站影响的敏感区可能仅仅是这些种类次要的分布区。由于本区段鱼类调查的历史资料较少，目前尚难以准确界定哪些种类在工程河段的分布是偶然的。

根据 2004 年的调查，在金沙江中游河段采集到 44 种鱼类，确证其中 29 种在金安桥库区及其坝下邻近地区有分布，我们姑且将它们作为"金安桥区段常见鱼类"，见表 2-4-9。

表 2-4-9　金沙江中游金安桥区段常见鱼类名录

序号	鱼类名称	地方名	干流			支流	
			树底桥	金安桥	龙开口	五郎河	漾弓江
1	长鳍吻鮈（*Rhinogobio ventralis*）	耗子鱼	+		+		+
2	麦穗鱼（*Pseudorasbora parva*）					+	*
3	棒花鱼（*Abbotina rivularis*）					+	
4	蛇鮈（*Saurogobio dabryi*）				+		
5	高体鳑鲏（*Rhodeus ocellatus*）				+	+	
6	金沙鲈鲤（*Percocypris pingi*）				+	+	+
7	泉水鱼（*Pseudogyrincheilus procheilus*）				+		
8	墨头鱼（*Garra pingi*）		+		+	+	+
9	四川裂腹鱼[*Schizothorax（Racoma）kozlovi*]				+		
10	短须裂腹鱼[*Schizothorax（Schizothorax）wangchiachii*]				+	+	+
11	细鳞裂腹鱼[*Schizothorax（Szhizothorax）chongi*]		+				
12	齐口裂腹鱼[*Szhizothorax（Schizothorax）prenanti*]		+				
13	硬刺松潘鲤（*Gymnocypris potanini firmispinatus*）				+		
14	鲤[*Cyprinus（Cyprinus）carpio*]				*	*	*
15	鲫[*Carassius auratus（auratus）*]				+	+	*
16	红尾副鳅（*Paracobitis variegatus*）				+		
17	戴氏山鳅（*Oreias dabryi*）				*		
18	前鳍高原鳅[*Triplophysa（Triplophysa）anterodorsalis*]				+		
19	细尾高原鳅[*Triplophysa（Triplophysa）stenura*]				+		*

序号	鱼类名称	地方名	干流			支流	
			树底桥	金安桥	龙开口	五郎河	漾弓江
20	长薄鳅（*Leptobotia elongata*）（*Bleeker*）		+				
21	泥鳅（*Misgurnus anguillicaudatus*）				*	*	*
22	中华金沙鳅（*Jinahaia sinensis*）		+		+	+	
23	西昌华吸鳅（*Sinogastromyzon sichangensis*）				+		
24	白缘𫚖（*Liobagrus marginatus*）				+		
25	福建纹胸鮡[*Glyptothorax fukiensis*（*Rendahl*）]		+		+		
26	前臀鮡（*Pareuchiloglanis anteanalis*）				+		
27	中华青鳉（*Oryzias latipes sinensis*）				+		
28	黄鱼幼（*Hypseleotris swinhonis*）						*
29	波氏栉鰕虎鱼（*Ctenogobius cliffordpopei*）（*Nichols*）				+		

*表示历史记录，此次调查未采获标本。

④ 鱼类生活史特点

在金沙江分布的鱼类多具有适应当地急流型水生生境的形态或构造特点，多数鱼类体形细长、善于游泳或有吸盘等吸附构造，适应底栖或中下水层生活，饵料组成以底栖、固着生物为主。在金安桥水电站影响区域可能仍有分布的 139 种鱼类中，底栖和中下层生活的鱼类有 112 种，占 80.6%；中上层鱼类 16 种，占 11.5%；生活在浅水区域的种类 11 种，占 7.9%。

从食性上看，139 种鱼类可以划分为 6 类：

a）主要摄食着生藻类的，如鲴属、白甲鱼属，以及野鲮亚科、裂腹鱼亚科的某些种类，它们的口裂较宽，近似横裂，下颌前缘具有锋利的角质，适合刮取生长于石上的藻类的摄食方式。这些鱼类约 13 种，占 9.4%。

b）主要摄食浮游生物的鱼类约有 13 种，占 9.4%。其中，鲢主要摄食浮游植物，而鳙、白鱼、鳊属的种类，主要摄食浮游动物。

c）主要摄食水草的鱼类，仅鳊、草鱼 2 种，占 1.4%。

d）主要摄食底栖无脊动物的鱼类，如大部分鳅科、平鳍鳅科、鮡科、鲿科、钝头鮠科、部分裂腹鱼类、岩原鲤等，它们的口部常具有发达的触须或肥厚的唇，用以吸取食物。所摄取的食物，除少部分生长在深潭和缓流河段泥沙底质中的摇蚊科幼虫和寡毛类外，多数是急流的砾石河滩石缝间生长的毛翅目、蜉蝣目昆虫的幼虫或稚虫。这一类型的鱼类种类众多，约有 72 种，占影响区鱼类总数的 51.8%。

e）主要捕食别种鱼类的，有 17 种，包括白鲟、长薄鳅、金沙鲈鲤、鲌类、鳜类、鮕类等，占 12.2%。

f）杂食性鱼类，如鲤、鲫、厚颌鲂、圆口铜鱼、圆筒吻鮈、长鳍吻鮈等共 22 种，占 15.8%。这些种类既摄食水生昆虫、虾类、软体动物等动物性饵料，也摄食藻类及植物的残渣、种子等。

金沙江大部分江段水流湍急，但同时也存在一些水流较缓、砾石较多的"滩"和"沱"，这种缓急交替的水流条件满足不同鱼类的繁殖要求。如长薄鳅、圆口铜鱼、圆筒吻鮈、长鳍吻鮈等在江汛发生后在湍急的流水中产"漂流性卵"的鱼类，需要水流湍急的水流条件。这一类鱼卵悬浮在水层中顺水漂流。孵化出的早期仔鱼，仍然要顺水漂流，待身体发育到具备较强的溯游能力后，才能游到浅水或缓流处停歇。从卵产出到仔鱼具备溯流能力，这期间需要顺水漂流数百公里。而墨头鱼、鲤、岩原鲤、白甲鱼等产沉性卵的鱼类，需要在水流较缓的"滩"和"沱"里产卵。有的裂腹鱼甚至在河滩的沙砾掘浅坑，产卵于其中。这类鱼的卵产出后，一般发育时间较长，面临的最大危险是低层鱼类的捕食，不过，由于卵散布在砾石滩上，大部分掉进石头缝隙中，可以减少受伤害的机会。此外，这里砾石浅滩的溶氧丰富，水质良好，有利于受精卵的正常发育。还有一些小型种类，它们个体较多，散布于不同的河段、支流等各类水体，完成生活史所要求的环境范围不大，它们主要在沿岸带适宜的小环境中产卵，它们有的产黏性卵、有的产沉性卵、还有的产漂流性卵。这类鱼主要以种群繁殖规模来保证种群的延续。其鱼苗往往成为其他凶猛鱼类仔鱼的食物，构成了河流水体食物网的一个重要组成部分，以保护鱼类生态过程的顺利完成。显然，鱼类的这些繁殖特点是与流域的环境、气候、水文特点相联系的一种适应。

由于完成生活史所需要的空间大小不同，鱼类的产卵场、索饵场、越冬场及其洄游习性也不相同。金沙江中游江段鱼类区系组成以短距离洄游种类为主，同时也有长距离洄游以及定居性的种类分布。

长距离洄游的种类以圆口铜鱼、长薄鳅等产漂流性卵的种类为代表。其产卵场与仔鱼、稚鱼的索饵场距离相当远，为完成生活史的全部阶段，这些鱼类往往需要进行长距离的洄游。产卵场的选择通常在水流湍急的峡谷地区，在合适的水文条件下即可完成产卵行为。受精卵随水向下漂流，并在漂流过程中逐渐发育。孵出的仔鱼往往散布在下游较为广阔的环境中，仔鱼饵料相对较多。性成熟的亲鱼则又向上游洄游，到达合适的产卵场后，完成繁殖过程。

短距离洄游种类包括该江段中适应急流生活的大部分种类，包括鲤形目的鲤科、鳅科、平鳍鳅科以及鲇形目鲇科、鳠科的大部分种类。这些种类经过长期自然选择，已经适应地区独特的流水环境，并包括较多的特有种类。这些种类通常在急流的砾石底浅滩上产沉黏性卵。仔鱼孵出后则在产卵场附近进行索饵，即使受水流影响向下漂流，漂流的距离也不很长。繁殖季节，亲鱼仅进行很短距离的生殖洄游，寻找合适的基质及水流条件。这些种类在早期发育阶段对低溶氧的耐受能力较差，足够的水流对这些种类而言是一个相当重要的环境因子。

定居性种类的典型代表为鲤、鲫等。这些鱼类在静止水体中即可完成其生活史的全部阶段。繁殖时，亲鱼短距离洄游至近岸带，卵即黏附在水边的植物或其他物体上发育。其早期发育阶段对低溶氧的耐受能力较强。在流水环境中，在水生植物较丰富的淹没区常能找到该类群的鱼类。

至于越冬场，目前尚无详细的研究。通常认为干流河道的深潭是鱼类进行越冬的场所。

⑤ 渔业资源现状

金安桥坝上江段渔获物组成：根据 2004 年 6 月对金安桥水电站坝址以上江段（金安桥至石鼓）渔获物的调查，渔获物中共有 19 种鱼类。该江段的主要捕捞对象有短须裂腹鱼、四川裂腹鱼、齐口裂腹鱼、细鳞裂腹鱼、细尾高原鳅、长薄鳅、墨头鱼、长鳍吻鮈、软刺裸裂尻鱼、硬刺松潘裸鲤、前臀鮡、前鳍高原鳅、中华金沙鳅和宽鳍鬣，这 14 种鱼类占渔获物重量的 99%以上，其中短须裂腹鱼、四川裂腹鱼、齐口裂腹鱼、细鳞裂腹鱼和细尾高原鳅 5 种鱼类占渔获物重量的近 92%（表 2-4-10）。

在渔获物中数量较多的种类依次为细尾高原鳅、短须裂腹鱼、前鳍高原鳅、四川裂腹鱼、宽鳍鬣、细鳞裂腹鱼、齐口裂腹鱼、前臀鮡、中华金沙鳅和戴氏南鳅，这 10 种鱼类占渔获物数量的 94.5%，其中细尾高原鳅、短须裂腹鱼、前鳍高原鳅和四川裂腹鱼 4 种鱼类占渔获物数量的 85.05%。

本次调查的渔获物鱼类个体均较小，个体最大的为四川裂腹鱼，重量也仅 846.8 g。尾均重超过 100 g 的有 7 种，分别为齐口裂腹鱼 373.3 g、四川裂腹鱼 245.6 g、墨头鱼 150.4 g、长薄鳅 149.9 g、长鳍吻鮈141.8 g、细鳞裂腹鱼 122.8 g 和短须裂腹鱼110.6 g，其他 12 种的尾均重都在 100 g 以下，其中有 6 种的尾均重都在 10 g 以下，最小的为棒花鱼仅为 0.1 g。表 2-4-10 为报告书中部分渔获物情况。

表 2-4-10 金安桥水电站坝址以上江段渔获物组成（部分摘录）

鱼名	重量/g	重量百分比/%	尾数/ind	尾数百分比/%	尾均重/g	体长范围/mm	体重范围/g
短须裂腹鱼	4 754.5	38.00	43	16.93	110.6	43～335	2.5～544.8
四川裂腹鱼	4 420.0	35.33	18	7.09	245.6	114～380	44.3～846.8
齐口裂腹鱼	1 119.9	8.95	3	1.18	373.3	270～290	330.8～420.7
细鳞裂腹鱼	613.9	4.91	5	1.97	122.8	82～235	12.3～230.7
细尾高原鳅	580.6	4.64	123	48.43	11.1	85～107	9.2～13.7
长薄鳅	299.8	2.40	2	0.79	149.9	210～240	138.8～161.0
墨头鱼	150.4	1.20	1	0.39	150.4	157～157	150.4～150.4

主要经济鱼类的种群结构：根据 2004 年 6 月的调查，金安桥水电站库区和坝下的主要经济鱼类有齐口裂腹鱼、鲤、细鳞裂腹鱼、圆口铜鱼、鲇、长薄鳅、泉水鱼、长鳍吻鮈、金沙鲈鲤、鲫、细尾高原鳅、四川裂腹鱼、犁头鳅、泥鳅、中华金沙鳅、横纹南鳅、短须裂腹鱼、前鳍高原鳅和红尾副鳅等。

影响渔业资源的原因：金沙江中游河段及主要支流生境现状较好，当地工农业均不发达，金沙江的水质基本没有受到污染，影响渔业资源的主要原因是过度捕捞。当地人采用撒网、刺网、鱼钩、电鱼机等工具进行捕捞，电鱼、炸鱼的现象较为普遍。据渔民反映，近年来金沙江中游鱼类资源锐减，估计捕捞量（CPUE）仅相当于20世纪80年代的1/5。

此外，一些干支流中修建水利水电工程也对鱼类资源造成了一定的影响。

目前，除国家规定的禁渔期制度外，金沙江中游河段没有鱼类自然保护区、放流站。由于交通不方便，渔政管理难度大，过度捕捞的势头并未从根本上改变，鱼类资源所面临的威胁仍然非常严峻。

珍稀水生动物现状评价：根据历史记录，分布于金沙江下段（石鼓以下）的国家重点保护野生动物有达氏鲟（*Acipenser dabryanus*）、中华鲟（*Acipenser sinensis*）、白鲟（*Psephurus gladius*）、胭脂鱼（*Myxocyprinus asiaticus*）4种。国家重点保护的两栖动物大鲵、红瘰疣螈、虎纹蛙及爬行动物巨蜥、龟鳖类等在金沙江中游地区均没有分布。

除这4种国家重点保护动物外，金沙鲈鲤（*Percocypris pingi*）、岩原鲤（*Procypris rabaudi*）、细鳞裂腹鱼[*Schizothorax*（*Schizothorax*）*chongi*（Fang）]、西昌白鱼（*Anabarilius liui*）、窑滩间吸鳅（*Hemimyzon yaotanensis*）5种被四川省列为省级重点保护野生动物。达氏鲟、中华鲟、白鲟、胭脂鱼、鯮[*Luciobrama macrocephalus*（Lácepède）]、云南鲴（*Xenocypris yunnanensis*）、岩原鲤、长薄鳅（*Leptobotia elongata*）、金氏䱀（*Liobagrus kingi* Tchang）等被收录在《中国濒危动物红皮书 鱼类》中。有21种被收录在《中国物种红色名录》中，其中西昌白鱼的濒危等级为绝灭（EX）；小裂腹鱼（*Schizothorax parvus* Tsao）的濒危等级为野外绝灭（EW）；达氏鲟、白鲟、长须鮠（*Leiocassis longibarbus*）、昆明裂腹鱼[*Schizothorax*（*Schizothorax*）*grahami*]、青石爬鳅（*Euchiloglanis davidi*）的濒危等级为极危（CR）；中华鲟、云南鲴、长丝裂腹鱼（*Schizothoraxdo lichonema* Herzenstein）、中甸叶须鱼（*Ptychobarbus chungtienensis*）、中华鮡（*Pareuchiloglanis sinensis*）、白缘䱀（*Liobagrus marginatus*）、金氏䱀的濒危等级为濒危（EN）；胭脂鱼、鯮、金沙鲈鲤、岩原鲤、长薄鳅、窑滩间吸鳅的濒危等级为易危（VU）。

（资料来源：强继红，常剑波，等，金安桥水电站环境影响报告书. 中国水电顾问集团昆明勘测设计研究院，2004：86-99）

3. 水生生态影响预测与评价

水生生态影响主要取决于两个方面：一是影响力（或作用力）的大小、类型和作用方式，作用持续时间等；二是被影响受体（水生态系统）的特点，主要受影响（或受保护）对象的敏感程度等。由于生态系统是生物种群与其生存的环境长期适应和进化而形成的平衡状态，所以系统中任何生物和非生物（环境）的变化，都可能对生态系统产生影响。如果产生的影响后果超过了系统调节的能力，系统就会发生不可逆的变化，显示出影响的后果。这种后果（影响）可能在整个生态系统层次上反映出来，那就是整体性影响；也可能只在生态系统某些组成要素或功能上反映出来；或者只在一些人类关注的特殊问题上（如敏感保护目标）表示出来；也可能加剧某些固有的生态环境问题等。在进行影响预测与评价时，须抓住其主要问题，见表 2-4-11。

表 2-4-11　库坝型水利水电工程水生生态影响预测与评价内容

影响因素	水生生态影响预测与评价内容
施工期 SS 增加	SS 增加，透明度下降，抑制浮游植物光合作用
污染物排入	达标排放与否，受纳水体水质影响
库区蓄水淹没及水情、水温变化	库内由河流生态转化为库塘生态（流水变静水、微流），喜流水生物绝迹，淹没产卵场使河流生态破坏
水库大坝阻隔	洄游性鱼类可能灭绝
脱减水段	水生生态系统毁灭或受到严重影响
发电不稳定流	下游河段生境条件改变，产卵场破坏，鱼类不能繁殖
过饱和气体	导致鱼类等生物死亡
上游污染物汇入（氮磷增加）	水体富营养化及其引起的生物群落改变，水体富营养化引起的藻类过度繁殖、水生植物茂长
库尾淤积，库下冲刷	清水型生物死亡，可能破坏产卵场，河床改变、底栖生物难存，水生态结构改变
冷水下泄	鱼类不能应时繁殖
河流库段化（梯级）	喜流水生物灭绝，为喜静水生物替代；叠加影响
水库养殖业	引入普适性外来物种，使土著或特有物种消亡

水生态环境的影响预测存在着高度的不确定性。这主要是因为缺乏对水生态系统长期的观察与研究，资料缺乏，认识粗浅所致。另外，生态系统组成的复杂性和外部影响力的多变性，都使影响变得异常复杂、多变，不易被判别。为此，在进行水生生态环境影响预测与评价时，应注意：

① 做好类比调查，以事实佐证

选取合适的类比对象，例如同一条江河干支流上已有的库坝工程，同一类地区已有的库坝工程，因建成有年，其发生的生态环境影响大多显现，可供借鉴。

类比调查的技术要点是选取类比条件尽可能相似者，以保证可类比性；类比的问题最好不是综合性的，如只类比某几种鱼类影响等。

② 尊重生态科学规律，避免想当然

生物有生物的习性，而且各种生物的习性千差万别。正是这种差别使生物能避免恶性竞争同一种生存资源或者说能合理利用生存资源而形成其丰富的生物多样性。因此，当我们面对不熟悉的生物（评价对象）时，千万不要用人类的生态习性去想象或推及它们。例如，人的家园受到破坏时，人会趋利避害，会去他地寻找另外一块生存之地。鱼类或其他水生物的家园（产卵场、越冬场）受到破坏时，也许也有少数鱼类会在别处建立"新家园"——新产卵场、新越冬地，但大多数水生物没有这种习性，或者说没有这种能力，所以它们一般的命运是死亡。因此，不要轻易地推己及物。

③ 重视实践研究，减少纸上作业

生态系统的重要特点是其地域性特点强，个性特征明显，特殊性问题突出。这使得由读书或从别的地方获得的普遍性知识在应用到具体的评价对象时，常须谨慎从事，多问为什么。换句话说，做生态环境影响评价时，应十分重视实地的调查研究，连请教专家都应请教当地的生物学家和生态专家，注重实际而不是注重权威。由此可知，仅凭查资料或上网，或参照别人的环境影响报告书，是做不好具体项目环评的。

④ 开展生态监测，积累科学知识

从克服生态环境影响预测的不确定性出发，许多生态系统需要进行长期的跟踪监测，以确定在某种外作用下所发生的实际影响。

生态监测是一件很值得推行的工作，但亦比较复杂。一个可行的监测方案必须在对生态环境有了比较深入的调查研究的基础上才可能做得出来。首先需要确定监测项目，例如底栖生物或鱼类资源；还须确定具体的标的生物，即那些能反映生态环境质量和动态的生物，一般可选择特有生物、珍稀保护生物或其他代表性生物。然后是选择监测的方法、点位、频度、时间等。监测可以使我们积累有关水生生态系统的知识，为以后的建设项目或其他科学利用目的奠定基础，减少盲目性和失误。

4. 鱼类产卵场与鱼类繁殖

在水生态系统中，与人类关系最密切和最直接的是鱼类。鱼类是人类必需的重要资源。鱼类物种和种群的保护对人类的可持续发展有重要意义。

鱼类物种和种群的保护关键措施是保护鱼类产卵场。任何生物种群，没有繁殖或繁殖力持续下降都意味着这个种群的衰落直至灭亡。

（1）江河鱼类产卵习性

江河鱼类按其对生境条件的需求，可大致分为洄游性鱼类、流水型鱼类和静水型鱼类。

洄游性鱼类，对产卵场往往有强烈的选择性。如图们江中的大麻哈鱼，性成熟后从海洋溯江而上，到达它的出生地方才产卵。亲鱼产卵后死亡，鱼卵孵化成小鱼后，又沿江而下，游到海洋中生长。这个程序是无比执著、一丝不苟的。溯江的过程中，遇到阻碍则奋不顾身，穿行、碰撞、飞跃、宁死不回头。鲑科鱼类多有这种特性。由于过去建电站、修水库没有给这些鱼类留下返回产卵场的通道，如今在图们江，大麻哈鱼几近绝迹了。

流水型鱼类，其产卵条件和产卵习性比较复杂。许多流水型鱼类产漂流性卵。

所谓漂流性卵就是卵本身虽比水重，但受精卵吸水膨胀后，卵周隙一般比较大，从而可凭借水流使卵在水中漂流并发育、孵化。根据卵质的不同，漂流性卵可以分为三种类型：

① 典型的漂流性卵。鱼卵吸水后显著膨胀，卵周隙较大，在水中随水漂流、孵化。如草鱼、鲢鱼、铜鱼、鳡、鲸、鳡、鳊、赤眼鳟、吻鮈、圆筒吻鮈、银鲴等，均为典型的产漂流性卵的鱼类。

② 微黏型的漂流性卵。鱼卵呈微黏性，在浑浊的江水中自然脱黏，卵吸水膨胀、卵周隙较小，亦可随水漂流、孵化。如翘嘴江鲌、蒙古红鲌、细鳞斜颌鲴等，皆属此类。

③ 具油球的漂流性卵。鱼卵具有油球，卵周隙较小，借助油球增加鱼卵浮力而在水中漂流、孵化。如鳜、大眼鳜等。

静水型鱼类，是指一般能在静水或缓流水中繁殖的鱼类，如鲤、鲫、鲂类、鲌类、鲹鲏类、黄颡鱼、鲶类、鱼骨类、鲇以及黄鳝、泥鳅等。静水型鱼类可在江河中生存（如缓流河段），亦可在湖泊和水库中生存。许多这类鱼产黏性卵，鱼卵附着在基质——陆生植物或水生植物之上孵化。河湖漫滩、浅水地区一般是此类鱼类的产卵场。漫滩浅水光照多，温度适宜，孵化出的小鱼亦有丰富的饵料，适宜其生长发育。

（2）鱼类繁殖

江河鱼类一般都在其产卵场产卵。这是鱼类千万年来形成的生态习性。

漂流性鱼卵的孵化是在漂流过程中完成的。鱼卵的漂流孵化都需要一定的流速，若流速不够大或流程不够长，鱼卵就会在没有孵化前沉入水底。水底环境一般温度较低，缺氧，所以卵沉入水底其孵化、成活率极低。据研究，汉江丹江口库区的河流流速为 0.27 m/s 时，鱼卵开始下沉；0.15 m/s 时，基本下沉；0.1 m/s 时，全部下沉。所以汉江鱼类产卵季节多在洪水期间，靠洪水的涌浪激流完成其卵的漂流与孵化过程。

鱼类受精卵一般需 2～3 d 孵化出来。按鱼类 2 d 孵化和繁殖季节汉江经常出现的日平均流速为 1 m/s 计，从鱼类产卵场到孵化出小鱼的漂流江段距离需要 170 km 左右。四大家鱼对涨水条件要求较高，水位涨幅至少要在 40 cm 以上，此时流速往往超过 1.0 m/s，甚至达到 3.0 m/s 左右，因而所需要的漂流孵化河道长度就更大。没有足够长的天然河道就不能完成漂流与孵化过程（《南水北调中线一期工程对生态完整性与水生生态影响研究》，长江水产研究所、中国科学院水工程生态研究所，2004 年）。

总之，江河鱼类的繁殖都有集中的产卵场。对于产漂流性卵的鱼类，其产卵还须随涨水的洪峰做漂流，进行孵化，尤其四大家鱼，需要涨幅达 2～3 m 的洪峰。持续漂流时间 3～4 d，才能真正完成孵化过程。这就需要足够长（可达数百公里）的漂流河段。

（3）对鱼类产卵场和繁殖的影响

影响鱼类繁殖的因素很多。库坝型水利水电工程一般有如下主要影响：

① 闸坝阻隔作用。闸坝阻隔洄游鱼类的通道，使洄游性鱼类无法上溯到其固有的产卵地，对这类鱼类的影响是毁灭性的。例如长江各支流的鳗鲡，随着各支流水坝的建设，已由一种分布比较广的鱼类迅速走向濒危与灭绝。

闸坝阻隔同样影响到其他鱼类，尤其是产漂流性卵的鱼类，因闸坝阻断河流，丧失了卵的漂浮条件：漂流河道缩短或丧失，达不到漂流所需距离；库区流速减缓，达不到漂流所需的流速条件，鱼卵下沉，不能够完成孵化。例如，汉江在丹江口水坝建设前，流水型鱼类无论物种种群还是资源量（渔获量）都占绝对优势，并且主要经济鱼类的产卵场分布很广，以产漂流性卵为主。丹江口水库建坝后，流水型鱼类逐渐减少，而适于在静水和缓流中生活的鱼类，则逐渐形成优势种群。到现在，丹江口水库鱼类与汉江建坝前以及丹江主要支流所栖息的鱼类组成已大不相同，在库区，所有流水型的地方土著鱼和特有鱼种都已逐渐消亡，如白甲鱼、瓣结鱼、中华倒刺鲃、唇骨鱼、吻鉤、圆筒吻鉤、铜鱼、嘉陵颌须鉤、马口鱼、宽鳍鱲、南方长须鳅、紫薄鳅、中华花鳅、犁头鳅、中华纹胸鮡等；而适应静水的一些主要经济鱼类如鲤、鲫、鲢、鳙等，在水库渔获物中已占有较高比例。特别是安康大坝修建后，汉江上游（亦是丹江口水库上游）产漂流性卵的鱼类产卵场受到工程影响，部分消失，部分下移，多数产卵场鱼卵漂流的流程不够，孵化和成活率很低，天然种群数量下降，渔获量亦迅速下降。

受阻隔影响的不仅仅是鱼类，凡具有溯河和降河活动习性的水生生物都会受到阻隔影响。如长江中下游一些河流湖泊建闸蓄水，就使螃蟹的活动受到影响，产量也因此下降。

② 水库淹没作用。河流筑坝蓄水，会直接淹没许多鱼类的集中产卵场，产卵场规模缩小或完全丧失。

对不同鱼类而言，受水库蓄水淹没的影响是不同的。有些对产卵条件要求不高的鱼类甚至可在河流上游或水库漫滩寻找和形成新的产卵场。例如，丹江口水库建成后，对四大家鱼、鳡、鲸、鳍、鳊、赤眼鳟、吻鉤等典型产漂流性卵的鱼类繁殖影响特别严重，而对鲌类、细鳞斜颌鲴等产具黏性漂流卵的鱼类，影响就比较小。这些产黏性漂流卵的鱼类，因对产卵场和漂流条件要求不高，甚至只要有微小流水刺激就会产卵繁殖，鱼卵还可黏附在水下基质上孵化，因而影响不很大。

对于鲤、鲫等产黏性卵的鱼类，水库蓄水则更有利于其繁殖。例如，丹江口水库蓄水后，淹没了大片土地，形成长达 7 000 m 的库岸线，广阔的消落带为其提供了更为良好的产卵场所，而且水库中饵料丰富，更为鲤、鲫等鱼类提供了良好生境，使其成为水库的优势种群和主要的经济资源鱼类。

③ 低温水影响。高坝水库内水温分层，深层水不仅溶解氧含量少，其水温亦低。水库下泄低温水是水库下游河道鱼类繁殖的主要影响因素之一，因为鱼类产卵和卵的孵化都需要适宜的水温。例如，四大家鱼在高于 18℃的水中才可产卵，低于这个温度就不产卵繁殖。曾经观察到新安江水电站下泄低温水，影响富春江鱼类正常产卵，使其产卵期后移半个月之多。水温降低多则影响更大，可能会有更大的不良后果。（水温计算方法见本章第三节"水库水温分层"）

④ 湿地影响及鱼类繁殖影响。河流蓄水引水使下游河道水量减少，从而使河滩地（河道湿地）功能发生重大变化，其中亦会影响到鱼类繁殖。

河滩湿地有独特的生态功能，大致有：平缓河流水文过程，或平缓洪峰，减少洪水威胁；蓄水、滞洪，下渗侧渗补充地下水，形成水源地功能；河中洲滩或岸滩因局部滞流，使泥沙沉积，污染物积聚并发生吸附分解作用，使河水澄清；积累有机质，加速物质循环，形成生物多样性高和生产力高、结构独特的湿地生态系统；形成独特的生态景观；水分蒸腾增加，有利于区域小气候改善；提供一种独有的水生生物生境，也为涉水鸟类提供良好的生境。由于河岸地带的生境多样性高：流水的与滞水的，急流的与缓流的，有植物的与土岸石岸的等，并且饵料丰富，成为许多鱼类产卵和索饵的良好地区。

水利工程引水减水，使河滩湿地萎缩，生境面积减少，条件恶化，自然也影响到很多鱼类产卵繁殖。例如产漂流性卵的，可能因漂流条件达不到一定涨幅而不能完成漂流孵化；产黏性卵的鱼类可能因滩地缩小、生物衰退而缺少黏附基质或饵料，由此也不能很好繁殖。

⑤ 外来物种影响。外来物种一般主要由养殖业引入。养鱼选择性引入的外来鱼种，一般具有繁殖力强（易繁殖）、生长快、食性较广（易养殖）、抗病（易管护）以及竞争性生存能力比较强等特点。这些特点适于人工养殖，也都优于土著鱼类和特有鱼类。所以，引入的外来物种在与当地土著或特有物种竞争时，必然处于优势地位。竞争的结果，是将当地特有和土著物种淘汰掉，造成生物多样性的损失。

⑥ 种群失调。从生物多样性保护出发，任何一个生态系统中，某一种或某几种物种的种群过大或过小，都是不利于生物多样性的保护与维持的。种群过小，就意味走向濒危或灭绝；种群过大，就意味着在竞争食物和生存空间方面给其他小种群造成压力，并导致其他小种群的进一步衰落，甚至将其逼到濒危或灭绝的境地。所以在生物多样性评价指标中，均匀度也是重要的评价指标。

造成种群失调的原因，既有自然的，也有人为的，其中又以人为因素造成的影响和危害最大，例如，前述的引进外来物种，就属于人为影响。还有为提高某些经济鱼类的产量而进行的人工投放大规格鱼种，发展增养殖业，对水生生态系统也有较大的影响。一般而言，进行增养殖放流的鱼类，种类比较单一，一次性放流量肯定是尽力而为，很少会顾及其他鱼类的生存，而且有关鱼类种群的动态协调亦缺乏基本研究，并不确知其生态关系，所以放流只考虑经济效益和技术可行性（放流成功、成活）。其结果，如同草原上牛羊过多一样，不仅会造成草原过度放牧，而且会排斥掉草原上所有其他食草动物，总体上造成生物多样性的减少。所以，许多人工措施如增殖放流，都应在实验基础上科学地实施。

⑦ 水质影响。水污染是造成很多江河鱼类减少、水生生态系统退化的重要原因。水污染如果发生在产卵场，其危害就更大，因为幼鱼幼虾是鱼虾类中的"弱势群体"，它们对污染物的耐受能力比成年生物低很多。

水质对鱼类的影响，尤其是对鱼类繁殖能力或繁殖成功率的影响是多方面的。现在一般对有毒物质的直接毒害作用有相对较多的研究；对因污染导致亲鱼繁殖能力下降，有研究，但不多；因有机物污染和溶解氧下降对繁殖成功率的影响，研究则更少，而大量和最普遍的影响可能正是通过这种途径发生的。

对于同样的污染，不同生物的反应是十分不同的。鲤、鲢等能在营养物丰富、水质类别较低的水域中生长，甚至被称为"肥水性鱼类"；而喜清水的很多鱼类则对污染特别敏感，很快就会从污染的水域中消失。（水体富营养化评价方法见本章第三节"富营养化"）

⑧ 水文情势变化影响。建库蓄水对河流径流的调节，在鱼类产卵季节，坝下游的洪峰一般会削减，加上下泄低温水，对水库下游的河道鱼类产卵场将会产生重要影响，严重影响鱼类的正常繁殖。

此外，鱼类能够适应的是自然节律的洪枯流态，无法适应人工造成的涨落流态。例如，水电站日调峰时，昼间发电放水，夜间停机断水，鱼类产卵则无法适应这种变化。水库在进行防洪、引水、发电和航运等功能时，将会频繁调度，水库水位也会产生大幅度变动。这种水位变动对产黏性卵的鱼类繁殖同样极为不利，它使鱼类产出的黏附在库边植物或砾石上的卵，可能因库水位下落、鱼卵裸露出水面死亡，也可能因水位上涨、鱼卵淹水加深而难以孵化成功。

⑨ 过饱和气体水的影响

水库下泄水除水文变化无常（相对于自然水体而言）和低温外，还常常含有过量的气体，即过饱和气体，主要是过饱和氮气。含有过饱和气体的水会导致鱼类患"气泡病"，并造成鱼类死亡，因而水力发电下游的相当一段河道是不适于鱼类生存的，直到随着水流过程过饱和气体逐渐衰减消散，水体恢复正常为止。高库大坝的水电下泄水和水库泄洪都可造成水体形成过饱和气体，并都须对其进行影响评价。过饱和气体对幼鱼和鱼卵的危害比对成鱼的危害更大。过饱和气体的评价方法见本章第三节"下泄水气体过饱和影响分析与评价"。

（4）鱼类产卵场和繁殖影响评价要点

在水利水电建设项目水生生态影响评价中，鱼类产卵场是最为敏感的保护目标。鱼类产卵场和鱼类繁殖影响评价也是特别重要的评价内容。一般评价中要做好以下几点。

① 产卵场调查与现状评价

产卵场的调查包括分布、规模、特点（流态、水质、底质、地形……）以及主要利用的鱼类、利用规律等。

例如，汉江丹江口水库以上至安康大坝之间，曾调查到规模较大的产卵场有安康、蜀河口、白河、前房、郧县等处，并以前房和白河产卵场规模最大，绵延达 37.5 km，其间也没有明显的界线。1993 年在汉江上游鱼类繁殖期间（5 月 20 日～6 月 30 日）调查，产卵场总产卵量达 712.426 6 亿粒，其中典型漂流性卵达 29.920 6 亿粒，主要是四大家鱼、鳜、鲶、鳊、赤眼鳟、鳊、铜鱼、吻鮈、圆筒吻鮈、银鮈的卵，占总量的 4.2%；黏性漂流性卵达 27.140 6 亿粒，主要是细鳞斜颌鲴、鲌类的卵，占总卵量的 3.8%；具油球的漂流性卵仅 340 万粒；小型鱼类的产卵量高达 656.530 8 亿粒，占总数的 92.2%。在产卵场中，又以前房产卵场产量最大，达 300.294 7 亿粒，占总产卵量的 84.30%，属大型产卵场；白河和蜀河口为中型产卵场，产卵量分别为 22.194 1 亿粒和 18.770 1 亿粒，分别占 6.23% 和 5.27%；其他为小型产卵场。（《南水北调中线一期工程对生态完整性与水生生态影响研究》，2004：81～82）

调查还揭示，丹江口水库建成后，上游原有的一些产漂流性卵的产卵场（与 1977 年调查相比），部分消失，部分位移，部分产卵场规模缩小；而产黏性卵的产卵场，则广泛分布于库区各个库湾的消落区，尤其是那些有水流注入使产卵区域水体呈微流状态的库湾或消落区，都成为良好的产卵场所。

总之产卵场的分布和规模受多种因素影响，其中水体是否流动、洪峰涨落幅度大小、下游河段是否足够长等，是产漂流性卵的鱼类产卵场的主要制约因素。

② 影响因素分析

如前所述，影响鱼类产卵场、产卵和孵化的原因是多种多样的，但只要有其中的一个或两个原因，就可能使鱼类的产卵和孵化归于失败。

各种鱼类具有很不相同的产卵场和产卵与孵化条件需求，因此外界条件变化对不同的鱼类会产生很不相同的影响。一般而言，任何鱼类产卵都对温度、水文变化、水质有特定要求，而产漂流性卵的鱼类对河流径流和水文情势有更为特定的要求。

所以，进行环境影响评价时，应区分鱼类（按不同的种类），针对具体的影响进行影响分析。对影响可能产生的最终结果，则可通过类比调查、对鱼类种群的历史变迁动态与河流变迁动态的相关性分析等方法得出。

三、陆生生态环境影响评价

陆生生态系统是人类生存与发展直接依托的环境条件，因而一般所称的生态环境也主要指陆生生态环境。对陆生生态系统的研究较多，提出的评价方法也多种多样。《环境影响评价技术导则　非污染生态影响》（HI/T 19）所规定的评价范围和评价等级的确定，所推荐的评价方法等，也主要是针对陆生生态系统提出的。本节将针对水电水利工程特点，将景观生态学评价方法做一简单应用介绍。

1. 陆地生态环境现状调查与评价

（1）自然环境调查内容

① 地理：地理位置和行政区、经纬度、海拔高度、距标志性城市或地物的距离和位置等。

② 地貌：地貌特征、相对高差、山势地势、工程区坡度与起伏等。

③ 地质：岩性与地层、地质构造、地质年代、地裂分布、特殊地质与不良地质、地质环境问题、地震烈度。

④ 地质水文：潜水和承压水水位、分布，水资源量和单井出水量，开采利用情况。

⑤ 水文：水系、流域面积、流量、河流比降、洪枯比、极端水情。

⑥ 气候：日照，温度（范围、均温、年积温、无霜期），风力、风向、风频，降水（年均降水量、径流量、降水分配等），极端气候条件（最大风况、极端降雨和洪水等）。

⑦ 土壤：母质、类型与面积及分布、土层厚度、容重、酸碱性、有机质、氮磷钾、土壤环境质量。

（2）生态调查内容与要求

① 生态景观调查：尺度须合理，资料能反映现状，有 GPS 支持下的实地验证。

② 生态功能区划调查：流域生态功能区划类型；工程区生态功能三级区划类型及保护指标要求；相邻流域与区域生态系统的异同及相互关系。

③ 植被：植物区系与植被类型（自然与人工，森林或灌木林，森林或草原分类等），建群种，资源物种，植被覆盖率与分布面积，生物量和生产力。

④ 物种多样性（植物与动物）：根据实地调查和资料调研，列出物种类别与组成表，说明重要物种（法律保护的、珍稀濒危的、地方特有的）的种类、种群、分布、食性、生态习性（迁徙、繁殖条件、巢区要求等）。

⑤ 重要生境：养育重要物种的栖息地位置、面积、食物资源，生境完整性、干扰与压力、维持生境可持续性的环境条件。

⑥ 环境问题：水土流失、土地沙化、地质灾害等，这些问题的程度、面积、原因、危害等。

（3）生态环境现状评价

按前述的生态环评标准选取方法，并根据调查所得，选定评价标准，逐一进行生态环境现状评价。一般评价内容包括：

① 评价生态系统的结构与状态：整体性、稳定性、可恢复性等；

② 评价区域生态环境功能与生态功能区划规划要求的相符性（是否达到生态功能区划规划要求）；

③ 认定生态环境敏感区（或敏感的保护目标）的名称、分布、规划功能与保护对象、所处状态与存在的问题等；

④ 分析区域生态环境问题，包括区域生态问题和面临的压力；

⑤ 评估生态影响评价的重点。

2. 陆生生态环境影响预测与评价

生态环境影响预测与评价是在工程分析、环境现状调查评价和环境影响识别的基础上进行的。主要内容包括生态系统的影响预测与评价、生态环境功能的影响预测与评价、自然资源的影响预测与评价、敏感保护目标的影响预测与评价、其他问题的影响预测与评价。

（1）生态环境影响预测与评价的主要内容

① 生态系统和主要生态评价因子的影响预测与评价

区分不同的生态系统类型，按不同的生态系统类型和影响作用特点以及采用的评价技术方法，建立评价指标体系和评价标准，对主要影响进行定量或半定量预测，按设定标准进行影响程度的评价，并区分量的变化和质的变化，判别影响的可接受性。

生态整体性影响主要包括：土地或水域占用对生态系统的影响；地域分割、阻隔和景观破碎化对动物及其栖息地的影响；自然资源开发利用导致的生物多样性减少；生态系统组分失调，景观破碎和生产力降低导致的系统稳定性降低和恢复能力下降等。

② 敏感保护目标的影响预测与评价

根据对敏感生态保护目标的影响性质（可逆或不可逆）、影响时间的长短、影响范围的大小、影响的剧烈程度，是否影响到主要保护目标或主要环境功能，有无替代措施和可否进行功能的补偿等，评价对生态环境敏感区、重要物种及其栖息地的影响。

③ 生态环境风险影响评估

生态环境风险是指发生概率不高但一旦发生其影响后果就特别严重的影响类型，包括生态环境严重恶化对人类社会经济产生的风险和建设项目对生态系统造成的风险。

生态环境恶化的风险主要有地质灾害（崩塌、滑坡、泥石流、地裂、地面沉降、地震及其引发的海啸等）；气候灾害如洪水、台风；生物风险如害虫泛滥、外来物种威胁、因侵占或破坏栖息地等导致物种灭绝等；还有污染物累积影响并进入生物链而可能对人体健康造成严重威胁者等。应评估风险源、影响对象和风险发生的几率，并寻求预防和应对策略。

　　生态环境风险影响是一类重要影响，许多评价中说不清的问题实质上就属于风险影响。按风险影响进行评估并按风险影响进行决策和实施对策措施，应是科学合理的应对办法。

　　（2）生态环境影响程度的评估

　　① 生态功能区影响评估

　　生态功能区是指按照《全国生态环境保护纲要》和《生态功能区划规程》确定的生态环境功能区。区划分为三级，一般建设项目环境影响评价主要涉及三级功能区。按照环评重点工作对象，生态功能区可分为一般生态功能区和重要生态功能区。生态功能区划（规划）是生态环境影响评价的主要依据。

　　a）生态功能区规划符合性评估

　　项目选址合理性：选址应避开敏感的生态功能区或不因选址而影响其功能。

　　规模相容性：项目规模不超出生态功能区的生态承载力，不使其生态功能降级或破坏（丧失）。

　　b）生态环境功能影响评估

　　评估生态环境功能受影响的程度。

　　评估指标可根据生态功能区类型或功能区规划合理选取，评估指标一般可考虑面积减少率、生物量减少、生物多样性减少率、建设项目规划指标等。

　　一般来说，某一评估指标值减少一半为严重影响。

　　② 区域生态系统影响评估

　　a）生态整体性影响——生态整体性判别

　　景观生态的模地为该生物地理区优势自然生态系统，面积占区域的 60%以上；景观破碎度增幅不大于 10%；自然生态的地域连续性基本保持，生物在自然地域内迁徙不被阻断；生物多样性（以物种为主计量）基本不降低；环境因子无重要缺失，环境因子与生物生存保持基本协调。

　　b）生态稳定性影响——稳定性判别条件

　　生态生产力（主要指植被生产力）可基本保持；区域无重大自然灾害；土壤侵蚀、风沙天气（天数、扬尘量等）、洪水（发生频率、最大洪峰）、水旱灾害（发生频率、影响程度）等多年无显著增加。

　　c）生态恢复性影响评估

　　生态系统生产力不低于区域背景值（区域理想状态）或根据生态（主要是植被）自然恢复情况类比调查作出评价，如封山育林、退耕还林；根据已有生态恢复工程的成效作出评估判断。

　　③ 生物多样性影响评估

　　a）物种多样性变化

　　以历史资料或区域背景为参照，评估物种多样性现状，并说明物种变化的原因；

以现状为参照，评估项目对物种多样性变化的影响。

b）重要生物影响评估

重要生物包括列入法规保护名录的生物、珍贵稀有生物、地方特有生物和公众特别关注的生物等。评估关注：重要生物的名称和种类、保护级别、种群状态、集中分布区和活动范围、食物来源、繁殖条件、巢区要求、有无迁徙习性和迁徙通道等；项目建设对重要生物影响的途径和方式，影响程度和可接受性；拟采取的保护措施的可行性和有效性。

评估中注意：对野生生物影响的评价和评估须将生物与其栖息地环境作为一个整体看待。保护生物的繁殖条件和保持其食物来源安全是评价中两个最主要的关注点。以历史资料为参照，评估重要生物生存现状及存在的生态问题。有多种生物为评价对象时，可进行保护优先性排序或影响危险性排序。

c）物种濒危与灭绝

根据物种生存所需生境面积或采集食物的范围、有效繁殖所需最小种群、无可替代栖息地损失等，评估物种趋于濒危和灭绝的风险。

3. 景观生态学理论简介

（1）景观生态学一般概念

景观是指由大小不等和相互作用的镶块（群落或生态系统）以一定形式构成的整体的生态学研究单位。景观生态学是研究一定地理单元内、一定时间阶段的生态系统类群的格局、特点、综合资源状况、相互间物与流交流等自然规律，以及人为干预下的演替趋势，揭示其总体效应对人类社会的现实与潜在影响的学科。简言之，景观是一个空间异质性的区域，由相互作用的拼块组成，且以相似的形式重复出现。

一般来说，景观生态在自然系统的等级中居于生态系统之上，即生态系统是对同质的系统而言，景观是异质性的，但由于生态系统的边界是模糊的，可大可小，所以景观"居于生态系统之上"也只是一种相对的说法。例如，在一片平坦的农田上种几种不同的作物，这些作物呈块状交错分布，则这些作物田块（可看做是不同的生态系统）相互嵌镶而构成了一种农田景观，而此农田景观又是区域高一级农田生态系统的组成部分。

景观生态学着重研究生态的三个特征：结构、景观生态功能、景观变化。

① 结构

指具体生态系统或存在"元素"（群落等）的空间关系——主要指生态系统或"元素"斑块的大小、形状、数量、类型及相关的能量、物质和物种分布等。

景观元素是指地面上相对同质的生态要素或景观单元（包括自然的和人文的）。

景观元素有三种类型：拼块、廊道、模地。

拼块：拼块是一个外观上与其周围环境有明显区别的非线性地表区块，如林地块、草地块、农田块、河滩块、沼塘块等，它可能是某些物种的聚集地，也可能是一个有特点的生物群落，或者可能是裸地或裸岩、沙丘等。拼块的类型、大小、形状、边缘状态等都是一个拼块重要的特征或性质。

廊道：廊道是指不同于两侧拼块的狭长地带，或一个线状或条带状的拼块（斑块）。廊道将与其同类型的被分隔的拼块联系起来，因而在很大程度上影响景观生态的连通性，也因此影响拼块间物种的流动（信息传递）和物质、能量的交流。

模地：景观中的背景地域。一般指占地面积比最大的景观单元类型。它在很大程度上决定着景观的性质，对景观生态的动态起主导作用。

判别一个景观生态评价范围内的模地有 3 个标准：相对面积最大；该景观元素的连通性最高（自身连通性高而形成对其他景观元素的包围、屏障）；对整个景观生态区域的动态具有控制作用，表达景观生态区域的稳定性或变化性。

景观元素的大小取决于技术手段的可行性和景观生态研究的目的，一般应能在航空照片上辨认出来，其宽度一般在 10 m～1 km 或更大。

② 景观生态功能

景观生态功能是指景观元素之间的相互作用。概括地说，这种相互作用就是能量流、养分流（物流）和物种流（信息流）从一种景观元素迁移到另一种景观元素并导致景观生态体系的变化或差异。

在规划或建设项目环评中，经常须分析的流包括：

空气流。它与空气污染物的扩散、热量的传输、水分输送和降雨都密切相关。

土壤流。如山坡上的土壤随雨水冲流到河谷，河流上游的泥沙被搬运到河流下游等。

水流。生态研究中最广泛、最丰富的流，包括地表水纵向流动形成洪水、河流；地表水横向流动，如山坡—河漫滩—河道的流动形成土壤侵蚀，河道淤积；地表水与地下水的垂直运动，交换、排泄与补充等。水流维持了地球化学平衡、水盐平衡、水沙平衡以及广泛的生态平衡，形成独特的"生态用水"。

信息流。或称物种流。如候鸟迁徙、鱼类洄游为大范围信息流，在景观尺度上，植物种子随风传播、哺乳动物的采食和繁殖的移动，还有外来物种的扩散等。廊道是许多生物流动的重要途径。

③ 景观变化

指生态镶嵌体的结构和功能随时间的变化。

景观变化主要是人类干扰引起的。景观变化的利弊须具体分析。一般而言，轻度干扰，有可能增加景观异质性，有利于生态的稳定性，如纯林变为混交林，单纯化农田变为林农生态系统。但干扰过度，如道路纵横、工厂密布，使景观严重破碎化，就导致对景观结构和功能的严重影响，并最终可使景观生态发生质的变化，如由农田草地变成工矿城市。

④ 景观生态结构—功能—动态原理

福尔曼和戈德化（1986）根据对景观生态结构—功能—动态的研究，提出 7 条基本原理。这些原理主要有：景观结构与功能（相关性）原理、生物多样性原理（自然生态景观多样性高则生物多样性亦高）、养分再分配原理（对景观中流的干扰导致）、能量流动原理、景观变化原理、景观稳定性原理等。

（2）景观生态研究中的重点问题

在景观生态研究中，异质性和尺度是两个重点问题。此外，结构和功能的时空变化、边缘效应、人类干扰响应等，也都是研究的重点。

① 景观的异质性

异质性是指生态景观的差异程度，包括空间和时间两种，但一般所言的异质性是指空间异质性，即空间分布的不均匀性。空间异质性包括：空间组成——生态系统或群落的类型、数量和面积比例；空间构型——各生态系统或群落的空间分布、拼块的大小和形状、景观对比度和连续性；空间相关——各拼块的空间相关程度、空间梯度和趋势度。

异质性是景观功能的基础，它决定空间格局的多样性。从这个意义上讲，景观生态学就是研究空间异质性的维持和发展。异质性来源于干扰、环境变异和植被的内源演替，其中干扰是异质性的主要来源。例如，我国学者对沈阳市东陵区的景观采用地图面积求算法，用多样性指数、均匀性指数和优势度指数进行计测，发现从1958 年至 1988 年的 30 年间，东陵区景观发生了很大的变化：基质（旱地）减少而其他嵌块面积增加；优势度指数由 1.218 8 降至 0.623 4，多样性指数由 1.951 2 上升到 2.815 6，均匀性指数由 0.6155 上升到 0.888 2，景观的异质化程度提高，土地利用向多样化、均匀化方向发展。并且证明，人类活动的干扰对景观格局变化起了决定性作用，如城镇用地增加、荒地开发、水田扩大、菜地和果园增加、水域面积扩大等，都是人工干扰的结果。

② 景观的尺度

景观生态学主要研究的是一个中尺度宏观系统，其上限延伸至景观生态区，下限则包括生态系统或群落。所谓尺度是指研究客体或过程的空间维和时间维，通常用分辨率和范围来描述。在生态学研究中，尺度越大，所研究的范围（面积）越大，时间间隔也越长，概括性提高而分辨率则下降。在自然生态平衡中，实际上在小尺度上经常表现为非平衡特征或"瞬变态特征"，而在较大的尺度上才可体现出平衡特征。如植物群落的顶级稳定态，也是在较大尺度上表现出来的特性，其稳态也往往在景观尺度上才显现出来。现在，在景观生态学的尺度内，将生态看做是一个以无机环境为基础、生物为中心、人类行为为主导的复杂系统。因此，现在景观生态研究的任务包括系统内的物理规律、化学规律、生物学规律和社会学规律，而不是仅仅局限于一般的生态空间分析和景观格局的设计上。

（3）景观生态学研究基本方法

① 遥感

遥感是一种以物理、数学、地学分析为基础的综合性技术，具有宏观、综合、动态和快速的特点，可作为数据采集的主要手段之一。遥感对土地覆盖、土地利用的研究已达到很精细的程度，对植被变化和作物估产的研究也趋于成熟。通过植物光谱响应特征的季节变化规律可以了解植物干物质的多少。气象卫星系统和陆地卫星系统中绿色植被指数结果的兼容性和可比性，更增加了其在分析大范围植被变化中的用途。

② 地理信息系统（GIS）

GIS 是一种管理和分析空间数据的计算机系统，具有图形数字化输入，查找、更新数据，分析、输出信息等功能。GIS 可对遥感采集的数据进行存储、分析和整理，因此二者的密切配合可用于分析景观生态的格局和动态变化。

③ 景观分析

景观分析是景观生态研究的基本方法：定量地描述景观结构、建立景观结构与功能间的相互关系，并从景观结构的变化来推断功能的改变。景观分析有多种方法（表 2-4-12）。

表 2-4-12　景观分析方法

方法及指数	内容与作用
异质性指数 包括：多样性指数（丰富度、均匀度、优势度）	表达景观空间数据，比较景观差异 表达不同组分总数、分布等
镶嵌度指数（镶嵌度，聚集度）	相邻生态系统对比，团聚程度
距离指数（最近邻接指数和连接度） 生境破碎化指数（镶块数，形状，未受干扰面积）	检验同类镶块的分布随机性，镶块间联系程度检验变量在空间点上的取值与直接相邻点取值的关系
空间自相关分析 地统计学方法（变异矩、相关矩、空间局部插值）	研究自然现象的空间相关性，设计抽样方法，建立预测模型
聚块样方差分析	确定镶块大小和空间格局等级结构
分维分析	描述景观的复杂程度

④ 模型和模拟

一种相当于在计算机上做试验的方法。通常有空间模型和非空间模型。前者包括零假设模型（中性模型）、景观空间动态模型、景观个体行为模型、景观过程模型，后者多为强调生物反应的模型，如物种迁移廊道和非廊道模型、库模型和系列生境模型等。

（4）景观生态学方法用于 EIA

景观生态学方法通过两个方面评价生态环境质量状况：一是空间结构分析；二是功能与稳定性分析。这种评价方法可体现生态系统结构与功能匹配一致的基本原理。

空间结构分析认为：景观是由拼块、模地和廊道组成的。其中，模地是区域景观的背景地块，是景观中一种可以控制环境质量的组分。因此，模地的判定是空间结构分析的重点。模地的判定有三个标准：相对面积大、连通程度高、具有动态控制功能。模地的判定多借用传统生态学中计算植被重要值的方法。拼块的表征，一是多样性指数，二是优势度指数，三是生态系统的生产力。

其中，优势度指数（D_o）由密度（R_d）、频度（R_f）和景观比例（L_p）三个比例计算得出。

R_d=（拼块 i 的数目/拼块总数）×100%

R_f=（拼块 i 出现的样方数/总样方数）×100%

L_p=（拼块 i 的面积/样地总面积）×100%

D_o=0.5×[0.5×（R_d+R_f）+L_p]×100%

上述分析同时反映出自然组分在区域生态环境中的数量和分布，因此能较准确地表示生态环境的整体性。

景观的功能和稳定性分析包括组成因子的生态适宜性分析；生物的恢复能力分析；系统的抗干扰或抗退化能力分析；种群源的持久性和可达性分析（能流是否畅通无阻，物流能否畅通和循环）；景观开放性分析（与周边生态系统的交流渠道是否畅通）等。

（5）生态完整性的判定

生态完整性的判定包括生产能力和稳定状况两方面。

1）生物生产力的度量

生物生产力是指生物在单位面积和单位时间所产生的有机物质的数量，亦即生产的速度，以 t/（hm²·a）或 t/（亩·a）表示。目前，全面地测量生物的生产力，还有很多困难，可以用绿色植物的生长量来代表生物的生产力。

绿色植物的生长量，是指植物体系一定期间内所增加的贮存量。若将同一期间内植物的枯死脱落损失量即被食草动物吃掉的损失量与生长量相加，则得到此期间的净生产量。若将同一期间植物呼吸作用所消耗的物质量与净产量相加，则得到此期间的总生产量。即总生产量是指绿色植物在一定期间内通过光合作用所产生的有机物质的总量。它们之间的关系，可用式（2-4-2）、式（2-4-3）表达：

$$P_g=P_n+R \qquad\qquad (2\text{-}4\text{-}2)$$

$$P_n=B_g+L+G \qquad\qquad (2\text{-}4\text{-}3)$$

式中：P_g——总生产量；

P_n——净生产量；

R——呼吸作用消耗量；

B_g——生产量；

L——枯枝落叶损失量；

G——被动物吃掉的损失量。

一般所称的生产量是指净生产量。生产量与生长量常以年作为计算单位，故生产量与年生产量，或生长量与年生长量，往往作为同义语使用。单位面积的植物生产量，则是植物的生产力。绿色植物的生产力是生物生产力的基础，而其生长量是生物生产力的主要标志。在进行生态影响评价时，测定生长量比较麻烦，因此《导则》给出了生物量这一指标，作为评价的指标。

生物量是指一定地段面积内某个时期生存着的活有机体的数量。它又称现存量，用来表示"量"的概念，而与生长量或生产量用来表示"生产速度"的概念不同，见表 2-4-13。只有最大的生物量，才能保证最大的生长量。

表 2-4-13 地球上生态系统的净生产力和植物生物量（按生产力次序排列）

生产系统	面积/ $10^6 km^2$	平均净生产力/ [g/ ($m^2 \cdot a$)]	世界净生产力/ ($10^9 t/a$)	平均生物量/ (kg/m^2)
热带雨林	17	2 000	34	44
热带季雨林	7.5	1 500	11.3	36
温带常绿林	5	1 300	6.4	36
温带阔叶林	7	1 200	8.4	30
北方针叶林	12	800	9.5	20
热带稀树干草原	15	700	10.4	4.0
农田	14	644	9.1	1.1
疏林和灌丛	8	600	4.9	6.8
温带草原	9	500	4.4	1.6
冻原和高山草甸	8	144	1.1	0.67
荒漠灌丛	18	71	1.3	0.67
岩石、冰河沙漠	24	3.3	0.09	0.02
沼泽	2	2 500	4.9	15
湖泊和河流	2.5	500	1.3	0.02
大陆总计	149	720	107.3	12.3
藻床和礁石	0.6	2 000	1.1	2
港湾	1.4	1 800	2.4	1
水涌地带	0.4	500	0.22	0.02
大陆架	26.6	300	9.6	0.01
海洋	332	127	42.0	1
海洋总计	361	153	53	0.01
整个地球	510	320	162.1	3.62

（自 Smith，1976，参见《非污染生态影响评价技术导则培训教材》，国家环境保护总局自然生态司编，中国环境科学出版社，1999 年版，18 页）

奥德姆（Odum，1959）根据地球上各种生态系统总生产力的高低划分为下列四个等级：

a. 最低：荒漠和深海，生产力最低，通常为 0.1 g/（m²·d）或少于 0.5 g；

b. 较低：山地森林、热带稀树草原、某些农耕地、半干旱草原、深湖和大陆架，平均生产力约为 0.5～3.0 g/（m²·d）；

c. 较高：热带雨林、农耕地和浅湖，平均生产力为 3～10 g/（m²·d）；

d. 最高：少数特殊的生态系统（农业高产田、河漫滩、三角洲、珊瑚礁、红树林），生产力为 10～20 g/（m²·d），最高可达到 25 g/（m²·d）。

生物量是衡量环境质量变化的主要标志。生物量的测定，可采用样地调查收割法。

样地面积：森林选用 1 000 m²；疏林及灌木林选用 500 m²；草本群落或森林的草本层选用 100 m²。

样地选择以花费最少劳动力和获得最大精确度为原则。样地确定后，依次测定全部立木的高度、胸高直径等项目，测定草本及灌木层等各种类成分的高度、盖度、频度等，然后分别按不同植被类型确定其生物量。

将样地的监测数据与判定的标准进行对比，从而评价出生产力现状和受影响的程度。判定的标准：

➤　　世界上（或我国）主要自然系统第一性生产力和生物量（表 2-4-13）；

➤　　在对本地自然系统进行调查的基础上，测算出生物量的背景值。

2）生态体系稳定状况的判定

生态景观和生态系统的稳定和不稳定是相对的，由于各种生态因素的变化，生态系统处于一种波动平衡状况。生态系统随时间的变化可用 3 个参数表示其特征：水平变化趋势、上升变化趋势、下降变化趋势。其变化程度有小幅度波动和大幅度波动之别，其变化性质又有规则和不规则之分。

① 恢复稳定性的度量

生态系统的稳定性与不稳定性的关系是辩证的，因为没有一个具有生命的系统是绝对稳定的。稳定是短暂的、相对的。生物系统的稳定性是亚稳定性的。即系统围绕中心位置的波动，有时可以偏离到不同的平衡位置，但总体看是在中心位置周围波动，这就是亚稳定平衡。

生态系统是由具备不同稳定性和不稳定性的元素构成的。有三种基本的稳定元素类型：

➤　　最稳定元素，如岩石露头、道路等，它们具有物理系统的稳定性，光合作用的表面积极小，储存于生物体中的能量也很少。

➤　　低亚稳定性元素，代表恢复稳定性，有较低的生物量和许多生命周期短但繁殖快的物种和种群。

> 高亚稳定性元素，代表阻抗稳定性和恢复稳定性，具有较高的生物量和生命周期较长的物种和种群，如树木、哺乳动物。

第一种元素是封闭系统，而第二、第三种属于开放系统。

因此，对生态系统恢复稳定性的度量，是采取对植被生物量进行度量的方法来进行的。

② 阻抗稳定性的度量

阻抗稳定性与高亚稳定性元素的数量、空间分布及其异质化程度密切相关。

异质性（Heterogeneity）是指在一个区域里（景观或生态系统）对一个种或者更高级的生物组织的存在起决定作用的资源（或某种性状）在空间或时间上的变异程度（或强度）。景观以上的自然等级系统都需要有高的异质性，异质性使人类生存的生态系统具有长期的稳定性和必要的抵御干扰的柔韧性。人类社会需要利用自然系统中所固有的异质性，并且提高生态系统的异质化程度。

景观以上等级的自然等级体系的异质性包括时间异质性和空间异质性，多维空间异质性，时空耦合异质性。空间异质性带有边缘效应，与该系统功能状况密切相关。由于异质性的组分具有不同的生态位，给动物物种和植物物种的栖息、移动以及抵御内外干扰提供了复杂和微妙的相应利用关系。

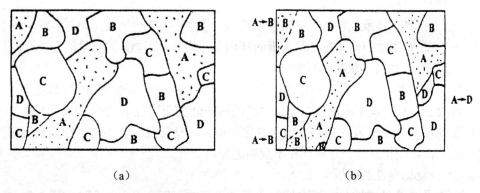

（a）　　　　　　　　　　　　　　　（b）

图 2-4-1　异质性降低示意（A、B、C 代表了 3 种建种群）

异质化程度高时，当某一特定嵌块是干扰源时，相邻的嵌块就可能形成了障碍物，这种内在异质化程度高的生态体系或组分，很容易维护自己的地位，从而达到增强生态体系抗御内外干扰、增强该体系生态稳定性的作用。异质性降低示意图见图 2-4-1。

（王家骥，"环境影响评价技术导则——非污染生态影响在水利水电建设项目中的应用"，《水利水电行业建设项目环境影响评价》，北京：中国环境科学出版社，2004）

4. 应用示例：南水北调中线一期工程对丹江口库区生态完整性影响评价

南水北调中线一期工程拟加高丹江口水库大坝，增加蓄水量以利于进行调水。

主要工程包括：坝顶高程由初期 162 m、蓄水位 157 m、相应库容 174.5 亿 m³ 提高到蓄水位 170 m、总库容 339.1 亿 m³。大坝加高使水库面积由 745 km² 增加到 1 050 km²，回水长度（汉江）由 177 km 增加到 193.6 km，增加淹没面积 302.5 km²，水库岸线长度亦由 4 600 km 增加到 7 000 km。其对库区生态的影响按生态整体性影响和敏感生态影响两部分评价。本处只节录其生态整体性影响评价部分内容，包括评价区整体生态环境现状调查与评价、施工期生态环境影响预测、运行期生态影响三部分。

（1）评价区整体生态环境现状调查与评价

1）景观生态体系组成

在评价区内，景观生态体系由下列不同的生态系统或不同的生境组成：

① 中山轻微侵蚀亚热带常绿和落叶阔叶林生态系统，属于环境资源型拼块。主要分布于库区西北部山区，是本区分布范围最广、覆盖度和连通程度最高的拼块类型，对本区环境质量具有动态控制功能，是该区域野生动物的主要栖息地。目前，由于人类的砍伐，该区域内有的地段林木覆盖度大大降低，形成疏林地。

② 低山丘陵中度侵蚀灌草地为主的生态系统，属于人类干扰后自然恢复的环境资源拼块类型。此类拼块主要分布在库区周围距离居民点较近的山区，坡度较缓，植被主要是天然林遭砍伐后次生的山地灌丛和草地。这里水土流失比较严重，部分地区已露出大片褐色的岩石。

③ 河流生态系统，属于环境资源拼块类型。包括丹江口水库水域及其支流，面积约 800 km²，其中栖息着很多珍稀鸟类，由于面积较大，该系统对于调节当地气候、改善生态环境具有非常重要的作用。

④ 丘陵台地严重侵蚀人工植被为主的生态系统，属引进拼块中的种植拼块，以种植水稻、油菜、玉米等作物为主，是人类干扰比较严重的拼块类型。

⑤ 居住地生态系统，是引进拼块中的人类聚居地，受人类干扰强烈，具有典型的生态不稳定性。

2）土地利用及覆盖特征分析

以 Landsat-TM 影像数据（卫星影像图略）为基础数据，采用遥感、定位系统与地理信息系统手段，对评价区的土地利用及覆盖情况进行了调查研究，过程如下：

① 数据来源

本研究采用的基本数据为研究区的 Landsat-TM 影像数据（轨道号：125/37 和 126/40，像元大小：30 m×30 m）。

② 土地利用分析系统及其解译标志

根据全国土地利用/覆盖分类系统，参考水库周边土地利用特征及 Landsat-TM 遥感影像数据的空间分辨率（一般应该达到 5 m 以下），本项评价共区分出 8 种土地利用类型（表 2-4-14）。

③ 图像处理

本研究采用野外调查与室内解译相结合的方法，首先通过野外实地考察，运用 GPS 定位技术，对土地利用现状和和各种土地利用类型进行踩点记录，然后在室内应用 ERDAS 图像处理软件对 TM 影像数据进行监督分类，得到研究区的土地利用现状图。具体步骤为：a）R5G4B3 真彩色合成；b）利用研究区 1∶50 000 地形图进行几何精度较正；c）参考野外考察、GPS 数据以及相关资料，选取训练区；d）以最大似然法进行监督分类；e）分类后处理，根据野外考察、GPS 数据以及相关资料，修改混分和错误的分类结果；f）精度检验：参考有关辅助图件，并借助专家目视判读对分类图像进行精度检验，研究区土地利用分类结果精度均较高，达到 81.9%；g）成图与景观类型面积统计。

④ 解译结果

在上述解译基础上，利用 ERDAS 图像处理软件的地理信息系统模块进一步分析研究区土地利用特征，从而获得 8 类拼块的数目及面积，见表 2-4-14。

表 2-4-14　评价区土地利用类型中主要拼块类型、数目和面积

拼块类型	数目/块	面积/km²	面积百分比/%
林地	4 035	3 335	27.65
疏林地	3 122	1 520	12.60
灌草地	5 469	3 400	28.19
水田	4 385	835	6.92
旱田	912	1 255	10.41
水体	105	1 005	8.33
裸地	327	500	4.15
居民点	428	210	1.74
总计	18 783	12 060	100

a）林地

林地面积 3 335 km²，占评价区总面积的 27.65%；疏林面积约 1 520 km²，占评价区总面积的 12.60%，属于北亚热带常绿、落叶阔叶混交林。森林分区划分归于汉江上游谷地乌冈栎、米心水青冈、马尾松、圆柏林小区。地带性森林类型以落叶栎类为代表，组成树种有米心水青冈、马尾松、麻栎、茅栗、板栗等。常绿栎类则以乌冈栎分布较多。在海拔 800 m 以下的低山区，多为马尾松与栓皮栎、麻栎混交林，针叶林以圆柏林较为常见。

b）灌草地

面积约 3 400 km²，占评价区总面积的 28.19%，由低海拔到高海拔均有分布，是一种分布广泛的植被类型。灌丛的发生与发展过程是极其复杂的，有的是受特殊的自然生境条件的制约而形成，如河柳等；有的是原有森林遭到毁坏，环境条件改变

后形成的。

c）农田

农田包括水田和旱田，总面积约 2 090 km²，占评价区总面积的 17.33%，其中水田占评价区的 6.92%，旱田占评价区的 10.41%。耕地主要分布于坡度较缓的丹江口市和淅川东部地区，其中坡耕地占很大比例，这里是水库周边水土流失最严重的地区。

d）裸地

裸地主要指山体的裸岩以及靠河较近的河滩地，面积约 500 km²，占总面积的 4.15%。河滩地多为砂底、沙砾底，且多为轻壤土，土层薄，营养元素含量低，植被稀疏。裸岩主要分布于坡度较陡的石质山地上，由于植被的破坏，雨水将表土带走，剩下裸露的岩石。

e）水体

评价区水体包括丹江口水库及各条河流，面积约 1 005 km²，占评价区总面积的 8.33%，其中丹江口水库水面面积约 745 km²。

f）居民点

居民点分布、面积和占评价区总面积的比例。

解译图包括：评价区土地利用现状图，评价区农田分布图和评价区林地分布图。

3）景观质量的综合评价

景观是由拼块、廊道和模地组成的。

模地是景观的背景地域，是最重要的景观元素类型，在很大程度上决定着景观的性质，对景观的动态起着主导作用。从生态学角度讲，判定一个地区景观质量的好坏，关键因素是看模地是否是由对生态环境质量具有较强调控能力的地物类型所构成。

模地的判定有三个标准，即相对面积要大，连通程度要高，具有动态控制功能。对模地的判定可以采用传统生态学中计算植被重要值的方法决定某一拼块类型在景观中的优势，也叫优势度值。优势度值由 3 种参数计算而出，即密度（R_d）、频率（R_f）和景观比例（L_p），这三个参数对模地判定中的前两个标准有较好的反映，第三个标准的表达不够明确，但依据景观中模地的判定步骤可以认为，当前两个标准的判定比较明确时，可以认为其中相对面积大、连通程度高的，即为我们寻找的模地（表2-4-15）。

优势度计算的数学表达式如下：

$$密度\ R_d = \frac{拼块\,i\,的数目}{拼块总数} \times 100\% \tag{2-4-4}$$

$$频率\ R_f = \frac{拼块\,i\,出现的样方数}{总样方数} \times 100\%$$

样方是以 1 km×1 km 为一个样方，对景观全覆盖取样，并用 Merrington Maxine "t-分布点的百分比表"进行检验。

表 2-4-15　各类拼块优势度值

拼块类型	R_d/%	R_f/%	L_p/%	D_o/%
林　地	21.48	82.31	27.65	39.77
疏林地	16.62	61.66	12.60	25.87
灌草地	29.11	70.47	28.19	38.99
农　田	28.2	41.18	17.33	26.16
水　体	0.56	32.87	8.33	12.52
裸　地	1.74	6.66	4.15	4.17
居民点	2.28	12.45	1.74	4.55

$$景观比例\ L_p = \frac{拼块 i 的面积}{样地总面积} \times 100\% \tag{2-4-5}$$

$$优势度\ D_o = \frac{(R_d + R_f)/2 + L_p}{2} \times 100\%\quad(肖笃宁，1991) \tag{2-4-6}$$

在上述 8 种景观组分中，林地是环境资源拼块中对生态环境质量调控能力最强的高亚稳定性元素类型，其优势度最高，达到 39.77%，分布面积也较大，占 27.65%，而且连通程度较高（R_d21.48%，R_f82.31%），如果加上疏林地，则其优势度值占绝对优势。因此，这两类环境资源拼块的总和是评价区的模地。

除了林地以外，优势度较高的还有农田和水体，由于该地区温暖湿润的气候特点，农作物生长时间较长，因此二者对该区域生态环境质量也具有一定的调控能力。水体也属于环境资源拼块，对生态环境具有较强的调控能力。对生态环境有负面影响的居住地、裸地面积较小，连通程度较低，因此对生态环境的影响较小。

因此，总体上看，库区及周边生态环境质量较好。但不难看出，灌草地的优势度仅次于林地，高达 38.99%，如果灌草地再遭到破坏，则向荒漠化草地方向发生逆向衰退。因此，库区及周边的生态环境虽整体良好，但部分地区比较脆弱。

4）生态完整性分析

对生态完整性维护现状的调查与评价要从评价区自然系统的生产能力和稳定性两方面分析。这是因为区域自然系统的核心是生物，而生物有适应环境变化的能力和生产能力，可以修补受到干扰的自然系统，维持波动平衡状态。当人类干扰过大，超越了生物的修补（调节）能力时，该自然系统将失去维持平衡的能力，由较高的等级衰退为较低的等级，可见自然系统中生物组分的生产能力和稳定状况是识别非污染生态影响程度的首选判定因子。

为了充分了解评价区生态完整性的变化过程，首先通过模型计算出评价区自然系统本底的净第一性生产力，并进而分析其稳定状况，然后以此作为类比标准，通过现场实地测量，得到评价区背景的净第一性生产力，通过比较，可以对评价区生态环境现状进行评价，并预测工程实施后评价区生态完整性的受损程度。

① 自然系统本底的理论生产能力

自然系统本底的理论生产能力是指自然系统在基本未受到人为干扰情况下的生产能力。这个值可通过计算当地的净第一性生产力（NPP）来估算。近年来，净第一性生产力的研究备受重视，尤其在国际生物学计划（IBP）执行期间其得到大量的研究。以测定的数据为基础，结合环境因子建立的模型可以对自然植被净第一性生产力的区域分布和全球分布进行评估。

在比较了众多的数学模型后，本评价采用了周广胜、张新时根据水热平衡联系方程及生物生理生态特征而建立的自然植被净第一性生产力模型。该模型可以较为准确地测算出自然植被的净第一性生产力。模型的推导和数学表达式如下：

$$RDI=（0.629+0.237PER-0.003\ 13PER^2）^2 \qquad (2\text{-}4\text{-}7)$$

$$NPP=RDI^2\cdot\frac{(1+RDI+RDI^2)}{(1+RDI)\cdot(1+RDI^2)}\times\exp(-\sqrt{9.87+6.25RDI}) \qquad (2\text{-}4\text{-}8)$$

$$PER=PET/r=BT\times58.93/r$$

$$BT=\Sigma t/365\ 或\ \Sigma T/12$$

式中：RDI——辐射干燥度；

r——年降水量，mm；

NPP——自然植被净第一性生产力，t/（hm²·a）；

PER——可能蒸散率；

PET——年可能蒸散量，mm；

BT——年平均生物温度，℃；

t——小于30℃与大于0℃的日均值；

T——小于30℃与大于0℃的月均值。

依据库区及周边的气象资料，利用式（2-4-8）进行计算，其结果列于表2-4-16。

从表2-4-16中可以看出，库区及周边自然植被净第一性生产力在11.36～12.13 t/(hm²·a)[3.11～3.32 g/(m²·d)]。根据奥德姆（Odum，1959）将地球上生态系统按照生产力的高低划分的四个等级来衡量，库区周围生态系统本底的生产力处于较高水平。

表 2-4-16 库区及周边自然植被本底的净第一性生产力理论计算结果

生物温度/℃	降水量/mm	净第一性生产力/[t/(hm²·a)]
5 800	800	11.83
	820	11.95
	840	12.08
	850	12.13
5 600	800	11.58
	820	11.71
	840	11.83
	860	11.96
	880	12.08
5 400	800	11.36
	820	11.47
	840	11.60
	860	11.71
	880	11.83
	900	11.95
	920	12.06

② 自然系统的稳定状况评价

自然系统的稳定和不稳定是对立统一的。由于各种生态因素的变化，自然系统处于一种波动平衡状况。当这种波动平衡被打乱时，自然系统具有不稳定性。自然系统的稳定性包括两种特征，即阻抗和恢复，这是从系统对干扰反应的意义上定义的。阻抗是系统在环境变化或潜在干扰时反抗或阻止变化的能力，它是偏离值的倒数，大的偏离意味着阻抗低。而恢复（或回弹）是系统被改变后返回原来状态的能力。因此，对自然系统稳定状况的度量要从恢复稳定性和阻抗稳定性两个角度来进行。

a）恢复稳定性

自然系统的恢复稳定性，是根据植被净生产力的多少度量的。如果植被净生产力高，则其恢复稳定性强，反之则弱。由前面计算结果可知，评价区的净第一性生产力基本处于 3.11～3.32 g/(m²·d)。这个生态系统生产力比较高，因此库区周边本底的恢复稳定性较强。

b）阻抗稳定性

自然系统的阻抗稳定性是由系统中生物组分异质性的高低决定的。异质性是指一个区域里（景观或生态系统）对一个种或更高级的生物组织的存在起决定作用的资源（或某种性质）在空间或时间上的变异程度（或强度）。由于异质性的组分具有不同的生态位，给动物物种和植物物种的栖息、移动以及抵御内外干扰提供了复杂和微妙的相应利用关系。另外，异质化程度高的自然系统，当某一斑块形成干扰源时，相邻的异质性组分就成为干扰的阻断，从而增强生态体系抗御内外干扰的作用，有利于体系生态稳定性的提高。

由于缺乏本底的资料，对评价区本底的异质性程度只能推断。由于该区域地貌比较多样，有中山、低山、丘陵和平原，自然生境为生物组分较高的异质性提供了可能，因此可以推断：在比较久远的历史年代中这里森林茂密，是以常绿、落叶阔叶林和针叶林为主，混交形成了异质化程度比较高的地带性植被，可以认定该系统本底的阻抗稳定性较强。

5）评价区自然系统背景的生产能力与稳定状况

① 生产力背景值的调查与评价

生产力的背景值是指生态系统净第一性生产力的现状值。由于久远的垦殖，评价区大部分地区变为农田，天然次生植被主要是草地和部分林地。我们在 GPS 技术支持下，实地取样测试了评价区主要植被类型的 NPP（表 2-4-17），并绘制评价区自然系统生产力背景值的等值线图。

表 2-4-17　评价区主要用地类型实际生产力变化情况　　　单位：g/（m²·a）

类　型	自然植被净第一性生产力		备　注
	本底值	背景实测值	
林　地	1 500	1 500	平均一年的净第一性生产力
疏林地	1 200	1 000	
灌丛草地	1 050	950	
农　田	—	1 050	
裸　地	—	332	
平均生产能力	1 151～1 229	1 004	平均下降 147～225

计算结果表明，各植被类型平均的生产力背景值约为 1 004 g/(m²·a)，低于该地的理论本底值 1 151～1 229 g/(m²·a)，这说明库区周围植被已遭到人类较严重的干扰和破坏。根据奥德姆等级划分给出的几个量纲，该生态系统第一性生产力承载力的阈值为 182.5 g/(m²·a)，目前，库区周边植被生产力的背景值距 182.5 g/(m²·a)较远，所以还具有一定的生态承载力。但该背景值是各种自然系统生产力的平均数，其中只有背景值较大的森林才可以维持本底值，而生产力降低幅度较大的灌草地、农田、裸地等如在本区扩大，则区域荒漠化进程会加快。值得注意的是库区作为南水北调的源头，水库周围的植被类型直接关系到水库的使用寿命和水质，因此必须尽快抚育植被，增大库区周边自然生态系统的净第一性生产力，使之接近本底的生产能力，这样才能减少水土流失，净化水质，保证水库持久、稳定地为人类造福。

② 评价区生态稳定状况分析

a）恢复稳定性

通过上面的分析可知，库区周围植被平均净第一性生产力和本底值相比，降低了 147～225 g/(m²·a)，但从土地利用现状图上可以看出，评价区内林地、灌草地面积仍然相对较大，尤其是郧县、郧西县、十堰市、淅川县西北部林地覆盖率均较高，平均生产力基本维持在 950～1 500 g/(m²·a)。在淅川和丹江口市境内，虽然农田面积相对较多，但由于大量化肥能量的投入，其生产力水平依然较高，可达到 1 050 g/(m²·a)，因此整个评价区平均净第一性生产力仍然保持在 1 004 g/(m²·a)的水平，这个数值处于疏林地和灌丛草地之间，属于较高的生产力水平，而较高的生产力对于受损环境的恢复非常有利，因此总体而言，库区周边植被虽然受到一定程度的人为干扰，但景观的恢复稳定性依然较强。

b）阻抗稳定性

首先，评价区内林地、疏林地和灌草地的景观优势度均较高，分别为 39.77%、25.87%、38.99%，而受人类干扰的农田和居民点优势度较低，仅为 26.16%和 4.55%，这说明天然植被仍然占评价区的主体；其次，评价区内植被群落多达 67 个，包括针叶林、阔叶林、针阔混交林、经济林、竹林、灌丛、草丛等，动植物种类非常丰富，这表明评价区景观异质化程度依然较高。以上分析表明，评价区植被异质化程度非常高，这有利于植被抵御来自内外的干扰，因此评价区具有较强的阻抗稳定性。但在局部地区，由于大部分植被为农田，人工化和物种单一化现象严重，因此，那里景观的阻抗稳定性稍差，如水库东部淅川境内的部分区域。

通过上述分析可以看出，评价区目前的生态完整性尚可较好地维护，但地区间存在一定差异。尤其是在人口较为集中的地区，人类对生态环境的破坏日益加剧，这使得库周整体的生态环境质量逐渐下降，因此，在工程实施过程中，尤其是库区移民时，一定要爱护自然植被，限定利用范围、利用方式和利用强度，按照自然规律办事，只有这样才能在"生态可持续"的基础上实现社会、经济的可持续发展。

（2）施工期生态环境影响预测

1）施工期影响类型和范围判定

生态影响类型可以分为直接影响和间接影响两个方面。在施工期，工程的直接影响主要限定在大坝施工工地周围（表 2-4-18）。大坝施工需要占用大量耕地以及部分草地和林地，因此会造成自然系统生产能力的下降；爆破、开挖等会导致河流内悬浮物增加，影响水生生物的正常生存；各种施工噪声还会对周围野生动物产生惊吓。

表 2-4-18 施工直接影响类型和范围

影响区域名称	影响原因	影响类型	面积/万 m²	生物表现
挡水建筑物工程区	噪声、污水	可恢复		周围生物减少
电站厂房工程区	占地	无法恢复	144	破坏地表植被
场内交通工程区	占地	无法恢复		破坏地表植被
通航建筑物的修建区	占地	无法恢复		破坏地表植被
沙石料加工区	噪声、占地、污水	可以恢复	331	生物量难以全部恢复
取弃土场	挖掘、填埋	可以恢复	19	破坏地表植被

工程的间接影响比较复杂，由于部分林地被占用，使得一些陆生动物的栖息地遭到破坏，同时也减少了动物的食物来源。但施工区域范围有限，且动物可以移动到其他地区寻找新的栖息地和食物，因此工程的间接影响范围具有不确定性，影响范围和程度无法定量化。

2）施工期生态完整性影响预测

① 对区域自然系统生产力的影响

为详细了解大坝周边土地利用情况，对大坝周边植被分布进行了遥感解译，利用卫星影像图，获得解译结果图，将工程施工布局图叠加到解译图上，可得到工程占用的各类自然植被的面积（表 2-4-19）。

表 2-4-19 工程施工区占用的各类自然斑块面积

土地类型	占地/亩	占全部施工占地的百分率/%
耕地	1 035	14.00
草地	315	4.25
林地	1 455	19.70
水体	75	1.09
建设用地	4 500	60.96
合计	7 380	100.00

以上各种自然拼块的减少，必然会降低大坝周边自然系统的生物量，依据各种自然系统单位面积的生物量和净第一性生产力以及表 2-4-19 中各类斑块的面积，可以计算出生物量和生产力的减少量以及自然生产能力的改变，见表 2-4-20 和表 2-4-21。

从表 2-4-20 可以看出，由于工程占地，大坝周围生物量减少 30 814.6 t，占评价区总生物量的 0.028%，区域自然系统净第一性生产力降低 464.97 g/(m²·a)，自然系统生物量和生产力的降低，对该区域的生态完整性会产生一定的负面影响。

表 2-4-20 工程施工区自然系统生物量减少数量

土地类型	减少的面积/km²	单位面积生物量/(t/km²)	生物量减少量/t	评价区总生物量/万t	生物量减少百分率/%
耕地	0.69	1 995	1 376.55	416.955	
草地	0.21	1 605	337.05	545.7	
林地	0.97	30 000	29 100	10 005	—
水体	0.05	20	1	2.01	
合计	1.92	—	30 814.6	10 969.67	0.028

表 2-4-21 项目实施后区域自然系统生产力的改变

类型	评价区生产力/[g/(m²·a)]	减少的面积/km²	预测评价区平均每年生产力减少量/[g/(m²·a)]
耕地	1 050	0.69	
草地	950	0.21	464.97
林地	1 400	0.97	
水体	300	0.05	

② 对自然系统稳定状况的影响

a）恢复稳定性分析

对自然体系恢复稳定性的度量，是采取对植被生物量进行度量的方法来进行的。通过前面的分析可知，工程项目的实施使区域自然体系生物量略有减少，但生物量的减少只占评价区总生物量的 0.028%，因此对恢复稳定性分析的影响很小。

b）阻抗稳定性分析

工程施工后，大坝周边土地利用现状可用图表示，大坝周边建筑用地明显增多，评价区 0.02%的自然组分被占用，对自然组分组成的异质化程度产生一定影响，但由于所占面积非常小，评价区 99.98%的自然组分的异质化程度没有受到影响，因此项目建设对自然系统的阻抗稳定性影响较小。

（3）运行期生态影响

1）运行期影响类型和范围判定

水库运行期，直接的生态影响主要表现为以下几方面：

① 淹没大量植被，使库区周边自然系统的生产力降低，使区域生态完整性受到一定损失。

② 淹没了部分野生动物的栖息地，使之被迫上移，如果找不到合适的生境，则该种生物的生存将受到威胁。

③ 由于水文情势改变，静水面积扩大，因此推移质和悬移质移动过程发生变化，泥沙沉积增多，且首先在库区分布。

④ 水文情势的改变，扩大了对流水态鱼类的生存影响。

⑤ 该区域回水范围及附近支流、河溪可能有大鲵分布，随着干流变为库区，迫使大鲵寻找新的栖息地。

⑥ 上述水文情势的改变，也会使一些原本可以涉溪活动的动物的生境被切割阻断。

⑦ 库区水位的上升将增加消落带的面积，从而造成景观的破坏，导致环境恶化，如得不到有效治理，局部还会产生荒漠化趋势。

⑧ 库区上重新建设公路、输电线路等线型工程，线型工程的建设将重新切割陆生生境，可能会对物流、能流产生新的阻隔和影响。

直接影响的类型和范围详见表 2-4-22。

表 2-4-22　工程生态系统影响的类型、范围及生态因子反应

影响原因	影响范围/km²	生态因子反应	恢复程序
淹没植被	322.75	被淹没植被死亡	无法恢复
淹没动物栖息地		动物被迫迁移	无法恢复
水文情势变化	322.75	部分鱼类和水生生物受到影响	急流性鱼类生境被压缩，有些物种将消失，受淹没影响的支流内动物被迫迁移
消落区面积增加	海拔在 145～170 m 的区域	生物难以生存	不易恢复
泥沙淤积	—	库区河床淤浅	无法恢复
水温变化	—	对水生生物及灌溉用水产生影响	无法恢复
移民安置	安置移民的区域	植被遭破坏	无法恢复
库周局部气候的改变	库周区域	有利于果树的越冬及水果糖分的积累	正面影响
重新建设公路，输电线路等线型工程	不详	破坏植被，对生物移动产生阻隔影响	无法恢复

间接的生态影响比较复杂，由于食物链的关系，部分生物的迁移或死亡会影响到其他生物，这些影响难以定量化。

2）运行期对生态完整性的影响

该项目实施后，库区内的生产能力和稳定状况都将随之发生改变。因此，该项目对区域的生态完整性会产生一定影响。

① 自然系统生产能力变化情况

工程实施后，将新增淹没土地，各种用地类型面积见表 2-4-23。

表 2-4-23　丹江口水库 170 m 方案淹没土地面积

淹没土地/km²						
总淹没面积	耕地	林地	居民地	鱼塘	灌草地	裸地
322.75	134.62	87.33	9.58	2.83	82.38	6.01

　　评价区原有面积减去上述淹没的各类土地类型的面积，即可得出大坝加高后评价区各土地类型的面积，变化情况详见表 2-4-24。

表 2-4-24　丹江口大坝加高后评价区土地利用类型的改变

	现状土地利用面积/km²	水库蓄水后土地利用面积/km²
林　地	4 855	4 767.6
灌草地	3 400	3 317.6
农　田	2 090	1 955.3
水　体	1 005	1 327.7
裸　地	500	493.9
居民地	210	200.4
总　计	12 060	12 060

　　库区及周边土地利用格局的变化，无疑会降低该区域自然系统的生物量和平均净第一性生产力。计算结果表明，生物量共减少 302 万 t，占评价区总生物量的 2.75%。评价区生产力减少 28.41 g/(m²·a)。但对局部区域来说损失是 100%。具体计算结果见表 2-4-25 和表 2-4-26。

表 2-4-25　项目实施后区域自然系统生物量变化情况对照表

土地类型	减少的面积/km²	单位面积生物量/（t/km²）	生物量减少量/t	评价区总生物量/万 t	生物量减少百分率
耕地	134.62	1 995	268 566.9	416.9	减少的生物量占评价区总生物量的 2.75%
草地	82.38	1 605	132 219.9	545.7	
林地	87.33	30 000	2 619 900	10 005	
水体	2.83	20	56.6	2.01	
合计	307.16	—	3 020 743	10 969.7	

表 2-4-26　项目实施后区域自然系统生产能力的改变

类型	评价区生产力/[g/(m²·a)]	减少的面积/km²	预测评价区平均每年生产力减少量/[g/(m²·a)]
耕地	1 050	134.62	28.41
草地	950	82.38	
林地	1 400	87.33	
水体	300	2.83	

② 自然系统稳定状况的预测

a）恢复稳定性分析

通过前面的分析可知，工程的实施使区域自然系统的生物量共减少302万t，从而导致自然系统恢复稳定性降低，但由于减少的生物量仅占评价区总生物量的2.75%，因此影响较小。

b）阻抗稳定性分析

大坝加高后，很大一部分草坡、草地被开垦为农田，减少了天然次生植被的面积，使植被更加趋向于人工化和物种单一化，库区及周边自然系统的阻抗稳定性是降低的。但由于改变的面积只占评价区的2.5%，因此这个影响是轻微的。

（资料来源：王家骥、王飞飞等，南水北调中线一期工程对生态完整性与水生生态影响研究，中国环境科学研究院、长江水资源保护科学研究所、长江水产研究所、中国科学院水工程生态研究所，2004：21-30，89-91，94-97）

5. 陆地生态环境影响评价重点问题

（1）自然环境调查应阐明极端状况

自然环境调查包括地形地貌、地质、水文、气象和土壤等。如同大气污染往往发生于最不利气象条件下一样，生态影响也与许多自然条件的极端状态密切相关。如严重的水土流失甚至泥石流与陡坡、破碎地层有关，洪峰和洪灾与极端降雨条件（一次最大雨量、一日最大雨量）有关，而植被也与极端气温关系密切。因此，环评调查中除调查常规的平均的自然条件外（如平均降水量、年平均积温等），还应特别调查说明极端自然条件。例如：

最大的起伏地貌，最大高差，分布区；

最大的陡坡，陡坡坡度，最大陡坡分布区；

最不稳定地质类型与分布区；

河流最大洪峰高度，最大洪枯比，最枯流量；

最大年降水量，最大日降水量，最大一次降水量，最少年降水量；

极端最高温度和极端最低温度；

其他极端气象条件：雷暴，霜冻，冰情等；

最薄土层及分布区，裸岩或石漠化面积、分布区。

（2）重视淹没区生态环境影响评价

水库蓄水淹没会造成大片土地的淹没损失，同时可能损失诸如矿产资源、峡谷景观资源、文物古迹、动植物资源等，因而有人经推算后认为，若把诸多资源、环境和生态损失综合计算进去，则许多水电和水利工程可能是得不偿失的。由于在淹没区没有多少工程建设内容，因而在一些水电水利工程设计中很少有关于淹没区的情况介绍。但是，水库淹没区是环境和生态影响的主要部分，是环评中必须重点说明的问题（见工程分析）。淹没区的生态环境影响主要是：

① 土地淹没与农业损失：这个影响不仅存在，而且后果比较严重。由于许多水电水利工程（水库）修建在山区，而且总是希望以较少的投资获取最大的效益（最大的水库库容），所以常常选择山间盆地作为水库蓄水区。而对于山区来说，山间盆地是山区主要的居民聚居区和农业耕作区，山间盆地的土壤又是山区最肥沃的土壤，有时甚至是一些山区唯一高产的种植土地，因而水库蓄水淹没土地常造成最肥沃土地的损失和大量的移民。许多水库在实施土地补偿政策时，往往采取"占一补一"的做法，即在选择的新定居区为移民开垦与被占土地同样数量的土地作为对农民的补偿。实际上，据一些案例研究，在移民定居区新开垦的土地，基本是山坡地，又是"生地"，其实际产量比之农民原先的河滩地和山间盆地耕作熟了的土地低很多，甚至 4~5 亩坡地都抵不上原先的 1 亩地，原因是原来的土地不仅肥沃，其灌溉和耕作条件都比新垦地优越，一年可以数熟。这种差距是环评中应予调查阐明的。这是不使被迫迁移的农民陷入贫困，实现和谐社会所必需的。

农业土地淹没的面积和经济损失应在环评中定量核算，并须估算农民非市场劳动所得的收入。这种评价可作为补偿的依据之一。农业土地的综合生态环境功能至少应等同于同地区的草地，这样估算的生态功能价值也应作为工程进行生态补偿的佐证。

土地淹没损失的生态功能价值一般远高于按市场价格计算的粮食生产价值，而且许多生态功能是人工和技术所无法替代的。换句话说，单用货币比较淹没前后（比较农业生产与水电水利工程）的损益就得出某种结论（如土地升值，工程效益远大于……）是不全面的，甚至可导致非生态观的错误结论。因此，这种损益分析主要的目的在于明确环保责任，提高生态意识，提出充分的生态补偿措施和促进生态补偿措施的实行。

② 生物多样性影响评价：河岸地带，水陆相接，是一种特殊多样的生境，养育着水生、陆生和水陆两栖的多种生物，是生物多样性较高的生态系统。水库淹没河岸地带，会使许多生物受到影响，例如野生稻就是一种极易受到水库淹没影响的重要植物。对于像云南那些生物多样性很高的地区，尤其是水库淹没到森林或自然保护区边缘时，产生的此类影响就更为显著。

环评中，须对淹没区进行生物多样性调查，包括文献调查和实地踏勘、采样调查等。对处于淹没线下的重要物种应进行抢救性保护。对于淹没区的生物多样性应做总体评价，特殊生态系统还应做深入评价。例如，金沙江和云南的干河谷，就是一类比较特殊的生态系统。水库蓄水会从根本上改变这些生态系统。此时，环评不仅关注直接的淹没区的生物多样性影响，而且应关注淹没线之上生态系统的影响，一时不能阐明而又可能有影响的至少应进行长期的生态监测以了解动态和采取补救措施。

（3）关注流域生态整体性影响评价

河流与其流域生态系统在长期的进化中形成一种整体性关系，不仅河流水生生态具有整体性，流域陆地生态也具有整体性，水陆生态系统是一个更大的相互作用、相互依存的生态系统整体。任何一个水电水利工程，其影响都不是一时一地的，而是长期的、流域性的和生态整体性的。建设项目环评须关注这种影响。

流域性影响评价首先须分析项目与流域开发规划的符合性，当然这个流域开发规划应是通过环境影响评价并在规划中充分考虑了流域生态环境保护问题的。如果缺乏流域规划环评，则建设项目环评不仅要概述流域规划内容，而且要对规划是否与流域生态保护相结合进行必要的分析。

流域性影响的另一个必须分析的内容是流域污染。首先是流域的污染源，包括工业和城镇的点污染源和流域农业面源污染与水土流失导致的水污染。须建立污染源与水质之间的联系，并评价工程实施前后的水质变化。

流域生态状况与河流的许多特征有关，如流域森林覆盖率与河流洪枯涨落的关系；水土流失与河流水质及泥沙的关系，进而影响到水库淤积和水生生态。流域植被是最重要的生态调节因子。流域植被的增减动态会影响到流域的生态状况，所以尽可能增加流域的森林覆盖率是可持续发展所必需的，也是环评关注的要点问题。

（4）特别关注辅助工程的影响评价

库坝型水电水利工程的设计中，对主体工程有最明确的描述，但对很多辅助工程，则往往言之不详，甚至全然没有说法。可是，从环境影响评价的角度看，恰恰是这类辅助工程会带来重大的生态影响问题。例如：

① 弃渣场。在山高坡陡的山区往往选址困难，但选择不好有可能造成严重的水土流失，甚至发生泥石流危害。

② 取土场。可能会有植被破坏，水土流失以及形成不良景观问题。

③ 采石场。有同取土场类似的影响。

④ 施工道路。所有的工地、料场、生活区等都需要与施工道路相连接，形成施工道路网，其造成的植被破坏、水土流失等问题可能比主体工程还要大。

⑤ 对外交通。或曰进场道路，是连接工程与外界的通道，需要运送大件进入工地，所以须有相当的宽度等级，有时还很长，其造成的生态影响不仅严重而且久长。

⑥ 附建工程。尤其是当水库淹没了固有的公路时往往需要在库水位之上开辟新公路，山越高坡越陡，修路造成的生态影响就越大。此外，铁路、输电线路、通信线路等都有附建或复建问题，都会有生态影响。

⑦ 施工营地。可能不止一个，此处会产生"三废"污染，也有生态影响问题。

⑧ 加工料场。维修及其他辅助工程，都是每一项工程必不可少的。

这些辅助工程的规模、布局、施工建设方式和作业方式，都可能与生态环境影响有关。无论其直接占地破坏还是间接产生影响，都应纳入评价之列，予以说明并纳入相应的环境管理中。

（5）重视施工期生态影响评价

施工建设期是对生态环境发生实质性影响的时期，环评中应对这个时期的主要过程和重要环保细节进行阐述，并在施工过程中要进一步细化和落实环评的意见。实行施工期环境监测和对工程实施环保监理是这一过程中主要的环保对策措施。以往的经验证明，实施施工期环保监理，不仅可以减少许多生态环境破坏，从而减少后续的生态恢复与建设工作，而且还因使施工合理化而节省了工程费用。施工期环保监理是一种"双赢"战略。

环评应编制施工期环境监测方案和施工环境监理计划。

此外，对生态环境保护来说，除了预防性保护以外，事后的生态恢复和重建也是十分必要的。陆地生态的恢复和重建主要是恢复或重建受破坏的植被或在合适的地方改善植被状况而起到生态功能补偿的作用。在重建或恢复植被过程中，最主要的生态制约因素是缺乏土壤。换句话说，生态重建或恢复的关键措施是须事先剥离和保存工程占地上的表层土壤，包括永久占地与临时占地。有了表层土壤，才可能进行土地复垦，并可能重建植被。所以，表层土壤的剥离与保存是施工期最主要的环保措施之一。

（6）敏感保护目标的识别与评价

"建设项目环境影响评价分类管理名录"确定了"环境敏感区"，它们就是通常所说的"敏感保护目标"。其中，水电水利建设项目环评中最多关注的是自然保护区、水源保护区、风景名胜区、森林公园等有明确法律地位的保护目标。湿地则是经常受到影响的重要生态系统。除"名录"所列之外，还有很多生态系统是重要的。尤其在保护珍稀、濒危、特有动植物方面，它们是这些生物生境的提供者，应当在环评中给予识别和保护。这些重要生境包括：

➢　面积超过 1 hm² 的天然林或次生林地；

➢　面积超过 1 hm² 或长度大于 500 m 受干扰的天然海岸（特别是沙滩）；

➢　面积超过 0.5 hm² 的潮间带滩涂；

➢　无论面积大小的已成熟的红树林；

➢　面积超过 0.5 hm² 的淡水或赶潮沼泽；

➢　长度超过 100 m 的天然溪流或河道；

➢　面积超过 3 hm² 的湿地；

➢　无论面积大小的珊瑚礁群落；

➢　大小河流的河口水域与岸滩；

➢　面积超过 10 hm² 的草原、草山、草坡；

➢　具特别保护价值的其他生境（如郊野公园、海岸公园及鱼塘等）。

无论这类生境受到直接影响如侵占、破坏、淹没还是受到间接影响，如泥沙淤积、水质恶化、水文改变等，都会影响其固有的生态关系，削弱其保护生物多样性的功能。

敏感保护目标是环评中最为重要的评价内容，需要逐一进行影响评价和寻求保护措施。敏感目标的重要性判别或识别其是否应列为敏感保护目标或保护重点对象则应按前述的"自然生态系统重要性评估指标与标准"进行。

敏感保护目标的识别工作成效取决于环境现状调查工作的深度和广度。

（7）景观影响评价

景观美学影响是每一个建设项目都应关注的，它是文明施工、文明建设的主要标志之一。水库景观美学影响并不是一句"高峡出平湖"所能概括的，而应该对水电水利主体工程和诸多辅助工程针对其所处的环境做具体分析。对于拟开展旅游的水电水利工程（如很多抽水蓄能电站），建设于城市附近或因所处人口稠密、交通发达而可能成为人们郊游观赏的水利水电工程，尤其应开展专门的景观影响评价。任何水电水利工程，都应该关注景观影响问题，都不应该留给大自然永久的伤痕。

景观影响评价主要应做几项工作：其一是做景观敏感性评价；其二是做景观美学影响评价，亦称视觉影响评价。

景观敏感性评价方法在环评上岗教材中已做概述。

景观美学影响评价，即美与不美、受什么影响等，是比较复杂的评价工作，可以通过多名专家和公众参与完成，因为美的判别除了客观性的指标外，还受主观判断的影响。

景观是一种不可再生而且独特的自然资源。景观资源保护的原则是"预防第一"。评价中如能识别到既敏感而又美的景观资源并加以保护则可以为人类留下永久的财富。

（8）移民安置区生态环境影响评价

移民安置分析（见工程分析）已将一般安置问题阐述明确。对生态评价，集中的移民安置区，因环境各异，影响不同，可以分门别类地评价，亦可针对大型集中安置区逐一评价，但把很多移民安置区作为一个整体宏观讲几句不痛不痒的话，内容可以无错误，实际作用却有限。

移民安置区生态环境影响评价的内容主要应集中在耕地如何开垦，有无荒地开垦，移民安置区与生态敏感区或生态环境保护目标的距离远近和关系如何，会不会因移民安置和相应的生产活动导致生态破坏等问题。

对于后靠安置，首先要评价拟安置区是否是地质稳定的，会不会因水库建设导致的库岸不稳定性而影响安置区的安全。其次是生计问题，会不会导致垦山、毁林、库区水土流失等生态问题。在当今城市化、工业化的形势下，后靠安置不再是推荐的方法，将广大失地农民滞留在深山，无论对生态保护还是对其社会发展都是弊多利少的。

（9）生态不确定性问题评价

迄今为止，人们对生态系统的认识仍然十分有限，环评中会面临很多可能说不清影响的问题。对于诸如珍稀生物影响问题，就因为珍稀生物过少，观察研究十分困难，所知往往很少，而这又是最应关注、最需说明的问题，因而面临的矛盾很尖锐。处理此类问题的一般方法如下：

① 说不清的问题做最重要问题对待，讲不清的影响按最严重影响做评价。一般讲不清的问题本身就不是简单的，而是复杂的；调查研究仍说不清，也说明问题的特殊性，因而合理的处理方法是将其作为重大问题和严重影响看待。目前存在的环评问题是，讲得清的问题细细讲，讲不清的问题回避讲或干脆当做没有这个问题，不讲。这是一种错误的做法。

② 问题讲不清而又感觉其是严重问题，可按生态风险问题做评价。所谓风险，就是指发生概率小而影响（或危害）又大的事情。一时讲不清或无法确切把握的问题，但又感觉到它是重要的，其一旦发生就会造成严重的影响。这就属于小概率大影响的风险事件。例如，可能导致某些自然灾害的影响，可能影响产卵场并导致其种鱼类消亡的影响等，都属于生态风险，可按风险做出评价结论。

③ 讲不清的问题以生态监测和后评价做手段，进行动态的评价与管理。环评的定义是"一个不断评价、不断决策的过程"。这一"过程化"的定义非常符合生态影响的特点。其实，就是人们认为已经讲得很清楚的问题在项目实施过程中也可能出现始料未及的情况。所以，生态监测—后评价—采取补救措施，不仅是许多一时讲不清的问题需要采取的措施，也是所有生态影响都应采取的措施。

环评应编制生态监测计划或生态监测方案（见《环境影响评价上岗培训教材》、国家环境保护总局环境影响评价管理司编），建设项目环境保护管理应普遍开展后评价，使之过程化、动态化、跟踪项目建设和生产的全过程，直至项目结束重新恢复自然环境状态或转化为其他项目。

（10）生态系统敏感性评价

陆地生态系统受地形地貌差异性、土壤差异性以及人类活动的干扰而形成高度上的不均匀性特征，即使在同一流域、同一山体甚至相近于咫尺的系统也可能是有很大差异的。对于存在高度差异性的系统，建设项目施加同样的影响，其影响后果是很不相同的。从环评和环保的有效性出发，应当高度重视这种差异，即需要进行生态系统敏感性评价和实行有差别的和更具针对性的保护措施。

水利水电建设项目影响的空间范围一般比较大，遇到生态系统差异性问题的几率是很大的。所以，在进行环境影响评价时，识别和评价那些敏感性高的生态系统，并采取特别的有针对性的保护措施，可能是更为费省效宏的。

如前所述，所谓"敏感性"，一般包含两个方面的意义：一类是因具有生态学重要意义而敏感，主要是具有较高生物多样性保护意义的系统；另一类因脆弱不堪干扰而敏感。显然，这样的敏感系统一经干扰就极易被破坏，而破坏之后就难以再恢复甚至永远不可能再恢复。所以，遇到这样的生态系统时，最好的办法是"敬而远之"，采取预防性的保护措施，而要做到这一点，环评就需要做敏感性的调查评价；从有效保护生态系统出发，敏感性评价有时比全面系统的评价更具有行动指导意义。

四、敏感保护目标的影响评价

《建设项目环境影响评价分类管理名录》提出的"环境敏感区"，就是本书所称的敏感保护目标。"环境敏感区"是指具有下列特征的区域：（一）自然保护区、风景名胜区、世界文化和自然遗产地、饮用水水源保护区；（二）基本农田保护区、基本草原、森林公园、地质公园、重要湿地、天然林、珍稀濒危野生动植物天然集中分布区、重要水生生物的自然产卵场及索饵场、越冬场和洄游通道、天然渔场、资源型缺水地区、水土流失重点防治区、沙化土地封禁保护区、封闭及半封闭海域、富营养化水域；（三）以居住、医疗卫生、文化教育、科研、行政办公等为主要功能的区域，文物保护单位，具有特殊历史、文化、科学、民族意义的保护地。

在上述（一）中，大多有明确的界域和法规规定的保护要求，依法行事就可以了。有些则需要深入调查和研究，如由规划确定的需要特殊保护的地区，是随着规划的深入开展而不断发展的，成为评价中调查的重点之一。而经县级以上人民政府批准的需要特殊保护的地区，也随着生态文明的建设、生态城市的建设而不断发展，诸如生态示范区、生态功能保护区等，也都需要认真调查与评价。

上述（二）中，虽然已列举了一些，但在实际评价中，大多需在调查评价中具体识别和认定。

对于水利水电建设项目，经常遇到的"环境敏感区"可能是重要湿地、自然保护区、具有野生动物栖息地功能的生态敏感区、自然遗迹和人文遗迹、具有旅游价值的景观区（风景名胜区）等。

建设项目环境影响评价中，若遇到环境敏感区问题，无论是直接影响还是间接影响，都应作为敏感保护目标对待，进行详细的环境调查、历史变迁调查、规划调查，进行分析评价，给出有无影响和影响性质、影响程度等方面明确的结论，大多数情况下还须绘制专门的图标来明确表述。

1. 湿地的影响评价与保护

（1）重要湿地生态系统认识

湿地是有水的陆地，或者说是开放水体与陆地之间过渡带的生态系统，具有特殊的生态结构和功能属性。按照《关于特别是作为水禽栖息地国际重要湿地公约》的定义，湿地是指沼泽地、沼原、泥炭地或水域，无论其是天然的或人工的、永远的或暂时的，其水体是静止的或流动的，是淡水，半咸水或咸水，包括落潮时水深不超过 6 m 的海域。这个定义过于广泛而不易把握。美国 1956 年发布的《39 号通告》,将湿地定义为:被间歇的或永久的浅水层所覆盖的低地。并进而将湿地分为四大类:内陆淡水湿地、内陆咸水湿地、海岸淡水湿地、海岸咸水湿地。这种比较狭义的湿地定义可在评价中操作。

湿地是许多种喜水植物的生长地,也是很多涉水鸟、禽的栖息地,并且是许多鱼虾贝类的产卵地和索饵场。湿地是生产力很高的自然生态系统,每平方米年平均生产动物蛋白 9 g。湿地还是一些毛皮动物如海狸、鼠、貂、水貂和水獭的生息之地。湿地有多种生态环境功能,如储蓄水资源提供地下水补给源;调节江河洪峰,控制洪水;改善地区小气候;稳定沉积物,消纳废物,净化水质等。据报道,美国一潮沼提供的废水处理和对渔业支持的经济价值高达 20.5 万美元/($hm^2 \cdot a$)。

湿地受到人类活动的压力主要包括疏干和围垦变为农田,填筑转化为城镇或工业用地,截流水源使湿地变干,养殖业发展特别是将湿地变为人工鱼池或虾池,伐木破坏湿地生态系统,筑路或其他用途挤占湿地等。我国因人多、地少和经济迅速发展,现阶段湿地受到的开发压力更大。在自然土地中,湿地是现存的生产力最高、最平整和最易进入最易开发的土地,也是唯一尚存的"无主"的土地,因此湿地开发争先恐后,有增无减。沿海城市,随着技术的发展和工程能力的增强,围垦滩涂湿地成为开发房地产业的基本动力。中国湿地正在迅速消亡。迄今为止,湿地的开发利用基本是盲目的,主观武断的,很多用途是相互冲突的,还很少有可持续性利用湿地的成功例证。

目前,对湿地的生态特点和环境功能尚未进行充分研究,因而湿地的开发利用需要特别谨慎。一般而言,大多数湿地的直接使用价值远低于其间接价值,因而往往有湿地为"废地"之错误判断。在马来半岛,许多沼泽被疏干开辟为稻田,但因淡水缺乏,收成令人失望;虽然该地区一向依赖这些沼泽供水,却从未认识到这一点,直至疏干沼泽导致缺水,才醒悟过来。

水电水利工程,有疏干湿地的,有淹没湿地的,亦有形成新湿地的。水电水利工程影响湿地的途径更多的可能是分流引水或筑坝堵截减少湿地入水量,破坏湿地水平衡,也因而破坏湿地的生态系统。另外,许多水电水利工程是为防洪而建设的,而许多湿地恰恰是洪水的产物,洪峰来时补水蓄水,洪峰过后缓慢泄水出水,因此形成特殊的生态系统,水电水利工程改变了洪水的规律,也改变甚至破坏了湿地生态系统。

(2)湿地生态环境评价因子

2005 年 2 月 2 日是世界第九个"世界湿地日"。为保护湿地,世界上以"名录"的形式确认了一些重要湿地。中国列入"国际重要湿地名录"的湿地已达 30 处,总面积 343 万 hm^2,占全国自然湿地的 9.4%。亚洲也确定了"亚洲重要湿地名录"。湿地因其重要的生态功能而被誉为"地球之肾",已受到越来越多的关注和重视。

湿地生态系统评价因子与参数可选择如下：

生态系统。类型、蓄水量、面积、形态、分布、水系连通性与生态完整性。

水平衡。补排平衡、补排规律、水源来源、进出水量、生态需水量。

生物多样性。水生植物、水生动物、陆生植物、水禽水鸟、保护物种等。

重要生物物种。植物、动物（在经济、生态、景观文化等方面是重要的）。

珍稀濒危生物。保护对象与保护级别或珍稀濒危程度等。

水质。水质指标、富营养化程度。

底泥。底泥成分。

环境功能。水文调节（洪水蓄水量）、气候调节（蒸腾水分量、周边湿度与温度）、生物生境、营养保有、物质转化、资源生产、自然景观等。

整体性。面积维持性、水系完整性、自然性、堤坝阻隔或围垦影响、管理与保护程度等。

可持续性。面积动态、水源动态、资源动态、压力与威胁等。

（3）湿地生态环境影响评价的重要问题

湿地的重要性可由法规规定、环境功能、公众关注程度等方面进行识别。对识别认定的重要湿地应注意进行影响评价和提出针对性保护措施。

从湿地生态有效保护出发，结合建设项目对湿地的影响方式考虑，湿地生态影响评价中需要关注以下重要的问题。

① 生态需水

生态需水不仅是干旱地区生态系统的主要制约因子，也是制约湿地生态系统的主要环境因素。湿地影响评价中，计算水的补排平衡和生态需水量是一项必不可少的工作（见本章第三节）。

生态需水量以维持湿地生境最小面积为其底线，同时还必须有一定的"保险系数"以防止诸如连续干旱年份和干旱年份竞争性需水所带来的风险。2005 年 3 月间扎龙湿地曾发生大火绵延长时期不灭、过火面积达 10 万亩之多的事件，是值得重视的现象，它说明了湿地长期缺水可带来生态灾难。

湿地需水量或湿地生境最小面积与湿地的生态环境功能密切相关，其中包括湿地的供水功能，维持涉水生物的生存以及维持湿地的经济生产功能（如生产芦苇等）。在湿地影响评价中，应做多种功能的价值损益核算，这样才能比较明确地说明湿地的功能、价值、保护的必要性等问题。

② 认识生态系统的特点与功能

湿地是一种介于水陆两类生态系统之间的特殊生态系统。

在自然界，许多湿地与洪水密切相关。许多湿地的补水是由每年的洪峰完成的。换句话说，许多湿地是一种"洪水生态系统"。这种补水特点久而久之，就形成了湿地的特殊生态规律。例如，塔里木河的胡杨林就是借每年的洪水漫溢出（河）槽而使两岸一些地区补水，并借以完成胡杨的萌生和更新的。洪水与胡杨形成一种紧密联系的关系。许多水利工程以防洪为主要功能，在给人类带来防洪效益的同时，也给一些湿地生态系统带来影响。这些特殊性生态规律，是需要在建设项目环评时针对项目特定影响与特定湿地的关系逐个进行研究与认识的，湿地功能的一般判别方法见表 2-4-27。

表 2-4-27　湿地功能的一般判别方法

湿地功能	判别方法及指标
（1）补给地下水（排泄）	判别：地下水位与湿地高差，入口与出口状态，泉与水温等
（2）洪水蓄积与削减洪峰	机会性：洪水（河水）注入湿地或河流沟通湿地，集水区坡度大
	有效性：湿地洪枯比大，湿地在城镇上游，区域暴雨
（3）净化水质（沉积）	机会性：湿地低凹型，植被、水流速、坡度，历史调查
	有效性：有植被及相当面积；三角洲型
（4）初级生产力及营养物转化	机会性：废水进入，集水区特征
	有效性：水深不超过 1 m，长宽比大于 15，有植被
	沉积物中有机物干重 10%～20%，保持时间长
（5）鱼类栖息地	判别：有鱼类、蛤、甲壳类动物及昆虫，有水鸟
	有效性：永久水体，水面大（水深<5 m，面积>8 hm²）
	有隐藏物（沉水植物，草洲、河石等）
	无脊椎动物密度超过 2 000 个/m² 底泥
（6）野生物栖息地	有效性：面积>3 hm²
	有走廊（直接与其他湿地、森林、草地连接，廊宽>100 m）
	稀有性、代表性、唯一性
	位置：在沿岸或中央，绿洲或群集地（附近有同类湿地多块）
	植被：水面植被占 30%～70%者，或高低错落分布
	有缓冲区（由 100 m 宽的自然植被包围着）
	动植物物种多
	湿地中有岛屿
	有特殊栖息地（果实类植物，多种树木……）
（7）生产力与生物量	植物：种类，生产量及市场价值
	动物：海洋渔业，淡水渔业，毛皮动物……

③ 湿地水系的完整性保护

湿地水系的完整性包括两方面的含义：一是连通性，二是动态平衡性。

水系连通，就是湿地的水面不被切割、破碎，或虽有水面景观的切割但水流保持连通和通畅，不形成死水塘或孤立的片段化生境。

水的动态平衡，就是湿地水系的补水与排水是动态平衡的，水的流动状态与流动规律应基本维持自然态。换句话说，湿地的有效保护应模仿其自然状态，使其应时补水，并维持系统常态运行，如水的流向、流态、流量，出流去向等，都是其自然状态下的自然过程，不使其发生巨大变化或完全破坏。在必要时，应调查研究湿地水的动态平衡的现象、规律、特点以及生态功能。

④ 湿地主要功能的保护

湿地具有多种生态环境功能，其中必有一些生态功能为其主要功能，也就成为主要的保护目标、保护对象和环评的主要对象。这些主要功能有的是由法规确定的，如规划确定的湿地主要类型与保护目标，这主要反映了人对湿地功能的认识和需求。有些功能是未经法规确定而由现实实际用途确定的，如有些湿地承纳城市污水处理厂的排水或直接承纳城市雨水甚至城市废水，起着消纳废物的功能。有些功能是在科学调查后才能确定的，如作为某些鸟禽的觅食地，候鸟迁飞过程中的歇脚地，甚至是某些珍稀生物的生境，或生长有野生稻、野大豆等具有潜在经济价值的野生物等。

在环评中，当调查发现某湿地生态系统具有与众不同的特殊生态功能时，应对此特殊生态功能做专门的研究，必要时应按本节前述的评估生态系统重要性的指标和生态系统保护优先性判别指标与标准进行评价，并评价有关生物或其生态系统的现状与存在问题，进而评价影响和寻求科学合理的保护措施。

任何生态环境的保护都以保护其主要生态环境功能为主。主要功能得以保持或受影响后可通过采取一定的措施得以恢复，则认为此影响是"可以接受的"。主功能被削弱甚至破坏而且还难以恢复，其影响就是"不可接受的"。

主要生态功能是否受影响或影响的程度如何是通过分析生态系统中与主要功能相关的生态因子（或生态系统维持的条件）是否受影响作出的。换句话说，影响与否或影响大小都是通过建立评价指标体系并经过分析、测算得出的，而不是武断地认定其"没有影响"或"影响轻微"。

2. 自然保护区影响评价与保护

建立自然保护区是一项重大的环境保护战略，也是一项不可替代的保护生物多样性的战略。建立自然保护区的战略目的是排除或减少人类对某些典型地域、典型生态系统或珍稀濒危生物的干扰。这是目前环境保护和生物多样性保护中最受推崇的战略。到 1990 年，全世界已建立的自然保护区有 6 500 多个。建立自然保护区也是我国一项重大的环保战略，并将其作为保护成就的标志。到 2003 年年底，全国共建各级各类自然保护区 1 999 个，面积达 14 398 万 hm^2，使一大批极其重要的生态区域和珍稀濒危物种得到有效保护。

建设项目影响自然保护区时，必须进行十分深入细致的评价，并必须有十分有效和可靠的保护措施。要做好自然保护区的影响评价，必须对自然保护区的类型、保护目标有明确的认识，对受影响地区应做具体分析，并遵照生态学的原理进行科学的评价和寻找有效的保护途径。

（1）自然保护区认识

① 自然保护区的保护目标

每个自然保护区都具有特定的或主要的保护目标（保护对象）。按其保护面，可划分为全面的保护目标——生态系统，部分保护目标——遗传资源，特殊保护目标——珍稀濒危物种。

按其具体的生态环境功能来分，保护目标可能有：

可更新的自然资源；

自然历史遗产和文化遗产；

水源涵养地；

特别自然景观和乡土景观；

生态安全保障；

物种多样性和基因库；

珍稀濒危动植物及其生境；

具有的科学、艺术、旅游休养等特别功能。

② 自然保护区类型

a）国际自然与自然保护同盟（IUCN）将自然保护区分为10类：

绝对自然保护区与科研保护区；

自然保护区或受控自然保护区；

生物圈保护区；

国家公园与地方公园；

自然纪念物保护区；

保护性景观；

世界自然历史遗产保护地；

自然资源保护区；

人类学保护区；

多种经营管理区域或资源经营管理区。

这种分类方法的优点在于保护程度比较明确，基本上可以解决自然保护区怎么管的问题，以便于开展工作。

b）我国近年来按保护对象将自然保护区划分为5个类型：

生态系统自然保护区；

珍稀植物或特殊植被及水源涵养自然保护区；

野生动物自然保护区；

森林公园（自然公园）；

自然历史遗迹保护区。

我国这种划分方法的优点是保护对象明确，可按保护对象的管理部门确定谁来管，以利于确定自然保护区的归属及解决分工协作问题。

③ 自然保护区的分级

自然保护区可分为世界级、国家级、省级、市级、县级 5 级。

世界级要得到世界上有关国际组织的批准与承认，例如我国先后有 7 个自然保护区加入世界人与生物圈自然保护区网；鄱阳湖、向海、东寨港、青海湖鸟岛、扎龙和洞庭湖等湿地自然保护区被纳入《国际重要湿地名录》等。

国家级自然保护区要得到国家主管部门的批准与承认；其他级别的自然保护区要得到相应级别的政府主管部门的批准与承认。

国家级自然保护区的命名都冠以"国家级"的称谓。

④ 自然保护区级别评定标准

自然保护区的级别评定以生态指标为主，一般有：

典型性；

稀有性；

脆弱性；

多样性；

面积的大小；

自然性：可分为 10 级，0 级是彻底破坏的自然生态，10 级是未受人类影响的原始自然生态，从 0 级到 10 级中的其他级按受破坏程度的强弱而变化；

感染力；

潜在的保护价值；

科研潜力；

土地的有效性。

⑤ 自然保护区有效保护的科学原则

从 1872 年美国建立了世界上第一个国家公园——黄石公园，100 多年以来，从长期观察证明，自然保护区并不是物种的保险箱。许多自然保护区内的生物多样性继续受到侵蚀，其原因除了偷猎、盗伐等人为影响外，还有许多其他的原因。观察和研究表明，自然保护区要有效地发挥其保护生物多样性的作用就必须遵守下述一些基本的科学原则：

1）保持自然性。自然生态系统是一个物种多样、结构复杂、诸多因子相互联系、作用关系错综复杂的矛盾统一体。迄今为止，人类对生态系统的认识还十分肤浅。所以在自然保护区中为某种利用目的而人为地引进物种（如植物）、控制生物（如控制性过火以烧掉杂草和枯落物），实施管理（如修路、开渠、筑坝、引灌等）以及开展所谓无害的活动（如旅游），都可能使自然保护区失去更多的自然特性，丧失某些自然价值，发生某种无可补救的损失，其结果大多是事与愿违和得不偿失的。

建立自然保护区的目的并不是单单着眼于保护大量的动植物物种，而是须同时保护自然环境和物种之间的自然关系、生态过程以及自然演化过程，也就是保护其自然性。保护自然性是自然保护区的第一性原则，任何科学研究和管理服务也都须从这一基本点出发，而且保护自然性的最重要之点就是减少任何形式的人为干扰。

2）保持最小临界规模。自然保护研究业已证明，岛屿是一种特殊的而且脆弱的生境，不利于生物多样性的保护。近代已灭绝的哺乳动物和鸟类，大约 75%是生活在岛屿上的物种。事实上，由于人类开发利用土地的规模不断扩大，人类已将地球表面切割成一块块处于人类包围中的"岛屿"，这也是造成许多物种濒危和灭绝的重要原因。

根据岛屿生物地理学理论，处于人类包围中的自然保护区也起着岛屿那样的作用，也会损失一些原有物种。保护区面积的大小、物种丰度和生物多样性以及生境的隔绝程度决定着自然保护区保护物种的效能和作用。据粗略估计，原有生境损失10%，其物种可下降 5%。从这一点出发，自然保护区的设计、选择和管理应遵循的准则是：

保护区面积应尽可能大，连续，最好能包括稀有物种的众多个体。每种保护对象都需要一个临界的生存面积，因此，保护区面积至少应保持某种最小规模，以满足保护对象生存的需求。

保护区应尽量广泛地包括多种生态类型和毗邻分布区。这是由于生态系统是一种开放系统，任何一个生态系统都与周围环境（包括其他生态系统）有密切的联系，保持这种生态过程是自然保护区持续存在的重要条件。

3）保持自然生境走廊。为打破自然保护区的"岛屿"生境作用，应努力使保护区与其他重要生境相互连接，为此须保持或建立自然生态走廊。研究表明，连续零散森林和大片森林间的走廊，有助于维持小面积保护区鸟类的生存。

4）重视边缘地带的保护。为缓解自然保护区的保护与周边人群开发利用自然资源的矛盾，一些自然保护区分成了核心区、缓冲区和实验区。核心区实行坚决的保护，不允许进行任何活动；围绕核心区的缓冲区（带）则允许进行科学观测活动；实验区则可进行有限制的资源利用活动，如进行旅游、教学实习、参观考察、驯化和繁殖野生珍稀生物等与保护区保护功能相协调的活动。这样做有利于核心区的保护。

还有一些自然保护区外围设定了一定的外围保护带，在这个地带不允许建设危害自然保护区的项目，这就更有利于整个自然保护区的保护。根据对保护区的研究，原始森林的边缘所产生的边缘效应对保护区有重要影响。例如，保护区周围砍伐所致的透光和干热风的增加，可大大改变保护区内部的微气候。在一个面积为 100 hm² 的保护区外围 100 m 范围内，气温变化可达 4.5℃之多，相对湿度变化达 20%。若是一个保护面积只有 10 hm² 的小生境，则整个都会受到影响。此外，保护区边缘往往会有保护区内和保护区外适应于不同生境条件的生物活动，会形成局部生物多样性较高的地带，因而值得加强保护。

（2）自然保护区影响评估

自然保护区是规划的产物，有明确的保护目标（对象、指标），亦有明确的保护界域和功能区划，并以法律确定了保护的策略与要求。根据规划及日常管理的记载，自然保护区的现状一般是比较清楚的。

当自然保护区受到外界影响时，如何评估其影响？评估中应把握些什么基本准则？一般而言：

自然保护区按典型生态系统和主要保护对象划建。

自然保护区的根本保护策略是保持自然性、原始性和荒野性。

自然保护区的影响评估要点：

① 保持自然性

保持自然性指保持自然环境、自然生态系统、自然状态、自然特点、自然景观（不留人工作用印记）。

自然性划分从 0 级（彻底破坏的自然生态系统）到 10 级（完全原始的自然生态系统）。

在自然性影响评估中应注意（可列入划分级别指标中）：

是否人为地引入异地物种，如绿化种植或特产种植，此为不允许行为；

是否有开发活动，如修路、架缆车等，亦为不允许或严格限制活动；

是否实施管理措施，如开渠引水、筑坝、灌溉、施药灭虫等，均为有害无益行动；

是否深入缓冲区开展旅游，相应有修路等活动，亦为破坏性活动。

② 阐明主要植物保护目标

是否阐明保护目标的生态习性：生存条件要求，遗传传递特点，有无对动物的依赖。

是否有足够的面积保持多样性和保持植物群落所需的生境条件。

③ 阐明主要动物保护目标

是否阐明保护对象（珍稀动物）的种群、分布和生态习性（采食、求偶、栖居）？

栖息地是否能保持最少临界规模（如能否提供足够的食物等）？

与其他分布点之间是否保持有自然生境走廊（生境阻隔能否造成灭绝）？

保护区边绿地带是否得到有效保护（从生态系统的开放性考虑）？

④ 自然保护区生态系统整体性及可持续性影响评估

自然保护区生态系统整体性特点（地域连续、结构完整、组成完整）。

自然保护区生态因子是否发生重大变化（如湿地之水）以致影响保护区可持续性。

保护区与周围民众的和谐性如何。

保护区自然资源是否以可持续的方式利用。

⑤ 生态良好区与拟建自然保护区的保护

根据《全国生态环境保护纲要》（国发[2000]38 号），将生态良好地区特别是物种丰富区列为生态环境保护的重点区域，保护其生态系统和生态功能不被破坏，并在这些地区建设一批新的自然保护区。在此类地区的影响评估中注意：

确认建设项目影响区是否是生态良好地区（地域性的代表，规划认定的或科学研究和环评中认定的）；

确认项目是否处于下述重点生态良好地区，如：横断山区、新青藏接壤高原山地、湘黔川鄂边境山地、浙闽赣交界山地、秦巴山地、滇南西双版纳、海南岛、东北大小兴安岭、三江平原、西部地区有重要保护价值物种分布区和典型荒漠生态系统及荒漠野生动植物分布区……

确认项目影响区是否是拟建自然保护区，如是，则需按不影响自然保护区建立的原则（不影响生态系统完整性、保持自然性等）进行评估。

（3）自然保护区影响评价工作要点

① 明确认识自然保护区的性质、功能、保护级别等情况

自然保护区绝大多数以生物多样性保护为主，但其类型多种多样，甚至可以说没有完全相同或大体相同的自然保护区，因为自然保护区就建立在保护不同类型自然生态系统的基础上。因此，在进行自然保护区调查时，除了解其保护级别和功能分区之外，还须特别了解其代表性的保护对象、旗舰物种以及生态系统的代表性和特点，以此明确自然保护区最需保护的对象及位置、分布，识别其与建设项目的关系，然后才可能进行有关影响评价。

以动物为主要保护对象的自然保护区，一般以活动范围大的大型野生动物为旗舰物种或代表性的保护对象。例如，大象、大熊猫、金丝猴、鹅喉羚、野骆驼、野马、藏羚羊以及金钱豹、东北虎和华南虎等，都是一些保护区的主要目标性保护动物。评价中须针对这些动物，了解其食性、习性、活动范围以及对保护区各种栖息地的利用等更详细的信息，尤其应了解其与工程直接影响地区和间接影响地区的关系，如是否在这些地区活动、采食或作为迁徙通道等。只知道区域有什么保护动物而不了解其他信息，对评价工作是没有帮助的。

以植物为主要保护对象的自然保护区，一般亦有明确的保护对象——典型自然生态系统，如代表性的森林生态系统、草原生态系统、荒漠生态系统或以某些特有保护植物为主的生态系统，如桫椤自然保护区等。这一类保护区只要保持其面积不减少，并减少人为干扰，维持生态系统的基本稳定则其保护对象一般会得到有效保护。

不同的保护对象对栖息地和生存条件的要求是不同的，由此也会使评价工作和保护策略变得复杂起来。例如，兽类保护区，如前述的大象和大熊猫的栖息地，应

保持地域连续，不被分割；但湿地涉水生物如丹顶鹤等，则可能不需要完全的地域连续，只要每块栖息地相对安全，食物丰富（这要求有足够的面积），就可以"安居乐业"了，因为它们能超越人为的阻隔物，可以利用"孤岛"式生境。这样，在环境影响评价中，阻隔可能就不成为主要影响因素。

　　② 按自然保护区条例要求严格执法

　　建设项目环境影响评价，依法进行，并须严格按法规要求进行，即严格执法。

　　自然保护区分为核心区、缓冲区和实验区。分区的目的是为了提高保护的有效性，也是为了缓解自然保护区与周围社区民众的生计性需求的矛盾。尤其是自然保护区实验区的利用与保护问题，往往成为环评中讨论的焦点问题。

　　在自然保护区管理战略中，可持续地利用自然保护区资源，协调自然保护区与周边社区的关系是一条重要原则。传统的自然保护区战略强调排除或减少人类的干扰来保护这类敏感目标。这种战略的合理性在于明确了人类作用的消极性，必须将这种消极因素减至最小。在一定情况下，这也是保护某些物种或生态系统唯一可靠和可行的途径。然而在人口不断增长和土地利用需求不断增加的态势下，这种保护方式与周边居民往往形成一种矛盾，甚至形成对立关系。而且自然保护区面积有限，保护生物多样性的作用也有限，它必须与广大地域的自然保护相结合，才会更为有效地保护。为此提出了新的保护战略——可持续利用。

　　自然保护区是一项后起的事业。许多自然保护区在建立之前就有居民，而且由于大多数自然保护区处在交通不便、荒野闭塞、人迹罕至之地，保护区内居民大多贫穷，须依赖传统的生产方式开发利用保护区自然资源以维持生计。此外，保护区的建立必然限制周围民众的生产范围和生产方式，造成一些新的矛盾。而且，保护区往往拥有颇具吸引力的资源，易于招致侵入、掠夺或破坏。因此协调保护区与周边居民的关系，防止对保护区的蚕食，是自然保护区得以生存和发展的关键之一。

　　根据我国自然保护区的实际情况，解决保护区的保护与资源的开发利用、保护区与周边居民的关系，主要的途径和做法是：a）实行划区保护与划区经营管理，即一般将保护区划分为核心区、缓冲区和实验区三种功能区，在实验区开展不危及保护区的生产经营活动。b）发展生态旅游和参观学习活动，增加保护区收入，加强其自身发展能力。c）帮助周边群众改变传统的以垦殖为主的生产方式，代之以特产种植、养殖、培植、加工、销售，以可持续的方式开发利用自然资源，提高经济效益，脱贫致富。d）搬迁核心区的居民，妥善安置，勿使其返流。e）吸收周边居民参与保护区的保护工作，在保护中获益。

　　从上述为协调自然保护区保护与周围社区资源开发利用需求的矛盾出发，自然保护区可分出一个可以有限开发利用的空间——实验区，并且依照法律规定，实验区"可以进入从事科学试验，教学实习，参观考察，旅游及驯化、繁殖珍稀，濒危野生动植物的活动"。而自然保护区内，无论什么功能区，一般都禁止进行砍伐、放牧、狩猎、捕捞、采药、开垦、烧荒、开矿、采石、挖沙等活动。

在环评中经常发生的问题是：有人认为，自然保护区划出的实验区，就如同土地上划出的经济开发区一样，是供开发使用的，尤其是常把自然保护区的实验区视同为风景旅游区，大肆侵入进行修路、建筑、发展观光旅游。这就从根本上违背了自然保护区划区的基本宗旨：提高保护效能，缓解与周围社区民众生计性需求的矛盾。因为许多地方搞的自然保护区旅游与当地民众毫无关系，并没有从解决当地民众的生计出发，也未吸收当地民众参与。

近年，打着"生态旅游"的幌子把自然保护区实验区转化为旅游区的事件屡见不鲜。这些"生态旅游"与一般旅游毫无二致，这就从根本上违背了生态旅游的内涵和本质。生态旅游是一种在保护区有限的区域和按一定的路径适度开展的以学习生态知识、进行保护宣传教育、陶冶文明情操为主的并兼具探险、猎奇、观景、休憩、锻炼功能的旅游活动。这种产业建立在高素质的管理和导游以及完善的教育服务基础之上，强调的是学习生态知识、树立生态意识、吸引旅游者参与保护生态的行动，而不仅仅是享受生态。

还有就是对法律的理解深度不够，或不全面，因而执法不严，力度不够。例如，《自然保护区条例》规定："在自然保护区的实验区内，不得建设污染环境、破坏资源或者景观的生产设施；建设其他项目，其污染物排放不得超过国家和地方规定的污染物排放标准。"在实际的建设项目环评中，诸如扩大在自然保护区实验区的占地面积（扩建项目）、增加修路、运输等，常常不被看做是"破坏资源或景观"，甚至有人认为严格执法就是影响发展等。这些都是与自然保护区建立的根本宗旨相违背的。

自然保护区是当代人留给子孙后代的自然遗产，甚至是当代人唯一留赠给后人的自然遗产。这种遗赠，就是要当代人做出利益让步和牺牲的。不如此，人类就谈不上可持续发展。因此，没有必要为保护自然保护区减少些收益"鸣冤叫屈"，因为这原本就是合理的，更不能因之成为开发破坏保护区的"理由"。如果因保护自然保护区而形成区域间经济资源利用的不平衡、不平等，应通过其他政策途径解决。

③ 科学地评价自然保护区的真实（实际）影响

法律规定自然保护区的核心区"禁止任何单位和个人进入"，非经特许"也不允许进入从事科学研究活动"。自然保护区的缓冲区"只准进入从事科学研究观测活动"。许多垂涎自然保护区资源宝藏的人就另辟蹊径——通过改变自然保护区功能区划分，将核心区和缓冲区改划成实验区，达到进入和从事开发的目的。

但是，自然保护区的功能区级别虽可以改变，却改变不了建设项目对自然保护区的实际影响。

因此，对自然保护区的影响评价就必须评价真实的影响，即实际影响。

换句话说，针对自然保护的影响评价不能单盯着自然保护区的边界线或自然保护区内的功能分区界线，而是要研究具体的影响对象和影响程度。

实际上，任何生态系统都是开放系统，不是封闭系统。自然保护区也是开放系统。自然保护区和周围地区时刻进行着物质、能量和信息的交流，风会吹进去，水会流出来，外界的生物会进入保护区，保护区的生物也会跑到界限以外来。因此，建设项目对自然保护区有无影响不是只看界（线）内界（线）外，而是要研究其物质流向、能量流态、生物活动规律等，以此判断影响的有无、大小，影响到什么具体对象上，造成什么实际问题等。

例如，乌江某水库工程淹没一个猕猴自然保护区的部分实验区土地，有无影响或影响大小要看这被淹没的实验区土地对保护区中保护生物的重要性，即猕猴对实验区土地的实际利用程度与实验区土地对猕猴生存的作用。

评价建设项目对自然保护区真实影响的程度，除须遵循生态学评估的基本原则之外，还须十分注意研究对自然保护区规划功能的影响程度。如果导致自然保护区规划的主要保护功能降低或主要保护对象损失，甚至使自然保护区的规划功能完全丧失或大部分丧失，那就意味着这个自然保护区实际上会完全毁灭。这是不可接受的。

3. 野生动物栖息地影响评价

对于大多数野生生物来说，最大的威胁来自其生境（栖息地）被分割、占领、破坏、缩小或退化。生境改变一般是将高生物多样性和自然性较高的自然生态系统改变为生物多样性较低，并受到一定人为干扰和控制的半自然半人工生态系统，如自然河流上筑坝引水、自然水域和滩涂转化为人工鱼塘或虾池。这一过程的累积和持续性的进行，最终会使自然的生态系统（自然生境）日削月减，直至消失，也会使野生生物完全绝灭。因此，保护野生生物特别是野生动物栖息地，是环境影响评价中特别需重视的问题。

（1）建设项目对野生动物栖息地的影响

栖息地退化是对哺乳动物和鸟类的最主要威胁。建设项目对栖息地的影响主要是：

① 侵占栖息地，使栖息地及其养育的生物一同消失

根据现有的研究，人们认为各种生物都有一个最小生存栖息地要求，特别是动物，应有一个最少生存栖息地面积，或者称为"有效生存面积"。例如，在荷兰，50 hm^2 森林被认为是维持林地鸟类的有效存活面积。有研究（发表于英国《自然》杂志，1993）表明，栖息地面积丢失 90%，平均可使生存的物种减少 30%～50%。换句话说，100 hm^2 的栖息地只能维持 1 000 hm^2 栖息地内物种生存数量的 70%。

现在，一般很难将某物种的最小生存面积确定出来，而且也不知道应当保护哪些物种或不必要保存哪些物种及其栖息地。但一般而言，珍稀的（含土著的）和濒危的生物及其生境是首先需要保护的；有重要经济、科学和文化教育价值的物种及

其生境是需要保护的；有特殊性的生境或具有高度多样性的生境也是应予保护的，因为这样的生境能支持多种不同的生物生存。了解不同生物对栖息地的需求，或者了解不同生物如何利用它们的栖息地，是栖息地影响评价和保护的重点科学工作。

② 栖息地破碎化

栖息地破碎化是指原本完整连片的栖息地被道路、渠道、堤坝、闸涵、村镇、城市或农田等分割成许多小块，进而再使小块变得更小，直至消失的有害过程。栖息地破碎化对有些物种可能有利，如适宜生存于某些生境边缘上的物种，但对许多其他生物有害。栖息地破碎化可产生如下结果：

栖息地面积减少，则其中生存的物种数亦减少。栖息地破碎化时，如道路穿通森林，改变了栖息地条件，广布性物种或边缘性物种入侵，会使原栖息地的"原居民"或特有物种丧失。一些森林鸟类就受到这样的影响。

栖息地破碎化时，生境条件改变，生物群落结构亦变化。

改变其固有的寄生、共生、寄生——宿主关系，有时导致物种间接灭绝。

改变物种的种内关系。

改变种群动态，尤其是那些作为集合种群存在的物种。

破碎化经常由公路、铁路等线形构筑物引起，由此导致的典型的"边缘"影响包括：植物物种组成、植物功能、土地营养水平等因素的显著变化。破碎化问题可借助景观生态分析法进行量化预测。栖息地破碎化往往是一个进行性累加过程，它是造成物种灭绝的主要原因之一。

③ 栖息地隔离

与栖息地破碎化相关的另一个栖息地影响问题就是栖息地隔离。当相似条件的栖息地相隔距离过大，或受到某种不可逾越的障碍阻隔时，便产生栖息地隔离问题。栖息地隔离产生的可能后果是：

一些动物种因不能跨越这种距离或隔离障碍物，不能在较大的范围内取食、躲避敌害或寻求交配，导致遗传信息难以传递、不育，物种会变得脆弱或灭绝；

广布种侵入和扩展的可能性增加，特有物种或有迁徙习性的物种会变得脆弱，甚至灭绝；

某些优势物种或关键物种可能丧失。如长江上游的圆口铜鱼，是洄游性的特有鱼类，随着水电站大坝的不断建设，正在迅速消亡中。

一般来说，栖息地隔离对广布种的影响相对小一些，对特有物种、珍稀物种、有特别生境要求的物种，影响要大得多。

（2）野生生物对影响的反应

人类活动对野生生物的影响有：直接作用、干扰、栖息地占领、栖息地破坏、阻隔作用、污染作用等。野生生物对这些影响的反应从直接死亡到遗传变异，很不相同。各种不同的生物对相同的影响反应也很不相同。因此，野生生物对影响的反应很能体现特例性质而非普遍规律这一特点。在影响评价中，重要的是了解具体的生物及其生态习性，评价的准确性取决于对于生物的生态学认识深度和对影响特点的实际了解。

例如，公路对哺乳动物的阻隔作用是显而易见的，高速公路的阻隔作用也显然高于一般低等级公路。迄今为止，为大型野生动物设置"动物走廊"的办法已使用多处，而且效果明显。不过，在修筑或保留野生动物"走廊"时，如何了解野生动物平常出没的走廊地点，如何消除动物的"疑虑"使其敢走留给它们的"兽道"，就需要做更多的调查研究工作，因为"走廊"只有设置得合理和建筑得更"适用"，才能发挥更好的作用。

再如干扰，许多人类活动所造成的可视干扰、噪声干扰、人和伴人动物（如狗）对野生生物的干扰，也是显而易见的。但对于干扰影响的大小却很少进行量化研究。干扰是使许多野生动物退出其栖息地或者从习惯的栖息地上消失的主要原因之一。干扰对动物的影响取决于：

干扰强度，如开山放炮为强干扰；

干扰持续的时间和频次，如连续、间断，规律、不规律等；

干扰源的距离，如近距离的可视干扰就强烈等。

动物对干扰的反应取决于：

动物对干扰的敏感性如怕光、怕声、怕人等；

动物的稀有程度；

动物对干扰的敏感程度，是否胆小或对干扰的耐受性高低（如噪声）；

受干扰动物的种数（全部或部分，一种或多种等）；

受干扰动物有无替代生境可以回避干扰等。

此外，累积效应和多种作用的加和，都可加剧对动物的影响。

了解或认识野生生物对影响的反应是既重要又艰巨的工作。了解或认识的方法来源于实地观察、模拟实验等科学研究的成果。最为不幸的是许多人按人的生态习性推及野生生物，主观臆想甚或恶意偏造虚假信息。

仔细观察某物种对特定影响的反应，已证明是非常有效的预测影响的方法。例如，观察高速公路噪声对鸟类的影响，以繁殖密度为指标，证明在森林覆盖率为75%的区域，车流量为75 000 辆/d 时，最小的阈值距离为 81 m（鹬鸟），而最大的距离达 990 m（杜鹃）。

应用微生态系统，如鱼塘，研究杀虫剂对水生态系统的影响，确定鱼类对水中化学物质的反应（或者说研究鱼类受杀虫剂的影响），也取得一定的观察成果。但在利用这些实验成果时，常需要通过对系统条件的简化，把握其基本规律。

很多案例研究和专门的科研课题研究成果，可以表明许多生态系统和生物物种对某些环境压力的反应，这些实验成果对生态环境影响评价均有较高的借鉴价值。

（3）栖息地评估程序

美国鱼类和野生生物协会提出的栖息地评价程序，是以评价区栖息地条件或最佳（理想）栖息地条件来评价野生生物栖息地的相对价值。这种方法假设某些栖息地的变量（如植被组成）是可测度的，并且与维持某种野生生物的栖息地密切相关，并通过数量化而得到栖息地适合指数，由栖息地适合指数与栖息地面积的乘积得到栖息地单位，并以栖息地单位作为评价基础。栖息地评价程序包括：

① 选择关键指示物种，研究指示物种的栖息地需求；

② 确定研究限制条件；

③ 确定栖息地植物群落的类型和估计栖息地适宜度的相关景观；

④ 实地观察和收集栖息地变量数据（植物群落），并建立栖息地适合度指数模型；

⑤ 评估物种的栖息地指数（从最不适到最适），确定栖息地单位；

⑥ 根据栖息地单位描述栖息地条件，对未来的栖息地条件进行估计，评价不同条件下的结果（预测）。

栖息地评估程序以栖息地现状评价为主，其对于评价栖息地的生态学价值、进行栖息地保护规划有重要意义，也是栖息地影响评价的基础。

4．自然遗迹与人文遗迹的影响评价与保护

自然遗迹和人文遗迹是大自然和古人类留给当代人的遗赠，具有唯一性、独特性和不可再生性，因而是十分宝贵的。在公路建设项目环境影响评价中，这是一类非常重要和需要加以保护的敏感目标。

（1）世界遗产

我国被认定为世界自然遗产和世界文化遗产的保护目标已有数十处，应遵照有关规定实施保护。

① 世界自然遗产

《保护世界文化和自然遗产公约》定义世界自然遗产为：

从审美或科学角度看具有突出的普遍价值的由物质和生物结构或这类结构群组成的自然面貌。

从科学或保护角度看具有突出的普遍价值，地质和自然地理结构以及明确划分为受威胁的动物和植物生境区。

从科学、保护或自然美角度看具有突出的普遍价值的自然名胜或明确划分的自然区域。

世界自然遗产的主要保护要求是真实性和完整性。

建设项目对世界自然遗产的影响主要有影响其完整性、影响景观以及破坏和干扰其自然性。

② 世界文化遗产

《保护世界文化和自然遗产公约》（以下简称《公约》）（1972，巴黎）定义：

文物。从历史、艺术和科学角度看具有突出的普遍价值的建筑物、碑雕和碑画，具有考古性质成分或结构、铭文、窑洞以及合体。

建筑群。从历史、艺术或科学角度看在建筑式样，分布均匀或与环境景色结合方面具有突出的普遍价值的单位或连接的建筑群。

遗址。从历史、审美、人种学或人类学角度看具有突出的普遍价值的人类工程或自然与人联合工程以及考古地址所在地。

《公约》提出的主要须防止的问题：

➢　蜕变、工程、城市和旅游业造成的消失危险；

➢　土地使用或房主造成的破坏；

➢　未知原因导致的重大变化；

➢　随意摒弃；

➢　战乱；

➢　自然灾害。

世界文化遗产的保护要求是保护其真实性、完整性。

③ 世界遗产的保护措施

保护世界文化遗产的真实性，防止在人为的"改善"或"修复"过程中，改变其真实性，注入当代人的思想与观念；更须防止仿制或制造假文物，以假乱真，破坏其历史真实性。保护真实性就不存在破坏后重建的可能性。这一点与一般的环保措施不同。

保护世界文化遗产的完整性，须注重其文化内涵的完整性和景观完整性。例如，北京作为封建王朝的都城，按照古代文化观念（八卦）进行选址，按皇权至上和封建中央集权进行城市中轴线布局和城与市的安排，体现了一种完整的古代人的思想和文化观念，并不仅是几座古建筑和四合院就能代表这种文化整体性。无论文化遗产的完整性还是自然遗产的完整性，都应根据具体对象做理性分析，以一定的指标做表征，并进行有针对性的影响评价。

（2）人文景观

人文景观主要是指过去世代遗留下来的人文遗迹，其中一部分被认定为不同级别的文物保护单位，还有大量的人文遗迹有待评价中去认识其重要意义。

① 人文景观价值等级

人文遗迹的价值包括历史久远性（体现在保护级别上），科学和文化研究中的价值以及可能带来旅游收入等经济收益的价值等。作为能带来经济价值和社会关注程度较高的人文景观，其价值大小还与其丰富度有关。

人文景观的等级评价可按照表 2-4-28 的指标和赋分进行。

虚拟景观：指有形的石刻、遗迹、洞府等和无形的传说、传记、诗词歌赋等。

表 2-4-28 人文景观评价因子和级分指标

	评价因子	因子分级	级分
1	丰富度	评价区域未发现虚拟景观	0
		评价区域有一处虚拟景观	5
		评价区域有二处虚拟景观	8
		评价区域有多于二处的虚拟景观	10
2	朝代	秦前	10
		秦、汉	8
		唐、宋	6
		元、明、清	4
		近、当代	2
3	珍稀度	世界级	10
		国家级	7
		省市级	4
		区市级	1
4	价值	极重要价值	10
		重要价值	7
		较重要价值	4
		一般价值	1

注：等级划分（四项级分和）：Ⅰ—>25；Ⅱ—15～25；Ⅲ—<15。

② 人文景观评价要点

人文遗迹评价因子与参数一般包括：

规划。遗迹类型、名称、保护级别、面积（占地）与分布、规划目标、保护要求。

文化价值。历史久远性、历史意义、珍稀度或级别、文化内涵与价值。

美学价值。多样性、丰富度、可观赏性。

资源价值。旅游容量、区位条件、旅游条件等。

环境景观。协调性、美感度、敏感性。

主要保护对象。名称、性质、保护级别、方位、与建设项目的关系等。

在实际评价中，下述重点问题尤须注意：

1）保护级别

世界级的人文景观，具有最高的保护级别，不允许破坏或影响。

国家级的人文景观，一般不允许破坏或影响，尤其珍稀度高甚至唯一性的人文景观，应当按世界级看待。我国的古老文明，举世罕见，因而我国的国家级人文景观，往往在世界上是稀少的，甚至是唯一的，具有世界文化意义。

省市级和区县级人文景观，除按法定保护级别考虑外，还应当充分考虑省市或区县地方的公众关注度。

2）历史性

文化的古老程度和历史久远性，本身就代表着它的价值。越是历史久远的人文遗迹，越是留存稀少。评价中需要做出努力的是，识别和发现那些尚未被列为"文物保护"单位的人文遗迹，并应按文化的观念，去认识这些人文遗迹所代表的文化意义。

例如，有些人文景观的具象已经消失，但其文化意义存在。

有的人文景观过去未列为保护对象，像古村落、古寨堡、古关隘、古栈道遗迹等，但它们代表着某种文明或是一个历史时期、历史事件的见证，亦应当给予正确的评估。

3）价值

人文景观的价值，首先和主要是指它的历史文化价值，或社会学价值，然后才是它可能为现代人创造经济收益的价值。

从有继承才有历史，有历史才有文化，有文化才有人类文明这样的顺序推演，今日的文明是建立在古代文化的基础上的。凡是能代表某种文明的人文遗迹，都是值得保护的。反过来说，凡是造成某种人文遗迹损失或消失的，都是有较大影响的，甚至是社会不可接受的。

价值评估的决定性因素是评估者的素质，或取决于评估者的文化意识。

4）珍稀度或可替代性

人文遗迹的珍稀度或可替代性在影响评估中是经常要考虑的因素。

珍稀度是指某种人文景观或遗迹在一个地域或国家级别上的重复出现率。凡唯一的人文景观或遗迹，为珍稀度高者。

可替代性是指同类人文景观或遗迹有多处分布者，可看做是具有可替代性，即某一处受影响后，可通过加强别处同类景观或遗迹而使某种文化遗存得以保存。例如，长城绵延数千公里，当某一段因某种不可避免的原因受到影响时，可通过加强其他地段的保护而使长城的文化信息得以保存。有替代性的人文遗迹，可通过合理选址选线或采取替代性保护措施而减少其影响。

5. 风景名胜区的影响评价与保护

（1）风景名胜区认识

风景名胜区是指自然景观好且有旅游和赏景活动的地方。在我国，风景名胜区都是自然景观与人文景观相互结合、相得益彰之地。风景名胜区有山岳型、湖泊型、山水结合型、滨海区、生态类、宗教寺庙及人文遗迹等不同的类型。不同类型的风景名胜区有不同的美，不同的保护要求。

我国风景名胜区分为国家风景名胜区和省级风景名胜区。

风景名胜区规划应当包括下列内容：风景资源评价；生态资源保护措施、重大建设项目布局、开发利用强度；风景名胜区的功能结构和空间布局；禁止开发和限制开发的范围；风景名胜区的游客容量等。

《风景名胜区条例》（2006）规定：

风景名胜区内的景观和自然环境，应当根据可持续发展的原则，严格保护，不得破坏或者随意改变。

在风景名胜区内禁止：开山、采石、开矿、开荒、修坟立碑等破坏景观、植被和地形地貌的活动；修建储存爆炸性、易燃性、放射性、毒害性、腐蚀性物品的设施；在景物或者设施上刻划、涂污；乱扔垃圾。

禁止违反风景名胜区规划，在风景名胜区内设立各类开发区和在核心景区内建设宾馆、招待所、培训中心、疗养院以及与风景名胜资源保护无关的其他建筑物；已经建设的，应当按照风景名胜区规划，逐步迁出。

（2）风景名胜区影响评价要点

① 依法评价

依照《风景名胜区条例》规定，风景名胜区内的建设项目应当符合风景名胜区规划，并与景观相协调，不得破坏景观、污染环境、妨碍游览。

② 重视施工期的影响评价和管理

在风景名胜区内进行建设活动的，建设单位、施工单位应当制定污染防治和水土保持方案，并采取有效措施，保护好周围景物、水体、林草植被、野生动物资源和地形地貌。

③ 保护风景名胜区的特点

应当根据风景名胜区的特点，保护民族民间传统文化，保护游览观光景观景点，保护区内自然资源；评价中应识辨清楚主要景点和风景区景观特色；评价是否因不适当的旅游路线诱导游客过度集中，造成景点拥挤和破坏；评价建设活动（如大坝和建筑物）是否与景观特色协调。

④ 风景名胜区整体性保护

风景名胜区及其一定的外围保护地带是一个景观整体，形成某种整体性特点。评价中需注意：

是否因道路、大坝、索道、建筑等破坏自然植被的连续性和风景区的整体性？

是否有喧宾夺主的构筑物破坏风景区的统一协调（体量过大、色彩过艳、位置不适等）？

应评价是否因某种不合理的开发建设活动将风景名胜区与周边自然背景割裂，使风景名胜区变成"孤岛"状态？是否因遮挡、污染或人工物与自然背景对比强烈而导致风景区景观影响？

⑤ 旅游管理

是否科学确定了旅游区的旅客容量，合理设计旅游路线？

是否严格控制了旅游设施建设的规模和数量（如索道）？

不符合规划要求的设施，是否拆除并恢复了景观和生态？

五、景观美学影响评价

良好的生态，不仅应满足人类的生理需求，而且应满足人类的心理需求。随着人民生活水平的提高，人们的心理需求或精神需求正在迅速上升。景观美学资源就是满足人们精神需求的重要资源。然而，我国景观资源正在遭受最广泛的破坏，因而从"以人为本"出发，进行景观美学影响评价和保护景观美学资源已成当务之急。大部分抽水蓄能电站或者建在风景区，或者成为新的风景区，许多水库也是重要的风景旅游区。反之，水利水电工程建设过程也可能破坏重要的景观资源，或者形成不良景观。因此，水利水电工程应十分关注景观影响问题，并进行景观影响评价。

1. 景观美学评价一般知识

景观一般指视觉意义上的景物、景色、景象和印象，即美学意义上的景观。景观还有地理学、文化以及生态学意义等。

美学景观可分为自然景观和人文景观两大类别。

自然景观有地理地貌景观，如山丘、峡谷、原野、水域、海滨或大江大河分水岭、省市界、地区特征地形地物等；地质类景观，如岩溶地貌、丹霞地貌、火山口、地震遗迹、石林、土林、奇石异洞、古生物化石等；生态类景观，如森林、草原、农田、春之花海、秋之红叶等；气象类景观，如云海、佛光、雾凇、雪原等，还有许多自然因素综合作用形成的奇异景观资源。

人文景观有古代人文景观，如长城、古城、寺庙、陵寝、宫阙、城塞、古镇、关隘、题刻等；也包括现代人文景观，如水库、公路、工厂、桥梁、隧道等。

还有自然与人文合成的重要景观——城市景观。城市含有丰富的自然景观，如海洋、河流、湖泊、山冈、半自然公园、绿地，更多的是人工建筑、城市、广场、道路、立交桥等。

自然景观美学构成条件有：自然真实性、完整性；由形象（体量、形态、线型等）、色彩、动态、明晦、声音、质感和空间格局与组合关系构成的形式美；由可游览、可观赏、可居住等适用性构成的有益人类的功能美；由结构完整、生物多样性和生态功能构成的生态美。

2. 景观影响评价方法

（1）程序与目的

建设项目景观影响评价程序，第一是确定视点，即确定主要观景人的位置，如一个居民区、一条街道、旅游区观景点或公路、铁路上的游客等；第二步是进行景观敏感性识别，凡敏感度高的景观对象，即为评价的重点；第三步是对评价重点，即景观敏感度高者，进行景观阈值评价、美学评价（美感度评价）、资源性（资源价值）评价；第四步做景观美学影响评价；第五步做景观保护措施研究和相应的美学效果与技术经济评价。

（2）景观敏感度评价

景观敏感度是指景观被人注意到的程度。一般有如下判别指标：

① 视角或相对坡度。景观表面相对于观景者的视角越大，景观被看到或被注意到的可能性也越大。一般视角或视线坡度达 20°～30°，可为中等敏感；达 30°～45° 为很敏感；大于 45° 为极敏感。

② 相对距离。景观与观景者越近，景观的易见性和清晰度就越高，景观敏感度也越高。一般将 400 m 以内距离作为前景，为极敏感；将 400～800 m 作为中景，为很敏感；800～1 600 m 可作为远景，中等敏感；大于 1 600 m 可作为背景。但这与景观物体量大小、色彩对比等因素有关。

③ 视觉频率。在一定距离或一定时间段内，景观被看到的概率越高或持续的时间越长，景观的敏感度就越高。从对视觉的冲击来看，一般观察或视见时间大于 30 s 者，可为极敏感；视见延续时间 10～30 s 者为很敏感，视见延续时间 5～10 s 者为中等敏感。视见时间延续 0.3 s 以上就可以被看到，但会一瞥而过。

④ 景观醒目程度。景观与环境的对比度，如形体、线条、色彩、质地和动静的对比度越高，景观越敏感。对比度比较强烈的景观如森林边缘、岩体边缘、山体天际线、河岸和其他特定形体或空中格局的景观。

（3）景观阈值评价

景观阈值指景观体对外界干扰的耐受能力、同化能力和恢复能力。景观阈值与植被关系密切，一般森林的景观阈值较高，灌丛次之，草本再次之，裸岩更低，但当周围环境全为荒漠或裸岩背景时，也形成了另一种高的视觉景观冲击能力，阈值可能更高。

对景观阈值低者应注意保护。一般孤立景观阈值低，坡度大和高差大的景观阈值较低，生态系统破碎化严重的景观阈值低。

（4）景观美学评价

自然景观美学评价包括自然景观实体的客观美学评价和评价者的主观观感两部分。

对景观实体的客观评价可按景观实物单体、群体、景点或景区整体等不同层次进行。

景观实物单体可按形象、色彩、质地等景观构成要素按极美、很美、美、一般或丑进行评价。

对于由很多景观实体组成的群体，则增加空间格局和组合关系的评价，如单纯齐一、对称均衡、调和对比、比例关系、节奏韵律以及多样性统一等。

对于由若干景观体组成的景点或景区，则应增加景观资源性评价内容。

所有自然景观的美学价值评价中，其代表性、稀有性、新颖奇特性等，都是重要评价指标。在现代，生态美是又一时代主题，凡符合生态规律、自然完整、生物多样性高、生态功能重要的景观，都是美的。

自然景观的主观观感方面，主要是优美和雄壮两大类，可分为不同的级别。一般景观美学评价中，以客观的美学评价为主，以主观观感评价为辅。

（5）景观影响评价

不同的建设项目对景观有不同的影响。直接破坏植被、挖坏山体、弃渣于敏感景观点，盘山道路破坏山体和植被是一类直接影响；因不雅观的建筑物、构筑物或体量过大、色彩艳艳而与周围环境不协调是经常发生的景观影响，还有很多影响是非直接影响，如高大坝的阻挡、扬尘、高压输变电线路造成的空间干扰等，都是经常发生的问题。

景观美学影响评价应依据具体的景观特点、环境特点、功能要求并结合具体的项目影响的时空特征进行。进行综合评价时注意不应掩盖主要的矛盾。

（6）景观保护措施

自然景观是一种不可再造的资源，而且是唯一的，因而自然景观保护以预防破坏为主。

做好景观设计是十分必要的，不造成不良景观应是对建设项目的基本要求。

对受影响或遭受破坏的景观，须进行必要的恢复，植被恢复尤为重要。

对不良景观而又不可改造者，可采取避让、遮掩等方法处理。

景观保护应从规划着眼，从建设项目入手，结合进行。

第三节　水文情势与水环境影响评价

人类出于生存和发展的需要，都试图控制水资源，这极大地推动了工程水利的发展。几千年前，在世界上古代文明发祥地幼发拉底河和底格里斯河上修建第一批水坝（联合国教科文组织）以来，到目前全世界已建水坝 4.5 万余座。然而，近百年来，大量的天然河流、湖泊以及附近地区的水环境因筑坝、引水改道等工程原因发生了变化。例如世界著名的阿斯旺水库水坝兴修后，下泄水量锐减，急剧改变了尼罗河水流系统的平衡，使三角洲岸线受到地中海海流的直接侵蚀，三角洲的某些部位每年后退几米，同时，大坝建成后改变了尼罗河的水盐平衡，使中上游土壤盐分增高了，百万亩土地因之退化。

上述实例说明，人类水利工程活动已经成为巨大的水环境应力，并且愈来愈广泛和深刻地参与着水环境的变化。水利水电建设工程如引水工程、水电工程、防洪工程等有可能改变区域或流域自然水环境，存在着破坏整个区域或流域生态平衡的风险，对这些建设项目应该开展以水环境为核心的环境影响评价。

根据水利水电开发中的主要环境问题，其评价的主要水文情势与水环境影响要素以及各要素中应特别关注的问题分述如下。

一、水文要素影响评价

水利水电工程建设，改变了河道的天然状态，而水文、泥沙情势的变化是最直接的变化，也是导致工程生态和环境影响的原动力。河道水文情势的变化，会影响到河流生态、河流形态、水温、环境地质、航运、局地气候、灌溉供水等，影响可能是有利的也可能是不利的。水文泥沙情势的影响在水利水电工程环境影响评价中具有重要的地位。

水利水电工程运用其工程的调蓄功能，对水资源进行人为调度，改变了江河水量在时间和空间上的分配，工程的调蓄能力越强，对河流水文泥沙情势的影响越大。因此，水库（水电站）工程对河流或流域水文情势的影响大于其他的水利工程。其他不筑坝建库的水利工程，一般主要是改变河道的水力特性，对水文情势的影响相对较小，因此重点针对水库工程对河流水文泥沙情势的影响进行分析。

水库就地貌特征而言，可分为河道型水库和湖泊型水库两种。河道型水库断面狭窄，深宽比较大，仍然保持河道的形态，在一定程度上还保留了河道的水力特性。湖泊型水库断面较宽，水面宽阔，深宽比较小，在一定程度上保留了湖泊的水力特性。

水库开发任务主要有防洪、发电、供水、调水、灌溉、航运、水产养殖、旅游等，水库开发任务不同，调度运行方式有较大差别，对水文情势的影响也不同。按照水库对河流径流的调节能力，可分为多年调节水库、年调节水库、季调节水库、周调节水库、日调节水库、反调节水库和无调节性能水库。具有防洪和供水任务的水库多为多年调节水库或年调节水库，以发电为主的水库则因情况不同而调节形式多样。反调节水库的调度运行方式一般取决于上一梯级水库的调度运行方式。

水位、流速及流态、流量等水文要素是反映天然河流生态系统基本特性的主要指标。水利水电工程拦蓄江河径流，对天然河流的水位、流速、流量等水文要素将产生非常明显的影响。根据分析，工程引起的水文情势变化速率远远超过自然河流的水文和流量变化速率。

目前，对于水位、流速、流量三者的评价统一归结为对维持水生生态系统稳定所需水量的推求，因此，本节简要分析工程修建对水位、流量、流速的影响，着重说明维持水生生态系统稳定需水量的推求方法。

1. 水位

水库蓄水后，由于大坝的拦蓄作用，水库蓄水将导致水库回水区范围内的江段水位升高，特别是高坝大库坝前水位有明显的抬升。近几年建设的高坝工程中，有的坝前水位比建库前抬升 200 m 以上，坝下河段水位也发生变化。相应的水库库区水深比建库前加大，从库尾至坝前水深沿程变化，一般到坝前水深达到最大。水库水位、水深变化会导致库岸坡体稳定性变化，水库水温结构的变化，水生生态的变化，以及库区水质的变化等。

水库不同的调节方式和调度运行使得水库水位和坝下河段的变化与天然情况下大不相同，影响最大的是多年调节水库，影响相对较小的是日调节水库。对于调蓄能力较大的水库，其水位的变化在季节上与天然河流是相反的，水位变幅较大，同时使下游一定河段内自然丰枯季流量、水位变化消失，对水生生境带来很大的负面影响。如：丹江口水库兴建后，由于水库调节作用，春末夏初坝下不出现涨水过程，使大坝至下游谷城河段家鱼产卵场规模缩小或已经消失。而对径流式电站，水位的变幅不大，不会出现明显的季节性变化，但由于其调节周期短，会导致下游水位波动频繁，致使适应于缓流和静水环境生活的鱼类削减或灭绝。

2. 流速及流态

水库蓄水淹没河岸陆地，库区的水面面积比建库前有明显的增加，水深增加，库尾至坝前的水面坡降变缓，库区流速比天然河道明显变小。在水库的不同库段，流速的变化不一样。一般越靠近库尾，流速越接近天然河道；越接近坝前，流速越小，在某些条件特殊的库湾，流速甚至接近零。水库中泓的流速大于库边的流速。

库区流态整体变缓，在水库岸边水域可能出现回流。在入库支流汇入口，原来湍急的流态变成了库湾。坝下游河道，由于大坝的阻隔，某些时段可能会出现与上游流态不连续的情况；水电站发电泄水或水库泄洪，还会使坝下游的流态发生较大的突变。有些引水式开发的水电站，会造成下游局部河段的断流，对下游河道的影响巨大。

水流速度减缓，泥沙沉淀，库水的含沙量减小，透明度增大。

3. 流量

水利水电工程由于水库的人为调度运行，使水库和坝下游河道的流量变化过程完全不同于天然河道。对于以防洪为主的水库，流量过程变化表现为：洪峰期由于水库蓄洪，坝下流量小于天然洪峰流量；在洪峰后期，水库泄洪，坝下流量大于天然来水量；水库防洪运行使得洪水历时加长，洪峰流量变小，水库削峰作用明显，对下游河流的防洪有利。汛后，水库按其他功能要求运行，对于有灌溉和供水功能的水库，汛期后开始蓄水，坝下游流量小于天然来水量。

对于以供水为主的水库，汛期一般按照防洪要求运行以保障水库安全，汛末及汛后尽量蓄水以保障供水，因此，除汛期以外，坝下流量一般小于天然来水量，这类水库年内总下泄水量小于天然来水量，对下游河道的水文情势影响较大。

对于以发电为主的水库，一般在丰水期蓄水以保证枯水期电站正常运行，因此一般表现为丰水期坝下流量小于天然来水量，枯水期坝下流量大于天然来水量，坝下游流量过程趋于均化。但对于引水工程，特别是引水式电站，其运行造成坝下游局部河段减水或脱水。即若坝下游一定河段内没有较大的支流汇入，通常在枯季会产生局部断流和脱水；若有较大支流汇入，通常会产生一定程度的减水。减、脱水对河道生态的影响是十分严重的，这种影响往往是破坏性的和不可逆转的。如四川省石棉县某河流全长 34 km 的河道两岸，已建和在建的水电站达 17 座之多，平均 2 km 就有一座，这些小水电站基本都是引水式发电，水被引走后，电站下游原有河槽已基本断流，河床干涸，原有鱼类基本绝迹。因此，要保护生态环境，避免水资源掠夺式开发，必须在水资源配置中，保证生态环境在一定的时空范围内拥有符合质量和数量要求的水量。从开发与保护并重的角度出发，有必要在水电工程运行期间采取措施，下泄一定流量（生态流量）以保护下游河道的生态环境。

4. 河道生态环境需水量

生态环境需水量是指为维护生态环境不再恶化并逐渐改善而需要消耗的水资源总量，主要包括保护和恢复内陆河流下游的天然植被及生态环境，水土保持及水保范围之外的林草植被建设，维持河流水沙平衡及湿地、水域等生态环境的基流，回补一些地方的超采地下水等方面。从国外的情况来看，概念相对比较专一，往往针对特定的生态环境问题提出针对性较强的不同用途的生态环境用水指标，如美国将环境用水区分为保持自然风景河流自然景观的基本流量、河道内需水、湿地需水以及海湾和三角洲的水量等保护目的明确的生态环境需水量。

关于如何确定河道内生态环境需水量或环境流量，是随着人类社会对水资源利用的强度与规模而提出的，其初衷是为了保护因大规模水资源开发而日益衰竭的鱼类资源，以后又发展成为一种平衡水资源多目标开发的重要手段，目前已经在不少发达西方国家得到成功运用。但是由于河流生态系统非常复杂，直接讨论河道内流量的变化与河流生态系统的变化从理论和实践上均难以实现，目前的方法大多从"保护水生生物指示种，例如虹鳟鱼、鲑鱼等所需的水量与保护整个生境所需的水量相同"这样一个假设出发，将生态需水量的问题转化为河道内流量与生物栖息地之间的关系问题。

目前可供使用的方法根据决策过程的特征来划分大致有两大类：标准设置（standard-settting）方法及增量（incremental）调节方法。标准设置方法一般用于水资源用途较为单一、决策风险较低的情况下，它可以根据一定的经验公式或水文学统计规律对河道内流量进行人为规定；而增量调节方法则用于水资源用途复杂、决策强度大且协调难度大的项目。但显然上面的假设并不能完全成立，因此截至目前，有关的国际组织还没有统一的河道内生态环境需水量的衡量标准和计算方法。在我国，尽管学术界也提出了诸如"生态需（用）水量"、"环境用水量"等名词，不少地区也曾经尝试或实施过利用水库的调蓄作用，改善库区和水库下游的水质、水生生态和其他水环境要素的活动，但也没有确切的得到公认的定义及计算方法。

原国家环保总局于 2006 年 1 月发文《水电水利建设项目河道生态用水、低温水和过鱼设施环境影响评价技术指南（试行）》（环评函[2006] 4 号），对河道生态用水量环境影响评价提出了推荐方法。在水利水电建设项目环境影响评价中，可根据工程的特点、环境特点和环境保护要求，选择适用的方法来确定和评价河道生态用水量。

（1）河道外植被生态需水量计算

① 直接计算法

根据某一区域某一类型植被单位面积的需水定额乘以其种植面积计算。关键是确定不同类型植被在非充分供水条件下的需水定额。

② 间接计算法

在非充分灌溉条件下或水分不足时，采用改进的彭曼公式。

$$ET=ET_0 \times K_c \times f(s) \qquad (2\text{-}4\text{-}9)$$

式中：ET——作物实际需水量，mm；

　　　ET_0——植物潜在腾发量，mm；

　　　K_c——植物蒸散系数，随植物种类、生长发育阶段而异，生育初期和末期较小，中期较大，接近或大于 1.0，通过试验取得；

　　　$f(s)$——土壤影响因素。

$$f(s) = \begin{cases} 1 & (\theta \geqslant \theta_{c1}) \\ \dfrac{\ln(1+\theta)}{\ln 101} & (\theta_{c2} \leqslant \theta < \theta_{c1}) \\ \dfrac{a \exp(\theta - \theta_{c2})}{\theta_{c2}} & (\theta < \theta_{c2}) \end{cases} \qquad (2\text{-}4\text{-}10)$$

式中：θ——实际平均土壤含水率，如为旱地则 θ 为占田间持水率百分数，%；

　　　θ_{c1}——土壤水分适宜含水率，旱地为田间持水率的 90%；

　　　θ_{c2}——土壤水分胁迫临界含水率，为与作物永久凋萎系数相对应的土壤含水率；

　　　α——经验系数，一般为 0.8～0.95。

③ 河道外植被生态需水量计算适用范围

直接计算法适用于基础工作较好的地区与植被类型，如绿洲、城市园林绿地等生态用水。间接计算法适用于我国对植物生态需水量计算方法研究比较薄弱的地区及对植被的耗水定额难测定的情况。

河道外植被生态需水量在许多情况下不能直接作为下泄流量（生态流量）的组

成部分，必须在分析了河道外植被生态需水和河道补给相互关系后方可确定。

（2）维持水生生态系统稳定所需水量

维持水生生态系统稳定所需水量的计算方法主要有水文学法、水力学法、组合法、生境模拟法、综合法及生态水力学法。

1）水文学法

水文学法是以历史流量为基础，根据简单的水文指标确定河道生态环境需水。国内最常用的代表方法有 Tennant 法及河流最小月平均径流法。

① Tennant 法

该方法是根据水文资料以年平均径流量百分数来描述河道内流量状态。保护目标为鱼、水鸟、长毛皮的动物、爬虫动物、两栖动物、软体动物、水生无脊椎动物和相关的所有与人类共用水资源的生命形式。计算标准见表 2-4-29。

表 2-4-29 保护鱼类、野生动物、娱乐和有关环境资源的河流流量状况

流量状况描述	推荐的基流（10 月～翌年 3 月）占平均流量的百分数/%	推荐的基流（4 月～9 月）占平均流量的百分数/%
泛滥或最大	200	200
最佳范围	60～100	60～100
很好	40	60
好	30	50
良好	20	40
一般或较差	10	30
差或最小	10	10
极差	0～10	0～10

注：基流百分数以平均流量计算为 100%。

采用该方法的基本要求：根据不同区域、不同需水类型、不同保护对象，认真分析系列水文资料，进行相关河段数据分析，调整流量标准，使调整后的流量符合当地河流情况。应注意水生生物对流量的要求在不同季节有所不同，需要根据生态系统不同月份、不同季节对流量的要求，给出年内下泄流量过程线，与水生生物生境要求相符合。

Tennant 法是作为河流进行最初目标管理、战略性管理的方法使用。

② 最小月平均径流法

该方法以最小月平均实测径流量的多年平均值作为河流基本生态环境需水量，即：

$$W_{\mathrm{b}} = \frac{T}{n}\sum_{i=1}^{n}\min(Q_{ij})\times 10^{-8} \tag{2-4-11}$$

式中：W_b——河流基本生态需水量，亿 m^3；

$\quad\quad Q_{ij}$——第 i 年 j 月的月平均流量，m^3/s；

$\quad\quad n$——统计年数；

$\quad\quad T$——换算系数，值为 31.536×10^6 s。

该方法是表示在该水量下，可满足下游需水要求，保证河道不断流。这一方法适用于干旱、半干旱区域，生态环境目标复杂的河流。

2）水力学法

水力学法是以栖息地保护类型的标准设定的模型，主要有基于水力学参数提出的湿周法及 R2-Cross 法。

① 湿周法

湿周法采用湿周（图 2-4-2）作为栖息地的质量指标，绘制临界栖息地区域（通常大部分是浅滩）湿周与流量的关系曲线，根据湿周流量关系图中的转折点（图 2-4-3）确定河道推荐流量值。

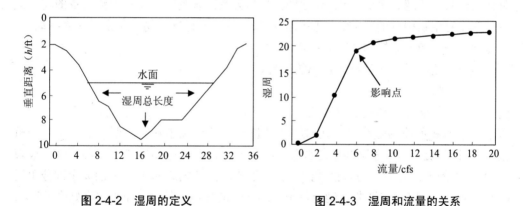

图 2-4-2 湿周的定义　　　　　图 2-4-3 湿周和流量的关系

注：ft 为长度单位，英尺，1ft=0.340 8 m；流量 cfs 即 ft³/s，1ft³/s=0.028 3 m³/s。

湿周法受河道形状影响较大，三角形河道湿周流量关系曲线的增长变化点表现不明显；河床形状不稳定且随时间变化的河道，没有稳定的湿周流量关系曲线，也没有固定的增长变化点。该方法适用于河床形状稳定的宽浅矩形和抛物线形河道。

② R2-Cross 法

该方法采用河流宽度、平均水深、平均流速及湿周率指标来评估河流栖息地的保护水平，从而确定河流目标流量。其中：湿周率指某一过水断面在某一流量时的湿周占多年平均流量满湿周的百分比。其计算标准见表 2-4-30。

表 2-4-30 R2-Cross 法确定最小流量的标准

河宽/m	平均水深/m	湿周率/%	平均流速/ (m·s⁻¹)
0.3～6.3	0.06	50	0.3
6.3～12.3	0.06～0.12	50	0.3
12.3～18.3	0.12～0.18	50～60	0.3
18.3～30.5	0.18～0.3	≥70	0.3

该方法的局限性：不能确定季节性河流的流量；精度不高，根据一个河流断面的实测资料，确定相关参数，并将其代表整条河流，容易产生误差；同时，计算结果受所选断面影响较大；标准单一，三角形河道与宽浅型河道水力参数采用同一个标准；标准设定范围较小，仅适用于河宽为 18～30 m 的河道。因此，该方法仅适用于非季节性小型河流，但可为其他方法提供水力学依据。

③ 组合法（水文-生物分析法）

采用多变量回归统计方法，建立初始生物数据（物种生物量或多样性）与环境条件（流量、流速、水深、化学、温度 ）的关系，来判断生物对河流流量的需求及流量变化对生物种群的影响。主要保护对象为鱼，无脊椎动物（昆虫、甲壳纲动物、软体动物等）和大型植物（高等植物）。

该方法适用于受人类影响较小的河流。

④ 生境模拟法

生境模拟法是根据指示物种所需的水力条件的模拟，确定河流流量。假设水深、流速、基质和覆盖物是流量变化对物种数量和分布造成影响的主要因素。调查分析指示物种对水深、流速等的适宜要求，绘制水深、流速等环境参数与喜好度（被表示为 0～1 的值）之间的适宜性曲线。将河道横断面分隔成间隔为 w 的 n 个部分单元（图 2-4-4），根据适宜性曲线确定每个分隔部分的环境喜好度，即水位喜好度（S_h）、流速喜好度（S_v）、基质喜好度（S_s）、河面覆盖喜好度（S_c）。根据式（2-4-12）计算每个断面、每个指示物种的权重可利用面积（WUA），其中 A_i 为面积，宽度为 w，长度为两个相邻断面距离的阴影部分的水平面积。

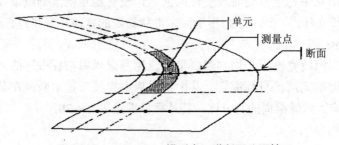

图 2-4-4 PHABSIM 模型中河道断面分隔情况

$$WUA=\sum_{i=1}^{n} A_i (S_h \cdot S_v \cdot S_s \cdot S_c)_i \qquad (2\text{-}4\text{-}12)$$

计算不同流量下的 *WUA*，绘制流量与 *WUA* 曲线，*WUA* 越大，表明生物在该流量下对生境越适宜。

该方法适用于河流主要生态功能是对某些生物物种的保护的情形。

⑤　综合法

综合法以 BBM 法为代表，从河流生态系统整体出发，根据专家意见综合研究流量、泥沙运输、河床形状与河岸带群落之间的关系。应用该方法资源消耗大，时间长，一般至少需要两年时间。因此，适合于综合性、大流域生态环境需水研究。

⑥　生态水力学法

通过水生生物适应的水力生境确定合适的流量，属于生境模拟法。假设水深、流速、湿周、水面宽、过水断面的面积、水面面积、水温是流量变化对物种数量和分布造成影响的主要水力生境参数；急流、缓流、浅滩及深潭是流量变化对物种变化造成影响的主要水力形态。模型分三大块（图 2-4-5）。

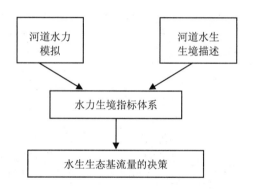

图 2-4-5　生态水力学法的示意框图

一是河道水生生境描述，该模块调查分析水生生物对水深、流速等水力生境参数的最基本生存要求；分析水温变化对水生生物的影响；分析水生生物对急流等水力形态的基本生存要求。二是河道水力模拟，利用水力学模型对研究河段进行一维至三维水力模拟，计算不同流量时研究河段内各水力生境参数值的变化情况。分析一、二两个模块，制定水力生境指标体系。三是河道水生生态基流量的决策，由水文水资源、水力、环评、水生生态工作者依据水力生境指标体系，结合河道的来水过程、当地的社会经济发展状况及政策综合确定河道生态基流量。

指标体系分枯水期和年内变化指标体系。

枯水期指标体系：沿程水力生境参数，统计水力参数在不同区间段的河段长度，及每个区间河段长度占整个河段长度的百分比，避免因计算出的某一河段参数偏低，而该段在整个河段中所占比重非常小，单凭最低值进行判断所造成的失误；水面面积参数，统计不同流量情况下水面面积大小及占枯水期多年平均流量情况下水面面积的百分比；水力形态参数，统计不同流量时缓流、急流、较急流、较缓流的段数、累计河段长度及每种形态河段长度占总河段长度的百分比，统计不同流量时浅滩及深潭的个数。

年内变化指标体系：水温参数，各月水温沿程变化图，在出现极端水温断面处，列出不同流量情况下各月水温值；典型断面水深等水力生境参数年内变化指标，在有较大支沟汇入的断面，比较水力生境参数的年内变化。

该方法的指标标准见表 2-4-31。

表 2-4-31　生态水力学法确定大型河流最小流量的水力生境参数标准

生境参数指标	最低标准	累计河段长度占河流总长度的比例
最大水深	鱼类体长的 2～3 倍	95%
平均水深	≥0.3 m	95%
平均速度	≥0.3 m/s	95%
水面宽度	≥30 m	95%
湿周率	≥50%	95%
过水断面面积	≥30 m²	95%
水面面积	≥70%	
水温	适宜鱼类生存、繁殖	
生境形态指标	概念界定	
急流	平均流速≥1 m/s	段数无较大变化，急流、较急流段累计河段长度减少<20%
较急流	平均流速在 0.5～1 m/s	
较缓流	平均流速在 0.3～0.5 m/s	
缓流	平均流速≤0.3 m/s	
深潭	最大水深≥10 m	个数无较大变化
浅滩	河岸边坡坡度≤10°，5 m 长，范围内水深≤0.5 m	

该方法适用于大中型河流内的水生生物生态流量的计算。对中型河流，上述标准应适当降低。

（3）维持河流水环境质量的最小稀释净化水量

① 7Q10 法

采用 90%保证率最枯连续 7 天的平均水量作为河流最小流量设计值。

② 稳态水质模型

以河流的每一个排污口为河段分界线，将河流概化为多个河段，对一般内陆河段，污染物允许排放量的公式为：

$$W_i = C_S(Q_0 + q_i) - C_0 Q_0 \exp(-\frac{Kx_i}{u}) \qquad (2\text{-}4\text{-}13)$$

对潮汐河段和河网化河段，污染物允许排放量的公式为：

$$W_i = C_S(Q_0 + q_i) - C_0 Q_0 [\exp(-\frac{u}{2E_x}(1 - \sqrt{1 + 4KE_x/u^2}\, x_i)] \qquad (2\text{-}4\text{-}14)$$

对整个河段，总允许纳污量 W 等于各河段允许纳污量 W_i 之和。

式中：W_i——河段 i 污染物允许排放量，g/s；

$\quad$ C_S——从某断面流出的污染物浓度必须满足的水环境质量标准，mg/L；

$\quad$ Q_0——上游来水流量，m³/s；

$\quad$ q_i——河段 i 污水流量，m³/s；

$\quad$ C_0——上游来水中的污染物浓度，mg/L；

$\quad$ K——污染物衰减系数，d⁻¹；

$\quad$ x_i——河段 i 混合过程段长度，m；

$\quad$ u——水体平均流速，m/s；

$\quad$ E_x——纵向分散系数，cm²/s。

③ 环境功能设定法

环境功能设定法即为根据河流水质保护标准和污染物排放浓度，推算满足河流稀释、自净等环境功能所需水量的方法。

将河流（河段）划分为 i 个小段，将每一小段看做是一个闭合汇水区，根据水量平衡法及水质模型，计算每一段的河道需水量 Q_{vi}（$i=1$，2，$\cdots$，n），然后对其求和，即得整个河流（河段）的环境需水量。其中，Q_{vi} 必须同时满足下列方程：

$$Q_{vi} \geqslant \lambda \times Q_{wi} \qquad (2\text{-}4\text{-}15)$$

$$Q_{vi} \geqslant Q_{ni}(p) \qquad (p \geqslant p_0) \qquad (2\text{-}4\text{-}16)$$

式中：λ——河流稀释系数；

$\quad$ Q_{wi}——i 小段合理的污水排放总量，指达标排放的废污水量；

$\quad$ $Q_{ni}(p)$——不同水文年（如多年平均、枯水年、平水年）设定保证率（指月保证率，如 $p_0=90\%$、$p_0=80\%$等）下，i 小段的河道流量。

（4）河道内输沙需水量

$$W_i = S_i \Big/ \frac{1}{n}\sum_{i=1}^{n}\max(c_{ij}) \qquad (2\text{-}4\text{-}17)$$

式中：W_i——输沙用水量，m³；

$\quad$ S_i——多年平均输沙量，kg；

$\quad$ c_{ij}——第 i 年 j 月的月平均含沙量，kg/m³；

$\quad$ n——统计年数。

（5）河道蒸发需水量

$$V = A(H_0 - P) \tag{2-4-18}$$

式中：V——计算时段内水体的净蒸发损失量，m^3；

　　　H_0——计算时段内水面蒸发深度，m；

　　　A——计算时段内水体平均蓄水水面面积，m^2；

　　　P——计算时段内降水量，m。

（6）维持河口水盐平衡的需水量

可以根据河口含盐度分布和水流循环特征将河口分为高度成层型河口（盐水楔型、峡湾型，$n > 0.7$）、缓混合型（$n = 0.2 \sim 0.5$）、强混合型（$n < 0.1$）三类（n 为掺混系数，即涨潮期内径流的平均流量与涨潮总量的比值）。前两类用盐水入侵长度关于流量的表达式来计算最小流量；后两类用一维水量和水质模型来推求盐水入侵长度的表达式，再反推最小流量。

5. 水库初期蓄水对下游的影响

（1）水库初期蓄水主要影响

水利水电工程中需要建设水库的建设项目，都会在水库初期蓄水期间对下游的水文情势产生影响。水库清库完成，大坝工程安全鉴定后，水库开始初期蓄水阶段。一般低水头运行水库、小型水库，初期蓄水时段较短，对下游的影响也较小。但大、中型水库，由于其库容大，初期蓄水时间较长，视库容和河道径流量不同，蓄水时间长短不同，少则一两个月，多则半年，甚至一年以上，对下游的影响较大。

水库初期蓄水对下游的影响，主要体现在以下方面：

① 对下游沿河取水用户和水资源利用的影响。首先应对沿河取水用户和水利用情况进行调查，包括取水口位置、规模、功能、取水量及运行情况、对水质的要求等，要特别关注生活用水取水口。例如某工程水库初期蓄水时段两个月，影响下游沿江两岸的一级阶地及河漫滩地的居民的生活用水，受影响的主要有四个村，共计114 户 451 人。下游 56 km 处有一座小水电站，水库初期蓄水期间将减少下游河道流量的 60%，影响了小水电站的正常运行。

② 对下游河道的航运和过河交通的影响。初期蓄水期间，下游水量减少、水位降低，航运交通受到影响。如某工程水库初期蓄水影响到下游七个较大渡口的运行。

③ 对下游河道生态的影响。初期蓄水期间，下泄水量减少并且水深变浅，主要对水生生态造成影响。如岸边及浅水植物带、水生动物和鱼类生境、两栖动物等。例如某电站初期蓄水，减少下泄流量后，影响了下游两栖动物林蛙的生境。林蛙是东北山区的一种经济价值较高又较为稀有的野生物种，根据林蛙的生活习性，每年的 10 月左右，林蛙从山上下来，洄游到江水中，进行冬眠。水库初期蓄水期正值林蛙入江冬眠的季节，影响下游河道水量和水深，从而影响林蛙当年的越冬，致使种

蛙数量及下一年度的林蛙产卵量减少。

（2）水库初期蓄水影响评价

水库初期蓄水的影响评价，在以上影响分析的基础上，对初期蓄水设计方案进行环境合理性和可行性评价。评价内容主要包括：

① 初期蓄水期时段选择的环境合理性。根据大坝下游重点保护目标对水文条件的要求，分析评价初期蓄水时段对水生生物的生长条件和生活习性的影响，初期蓄水期时段应尽量避开水生生物生长的敏感时段，并兼顾考虑下游河道其他保护目标。

② 初期蓄水方案的可行性。主要是评价方案中下泄流量是否满足下游河道环境保护目标的要求，落实到下泄生态流量和下泄过程，以及下泄生态流量的保证措施的可行性。一般需要确定下泄生态流量，根据初期蓄水不同时段、蓄水达到的水位，分析采取的下泄通道是否可行。

③ 方案调整建议。如果评价结果认定初期蓄水期时段和方案存在问题，对环境影响较大，则需要根据下游河道保护目标的要求，提出切实可行的调整建议，使其环境影响降低到可以接受的程度。

（3）水库初期蓄水影响减缓措施

在以上评价的基础上，如优化初期蓄水方案后仍对下游产生影响，则需要采取必要的减缓措施，以弥补环境影响造成的损失。

① 发挥梯级优势，利用上游或下游水库联合调度，缩短初期蓄水时间。例如：清江高坝洲水电站，利用汛期开始初期低水位蓄水，7 月下旬水位具备发电条件，可以发电泄水，同时通过与上游梯级隔河岩水电站的联合调度运行，可缩短高坝洲水库初期蓄水时间，按照下游航运要求进行泄水运行，取得了较好的效果。

② 采取分期蓄水，保证下游用水要求。例如：新疆下坂地水利枢纽利用施工工期的安排，合理安排初期蓄水，分两期进行初期蓄水。下坂地水利枢纽工程位于叶尔羌河支流塔什库尔干河中游，功能以灌溉为主，结合发电，并为改善本地区生态环境创造条件。水库正常蓄水位 2 960 m，坝高 81 m，总库容 8.64 亿 m^3，电站装机 4 台 35 MW 机组。工程总施工期为 6 年，第 5 年的汛前，引水工程、电站工程已完工，第 1 台机组安装完毕，大坝施工高度已达到水库设计死水位的高程，库区清理已完成。可以利用丰水期进行第一期初期蓄水，大坝继续施工。蓄水过程中，导流洞按照下游用水的需要下泄一定水量，保证下游不断流。这也正好符合水库运行调度 7～9 月蓄水、发电放水的设计，这一期蓄水可达到库容 1 亿 m^3。当蓄水至 2 928 m 水位时，库容为 2 亿 m^3，第一台机组可以发电，可以下泄水量。施工期第 6 年的汛期，当大坝施工结束，正是水库调度运行的蓄水期，进行初期蓄水的第二期蓄水，发电机组全部投产运行，保证下泄流量。

③ 对下游造成的影响给予经济补偿，或采取措施解决影响问题。如：为下游河道用水户解决用水困难；补偿下游小水电的发电损失；对下游河道受影响的鱼类，

采用人工养殖等。

二、泥沙情势影响分析

1. 水库泥沙淤积分析

（1）库区泥沙淤积

水库蓄水后，流速减小，水库来水挟带的泥沙将会在库内淤积下来，水库泥沙淤积情况与水库水沙特性及水库调度运行方案密切相关，由于水库泥沙淤积会减少库容，降低水库的运行效益，因此，很多水库都采取"蓄清排浑"运行方案，即：在汛期来沙多的季节降低库水位运用（通常称为冲沙），一般将坝前水位控制在较低的汛前限制水位；汛末少沙时期水库充水，将坝前水位逐步抬高到正常蓄水位；枯水季节，库水位逐步降低至枯季消落水位。采用这一运行方式，可将汛期库内泥沙沉积限制在降低了的水库水面线以下，可减少库尾段的泥沙淤积，也有利于将泥沙排出库外。大洪水年份调蓄洪水时，由于库水位抬高，淤积量将随之增加，并有部分泥沙淤积在水库内。但大洪水的重现率小，持续时间不长，洪水过后，库水位逐步降低至汛前限制水位时，淤积在水库内的大部分泥沙将被冲刷（或在第二年汛前或汛期水库处于低水位时被冲刷），只在稳定河槽宽度以上的滩地上有少量残存的淤积。汛末水库充水，虽然水流含沙量小，但因库水位升高，在水库内也将有少量泥沙淤积，不过这部分泥沙也将随来年库水位的降低而大部分被冲刷，只在宽河谷地段的滩地上有缓慢的累积性淤积。

（2）泥沙淤积造成库尾抬高

水库修建后，由于坝前水位抬高并壅高上游水位，形成水库回水区。水库回水末端位置，在理论上是水库回水位与天然河道同流量水面线的相交点。坝前最高水位的回水末端和最低水位的回水末端之间的河段，属水库变动回水区。

在挟沙河流上，当水流进入回水区内时，泥沙首先在回水末端淤积，抬高河底高程。而当坝前水位降落时，则变动回水区自上游逐渐向下游脱离壅水的影响而恢复天然河道的水流特性，对原淤积的泥沙产生冲刷。因此在变动回水区内水位变化频繁，且泥沙冲淤的交替变化也很大。淤积在水库末端的粗颗粒泥沙，当水位降落时也难以冲走，导致库尾抬高，航道水深变化无常，不利于航运，例如丹江口水库回水末端的变动回水区内，曾多次发生翻船事故而影响通航。

由于泥沙淤积与回水相互影响，使回水抬高和上延，因而水库淹没、浸没范围进一步扩大。如河段为梯级开发，则下游电站的回水抬高，有可能影响上游电站的尾水位而影响出力。此外，如遇河段或水库回水末端发生冰塞、冰坝时，则同样会发生沿途或水库回水末端水位抬高的现象。

因此，在规划设计阶段必须分析计算不同频率流量与坝前水位组合情况下的回水位，取其外包线为移民等方案的依据。

回水计算按恒定流能量方程进行计算：

$$Z_2 + \frac{v_2^2}{2g} = Z_1 + \frac{v_1^2}{2g} + i\Delta l \qquad (2\text{-}4\text{-}19)$$

式中：Z_1、Z_2——下、上游断面的水位，m；

　　　v_1、v_2——下、上游断面的流速，m/s；

　　　i——河段摩阻比降；

　　　Δl——河段长度，m；

　　　$i\Delta l$——沿程阻力的水头损失，m。

利用式（2-4-19）进行回水计算时，对于已淤积或考虑冰塞形成冰坝后的河道，在已知流量、下游水位 Z_1 及流速 V_1 的条件下，按划分的库（河）段自坝前往上游逐段推算，具体计算可用图解法或试算法，由于目前计算机使用广泛，设计中多采用试算法进行。

2．下游泥沙淤积抬高发电尾水位

水库蓄水期部分泥沙淤积在库内，减少了进入下游河道的沙量，当水库淤积到一定程度后，在整个排沙期平均而言水库发生冲刷，加大了进入下游河道的含沙量；在排沙期内不同流量，冲淤差别大，一般是大流量冲，中、小流量淤。

电站运行中，对于水库内排出的泥沙，如遇水流不畅，易发生局部淤积而抬高电站下游的尾水位，影响出力。例如葛洲坝水利枢纽，由于地形条件的限制，大江和二江电厂的下泄水流不畅，发生局部淤积，尤其是大江电厂下游出现了鸡心滩，水位抬高 0.5～0.7 m，造成电能损失；天生桥水电站每遇停机冲刷时，水库内排出的泥沙，在电站下游发生大量淤积，使下游河道尾水位抬高 2～3 m。如 1979 年 8 月 13 日至 9 月 30 日，水库停机冲刷，造成下游淤积严重，减少机组出力，并威胁电站防洪安全。

水库如采取不合理的调水、调沙运行方式，也会使下游河道淤积严重，行洪困难。如黄河下游，当三门峡水库采取防洪排沙运行方式而泄流规模又不够大时，水库的滞洪作用和汛后的大量排沙，使出库的水沙过程很不适应。洪水期，建库前本来应该淤在下游滩地上的泥沙，建库后则淤在水库内，然后通过汛后排沙，将泥沙淤在下游主槽内，加大了主槽的淤积量。而当增建排沙设施并采取蓄清排浑运行方式后，河道淤积情况较之以前有所改善。因此，在多沙河流上建水库时，对水库的泄洪规模和运用方式对下游河道的影响问题应做分析研究。

河道的泥沙冲淤变化情况一般可以采用一维水动力学泥沙模型进行计算。根据河流泥沙输移、冲刷和淤积的变化规律，采用将水流方程与泥沙输移和河床变形方程非耦合求解的处理方法，一维泥沙模型水流方程采用渐变不恒定流圣维南方程，泥沙方程采用均匀不平衡输沙方程。

水流连续方程：

$$\frac{\partial Z}{\partial t} + \frac{1}{B}\frac{\partial Q}{\partial x} = 0 \tag{2-4-20}$$

水流运动方程：

$$\frac{\partial Q}{\partial t} + \frac{\partial}{\partial x}(\frac{Q^2}{A}) + gA\frac{\partial Z}{\partial x} + gA\frac{Q|Q|}{K^2} = 0 \tag{2-4-21}$$

式中：Z——水位，m；

Q——流量，m^3/s；

K——流量模数；

A——过水断面面积，m^2；

B——水面宽度，m；

g——重力加速度，9.81 m/s^2；

x——空间变量，m；

t——时间变量，s。

泥沙连续方程：

$$\frac{\partial(A_s)}{\partial t} + \frac{\partial(Q_s)}{\partial x} = -\alpha\omega B(s - s^*) \tag{2-4-22}$$

水流挟沙能力：

$$s^* = k\left(\frac{u^3}{gh\omega}\right)^m \tag{2-4-23}$$

河床变形方程：

$$\rho^*\frac{\partial Z_0}{\partial t} = \alpha\omega(s - s^*) \tag{2-4-24}$$

式中：Z_0——河床平均高程，m；

A_s——河床变形面积，m^2；

Q_s——输沙率，kg/s；

s——悬沙含沙量，g/m^3；

s^*——水流挟沙能力，g/m^3；

ω——泥沙沉降速度，m/s；

ρ^*——泥沙干容重，kg/m^3；

α——泥沙恢复饱和系数；

k——挟沙能力计算系数，kg/s；

u——流速，m/s；

h——水深，m。

3. 河口淤积形成拦门沙

水库建成后，水动力条件发生改变。注入水库的各条支流，由于河流基准面被大大抬高，都会在河口形成拦门沙和水下三角洲，对航道的通航造成很大的影响。例如长江三峡水利枢纽建成后，受影响最大的是嘉陵江和长江重庆以上河段。据不完全资料统计，长江宜昌水文站多年平均悬移质输沙量为 5.14 亿 t。其中来自长江重庆以上河段的泥沙最多时为 2.4 亿 t，占宜昌站年平均输沙量的 46.7%。其次为嘉陵江，多年平均输沙量为 1.59 亿 t，占宜昌站的 30.9%。尽管水库运行时可以通过调蓄排沙以及洪水冲刷带走一部分泥沙，但还会有相当大数量的泥沙在河口地区沉积下来形成拦门沙和水下三角洲。至于粒径较粗大的推移质，很多不能形成异重流，更多都是在河口拦门沙和水下三角洲一带堆积下来。如果不进行排沙和航道疏浚，它们最终将从南、北两个方向逐步封堵重庆港，直接威胁重庆港的安全运营。因此，开展河口地带航道疏浚及防淤导沙的研究十分必要。

目前，由于缺乏清水下泄对下游河床条件的影响研究及其河床条件与鱼类产卵繁殖关系的研究，尚未给出关于水利工程建设泥沙情势要素改变对水生生态（尤其是鱼类）影响定量评价的具体方法。

三、水温影响评价

水体温度是水环境重要指标。修建调蓄能力较大的水库，水库水体温度场发生变化是不可避免的。水体温度场发生变化时，会对库区及周围生态环境产生一系列的影响，如对水质、水生生物、局地气候以及下游生态环境的影响。对有用水要求的水库，在工程设计时采取相应的措施非常必要。

1. 水库水温分层

水库水温与水库所在地的特性（气温，天然来水的温度、流量和含沙量，辐射热，地温等）以及水库特性（调节性能、泄水方式和泥沙淤积等）有关，水库建设改变了河道径流的年内分配和年际分配，同时也相应改变了水体的年内热量分配，形成水温的分层。同时水库水面温度与两岸地表温度的差异，也可引起小气候变化和生态环境变化，从而对国民经济发展和环境保护等产生了一系列影响。

在一些大型的具有多年调节性能的水库中，水温的分层现象十分明显。水温与鱼类的生活有着密切的关系，我国的鱼类资源是以温水性鱼类为主，水温变化对鱼类存在一定影响。在坝下河段，由于电厂的进水管开口于较深的水层，从电厂泄出的水也保持了这一水层的低温状况，坝下河段的水温由此发生了明显的变化。鱼类繁殖要求一定的水温条件，如我国四大家鱼繁殖时要求水温在 18℃以上，出库水温对坝下游一定距离内的鱼类产卵影响较大，也可能推迟鱼类产卵期，对鱼类繁殖产生不利影响。此外，低温灌溉水对下游农作物的生长期有不利影响。由于水库采用深孔放水建筑物，存在下泄低温水的问题，使水库下游产生人为冷害，造成农作物减产。

水库水温分布有三种类型：稳定分层型、混合型和不稳定分层型。稳定分层型的水库表层水体温度竖向梯度大，称为温跃层。其下层水体温度梯度小，称为滞温层，但到冬季则上下层水温无明显差别，严寒地区甚至出现温度梯度逆转现象，上层水温近于 0℃，底层水温近于 4℃。混合型水库无明显分层，上下层水温较均匀，竖向温度梯度小，年内水温变化却较大。不稳定分层型水库介于两者之间，春、夏、秋季有分层现象，但不稳定，遇中小洪水时水温分层即消失。

（1）水库水温结构判别

通常可以采用以下方法判别水库的水温结构。

① 参数 α-β 判别法

这是一种简便的判定水库水温结构类型的方法，判别式如下：

$$\alpha = \frac{多年平均年径流量}{水库总库容} \tag{2-4-25}$$

$$\beta = \frac{一次洪水量}{水库总库容} \tag{2-4-26}$$

当 $\alpha < 10$ 时，水库水温为稳定分层型；

当 $10 < \alpha < 20$ 时，水库水温为不稳定分层型；

当 $\alpha > 20$ 时，水库水温为混合型。

对于分层型水库，如果遇到 $\beta > 1$ 的洪水，将出现临时混合现象；

但如果 $\beta < 0.5$ 时，洪水对水库水温的分布结构没有影响。

② Norton 密度佛汝德数判别法

Norton 密度佛汝德数判别公式为：

$$F_d = (LQ/HV)(gG)^{-1/2} \tag{2-4-27}$$

式中：F_d——密度佛汝德数；

　　　L、H、V——水库长度、平均水深和库容；

　　　Q——入库流量；

　　　g——重力加速度；

　　　G[①]——标准化的垂向密度梯度（量级为 $10^{-3} \mathrm{m}^{-1}$）。

$F_d < 0.1$ 时为稳定分层；$0.1 \leqslant F_d \leqslant 0.5$ 时为弱分层或混合型；$F_d > 0.5$ 时为完

---

① G 是一个带有单位的量级参数。

全混合型。

③ 水库宽深比判别法

水库宽深比判别法公式为：

$$R=B/H \tag{2-4-28}$$

式中：B——水库水面平均宽度；

H——水库平均水深。

当 $H>15\,\mathrm{m}$，$R>30$ 时水库为混合型；$R<30$ 时水库为分层型。

（2）水库水温结构预测计算方法

1）中国水科院方法

水科院结构材料所根据大量资料，拟合出计算水库年平均水温分布曲线的公式。曲线由库表水温、变温层水温及库底水温三部分组成。当确定了库表和库底水温后，可以用该曲线公式推算水库不同深度处的年平均水温值。

计算公式为：

$$\bar{T}_y = \bar{T}_b + \Delta T(1 - 2.08\frac{y}{\delta} + 1.16\frac{y^2}{\delta^2} - 0.08\frac{y^3}{\delta^3}) \tag{2-4-29}$$

式中：y——水深，m；

$\bar{T}_y$——从水面算起深度 y 处的多年平均水温，℃；

δ——温跃层厚度，m；

$\bar{T}_b$——库底稳定低温水层的温度，℃；

ΔT——多年平均库表水温与库底水温的差值，℃。

y——水深，m。

应用这种方法计算，具有一定的局限性，因为其只有在已知表层水温、底层水温及温跃层厚度的条件下，才能进行计算，并只能计算温跃层的垂向水温分布。但预测计算往往是在没有水库工程的情况下进行的，因此，这些计算的前提条件，必须经过与类似已运行水库的水温结构进行类比，才能获得。在没有相应类比水库的情况下，这一方法很难采用。

2）东勘院计算方法

《水利水电工程水文计算规范 SDJ214—83（试行）》中，对于水库垂向水温分布计算，推荐东北水电勘测设计院的方法。计算公式如下：

$$T_y = (T_0 - T_b)\mathrm{e}^{-(\frac{y}{x})^n} + T_b \tag{2-4-30}$$

其中：

$$n = \frac{15}{m^2} + \frac{m^2}{35}; \quad x = \frac{40}{m} + \frac{m^2}{2.37(1+0.1m)}$$

式中：T_y——水深 y 处的月平均水温，℃；

　　　T_0——水库表面月平均水温，℃；

　　　T_b——水库底部月平均水温，℃，对于分层型水库各月库底水温与其年平均值差别很小，可用年平均值代替；

　　　y——水深，m；

　　　m——月份，1，2，3，…，12。

该方法应用简单，只需知道各月的库表、库底水温就可计算出各月的垂向水温分布，而且库底和库表水温可由气温水温相关法或纬度水温相关法推算。该方法适用于我国东南部海拔较低的中小型水库各层月平均水温的初步估算，具有一定的精度，但该方法无法预测典型分层型水库的逐月平均水温分布。

采用这种方法，也需要一定的条件，要已知水库表面和库底的水温。因此，这种方法与水科院法一样都有其局限性。

3）水库表层和底部水温的估算方法

在没有可类比的水库条件下，可采用一些估算的方法，获得较粗略的水库表面和库底水温。

① 水库表层年平均水温估算方法

a. 气温与水温相关法

气温与水温之间有良好的相关性。可根据实测资料建立两者之间的相关图，然后由气温推算出水库表层水温。《水文计算规范》根据我国 16 座大中型水库的实测资料，点绘了多年平均气温与水库表面水温的相关关系图。根据相关图用各梯级电站坝址和水库区的多年平均气温得到相应水库的表层年平均水温。

b. 纬度与水库表层水温相关法

水库水温与地理纬度的关系与气温相似。纬度高，水温表层年平均水温就低；纬度低，水库表层年平均水温就高。水库表层年平均水温随纬度变化的相关性较好。因此《水文计算规范》根据已建水库的实测资料，提供了水库表层年平均水温与地理纬度的相关图，可根据水库处的纬度查图得到年平均表层水温值。

c. 来水热量平衡法

大型水库的热能主要来自两个方面，一是水库表面吸收的热能；二是上游来水输入的热能。在河水进入水库之前，已经和大气进行了充分的热交换，已达到一定水温。水汽间的热交换基本达到平衡。因此水库水温主要取决于上游来水的水温，上游来水的温度可近似看作为库表水温。这样就可以根据上游来水的流量和水温推算水库表层水温。即

$$T_{\text{表}} = \sum_{i=1}^{12} Q_i T_i / \sum_{i=1}^{12} Q_i \qquad (2\text{-}4\text{-}31)$$

式中：$T_{\text{表}}$——水库表层水温，℃；

Q_i——水库上游多年逐月平均来水量，m^3/s；

T_i——水库上游来水多年逐月平均水温，℃。

② 水库底层年平均水温估算方法

a．相关法

库底水温受地理纬度、水深、电站引水建筑物、泥沙淤积、海拔高度、库底温度等因素的影响，其中又以前两项因素的影响最大。《水文计算规范》根据十余座水库的情况点绘了纬度、水温和水深三因素相关图。可以采用该图查出拟建水库的库底年平均水温。

b．经验估算法

由于库底水温较库表水温低，故库底水密度也较库表要大。对于分层型水库来说，其冬季上游水温为年内最低，届时水库表层与底层水温相差较小。因此，库底水温可以认为近似等于建库前河道来水的最低月平均水温。以此为依据，可以采用12月、1月和2月的上游来水月平均水温近似作为库底年平均水温。即：

$$T_{底} \approx （T_{12}+T_1+T_2） /3 \qquad （2\text{-}4\text{-}32）$$

式中，T_{12}，T_1 和 T_2 分别为12月、1月和2月的平均水温。建议采用的库底年平均水温见表2-4-32：

表2-4-32　建议采用的库底年平均水温

气候条件	严寒（东北）	寒冷（华北、西北）	一般（华东、华中、西南）	炎热（华南）
$T_{底}$/℃	4～6	6～7	7～10	10～12

③ 任意深度年平均水温 $T_m(y)$ 估算方法

由于年平均水温随水深而递减，令：

$$\Delta T(y) = T_m(y) - T_{底} \qquad （2\text{-}4\text{-}33）$$

在水库表面 $y=0$ 时，有 $\Delta T_0 = T_{表} - T_{底}$，比值 $\Delta T(y)/\Delta T_0$ 随水深而递减。根据一些水库实测资料整理分析，得到以下关系式：

$$T_m(y) = c + (b-c)e^{-0.04y} \qquad （2\text{-}4\text{-}34）$$

$$c = (T_{底} - bg)/(1-g)$$
$$g = e^{-0.04H}$$

式中：$b=T_底$；

     H——水库深度，m。

有了水库表层、底部和任意深度的年平均水温的估算结果，就可以采用以上水科院公式和东勘院公式等方法，估算坝前水域垂向温度分布。

以上经验公式法是在综合国内外水库实测资料的基础上提出的，应用简便，但需要知道库表、库底水温以及其他参数等，而通过水温与气温、水温与纬度的相关曲线查出的库表和库底水温，精度不高，而且预测估算中没有考虑当地的气候条件、海拔高度、水温及工程特性等综合情况，因此预测结果精度相对较低。水库水温的经验公式法只适用于水库水温的初步估算，对于重要工程还应采用更为精细的数学模型方法。

（3）水库垂向水温和下泄水温数学模拟方法

1）水库垂向一维水温数学模型

20 世纪 60 年代末，美国水资源工程公司（WRE，Inc）的 Orlob 和 Selna 及麻省理工学院（MIT）的 Huber 和 Harleman，分别独立地提出了各自的深分层蓄水体温度变化的垂向一维数学模型，即 WRE 模型和 MIT 模型。70 年代中期和后期，美国的一些研究者又提出了另一类一维温度模型——混合层模型（或总能量模型），他们从能量的观点出发，以风掺混产生的紊动动能和水体势能的转化来说明垂向水温结构的变化，初步解决了风力混合问题。

① 模型方程

一维模型是将水库沿垂向划分成一系列的水平薄层，假设每个水平薄层内温度均匀分布。对任一水平薄层建立起热量平衡方程：

$$\frac{\partial T}{\partial t} + \frac{\partial}{\partial z}\left(\frac{TQ_v}{A}\right) = \frac{1}{A}\frac{\partial}{\partial z}\left(AD_z\frac{\partial T}{\partial z}\right) + \frac{B}{A}(u_iT_i - u_oT) + \frac{1}{\rho AC_p}\frac{\partial(A\varphi_z)}{\partial z} \qquad (2\text{-}4\text{-}35)$$

式中：T——单元层温度，℃；

    T_i——入流温度，℃；

    A——单元层水平面面积，m^2；

    B——单元层平均宽度，m；

    D_z——垂向扩散系数，m^2/s；

    ρ——水体密度，kg/m^3；

    C_p——水体比热，$kJ/(kg\cdot℃)$；

    φ_z——太阳辐射通量，W/m^2；

    u_i——入流速度，m/s；

    u_o——出流速度，m/s；

    Q_v——通过单元上边界的垂向流量，m^3/s。

在库表存在水汽界面的热交换，表层单元的热量平衡方程为：

$$\frac{\partial T_N}{\partial t} + \left(\frac{T}{V}\frac{\partial V}{\partial t}\right)_N = \left[\frac{B}{A}(u_i T_i - u_o T)\right]_N + \frac{Q_{v,N-1} T_{Q_v}}{V_N} - \left(\frac{A}{V}D_z\frac{\partial T}{\partial z}\right)_{N-1} + \left(\frac{A\varphi}{\rho\, C_p V}\right)_N$$

$$(2\text{-}4\text{-}36)$$

式中：φ——表层通过水汽界面吸收的热量，W/m²；

V——单元层体积，m³；

T_{Q_v}（℃）取值与 $Q_{v,\,N-1}$ 的方向有关，若 $Q_{v,\,N-1}>0$（向上），则 $T_{Q_v}=T_{N-1}$；反之，若 $Q_{v,\,N-1}<0$（向下），则 $T_{Q_v}=T_N$。

考虑水库入流、出流的影响，水面热交换，各层之间的热量对流传导、风的影响等。

② 模型适用条件

垂向一维水温模型综合考虑了水库入流、出流、风的掺混及水面热交换对水库水温分层结构的影响，其等温层水平假定也得到许多实测资料的验证，在准确率定其计算参数的情况下能得到较好的模拟效果。但一维扩散模型（WRE、MIT 类模型）对水库中的混合过程特别是表层混合描述得不充分。混合层模型对于风力引起的表面水体掺混进行了改进。垂向一维模型忽略了各变量（流速、温度）在纵向上的变化，这对于库区较长、纵向变化明显的水库不适合。而且垂向一维模型是根据经验公式计算的入库和出库流速分布，再由质量和热量平衡来决定垂向上的对流和热交换，这种经验方法忽略了动量在纵向和垂向上的输运变化过程，其流速与实际流速分布差异很大，应用于有大流量出入的水库将引起较大的误差。此外，一维模型的计算结果对于垂向扩散系数都非常敏感，垂向扩散系数与当地的流速、温度梯度相关，各种经验公式尚不具备一般通用性，流速的误差也将进一步影响垂向扩散系数的准确性。因此垂向一维模型更适用于纵向尺度较小且流动相对较缓的湖泊或湖泊型水库的温度预测。

2）垂向二维水库温度模型

① 控制方程

状态方程：

对于常态下的水体，可忽略压力变化对密度的影响，密度与温度的关系可表示为：

$$\frac{\rho - \rho_s}{\rho_s} = -\beta(T - T_s) = -\beta\Delta T \qquad (2\text{-}4\text{-}37)$$

式中：β——等压膨胀系数，1/℃；

ρ——密度，kg/m³；

T——温度，℃；

ρ_s，T_s——参考状态的密度（kg/m³）和温度（℃）。

对于天然水体，该函数关系可近似为

$$\begin{aligned}
\rho = (&0.102\ 027\ 692\times10^{-2} + 0.677\ 737\ 262\times10^{-7}\times T - 0.905\ 345\ 843\times\\
&10^{-8}\times T^2 + 0.864\ 372\ 185\times10^{-10}\times T^3 - 0.642\ 266\ 188\times10^{-12}\times T^4 +\\
&0.105\ 164\ 434\times10^{-17}\times T^7 - 0.104\ 868\ 827\times10^{-19}\times T^8)\times9.8\times10^5
\end{aligned} \quad (2\text{-}4\text{-}38)$$

根据 Boussinesq 假定，在密度变化不大的浮力流问题中，只在重力项中考虑密度的变化，而控制方程的其他项中不考虑浮力作用。

水动力学方程：

由于河宽变化对水面热量交换和热量向水下的传递都具有一定的影响，因此采用宽度平均的 $k\text{-}\varepsilon$ 紊流模型，在直角坐标系下水动力学方程分别为：

$$\frac{\partial}{\partial x}(Bu) + \frac{\partial}{\partial z}(Bw) = 0 \quad (2\text{-}4\text{-}39)$$

$$\begin{aligned}
&\frac{\partial}{\partial t}(Bu) + u\frac{\partial}{\partial x}(Bu) + w\frac{\partial}{\partial z}(Bu) = \frac{\partial}{\partial x}(Bv_e\frac{\partial u}{\partial x}) + \frac{\partial}{\partial z}(Bv_e\frac{\partial u}{\partial z}) - \\
&\frac{B}{\rho_s}\frac{\partial p}{\partial x} + \frac{\partial}{\partial x}(Bv_e\frac{\partial u}{\partial x}) + \frac{\partial}{\partial z}(Bv_e\frac{\partial w}{\partial x})
\end{aligned} \quad (2\text{-}4\text{-}40)$$

$$\begin{aligned}
&\frac{\partial}{\partial t}(Bw) + u\frac{\partial}{\partial x}(Bw) + w\frac{\partial}{\partial z}(Bw) = \frac{\partial}{\partial x}(Bv_e\frac{\partial w}{\partial x}) + \frac{\partial}{\partial z}(Bv_e\frac{\partial w}{\partial z}) - \\
&\frac{B}{\rho_s}\frac{\partial p}{\partial z} - \beta\Delta Tg + \frac{\partial}{\partial z}(Bv_e\frac{\partial w}{\partial z}) + \frac{\partial}{\partial x}(Bv_e\frac{\partial u}{\partial z})
\end{aligned} \quad (2\text{-}4\text{-}41)$$

$$\frac{\partial}{\partial t}(Bk) + u\frac{\partial}{\partial x}(Bk) + w\frac{\partial}{\partial z}(Bk) = \frac{\partial}{\partial x}\left(B\frac{v_t}{\sigma_k}\frac{\partial k}{\partial x}\right) + \frac{\partial}{\partial z}\left(B\frac{v_t}{\sigma_k}\frac{\partial k}{\partial z}\right) + B(G_k + G_b - \varepsilon) \quad (2\text{-}4\text{-}42)$$

$$\begin{aligned}
&\frac{\partial}{\partial t}(B\varepsilon) + u\frac{\partial}{\partial x}(B\varepsilon) + w\frac{\partial}{\partial z}(B\varepsilon) = \\
&\frac{\partial}{\partial x}\left(B\frac{v_t}{\sigma_\varepsilon}\frac{\partial\varepsilon}{\partial x}\right) + \frac{\partial}{\partial z}\left(B\frac{v_t}{\sigma_\varepsilon}\frac{\partial\varepsilon}{\partial z}\right) + BC_{1\varepsilon}\frac{\varepsilon}{k}G_k - BC_{2\varepsilon}\frac{\varepsilon^2}{k}
\end{aligned} \quad (2\text{-}4\text{-}43)$$

式中：$G_k = v_t\left[2\left(\dfrac{\partial u}{\partial x}\right)^2 + 2\left(\dfrac{\partial w}{\partial z}\right)^2 + \left(\dfrac{\partial u}{\partial z} + \dfrac{\partial w}{\partial x}\right)^2\right]$；$G_b = -\beta g\dfrac{v_t}{\sigma_T}\dfrac{\partial T}{\partial z}$，为浮力项，该

浮力项在稳定分层时可抑制紊动动能的生成，削弱热量向下的传递，是水库能保持稳定分层的重要因素；$v_e[\text{m}^2/\text{s}]$ 是分子黏性系数 v 与紊动涡黏系数 v_t 之和，

$v_t = \rho C_\mu\dfrac{k^2}{\varepsilon}$；$u$、$w[\text{m/s}]$ 为纵向和垂向流速；p 为压强；$T[^{\circ}\!\text{C}]$ 为水温；$B[\text{m}]$ 为河宽；

k[m²/s²]为紊动动能；ε[m²/s²]为紊动动能耗散率；σ_k、σ_ε分别为紊动动能和耗散率的普朗特数，一般取 1.0 和 1.3。其他模型常数 C_μ、C_{1z}、C_{2z} 的取值分别为 0.09、1.44、1.92。

　　热平衡方程：

$$\frac{\partial}{\partial t}(BT) + u\frac{\partial}{\partial x}(BT) + w\frac{\partial}{\partial z}(BT) =$$
$$\frac{\partial}{\partial x}\left(\frac{Bv_e}{\sigma_T}\frac{\partial T}{\partial x}\right) + \frac{\partial}{\partial z}\left(\frac{Bv_e}{\sigma_T}\frac{\partial T}{\partial z}\right) + \frac{1}{\rho C_P}\frac{\partial B\varphi_z}{\partial z} \qquad (2\text{-}4\text{-}44)$$

式中：σ_T——温度普朗特数，取 0.9；

　　　　C_P——水的比热，J/(kg·℃)；

　　　　φ_z——穿过 z 平面的太阳辐射通量，W/m²。

　　② 边界条件

　　水面热通量的计算与垂向一维模型中方法相同。

　　进口边界的水温采用库尾水温，速度假定为均匀流速，k、ε 可分别由入流速度近似计算

$$k = 0.003\,75u^2, \quad \varepsilon = k^{1.5}/(0.4H_0) \qquad (2\text{-}4\text{-}45)$$

式中：H_0——进口处水深，m。

　　假定出口断面为充分发展的湍流，有 $\dfrac{\partial u}{\partial x} = \dfrac{\partial p}{\partial x} = \dfrac{\partial k}{\partial x} = \dfrac{\partial \varepsilon}{\partial x} = \dfrac{\partial T}{\partial x} = 0$，$w=0$。

　　水面可根据情况采用"刚盖假定"，或自由水面条件。库底和坝体表面采用无滑移边界条件，且为绝热边界。

　　③ 模型适用性

　　垂向二维水温模型能较好地模拟湍浮力流在垂向断面上的流动及温度分层在纵向上的形成和发展过程，以及分层水库最重要的特征的沿程变化，如纵垂向平面上的回流、斜温层的形成和消失及垂向温度结构等。垂向水温扩散和交换，根据精度要求，既可采用常数或经验公式计算，也可采用动态模拟。由于计算稳定性好，且模型中需率定的参数少，由此该模型具有良好的工程实用性，对预测有明显温度分层的大型深水库的水温结构及其下泄水温过程具有良好的精度。

　　当然相对于垂向一维模型来说其所需资料更多，计算工作量也增大很多，计算成本增加，因此该模型不适用于快速的估算，建议对大型深水库和一些关键性工程可采用二维模型进行模拟。

　　3）三维水温模型

　　国内外大量的研究资料表明，在一般情况下，应用二维水温模型可很好地模拟水库流速场和温度场。但二维水温模型要求水流流动在横向变化不大，而在实际水库流动过程中，特别是在水库大坝附近区域，由于水电站引水发电以及泄洪洞泄洪

的影响，坝前附近水流具有明显的三维特征，流速场和温度场变化较大，在此区域可考虑采用三维水温模型进行模拟。

① 控制方程

$$\frac{\partial \rho}{\partial t} + \nabla \cdot (\rho U) = 0 \qquad (2\text{-}4\text{-}46)$$

$$\frac{\partial \rho U}{\partial t} + \nabla \cdot (\rho U \otimes U) - \nabla \cdot (\mu_{\text{eff}} \nabla U) = \nabla p' + \nabla \cdot (\mu_{\text{eff}} \nabla U)^T + B \qquad (2\text{-}4\text{-}47)$$

$$\frac{\partial \rho H}{\partial t} - \frac{\partial p}{\partial t} + \nabla \cdot (\rho U H + \rho \overline{uH} - \lambda \nabla T) = 0$$

$$p' = p + \frac{2}{3} \rho k$$

$$u_{\text{eff}} = \mu + \mu_t \qquad (2\text{-}4\text{-}48)$$

$$\frac{\partial (\rho k)}{\partial t} + \nabla \cdot (\rho U k) = P_k - \beta' \rho k \varpi + \nabla \cdot \left[(\mu + \frac{\mu_t}{\sigma_{k3}}) \nabla k \right] \qquad (2\text{-}4\text{-}49)$$

$$\frac{\partial (\rho \varpi)}{\partial t} + \nabla \cdot (\rho U \varpi) = \alpha_3 \frac{\varpi}{k} P_k - \beta_3 \rho \varpi^2 + \nabla \cdot \left[(\mu + \frac{\mu_t}{\sigma_{\varpi3}}) \nabla k \right] + (1 - F_1) 2 \rho \sigma_{\varpi2} \frac{1}{\varpi} \nabla k \nabla \varpi$$

$$(2\text{-}4\text{-}50)$$

$$v_t = \frac{\alpha_1 k}{\max(\alpha_1 \varpi, SF_2)}$$

式中：ρ——流体密度，kg/m³；

　　　t——时间，s；

　　　U——平均速度；

　　　B——总体积力，m/s；

　　　H——焓；

　　　p'——校正压力；

　　　μ_{eff}——有效黏性系数，kg/ms；

　　　μ——分子黏性系数；

　　　μ_t——紊动黏滞系数；

　　　k——紊动动能；

　　　ϖ——紊动频率；

　　　β'、σ_{k3}、α_1、α_3、β_3、$\sigma_{\varpi3}$、$\sigma_{\varpi2}$——模型系数，分别取值为：$\beta'=0.09$，$\sigma_{\varpi2}=1.17$，$\alpha_3=0.44-0.12F_1$，$\beta_3=0.082\,8+0.007\,8F_1$，$\sigma_{k3}=1-F_1$，$\sigma_{\varpi3}=1.17-0.83F_1$，$\alpha_1=0.56$。

S——应变率常量；

F_1，F_2——函数，由离壁面的距离 y 和水流流动的水力学参数来确定。

采用 Boussinesq 假定，在密度变化不大的浮力流动问题中，只在重力项中考虑密度的变化，而在控制方程的其他项中不考虑浮力作用。

② 边界条件

三维水温模型的边界条件与垂向二维模型类似，只是在开放边界上，y 方向流速和水温条件不是均化处理，而是可以给定分布。

③ 模型适用性

由于所有的紊流问题均为三维问题，因此三维温度模拟，对于水库水温结构计算和下泄水温计算，均具有精度高的优势。但是，对于大水体中的三维紊流和水温分布模拟，由于天然复杂的地形、计算稳定性的要求，需要合适地划分计算网格，由此会产生计算工作量大、要求资料全等困难，所以一般情况下采用三维模型显得不够经济。但对于要求计算精度较高的水域范围，在有条件的情况下，最好采用三维模型进行计算。

对于水库垂向水温和下泄水温数值计算，不论是采用垂向一维模型、垂线二维模型，还是三维模型，都要对模型水动力学计算参数和水温计算参数，进行率定和验证，符合一定精度要求后，方可用于预测模拟计算。

2. 水库下泄低温水影响距离的估算

水库下泄低温水，对下游河道水温造成影响，其影响距离的估算，可参考《水利水电工程水文计算规范》（SL 278—2002）中关于水温影响距离 L（km）的计算公式：

$$L = 86.4 \frac{\overline{Q}}{\overline{B}} \frac{C\gamma T_s}{\sum S} \qquad (2\text{-}4\text{-}51)$$

式中，$\overline{Q}$——水库下泄日平均流量，m^3/s；

$\overline{B}$——计算河段平均水面宽度，m；

C——水的热容量，MJ/（t·℃）；

γ——水的容重，t/m^3；

T_s——出库水温，℃；

$\sum S$——一昼夜单位水面热损失，MJ/（m^2·d）。

3. 水温日/季节变化

水库蓄水后，将对水温进行调节。水温变化一般表现为变幅减小，段历时的极端情况消失，季节性极值的发生时间推迟等。同天然河流相比，水库下游河段水温日平均和年平均极大值减小，极小值增加，而且极值出现的时间将比天然状况滞后。这种状况在距离坝址越近的河道越明显，距离较远的河道在气温和支流来水的作用下将会恢复到天然状态。

4. 水温变化环境影响分析

形成水库后，坝前水深加大，库区流态完全改变了原有河道的水流特性，使得库区水温结构发生了变化，特别是典型水温分层型水库，库区大部分或部分水域水温稳定分层，在春、夏、秋季表层至底层水温呈逐渐降低分布，冬季则有相反的分布趋势。如果水库运行底层泄水，一般会造成年内 3～10 月下泄水温较建库前有不同程度的降低，高温月份降低值大，造成低温冷害，对坝下游河道生态、水生生物特别是喜温鱼类、农业灌溉造成影响；冬季下泄水温高于天然河道，对下游的冷水性鱼类产生影响。

例如：新安江水库，水库面积为 580 km^2，总库容 216.26 亿 m^3，有效库容 102.66 亿 m^3。根据坝下游罗桐埠观测站实测水温资料，7 月份平均下泄水温比建库前降低 16℃，1 月份平均下泄水温比建库前升高 4℃。新安江水库下泄水温的变化，对于鱼类的繁殖和生长环境产生不利影响。四大家鱼和产漂流性卵的鱼类，其产卵期对水温的要求一般在 18℃左右，而新安江水库坝下的水温在春季很难达到 18℃，因此在下游河段已不存在四大家鱼产卵场。鱼类产卵所要求的水温推迟，意味着鱼类的产卵期也要推迟。一般水库下泄低温水使鱼类产卵期推迟 1 个月左右。

水库在春、夏、秋季下泄低温水，特别是春季下泄低温水，用于农业灌溉会对农作物造成很大影响。例如：水稻为喜温喜湿作物，对灌溉水温较敏感。根据有关资料，水温在 23℃时每降低 1℃，水稻的不穗率增加 20%，降至 18℃时，不穗率为 100%。因此灌溉水温对水稻的产量是一关键因素。

四、水质影响评价

1. 水库库区水质影响评价

各种水电建设项目均可能对河流的水质产生影响，就水质影响的长期性而言，水库最为突出。水库形成后，库区流速减小，水库的沉清作用显著，有利于削减溶解矿物质，减少浑浊度和生化需氧量，增加营养物质浓度，使环境容量增大。但水库单位水体稀释自净能力降低，水库内温度一旦出现分层，库水将形成一种密度屏蔽，使底层冷水层成为厌氧微生物层。库内不溶解的固体物质沉降在库底也可能产生富集现象。

从水库水质性状分析，建库将使水质在有机物、重金属、营养状况等方面发生明显变化。

（1）有机物

建库前，河流具有一定流速，特别是由于紊动扩散作用，有利于有机物的稀释、混合。建库后，沉淀作用加强，而稀释、混合能力相对较差，太阳辐射对它们所起的作用也较小。水库季节性的温度分层和翻水现象，对水体有机物的净化作用将产生影响。

一般而言，在水库入库水体水质不发生大的变化情况下，库中水体 BOD$_5$ 浓度低于建库前，出水 BOD$_5$ 浓度低于入库浓度。但库湾、库尾较建库前高，这些水域有机污染加重，特别在库尾或岸边有城镇排污的地段，易形成岸边污染带。

对于分层型水库，水体中溶解氧（DO）在垂直深度上的浓度变化明显。一方面，由于建库后流速变缓，曝气作用减弱，溶解氧将会降低。但另一方面，水库蓄水后水面扩大，风速增加又有利于空气中的氧进入水体。流速减慢后透明度增加，水生植物也会增加光合作用，又有利于水库上层溶解氧的增加，而随着深度的增加，光合作用减弱，逐渐缺氧，因此，溶解氧含量随水深降低。

主要预测模型包括：

1）均匀混合衰减模型

对小湖库（平均水深≤10 m，水面≤5 km^2），污染物充分混合，可采用均匀混合衰减模型：

$$C(t) = \frac{W_0}{K_h V} + (C_h - \frac{W_0}{K_h V}) \exp(-K_h t) \qquad (2\text{-}4\text{-}52)$$

式中：$C(t)$——计算时段污染物质量浓度，mg/L；

$\quad\quad W_0$——污染物入湖库速率，g/s；

$\quad\quad K_h$——中间变量，s^{-1}；

$\quad\quad V$——湖库容积，m^3；

$\quad\quad K$——污染物综合衰减系数，s^{-1}；

$\quad\quad C_h$——湖库现状质量浓度，mg/L；

$\quad\quad t$——时间，s。

2）非均匀混合模型

对于水域宽阔的大湖库（平均水深≥10 m，水面≥25 km^2），当污染物入湖库后，污染仅出现在排污口附近水域时，应采用非均匀混合模型。湖库推流衰减模式为：

$$C_r = C_h + C_P \exp(-\frac{K\varPhi H r^2}{2Q_P})] \qquad (2\text{-}4\text{-}53)$$

式中：C_r——距排污口 r 处污染物质量浓度，mg/L；

$\quad\quad C_P$——污染物排放质量浓度，mg/L；

$\quad\quad Q_P$——污水排放流量，m^3/s；

$\quad\quad \varPhi$——扩散角，排污口在平直岸时 $\varPhi=\pi$，排污口在湖库中时 $\varPhi=2\pi$；

$\quad\quad H$——扩散区湖库平均水深，m；

$\quad\quad r$——预测点距排污口距离，m。

（2）重金属

研究表明，悬浮物是重金属污染物的主要载体。水体中的重金属随悬浮物随水迁移，在不同的水力学作用及物化变化过程中，部分通过絮凝作用沉降到水底形成沉积物。

在水库形成前，河水流速大，吸附沉降、迁移扩散能力强，水体稀释自净作用大，河流中的重金属很快被悬浮物吸附。水库形成后，水流变缓，沉降作用加强，有利于水体重金属的沉降。当水库偏碱性时，更有利于重金属的絮凝沉降，被吸附的重金属将在库底积累。

（3）富营养化

水库发生富营养化是由于水体中氮、磷营养物质的富集而使水质恶化的过程，表现出水体的生物生长繁殖能力提高、藻类异常增殖等现象。水库富营养化并非不可逆过程，应控制人类活动所产生的营养物质的排放，采取有效措施对已进入水库水体的营养物质进行治理。

湖库富营养化预测中，用营养元素氮、磷的浓度变化判别湖库富营养化发展的趋势。湖库中氮（磷）的年平均浓度，常用沃伦维德和狄隆经验模型计算：

1）沃伦维德经验模型

$$C = C_i(1 + \sqrt{\frac{H}{q_s}})^{-1} \qquad (2\text{-}4\text{-}54)$$

式中：C——湖库中氮（磷）的年平均质量浓度，mg/L；

C_i——流入湖库按流量加权平均的氮（磷）质量浓度，mg/L；

H——湖库平均水深，m；

q_s——湖库单位面积年平均水量负荷，$m^3/(m^2 \cdot a)$；

$$q_s = Q_入/A$$

$Q_入$——入湖库水量，m^3；

A——湖库水面积，m^2。

2）狄隆经验模型

$$C = \frac{L(1-R)}{\rho H} \qquad (2\text{-}4\text{-}55)$$

式中：L——湖库单位面积年氮（磷）负荷量，$g/(m^2 \cdot a)$；

R——湖库氮（磷）滞留系数，1/a；

$$R = 1 - W_出/W_入$$

$W_出$、$W_入$——出入湖库年氮（磷）量，kg/a；

ρ——水力冲刷系数，1/a；

$$\rho = Q_入/V$$

其余符号同前。

2．下游河道水质影响评价

水库的人为运行调度，使河流水文情势发生变化，影响到水库下游河道的水环境容量。特别是水库运行造成下游河道的脱水和减水，对河道的水环境影响很大，必须进行水质影响预测评价。

水库下游河道水质影响预测，一般采用数学模型方法。水质模型是描述水体中污染物随时间和空间变化规律的一种数学模型，具有数学模拟灵活、简便的优点，预测污染物进入水体后随水体流动和污染物降解变化的浓度分布结果。一般常用的河流水质模型介绍如下。

（1）河流零维完全混合模型

零维完全混合模型是指河道断面、流速、流量及污染物输入量不随时间而变化。其应用条件：河流是稳态的，污染物定常排放并是持久性污染物，污染物在河段内均匀混合，河段无支流和其他排污口废水进入。完全混合模式如下：

$$C = \frac{C_P Q_P + C_h Q_h}{Q_P + Q_h}$$

式中：C——废水与河水混合后的污染物质量浓度，mg/L；

　　Q_P，C_P——河流上游来水的流量和污染物质量浓度，m³/s，mg/L；

　　Q_h，C_h——排污口的污水量和污染物质量浓度，m³/s，mg/L。

（2）一维水质迁移扩散模型

在河流垂向和横向尺度远小于水平尺度的情况下，排入水体的污水经过一段距离后，污染物在河道断面上均匀混合，可以假设污染物浓度在断面上均匀分布，只随水流方向变化，可以采用一维水质迁移扩散模型。模型基本方程如下：

连续性方程：$\dfrac{\partial A}{\partial t} + \dfrac{\partial Q}{\partial x} = q$

动量方程：$\dfrac{\partial Q}{\partial t} + u\dfrac{\partial Q}{\partial x} + Ag\dfrac{\partial z}{\partial x} + g\dfrac{u^2 A}{C_n^2 R} + u^2\dfrac{\partial A}{\partial x} = 0$

水质方程：$\dfrac{\partial C}{\partial t} + u\dfrac{\partial C}{\partial x} - E_x\dfrac{\partial^2 C}{\partial x^2} = \Sigma S_i$

式中：A——河流过水断面面积，m²；

　　Q——流量，m³/s；

　　z——水位，m；

　　x——沿水流方向的距离，m；

　　u——x方向的流速，m/s；

　　g——重力加速度，9.81 m/s²；

　　C_n——谢才系数，m^{1/2}/s；

　　R——水力半径；

q——河段区间入流单宽流量，m^2/s；

t——时间，s；

C——污染物质量浓度，mg/L；

E_x——河段沿水流方向的扩散系数，m^2/s；

S_i——河段水体污染物的源汇项，$mg/（L \cdot s）$。

（3）二维水质模型

河流的二维水质模型可分为平面二维和垂向二维模型。由于河流水深远小于宽度和长度，可认为污染物沿水深方向混合均匀，因此比较多的情况下可采用平面二维水质模型来模拟污染物在河道中的迁移扩散，预测出浓度分布。平面二维水动力学水质模型控制方程如下：

连续性方程：
$$\frac{\partial h}{\partial t} + \frac{\partial hu}{\partial x} = \frac{\partial hv}{\partial y} = q$$

动量方程：
$$\frac{\partial hu}{\partial t} + u\frac{\partial hu}{\partial x} + v\frac{\partial hu}{\partial y} + gh\frac{\partial z}{\partial x} + g\frac{u\sqrt{u^2+v^2}}{C_n^2 R} = h\varepsilon\Delta u + hfv$$

$$\frac{\partial hv}{\partial t} + u\frac{\partial hv}{\partial x} + v\frac{\partial hv}{\partial y} + gh\frac{\partial z}{\partial y} + g\frac{v\sqrt{u^2+v^2}}{C_n^2 R} = h\varepsilon\Delta v - hfu$$

水质方程：
$$\frac{\partial hC}{\partial t} + u\frac{\partial hC}{\partial x} + v\frac{\partial hC}{\partial y} = \frac{\partial}{\partial x}(E_x\frac{\partial hC}{\partial x}) + \frac{\partial}{\partial y}(E_y\frac{\partial hC}{\partial y}) + \Sigma hS_i$$

式中，h——水深，m；

u——沿水流 x 方向流速，m/s；

v——横向 y 方向的流速，m/s；

ε——水流扩散系数，m^2/s；

Δ——哈密尔顿算子；

f——柯氏系数。

（4）三维水动力学水质模型

三维水质模型适用于河流垂向、横向和纵向均不均匀混合的水域，模型在描述污染物随时间和空间变化方面计算精度相对较高，但计算工作量也较大。由于河流的特性决定了很少采用三维水动力学水质模型，除非有特殊要求的水域才使用。因此，在此不介绍三维水动力学水质模型。

五、下泄水气体过饱和影响分析与评价

水库下泄水流通过溢洪道或泄洪洞冲泄到消力池时，产生巨大的压力并带入大

量空气，由此造成水体中含有过饱和气体，这一情况一般发生在大坝泄洪时期，水中过饱和气体主要为氧气和氮气。

1. 过饱和气体浓度分析

国内外有关研究资料表明，水库溢洪时，尤其是挑流消能泄洪时，水流夹带空气形成强降雨冲入坝下水底深处，静水压力增加，夹带空气溶解，这种过饱和往往是氮气起决定性作用，资料显示这种情况下氮气过饱和度一般为120%左右。

现从水中溶解气体的分压来分析过饱和气体的浓度。所谓水中某溶解气体的分压力，即气体在水中的含量达到溶解平衡后该气体气相的分压。对应于水中气体饱和含量的气相的分压就称为该气体在水中的饱和分压。因此，水体中气体的饱和度也等于液相气体分压与饱和分压之比。

水体中有气泡析出的基本条件有两个：① 各种溶解气体分压力的总和至少超过该处水体的总压力；② 水体中气体的总饱和度达到 115%。根据水库泄洪运行经验可知，水体泄洪过程中有大量气泡产生，那么根据气泡析出的条件，此时表层水体（假设在标准气压下，21℃）的总压力为 p_z：

$$p_z = 760 \times 115\% = 874 \text{ mmHg}^{①}$$

水体中氧气的饱和度可根据下面公式计算：

$$B_o = p_o'/p_o \times 100\% \tag{2-4-56}$$

式中：B_o——水体中氧气的饱和度；

水体中氧气达到饱和时的分压为：$p_o = (760 - p_w) \times 21\% = 115 \text{ mmHg}$；

p_w——水的饱和蒸汽压，其值为 23.5 mmHg。

根据对贵州省黄果树瀑布下跌处溶解氧的监测结果，可以推算下泄水跌落处过饱和气体中氮气的饱和度。监测结果显示下跌水体中氧气的饱和度为 102%。氧气占干燥空气的百分数为 21%，则此时水体中氧气的分压为 158 mmHg。因水体中总压 $p_z = p_o + p_N + p_w$，则水体中氮气的分压 $p'_N = p_z - p_o - p_w = 874 - 158 - 23.5 = 692.5 \text{ mmHg}$。氮气达到饱和时的分压：$p_N = (760 - p_w) \times 79\% = 582 \text{ mmHg}$，此时水体中氮气的饱和度 $B_N = p'_N/p_N \times 100\% = 119\%$。

通过上面分析计算可知，下泄水跌落处氮气和氧气的饱和度分别为 119%和 102%。

2. 过饱和气体稀释、衰减分析

（1）水库对过饱和气体的稀释作用

上游水库含过饱和气体的下泄水体流入其下游水库后，能够在下游水库与库水

---

① 1 mmHg=0.133 kPa。

充分混合，使水体中的过饱和气体得到充分稀释。例如位于金沙江下游的溪洛渡电站泄洪消能方式为挑流消能，下泄水体中过饱和氧气和氮气的饱和度分别为 102%和 119%。泄洪 7 天时，含过饱和气体的下泄水体在下游向家坝水库与库水充分混合、稀释，氧气和氮气的饱和度分别降为 88.4%和 107.5%，减少了 13.6%和 11.5%。

（2）下泄水体中过饱和气体浓度的衰减

1）物理衰减

在无污染的情况下，下泄水体中的过饱和气体排入下游河道后，其浓度会在下游水体中沿程自然衰减，称为物理衰减。根据对黄果树瀑布下泄水体过饱和气体的监测结果，过饱和气体浓度在距瀑布 10 km 处下降了 7 个百分点，50 km 处下降了 15 个百分点。

2）化学衰减

氮气在水中一般与水体达到溶解平衡，保持稳定状态，不参与化学衰减。而下泄水体中的过饱和氧气排入下游河道后，其浓度会随着污染物的降解过程逐渐衰减。这一现象称为化学衰减。根据水质预测纵向一维水质模型，沿程溶解氧浓度变化的计算公式为：

$$O=O_s - (O_s - O_o)e^{\beta_2 x} + \frac{K_1 L_o}{K_1 - K_2}(e^{\beta_1 x} - e^{\beta_2 x}) \qquad (2\text{-}4\text{-}57)$$

式中：O_s——饱和溶解氧浓度值，mg/L；

　　　O_o——下泄水体初期溶解氧浓度值，mg/L；

　　　L_o——初始断面 BOD_5 浓度值，mg/L；

　　　β_1，β_2——每千米降解系数，1/km；

　　　K_1，K_2——降解系数，1/d。

（3）过饱和气体对水质、水生生物的影响

水库泄洪过程中过饱和氧气的产生将在一定范围内加速降解水体中耗氧性污染物，溶解氧浓度的维持能使水库水质良好状态得到保证。水体中过饱和氮气对水库水质基本上无影响，但它是影响水生生物的主要物质。

水体中过饱和气体对水生生物的影响受体主要是鱼类。鱼类较长时间生活在溶解气体分压总和超过流体静止压强的水中，会使溶解气体在其体内、皮肤下等部位以气泡状态游离出来，这种现象称为"气泡病"。气泡病的发病时间一般为春季，发病的鱼类多为中层、上层生活的鱼类，幼鱼死亡率为 5%～10%。三峡大坝曾经发生与江中的气体过饱和可能有关的死鱼现象。在水库运行期要注意对水库鱼类进行监测，发现问题及时解决。

目前，河道气体过饱和对鱼类的影响的评价主要是通过试验和观测的方法进行。据研究，当水中气体的饱和度达到 115%～120%（鲤科鱼类），110%～115%（鲑科鱼类），鱼类无法适应，可能引发气泡病。而对于鱼苗、鱼卵来说，水中气体的饱和度应低于 105%～108%①，可见水中溶解气体过饱和对鱼苗、鱼卵危害更大。

六、梯级开发对水环境的累积效应

开发项目的累积影响会产生以下情形：一是一个项目的环境影响与另一个项目的环境影响以协同的方式进行结合；二是若干个项目对环境系统产生的影响在时间上过于频繁或在空间上过于密集，以至于各单个项目的影响得到累积。因此累积影响的特征可归纳为：① 时间的累积；② 空间的累积；③ 累积现象不仅存在各个相关工程之间，也存在于同一工程建设运行的各个环节之间。

流域是一个完整的复合生态系统，梯级开发必然对其产生巨大的影响。为了对河流梯级开发的环境影响进行评价，必须引入累积影响的概念，并且开展河流梯级开发的累积环境影响评价。

1. 河流梯级开发对环境的影响分析

流域是一个完整的生态系统，贯穿始终的水是这个系统的命脉。河流的梯级开发所产生的环境影响必然因为这个原因而反映于流域相关区域。河流梯级开发与单项水利水电工程对环境的影响既有共性，又有个性。共性是梯级开发是由许多单个的大坝工程组合而成的，所以凡是单个大坝对环境的影响在梯级开发中都会表现出来；个性就是梯级开发影响的空间范围大大地增加了；而且多个大坝之间还具有相互影响、相互制约的作用，使得梯级电站对河流的联合作用不等于各个电站的单独影响之和，有可能偏大，也有可能偏小。也就是说，梯级电站对河流影响的作用机理比单个大坝要复杂得多。除了具有单个电站的影响特征以外，梯级开发对河流的影响还具有以下基本特征：

（1）系统性

河流梯级开发为流域建立了一个"工程群—社会—经济—自然"的人类复合生态系统。这个系统相互联系、相互制约、相互作用、相互影响，组成了一个具有整体功能和综合效益的统一体。在这个统一体中，人和工程对环境的作用与干扰大大加强了，它对环境的影响性质、因素、后果都是系统的。

（2）群体性

梯级水库对生态环境的不利影响不等于单个工程影响之和；梯级开发在防洪、发电、航运、灌溉等功能方面，对生态环境的有利影响都表现出显著的群体效应。

（3）累积性

梯级开发对环境影响的突出特点就是具有累积性。由于河流梯级开发中，多个大坝修建的时间和空间距离都达不到环境对其影响的消纳要求，因此，必然产生影响的累积现象。

---

① 不同种类的鱼苗或鱼卵耐受能力不同，同一种鱼的鱼苗和鱼卵耐受能力也不同。

（4）波及性

河流梯级开发对环境影响的范围比单个电站的影响所涉及的范围大，它不仅对本地区的环境产生影响，其作用还会波及相邻的地区。

（5）潜在性

单项工程的潜在影响能够及时被发现，易于处理。而梯级开发对环境的某些综合效应可能长期潜伏，需要经过较长的时间才能表现出来。

2. 累积环境影响评价

累积环境影响评价（CEA）是环境影响评价（EIA）的一部分，它分析环境影响的时间效应和空间效应，因此对评价方法的能力要求较高。经过考察，一些传统的EIA 评价方法不适用于 CEA，如列表清单法没有表达影响的原因和结果之间的相互作用和联系的功能；矩阵法、网格法、地理信息系统（GIS）、模糊系统分析方法可以用于 CEA 中；系统动力学（SD）方法能较好地反映环境影响的时间及一定空间范围内的累积性，是一种有效的 CEA 方法；还可以利用非线性理论和协同学、突变论的原理和方法模拟累积影响的非线性过程，建立同 GIS 耦合的能反映影响过程累积的子模型。但没有一种传统的评价方法可以单独完成 CEA，必须将这些方法有机地结合起来，其中 GIS 和模糊系统分析方法被认为是两种优势方法。

EIA 的指标体系用于衡量、描述和表征环境状态，预测环境影响，比较不同可选方案的环境效应，跟踪监测项目实施后环境质量的变化及其与环境目标之间的差距。只有建立一系列指标，才能使 EIA 从理论研究阶段进入可操作的实际应用阶段。指标体系的建立可分成两个主要环节：指标体系框架的建立（包括指标的筛选）及其权重的确定。河流梯级开发的累积环境影响指标体系框架（自然环境）如图 2-4-6 所示。

经对开发项目进行累积影响预测，得出工程对环境指标 i 的影响程度 A_i 以及这种影响发生的可能性 P_i，如果指标 i 的权重为 C_i，可由下式计算工程的综合累积影响 E_i：

$$E_i = \sum C_i A_i P_i \tag{2-4-58}$$

七、地下水环境影响评价

对一些不会影响地下水的水利水电工程，可不必进行地下水环境影响评价。如果水利水电项目对地下水环境可能造成不利影响或可能发生环境地质问题，则必须进行地下水环境影响评价。

一般，需要进行地下水环境影响评价的条件是：1）工程建设与地下水有直接关系，工程涉及的地表水与地下水水力联系密切；2）工程可能对地下水产生不良影响；3）地下水环境影响敏感区。评价要根据工程对地下水的影响，结合当地水文地质条件、环境功能等情况进行地下水环境影响评价。

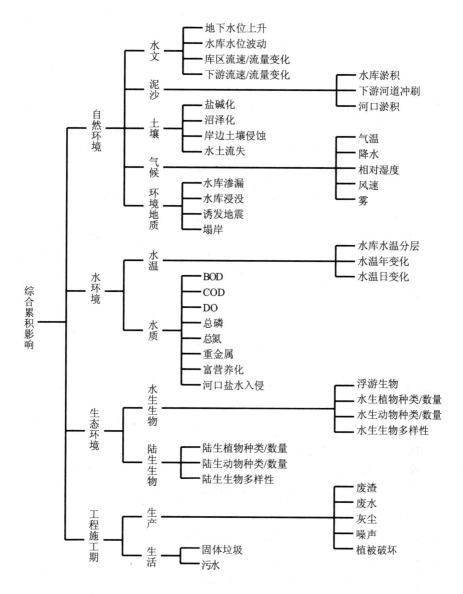

图 2-4-6 河流梯级开发的累积环境影响指标体系

1. 不同项目对地下水影响分析

（1）水库工程

水库工程会改变水库上下游的地下水。水库蓄水运行后，水位升高，当周围地下水位低于水库正常高水位且岩层有一定的透水性时，水库将会发生渗漏，使地下水位升高。地下水位升高，可能产生库周土壤的浸没影响。

水库周围存在地下水水源时，水库渗漏将补充地下水水源，有利于地下水的利用。

如果库周地势低平，水库渗漏可能引起沼泽化或土壤次生盐渍化。

对于平原水库和库水位高于两侧地下水位的河道型水库，一般水库蓄水水位高于周围地下水水位时，容易造成周围土壤的盐渍化或潜育化。

（2）灌溉工程

采用地表水灌溉的工程，由于灌溉水入渗将抬高地下水水位，在排水条件不好的区域，地下水水位过分升高，会造成土壤次生盐渍化，降低土壤质量。当采用地下水潜水灌溉时，由于长期抽取地下水，使地下水水位降低，虽然灌溉水会有部分回渗补给地下水，但回渗量远远小于灌溉量，因此，地下水潜水水位总趋势是下降的。当利用承压水灌溉时，虽然灌溉水会有部分回渗，但回渗补给的是上层潜水，承压水未得到回渗量的补给，会造成承压水水位下降。

长期利用地表水作为唯一灌溉水源，或长期利用地下水作为唯一灌溉水源，都会不同程度地产生环境地质问题。因此，农业采用地表水和地下水结合灌溉对土壤环境和地下水环境都是有利的。

（3）输水工程

输水工程的渠道穿过第四系松散层，一般会发生一定的渗漏，岩土层颗粒越粗，渗透性越好，渠道渗漏越严重。渠道穿过黄土类土层时，由于黄土类土渗透性较强，渠道也会产生渗漏。

渠道在不采取防渗措施的条件下，当渠道水位高于地下水位时，会产生渗漏，渠道水位与地下水位高差越大，渗漏越严重。相反，地下水位高于渠道水位时，地下水向渠内渗漏。渠道渗漏使两岸地下水位升高，可引起沼泽化或土壤次生盐渍化。渠道在采取防渗措施的条件下，当渠道切断地下水含水层时，可能会对地下水产生阻隔影响，使上游地下水位壅高，而下游因减少了上游的地下水径流补给，地下水位下降。这种情况，应根据地下水含水层的厚度及渠道切割的深度进行具体分析。

（4）地下水开采工程

开采地下水作为城镇供水水源，一般开采量较大，而且属于集中开采，对局部地区的地下水影响较大。对于潜水由于含水层埋深浅，水资源量容易得到降水与地表水的补给，地下水位回升较快；对于承压水由于其含水层埋藏深，且其上部有潜水含水层和隔水顶板存在，所接受补给的范围有限，就是说承压水含水层一旦被开采利用，不像潜水容易得到补给。因此，长期开采承压水会引起地面沉降、水质恶化等一系列环境地质问题。

（5）河道清淤工程

河道整治工程中的清淤、疏浚工程，河口整治工程等清出的河道淤泥堆放在排泥场，淤泥如果被污染，排泥场的污水下渗，可能对局部区域的地下水环境产生影响。如果排泥场附近存在地下水水源地，环境影响就更为严重。因此，这类工程需要把排泥场对地下水环境的影响作为评价重点进行评价，在评价的基础上，合理布置排泥场，并采取防止污染地下水的环保措施。

2．地下水现状评价

（1）地下水资源评价

由于地下水资源评价方法比较复杂，这里只简单介绍地下水开采工程常用的几种水量评价方法。

1）数学模型法

① 水量均衡法

对于单元含水层（组）来说，在补给和消耗的不平衡发展过程中，任一时段的补给量和消耗量之差，永远等于单元含水层（组）中水体积的变化量，即：

$$\mu F \Delta H / \Delta t = Q_{总补} - Q_{总排} \qquad (2\text{-}4\text{-}59)$$

式中：$\mu F \Delta H$——单元含水层（组）中水体积的变化量，其中 μ 为给水度，F 为含水层的面积，Δt 为均衡时段，ΔH 为 Δt 时段内的水位平均变幅；

$Q_{总补}$ —— 单元含水层得到的总补给量；

$Q_{总排}$ —— 单元含水层得到的总排泄量。

水量均衡法适用于任何水文地质条件的含水层，但要求有一定时间的观测资料。

② 数值法

数值法包括有限差分法和有限单元法。这两种方法都是把刻画地下水运动规律的数学模型离散化，把定解问题化成代数方程组，解出区域内有限个结点上的数值解。这两种方法能灵活地适应各种复杂的地质结构和边界条件，可以真实地解决各类含水层水资源量的评价问题。但是，这两种方法计算比较复杂。

③ 解析法

根据开采条件的不同，常用的解析法有两种：一是干扰井群法，二是开采强度法。前者适合井数不多，井位较集中，开采面积不大的局部开采区。后者用于井数很多、井位分散、开采面积很大，不便于用干扰井群法计算的地区。

2）相关外推法

相关外推法是根据所掌握的观测或试验资料，找出流量和其他变量（水位）之间的关系，即 Q 与 H 的关系，并依据这种关系，分析水位的变化或水量的变化。一般已有资料越多、观测时间越长，所得出的相关关系越可靠。

3）类比调查法

如评价区水文地质条件复杂，或研究程度低，无法了解更多的水文地质资料、参数、数据，则可利用已有工程地区资料，来类比评价区的水位或水量变化情况。所采用的已建工程地区的水文地质条件、地形地貌条件，以及工程情况等必须与拟评价区相似，才具有可比性。

（2）地下水环境现状评价

1）现状调查

地下水环境现状调查与评价，首先需要调查，主要调查内容如下：

① 地下水类型，调查孔隙水、裂隙水和盐溶水，潜水和承压水的分布；

② 地下水埋藏条件与富水性，调查潜水的水位埋深、水位高程，调查承压水的测压水头高程、含水层顶板埋深等；调查含水层的厚度、渗透系数、径流强度等；

③ 地下水与地表水的关系，调查地下水与地表水的补给、排泄和转换关系；泉、井等分布，水位高程，出水量等；

④ 地下水水质，在调查地下水水质的同时，调查水环境背景值；水质检测项目一般为 pH、氨氮、挥发酚、氰化物、总硬度、溶解性固体、高锰酸盐指数、硫酸盐、氯化物、金属类以及大肠菌群，可根据工程项目主要环境影响特点和当地地下水水质特点增减监测项目。

2）现状评价

地下水环境现状质量评价，采用单项组分评价和综合评价。

① 单项组分评价，根据水质监测资料，对比《地下水质量标准》进行分类评价。

② 综合评价，采用评分法。首先对水质监测项目进行单项组分评价，按照规定的要求（表 2-4-33）确定单项组分评价分值 F_i。

表 2-4-33　单项组分评价分值和地下水质级别划分规定

类别	I	II	III	IV	V
F_i	0	1	3	6	10
评价级别	优良	良好	较好	较差	级差
F	<0.80	>0.80～<2.50	>2.50～<4.25	>4.25～<7.20	>7.20

综合评价分值 F 按照如下公式计算：

$$F = \sqrt{\frac{\overline{F_i}^2 + F_{max}^2}{2}}, \qquad \overline{F_i} = \frac{1}{n}\sum_{i=1}^{n} F_i \qquad (2\text{-}4\text{-}60)$$

式中：$\overline{F_i}$——各单项组分评分值 F_i 的平均值；

F_{max}——单项组分评分值 F_i 中的最大值；

n——项目数。根据计算的 F 值按照表 2-4-33 中的要求进行评价级别的确定。

对于我国西北干旱和半干旱地区，地下水环境质量评价，还要进行水化学成分的评价，按照舒卡列夫分类进行评价，特别要关注总溶解性固体、总硬度和盐度指标，评价矿化度程度。

3. 地下水量和水位影响预测评价

水利水电工程引起地下水水量和水位的变化。一般影响期为地下水的开采期，或工程运行使地表水发生变化，影响了地下水量和水位，这类工程预测评价期为工程运行期。但有些工程在施工期，由于施工降水，对地下水影响很大，所以也要进行施工期的影响预测评价。

预测评价方法主要有：地下水线性渗透模型、渗漏量计算模型、地表水补给地下水量计算等。

（1）地下水线性渗透——达西定律

达西定律是地下水渗流量计算的基础，其表达式为：

$$Q = KFH / L \qquad （2-4-61）$$

式中：Q——渗透流量，m^3/d；

$\quad\quad F$——过水断面面积，m^2；

$\quad\quad H$——水头损失（上下游水头差），m；

$\quad\quad L$——渗透长度（上下游断面的距离），m；

$\quad\quad i$——水力坡度，即 H/L；

$\quad\quad K$——渗透系数，m/d。

（2）水库渗漏量及水位估算

① 水库渗漏量计算

均一岩（土）体渗透断面渗漏量计算，渗漏量 Q 公式：

$$Q = qB ，\quad q = K \frac{(h_1 + h_2)}{2} \frac{(H_1 - H_2)}{L} \qquad （2-4-62）$$

式中：Q——渗透断面的渗漏量，m^3/d；

$\quad\quad B$——漏水段总宽度，m；

$\quad\quad q$——渗透断面单宽渗漏量，$m^3/(d·m)$；

$\quad\quad H_1$——水库水位，m；

$\quad\quad H_2$——岩土体某一点的地下水水位，m；

$\quad\quad L$——H_2 处距水库岸边的距离（渗漏距离），m；

$\quad\quad h_1$——潜水含水层厚度，m；

$\quad\quad h_2$——H_2 处距水库岸边 L 处的潜水含水层厚度，m；

$\quad\quad K$——岩土体渗透系数，m/d。

② 地下水水位计算

均质含水层潜水水位计算公式：

$$H = \sqrt{H_1^2 - \frac{x}{L}(H_1^2 - H_2^2)} \qquad （2-4-63）$$

式中：H——任一断面 x 处含水层厚度，m；

  H_1——地表水岸边 H_1 断面处地下水含水层的厚度，m；

  H_2——H_2 断面处的含水层厚度，m；

  L——H_1 断面至 H_2 断面处的距离，m；

  x——H_1 断面与任一 x 断面的距离，m。

均质承压水水位计算公式：

$$H = H_1 - (H_1 - H_2)\frac{x}{L} \tag{2-4-64}$$

式中：H——任一断面 x 处含水层测压水头高度，m；

  H_1——水库岸边断面 H_1 处的含水层水头高度，m；

  H_2——H_2 断面处的含水层测压水头高度，m；

  L——H_1 断面至 H_2 断面处的距离，m；

  x——H_1 断面与任一断面的距离，m。

（3）渠道阻隔潜水含水层下游渗流量的减少量计算

在渠首左右两侧各设一个地下水水位观测断面，测量其水位高程 H_1，H_2 和含水层厚度 h_1，h_2，并测量两观测点间的距离 L，则阻隔的渗流量公式为：

$$Q = KB\frac{(h_1 + h_2)}{2}\frac{(H_1 - H_2)}{L} \tag{2-4-65}$$

式中：Q——渗流量，m³/d；

  B——渠道阻隔段的长度，m；

  H_1——上段含水层厚度，m；

  H_2——下段含水层厚度，m；

  L——两观测点的距离，m；

  h_1——上段潜水含水层厚度，m；

  h_2——下段潜水含水层厚度，m；

  K——岩土体渗透系数，m/d。

八、水环境其他要素评价

对于特殊的地质条件和特殊供水要求的情况，还可能要做工程建设引起局部区域土壤含水量变化对土壤盐分变化影响的评价，水利工程影响了区域地下水，从而产生土壤次生盐渍化、土地荒漠化影响等，应对这些次生影响进行评价，重点评价内容如下。

1．次生土壤环境影响预测评价

土壤环境影响预测评价主要针对工程建设影响了区域地下水，因而引起土壤环境的变化，主要包括：

（1）灌溉工程、农田水利工程实施对地下水的影响，产生土壤盐渍化、潜育化；采用污水灌溉的工程对土壤质量的影响；

（2）水库、输水工程浸没对土壤的沼泽化、盐碱化影响；

（3）水资源重新分配工程，对土地的荒漠化、沙化影响；

（4）河道清淤工程，污染淤泥对土壤的污染影响。

2．评价方法

（1）土壤污染影响评价方法包括：污染物在土壤中累积污染趋势预测方法；土壤中农药残留污染预测模式；土壤中重金属污染累积模式等。

（2）土壤环境容量计算方法：相应计算公式。

（3）土壤退化影响预测：土壤侵蚀量计算；土壤酸化预测；土壤次生盐渍化预测。

以上方法可以查找相关的资料获得。

九、水环境影响预测评价实例

水环境影响预测评价主要采用数学模型针对点源或面源污染对水环境影响进行模拟、分析计算。本章选取四个典型案例分析。

1．二维水质模拟预测实例

利用二维水质模型对三峡库区长寿城区污水处理前后集中排放对长江水质影响的效应进行模拟分析，模拟城区污水处理排放或未处理排放对河流水质产生的影响程度及范围，重点从模型方程选取、计算范围确定与网格划分、模型参数选取、边界条件的确定及预测结果分析等方面进行详细介绍。

二维水质模型主要模拟污水进入水体后如不能马上在横断面上充分混合，而形成的污染物在纵横方向的扩散问题。这种情况在大中型河流中普遍存在。如城区污废水排入河流后，其污染混合区的大小与河流水文条件有很大关系。当河流的宽深比在几十倍以上时，其污水将与河水在垂向上充分混合，并同时沿河流纵向与横向方向扩散，形成一长带形的污染混合区。因此，模拟污水排放对河流水质的影响计算，实际上是确定污染混合区的大小问题（平面二维的扩散问题）。

（1）模型方程

二维水动力学基本方程形式为：

$$\frac{\partial(\rho\phi u - \varGamma\frac{\partial\phi}{\partial x})}{\partial x} + \frac{\partial(\rho\phi v - \varGamma\frac{\partial\phi}{\partial y})}{\partial y} = S \qquad (2\text{-}4\text{-}66)$$

二维污染物浓度对流扩散方程基本形式为：

$$\frac{\partial C}{\partial t} + \frac{\partial(A_x U_x C)}{A_x \partial x} + \frac{\partial(A_z U_z C)}{A_z \partial z} = \frac{\partial(A_x E_x \frac{\partial C}{\partial x})}{A_x \partial x} + \frac{\partial(A_z E_z \frac{\partial C}{\partial z})}{A_z \partial z} + \frac{dC}{dt} + \frac{S}{V} \qquad (2\text{-}4\text{-}67)$$

式中：$\varGamma$——扩散系数；

$\quad\ \ S$——源项；

$\quad\ \ \phi$——相关变量。

不同的 ϕ 对应不同的方程。由连续方程，水动力学 u、v 方程，能量 k 方程，耗散率 ε 方程及浓度 c 方程组成的方程组，采用有限体积法推出离散方程，并运用 SIMPLEC 方法进行数值求解，具体表达式及求解过程略。

（2）模型计算范围及网格划分

本次二维模型的计算范围从小石溪污水处理厂排放口上游 4.8 km 处起至关口污水处理厂排放口下游 7.1 km 处止，全长约 13.7 km。

根据确定的模拟计算范围，将长寿县城区 1/10 000 地形图扫描读入计算机，采用计算机技术确定计算域的边界和自动生成计算网格。曲线网格的横向变化范围为 Δy=30~70 m，纵向变化范围 Δx=100 m。具体见图 2-4-7。

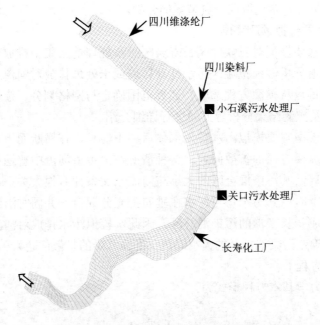

图 2-4-7　长寿县水质污染计算模拟区域网格图

（3）计算条件

由于三峡水库为河道型水库，该水库兼有河流与水库的共同特点。当水库蓄水时，其水流流速缓慢，推流作用变小，显水库特性；当水库泄水时，流速加大，紊动扩散增强，水域恢复天然河流的特性。长江长寿段属三峡水库的库尾，当水库蓄水位达 175 m 时，长寿段属水库类型；当水库蓄水位降为 160 m 以下时，长寿段呈天然河流状态。本次计算主要是考虑三峡水库蓄水后，当河流流速最小时（长江枯水期），长寿县城的污废水排放对长江水质的影响，即按最不利情况进行组合计算。模拟计算组合方案如下：

设计流量。枯水期 7Q10（90%保证率连续 7 d 的最枯平均流量）的特征流量。

设计水位。与设计流量取值同期的水位。

污水排放方式。仅考虑污水处理厂废污水负荷无处理直排和有处理两种情况。

除考虑污水处理厂废污水处理达标后排放外，增加主要工业污染源按实际处理率（1998 年资料）和完全达标排放两种情况。

计算因子：确定为 COD_{Mn}。

① 设计流量

在河流的水质规划研究中，一般以设计枯水流量（7Q10）来作为河流水质规划设计中的控制流量。由于长江长寿段无水文站，本报告取用上游距长寿县 69.7 km 的寸滩水文站，作为流量控制站计算设计枯水流量。虽然寸滩站与长寿县区间有木洞河、御临河等支流汇入，但这些支流流量相对于长江干流而言，所占比例很小，故计算中忽略不计。根据寸滩水文站 1957—1991 年历年的逐日流量资料，统计得出枯水期各月的设计枯水流量（7Q10），见表 2-4-34。

表 2-4-34 长江寸滩站枯水期设计枯水流量（7Q10）计算成果

项目	12 月 （25—31）	1 月 （24—30）	2 月 （8—14）	3 月 （7—13）
相应发生年份	1 981	1 973	1 963	1 974
流量/（m³/s）	3 500	2 790	2 590	2 400

说明：括号内为 7Q10 流量的发生日期。

② 设计水位

长寿县位于三峡水库库尾回水区，河道年内变化较明显。2009 年三峡水库建成运行后，长江长寿段的枯水期水位随水库调度水位变化而变化。根据三峡水库 175 m 调度方案，在一般情况下，11—12 月坝前水位保持在正常蓄水位 175 m；1—4 月水位分别为：1 月 175~170 m、2 月 170~166 m、3 月 166~163 m、4 月以后水位降至 160 m。根据三峡水库枯水期模拟水位过程计算曲线可推得长寿段各月水位平均值。

在长江长寿段，水位最高时，流速并不为最小。如当三峡水库蓄水后，12 月水位最高，但上游来量还较大，这时流速较大；3 月流量虽然最小，但水位已接近天然水位，此时流速也较大；1 月、2 月流量偏小，水位也相对较高，经计算比较 2 月的平均流速仅为 0.108 m/s。这时为对水质最不利时期。因此本次计算选定 2 月，具体水文输入值见表 2-4-35。

表 2-4-35　模型输入的水文参数

水文参数	水位/m	流量/（m³/s）	流速/（m/s）
输入值	170	2 590	0.108

③ 背景浓度

根据寸滩站近年来的实测资料统计，取长寿江段实测质量浓度平均值 2.00 mg/L 作为模型计算的背景浓度输入值。

④ 排放负荷

县城的污废水排放采取集中式排放，根据污水处理实施计划，拟在 2007 年建成小石溪污水处理厂（规模 3.6 万 t/d）和关口污水处理厂（规模 0.8 万 t/d）。因此污水处理厂排放负荷是根据污水出口的平均浓度与污水处理规模的乘积求得。计算输入值见表 2-4-36。

工业企业处理后的排放负荷是根据各工业企业处理率（1998 年资料）和完全处理（完全达标排放）进行计算的。具体输入污染负荷值见表 2-4-37。

表 2-4-36　模型输入的污染负荷值

污染源名称	处理规模/（万 t/d）	处理率/%	未处理负荷/（g/s）	处理后负荷/（g/s）
小石溪污水处理厂	3.6	100	120	22
关口污水处理厂	0.8	100	26	5

表 2-4-37　重点工业污染源 COD 负荷值

污染源名称	废水量/（万 t/a）	处理率/%	污染负荷/（g/s）	处理率/%	污染负荷/（g/s）
四川维涤纶厂	1 680.0	96.7	8.9	100	8.0
四川染料厂	465.1	55.9	60.8	100	15.0
长寿化工厂	770.3	43.0	63.3	100	23.0

（4）计算结果

根据以上计算输入条件，采用二维水动力学与水质模型对小石溪、关口污水处理厂污水及工业企业的废水排放进行方案的组合计算，共计算四组数据。将计算结果按国家《地表水环境质量标准》（GH 3838—2002）五类水等级划分。见图 2-4-8。图 2-4-9、图 2-4-10 与图 2-4-11 分别显示在考虑污水处理厂处理达标排放的同时，增加工业污染源处理后两种情况水质影响范围的等值线图。

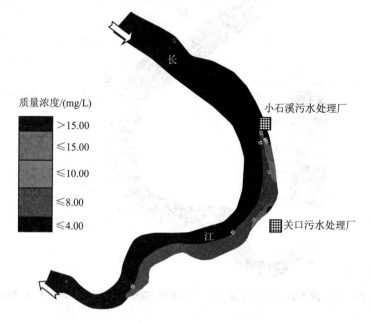

图 2-4-8　建库后（无处理）长寿县水质影响范围

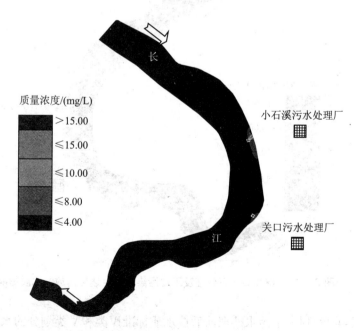

图 2-4-9　建库后（有处理）长寿县水质影响范围

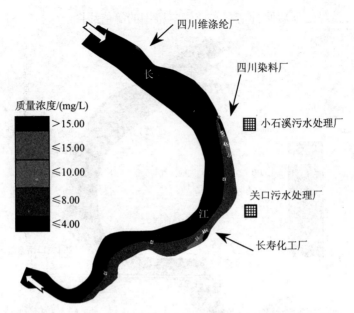

图 2-4-10　建库后（有处理及工业污染源按 1998 年处理率）水质影响范围

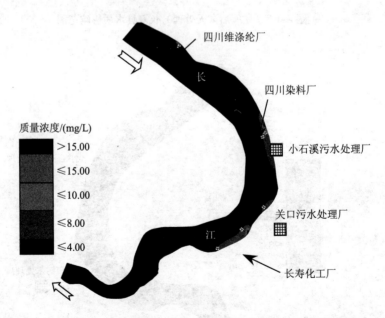

图 2-4-11　建库后（有处理及工业污染源完全达标排放）水质影响范围

表 2-4-38 列出了污水处理前后按水质标准Ⅳ类和Ⅴ类划分的水质影响范围的最大长度与最大宽度。

表 2-4-38　长寿县污水处理前后对长江水质影响的范围统计　　　单位：m

处理方式	水质类别	影响范围	小石溪污水处理厂	关口污水处理厂
未处理	III	长　度	7 000	7 000
		宽　度	500	500
	IV	长　度	1 450	380
		宽　度	300	260
处理	III	长　度	720	200
		宽　度	230	140
	IV	长　度	220	20
		宽　度	150	8

（5）预测结果分析

① 仅考虑污水处理厂处理负荷对长江水质影响的结果分析

由表 2-4-38 可知，废污水如未经处理直接排江，对长江水体水质的影响较大，其污染混合区范围的最大长度达 7 000 m，最大宽度为 500 m。经过处理达标后，其污染带的影响范围明显变小，其污染混合区范围的最大长度为 720 m，最大宽度为 230 m。

② 考虑增加工业污染负荷、在两种不同处理率条件下对长江水质的影响分析

长寿县为重庆市化工卫星城市，工业废水的排放量相当大，特别是川维厂、川染厂和长寿化工厂所排放的污染负荷若按目前处理率直接排江，将对长江水体水质造成极大影响。从图 2-4-10、图 2-4-11 中可知，在最不利的水文条件下，当工业污染源未完全处理时，如川染厂和长寿化工厂处理率为 43%～56%，在排放口下游岸边将形成较长的污染带，超过岸边污染带限制在 1 000 m 之内的水质功能区划要求。但是，当工矿企业达标排放时，长寿段的水质是能够满足水域功能要求的。

综上所述，本计算在拟定最不利计算条件下，城市生活污水未经处理直接集中排江，对长江水体水质会带来一定影响，对于较大污染负荷排放，其影响还可能很严重。经过污水处理厂处理达标排放，其污染带的影响范围明显变小，基本可满足岸边污染带长不超过 1 000 m 的要求。另外，对于长寿县的水环境保护，不仅要对城区生活污水和小型工业废水进行处理达标后排放，还必须对重点工业污染源负荷进行严格控制，达标排放，这样才能保证长江水体总体 II 类的良好水质状态。

通过对城市污废水处理前后对水质效应模拟计算分析，在拟定的最不利计算条件下，当废污水未经处理直接排江，对长江水质会带来较大影响，其污染混合区范围的最大长度达 7 000 m，最大宽度为 500 m。兴建城市污水处理厂经处理达标后，可满足岸边污染带长不超过 1 000 m 的要求。另外，对长寿县的水环境保

护，不仅要对城区生活污水和小型工业废水进行处理达标后排放，还必须对重点工业污染源负荷进行严格控制、达标排放，以保证库区长寿段总体水质达到Ⅱ类水标准。

2. 非点源（AGNPS）预测评价实例

利用 AGNPS 模型对长江上游非点源污染对水质的影响进行模拟，非点源污染模拟是一个世界性难题，本案例选取嘉陵江流域北碚至重庆段为暴雨径流对水体水质影响的典型区域，采用 AGNPS 模型对面源影响进行了模拟分析与计算。

（1）模型简介

AGNPS 全称 Agriculture Non-point-source Pollution Model，是美国明尼苏达州环境保护局推出的非点源控制模型。AGNPS 模型是针对一次暴雨过程，计算某一流域范围内，地表水产生的非点源污染对该水体产生的水质影响。该模型主要计算成果为两个内容：①一次暴雨过程中计算流域内各单元水文泥沙，土壤流失情况及氮、磷、COD 等污染指标含量和浓度；②计算域出口处的泥沙及水质指标的含量和浓度。

该模型的基本方程是土壤流失方程，一般适用于大区域的土壤侵蚀估算预测。

$$A = 0.247 \cdot R_e \cdot K_e \cdot L_i \cdot S_i \cdot C_t \cdot P \qquad (2\text{-}4\text{-}68)$$

式中：A——土壤侵蚀量，t/（km²·a）；

$\quad\quad R_e$——年降雨侵蚀因子；

$\quad\quad K_e$——土壤侵蚀因子；

$\quad\quad C_t$——植被覆盖因子；

$\quad\quad P$——侵蚀控制因子；

$\quad\quad S_i$——坡度因子；

$\quad\quad L_i$——坡长因子。

AGNPS 是由美国农业部农业研究中心、明尼苏达大学，与明尼苏达污染控制局和土壤保护中心共同开发的模型。它是一个简单的稳态模型，是为模拟农业流域泥沙和富营养化的传输而设计的。

在该模型中，从流域源头到出口的汇流过程，污染物路径的每一步及任何一点的流动都可计算。模型是以单元为工作单位，这些单元为均匀的几何体（正方体）划分在流域内，流域最大可划分 1 900 个单元，每个单元的最大面积为 404 hm²（4.04 km²）。这些单元的内部是根据河流的排水方式连接的，流域划分成小面积可使得对流域内任何一小区域进行分析成为可能，模型的基本参数为水文、侵蚀、泥沙、氮、磷、COD等因子。针对长江洪水对非点源的影响，选定嘉陵江流域北碚—重庆段为暴雨径流对水体水质影响的典型区域进行模拟。

（2）嘉陵江流域概况

嘉陵江流域位于长江流域上游，为长江上游主要支流之一。河源出自陕西省凤县东北秦岭南麓，嘉陵江自略阳流经广元、剑阁、苍溪、阆中、蓬安、南充、武胜、合川，于重庆市注入长江。干流全长 1 085 km，它的支流跨 3 个省 55 个县市，组成复杂的树状水系，全流域集水面积约为 167 600 km²。地理位置：南起北纬 29°20′至北纬 34°30′；西自东经 102°30′至东经 109°。嘉陵江干流昭化以上为上游，长约 357 km，流域面积 60 000 km²（包括白龙江和西汉水），占全流域面积的 36%。昭化至合川为中游段，长 633 km，流域面积 105 000 km²，占全流域面积的 62%。合川至重庆为下游，长 95 km，流域面积 2 600 km²，占全流域面积的 2%。

嘉陵江流域的径流主要来源于降水，故汛期和大雨期相吻合，一般在 4 月开始，10 月结束。北碚站多年平均径流量 654.4 亿 m³，占宜昌站以上全部径流量的 1.5%，约相当于黄河流域的 1.5 倍。径流变化特点是：洪峰次数频繁，峰高量大，历时较短（干流中、下游一般为 5 d 左右）。

嘉陵江是长江支流中面积最大的河流，也是长江各大支流中水土流失较为严重的地区，侵蚀面积占流域面积的 57.8%。宜昌站多年平均悬移质年输沙量 5.30 亿 t，其中 27.4% 来自嘉陵江流域，流失的泥沙含有大量的污染物质，对长江水质会产生很大的影响。因此选定嘉陵江流域作为暴雨径流对河流污染的贡献值及浓度变化趋势的研究对象，是有代表性的。

（3）计算范围和单元划分

计算范围选定嘉陵江合川盐井——重庆段出口，河段总长度约 80 km，流域面积 1 112 km²，流域内耕地面积约占总面积的 30%，森林面积约占 18%。模型输入以 1/10 万地形图为地形资料。将研究区域划分成 278 个单元，每个单元面积 4 km²。见图 2-4-12。

（4）计算方案与计算条件

以嘉陵江流域下游中心站北碚水文站多年的日最大降雨资料为基础，进行统计，取多年平均日最大降水量作为模型的一次暴雨过程的输入值，对该流域农业非点源污染进行模拟计算。

对北碚水文站多年的日最大降水量（1960—1987 年）进行统计，可求得多年的日最大降水量为 201 mm，多年平均日最大降水量为 100 mm。见表 2-4-39。

表 2-4-39　北碚水文站多年日最大降水量统计　　　　　单位：mm

年份	日最大降水量	年份	日最大降水量
1987	201.4	1973	71.3
1986	87.6	1972	69.9
1985	82.9	1971	52.8
1984	88.2	1970	124.4
1983	92.6	1969	111.2

年份	日最大降水量	年份	日最大降水量
1982	112.2	1968	138.5
1981	92.7	1967	76.7
1980	71.8	1966	67.2
1979	50.3	1965	114.1
1978	134.0	1964	112.1
1977	116.4	1963	108.4
1976	78.2	1962	136.0
1975	112.8	1961	38.7
1974	168.8	1960	102.3
平均	100.5		

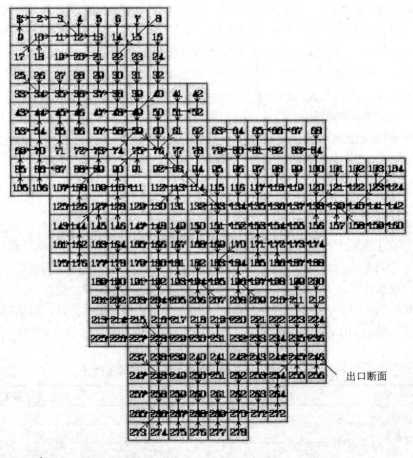

　　━━━▶　表示河流汇流方向线

图 2-4-12　AGNPS 模型嘉陵江合川盐井至重庆段出口段网格图

耕地的施肥量按四川省年化肥销售量换算为每亩每季施肥量输入。

其他参数：地表状况、地面坡降、坡长、坡形由图上获得，SCS 曲线数、土壤受侵蚀系数、植被覆盖因子 C_t、侵蚀控制措施因子 P、化学耗氧因子等均参考模型提供的文献值。

在模型中不考虑大型牧场及牲畜圈，即点源输入值。

（5）计算结果与分析

将以上各参数及模型要求输入值编辑成输入文件 CJFH.DAT。依据模型进行计算，生成 *.NPS（用于列表输出模拟结果的数据文件）和 *.GIS（图形输出模拟结果的数值文件）。

该计算结果为，当降水量为 100 mm，雨强为中型时，嘉陵江流域出口处，泥沙中总 N 的含量为 7.85 kg/km²，径流中可溶解 N 的含量 5 kg/km²，径流中可溶解 N 的质量浓度为 4.73 mg/L；泥沙中总 P 的含量 4.5 kg/km²，径流中可溶解 P 的含量 13.5 kg/km²，径流中可溶解 P 的质量浓度为 3.73 mg/L；径流中 COD 总量 29.8 kg/km²，径流中可降解 COD 的质量浓度为 18.5 mg/L。

以上计算结果与 1998 年洪水期的水质监测结果比较都偏大。如 1998 年洪水期嘉陵江出口断面 COD 监测值为 4.5 mg/L，AGNPS 模型计算结果比它大出 4 倍多。这是因为 AGNPS 模型所描述的是流域受暴雨后，河流中 N、P 及 COD 的质量浓度，当流域遭受暴雨后，土壤中的污染物质流入河中使得河水浓度急剧增加，而监测采样一般不会在暴雨发生期或发生后立刻采样，因此监测值要偏小些。这一结果也说明，在暴雨发生期，江水的水质较差，但洪水过后经过一段时间，江水水质将恢复正常。本模拟结果反映了一次暴雨过程中，河流水质和流域内农田径流污染的情况。为较准确地模拟农业非点源污染的影响，应针对本专题安排监测，用实测资料进行验证比较，确定模型参数使用的合理性，这样才能真正满足水质模拟的要求。

3. 水温影响预测评价实例

水库蓄水对水温的影响主要表现在库区水库分层现象及大坝下游出流水温变化对生态环境的影响，本案例选取清江隔河岩水库作为水温预测案例。清江隔河岩水库是一座高坝深库，利用一维垂向水温数字方程对水库坝前水温垂向变化进行了预测分析。

隔河岩水利枢纽是湖北省清江流域梯级开发规划中规模最大的一项骨干工程，它的建成可进一步促进清江流域开发，加快山区经济建设，并可获得发电、防洪和航运等多方面的综合效益。

根据隔河岩枢纽工程的规模、特点，水库对水温影响的评价范围，主要为库区及坝下游区。库区主要评价水库分层现象，重点在坝前水温分层明显区；大坝下游区，主要评价出流水温的变化对下游区生态环境的影响以及对工农业生产的影响。

（1）采用一维垂向水温模型对建库对水温的影响进行评价

　　一维模型是将水库沿垂向划分成一系列的水平薄层，假设每个水平薄层内温度均匀分布。对任一水平薄层建立起热量平衡方程：

$$\frac{\partial T}{\partial t}+\frac{\partial}{\partial z}\left(\frac{TQ_v}{A}\right)=\frac{1}{A}\frac{\partial}{\partial z}\left(AD_z\frac{\partial T}{\partial z}\right)+\frac{B}{A}(u_iT_i-u_oT)+\frac{1}{\rho AC_P}\frac{\partial(A\varphi_z)}{\partial z} \qquad (2\text{-}4\text{-}69)$$

式中：T——单元层温度，℃；

　　　　T_i——入流温度，℃；

　　　　A——单元层水平面面积，m^2；

　　　　B——单元层平均宽度，m；

　　　　D_z——垂向扩散系数，m^2/s；

　　　　ρ——水体密度，kg/m^3；

　　　　C_P——水体比热，$kJ/（kg\cdot℃）$；

　　　　φ_z——太阳辐射通量，W/m^2；

　　　　u_i——入流速度，m/s；

　　　　u_o——出流速度，m/s；

　　　　Q_v——通过单元上边界的垂向流量，m^3/s。

　　在库表存在水汽界面的热交换，表层单元的热量平衡方程为：

$$\frac{\partial T_N}{\partial t}+\left(\frac{T}{V}\frac{\partial V}{\partial t}\right)_N=\left[\frac{B}{A}(u_iT_i-u_oT)\right]_N+\frac{Q_{v,N-1}T_{Q_v}}{V_N}-\left(\frac{A}{V}D_z\frac{\partial T}{\partial z}\right)_{N-1}+\left(\frac{A\varphi}{\rho C_PV}\right)_N$$

$$(2\text{-}4\text{-}70)$$

式中：φ 为表层通过水汽界面吸收的热量，W/m^2；V 为单元层体积，m^3；T_{Q_v}（℃）

取值与 $Q_{v,N-1}$ 的方向有关，若 $Q_{v,N-1}>0$（向上），则 $T_{Q_v}=T_{N-1}$，反之，$Q_{v,N-1}<0$（向下），则 $T_{Q_v}=T_N$。

　　考虑水库入流、出流的影响，水面热交换，各层之间的热量对流传导、风的影响等。

　　（2）模型的初始条件及边界条件的确定

　　① 模型的初始条件及边界条件为：起始时的垂向水温分布。

$$T(z,t)\big|_{t=0}=T_0$$

　　② 边界条件包括水面边界条件和库底边界条件，水库底部假设无热交换，即

$$\frac{\partial T}{\partial t}\Big|_{z=z_b}=0$$

式中：z_b——库底高程，m。

③ 水面边界的热交换为：单位时间内经单位面积从水体内部传导到表面的热量应等于水体净吸收的热通量 ϕ_n，这个热通量是从上面吸收太阳辐射热、大气辐射热，并减去由于水面蒸发、辐射积热等原因而从上面损失的热量。

$$\frac{\partial T}{\partial t}\bigg|_{z=z_s} = \frac{\phi_n}{\rho c_h}$$

④ 方程中热通量、入流、出流等因素的确定参考有关文献。

⑤ 方程求解：当方程有关中间变量，如热通量、入流、出流、扩散系数 E 及初始条件，边界条件确定后，热量方程可写成差分形式，采用显式差分法求解，其数值计算稳定性要求为：

$$E \cdot \Delta t / (\Delta z)^2 \leqslant 1/2$$

由于 E 值一般取得很小，故均能满足上式条件。在计算中，由方程式（2-4-69）求解的温度分布来考虑对流层掺混影响，计算结果将有一定的误差，因此，在计算中对有可能出现温跃层的水层处，应考虑热对流的影响，使得计算结果更符合实际。

（3）模型计算结果

将模型所需的数据输入计算机，验证计算的结果见表2-4-40。

表 2-4-40　　清江隔河岩坝前水温实测与计算值比较　　　　单位：℃

水深	实测(95.7.28)	计算 T	误差/%	实测(95.10.26)	计算 T	误差/%	实测(96.4.24)	计算 T	误差/%	实测(96.5.23)	计算 T	误差/%
1	30.9	31.1	0.6	21.2	21.3	-0.4	15.6	15.5	0.6	22.0	21.4	2.8
3	—	—	—	—	—	—	15.4	15.4	0	21.8	21.2	2.8
5	28.7	30.1	-4.8	21.2	21.4	-0.9	15.2	15.2	0	20.4	20.7	-1.4
10	23.4	24.8	-5.9	21.0	20.9	-0.4	13.4	14.1	-5.2	20.0	19.7	1.5
15	22.3	23.0	-3.1	20.5	20.2	1.4	12.3	13.1	-6.5	19.4	18.1	7.1
20	21.2	21.5	-1.4	19.5	19.3	1.5	11.8	12.4	-5.0	16.8	16.7	0.5
25	20.3	20.3	0	19.0	18.5	2.6	11.1	11.8	-6.3	16.3	15.7	3.8
30	19.7	19.3	2.0	18.2	17.8	2.2	10.8	11.5	-6.4	15.5	14.8	4.7
35	—	—	—	17.8	17.3	2.8	10.5	11.1	-5.7	15.0	14.2	5.6
40	18.7	17.9	6.4	17.5	16.4	3.4	10.4	10.9	-4.8	14.5	13.7	5.8
50	13.0	13.4	-3.0	17.0	16.3	4.1	10.0	10.1	-1.0	11.0	11.3	-2.6
60	11.8	12.5	-5.9	16.2	15.8	2.4	9.4	9.5	-1.0	10.3	9.9	4.0
70	10.9	10.4	4.5	12.6	13.5	-7.1	9.0	9.2	-2.0	9.9	9.0	10.0
80	10.8	10.7	0.9	—	—	—	9.0	9.0	0	9.5	8.9	6.7
90	10.7	10.4	2.8	—	—	—	—	—	—	9.4	8.9	5.6
100	—	—	—	—	—	—	—	—	—	9.4	8.8	6.8
平均	18.6	18.9	-1.6	—	—	—	—	—	—	—	—	—

结果表明，一维垂向水温分布模型计算值与实测值相符，计算值与实测值误差范围在 0～9.0%，平均误差为 3.5%，最大误差为 9.0%，最小误差为 0，该计算精度基本符合垂向水温的模拟要求。

4. 水文情势影响预测评价实例

水文情势变化评价是水利水电工程生态影响评价的基础，该实例为黄河龙口水利枢纽环境影响评价报告书中关于水文情势的影响预测评价。龙口水利枢纽是万家寨水利枢纽的反调节水库，而万家寨电站是调峰电站，每日在电网峰荷运行 6～7 h，流量变化范围为 0～1 806 m³/s，对下游河道生态产生较大的影响，通过龙口水利枢纽的反调节作用，减缓对下游的影响。因此，对于龙口水利枢纽来说，径流调节的变化是影响下游生态环境的主要因素。该实例通过预测评价万家寨—龙口水利枢纽的水文情势调度，精确到运行小时流量，确定典型日的下泄生态流量过程。

（1）下游水文情势的变化

龙口水利枢纽建坝前河流水文情势主要受控于万家寨水利枢纽的调节运行，万家寨水利枢纽，总装机容量 1 080 MW，调节库容 4.45 亿 m³，多年平均发电量 27.5 亿 kW·h，每日在电网峰荷运行 6～7 h，流量变化范围为 0～1 806 m³/s，波动幅度较大，导致下游河道断流，生态环境恶化。

龙口枢纽的多年平均来水量为 178 亿 m³，而水库的调节能力很小。根据水库径流调节计算，相应年份的月径流过程基本不发生变化，入库和出库月径流过程比较见表 2-4-41。

表 2-4-41 龙口水利枢纽入库和出库月径流过程比较　　　单位：m³/s

月份	1968 年（25%）		1986 年（50%）		1974 年（75%）		1991 年（90%）	
	入库	出库	入库	出库	入库	出库	入库	出库
8	922	926	773	778	239	244	239	244
9	2 158	2 158	646	646	258	258	239	239
10	810	795	130	114	115	99	115	99
11	743	730	398	384	576	562	347	333
12	704	704	585	585	555	555	530	530
1	649	649	668	668	610	610	593	593
2	653	653	609	609	599	599	565	565
3	685	685	552	552	536	536	521	521
4	639	639	443	443	472	472	418	418
5	247	247	358	358	301	301	250	250
6	247	273	396	421	301	326	250	275
7	247	247	396	396	685	685	250	250
年径流量/亿 m³	228	228	156	156	138	138	113	113

　　龙口水利枢纽为万家寨水利枢纽的配套工程，其任务是对万家寨水电站调峰发电流量进行反调节，使黄河万家寨—天桥区间不断流，并参与晋、蒙电网调峰发电。电站装机容量 420 MW，选用 4 台单机容量 100 MW 和 1 台单机容量 20 MW 的水轮发电机组，小机组的任务是使水库下游河道不断流，瞬时流量不小于 50 m³/s。电站最大发电流量为 1 451 m³/s。万家寨和龙口水电站的设计保证率为 P=90%。根据万家寨和龙口水电站设计代表年（P=90%），计算得出的万家寨和龙口水电站的典型日下泄流量过程见表 2-4-42。

　　对比龙口水利枢纽建设前后，水库对月径流过程没有影响；电站运行主要使河流的日调节流量产生明显的变化。经水库反调节可减少下游河道流量波动幅度，改善下游河道的水流条件。

表 2-4-42　万家寨和龙口水电站（P=90%）典型日下泄流量过程　　　　单位：m³/s

时段（小时）	万家寨		龙口	
	7 月	12 月	7 月	12 月
1	0	0	50	50
2	0	0	50	50
3	0	0	50	50
4	0	0	50	50
5	0	0	50	50
6	0	0	50	50
7	0	0	50	50
8	0	612	50	897
9	420	1 687	493	897
10	1 206	1 347	493	897
11	1 410	244	493	897
12	813	0	493	780
13	0	0	493	780
14	0	0	50	50
15	0	0	493	897
16	0	0	50	780
17	0	1 687	493	897
18	0	1 687	493	1 329
19	27	1 687	493	1 329
20	813	1 687	493	1 329
21	1 410	1 687	493	897
22	420	1 687	493	897
23	0	0	50	50
24	0	0	50	50

图 2-4-13 是无龙口枢纽时沿程断面的流量过程，图 2-4-14 是龙口水利枢纽运行后沿程断面的流量过程。图 2-4-15 是龙口枢纽建成前后天桥水库（距龙口坝址 75 km）入库流量过程的比较。

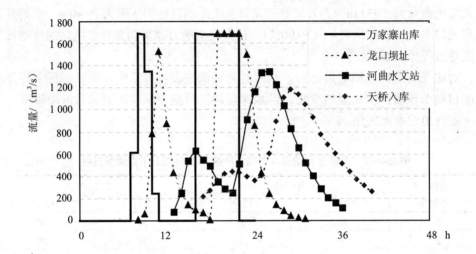

图 2-4-13 无龙口枢纽时各断面流量过程比较图（12 月）

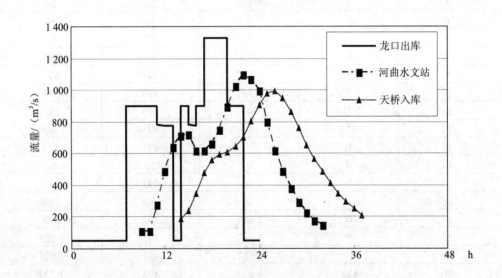

图 2-4-14 龙口枢纽运行后各断面流量过程比较图（12 月）

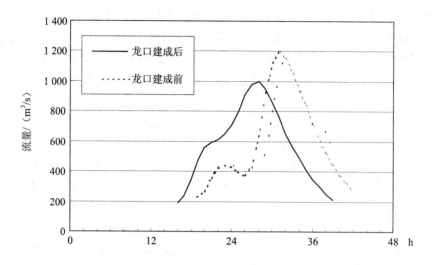

图 2-4-15　龙口水电站建成前后天桥水库入库流量比较（12 月）

从图 2-4-13～图 2-4-15 中可以看出：

① 万家寨或龙口水电站日调峰下泄到达天桥水库时，均有较大程度的变化，水流波动均明显减小；

② 无龙口时，万家寨下泄的最大流量为 1 687 m³/s，最小流量为 0，到达天桥时的最大流量为 1 183 m³/s，最小流量为 216 m³/s，最大流量减小了 504 m³/s，削减幅度达 30%；

③ 龙口建成后，龙口下泄的最大流量为 1 329 m³/s，最小流量为 50 m³/s，到达天桥时的最大流量为 997 m³/s，最小流量为 192 m³/s，使万家寨下泄最大流量减小了 690 m³/s，削减幅度达 41%；

④ 龙口建成后天桥水库入库水流波动幅度比龙口建成前要小，其中 12 月天桥水库的入库最大流量由 1 183 m³/s 减小到 997 m³/s，减小幅度达 16%。

龙口水库建有一台小机组使其瞬时下泄流量不小于 50 m³/s，在一定程度上保证了河道的生态需水要求，改善了万家寨水库建成后造成的河道断流状况。

（2）下游生态需水分析

龙口电站的建设改善了由于万家寨枢纽导致的区间的断流问题，对河道生态具有重要的意义，但 50 m³/s 的最小下泄流量并不代表河道的最小生态流量。

近年来，断流成为黄河最主要的生态问题，但如何科学地确定河道的最小生态需水量，仍是一个非常困难的科学问题，我国的河流普遍缺乏明确的生态保护目标，在确定生态需水量时更多的是参照国外的经验与成果。

本次评价以下游河道的水质要求为生态目标，确定下游的河道环境用水量。其确定方法可以按照美国的 7Q10 法和中国的 10 年最枯月平均流量法进行。其中，中国的 10 年最枯月平均流量法是在引进美国 7Q10 法的基础上发展出来的。7Q10 法，亦即采用 90%保证率最枯连续 7 天的平均水量作为河流最小流量设计值，主要用于计算污染物允许排放量，自我国在 20 世纪 70 年代引入后，在许多大型水利工程建设的环境影响评价中都得到应用。但由于该标准要求比较高，鉴于我国的经济发展水平比较落后、南北方水资源情况差别较大，我国在《制定地方水污染物排放标准的技术原则和方法》（GB 3839—1983）中规定：一般河流采用近十年最枯月平均流量或 90%保证率最枯月平均流量。

黄河中上游已建成一系列的水库，河流的水文过程受人为因素影响较大，目前龙口水电站的来水主要受万家寨水库径流过程控制，万家寨电站每日在电网峰荷运行 6～7 h，流量变化范围为 0～1 806 m³/s。因此，以此为基础评价最小生态需水量显然不合适。为此本次评价选择万家寨上游头道拐水文站的实测水文资料开展工作。

选取头道拐 1952—1998 年 46 年系列资料，以 90%保证率最枯月平均流量确定最小生态需水量，通过频率分析，其流量为 74 m³/s。

进一步考虑上游龙羊峡水电站蓄水对黄河干流水量的影响，龙羊峡水电站 1986 年开始蓄水，分析 1986—1998 年 90%保证率最枯月平均流量为 68 m³/s。

以上分析未含头道拐到龙口间的区间流量，但区间流量所占比例很小，以此为依据，综合两个结果，评价认为最小下泄流量应保持在 70 m³/s 左右。

（3）电站建设对龙口至天桥区间取水的影响

黄河河道两岸共有 39 座中小型机电扬水站：其中右岸准格尔旗 17 座，扬水站取水口高程在 850～860 m，总装机容量 1.66 万 kW，最高扬程为 560 m（大梁站），其余各站大部分在 60 m 以下，灌溉耕地面积为 0.451 万亩（300.7 hm²）。左岸河曲县 22 座扬水站，扬水站分 1～6 级提水，电灌站安装高程在 844～861 m，一级取水口高程在 840～858 m，扬程在 40～118 m，提水灌溉面积约 5 万亩。

万家寨水电站调峰运行时下泄的流量变化剧烈，使下游河道水位波动幅度加大，取水条件恶化。当河道的流量较小、水位低于泵站设计取水工况时，部分泵站机组"脱流高吊"，影响两岸耕地灌溉，导致粮食减产，直接影响其经济效益。

龙口水库建有一台小机组使其瞬时下泄流量不小于 50 m³/s，使得灌溉期（7 月）龙口水电站建成后龙口至天桥库尾各断面最小流量均大于龙口建成前，见图 2-4-16，这将有利于龙口下游两岸农业灌溉引水。

（4）电站建设对天桥水电站发电的影响

天桥水库库尾距龙口水利枢纽坝址约 52 km，天桥水电站装机容量为 128 MW，额定流量为 884 m³/s。原设计是一座日调节的径流式电站，在山西电网中承担调峰任务（弃水调峰）。由于水库泥沙淤积严重，目前水库的有效库容仅为 2 000 万 m³ 左右，在系统中基荷运行。

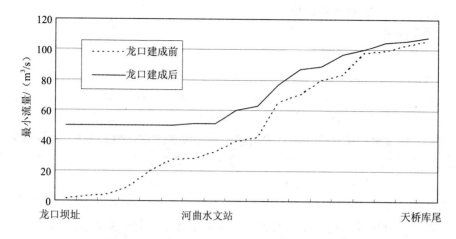

图 2-4-16　龙口建成前后龙口至天桥库尾最小流量比较（7 月）

根据计算得出的天桥水库入库流量，对天桥水电站进行调节计算，设计枯水年（P=90%）夏季（7 月）龙口建成前后天桥水电站日发电量相等，均为 77 万 kW·h，冬季（12 月）龙口建成前后天桥水电站日发电量分别为 199 万 kW·h 和 200 万 kW·h，发电量增加了 1 万 kW·h，因此，龙口水电站投入使用后，天桥水电站发电量将稍有增加。

第四节　施工期环境影响评价

水利水电工程施工环境影响涉及很多方面，本章主要介绍工程施工过程中对水环境、大气环境、声环境的影响以及施工固体废物的影响预测评价。

一、水环境影响

1. 污染源分析

水利工程施工期的污染源主要包括生产废水和生活污水两大部分。其中生产废水主要来源于沙石骨料加工废水，另有少量的基坑排水，混凝土养护及拌和系统冲洗废水和施工机械、车辆修理系统含油污水。生活污水主要来源于施工期进场的管理人员和施工人员的生活污水。

2. 预测方法

预测方法包括类比调查法和数学模型法。

按照《环境影响评价技术导则　地面水环境》（HJ/T 2.3—1993）的有关要求，结合工程施工区河段河道地形特征、污染物在水体中的扩散方式分析，水质预测可采用零维、一维或二维水质模型。

3. 影响分析

（1）施工生产废水

① 沙石骨料冲洗废水

根据施工组织设计及施工布置，确定沙石料加工系统供水系统、生产规模、生产用水、回用及循环、施工方法及工艺，确定沙石料加工系统骨料冲洗废水的主要污染种类、排放量和排放方式。一般情况，冲洗废水中 SS 浓度很高，料场所用沙石料泥沙含量在 2.26%～13.6%。通常生产 1 t 骨料需用水 2.7 t，沙石料泥沙平均含量按 8%计，由物料平衡原理确定的沙石料冲洗废水中 SS 浓度为 3.0×10^4 mg/L。根据零维水质模型预测结果和生产废水排污去向，计算受纳水体中污染物浓度变化数值，或超标倍数，分析沙石料加工系统废水对排放水体水质的影响程度和范围。水库枢纽工程要根据枢纽布置情况，分析沙石料冲洗废水对坝址下游引水口的影响。

水质预测可采用零维、一维或二维水质模型。

零维水质模型：

$$C = (C_pQ_p + C_hQ_h) / (Q_p + Q_h) \tag{2-4-71}$$

式中：C——污染物质量浓度，mg/L；

Q_p——污水排放流量，m^3/s；

C_p——污水排放质量浓度，mg/L；

Q_h——河段流量，m^3/s；

C_h——河流上游来水中污染物质量浓度，mg/L。

河流一维水质模型：

$$C_x = C_0\exp\left[\frac{u}{2E_x}\left(1 - \sqrt{1 + \frac{4KE_x}{u^2}}\right)x\right] \tag{2-4-72}$$

若忽略纵向离散作用时则为：

$$C_x = C_0\exp\left(-K\frac{x}{u}\right) \tag{2-4-73}$$

式中：C_x——流经 x 距离后污染物质量浓度，mg/L；

u——河流平均流速，m/s；

x——纵向距离，m；

E_x——河段纵向离散系数，m^2/s；

K——污染物综合衰减系数，1/s；

C_0——起始断面（$x=0$）处污染物质量浓度，mg/L；

$$C_0 = (C_p Q_p + C_h Q) / (Q_p + Q)$$

式中：Q_p，C_p——污水排放流量、质量浓度，m³/s、mg/L；

$\quad\quad$ Q——河段流量，m³/s；

$\quad\quad$ C_h——上游河段污染物质量浓度，mg/L。

二维对流扩散方程式：

$$u\frac{\partial C}{\partial x} = \frac{\partial}{\partial z}\left(E_z \frac{\partial C}{\partial z}\right) - KC \tag{2-4-74}$$

上式在连续点源稳态情况时的解析解为：

$$C(x,z) = \frac{m}{2uh\sqrt{\pi E_z x/u}}\exp(-\frac{u}{4x}\cdot\frac{z^2}{E_z}) \tag{2-4-75}$$

式中：$C(x，z)$——在坐标 x，z 处的污染物质量浓度，mg/L；

$\quad\quad$ m——排污口污染物排放速率，g/s；

$\quad\quad$ u——设计流量下污染带内纵向平均流速，m/s；

$\quad\quad$ h——设计流量下污染带内平均水深，m；

$\quad\quad$ E_z——横向扩散系数，m²/s；

$\quad\quad$ x——计算点距排污口距离，m。

横向扩散系数 E_z 可采用下面的经验公式：

$$E_z = a_z \cdot H \cdot U^* \tag{2-4-76}$$

$$U^* = \sqrt{gHi} \tag{2-4-77}$$

式中：a_z——无量纲横向扩散系数；

$\quad\quad$ H——断面平均水深，m；

$\quad\quad$ U^*——摩阻流速，m/s；

$\quad\quad$ g——重力加速度，9.8 m/s²；

$\quad\quad$ i——水力坡降，‰。

国外 Fisher 等专家实验结果表明，天然河流 a_z 数值范围在 0.6（1±50%）。

② 基坑排水

经常性基坑排水由降水、渗水和施工用水（主要是混凝土养护水和冲洗水）等汇集而成。由于基坑开挖和混凝土浇筑养护，基坑水的悬浮物含量和 pH 值较高。可根据其他水利工程实地监测结果进行类比，确定经常性基坑排水的污染物浓度、排放时间和时段等，分析对下游河段水质产生的影响。

③ 混凝土养护及拌和系统冲洗废水

根据主体工程混凝土工程总量，混凝土工程布置及施工位置、占地面积、地形地势，以及废水的排污去向等，推算混凝土养护及拌和系统废水污染物（悬浮物）浓度和 pH 值，预测和分析混凝土养护及拌和系统施工冲洗废水对附近水域的影响性质、范围和程度。

对按Ⅱ类水保护的河流、湖泊和水库的水体，应禁止新建排污口，禁止施工碱性废水排入。

④ 含油废水

根据工程施工机械和车辆的种类、数量、油料动力等情况，施工机械和车辆的布置及运行方式、维修和保养场地，推算含油废水排放量。机械车辆维修、冲洗排放的废水中悬浮物和石油类含量较高，含油废水直接排入水体，在水体表面形成油膜，使水中溶解氧不易恢复，影响水质。

水利工程机械保养场所一般位于滩地或农田，含油废水随意排放，主要污染检修场附近地面土壤，也不利于施工迹地恢复。

（2）生活污水

分析施工总体布置、施工生活区布置、施工占地和施工人数等情况，结合当地用水和施工人员工作、生活特点，推算施工人员生活用水标准，一般为 0.10～0.15 $m^3/(d \cdot 人)$，应根据生活污水污染物种类和排放水域水质污染状况，确定预测指标。对河流水质影响的预测，一般选取 BOD_5、COD 和氨氮等指标。采用零维或一维水质模型进行预测，根据预测结果，计算污染物浓度变化数值，对照生活污水排放标准，分析施工生活污水排放对附近水域水质的影响。

对河流、湖泊和水库Ⅱ类水等水体，应禁止新建排污口，禁止施工生活污水排入。施工生活污水禁止排入生活饮用水取水口上游 1 000 m 至下游 100 m 水域，禁止排入集中式饮用水水源地Ⅰ类水源保护区水域和陆域范围。

二、大气环境影响

1. 污染源分析

施工期对环境空气质量的影响主要是由于机械燃油、施工土石方开挖、爆破、混凝土拌和、沙石料粉碎、筛分以及车辆运输等施工活动产生，污染源主要有粉尘和扬尘，尾气污染物主要有二氧化硫（SO_2）、一氧化碳（CO）、二氧化氮（NO_2）和烃类等。

根据施工组织设计，统计施工期燃油使用量、燃油排放的污染物种类和排放方式。根据污染物排放系数法、实测法、类比工程分析法等，推算施工期主要污染物种类和排放量。

可根据施工土石方量、开挖填筑工艺、转运方式及运输路况等，预测粉尘和扬尘的污染程度和范围。根据工程施工布置及施工使用炸药量，结合周围地带环境状况，根据施工使用的炸药量，采用类比法和实测法，预测炸药爆炸后产生的 CO、NO_2、CH_x 等有害气体排放量及影响范围。

根据工程施工物质运输量，主要是产尘物质运输量，结合施工交通运输方式及路况，预测施工道路扬尘污染及影响范围。

2. 预测方法

（1）施工粉尘和扬尘污染预测

采取实测法和类比工程法等预测。实测法可选择施工运输产尘量较大的典型路段，模拟施工运输车辆行驶状况，进行实际测量；根据施工车辆行驶状况和车辆密度，推算类似路况地段施工扬尘污染量。类比工程法可选择类似工程及类似道路已有经验数据，进行类比推测。

（2）燃油机械尾气污染预测

采用类比法和预测模型进行预测。

3. 影响分析

（1）燃油（煤）对环境空气的影响

水利工程施工燃油污染物主要来自施工车辆和自备燃油点源设备，其排放具有流动和分散的特点。一般情况下，施工机械设备燃油废气污染物排放量不大，可根据施工布置及所在地区空气污染物扩散条件，结合施工燃油机械污染物排放总量，预测施工机械燃油废气对环境空气的影响。

（2）施工粉尘对环境空气的影响

① 施工粉尘和扬尘

施工运输车辆卸载土料产生的泥尘，施工开挖与填筑产生的土尘等，是影响施工区及附近地区环境空气的主要影响源。可根据类比工程实测数据分析、推测土方开挖与填筑施工现场空气中 TSP 浓度及影响范围。在气候干燥的晴天进行卸料和土方填筑施工时，易造成空气中 TSP 浓度增高，对影响范围内敏感目标可造成影响，但影响时段短，施工停止后即可恢复原状。

对新建、改建或扩建的施工道路，筑路所需石料较多，粉尘料相对较少，物料卸载时可能造成粉尘飘散；施工车辆行驶在泥结石路面时起尘量较大，对附近农作物和近场施工人员可能产生潜在性影响。

对工程施工前临时建筑物的拆除产尘，可根据类比工程实测数据，推算施工土石方拆除强度，预测产尘量；根据施工区所处地区空气污染物扩散条件和环境空气污染本底情况，预测拆除施工对环境空气的影响。

② 施工运输车辆扬尘

交通运输粉尘主要来自两方面。一方面是汽车行驶产生的扬尘；另一方面是装载水泥、粉煤灰等多尘物料运输时，汽车在行进中如防护不当易导致物料失落和飘散，将导致沿公路两侧空气中的含尘量的增加，对公路两侧的空气质量造成污染。根据进、出场路段路面起尘情况，途经道路两侧敏感点分布，结合施工运输车辆行驶方式和密度，预测施工车辆扬尘对经过道路两侧地带环境空气的影响。

调查工程施工运输道路路况，施工高峰期施工车辆流量，路面起尘量等。车辆道路扬尘为线源污染，扬尘在道路两侧扩散，最大起尘浓度出现在道路两侧，随离散距离增加浓度逐渐递减，最终可达背景值，一般气候条件下，影响范围在路边两侧 30 m 之内。可根据现场查勘调查施工道路两侧环境空气敏感目标的性质和分布，结合当地空气污染物扩散条件和环境空气背景值，预测施工运输对道路两侧敏感目标的影响。

三、声环境影响

1. 噪声源分析

施工活动产生的噪声包括以下类型：固定、连续式的钻孔和施工机械设备的噪声；短时、定时的爆破噪声；流动噪声。根据施工设备选型情况，采用类比工程实测数据，确定主要施工机械设备、车辆噪声源强。一般常用水利工程施工机械噪声源，如搅拌机、挖掘机、风钻等噪声级为 80～110 dB（A），施工车辆为 80～95 dB（A）。

2. 影响分析

（1）固定点源噪声影响

在工程设计尚未明确施工区段及施工机械具体布置的情况下，可根据施工组织设计，按最不利情况考虑，结合敏感目标位置，选取施工声源强大、持续时间长的多个主要施工机械噪声源为多点混合声源，且布置在同一施工区，同时运行。经声能迭加后，得出在无任何自然声障的不利情况下，施工区施工机械声能迭加值，按距离预测施工噪声源的影响。

根据施工机械分布特征、噪声源强和敏感目标分布，确定敏感目标可能产生影响的施工区段。根据施工区附近的声环境敏感目标的性质及分布，结合施工噪声源影响范围，分别预测施工噪声对各声环境敏感点的影响程度及范围。

根据《环境影响评价技术导则　声环境》（HJ/T 2.4—1995）有关要求可采用下列预测公式。

固定点源噪声源计算采用无指向性点声源几何发散衰减公式：

$$L_A(r) = L(r_0) - 20\lg(r/r_0) \tag{2-4-78}$$

式中：$L_A(r)$——距声源 r 处的等效声级；

$L(r_0)$——参考位置 r_0 处的等效声级。

用声能叠加公式求出预测点的噪声级：

$$L_{总} = 10\lg(\sum_{i=1}^{n}10^{0.1L_i})\qquad\qquad（2-4-79）$$

式中：$L_{总}$——预测声级，dB(A)；

　　　L_i——各叠加声级，dB(A)；

　　　n——n 个声压级。

（2）流动声源影响

工程流动声源为施工运输车辆，其噪声源强的大小与车流量、车型、车速及路况等因素有关。对施工交通布置进行分析，根据施工道路两侧敏感目标性质及分布情况、地面声障物分布情况等，结合施工运输车辆行驶方式和密度，预测施工交通流动噪声对道路两侧声环境的影响。交通流动噪声影响对象一般为公路两侧居民点、学校和医院等敏感目标。

流动声源计算公式：

各种载重型汽车的交通运输产生的噪声均可视为流动声源，其噪声的大小与车流量、车型、车速及路况等因素有关，拟采用下列模型计算其衰减量。

$$L_{eq} = L_{A\max} + 10\lg\frac{N}{v} + 10\lg\left(\frac{7.5}{r}\right) + \Delta S - 13\qquad（2-4-80）$$

式中：L_{eq}——预测点处的等效声级，dB(A)；

　　　$L_{A\max}$——距车辆行驶路面中心 7.5m 处的源强；

　　　N——车流量，辆/h；

　　　v——车速，km/h；

　　　r——测点与参照点的距离，m；

　　　ΔS——噪声传播途中声屏障的减噪量。

行驶在乡间公路上的机动车辆产生的噪声水平可以由下式描述：

$$L_{AQ} = L_{WA} - 33 + 10\lg Q - 10\lg v - 10\lg d\qquad（2-4-81）$$

式中：L_{WA}——机动车声功水平，dB；

　　　Q——每小时的机动车数量；

　　　v——车辆平均时速；

　　　d——接收者所处位置与路中央的距离，m。

为确定"噪声敏感接受者"处产生的噪声水平，可将屏蔽反射效应和施工活动占评价时段的百分数与据上式求得的噪声水平相结合进行。

（3）爆破施工噪声

水利工程施工爆破噪声具有短时、定时、定点等特征。根据工程施工炸药使用量、施工爆破点布置、爆破作业时段和环境敏感目标位置等，预测施工爆破噪声对附近敏感目标的影响。

四、固体废物影响

1. 弃土、弃渣（石）

工程施工产生的弃土、弃渣（石）主要来自于工程基础开挖、料场剥离（为施工结束后恢复迹地需要，事先将料场表层土剥离存放）、渠道开挖、施工道路的土石方拆除以及占地移民安置建房等活动。水利水电工程施工过程中产生的固体废物主要是弃土、弃石和弃渣。根据主体工程土石方平衡，计算施工弃渣量。根据土石渣数量及布置，预测施工弃渣水土流失量，预测施工弃渣对自然环境的影响。

其影响主要有：

（1）对土地资源的破坏和影响

工程建设损坏原有地貌、压占土地，使工程区土地资源受到影响；工程建设将使工程区耕地、林地面积减少，裸地面积增加；在采挖面等地段，地面原有土壤结构和组成将发生变化，基岩和土石混杂，结构松散，使土地的抗侵蚀能力大为下降，导致土地沙化、石化，降低土地生产力，农业生产将受到一定影响。

（2）对下游和周边地区防洪的影响

本工程建设产生的弃渣如果不采取拦挡措施，一旦遇降水、风等外力，极易被冲刷，将淤积河道，降低防洪能力，对下游村庄、道路、农田造成威胁。

2. 垃圾

（1）生活垃圾

根据工程施工期、施工人数等，推算施工垃圾产生量。一般情况下水利工程施工垃圾产生量可按人均日产垃圾 1.2 kg 计。

生活垃圾如任意堆放，不仅污染空气，有碍美观，而且在一定气候条件下，还会造成蚊蝇滋生、鼠类大量繁殖，加大各种疾病的传播机会。在人口密集的施工区导致疾病流行，影响施工人员身体健康。

生活垃圾的各种有机污染物和病菌随径流或其他条件一旦进入河流水体，将污染河段水体水质，增加水体中污染物浓度。

（2）生产垃圾

工程生产垃圾主要来源于建筑垃圾、生产废料、交通运输垃圾。

① 建筑垃圾

本工程施工区施工结束，临时建筑物、工棚和附属企业的拆除，大量的建筑垃圾及各种杂物堆放在施工区，形成杂乱的施工迹地，这些建筑垃圾若不得到有效的处理将影响当地视觉景观，不利于后期施工场地恢复建设。

② 生产废料

施工期产生的生产废料主要有木料碎块、废铁、废钢筋、油渣油纸、棉纱等。预估这些生产废料数量不大，但废弃油渣油纸、棉纱任意丢弃，会影响施工区环境卫生。

③ 交通运输垃圾

根据场外物质来源及流向，在运输建筑材料过程中，装载沙石等建筑材料的运输车辆行驶中若无遮盖措施或防护不当，容易导致物料沿途散落，不仅造成经济损失还影响道路清洁。运输生活垃圾的车辆在路况较差的运输过程中可能会造成垃圾、弃土等撒落在路边，遇暴雨弃渣还可能会被冲到附近沟渠，对水体水质造成一定的影响。

第五节　移民安置环境影响评价

一、评价目的

移民安置工程是指水利水电工程占地和淹没影响的社会、经济系统恢复和重建工程，它是水利水电工程的重要组成部分，也是一项政策性强、牵涉面广、艰巨而复杂的系统工程。

移民安置工程按工程类型，划分为农村移民生产生活及社会恢复重建工程；城镇移民生产生活及区域管理功能恢复和重建工程；基础设施功能恢复和重建工程（如铁路、公路、航运、水利、电力、邮电、广播电视工程等）；大中小型企、事业单位搬迁与处置；文物古迹处置；库区资源开发等。移民安置工程的范围，就地域而言，涉及水库淹没区、工程占地区、移民安置区和受益区；就时间而言涉及前期、搬迁安置期、恢复期和发展期。

移民安置工作具有双重性。工程占地与水库淹没区一般地处相对落后地区，经济实力薄弱，投资环境较差。合理的移民安置工程，将为区域社会经济与生态环境可持续发展提供经济和政策保障，但不合理的移民安置将带来大的环境破坏，并导致社会不稳定。移民安置工程对环境的影响深刻而久远，开展移民安置环境影响评价工作是十分必要的。

（1）通过移民安置环境影响评价，对移民规划设计成果和决策结论的正确性进行环境方面的检查和验证。

（2）评价移民安置去向、安置方案、移民新村建设的环境合理性。

（3）保证移民安置工程环境保护措施与移民工程同步设计、报批。

移民安置规划设计理论正处于发展和完善阶段，进行移民安置环境影响评价，从环境角度论证移民安置规划设计，可以促进移民工作的规范化和科学化，有助于移民安置理论发展，从而提高移民工作的决策和实施水平。

二、评价的特点

移民安置工程是一项庞大和复杂的系统工程，是在政府组织领导下对受影响群体生产、生活系统的恢复和复建工程。工程影响范围涉及安置区、淹没区和受益区，项目包括基础设施和社会、文化、经济建设，工程涉及人文、技术、经济、社会、环境各个方面。移民工程自身的特殊性，也决定了环境影响评价具有特殊性。

移民工程是整个项目枢纽的重要组成部分，移民安置的环境影响评价也是项目环境影响评价的重要内容。在开展移民工程环境影响评价时，对评价对象的理解不同，对移民安置环境评价的内容以及所采取的环保措施的理解也不相同。

（1）把移民理解为主要的环境问题，移民安置工程就是为了解决移民这个环境问题而制定的防治其影响的对策措施，也可理解为移民安置规划即为移民环境保护规划，其内容包括移民规划设计的所有方面，涉及安置规划目标、环境容量分析、农业和城镇安置、专业及基础设施规划、环境保护规划、库区清理、文物保护规划等。

（2）移民安置工程作为独立工程或评价对象。移民安置工程作为工程建设项目，移民环境影响评价需依照有关行业和国家法规，开展相应项目评价，内容包括农业开发安置环境影响评价，工业安置和项目开发环境影响评价，村镇和城市建设环境影响评价，基础设施（水利、电力、通信、交通、广播、电视）等工程建设环境影响评价等。

移民安置工程作为一项以人搬迁安置为目标的社会、经济重建和恢复的工程，环保工作的核心应是将可持续发展的思想贯穿于移民规划设计及安置全过程，把环境保护与可持续发展目标作为移民安置工程的建设目标，将工程环境保护规划和工程环境影响评价有机地结合，构成移民工程环保或环评的主要内容。移民安置工程环评，具有以下特点：

① 综合性：移民环境影响涉及社会、经济、环境诸多方面，既要考虑移民群众适应社会、自然环境过程中带来的影响，也要考虑基础设施、生产生活建设对环境的影响，同时要评价环境适应性和区域环境容量对移民安置工程的限制。

② 区域性：移民安置工程是一种区域开发建设工程。开发活动具有区域性特点，其影响性质和程度也具有区域性。工程影响区域一般涉及安置区、工程占地和淹没影响区。

③ 滞后性：主体工程设计与移民工程设计具有不同步性，一般而言，当主体工程设计进入到可行性研究阶段，并开始编制环境影响报告书时，移民工程所涉及的基础设施，生产与生活建设工程，一般为规划阶段。当主体工程设计在初设与技施

阶段时，移民工程一般还处于可研阶段，重大的基础设施项目如补偿性水库工程、灌区、电力、交通要求与主体工程同步，一般性项目设计阶段滞后。移民安置工程设计滞后性就带来环评深度与主体工程相比的滞后。

④ 导则性：在主体工程可行性研究阶段，移民工程中的基础设施和生产生活建设工程整体上只能达到规划阶段水平，仅部分项目可达到可研水平。因此，在有些项目环评中，对移民安置的环境影响评价多倾向于提出技术导则性意见，以指导移民规划设计，如对工矿和企业转产大型基础设施规划设计提出管理办法，要求按独立项目开展规划、设计、环评工作，对居民点建设提出环保要求等。

⑤ 复合性和可分解性：移民安置工程由移民生产生活安置工程及其所属的基础设施工程组成。基础设施项目可分解为交通、电力、城建、农业、灌溉、补偿工程等，其相应专业项目的环境影响评价可参照相关行业评价导则与规范开展工作。在移民搬迁整体规划中，环境保护工作应包括进行环境容量分析，公众参与，制定环境导则、工程承包环境要求等内容。

三、评价内容

移民安置环境影响评价应在安置规划前期（大纲阶段）对安置区选址的环境合理性进行分析，在移民安置规划阶段进行影响评价，评价内容不仅包括对自然环境中水环境、陆生与水生生态、水土流失、环境卫生的影响，还包括对社会环境、人群健康的影响等。移民安置环境影响评价目标是确保工程符合国家和地方环保要求，其内容应包括：

1. 移民安置环境保护原则

（1）规划符合性原则：移民安置规划应与相关规划（如水环境功能区规划、生态环境建设规划、城镇总体规划、水土流失规划等）相符合。

（2）选址合理性原则：移民安置区选址应避开环境敏感区（如自然保护区、风景名胜区、饮用水水源保护区、基本农田保护区、珍稀濒危野生动植物天然集中分布区、水土流失重点防治区等）及地质灾害区等。

（3）预防为主和影响最小化原则：环境保护与水土保持措施应以预防为主，防治结合，尽可能减少工程开挖产生的弃渣，并做到挖填平衡，防止因移民安置和库区建设引起当地自然环境、社会环境和生态环境的恶化，把不利影响降到最低限度。

（4）因地制宜，因害设防，突出重点，合理设置，形成综合防治体系。

（5）"三同时"原则：移民安置区环保水保设施应与安置区主体工程同时设计、同时施工、同时投入使用。

2. 移民安置区环境影响评价需关注的问题

根据我国水利水电工程移民的特点，需要关注的环境问题主要有：

（1）移民安置区的环境容量；

（2）移民生产安置土地开发的环境适宜性；

（3）移民生活安置选址的环境合理性；

（4）移民生产安置（农业开发活动）对生态的影响；

（5）移民生活安置（城镇迁建）对生态的影响和环境污染；

（6）专项设施复建（企业迁建）对生态的影响和环境污染。

3．移民安置规划方案环境合理性分析

主要包括生产安置方式合理性分析、农村移民居民点新址合理性分析、集镇设施迁建新址合理性分析等。根据各移民安置规划方案对生态环境、水环境、土地利用、社会环境、各环境敏感区域及其他方面的环境影响，分析移民安置规划方案的环境合理性。

4．移民安置区环境容量分析

为使移民减少对安置区环境的破坏，应分析安置区的环境容量，以确定合理的安置规模，在分析安置区环境容量时，一般应考虑以下几个方面：

（1）移民安置方式分析。工程移民安置形式分为农业安置和非农业安置。对农业安置遵循因地制宜、有利生产、方便生活、保护生态的原则，对非农业安置按照以城（集）镇现状为基础，节约用地、合理布局的原则，分别根据各安置区的社会经济状况和环境状况分析移民安置方式的合理性。

（2）土地资源承载力分析。土地资源承载力指在一定生产条件下土地资源的生产力和一定生活水平下所承载的人口限度。具体根据移民安置规划，通过土地有偿划拨、开垦部分宜农荒地、旱改水、坡改梯，以及加大水利设施建设等措施，解决移民生产生活需求。

（3）水资源环境承载力分析。移民安置区的水资源环境承载力主要是考虑安置区的水资源是否能满足移民生活用水和生产用水的需求。具体根据移民安置规划，确定生活生产用水量，进行水量分析。

（4）其他相关因素分析。综合各安置点的土地资源、农业生产、经济状况、民族习俗、基础设施和社会服务设施配置等实际情况，确定安置点。

移民规划工作中要进行环境容量分析，环评工作有必要对其复核。

5．生产安置土地开发环境适宜性分析

土地开发环境适宜性主要从地形地貌、气候条件、土地质量、植被、水土流失、敏感因素 6 个方面进行考虑和分析。

（1）地形地貌：包括坡度、海拔高程和土地利用类型 3 个指标。

一般情况下：

坡度。按照国家有关规定，禁止开垦 25°以上的荒坡地，而对于 25°以下开垦的荒坡地应满足水土保持等生态环境保护的要求，因此，确定 25°以上的土地均为不适

宜；15°～25°的土地开发时可能产生的水土流失相对较大，其土地适宜性一般；6°～15°的土地开发时可能产生的水土流失相对较小，其土地适宜性中度；0°～6°的土地开发时可能产生的水土流失很小，其土地为较适宜。

海拔高程。高程 1 500 m 以下农作物生长最好，土地定为较适宜；高程 1 500～2 000 m，农作物生长较好，土地适宜性为中度适宜；高程 2 000～2 500 m，农作物生长一般，土地定为适宜性一般；高程 2 500 m 以上的土地定为不适宜。

土地利用类型：旱地的生产中会产生一定的水土流失，在安置中优先选择旱地用于生产开发，将其改造成水田后，可增加农田植被的覆盖度，减少水土流失，其土地肥力相对较好，可增加粮食作物的产量。因此，确定旱地为适宜开发地类；未利用地的水土流失较大，经过增加肥力等改造措施后可用于生产开发，其适宜性较好；草地、疏林地或灌木林地等地类在开发中将会破坏植被，增加水土流失，因此，其地类的适宜性一般；而其他土地类型则为不适宜用于生产安置。

（2）气候条件

气候条件包括光热条件和水量 2 个指标。

一般情况下：

光照条件。光照和热量条件是决定农作物种类及生长的重要因子。用日照时数和平均气温来衡量，日照时数越长、平均气温越高，作物生长越快，生产力越高。光照条件可用积温来表现，积温大于 6 400℃较适宜植物生长，积温 4 500～6 400℃为中度适宜，积温 2 510～4 500℃为一般适宜，积温小于 2 510℃不适宜植物生长。

水量。用降水量来衡量，年平均降水量越多，水分越充足，作物生长越好，生产力越高。可以根据当地较大范围内的降水情况，来划分降水量的适宜度级别。

（3）土地质量

包括耕作层厚度和土地肥力 2 个指标。

一般情况下：

耕作层厚度。农作物生存所要求的土层厚度。宜农土地的耕作层厚度一般不得低于 0.6 m。

土地肥力：土壤类型对于土地肥力影响比较大，一般水稻土或冲积土较适宜农作物生长，燥红土或紫色土中度适宜，红壤土、石灰土或盐碱土一般适宜，亚高山草甸土、棕壤或黄棕壤则不适宜。

（4）植被

安置区植被是反映区域开发环境适宜度的重要指标之一，如果安置区域现状植被多为天然阔叶林或针叶林，则不适宜进行移民安置开发；现状为人工森林则据具体功能而定，如为人工防护林则不适宜，人工木材林则适宜度一般；现状为次生灌草丛则为中度适宜开发；现状为农田植被则较适宜开发。

（5）敏感因素

敏感因素主要包括自然保护区、风景名胜区、饮用水水源保护区、基本农田保护区、珍稀濒危野生动植物天然集中分布区、水土流失重点防治区等。如果移民安置区涉及这些敏感因素，则不适宜开发，如果没有则较适宜开发。

6. 生活安置选址环境适宜性分析

对于移民农村集中安置点、集镇和县城迁建，需要从以下几个方面分析选址的环境适宜性：

（1）地形地貌和地质稳定性；

（2）生态环境（是否存在生态保护敏感目标的限制）；

（3）水源条件；

（4）供电条件；

（5）电信条件；

（6）交通条件；

（7）生产、生活条件；

（8）民族风俗习惯。

7. 移民安置对环境的影响分析

（1）移民农业开发带来的影响

移民生产安置分为有土安置和无土安置，且以有土安置为主。有土安置又分为新开垦耕地和调剂耕地两种，前者需要重点关注其带来的生态影响。一方面，新开垦耕地改变了安置区原土地资源结构，对物种多样性产生一定影响。因此，应遵循因地制宜、宜农则农、宜林则林、宜牧则牧、宜渔则渔的原则，把农林牧渔视为一体，将对生态环境的不利影响降到最小。另一方面，需要重视和防治新开垦耕地带来的水土流失。

（2）农村移民集中安置点建设和城镇迁建带来的影响

① 生态影响

移民安置需进行的居民住宅和设施建设以及移民入住后的生产和生活活动，都可能对移民安置点及周围生态环境产生一定影响，包括对植被、动植物的影响。

② 生活安置区环境污染

农村移民安置区每日产生的生活污水和生活垃圾，如果不进行处理将会对环境产生一定影响。生活污水和垃圾如果倾倒入江、河、水库中将直接污染水体，影响水库水质；如果露天堆放，则垃圾渗漏液或污水将渗入地下或随地表径流流入水体，对地下水和地表水的水质会产生一定影响。

（3）安置区基础设施建设带来的影响

移民安置区以及水库库周的公路、电力、通信等重要设施重建和新建将带来一些环境影响。工程施工过程中开挖、填筑、取土、弃土等活动会对地表植被产生一定的影响，并且工程开挖过程中还会产生一定的水土流失。安置区周围存在敏感点时，其周边声环境和环境空气也会受到一定影响。

（4）企业迁建带来的影响

对水库淹没企业需要予以赔偿和复建，但是企业迁建不能执行"原迁原建"的原则，而是应该对照国家的产业政策，借助水库淹没的机会，对于不符合国家和地方产业政策的污染企业实行"关、停、并、转"，通过货币形式予以补偿。而对于那些符合国家和地方产业政策的，但是又有污染的企业，则应该合理选址和布局，完善环保设施，实现达标排放和满足其他环保要求。

（5）移民安置带来的社会环境影响

① 移民生活质量

移民生活质量影响分析包括居住条件分析和移民人均纯收入水平分析。人均纯收入由多种来源组成，受建设征地影响的主要是农业收入部分（由于在移民安置中尽可能选择社会经济条件较好的安置点，安置后对移民第二、第三产业收入的负面影响较小）。

② 人群健康

对集中安置方式，安置时应充分考虑其饮水水源、医疗卫生条件和粪便污水的处理，确保其饮水安全，切断其传染源，对易感人群进行有效防护。移民安置引起安置区血吸虫病暴发和流行的可能性较小，但仍需积极采取防范措施，进行消灭钉螺、管理粪便、保护水源和人群预防等工作。

③ 传统文化及习俗

水库淹没和施工占地造成少数民族村寨耕地、林地、民居房屋损失，使其赖以生存的生产、生活资料丧失，需要重新选择地点进行安置时，应当尊重少数民族的生产、生活方式和风俗习惯，避免打乱其传统文化存在的空间和氛围，使各民族移民参加各种民族文化活动不致受影响。

8. 移民安置环境保护对策措施

主要是从以下几个方面采取环境保护对策措施：

（1）合理选址，包括土地农业开发、农村集中安置点、移民新城镇的合理选址；

（2）移民生活安置区污染防治，包括生活污水处理和生活垃圾处置等；

（3）生态保护，土地农业开发和城镇建设过程中的动植物保护、水土流失防治等；

（4）企业迁建污染防治；

（5）基础设施复建环境保护措施；

（6）人群健康保护措施。

9. 环境保护管理规划

移民工程同一般建设项目在项目构成、建设时间方面有很大不同，一是因为移民工程在前期具有很大的不确定性；二是因为项目由当地政府实施，也有很大的不确定性。因此，移民工程环评很重要的一项任务是制定环境保护管理规划，指导移民工程从前期到实施的环保工作，管理规划内容一般应包括：

（1）依据国家和地方环境管理规定，制定移民项目环境管理办法；

（2）编制项目环境导则，以便指导移民规划设计和实施人员执行环境法规；

（3）制定环境监理、监测规划。

四、评价方法和步骤

移民安置环境影响评价方法同一般项目环境影响评价方法是基本一致的，但应注重把环境保护规划与工程有机地融合，把区域评价和可持续发展的环境保障作为重要的内容。在现状调查分析的基础上，可采用指标对比法、因素分析、数量统计、机理模型预测、系统模拟等评价方法进行预测评价。

移民安置环评步骤与一般建设项目基本一致，移民安置环评工作应同移民工程规划设计部门紧密配合，并指导移民规划，包括：

（1）在移民规划设计开展前，提出移民工作环境保护要求，包括环保目标、环保项目要求。

（2）对选定的移民安置方案，进行环境影响评价；修订移民安置方案，进行环保设计。

（3）根据环境保护工作任务，计算环保投资。

第六节　社会环境影响评价

一、社会经济影响评价

1. 社会经济影响评价的目的和主要内容

（1）评价主要目的

水利水电作为国民经济的基础产业，对国民经济和社会发展及人民的生命财产安全将起到不可替代的重要保障作用，但是通常水利水电项目规模较大，具有大量的人口迁移，淹没大量的土地，显著改变当地的社会结构的特点。如黄河小浪底水库工程能使黄淮海平原近 3 亿亩耕地、2 亿人口受影响，工程的实施淹没河南、山西两省八个县、三十一个乡（镇），共 4.5 万户居民，淹没占地总人口 20 万人。随着小浪底建设的完成，库区周围的社会经济结构也发生了根本性的改变，形成以电力产业为中心的新产业结构，对当地社会经济结构产生一定的影响。同时，工程建成后年发电量 44 亿～54 亿 kW·h，产生了巨大的社会效益和经济效益。这种大型水电项目对社会经济的影响非常显著，对其进行科学的评价是社会可持续发展的必然要求。

　　社会经济环境影响评价是水利水电项目环境影响评价的重要组成部分。水利水电项目对社会经济环境的影响包括有利影响和不利影响。对社会经济的不利影响主要为建设期和运行初期，其影响主要包括人口迁移、改变当地社会经济结构以及当地居民的收入水平下降等。有利影响主要包括增加当地的经济发展潜力，施工期增加当地就业机会和促进地方建材、运输等行业的发展等。对这类影响系统地进行识别，定性和定量地预测和分析社会经济的影响，提出增进有益影响的建议，制定减缓不利经济影响的对策措施，是社会经济影响评价的主要目的。

　　（2）评价主要内容

　　根据其评价目的，社会经济影响评价应该重点分析建设项目可能产生的有利和不利社会经济影响，以及当地人口受益和受损情况，并通过采取一定措施来增加项目的有利社会经济影响和受益人数，减少项目的不利影响和受损人数，并尽可能对此加以补偿。对一些社会经济效益显著，但对环境损害严重的大型项目，有必要进行项目的社会效益和经济效益分析以及环境经济分析，通过费用—效益或费用—效果分析来给出项目的社会效益和经济效益是否能够补偿或在多大程度上补偿了由项目造成的环境损失，由此而对项目整体效益进行综合评价。

2. 社会经济影响评价因子

　　水利水电项目（包括防洪、水电、灌溉、供水等项目）社会经济影响评价因子涉及面很广，与开发规模和所在地区的自然和社会经济环境的基本条件及特点密切相关。表2-4-43将各类开发行动社会经济影响评价因子分为五大类，此表是一个通用性评价因子一览表，水利水电开发行动的社会经济影响因子与它基本相同。只是对于不同类型和不同自然条件的区域，可进行有选择地使用，且在选择的时候应该偏重移民、人群健康、就业安置、当地经济结构改变和社会稳定等几个方面。

表 2-4-43　开发行动社会经济影响评价因子（变量）

类　型	内　容
（1）人口影响因子	人口自然改变； 临时工人的流动——流入和流出； 季节性的旅游、休息和出差人口； 个人和家庭的迁入和迁出数及流向； 年龄、性别、种族和民族组成的变化
（2）社区内和机构内的各种关系因子	形成对拟议开发项目的态度； 利益集团的活动； 地方政府规模和结构的变化； 规划和区划活动的实际制约； 本地工业的多样性情况； 造成经济方面的不公平； 改变就业机会

类　型	内　容
（3）个人和家庭层次上的影响因子	扰乱入场生活和活动的式样； 造成少数民族习惯和观念以及宗教活动的差异； 家庭结构的变化； 社会联系网络的瓦解； 住房条件（不同类型住房供应及分布）； 公众健康和安全的感觉； 休闲机会的改变
（4）社区基础设施需求因子	引起社区基础设施（道路、电力、上下水、煤气、垃圾收运和处置等）变化； 土地的获取和支配条件变化； 对已知的美学、文化、历史和考古资源的影响； 社区公共服务条件变化（如学校、文体、保健、保安设施等）
（5）经济条件变化因子	就业人数、类型、收入及其季节性； 个人和家庭收入水平； 地方的财政收支； 拟议开发行动的投入和产出； 地方新增的基础设施（道路、电力、供水、环境卫生、下水道、废水处理、煤气）所需投入； 社会公共服务条件（增加商店、学校、文体设施、保健医疗、公安消防等）所需投入

表中五大类经济社会影响因子中（1）、（2）为社会影响，（4）为社区基础设施需求（公众服务设施需求）变化的影响，这两大方面的影响都会对地方政府财政收支和经济发展产生影响。社会、经济影响的最终后果是该地公众的"生活质量"或生活状况变好或变坏。

3．评价区域范围确定

项目的评价范围涵盖主体工程、配套工程、辅助工程、公用工程的建设期、运行期、服务期满后的社会经济影响。一般来说，应该包括施工区、淹没区、移民安置区、水源区、输水沿岸线、受水区、河口区的社会经济影响。具体的评价范围，应该根据区域的社会环境特点，结合评价的工作等级来确定。影响评价范围确定的因素主要有工程规模、目标人口规模、敏感区域大小等因素。由于工程规模一般与评价等级相联系，且它是一个量化指标，容易确定，所以本章将重点论述后两个因素对评价范围确定的影响。

（1）目标人口

社会经济影响评价范围的确定在很大程度上决定于目标人口，目标人口所在社区的范围都属于社会经济影响评价的范围，且凡是与目标人口有关的影响都可能划为评价的范围。拟建项目自然环境和社会经济影响评价的区域范围可以是不同的。

例如，建造水库对库区的自然环境和社会环境都会产生影响，自然环境影响评价范围可以确定为库区库周和下游范围；但由于库区内人口迁移会对移民安置区的社会经济产生影响，因此社会经济影响评价范围应该包括库区及移民安置区。

为了评价的实际需要，可以根据目标人口的行政区划和功能分区、收入水平和职业的不同、民族和文化素养的差异以及受拟建项目影响的程度和收益情况的区别等，把目标人口划分为若干层次或部分。目标人口的划分原则和方法视具体情况而定，尚无统一一标准可循。

（2）敏感区

如果建设项目涉及敏感区，其评价范围一般需要扩大，并须加强对这些敏感区的社会经济影响评价。

① 少数民族居住区

应根据国家和地方有关少数民族的法规、方针政策开展评价工作。必须与少数民族自治区政府及民间机构、团体保持密切联系，注意少数民族的生活习惯、传统观念以及适应能力等方面的情况。少数民族居民可能会受到拟建项目所带来的社会无序化和相对贫困化的冲击，由此可能会带来一定的潜在社会风险因素，对此一定要给予充分重视。

② 农业区

水电开发建设项目一般都要淹没大量的农田、菜地等耕地，由此会使当地农民丧失维持生存和生活的最基本的生产资料，以及引起移民和对移民安置地产生影响。因此在水电开发的社会经济影响评价当中，需要对占地拆迁引起农业生产现实和潜在的损失和由于粮食与蔬菜供给能力下降，而已经引起当地及邻地居民生活水平下降等问题，对这些人的赔偿和补偿及长期生活安置问题，移民安置区的人口密度问题，土地使用问题以及其他潜在的社会经济问题进行评价。

③ 文物古迹和考古资源保护区

文物古迹和考古资源是历史遗产，其社会价值难以用货币计量，因此在文物古迹和考古资源保护区从事开发建设活动要特别慎重。在社会经济影响评价中要从保护文物古迹的角度出发，依据有关的文物保护法律和条例，提出合理的开发方案，尽量避免或减少对文物古迹的影响和破坏。如果水利水电开发活动必须影响和破坏文物古迹，则要根据文物的保护级别以及咨询有关专家来估算文物古迹的价值，进而估计水利水电项目的社会经济效益在多大程度上能补偿文物古迹的损失。

4．社会经济影响评价内容

（1）社会经济效果

建设项目所产生的上述各类影响的程度和后果可通过社会经济效果来加以评价和度量。为此，我们根据影响方式的不同以及社会经济效果的性质对其分类，由项目所产生的社会经济效果是社会经济影响评价的主要内容。

① 正效果和负效果

这是与项目的有利影响和不利影响相对应的。一般来说有利影响产生正的（或好的）社会经济效果，这是项目受益人所期望的。例如，水电项目投产后，能提供大量的电能，同时具有防洪、灌溉、航运等效益。由此产生了正的（或好的）社会经济效果。而不利影响则产生负的（或坏的）社会经济效果，这也是建设者和项目受益人所不期望或要尽量避免的。

② 内部效果和外部效果

内部效果是通过项目自身的财务核算反映出来的。例如，项目的收益、获利、投资回收等属于内部效果。外部效果并不能在项目的受益或支出中直接反映出来，同时也不是项目本意要产生的效果。例如，有些水电项目在淹没土地的时候，淹没文化遗址或文物古迹，产生负的外部效果，这并不是项目建设者的目的。

③ 有形效果和无形效果

行为有形的社会经济效果一般都是可以用货币加以度量的。例如，由开发建设项目生产的产品以及项目排放污染物带来的直接经济损失都能够通过货币来计量效益的增加或减少。难以用货币计量的社会经济效果统称为无形效果。例如，空气污染造成的人体健康和经济损失，城市绿化对净化空气所带来的效果，犯罪率的变化等。此类事物不会在市场上出现，故没有市场价格，但事实上这类社会经济效果又是客观存在的，并表现为一定的支付意愿。

（2）对拟建项目的需求分析

根据社会经济现状调查结果，估算拟建项目的现实和潜在受益者或受损者的人数及其比例，受益或受损的方式和程度。通过抽样调查或公众参与等方法给出愿意和不愿意参加项目或赞成和不赞成拟建项目的目标人口数及其比例，进而给出目标人口对拟建项目有多大程度上的需求。

如有必要可以通过需求曲线及效益值来定量描述对拟建项目的需求水平。

亚洲开发银行在提供的社会经济分析指南中，把目标人口对拟建项目的需求分为如下三个等级：

高。目标人口对拟建项目的潜在效益具有强烈的需求愿望，积极参与或愿意对项目作出奉献，或积极支持及赞成项目建设。

中。目标人口对拟建项目的潜在效益具有强烈的需求愿望，但对参与项目的愿望有限，虽然支持和赞成项目建设，但态度不积极。

低。目标人口对拟建项目产生的各种社会经济问题不满意或抱有成见，不愿参与项目，也不支持和赞成项目的建设。

（3）社会经济发展水平影响分析

除了进行必要的拟建项目的财务分析外，还要对拟建项目影响区域的社会经济总体发展水平进行分析。社会经济影响分析主要包括拟建项目对人口状况、收入状况、科技文化、公共设施、社会福利、社会安全、就业失业等社会经济影响因子的影响，对拟建项目所产生的各种社会经济影响进行影响效果分析。

（4）美学及历史学影响分析

通过现状调查给出评价区内自然景观、人工景观、文物古迹保护区的数目、保护级别、分布范围、保护现状及保护价值。分析拟建项目对自然景观、人口景观、文物古迹等产生的各种影响及其效果。由于美学和历史学环境的特殊性，在进行此类影响评价的分析时，要依据《中华人民共和国文物保护法》及《风景名胜区条例》来开展评价工作，同时在评价过程中要注意征询文物古迹、风景园林、美学和历史学等方面专家的意见。

5．社会经济影响评价方法

（1）社会经济影响识别方法

对社会经济影响进行识别是对社会经济影响进行评价的基础，也是能否找准评价重点的关键。在识别过程中首先是收集拟议开发行动或建设项目的可行性研究报告及与其相关的当地社会经济环境资料；其次，联系开发建设项目的工程分析结果，对拟议开发行动或建设项目各个备选方案的社会经济影响进行识别。核查表法和矩阵法是影响识别的好工具。对不同类型和性质的开发行动产生的各种不同的社会经济影响，需要采用现成的各种核查表和矩阵表，或者在必要时自行设计专用的表格。

（2）社会经济影响预测方法

在社会经济影响的预测中，一般把社会和经济分别进行预测，然后进行综合评价。预测方法的选用随预测对象的不同而不同，通常是：① 经济—人口学方面影响采用数学模型；② 对公共服务设施的影响用基于单位影响大小的信息（如增加 1 000 人须扩充给水厂能力 380 m^3/d）进行定量表达和说明；③ 社会影响一般可基于单位影响信息（例如水电工程需要搬迁和安置的居民户数/kW·h）来定量表达和说明；④ 对地方财政影响也可基于单位影响的信息（例如电厂每年发电给地方财政的贡献百分比）做定量表达和说明；⑤ 生活质量的改变，可以基于单位影响的信息或对不同被选方案所造成的改变进行比较后，做出定性的说明或定量的预计。

1）社会影响预测方法

① 定性描述法

定性描述法是指通过文字的描述，说明事物的性质分析及其影响情况。社会影响评价的分析要求确定分析评价的基准线，要在可比的基础上进行"有项目"和"无项目"的对比分析；要制定定性分析的评价提纲，深入进行分析。例如，分析水利建设项目对社区人口的影响，可参考以下定性分析提纲：a）当地社区人口的统计特征如何？项目实施将引起社区人口统计特征发生什么样的变化？特别是人口数量结构将如何变化？b）社区人口包括哪些群体？项目实施将对社区各群体有何影响？c）项目目标人口包括哪些人？使哪些人受益？哪些人受损？对受损群众的补偿是否合理？有无受损的人得不到补偿？d）项目对当地控制人口、计划生育有无不利影响？如果有，如何采取措施解决？e）项目是否涉及所在社区和有关社区人口的迁移？如果涉及，迁移的人数有多少？能否缩小迁移规模？迁出与迁入人口对项目有何反应？这方面是否存在社会风险？f）项目所需职工，需要在当地社区招收的有多少？这方面当地群众有无不良反应？是否存在社会风险？g）项目实施是否增加所在社区和有关社区的临时人口？这些临时人口对社区居民的生活有何影响？临时人口的生活是否能得到妥善安排？这方面是否存在社会风险？h）项目对当地社区人口素质的提高有何影响？

② 定量分析法

定量分析法是指运用统一的量纲、一定的计算公式及判别标准（参数），通过数量演算反映评价结果的方法。一般来说，数量化的评价结果比较直观，但对于项目社会评价来说，大量的、复杂的社会因素都要进行定量计算，难度很大，通常需要通过设定各种参数等方法达到量化的目的。下面就"就业效率"这个指标进行论述。

兴修水利建设项目，可带来直接和间接就业效果，前者是指项目直接提供的就业机会，后者是指项目间接提供的就业机会。就业效果可按单位投资就业人数计算。即：

直接就业效果=项目提供的直接就业人数/项目直接投资（人/万元）

间接就业效果=项目相关部门和关联产业新增就业人数/项目相关部门和关联产业的投资（人/万元）

就业效果 ＝ 直接就业效果+间接就业效果

一般来说，项目单位投资所能提供的就业机会越多越好，即就业效益指标越大，社会效益越大。但涉及具体项目要具体分析，如有的水利建设项目因占地，使大批农民及相关行业人员失业，在这种情况下，要从全社会角度来看，失业人数是否超过就业人数，从而全面地评价项目的就业效果。

2）经济影响预测方法

① 地区性经济模型预测法

地区性经济模型预测可采用财务分析法进行模拟，也可采用经济分析法。财务分析除考虑拟建项目外，还包括基础设施建设方面的货币支出和回收；经济分析则是从广角度——包括拟议项目有关的资源利用方面的费用和效益加以考虑。从根本上说，一项拟议开发项目是否良性，其条件是：

$$B_d - C_d - B_p > 0 \qquad (2\text{-}4\text{-}82)$$

式中：B_d——开发的效益；

C_d——开发的费用；

B_p——改变和保持现有自然环境的效益差值。

在开展经济模型预测时，采用"财务分析法"，可以直观地利用市场经济有关的可靠的数据，计算拟议开发项目的直接税收效益和所需建设及运行费用。但其局限性是只反映与经济活动直接有关的各方之间的以货币流动表示的私人费用和效益关系。通常，任何经济机构在考虑一些新的开发行动决策时总是要这样做的。在某种程度上，财务分析也能应用于为了提高环境保护的要求而采取的各种行动所需要的费用和能取得的效益估算中。但是，往往有许多其他的费用和效益并未直接卷入拟议项目中，而是在民间的市场决策过程中考虑到了。因为，这些环境影响的费用和效益是"外部化"的，未计入拟议项目筹建单位、鼓吹者及私方市场的记账目中，因此，在财务分析中自然也被忽略了。但是这部分内容在涉及环境资源时会变得十分重要。

②费用—效益分析法

费用—效益分析（benefit—cost analysis）有时又称成本效益分析、国民经济分析或国民经济评价，它主要用于对项目方案或政府决策的可行性分析。费用效益分析以新古典经济学理论为基础，有以下几个重要假设：

a）一个人的满足程度与他的经济福利水平可以用人们为消费商品和劳务而愿意支付的价格来衡量。

b）用个人货币值的累加值来计量社会福利。

c）帕累托最适宜条件或最优境界，即社会处于这样的一种状态，对这种状态的任何改变，不能再使任何一个成员的福利增加，而同时不使其他人的福利减少，社会达到尽善尽美的境界。但事实上，在任何一种变革中，部分人受益难免不使另外的人受损，因而又提出了希克斯—卡尔多补偿原则，其内容是：如果在补偿受损者之后，受益者仍比过去好，对社会就是有益的。补偿可以是实际补偿，也可以是虚拟补偿。

d）当社会净效益即社会总效益与总费用之差最大时，社会资源的使用在经济上才是最有效的。

环境费用效益分析的一般步骤如图 2-4-17 所示。

弄清问题：费用效益分析的任务是评价解决水利水电建设项目各方案的费用和效益。然后通过比较，从中选出净效益最大的方案提出决策。首先必须弄清水利建设项目的目标、分析项目可能产生的社会经济问题及所涉及的地域范围、列出解决这些问题的各个对策方案、明确各个对策方案跨越的时间范围。

环境功能分析：为核算项目建设带来的生态环境损失，首先要弄清楚被研究对象的生态环境功能，并尽可能将其货币化。

确定环境破坏的程度与环境功能损害的关系：即剂量—反映关系。

计算各个对策方案的环境保护效益：根据方案可以改善环境的程度，来计算各种方案环境改善的效益。另外，还要计算各种方案可以获得的直接经济效益。

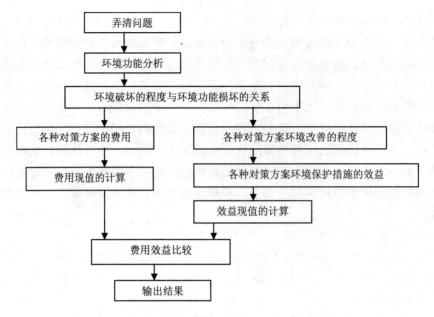

图 2-4-17 环境费用效益分析法的一般步骤

计算各种对策方案的费用：包括投资和运转费用。

费用与效益现值的计算：按费用和效益形成的时间计算其现值。

费用与效益的比较：通常运用净现值法和效益—费用比较法。

二、人群健康影响评价

1. 影响评价目的、意义

水利水电工程的建设将改变工程区域环境和医疗卫生条件，评价工程对环境和人群健康可能造成的影响是工程实施前的一项重要工作。评价的目的是掌握工程影响区域内的环境与人群健康现状，阐明环境变动对人群健康可能带来的影响及波及范围，预测工程运行后可能带来的环境变化与人群健康所受影响的性质、程度和范围。通过编报水利水电工程人群健康影响评价，把人群健康监测、评价及预测结果纳入工程项目的规划、设计论证中，优选对环境生态、人群健康不利影响最小的方案，保护人群健康。

2. 影响评价因子

根据水利水电工程的规模、所在区域环境卫生状况、病媒种群、区域传染病流行状况以及受影响人口数量等，从实用性和经济性出发，在可行性研究阶段进行人群健康影响评价，选择的评价因子涉及自然疫源性疾病、虫媒传染病、介水传染病以及地方病等。

3. 评价区域范围确定

人群健康影响评价区域范围，一般包括:库区、库周、施工区和移民安置区及其下游的一定河段。环境水利医学上所指的库周，是指水库蓄水所引起的人口流动区域和病媒动物活动的半径范围。其大小一般以库岸 1 km 的距离划定或以行政乡为调查单位。

为分析影响评价范围状况，现状调查时设定对照区，对照区一般是除了评价区外的本县或本乡的工区或专设的同步调查对照区，其地理位置和评价乡镇相似，常住人口数量接近。观察点应设在评价区域内的环境医学条件较复杂或现成资料不能满足评价要求，需重点收集定性或定量资料的区域。

4. 影响评价

人群健康影响评价应遵循对照原则。收集的人口、疾病、健康等资料，应能反映时间动态、地区分布（包括库区和库周）和人群间直接或间接、定性或定量的关系。现状评价以空间分区资料对照为主；预测评价以时间动态资料作为比较基础。

（1）现状评价

人群健康现状调查与评价要求至少应收集拟建工程影响地区内评价工作开始前3～5 年连续的背景资料，根据工作条件，可按两个层次进行。应特别重视收集与水利水电工程项目性质及地区特征有关的人群健康资料，现状调查内容及要求见表 2-4-44。

表 2-4-44　环境水利医学现状调查

调查因子	必需收集的数据	有条件需收集的数据
环境卫生及卫生资源现状	收集评价区域环境卫生现状、医疗卫生资源以及饮用水情况等资料	医疗、疾病控制机构分布及不同人群医疗保障情况
病媒种群	评价区域蚊类、鼠类、钉螺等种群资料	病媒种群的密度、特征资料
工程区域传染病流行特征	调查施工区、淹没区、移民安置区和对照区传染病流行强度	调查各影响区传染病地区分布和时间分布规律
自然疫源性疾病、虫媒传染病和介水传染病特征	疾病谱，发病、死亡人数，年中人口数，发病死亡率，蚊、鼠、螺、蟹、贝、虾等种群、密度	人群带菌（虫）率，血清检查阳性率，螺、蟹压片感染率，人血指数
地方病特征	患病率、肿大率	患病率、肿大率
居民健康状况资料	平均寿命，死因构成，婴儿死亡率，新生儿体重<2 500 g 所占百分比，儿童少年身高、体重在正常范围内所占百分比	生物材料（发、血、尿）中必需或有害元素含量水平
病原学资料：生物性的、化学性的、物理性的	水中细菌总数，大肠菌群，水碘、水氟、硬度，放射性本底	人群免疫水平，其他元素，高压线走廊
气象资料	气温、气湿、风向、风速、降水量、雾天天数	逆温天数
社会经济资料	人口增长率，人口密度，人均收入，人年均口粮，就业率，成人受教育程度，人均住房面积，每万人中医务人员数，每千人中病床数	保健措施投资

环境医学调查常采用调查和观察、普查和抽查相结合的方法。调查是指收集资料，观察包括必要的实验研究；普查是在某一选定的人群范围内对所有人口的疾病发生或死亡情况的调查，适用于研究对象少、任务要求高、工作条件好的调查研究；抽查是按统计抽样原则，抽取区域内一部分人数进行有目的、有计划的深入研究。

专访和信访，前者是在疾病发生或流行时进行的，被调查的对象一般是当事人、目睹者、知情人、主管人员，访问的内容可信度大，包括环境条件、新病例的接触史、家庭及周围人群的发病分布及健康状况；对本病发生有关因素能进行直接考核，查明个别病例发生的原因及条件，揭示某些疾病的流行特征。如果不能直接专访，也要拟定详细调查提纲以进行信访。

（2）影响识别

根据水利水电工程对致病因子、环境条件、易感人群所组成的生态系统具有综合影响的原理，应对收集到的水利水电工程环境生态影响特征的资料进行识别，包括：

对时间分布资料的识别。自然疫源性的地方性疾病，因感染力、潜伏期、传播途径的不同，呈现出发病时间动态曲线规律，并显示着疾病流行的起止时间，季节性升降趋势及其他因素对流行过程的影响形式。在不同的季节内某些致病因子可表现出增强、减弱，甚至消失的特征，这类疾病常呈周期性流行，其间隔长短，多取决于易感人群补充的速度。分析流行周期性的方法是按一定的时间间隔（旬、月、季、年）和发病人数绘制在坐标纸上，比较历年流行曲线，便可看出无工程项目时，某些疾病周期性的变化水平。

对空间分布资料的识别。自然疫源性、地方性致病因子的空间分布常呈不均匀状态，具有区域特点。将发病率、死亡率、患病率和疾病类型及危害程度绘制在水利水电工程影响范围的地图上，描述其范围和强度变化特征。

对人群间疾病资料的识别。疾病有按人群特征分异的现象，这是由于人群间免疫水平和生活方式不同的缘故。所谓人群有年龄、性别、职业和健康状况的差别，人群的免疫能力、生活方式也能影响疾病资料时空分布的规律。

对环境生态资料的识别。许多自然疫源性、地方性疾病的发生和流行呈现区域性质，这是病原因子、传播媒介对环境条件具有依赖性的表现，如气象条件（包括气温、湿度、季节等）和水土因素及食物链的营养层次等。

（3）医学评价

1）评价指标

环境医学评价指标是指从收集到的资料中找出规律并确立主要影响因子、数量及其变化动态并进行科学评价，常用的指标有三类：

① 健康状况指标

a）发病率

发病率（1/10 万）＝某一人群在特定的时间内发生新病例数/同期暴露人群平均数×100 000

b）感染率

感染率（％）＝阳性人数/检查人数×100

c）现患率

现患率（1/10 万）＝某一人群在某时期内新发和已发未愈的病例数/同期暴露人数

d）死亡率

死亡率（‰）＝一年内总死亡人数/一年的年中人口数×1 000

注：“一年的年中”是指该年 6 月 30 日或 7 月 1 日。

e）病死率

病死率（％）＝病死例数/某病病例数×100

② 传病媒介指标

a）蚊类密度（只/人工小时）及其种类；

b）鼠类密度（只/100 夹）及其种类；

c）螺、蟹、虾、贝等密度（只/m²）及其种类。

③ 病原因子指标

a）水细菌指标：细菌总数，大肠菌群；

b）贮存宿主感染率；

c）媒介带菌（毒）率；

d）水氟、水碘含量（mg/L）。

2）评价方法

在环境影响医学评价中，分析发病危险性与有害环境因素之间的关系时，比较有同接触剂量水平的发病危险性。常用的评价方法有：

a）相对危险性

相对危险性＝蓄水后发病率/蓄水前发病率（用于工程运行后影响评价）

或观察区发病率/对照区发病率（用于工程设计阶段）

b）特危险性

特危险性＝∣观察组发病率－对照组发病率∣或∣蓄水前发病率－蓄水后发病率∣

（4）影响预测方法

人群健康影响预测，一般根据致病因子、环境条件和易感人群的生态学趋向稳定的原理，从无工程项目时的资料和工程所导致的水环境变动状况，预测工程运行后 3～5 年的疾病谱的变化，疾病输出或输入可能水平及波及范围。针对影响性质的不同，直接的或间接的、暂时的或经常的作用等，提出几种可供选择的方案，拟定减免和改善措施，供决策者采用。

　　水利水电工程对人群健康影响预测方法的选用，取决于评价工作人员、工作时间、掌握的资料状况及工程项目对人群健康影响的重要程度。目前，人群健康影响评价仍多为单因子预测方法:

　　① 专家预测法（Delphi 法）。一般成立预测机构或专家小组，该组成员以 20 人左右为宜。专家之间没有直接联系，只与预测机构发生关系。每位专家根据已掌握的资料或凭借本人学识经验作出预测性判断，预测机构将其全部"票数"整理成报表，并进行统计处理。该方法在水利水电中使用较少。

　　② 趋势外推法。按照因果关系规律，即预测对象的内在有联系的特点，在对过去和现在的情况认真调查后，假定该事物仍将以同样方式继续发展下去，作为预测结果，水利水电工程较为常用。

　　③ 类比预测法。根据类比工程的发展过程、条件与被测工程有相似的功能、特性及运行方式，有相似的自然地理环境及一定的运行年限，将从研究类比工程所观察到的现象，作为预测结果。

　　④ 生态机理或成因分析预测法。传染病保菌宿主、媒介动物的数量增加或减少，对疾病流行有直接的影响。因此可从此类动物的分布与数量预测流行趋势。

　　⑤ 回归预测法:有一元线性回归，多元线性回归，非线性回归预测等。

　　⑥ 模拟实验法:根据生态环境相似性的原理，同时分别在观察点和对照区内对病媒动物进行生存适应能力的试验，利用对比观察资料来预测库区内疾病流行的可行性。

　　（5）预测内容

　　① 区域传染病总发病趋势预测评价

　　采用趋势外推法、生态机理法，分别对施工区、淹没区和移民安置区报告传染病总发病情况进行预测。

　　② 自然疫源性疾病预测评价

　　分别对疫源性疾病自然状态下和工程建设后的疫情变化进行预测评价，包括流行性出血热和鼠疫。

　　③ 虫媒传染病预测评价

　　分别对虫媒传染病自然状态下和工程建设后的疫情变化进行预测评价。

　　④ 介水传染病预测评价

　　采用趋势外推法、生态机理法，分别对霍乱、伤寒与副伤寒等介水传染病自然状态下和工程建设后的疫情变化进行预测评价。

　　⑤ 地方病预测

　　采用趋势外推法、生态机理法，分别对地方病自然状态下和工程建设后的疫情变化进行预测评价。

5．预防对策及措施

根据《中华人民共和国传染病防治法实施办法》（以下简称《传染病防治法》）的规定，在自然疫源地或者可能是自然疫源地内施工的建设单位，应当设立预防保健组织负责施工期间的卫生防疫工作，传染病的预防与控制的策略是预防为主，加强监测，工程区域相关疾病必须针对传染源、传播途径和易感人群 3 个环节，采取综合防治措施。工程调度运行，必然导致水文情势变化，使影响区生态环境状况发生变化；拟定对策方案，应针对该系统中最薄弱的环节，采取相应的措施。

（1）在人群健康影响评价、预测的基础上，有目的地除害灭病，水库淹没区按照相关规范要求进行清理，消除各类传染源、污染源扩散的可能性；大型水利水电工程在施工期和运行初期应设立人群健康预防监测机构或委托专业结构定期开展监测工作。

（2）鼠疫、流行性出血热均为由鼠类传播的自然疫源性疾病，在工程涉及区域应开展经常性灭鼠工作，蓄水前应加强灭鼠。

（3）水利水电工程施工区、移民安置区，应制定环境卫生规划和卫生设计工作，采取消毒、杀虫、灭鼠等卫生措施，对饮用水进行消毒，旨在保证满足居民区的环境安全、健康的要求。

（4）供水工程的渠道、水源地应设立"三级"水源卫生防护地带。即第一地带内只许水厂运行、维护、监督、检查人员进出，严格限制发放捕鱼者通行证的数量；第二地带不准新建和扩建住宅、工业企业、野营、开荒、栽种落叶林木，按卫生机构规定加强动物防疫；第三地带不准新建、扩建传染病院，不准建造工业企业。在肠道传染病流行季节应严格执行卫生防疫管理措施。

（5）为了防止拟建水库区的传染病输出或输入，必要时建立临时检疫口岸，对大批进出易感人员及食品进行医学、卫生检疫和必要的卫生处理。

三、文化多样性影响评价

1．文化多样性影响评价的目的

我国是世界《保护世界文化和自然遗产公约》《保护和促进文化表现形式多样性公约》《保护非物质文化遗产公约》缔约国，采取有关保护和促进文化表现形式多样性的政策和措施是在水利水电项目建设中必须执行的职责。

文化多样性影响评价是水利水电项目环境影响评价的重要组成部分。水利水电项目对文化多样性的影响主要体现在水库淹没和工程占地对文化和自然遗产的影响上，包括文物古迹、民族风俗、宗教问题等。在水利水电工程的建设中，工程建设对文化和自然遗产的影响程度，往往对建设的可行性起到制约的作用。对这类影响系统地进行识别，预测和评估其影响的严重性，提出增进有益影响的建议，制定消除于文化多样性有害或负面影响的对策，是文化多样性影响评价的主要目的。

2. 文化多样性影响评价因子

"文化多样性"指各群体和社会借以表现其文化的多种不同形式，这些表现形式在他们内部及其间传承，文化多样性不仅体现在人类文化遗产通过丰富多彩的文化表现形式来表达、弘扬和传承的多种方式，也体现在借助各种方式和技术进行的艺术创造、生产、传播、销售和消费的多种方式，相对于文化的总体，工程建设中涉及文化的多样性主要是指民族文化的多样性。文化多样性可见诸语言文字、宗教信仰、思想理论、文学艺术、居民建筑、风俗习俗等各个方面，也涉及非物质性文化遗产、文化遗产、自然遗产等。

非物质性文化遗产指被各社区、群体，有时是个人，视为其文化遗产组成部分的各种社会实践、观念表述、表现形式、知识、技能以及相关的工具、实物、手工艺品和文化场所。这种非物质文化遗产世代相传，在各社区和群体适应周围环境以及与自然和历史的互动过程中，被不断地再创造，为这些社区和群体提供持续的认同感，从而增强对文化多样性和人类创造力的尊重。非物质文化遗产包括以下方面：（a）口头传统和表现形式，包括作为非物质文化遗产媒介的语言；（b）表演艺术；（c）社会实践、仪式、节庆活动；（d）有关自然界和宇宙的知识和实践；（e）传统手工艺。

文化遗产包括：（a）文物。从历史、艺术或科学角度看具有突出的普遍价值的建筑物、碑雕和碑画，具有考古性质的成分或结构、铭文、窟洞以及联合体；（b）建筑群。从历史、艺术或科学角度看在建筑式样、分布均匀或与环境景色结合方面具有突出的普遍价值的单立或连接的建筑群。（c）遗址。从历史、审美、人种学或人类学角度看具有突出的普遍价值的人类工程或自然与人联合工程以及考古地址等地方。

自然遗产包括：（a）从审美或科学角度看具有突出的普遍价值的由物质和生物结构或这类结构群组成的自然面貌；（b）从科学或保护角度看具有突出的普遍价值的地质和自然地理结构以及明确划为受威胁的动物和植物生境区；（c）从科学、保护或自然美角度看具有突出的普遍价值的天然名胜或明确划分的自然区域。

水利水电项目文化多样性评价因子涉及面很广，评价因子与开发规模和所在地区的自然与社会经济环境的基本条件及特点密切相关，表 2-4-45 将各类开发行动文化多样性影响评价因子分类。

3. 评价区域范围确定

项目的评价范围涵盖主体工程、配套工程、辅助工程、公用工程的建设期、运行期、服务期满后的社会经济影响。具体的评价范围确定，应该根据区域的社会环境特点，结合评价的工作等级来确定。确定影响评价范围的因素主要有目标人口规模、敏感区域大小等。

表 2-4-45　开发行动文化多样性影响评价的因子（变量）

工程影响	具体影响活动	文化多样性影响
工程占地和库区淹没	1. 占地的文化遗产和自然遗产 2. 影响文化多样性栖息地	1. 文物 2. 建筑群 3. 遗址 4. 文化多样性栖息地
库周地质灾害和地表（地下）水文情势变化	1. 影响文化遗产和自然遗产 2. 影响文化多样性栖息地	1. 文物 2. 建筑群 3. 遗址 4. 文化多样性栖息地
移民和社区重建	一、移民和社区迁出 1. 就近安置 2. 相对分散或集中安置 二、安置区建设 1. 人口迁入 2. 社区社会重建	文化多样性栖息地的改变，对文化多样性产生影响： 1. 个人和家庭的迁入和迁出导致民族组成的变化 2. 生活和活动的式样调整，包括少数民族习惯和观念以及宗教活动的变化 3. 土地的获取和支配条件变化，生产方式的调整 4. 文化的相互融合和文化差异性的保留 5. 社会联系网络的调整 6. 公众健康和安全感 7. 对已知的美学、文化、历史和考古资源的影响 8. 社区公共服务条件变化（如学校、文体、保健、保安设施等）

（1）目标人口

文化多样性影响评价范围的确定在很大程度上决定于目标人口，目标人口所在社区的范围都属于文化多样性影响评价的范围，且凡属于与目标人口有关的影响都可能划为评价的范围。评价范围应该包括库区、施工区、移民安置区和工程其他影响区域。

为了评价的实际需要，可以根据目标人口的行政区划和功能分区、收入水平和职业的不同、民族和文化素养的差异以及受拟建项目影响的程度和收益情况的区别等，把目标人口划分为若干层次或部分。目标人口的划分原则和方法视具体情况而定，尚无统一标准可循。

（2）敏感区

如果建设项目涉及敏感区，则其评价范围一般需要扩大，并须加强对这些敏感区的文化多样性影响评价。

① 少数民族居住区

应根据国家和地方有关少数民族的法规、方针政策开展评价工作。对少数民族居住区文化多样性如语言文字、宗教信仰、思想理论、文学艺术、居民建筑、风俗习惯等各个方面进行调查，少数民族居民可能会受到拟建项目所带来的社会、经济冲击，由此可能会带来一定的潜在社会风险因素，对此一定要给予充分重视。

② 文化和自然遗产区

根据国家和地方法规，文化和自然遗产区保护名录，调查文化和自然遗产区范围、内容和社会经济状况。

文化和自然遗产区其社会价值难以用货币计量，根据国家和地方法规，重点保护区工程建设是受限制的，开发建设活动必须在国家和地方法规指导下进行。

4. 文化多样性影响评价内容

（1）与法律法规符合性分析

我国为《保护世界文化和自然遗产公约》《保护和促进文化表现形式多样性公约》《保护非物质文化遗产公约》缔约国，工程建设如涉及《世界遗产名录》项目，项目建设在文化多样性评价上是不可接受的，应修改项目建设方案。

通过对受影响范围内文化多样性调查，分析建设开发活动可能产生的文化多样性影响，依照法律法规对影响性质进行判别，核实项目建设不存在与文化多样性保护法律法规的抵触。

（2）文化多样性影响分析和对策措施

文化多样性影响分析具有一定的刚性，影响分析包括文化多样性现状和特征，项目建设对文化多样性的影响，确定影响数量、程度和性质，以及文化多样性影响对策措施。

① 文物古迹影响分析

根据《中华人民共和国文物保护法》的有关规定，水利水电项目一般委托具有文物古迹调查资质单位对水利水电工程影响区进行文物古迹专题调查。根据对影响区文物古迹的调查结果以及水利水电工程影响特征，分析工程建设对文物古迹影响。

② 民族风俗和宗教影响分析

民族风俗和宗教影响分析主要针对工程区域为少数民族地区。由于水库淹没和工程占地少数民族需进行移民安置、移民涉及少数民族时，须开展文化多样性评价，包括少数民族文化、生活、民族风俗、宗教信仰等的影响评价。在开展文化多样性评价时，应根据国家和地方有关少数民族的法规、方针政策开展评价工作。对少数民族居住区文化多样性如语言文字、宗教信仰、思想理论、文学艺术、居民建筑、风俗习惯等各个方面进行调查，评价少数民族居民由于搬迁可能会受到的社会、经济冲击，由此会带来一定的社会风险因素。

（3）对策措施

文化多样性影响对策措施包括：

① 根据对影响区文物古迹调查结果，采取异地重建、发掘搬迁和拍照保存等措施对影响区文物古迹进行保护。

② 对水库淹没和工程占地涉及少数民族村寨的，在进行移民安置方案选点和规

划设计工作中，应尊重少数民族的文化传统和风俗习惯。移民安置方案广泛听取对移民和安置的意见，避免产生移民群体的社会关系"孤岛效应"。

③ 依照移民意愿，尽可能提供符合少数民族特性、风俗习惯的居民建筑和宗教活动场所，尊重少数民族的风俗习惯；定期或不定期举办民族传统活动等。

第七节　环境风险分析

大型水利水电建设工程，如引水工程、水电工程等，有可能改变区域自然植被、生态环境，存在着破坏生态平衡、改变区域环境的风险，对这些建设项目应该进行较详细的风险评价。

水利水电工程建设项目存在的风险包括生态环境风险和污染事故风险这两大部分。水利水电工程的环境风险分析目的是识别各类环境风险因子、分析事故源项、估计风险发生的可能性、评价风险事件的后果及影响，并在此基础上提出环境风险管理对策，设立环境风险应急预案，为决策提供科学依据。

一、环境风险内容

环境风险评价是以资源开发引发的生态风险，环境污染导致的环境质量重大变化，开发建设活动导致的自然灾害以及建设项目不可控制因素造成的社会公众和经济重大损害等为主。因此，环境风险评价限定在事故对环境的影响中，而非安全影响；应是对公众的健康影响而非对职业场所和职业人员的影响。环境风险评价可在采用相关专题报告（如项目地质灾害评估、安全风险评价等）的资料基础上进行评价。

1. 生态环境风险

（1）特大洪水风险

水库运行，如遭遇超设计标准洪水，则存在安全风险。特别是水库长期运行，大坝以上的泥沙淤积，使河床抬高，存在引发、加剧洪灾的风险。三门峡水库 1960 年开始蓄水，但仅到 1964 年，就因泥沙严重淤积，水库库容已损失了 43%，不仅淹没了超过 86 万亩（5.73 万 hm^2）的良田，还严重威胁西安的安全。渭河河床抬高达 4～6 m，使得洪水肆虐、小水大灾。虽然以降低蓄水高度，放弃防洪、发电、灌溉等功能为代价，对工程进行了大规模改建，使潼关以下的库区勉强达到冲淤平衡，但潼关以上的库区仍在淤高，仍在加大上游洪涝灾害的威胁。

（2）地质灾害风险

水电工程尤其是大型水电工程，在施工过程中，大坝、电厂、引水隧道、道路、料场、弃渣场等在内的工程系统的修建，会使地表的地形地貌发生巨大改变。而对山体的大规模开挖，往往使山坡的自然休止角发生改变，山坡前缘出现高陡临空面，造成边坡失稳。另外，大坝的构筑以及大量弃渣的堆放，也会因人工加载引起地基变形。这些都极易诱发崩塌、滑坡、泥石流等灾害。1989年，云南澜沧江漫湾电站在左岸坝基的开挖过程中，由于大范围地破坏了原来的山坡结构面，导致山体失稳，发生大规模坍塌，滑坡体积1.06×10^5 m³，造成坝顶公路中断，坝基和厂基无法开挖，据当年核算，仅这次坍塌灾害便使工程投资增加了1.4亿元左右，而延长工期引起的其他费用尚未计算在内。

水电工程建成后的运行期诱发和加剧的地质灾害，主要包括以下几类：

① 水库诱发地震

水库诱发地震主要是因为巨大体积的蓄水增加的水压，以及在这种水压下岩石裂隙和断裂面产生润滑，使岩层和地壳内原有的地应力平衡状态被改变。值得注意的是，水库蓄水可以在天然地震较少和较弱的地区，诱发较强烈的地震。1959年，新丰江水库在蓄水一个月后，就开始发现该区有地震活动。在1960年5月至7月，当地连续发生3.1级和4.3级地震。1962年3月19日，发生6.1级强震，突破当地历史纪录。震中距大坝仅1.1 km，大坝出现82 m长的横贯裂缝并渗水，电站受损停运，并致6人死亡，80人受伤，1800间房屋倒塌。此后，一个月之内便发生了3.0级以上地震58次，后又花费高昂代价按10度的抗震烈度对大坝进行第二次加固。1962年6.1级强震之后20余年，在水库水位变化不大的条件下仍有中强地震发生。

② 库岸浪蚀、库水浸泡及库水位频繁变动导致的地质灾害体失稳与复活

水库蓄水后对库岸已存在的不稳定地质体和原有的滑坡—崩塌体，会产生浸润和托浮作用，再加上大型电站在运行中，会在库岸形成高达数十米的水位涨落带，频繁改变水文地质条件，从而诱发和加剧地质灾害的发生。1961年3月，湖南资水柘溪水库在蓄水过程中，诱发了离大坝1.55 km处水库右岸的唐岩光滑坡，滑坡总方量达1.65×10^6 m³，大型滑坡体滑入水中，激起20 m高的涌浪，摧毁坝顶的临时挡水设施，并漫过正在施工的坝顶，造成重大损失，死亡66人。

③ 坝下侵蚀作用加强，造成河床加深，下游的地下水位下降，河岸受侵蚀

由于大量泥沙被拦截在水库内，大坝排出的主要是清水，原本携带大量泥沙，并主要进行淤地造陆的河水，变成了"饥饿的水"，从而对大坝以下的河段产生强烈侵蚀，使河床加深，并威胁到河堤以及两岸的建筑物。据三峡工程下游河道冲刷的泥沙数学模型计算表明，三峡水库运行后，葛洲坝以下的河床下切范围可远至黄石和武穴一带（距葛洲坝759~829 km）；下切幅度最大的河段是下荆江藕池口至城陵矶（距葛洲坝225~400 km），冲深5.1~7.0 m；三峡工程运行到50年时，城陵矶至螺山河段冲刷达到最大值，下切平均深度约为5 m；三峡工程运行到100年时，宜昌以下各河段仍不能回淤到天然状态，这无疑会给长江下游的河岸与河堤造成严重影响。

④ 下游沉积物的减少，导致河口三角洲和海岸线的退缩，陆地损失，城市和建

筑受损

华北大平原的形成，是黄河携黄土高原的大量泥沙东下，在太行山、伏牛山以东不断填海造陆的结果。根据古地理研究，约 7 400 年前，渤海的海岸线大致在北京—石家庄—邯郸—安阳一线，约 4 200 年前，渤海的海岸线还在通州—德州—济南一线。直到现代，黄河每年仍在河口造地 2 000～2 667 hm²，而自 1972 年黄河出现断流以来，海水回逼，海岸后退，已减少国土约 100 万 hm²。

⑤ 库区地质环境容量的限制使新建城镇面临很大的地质灾害风险

许多大坝库区尤其是西部的库区，由于山高坡陡，不仅地质环境脆弱，而且建设用地和农业用地本来就很紧张，淹没后的迁移区用地更是严重不足，地质环境容量面临巨大压力，使移民安置与城镇迁建不得不转向灾害堆积体甚至陡坡要地，因此面临很大的地质灾害风险。三峡库区的多个新建城镇都曾因地质灾害问题造成选址困难，甚至二次迁建。而随着三峡库区的蓄水位的逐步提高，如果库区的地质灾害体加剧活动，那么这些新建安置区的地质环境安全将面临更加严峻的考验。

（3）生态风险

水利水电工程的生态风险主要包括：施工带来的植被退化风险、引水导致河道断流风险等。

水电工程尤其是大型水电工程，在施工过程中，大坝、电厂、引水隧道、道路、料场、弃渣场等在内的工程系统的修建，会使地表植被遭到破坏。由于富含腐殖质的表土层遭到破坏，后期恢复很难达到"占补平衡"的目标，植被往往出现退化。松山引水工程临时占用林地 73.69 hm²，施工完毕后采用栽种紫穗槐、落叶松等植物进行植被恢复，但其覆盖率明显降低。

水电工程特别是引水工程，在运行工程中，如没有安排坝下下泄生态环境流量，将造成季节性或全年一定长度河段脱水或减水，会使水生生境和陆生植被因缺水遭到退化或灭绝。

2. 污染事故风险

根据水电工程的工程规模、建设特点及周边环境特征，在电站建设和运行期间，存在潜在的事故风险和环境风险，主要包括：施工期污废水事故排放风险、油库事故风险、爆破器材库事故风险、森林火灾风险及危险品运输事故风险等。

（1）施工期污废水事故排放风险

水电工程建设期间将产生大量生产废水和生活污水，其中生产废水包括沙石料冲洗废水、混凝土系统冲洗废水、机修及汽车冲洗废水等，最大的废水来源为沙石料冲洗废水，若施工期污废水发生事故排放将对下游水体水质造成影响。

施工期污废水事故排放的可能原因主要有：

① 设备运行不畅

施工中沙石料冲洗废水处理一般采用沉淀法，主要环保设施如沉淀池和污泥浓缩池等产生泥浆较多，若排泥不及时易造成环保设施堵塞，使得废水无法正常处理，造成事故排放。

② 电力供应不足

施工期间工程在施工现场将设置临时供电设施，在电源保证率不足、施工量大的情况下，沙石料系统冲洗废水等处理设施将会停运，从而造成事故排放。

③ 进水水质变化

沙石料冲洗废水主要污染物为 SS，由于废水在产生过程中进水水质不稳定，水质负荷变化较大，易造成处理设施运行不稳定而导致事故排放。

④ 运行管理不善

目前，由于许多工程在施工和运行中仅注意工程管理，未对环保管理足够重视，日常对环保设施的运行和维护未落实到位，易造成因运行管理不善而导致的污废水事故排放。

（2）油库事故风险

① 储罐、管道阀门和泵由于维护不当出现故障，造成油气的泄漏可能导致火灾甚至爆炸。

② 油品在装卸作业时，若流速过大则易产生静电，在雷电等条件下可能引发火灾。

③ 由于油库操作人员的工作失误导致原油外溢，遇到火源易引发火灾事故。

（3）爆破器材库事故风险

① 管理人员违反规定，违章吸烟或未按有关规定操作造成火种，引燃炸药或触发雷管。

② 由于静电作用而造成炸药爆炸。

③ 由于雷电条件引发电火花而引燃炸药。

爆破器材库是整个工程施工中的安全、消防管理重点，管理严格，事故防范措施严密，根据以往水电工程施工的情况，发生爆炸事故的概率很小。

（4）森林火灾风险

水电工程一般位于山区，林木资源丰富。工程由于施工机械、燃油、爆破材料及施工人员增多，增加了火灾风险的概率，可能因施工爆破活动，油库、爆破材料库等管理不善发生爆炸而酿成火灾。

（5）危险品运输事故风险

水电工程枢纽布置和施工区布置一般位于水域附近，有时还将设置跨河大桥，施工期物资运输量大增，包括部分危险品如炸药、雷管、油料等，若运输过程中发生交通事故造成危险品倾倒入江，将给水体水质带来严重影响。若所涉水体为敏感水域，如饮用水源保护区、自然保护区、风景名胜区等特殊保护水体，则危害将更大。

（6）运行期厂房内油污染事故

水电站运行期厂房使用大量透平油，一般情况下这些油料定期处理后回用，不能回用的则由油料厂家回收。但是，在检修和误操作情况下，容易出现油料泄漏事故，油料排入厂房外的河道。电站主变压器含有大量的主变油，在事故情况下，也会排放。

二、风险评价方法

目前常用的方法有概率统计法、故障树分析法、事件树分析法、外推法、商值法、多因子计分等级评估法、风险性分级法等。

1. 故障树分析法

估算事故发生的频率以定量分析为主，常用故障树分析法。

故障树分析适用于风险概率低但破坏性大的事故。它要求从顶上事件开始，按演绎分析法逐级地找出原因事件，根据它们的逻辑关系，用逻辑门连接起来，制成故障树，并用 Fussel 法求出最小割集，计算顶上事件发生的概率，从而评估整个系统的潜在风险率。

故障树分析法应用范围最广，既适用于定性分析，又适用于定量分析，具有应用范围广和简明形象的特点，体现了以系统工程方法研究风险问题的系统性、准确性和预测性。运用故障树分析法进行环境风险评价最典型的实例是美国核管会发表的核电站系统安全研究的 WASH—400 报告。

2. 商值法

商值法也称比率法，是生态风险评价最常用最普通的方法。它要求首先为保护受体设立浓度参照指标，然后与估测的环境浓度相比较。修正的商值法用有害指数 H_i 表示风险量，如果 H_i 太高，则环境受害概率较大，必须做现场评价。

3. 外推法

外推法是健康风险评价中最常用的方法，它根据流行病学或动物毒理学研究资料，外推到环境水平的毒物暴露使生物体所受的风险性。

4. 风险累计曲线

根据直方图、正态分布近似及三角分布等方法对区域性小环境中的各种污染物，采用频率统计方法，计算超标百分数。

5. 风险分布图

在一定区域内含有多种不同的风险因素，每一种风险因素在其危害范围内的危害程度不同。因此，每一个位置的风险大小即为多种风险因素在该处的叠加。这种风险的相对大小用图的形式表示出来，简明清晰。这种方法一般用于评价地域较大、危害范围较广的风险评价。

对于一个实际的风险问题，首先要选择切实可行的评价方法，然后要尽可能减少各方面的不确定性。只有这样评价结果才确实有效，才能成为决策的科学依据。

6. 风险指数法

在对多个环境风险因素进行综合评价时，常会遇到一些问题，如各因素的性质不同，结果量纲不同，难以加权综合等。基于风险度的概念，通过建立恰当的数学表达式得到风险指数（无量纲），以此来比较风险的相对大小。该方法多用于区域环境风险综合评价。

7. 模糊数学综合评价法

将模糊数学理论引入环境风险评价中，通过建立模糊关系矩阵，求得环境风险的模糊综合指数。该方法多用于区域多风险因素的综合评价。

8. 模型方法

环境风险评价研究属于多学科交叉的前沿性研究，其涉及环境学、资源学、地理学、生态学、社会学、经济学、数学、政策与法律科学等多学科领域，具有较强的综合性。因此，总体设计上应利用多学科协同和交叉的优势，采用系统分析和高层次综合的数理模型方法，包括：

（1）致灾因子模型 $PH(T, S, M)$

物理模型关系式 $M = \Phi(T, S)$，即对给定的空间 S，预测何时量值为 M 的环境风险会发生。

概率关系式 $P_{rob}(T, S, M)$，即在 T 时（或时段内），在 S 位置（或区域）上量值为 M 的环境风险发生的概率值。

Φ 是预测模型，P_{rob} 是统计模型，它们符合风险的定义：风险度等于风险发生概率和风险发生后的危害程度的乘积。但是却没有考虑自然系统的复杂性和人类认识能力的阶段局限性。

（2）易损性模型

用历史风险资料统计建立环境风险和可能的破坏程度与相关因子的关系。统计结果体现了一种频率分布，常取期望值及期望值走向为函数曲线；模糊关系体现了一种标准模式向非标准模式的过渡。引起水库诱发地震的两个重要因素是水深和库容。T. 弗拉达特根据 60 多座水库累积的实际资料，提出水库危险因素（水深、库容）与诱发地震的风险率之间的关系。

（3）经济损失和人员伤亡模型

$L=g(D)$，利用模糊综合评价及灰色模糊聚类综合评价技术设计一种多元、多级的综合评价法。

作为一套比较完善成熟的环境风险评价方法应达到以下效果：①逻辑清晰，有利于找出各个层次、各类风险因素的性质及其潜在影响的大小、采取不同程度相应的防范措施。②覆盖面广，尽可能广泛地考虑事件风险的存在；③通用性，既适用于一般事件存在的普遍风险，又适用于特殊事件的风险的计算。

三、环境风险应急预案

1．编制目的和内容

环境事件是指由于违反环境保护法律法规的经济、社会活动与行为，以及意外因素的影响或不可抗拒的自然灾害等原因致使环境受到污染，人体健康受到危害，社会经济与人民群众财产受到损失，造成不良社会影响的突发性事件。

突发环境事件是指突然发生，造成或者可能造成重大人员伤亡、重大财产损失和对全国或者某一地区的经济社会稳定、政治安定构成重大威胁和损害，有重大社会影响的涉及公共安全的环境事件。

环境应急是针对可能或已发生的突发环境事件需要立即采取某些超出正常工作程序的行动；同时也泛指立即采取超出正常工作程序的行动。

突发环境事件应急预案是依据《中华人民共和国环境保护法》《中华人民共和国海洋环境保护法》《中华人民共和国安全生产法》和《国家突发公共事件总体应急预案》及相关的法律、行政法规，制定预案，建立健全突发环境事件应急机制，提高政府应对涉及公共危机的突发环境事件的能力，维护社会稳定，保障公众生命健康和财产安全，保护环境，促进社会全面、协调、可持续发展。

2．突发环境事件分级

按照突发事件严重性和紧急程度，突发环境事件分为特别重大环境事件（Ⅰ级）、重大环境事件（Ⅱ级）、较大环境事件（Ⅲ级）和一般环境事件（Ⅳ级）四级。

特别重大环境事件（Ⅰ级）。凡符合下列情形之一的，为特别重大环境事件：（1）发生 30 人以上死亡，或中毒（重伤）100 人以上；（2）因环境事件需疏散、转移群众 5 万人以上，或直接经济损失 1 000 万元以上；（3）区域生态功能严重丧失或濒危物种生存环境遭到严重污染；（4）因环境污染使当地正常的经济、社会活动受到严重影响；（5）利用放射性物质进行人为破坏事件，或 1、2 类放射源失控造成大范围严重辐射污染后果；（6）因环境污染造成重要城市主要水源地取水中断的污染事故；（7）因危险化学品（含剧毒品）生产和贮运中发生泄漏，严重影响人民群众生产、生活的污染事故。

重大环境事件（Ⅱ级）。凡符合下列情形之一的，为重大环境事件：（1）发生 10 人以上、30 人以下死亡，或中毒（重伤）50 人以上、100 人以下；（2）区域生态功能部分丧失或濒危物种生存环境受到污染；（3）因环境污染使当地经济、社会活动受到较大影响，疏散转移群众 1 万人以上、5 万人以下的；（4）1、2 类放射源丢失、被盗或失控；（5）因环境污染造成重要河流、湖泊、水库及沿海水域大面积污染，或县级以上城镇水源地取水中断的污染事件。

较大环境事件（Ⅲ级）。凡符合下列情形之一的，为较大环境事件：（1）发生 3

人以上、10 人以下死亡，或中毒（重伤）50 人以下；（2）因环境污染造成跨地级行政区域纠纷，使当地经济、社会活动受到影响；（3）3 类放射源丢失、被盗或失控。

一般环境事件（Ⅳ级）。凡符合下列情形之一的，为一般环境事件：（1）发生 3 人以下死亡；（2）因环境污染造成跨县级行政区域纠纷，引起一般群体性影响的；（3）4、5 类放射源丢失、被盗或失控。

3．应急预案工作原则与组织

应急预案工作原则为坚持以人为本，预防为主；坚持统一领导，分类管理，属地为主，分级响应；坚持平战结合，专兼结合，充分利用现有资源。

突发环境事件应急组织体系由应急领导机构、综合协调机构、有关类别环境事件专业指挥机构、应急支持保障部门、专家咨询机构、地方各级人民政府突发环境事件应急领导机构和应急救援队伍组成。根据需要，国务院有关部门和部际联席会议成立环境应急指挥部，负责指导、协调突发环境事件的应对工作。

4．预防和预警

预防工作一是开展污染源、放射源和生物物种资源调查。二是开展突发环境事件的假设、分析和风险评估工作，完善各类突发环境事件应急预案。三是研究开发并建立环境污染扩散数字模型，开发研制环境应急管理系统。

按照突发事件严重性、紧急程度和可能波及的范围，突发环境事件的预警分为四级，预警级别由低到高，颜色依次为蓝色、黄色、橙色、红色。蓝色预警由县级人民政府负责发布。黄色预警由市（地）级人民政府负责发布。橙色预警由省级人民政府负责发布。红色预警由事件发生地省级人民政府根据国务院授权负责发布。

5．应急响应

应急响应包括分级响应机制、响应程序、信息报送与处理、指挥协调、监测、信息发布、安全防护、应急终止等。

突发环境事件应急响应坚持属地为主的原则，地方各级人民政府按照有关规定全面负责突发环境事件应急处置工作，环保部及国务院相关部门根据情况给予协调支援。按突发环境事件的可控性、严重程度和影响范围，突发环境事件的应急响应分为特别重大（Ⅰ级响应）、重大（Ⅱ级响应）、较大（Ⅲ级响应）、一般（Ⅳ级响应）四级。超出本级应急处置能力时，应及时请求上一级应急救援指挥机构启动上一级应急预案。Ⅰ级应急响应由环保部和国务院有关部门组织实施。

国家对突发环境事件信息报送与处理程序作出规定：突发环境事件责任单位和责任人以及负有监管责任的单位发现突发环境事件后，应在 1 小时内向所在地县级以上人民政府报告，同时向上一级相关专业主管部门报告，并立即组织进行现场调查。紧急情况下，可以越级上报。负责确认环境事件的单位，在确认重大（Ⅱ级）环境事件后，1 小时内报告省级相关专业主管部门，特别重大（Ⅰ级）环境事件立即报告国务院相关专业主管部门，并通报其他相关部门。地方各级人民政府应当在接到报告后 1 小时内向上一级人民政府报告。省级人民政府在接到报告后 1 小时内，向国务院及国务院有关部门报告。对重大（Ⅱ级）、特别重大（Ⅰ级）突发环境事件，国务院有关部门应立即向国务院报告。

突发环境事件的报告分为初报、续报和处理结果报告三类。初报可用电话直接报告，续报可通过网络或书面报告，在初报的基础上报告有关确切数据，事件发生的原因、过程、进展情况及采取的应急措施等基本情况。处理结果报告采用书面报告，在初报和续报的基础上，报告处理事件的措施、过程和结果，事件潜在或间接的危害、社会影响、处理后的遗留问题，参加处理工作的有关部门和工作内容，出具有关危害与损失的证明文件等详细情况。

指挥协调一般采用环境应急指挥部形式，指挥部根据突发环境事件的情况通知有关部门及其应急机构、救援队伍和事件所在地毗邻省自治区、直辖市人民政府应急救援指挥机构。各应急机构接到事件信息通报后，应立即派出有关人员和队伍赶赴事发现场，在现场救援指挥部统一指挥下，按照各自的预案和处置规程，相互协同，密切配合，共同实施环境应急和紧急处置行动。现场应急救援指挥部成立前，各应急救援专业队伍必须在当地政府和事发单位的协调指挥下实施先期处置，控制或切断污染源，严防二次污染和次生、衍生事件发生。发生环境事件的有关部门、单位要向环境应急指挥部提供应急救援有关的基础资料，环保、海洋、交通、水利等有关部门则提供事件发生前的有关监管检查资料，供环境应急指挥部研究救援和处置方案时参考。

环境应急监测工作的主要功能是根据突发环境事件污染物的扩散速度和事件发生地的气象及地域特点，确定污染物扩散范围；根据监测结果，综合分析突发环境事件污染变化趋势，并通过专家咨询和讨论的方式，预测并报告突发环境事件的发展情况和污染物的变化情况，以作为突发环境事件应急决策的依据。

信息发布是由政府负责突发环境事件信息对外统一发布工作。突发环境事件发生后，要及时发布准确、权威的信息，正确引导社会舆论。

安全防护包括应急人员的安全防护和受灾群众的安全防护，现场处置人员应根据不同类型环境事件的特点，配备相应的专业防护装备，采取安全防护措施，严格执行应急人员出入事发现场程序。受灾群众的安全防护工作包括：（1）根据突发环境事件的性质、特点，告知群众应采取的安全防护措施；（2）根据事发时当地的气象、地理环境、人员密集度等，确定群众疏散的方式，指定有关部门组织群众安全疏散撤离；（3）在事发地安全边界以外，设立紧急避难场所。

应急终止是响应的重要内容，符合下列条件之一的，即满足应急终止条件：（1）事件现场得到控制，事件条件已经消除；（2）污染源的泄漏或释放已降至规定限值以内；（3）事件所造成的危害已经被彻底消除，无继发可能；（4）事件现场的各种专业应急处置行动已无继续的必要；（5）采取了必要的防护措施以保护公众免受再次危害，并使事件可能引起的中长期影响处于可接受的、受控的水平。

应急终止后，环境应急指挥部指导有关部门及突发环境事件单位查找事件原因，防止类似问题的重复出现；有关类别环境事件专业主管部门负责编制特别重大、重大环境事件总结报告，于应急终止后上报。根据实践经验，有关类别环境事件专业主管部门负责组织对应急预案进行评估，并及时修订环境应急预案。

6. 应急保障

应急保障包括资金保障、装备保障、通信保障、人力资源保障、技术保障、宣传、培训与演练、应急能力评价。

7. 后期处置

地方各级人民政府做好受灾人员的安置工作，组织有关专家对受灾范围进行科学评估，提出补偿和对遭受污染的生态环境进行恢复的建议。应建立突发环境事件社会保险机制。对环境应急工作人员办理意外伤害保险。可能引起环境污染的企业事业单位，要依法办理相关责任险或其他险种。

第五章　环境保护对策措施

第一节　生态保护对策措施

一、陆生生态保护

陆生生态保护应严格执行国家和地方生态保护法律法规和标准规定，并根据区域生态建设规划和流域生态建设规划，编制生态环境保护与建设计划和方案。应贯彻预防为主、防治结合的原则，按照预防、恢复、减缓、补偿做全方位考虑，讲求实际效果，工程措施与生物措施相结合，生态保护与生态补偿相结合，一般性常规措施与特殊性重点措施相结合，正确处理工程建设与生态环境保护的关系，保护生物多样性，实现生物资源的可持续利用和生态功能的可持续维持，实现区域和流域的可持续发展。全面保护区域的生态系统整体性结构和生态过程，重点保护工程建设所涉及的自然保护区、风景名胜区、森林公园、重要生态功能保护区以及基本农田保护区等敏感目标及其主要生态功能，大力保护国家重点保护的珍稀、濒危和特有物种，保护工程影响区森林生态系统、草原生态系统、滩地和沼泽等湿地生态系统及其功能、结构的完整性和稳定性。应使区域和流域生态系统整体结构和功能随着水利水电工程建设得到保护、补偿、改善、提高，使当地人民从开发建设中受惠。

1. 植被与陆生植物保护

（1）珍稀、濒危和特有植物保护

① 迁地保护和就地保护措施。受工程影响的珍稀、濒危植物，地方特有植物，古树名木，都应实施有效的保护措施。在无法实行就地保护措施时，应进行异地移植。在植物迁地保护时，应根据工程区受保护植物的特殊性、典型性、代表性及其保护植物生长现状、地点以及受工程影响的面积、数量等，制定具体可行的保护措施，保证移植成活和可以长久地生存、生长。

水库蓄水前根据相应的水库淹没处理规划设计规范进行清库，以保证库区水质。同时，在清库过程中关注对珍稀野生植物的保护。

我国在昆明、广州、九江等地建立植物园和树林园对濒危物种进行迁地保护已取得显著成效。在水利水电工程方面，四川都江堰和三峡工程、溪洛渡水电站也采取了植物迁地保护措施。在神农架生物多样性定位站保存了三峡库区 31 个濒危植物物种，为库区珍稀濒危物种保护奠定了基础。水利水电工程影响珍稀、濒危和特有陆生植物，不易迁移栽培的，可尽量采取就地保护措施，主要有避绕、围栏保护、挂牌保护等措施。如大朝山水电站对不影响施工的名木古树采取就地保护，建立景观区等措施。丹江口库区对珍稀植物进行挂牌登记，加以保护。随着生物技术的发展，还应对不易整株移植成活的特殊植物进行科学实验研究，采取细胞繁殖等新技术实施保护，总之不能置之不理，造成物种的濒危和灭绝。

②建立专门的以受工程影响的珍稀、濒危和特有陆生植物为保护对象的自然保护区或树木园。三峡工程为保护库区生物多样性，已建设和正在建设宜昌天宝山森林公园、兴山龙门河常绿阔叶林自然保护区、巫山小三峡景观自然保护区等。这类具有特定保护目标的自然保护区，可以是移植植物的集中地区，亦可以是工程影响区残存的保护对象的集中分布区。加强对残存的珍稀和特有植物的保护，也是一种补偿措施。建立这类集中的保护园地不仅能有效保护受影响的植物，而且其可成为特别的景观区，成为生态文明的象征。

③对因特殊的工程建设需要而必须进行自然保护区调整的，必须按照《中华人民共和国自然保护区条例》《国家级自然保护区范围调整和功能区调整及更改名称管理规定》等有关法规规定执行。其原则是自然保护功能不能削弱或自然保护功能得到一定程度的加强，保护区面积一般应得到扩展，其管理应得到加强。

④珍稀、濒危和特有陆生植物保护的管理措施，主要有：划定管理范围；根据国家和地方有关规定，制定生态建设规划，制定本工程陆生植物管理实施细则；工程施工环保监测、监理；移民安置区环保管理，如严禁砍伐、损坏植被和保护珍稀、濒危和特有陆生植物等。

（2）森林、草原植被保护

森林生态系统和草原生态系统保护的关键是保护植被。应根据森林、草原主要种类、群落、覆盖率现状，分析影响因素、面积、数量和程度，采取保护措施。

①保护工程区现有的森林、草原植被

任何工程建设都要侵占和破坏一定范围内的植被，造成生态功能的损失，因而需要改善其余植被的质量以补偿这类损失。应制定切实可行的植树造林、封山育林和幼林抚育规划及草原保护规划，合理调整评价区的植被结构，提高植被盖度和改善生态功能。管护对象为禁伐区内的森林、灌木林和限伐区的森林、部分灌木林和商品林区的部分林地和禁牧区草原。要按照生态学原理，选择地方品种。应遵循植被的生态适应性及自然演替规律，增加多种林木草本植物成分，即注意增加生物多样性。建库后，库区应实行退耕还林还草，坡度在25°以上的地段要种草、植树，实现全覆盖。坝址附近的山坡要作为重点，恢复和重建植被，不仅实现高覆盖率，而且要注意景观美化，四季有花有绿。在水利水电工程建设施工期间，建议采用巡山和设卡方式进行森林管护。根据各森林草原资源的分布、林分草分结构、生态地理位置等因素，划分管护片、责任区（或地块），使资源保护落到实处。

对工程建设施工中形成的次生裸地要及时覆土、还林还草。施工迹地的绿化关键是基底土壤的改良，要有足够的厚度供植物生长。要因地制宜，采用当地物种，充分利用气候资源，恢复植被和提高生产力。对可能恢复为耕地的施工迹地，应首先考虑恢复为耕地，甚至应大力造耕地以发展种植业，扩大经济植物的种植面积和种类，促进地方经济建设和提高居民生活质量。

② 移民安置规划区森林和草原植被保护

移民集中安置区，要从可持续发展出发，做好生态环境功能区划和生态环境建设规划。

移民集中安置区，要按照安置区的城乡规划和新农村建设规划进行统筹安排和建设，使移民融入当地社区生活中。

移民安置应有利于促进安置区经济社会发展，应改善安置区公共设施建设状况。

移民安置应有足够的投资改善安置区生态环境。要充分绿化荒山、荒坡，改善居住环境和农业环境；房前屋后要植树造林，积极推广庭院生态绿化和庭院经济，科学确定种植结构，发展特色经济，使移民在短期内恢复和提高现有的生活水平。

受淹没城镇搬迁，应做好选址评价，合理规划新城镇布局。应使新城镇成为当地生态示范性城镇。

在移民安置规划中，对森林的保护要放在重要地位。农田的开垦要少占用林地和草地，禁止陡坡开垦，禁止将退耕还林地作为安置耕地。移民区基本建设应加强环境监理，减少对森林植被的破坏，强化水土流失的综合治理，做好水土保持规划，防止出现新的水土流失问题。

集中移民安置区选址的环境可行性至少包括：农业移民选址区应具有发展农业生产的基本生态条件，首先是土地资源比较充裕，应按年人均粮食保障做计算；农业生态条件应有保障，包括降水量、气候、土壤条件等；选址区不对"环境敏感区"造成影响，涉及此类问题要有可靠的措施应对和减少影响，无有效对策措施的须另行选址；选址区应环境安全，不存在危及安全生活和生产的环境灾害；选址区应符合安置区域的有关规划的要求。

移民区土壤保护措施。

禁止在25°以上陡坡规划生产性土地利用，并应规划为生态林（草）用地和规划生态建设与改善工程，移民安置费应包括这部分生态建设投资，环评应作为环保措施纳入环境影响报告书；禁止将原有林地开垦为耕地（禁止毁林开荒）；在修路、建房和安置区其他基础设施建设活动中，应集约用地，注意挖填平衡，改造和利用废弃地，并严格实行水土保持措施。

植被保护措施。

农业安置，尤其是丘陵和山区的集中安置区，应规划足够的薪柴林用地并投资进行薪柴林建设；严格法制，禁止樵采天然植被；建设沼气池，基本做到一户一池，有条件的地方应因地制宜地发展风力发电、水力发电、太阳能等新能源利用，必须有效解决农村移民生活能源问题，杜绝移民樵采植被；完善退耕还林还草保障措施，防止滥垦破坏植被；保护安置区天然林；完善农田防护林建设，并将其作为耕地建设的有机组成部分计入移民投资匡算中；鼓励移民积极进行"四旁"树建设，实行谁种谁有，提高植被覆盖率。

<u>农业生态改善措施</u>。

调整农业经济结构，按农林牧副、山水田林、渠路村镇和种植养殖加工业综合规划安排安置区用地、布局，建立生产高效、环境优化的农业生产体系。

（3）严格执行各项政策法规

根据生态现状调查和影响预测评价，必须严格执行各项方针、政策法规，认真落实森林植被保护各项措施。以评价区建设为契机，促进周围生态环境保护和建设，促进本区域的社会、经济、环境协调持续发展。

现在，我国保护环境的政策法规正在迅速完善中，生态环境保护要求已大大提高了，随着生态文明建设的发展，还会不断出现新政策、新要求，环评必须紧紧跟踪政策前进的步伐，不断完善和提高生态环保水平。

（4）开展生态监测和管理

生态环境保护应实现全过程监测与管理。在工程建设施工期，应进行生态影响的监测和环境监理，主要监测和环境监理区包括主体工程建设区、移民安置区等与施工有关的区域和涉及敏感保护目标的地区。运行期主要监测野生动植物生境的变化，区域植被动态变化以及生态系统整体变化，敏感环境区情况和重要敏感保护对象的生存发展状态，采取的保护措施的有效性以及工程运行中出现的新问题，区域生态环境问题等。通过动态监测，可进一步加深对生态系统的认识，发现问题，可通过采取补救措施和完善管理，使生态向良性或有利方向发展。

2. 陆生动物及其生境保护

受工程影响的珍稀、濒危、特有陆生野生动物，具有重要经济价值或科学研究价值的野生动物，应重点保护。

（1）野生动物迁地保护和就地保护

野生动物应首先和主要采取就地保护措施。就地保护应根据拟保护动物的特殊性、典型性、代表性等明确其重要性，按其分布现状分析保护动物与工程相距位置及其影响程度，按其生态习性尤其是繁殖的环境要求和食物来源情况，寻求科学有效的保护措施。对无法实施就地保护而受影响野生动物也具有异地生存能力的，可采取迁地保护措施。要了解迁入区的资源状况和生态学特性，动物数量、分布、生长状况及其生存环境状况，同时应确切和充分调查评价拟迁入区的环境条件和适于提供迁入动物的生存资源的状况，并对迁地方案进行可行性论证与比选，提出推荐方案。迁地技术设计包括：前期准备、调查规划、适应性训练等。迁地方案还应在必要的试点或科学试验基础上确定。应选择在动物迁徙时期进行个体捕获、运输、栖息地安置，人员培训、食物供给、疾病防治等养护管理等。在新的栖息地要配备饮用水供给，修建防护栏、设置警示牌等。

陆生动物采用就地保护措施应确定其保护范围，建造专门通道、护栏、警示牌等工程。如乌江彭水水电站对猕猴栖息地采取了就地保护措施。

迁地保护措施的提出最忌讳根据对伴人生物的一知半解作出由此及彼的外推，主观臆断地作出可实施迁地保护的结论。

野生动物种群普遍衰退和物种濒危甚至灭绝的重要影响因素是生境"岛屿化"。实际上，现在地球几乎所有野生动物都生活在一个个孤立的"岛屿"上，其周围的海洋就是人。所以，欲有效地保护野生动物，就必须打破"海洋"的阻隔，使野生动物"岛屿"式生境相互联系起来。这就是要建立"生物通道"。

（2）工程施工和移民安置区严禁捕猎野生动物

施工人员必须遵守《中华人民共和国野生动物保护法》，严禁在施工区及其周围捕猎野生动物，特别是国家保护动物。要有针对性地对一些地势比较平坦、水流缓慢的库汊进行有效的管护，严禁捕杀水生经济动物。在施工期一定要做好宣传工作，严禁任何人对鸟类进行猎捕。两栖和爬行类动物由于生活环境受到影响，栖息地破坏，生活范围相对缩小，可能在局部地区密度会有所增加，其生存因此受到影响，处于脆弱状态，更需要加强保护，因此要严禁施工人员和当地居民捕杀两栖和爬行类动物。

（3）做好生物多样性保护与生态安全

水库蓄水期，库区的野生动物和自然疫源疾病的传播者（部分鼠形兽），将向非淹没区转移，在库周其密度将有所增加。此时，既要维护自然生态系统的食物链关系，又要重视对非淹没区的人、畜和工程施工人员的自然疫源疾病防治和防疫工作。

某些野生动物如猪獾等喜欢在堤坝下打洞，对堤防、沿线公路和土坝有潜在威胁，要注意清除隐患。

（4）减少施工爆破对动物的惊扰

野生鸟类和兽类大多是晨、昏（早晨、黄昏）或夜间外出觅食。应减少工程施工爆破噪声对野生动物的惊扰，做好爆破方式、数量、时间的优化。在鸟类繁殖期，尤其须防止爆破惊扰，对爆破施工应规定避开动物繁殖期。

（5）自然保护区保护措施

自然保护区是为数不多的特别敏感区，水利水电工程选址和设计应坚决避免影响到这类地区。在万不得已的情况下，工程建设影响自然保护区时或需要调整保护区范围时，除必须按国家和地方有关法律的规定执行外，还必须针对保护区内主要受工程影响的陆生动物的具体生态特性进行评价和寻求可行的补救措施。有的需建立以某种主要保护对象为目标的新的自然保护区，有的需对保护区范围做必要的调整（补充部分土地即可），有的需做迁地保护等。总之，以绝对不对受保护对象造成影响为原则。

（6）陆生动物保护的管理措施

包括划定管理的范围（栖息场所及活动通道）；结合国家和地方陆生动物管理规定，生态建设规划和移民安置、施工和运行特点等，建立管理机构和制定管理制度，制订环境监理计划和监测计划，实施全过程管理；加强宣传教育，倡导生态文明，提高管理效能。

二、水生生态保护

水生生态保护应重点保护具有生物多样性保护意义的鱼类和其他野生水生动物及其栖息地，保护水域生态系统的结构、功能，生态系统的多样性。

水生生物保护的重点是受工程影响的珍稀、濒危和特有水生生物，特别是国家重点保护的水生生物种群，具有重要经济价值的鱼类产卵场、索饵场、越冬场和洄游鱼类的洄游通道，保护水生生物自然保护区。

水生生态保护对策措施可分为流域的统筹开发与保护规划，工程的合理规划、设计的预防性保护措施与补偿、恢复措施，制定有效的全过程管理措施等。

1. 流域的统筹规划

库坝型水利水电工程都具有流域和区域影响性质，合理规划流域的水资源开发是协调开发与保护的关键一步。根据《中华人民共和国环境影响评价法》，水利水电开发规划都须进行环境影响评价。由于规划是一个不断进步与完善的过程，即使已经批准的流域规划也应在中期调整修改时进行环境影响评价，以从全流域的整体性上协调矛盾，优化布局与结构，减少环境影响和采取有效的保护措施，并使开发建设活动纳入不断发展的管理体系中。水利水电建设项目应在选址和执行保护措施方面遵循规划的有关规定和要求，将规划的有关要求结合项目具体情况进行细化和落实。

流域的统筹规划中，最应优先保护的是鱼类产卵场、索饵场、越冬场以及洄游鱼类的洄游通道。鱼类与这些生境的关系是千百万年形成的，大多数鱼类可能不具有迅速改变这种生态习性的能力，而且人类对这些微妙的生态关系的认识还十分有限，因而预防为主、防止破坏是主要的规划保护原则。

2. 鱼类和其他水生生物繁殖、育肥及人工增殖措施

（1）水库优化调度

工程改变河流水文情势、河床形态和滩地等影响鱼类繁殖。对产漂流性卵的鱼类，应通过优化工程运行调度，使坝下游江段产生显著涨水过程，刺激鱼类产卵。

在繁殖盛期，模拟河流自然状态下的水文过程控制水位变幅，保证漂流性鱼卵正常孵化。如丹江口水库下游分布有四大家鱼产卵场，故采取水库优化调度，提供必要的水位变幅及流量过程，以刺激鱼类产卵繁殖。目前，这种措施的效果还需要经过实践证明，因此设计此类措施时应设计生态监测方案，监测实施措施的实际效果。

（2）建立人工增殖站，实施人工放流

工程影响鱼类的产卵场或洄游通道，使鱼类不能依靠自然繁殖保持种群的延续，渔获量因之大减，更使珍稀、濒危、特有鱼类因此而灭绝。采取建立人工增殖基地进行人工繁殖，并辅以人工放流措施进行补偿，是一种重要的水生生态补偿和保护措施。如葛洲坝水电站建成后，阻隔了中华鲟洄游通道，于是建立了中华鲟人工增殖站，进行了 20 年的增殖放流。不过放流实践表明，放流对一些渔业资源品种（一般是广布种）可能是有效的，可以增加渔获量，但对另一些水生生物其作用可能是有限的，甚至有副作用，如美国大西洋鲑的人工增殖放流就导致该物种的自然种群数量急剧下降、遗传性状衰退。我国在湘江的增殖放流表明此举对植食性的草鱼和鲢鱼有效，对青鱼和鳙鱼则效果甚微。根据生态学原理，如果生物没有野外种群存在，则该生物是不可能持续延续的。所以从可持续性出发，人工增殖放流应以促进建立野外自然种群为目标。

为保证人工增殖站效果，要进行珍稀、濒危、特有鱼类的野生亲本捕捞、运输、驯养等必要的科学实验。实施人工繁殖和苗种培养，鱼苗长大后，进行人工放流。除必须人工繁殖成功外，放流能否成功亦是关键之一，尤其需要选择适宜生存的放流河流或河段。溪洛渡水电站修建后将对长江珍稀鱼类带来不利影响。借鉴国际生物技术、生殖和发育生物学研究，规划开展白鲟人工繁殖研究。综合考虑珍稀鱼类生物学特性及其在长江上中游的资源状况，活体标本的易得性和地理环境技术条件，规划在长江上、中游拟建胭脂鱼和白鲟人工繁殖放流站、达式鲟人工繁殖放流站，扩建中华鲟人工增殖放流站。

增殖放流虽是可采用的一种水生生态尤其是鱼类保护措施，但不是万能的措施，成功与否须经实践证明。一般而言，增殖须选择合适的种类，一般选择列入法规保护的物种、当地土著或地方特有物种，但这类生物往往也是较难成功的。数量较少而经济价值较高者，可优先选择。然后是人工繁殖技术的突破，幼鱼养殖以及放流规格的确定，放流规格应能保证一定的成活率。所有这些科学技术都应在工程实施前实验成功，然后作为工程的生态补偿措施提出，而不是先建设工程，而将增殖放流作为"假定成功"的技术留待事后进行！因为大多数鱼类物种可能是难以成功实现增殖放流的。

放流须是由野生亲本人工繁殖的子一代，放流苗种必须是无伤残、无病害和健康的个体。放流应有一定的数量和规格，放流之后必须建立相应的跟踪监测体系。放流的目的是补充野生种群的不足，建立能够可持续生存的野生种群。为此，放流须选择条件适宜的江河或河段，如溯河性鱼类很多可选择河流上游或源头，多源性河流可选择适宜的支流（自然状态的）；放流周期亦应保证成功地建立放流物种的野外种群，达到建立起新的产卵场、栖息地，能够繁殖成功。

增殖放流措施一般应保证：明确放流种类、放流标准、放流苗种数量和规格以及放流周期等技术条件；建立增殖站，明确技术可行性；明确放流的河流、河段，论证放流成功的技术保证；建立标志和放流档案，建立放流的跟踪监测系统，包括水文、水质、生物监测等；必须有保证性投资和建立必要的监督管理制度，使措施可持续地进行下去。

3. 洄游性鱼类保护及过鱼设施

根据国家《水法》《渔业法》等法律法规规定，建闸、筑坝影响洄游通道，应根据资源状况、生物学特性及水环境条件，结合主体工程特性、水文情势变化，经比较论证选定修建过鱼设施。根据主要过鱼对象个体大小、数量、生态习性、游泳能力、活动水层、趋流行为等特点确定过鱼设施的型式、规模。低坝水利水电工程宜采取鱼道。根据鱼类生态特性或主体建筑物布置，可采取平面式、导墙式和梯级式（台阶式）等；中高坝水利水电工程可采用鱼闸、升鱼机、集运渔船等设施。

主要的过鱼设施简介如下：

（1）过鱼闸（窗）

在与江河隔离的湖泊、河闸门处，适时打开过鱼闸（窗）纳入鱼、蟹苗种，补充资源。在长江流域如洪湖等地区采用。

（2）鱼道

为在闸坝沟通鱼类洄游通道的过鱼建筑物。按结构分为槽式鱼道和池式鱼道。槽式鱼道在一些国家试用，由于坡度陡，断面小，流速太小，多数失败。而池式鱼道多数成功。如美国邦纳维尔坝，仅鱼道就修建三座，另外三座为鱼闸。前苏联在土路河修建鱼道，主要对象为鲑、鳟、白鲟和鲈等，也有较好效果。

（3）鱼闸

它的运作与船闸相同。主要适用于游泳能力差的鱼类。

（4）升鱼机

适宜建在高坝上。如美国华盛顿州的白鲑河贝克尔坝升鱼机高 87 m，日本庄川小牧坝升鱼机 79 m。基本形式为单线，双线两种。

（5）集运渔船

即"浮式鱼道"，可移位置。

在我国，目前还少有成功的例子，多年来计划的多实现的少，许诺的多行动的少。因此，提出此类措施，应跟进设计方案、实施进度、投资计划及风险评估与不成功情况下的补救措施。仅有提议或设想是不能作为措施对待的。

4．替代生境

当不得不破坏某些鱼类生境时，寻求替代生境常作为重要的保护手段。不过，在大家都想开发自己的河流而又都不想承担生物多样性保护责任的现在，替代生境常常只是一种美好的理想。如长江三峡建坝前，对"四大"家鱼的产卵繁殖和白鳍豚、中华鲟的保护寄希望于金沙江，但是三峡尚未完成，金沙江的梯级电站就已经开工建设了。

替代生境作为水生生态和鱼类保护的措施，要研究如下问题：1）有无与原生境相同或相似的生境？2）拟定的替代生境是否可以得到保护，保持其自然性？3）有哪种生物（鱼类）或哪几种生物（鱼类）可在替代生境生存？有无替代生境生存先例？4）拟替代生境生物可否在新生境繁殖？5）可在替代生境生存的生物（鱼类）是否是保护目标？6）可否操作？最后应对替代生境的可替代性作出综合评价。

5．水温变化和气体过饱和减缓措施

（1）水温变化的减缓措施

对于水库运行下泄低温水将会影响鱼类产卵和育肥的情况，根据工程特性、下游水温的变化和鱼类的生活习性对水温的要求，提出改善泄水水温的分层取水工程方案和优化调度方案，以及下游水温尽快恢复措施。

为解决分层型水库对下游鱼类生存环境的影响问题，一般可考虑采取以下对策措施：

① 工程设计时，考虑采用分层取水措施。一般根据水库水位运行调度，设置 3～4 层泄水口。当运行到不同的水位时，开启相应的保证运行安全的泄水口，以保证能下泄表层水，使下泄水温尽量接近天然河道的水温。目前对于水温典型分层型水库，水电站发电泄水口多是采用叠梁门分层取水方案，根据库区水位、流量调度方案，开启叠梁门。

② 合理利用水库洪水调度运行方式，采用放空洞泄洪，以改善库区水体水温结构。由于汛期（6 月前后）来水大，紊动较强，利用放空洞排出库底低温水体，可以较大程度改善水温的垂向结构。放空洞下泄的水体通过消能设施，将水流散射到空中，产生水流的撞击作用，增加水体与空气的接触面积，吸收太阳辐射，可有效促使泄流水体升温。

（2）下泄水气体过饱和减缓措施

水库泄水方式不同会造成下泄水中溶解气体超过在一定温度和压力条件时的正常含量，形成氮气过饱和，对鱼类造成危害，特别是对幼鱼，过饱和的空气通过鱼的呼吸活动进入血液和组织。当鱼游到浅水区或水体表层时，由于水压变小和水温升高，鱼体内的一部分气体从溶解状态变成气态，使鱼类产生"气泡病"导致死亡。

水电站正常发电运行，泄水为淹没出流，基本不会出现泄水气体过饱和的情况。

大坝下泄水气体过饱和，主要是由于水流通过溢洪道和泄水闸泄水，特别是采用挑流消能方式，泄水流速大，水流产生负压而掺入大量的气体以致产生过饱和。在坝下游河道中经过一段时间的流动，可以释放出多余的气体而恢复到平衡状态。

为解决泄水气体过饱和问题，一般可考虑采取以下对策措施：

①采取合理泄流方式的调度运行措施。如在汛期来水量大时，应尽量增大发电泄流量，尽量实现下泄淹没出流，以使水在下泄过程中不与空气接触。利用溢洪道和消力池泄流时，使水流沿表面下泄，减少冲程，减小空气的掺入。

②采取合适的消能形式。泄洪消能尽量不采用挑流消能形式，以减少水流与空气的接触。

6. 建立鱼类自然保护区和其他栖息地保护措施

保护珍稀生物的生境同保护珍稀生物同样重要。建立鱼类自然保护区和保护鱼类栖息地尤其是产卵场是保护鱼类资源可持续性的关键措施。水利水电项目选址应首先避开此类敏感区域，工程设计亦应坚决避免影响这类区域。

工程影响水生生物栖息地和生境，根据国家有关规定，须采取在本地或异地选定替代水域（生境），建立保护区或规定保护栖息地的严格措施。替代生境的环境条件应与原生境一致，其水生生物种类，尤其是珍稀、濒危种类组成和生境条件应与原水域一致；水生生物种群数量较丰富，生境多样性较高，以满足不同水生生物种类生存的需要。溪洛渡和向家坝水电站建设对长江合江—雷波珍稀鱼类自然保护区带来不利影响。因此对保护区影响及替代方案进行了专题研究，并进行了调整，将与长江合江—雷波段生境相似的赤水河下游及合江—木洞等江段调整为自然保护区。再如为保护长江珍稀鱼类或水生动物，划定了葛洲坝下游中华鲟、胭脂鱼自然保护区，天鹅洲白鱀豚、新螺江段白鱀豚自然保护区等。

值得注意的是，许多珍稀生物和地方特有生物往往对生境有特殊要求，或者其生长繁育需要特殊的条件，或者其生态习性有不同凡响之处，这可能正是它们之所以变得稀少或只能安寓于十分狭窄的地域而成为地方特有物种的原因！因此，替代生境的措施不是百用百验的，对珍稀和特有生物也许效果更值得推敲，更有待证明。水生生物生境受多种因素影响，因此，通过规划合理选址和科学设计建设项目，使之避免对重要生境的影响，依然是主要的水生生物保护对策和措施。

7. 生态用水保障措施

（1）水库初期蓄水的生态用水保障

水库初期蓄水需考虑的下游生态用水保障目标包括：沿河村镇、企业的生产与生活用水，下游河段的水生生态保护用水等。这些目标须在环评中一一调查明白，包括用水户、用水量、水质要求、用水规律等，并据此分析拟订的初期蓄水方案的环境合理性和可行性。

初期蓄水对下游的生态用水的保障措施可从如下几方面考虑：供水量以不低于

坝址近 10 年最枯月平均流量为基准；根据实际需水量做适当调整，包括流量调整和放流时间的调整；选择合适的蓄水时段以尽量减少"断流"时间或供水费用。

初期蓄水期的生态用水供应方式可采用坝前抽水经泄洪洞下流、用导流洞、蓄水至死水位以上时结合发电进行；亦可利用设计的基流放流设施进行。

对大江大河干流的初期蓄水，考虑的影响因素更多。如长江三峡大坝蓄水减少下游流量，导致鄱阳湖水位大幅度下降，使长江航运受到影响等。

（2）水库运行期生态用水保障

水库运行期下游生态用水除须满足下泄水的温度要求外，还须满足水量的要求，尤其调峰运行的电站，还须考虑水位涨落等影响问题。

从保障下游水生生态用水出发，目前主要考虑的措施是保障有一个必需的"生态基流"——保障水生生物生存的最小流量。为此，可采用埋设适宜直径的钢管（无闸阀限流）作为下泄"生态基流"的放水管，并须进行专门的设计，即埋管须满足安全、稳定、不冲不淤的要求，并具有适宜的高度、合理的消能等。

"生态基流"的流量可以取多年平均最枯月流量，但不能使河流断流；亦可依据主要保护对象（鱼类等）的生态需水情况进行设计，尤其在繁殖季节，应根据其繁殖的生态习性考虑生态用水放流量和放流方式。总之，该项措施是为保护水生生态环境而设置的，应以水生生物的需求为主进行研究和设计。

三、农业生态环境保护

农业生态环境保护以土壤和土地保护为主。其中，尤以基本农田保护最为优先。农业生态的稳定也取决于农田环境的改善，因而农业生态环境保护涉及十分广泛的内容。

1．重视农田保护

农田是区域承载人口的主要资源。对人口众多的中国来说，耕地资源尤其缺少而弥足珍贵。任何开发建设活动都应重视土地的合理利用、节约利用、集约利用。库坝型水利工程尤其占地多，而且占用的多是河滩最具生产力的土地，故应特别重视耕地保护。环评应调查土地占用情况，尤其须阐明基本农田占用情况，寻求保护措施。对于其他所有占地活动，都要本着少占地、少占用优质农田和有利于土地恢复的原则进行设计。

2．恢复非永久占地的生产力

工程的所有非永久占地都应在事后进行恢复，首先考虑恢复为耕地以补偿耕地损失，确实不能恢复为耕地的应恢复植被，总之不能留有废弃土地。

工程非永久占地复垦和开发某些未利用地作为耕地损失的补偿是经常采用的措施。其成功的决定性因素是必须有表层土壤。按照《基本农田保护条例》，基本农田的耕层土壤都应在事前剥离保存，然后用于新建农田的表层覆盖。这是土地复垦和人工造田的关键措施，需强化实施。

3. 改善农田条件

从生态补偿和合理安置移民出发，都需对农业生态（尤其是农田）实施改善。农田的"占一补一"不仅看数量，更主要的是看质量，即是否具有相同的农产品生产力；不仅看一季，更要看全年；不仅看平常年，更要看歉收年景。农田实现"坡改梯"，旱田改水浇田，农田周围建设防风林，坡地建设护坡林，改善田间道路等，都是应实施的措施。

4. 低温水灌溉的减缓措施

综合利用的水库工程，如果具有灌溉功能，要特别注意提出下泄低温水对农业灌溉影响的减缓措施。

（1）工程设计时，考虑采用分层取水措施。一般根据水库水位运行调度，设置分层泄水口，运行不同的水位，开启相应的保证运行安全的泄水口，能够保证下泄表层水，使下泄水温尽量接近天然河道的水温。

（2）合理利用水库洪水调度运行方式，采用低位置孔洞泄洪，以破坏坝前局部水域的水温分层结构，使水体充分掺混，而提高下泄水温。

（3）在水库下游尽量采用宽浅式过水断面的灌溉渠道，以利于灌溉水体在输水过程中水温沿程恢复。还可以在坝下游输水渠道前建立灌溉水的调蓄水池，水池一般要宽浅型，有利于水体与大气温度的交换。

（4）采用田间调温措施。设置田间迂回加温水渠、加温池和升温田，在渠道适当位置修建加温池，同时充分利用休耕水田或田间池塘来做加温水池，从渠道引来的低温水在这种加温池或加温田中停留一段时间，待水温提高以后再进行灌溉。

四、水土保持及生态恢复

水土保持及生态恢复应遵循"防治结合、安全稳定、生态优先、因地制宜、适地适树（草）、经济高效"等原则，针对工程引起的水土流失、生态破坏采取相应措施。

建设项目一般都要进行水土保持专项调查评价和方案编制，应遵照专门的规定实施保护。在主体工程区、施工临时占地区、渣场、料场、场内外交通等工程建设区都应实施水土保持工程措施，确保安全、稳定，并注重绿化和管理措施，有效控制水土流失、保护生态环境。在移民安置区、耕地开发、城（集）镇搬迁与重建、专项设施建设等直接影响区，其水土保持及生态保护目标应与区域的资源可持续利用和生态建设要求相适应。

1．防治责任范围

依据《开发建设项目水土保持方案技术规范》，工程水土流失防治责任范围包括项目建设区和直接影响区。

工程建设区主要指主体工程开发建设和占地，修路、开挖、排弃和附属设施等征用、占用的土地面积；直接影响区是指工程区以外，虽不属于征、占的土地范围内的面积，但由于工程单位的开发建设活动而造成水土流失危害的区域，也是应该负责防治的区域。

2．水土流失防治分区

划分防治分区是科学防治水土流失的重要依据。水土流失防治分区的划分应根据工程区地形地貌、水土流失强度等外业勘测调查的结果，在对工程建设的内容、特点、工程布局、施工方式、工艺以及造成水土流失特点分析的基础上，按技术标准划分水土流失防治分区。一般情况下，应以区域地形地貌单元为主导因子划分一级类型区，以水土流失的地表形态结合工程特征进行二级类型区的划分，以微地貌、地形部位和地表组成物质划分为三级类型区。

3．水土流失防治措施

水土流失防治坚持分区防治、生态优先的原则，同时兼顾生态、经济、社会效益的关系，重点突出生态效益。在具体的防治措施布置上，应因地制宜，因害设防，分区分类设水土流失防治措施，应充分利用工程措施的控制性和速效性，同时发挥生物措施的后效性和长效性，将植物措施与工程措施结合进行综合防治。采用点、线、面相结合，全面防治与重点防治相结合，建立布局合理、措施组合科学、功能齐全的水土流失防治措施体系。水土流失防治措施主要包括预防措施、工程措施、植物措施等。

（1）预防措施

预防措施主要是优化工程设计，如弃土弃渣场应先挡后弃，并考虑弃土弃渣综合利用，减少弃土弃渣临时占地；土料场应先修建拦挡、排水工程后取土；施工附属企业占地应先修建拦挡、排水工程后再进驻；施工道路应经常洒水防止尘土飞扬，运输土石料车辆应实行遮盖，防止土石料的撒落。同时，还应加强管理，规范施工，在施工顺序安排上，要求施工单位在施工过程中边开挖、边回填、边碾压、边采取水土保持措施，做到施工一段，保护一段；在施工工艺上要求施工单位对填方堤段采用压路机、打夯机等进行压实，加快土体稳定。同时，科学、合理地安排施工时序，尽量缩短施工周期，减少疏松地面以及临时堆土的裸露时间，尽量避开雨季和汛期施工，以减少新增水土流失。

（2）工程措施

在取土场、主体工程区、弃土弃渣场、施工道路以及施工附企占地等水土流失重点地段采取工程措施防治。工程措施主要包括挡渣工程、护坡工程、土地整治工程、防洪工程、泥石流防治工程等。取土场为防止外来汇水的侵蚀，应修建必要的挡、排水工程；主体工程区的稳定边坡一般修建混凝土、浆砌石或框格护坡和排水工程；弃土弃渣场一般修建拦渣坝、挡渣墙、护坡和排水工程；施工附企占地一般应采取必要的截、排水措施。弃土弃渣场、施工附企占地和施工道路结束使用后，应实施土地平整和覆土整治措施，恢复原土地利用类型；取土场在取土完成后，应根据取土的面积、深度以及地下水的埋深情况，能通过回填利用的尽量恢复为农田，对于不能恢复为农田利用的取土场，可针对实际情况，通过采取一定的工程措施利用边坡衬砌、底部平整等措施，改造为鱼塘、蓄水池或其他利用方式，做到一次治理永续受益。保持水土，发展当地经济。

（3）植物措施

在适宜植树种草的地方，采取植物措施，防治水土流失。植物措施主要包括植物护坡、护渠、护路、护堤、种植林草地以及绿化美化等。对边坡较缓、立地条件较好的土质边坡，一般采用灌木草护坡；对于立地条件较差的石质边坡，应在坡脚覆地种植灌木、爬藤植物或喷播植草；对渠道、公路应采取乔木或纯灌木的护渠林、护路林进行防护；对于堤防的内外平台，应根据其实际情况选择种植适生的乔木防浪林或护堤林，在保障堤防安全的同时减轻水土流失；对工程完工后不具备恢复农用条件的取料场、弃土弃渣场、施工附企占地和施工道路，适宜种植林草的，应种植林草，保持水土。拆迁安置区属于搬迁人口的主要生活场所，应种植林草，保持水土；又因其对环境和绿化的要求较高，应当以园林化的要求布置水土保持与环境美化措施。从美学的角度审视，做到常绿林和落叶林相结合，高干和矮冠、绿篱相结合，林、草、花与建筑物和谐配置。提高安置区生态环境质量，充实绿色文化内涵。

第二节　污染控制

水利水电工程除了对生态环境产生影响外，主要是施工期对环境带来废水、粉尘、噪声和固体废物的影响，对这些影响应采取污染治理（防治）措施，只有执行各项环保措施与主体工程同时设计、同时施工、同时投产使用的"三同时"原则，加强施工期的环境监理和管理，才能使环境污染得到有效控制。设计原则主要包括：

（1）预防为主的原则。设计应遵循预防为主、合理布局、减少破坏的原则。

（2）生态优先原则。各项措施应结合当地生态特点贯彻生态优先的原则。

（3）全局协调原则。各项措施应与当地的生态建设及相关规划紧密联系、相互协调、互为裨益的原则。

（4）"三同时"原则。各项环保措施与主体工程同时设计、同时施工、同时投产使用的原则。

（5）经济、有效性原则。遵循环境保护措施投资省和可操作性强的原则。

一、水环境保护

水利水电工程施工期对水环境的影响包括生产废水和生活污水排放所产生的影响。生产废水一般包括沙石加工系统废水、修配系统废水、混凝土冲洗废水等，生活污水主要指施工生活区排放的污水。根据工程区域水环境功能要求，对生产废水和生活污水进行处理，以达到保护水环境的目的。

设计原则主要依据主体工程施工总布置、规划年限和工程规模，正确处理集中与分散、处理与利用的关系，做到保护措施技术经济合理、安全适用；尽量使生产废水回用，以减少处理量；根据操作和管理需要，确定设备的机械化和自动化程度。

工艺选择遵循经济、高效、管理简单方便的原则；设施布置尽量利用地形，与生产设施系统配套；出水水质达标。

1. 水环境设计标准与保护目标

（1）设计标准

按废水处理后直接排放和废水处理后回用两种情况分别执行不同的设计标准。对前者应根据受纳水体水域功能要求，废水处理执行国家《污水综合排放标准》第二类污染物最高允许排放浓度相应标准。对后者，废水处理执行相关回用水水质标准。

（2）保护目标

维护工程区域水环境功能，防止水污染，改善和保护环境。

2. 设计参数

主要指废水量的确定和对废水特性的识别，针对不同的对象分别确定。

（1）废水量统计

废水量统计分枢纽工程区和移民安置区进行。对枢纽工程区主要包括沙石料加工废水、修配系统废水、混凝土冲洗废水和施工生活区污水。对移民安置区主要考虑搬迁新县城和集镇的生活污水。

沙石料加工废水。沙石料加工生产用水仅部分消耗于生产过程中，其余大部分变成废水排放，废水排放量可取用水量的 90%计算。冲洗水量可按 1～3 t/m³ 原料进行计算，具体用量视粉末率而定。用水量一般与施工专业保持一致。

修配系统废水：废水量可按用水量的 90%计算。用水量一般与施工专业保持一致。

混凝土冲洗废水：废水量可按用水量的 90%计算。混凝土拌和系统按三班工作制考虑，在每班末均要进行料罐冲洗，一般情况每个系统需冲洗用水 36 m³/h 左右。

施工生活区污水：废水量可按用水量的 80%计算。用水量一般与施工专业保持一致。

搬迁新县城：搬迁新县城废水量可按用水量的 80%计算。用水量由生活用水、公建用水、市政用水、工业用水、未预见及管网漏损水量组成，一般与水库移民安置规划保持一致。

搬迁新集镇：新集镇污水量可按用水量的 80%计算。用水量按 120～150 L/(人·d) 计，时变化系数取 2.0。

农村移民安置点：农村移民居住相对分散，每户产生的生活污水量很少，一般不考虑对生活污水进行集中收集处理。但可根据实际情况分别进行处理，如可采取户用沼气池等。

（2）废水特性

对搬迁新县城和集镇的废水按类似城镇或集镇的污水水质考虑。工程施工区因对象不同，废水特性也不同。

沙石料加工废水：沙石料废水的悬浮物浓度与料源和冲洗水量密切相关，最大质量浓度可在 20 000～90 000 mg/L。

修配系统废水：修配系统废水中主要污染物有石油类、COD_{Cr} 和悬浮物。一般情况下，COD_{Cr} 在 25～200 mg/L，石油类在 10～30 mg/L，悬浮物在 500～4 000 mg/L，有时废水中石油类浓度会达到上千 mg/L。

混凝土冲洗废水：混凝土加工系统废水来源于混凝土转筒和料罐的冲洗废水，除料罐冲洗废水外在加水拌和时会有少量洒落水，含有较高的悬浮物且含粉率较高，悬浮物质量浓度在 5 000 mg/L 左右，废水的 pH 值在 11 左右。

施工生活区污水：污水中各项指标均较城市生活污水低，主要超标项目为 COD_{Cr}、BOD_5、总磷、粪大肠菌群。

3. 施工生产废水处理

（1）沙石料加工废水

① 废水处理工艺及方案选择

方案选择：对沙石料加工系统废水处理首先要进行方案确定，根据工程沙石料加工系统废水特性，一般拟订 2 个或以上方案进行技术经济比较，下面以处理高悬浮物废水为例进行说明。

方案 1：对含高悬浮物的废水采用自然沉淀法，处理流程见图 2-5-1。含高悬浮物的废水从筛分楼流出，进入沉淀池，不使用凝聚剂，在沉淀池中进行自然沉淀，上清液循环使用。该方案特点是：处理流程简单，基建技术要求不高，运行操作简单，运行费用少，但为达到较好的处理效果，沉淀池的规模须很大，而且很难达到回用水质要求。

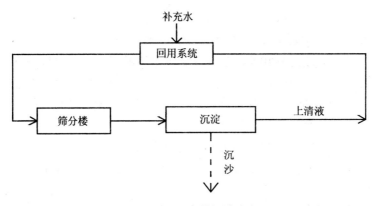

图 2-5-1　自然沉淀法

　　方案 2：采用混凝沉淀法，处理流程见图 2-5-2。废水从筛分楼流出先经沉沙处理单元把粗砂除去后，再进入絮凝沉淀单元。由于絮凝剂的投加，小于 0.035 mm 的悬浮物可以快速而有效地去除。与方案 1 比较增加了设备和运行费用，但占地小，整个处理工艺效果好。

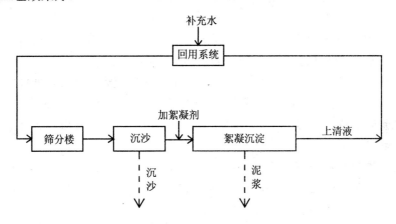

图 2-5-2　混凝沉淀法

　　从维护管理、运行费用来看，方案 1 具有较大的优势，就去除悬浮物效果和占地而言，方案 2 优势较大。如工程沙石料加工废水中悬浮物绝大部分为无机颗粒，沉降性能良好，对于处理目标要求严格、施工用地又十分紧张的工程而言，方案 1 显然不能满足要求，方案 2——混凝沉淀法可作为推荐方案。

　　② 泥浆处理方案选择

　　絮凝沉淀处理排出的泥浆仍含有较多的水分，属于流体状，不便于直接挖掘装车外运，还须进一步处理。对泥浆处理亦拟订 2 个方案进行技术经济比较。

　　方案 1：采用自然干化方式。这种方法是利用重力过滤使泥浆中一部分水脱水，同时利用太阳晒、风吹加速其自然干燥，干化后的砂泥可外运至就近渣场，单独堆存。该方案需要较大的场地，其干燥程度受天气影响较大。

方案 2：采用机械脱水方式。絮凝沉淀排出的泥浆进入脱水机房机械加压脱水后外运至就近渣场，单独堆存。该方案占地面积小，处理效果可以保证，泥浆脱水后含水率可降至 30%以下，砂泥可基本成型，外运较方便。缺点是投资大。但脱水机可重复使用，处理成本由此有所降低。

对具体工程应结合生产规模和场地条件选择处理方案。

流程选择：处理流程应参照相似条件的废水处理运行经验或试验资料，通过技术经济比较确定。处理流程是一个完整工序，应充分发挥构筑物的各自效能。全面衡量各主要处理构筑物的设计进水含沙量，通过技术经济比较确定。下一级处理构筑物的设计进水含沙量，应稍高于上一级处理构筑物的出水含沙量。

根据废水处理目标，处理流程可采用一级沉淀处理或二级沉淀处理。设计最大含沙量小于 40 kg/m³ 时，采用一级沉淀处理；当最大含沙量大于 40 kg/m³ 时，采用二级沉淀处理。一级沉淀处理可以采用辐流式沉淀池、平流式沉淀池等构筑物。二级沉淀处理的一级沉淀构筑物应当有较大积泥容积和可靠的排泥设施。现在多用辐流式沉淀池。必要时在一级沉淀构筑物前设沉沙池或细砂回收装置。

药剂：当单独使用聚丙烯酰胺絮凝剂时，可不设絮凝池。聚丙烯酰胺的最佳水解度应根据原水性质通过试验确定。常用的水解度为30%左右。

沉沙池：沉沙池的设计参数，应根据原水含沙量、颗粒组成、处理水量、去除率、排沙情况等因素，通过模型试验或参照相似条件下的运行经验确定。

辐流式沉淀池：辐流式沉淀池主要设计参数应通过试验和参照相似条件下的运行经验资料确定。

平流式沉淀池：混凝沉淀平流式沉淀池的设计参数，应根据原水含沙量、处理效果等因素，参照相似条件下运行经验确定。在无资料时，沉淀时间应不小于 2 h，水平流速可为 4～10 mm/s。平流式沉淀池的排泥措施应当可靠有效，可用机械排泥或吸泥船排泥。

排泥：刮泥设备不宜采用泥泵式或虹吸式吸泥设备排除，刮泥机可采用周边传动桁架刮泥机、中心传动刮泥机、针齿传动刮泥机。

一级沉淀池不宜采用穿孔管排泥。

兼作预沉的大型调蓄水池可用吸泥船排泥。

③ 泥渣处理

泥渣处理可采用污泥干化场或污泥机械脱水方式。

对污泥干化场宜设人工排水层，人工排水层填料可分为 2 层，每层厚度宜为 0.2 m。下层应采用粗矿渣、砾石或碎石，上层宜采用细矿渣或砂等。

排水层下设不透水层。不透水层采用黏土，其厚度一般为 0.2～0.4 m。

干化场亦有排出上层污泥水的设施。

对污泥机械脱水，其类型应按污泥的脱水性质和脱水要求，经技术经济比较后选用。机械脱水间应考虑通风设施。

污泥在脱水前，应加药处理。污泥加药后，立即混合反应，并进入脱水机。压滤机宜采用带式压滤机，其泥饼产率和泥饼含水率，由试验或参照相似污泥的数据确定。泥饼含水率一般可为 75%～80%。污泥脱水机械可考虑一台备用。

沙石加工废水处理后产生大量的废渣，是泥和石粉的混合物，一般为总处理量的 10%。因此大型沙石系统的废渣处理强度和总量一般较大，需考虑收集、转运措施和堆存场地。

（2）修配系统废水处理

对处理方案的确定，应根据机修系统及汽车保养废水的水质、水量和处理目标，拟订 2 种或以上方案进行比较。采用以下方案比较说明：

方案 1：含油量高的废水处理工艺流程见图 2-5-3。废水中的悬浮物和 COD_{Cr} 以及部分石油类在沉淀池中经絮凝沉淀后可以去除，为使废水排放时石油类达标，沉淀池出水进入成套油水分离器。特点是油水分离效果好，油分回收率和去除率高，但设备投资高，修理保养要求高。

加药

沉淀池 → 成套油水分离器 → 排放

图 2-5-3 机修系统废水处理工艺（方案 1）流程

方案 2：工艺流程见图 5-2-4。工艺的第 1 单元与方案 1 相同，第 2 单元采用小型隔油池代替成套油水分离器，特点是构造简单、造价低、管理也方便，仅需定期清池。

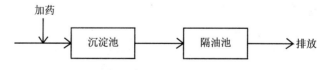

加药

沉淀池 → 隔油池 → 排放

图 2-5-4 机修系统废水处理（方案 2）流程

从废水水质特点分析可知，废水中石油类含量如在 10～30 mg/L，采用成套油水分离器，则投资高，维护难度大，且针对性不强，造成浪费。因此一般推荐采用方案 2。

采用小型隔油池，其特点是构造简单，造价低，管理方便，仅需定期清池。

对含油高的废水，则采用成套油水分离器，其特点是油水分离效果好，油分回收率和去除率高，适用于含油量高的废水，但设备投资高，修理保养要求高。

应根据工程具体情况进行方案确定。

（3）混凝土冲洗废水

对水利水电工程而言，混凝土加工系统废水主要来源于混凝土转筒和料罐的冲洗废水，其含有较高的悬浮物且含粉率较高，废水的 pH 值在 11 左右。

混凝土拌和系统布置分散，且为间歇性排放，所以系统若无骨料再次冲洗要求，且单个系统废水量不大，则一般使用简单的沉淀池。

若系统有骨料再次冲洗设备，且废水量较大，则处理方式参考沙石料加工系统废水处理。

（4）运行管理和维护

① 沙石料加工废水

按照"三同时"要求，为了保证废水处理站有效运行，建设单位应把废水处理站的建设与有效运行作为合同条款之一纳入工程承包合同，进行达标验收。

工程环境管理部门应定期对处理站的管理运行进行监督检查，掌握废水处理站运行情况，对不良情况提出口头和书面整改意见。

运行管理费应专款专用，特别是运渣费和管理费，以保证废水处理站的正常运行。

由于废水处理工艺的絮凝沉淀部分机械化和自动化程度较高，对管理人员有一定技术要求，故应组织废水处理站的管理维护人员在上岗前接受专项技术操作培训，对电气仪表设备进行科学的操作与维护，并严格制定操作规程，以保证废水处理站的良好运行。

② 修配系统废水和混凝土冲洗废水

由于含油污水量和混凝土冲洗废水量很小，处理构筑物简单，没有机械设备维护问题，在运行过程中主要注意定时清理。管理和维护工作纳入站内统一安排，可不另设机构和人员。

4. 生活污水处理

对施工生活区，为便于分标管理，水利水电工程施工生活区布局分散，相对集中，因此施工区生活污水处理也应分标设计。根据施工生活污水分散、排放量小、污染物浓度低、运行时间短等特点，一般采用生活污水处理成套设备、城镇污水净化沼气池或生物滤池等工艺设备。对排放标准要求严格的水域，建议采用生活污水处理成套设备，但费用较高。

城镇污水净化沼气池处理后的水质一般达到《粪便无害化卫生标准》（GB 7959—1987）或地方有关标准要求，可用于农田灌溉，实现污水的回用。

生物滤池的处理水质介于前两者之间，对于施工营地较集中的大型工程而言，有较大的优势。

对移民安置区，如是搬迁新县城其排水系统宜采用雨污分流制。

排水工程设计应积极采用经过鉴定的、行之有效的新技术、新工艺、新材料、新设备，但必须结合当地具体条件通过全面的技术经济比较后确定。

城镇污水净化沼气池用于较偏远小集镇的生活污水处理，比成套设备更具优势，更具针对性和可操作性，经济性和实用性较强。

对农村移民安置点，参考已有实施经验，一般推荐农户采用沼气池对人畜粪便进行处理。

二、大气环境保护

大气环境保护应针对水利水电工程施工区环境空气污染源分散、难以采取集中末端处理的特点，从施工工艺、施工技术、施工设备、污染物消减、施工区及外环境敏感区防护等多方面采取措施，减免环境空气的污染。

1. 大气环境设计标准与保护目标

（1）设计标准

根据环境空气质量功能分类，同时执行《环境空气质量标准》（GB 3095—1996）、《大气污染物综合排放标准》（GB 16297—1996）、《工业企业设计卫生标准》（GBZ 1—2002）以及其他相关行业标准。

（2）保护目标

削减施工环境空气污染物排放量，阻碍污染物扩散，改善施工现场工作条件，保护施工生活区及外环境敏感区环境空气质量，外环境敏感点一般包括周围居民点和学校等。环境敏感点大气环境质量依照《环境空气质量标准》（GB 3095—1996）相关标准要求执行。

2. 大气环境保护措施

环境空气污染主要产生于爆破、沙石骨料加工与混凝土拌和、燃油等活动，主要污染物有 TSP、PM_{10}、SO_2、NO_x。

（1）爆破开挖粉尘的消减与控制

施工工艺要求：尽量采用凿裂法施工，不仅生产率高于钻爆法，而且节省费用、安全、产尘率低。凿裂和钻孔尽量采用湿法作业，减少粉尘。正确运用预裂爆破、光面爆破、缓冲爆破、深孔微差挤压爆破技术等，以减少粉尘产生量。施工支洞爆破开挖可采用增设通风设施，加强通风，降低爆破后废气与粉尘的浓度。若采用带有捕尘罩的浅孔钻进行钻孔，禁止把岩粉作为炮孔的堵塞炮泥，以防止岩粉在炮堆的鼓包运动过程中被扬起。

降尘措施：在开挖、爆破集中区，非雨日每日洒水降尘，特别是在施爆前后，起到防止粉尘扬起和加速粉尘沉降的作用，以缩小粉尘影响时间与范围。

地下工程需增设通风设施，加强通风，降低废气浓度；也可在各工作面喷水或装捕尘器等，以降低作业点的粉尘。

（2）沙石骨料加工与混凝土加工系统粉尘消减与控制

沙石加工厂在生产过程中将产生大量的粉尘，必须采用综合防尘措施，才能保证作业地点的空气质量符合国家卫生标准和排放标准。综合防尘措施，除改进工艺、加强维护管理、采取个人防护和定期检测外，还有湿式除尘、尘源密闭和通风除尘等方式。

由于湿式除尘简单方便，经济有效，在工艺允许时，应优先考虑。沙石加工粉尘的尘源点主要在破碎车间，在粗碎、中细碎、筛分和转运堆料这几个环节均可采用。一般采用在破碎机进料口上部设喷雾器喷洒的方式，喷口直径不小于 2 mm，扩散角大于 40°。

锥式和反击式破碎机因受含水量的控制，一般不宜采用湿式除尘，多用机械通风除尘。

（3）燃油废气的消减与控制

水利水电工程物资运输多采用大型运输车辆，为保证施工道路两边空气质量，应选择满足国家有关规定要求的施工运输车辆，确保尾气达标排放；施工期应执行《在用汽车报废标准》，推行强制更新报废制度，对于发动机耗油多、效率低、排放尾气严重超标的老、旧车辆，要及时更新。

（4）交通粉尘消减与控制

为了减少道路扬尘对空气质量的影响，应成立公路养护、维修、清扫专业队伍，对施工区道路进行管理、维修、养护，使路面常年平坦、无损、清洁，处于良好运行状况；混凝土养护用水车可兼做洒水车。

做好公路绿化，依不同路段情况，栽植树木与灌木。

注意洒水强度，并根据天气变化情况及时调整洒水频率。

三、声环境保护

1. 设计原则和保护目标

水利水电工程施工区噪声污染源数量较多且分散，声环境保护措施应从噪声源控制、阻断传声途径和保护敏感对象着手，最大限度地减免施工噪声影响。

以受影响区域声环境敏感点为主要保护对象，选取最经济、有效的噪声减免、传声阻隔及受体保护措施。

保护目标主要包括施工区、集中移民安置区和对外交通区域及影响区的各类声环境保护敏感点。

设计标准应满足《建筑施工场界噪声限值》（GB 12523—1990）施工企业场界噪

声、工程所在区域声环境功能、受影响地区敏感点声环境质量要求。

2. 声环境保护措施

施工区外环境敏感点在施工期一般主要受交通噪声的影响，其次受大坝开挖和料场开采爆破的瞬时噪声影响，施工生活区则还受施工辅助企业生产的影响。因此在施工平面布置中应充分利用施工区的地形、地势等自然隔声屏障，进行合理布置。施工期噪声控制措施除对场内施工人员采取使用耳塞、耳罩、防声头盔等个人防护措施外，主要是解决交通噪声、爆破噪声及辅助企业噪声对外环境敏感点和施工生活区的影响。

（1）交通噪声控制

交通噪声一般采用以下控制措施：

在敏感路段，采取交通管制措施。在声环境敏感点处设标志牌，注明夜间时速小于 20 km/h，禁止鸣笛。加强道路的养护和车辆的维护保养，降低噪声源。使用的车辆必须符合《汽车定置噪声限值》（GB 16170—1996）和《机动车辆允许噪声》（GB 1495—1979），并尽量选用低噪声车辆。如卡特 751 型载重汽车，在行驶过程中产生的噪声声级比同类水平其他车辆低 10～15 dB(A)。

对受交通噪声影响较大的居民点，应在公路一侧靠近居民点旁建隔声墙。隔声墙采用经济、安全、持久实用的砖墙。同时在隔声墙边种植爬山虎，隔声效果较好。

（2）爆破噪声控制

严格控制爆破时间，尽量定时爆破，尽量避免在夜间露天爆破。采用先进的爆破技术，如采用微差爆破技术，可使爆破噪声降低 3～10 dB(A)。

对于深孔台阶爆破，注意爆破投掷方向，尽量使投掷的正方向避开受影响的敏感点。减少预裂或光面爆破导爆索的用量。减少单孔炸药量，把最大单孔炸药量控制在 150～500 kg。

（3）辅助企业噪声控制

对靠近居民点的如综合加工厂、机修系统，禁止其夜间作业。采用符合环保要求的低噪声设备和工艺，降低源强。加强设备的维护和保养，保持机械润滑，减少运行噪声。施工机械符合《建筑施工场界噪声限值》（GB 12523—1990）。

尽量缩短高噪声机械设备的使用时间，配备、使用减震坐垫和隔声装置，降低噪声源的声级强度。对振动大的机械设备使用减震机座降低噪声。减少高噪声机械设备的使用时间。

施工中加强各种机械设备的维修和保养，做好机械设备使用前的检修，使设备性能处于良好状态，则运行时可减少噪声。

采用多孔吸声材料建立隔声屏障、隔声罩和隔声间。在施工场界与施工生活区之间修建隔声屏障。

施工生活区建筑物尽量选用有较强吸声、消声、隔声性能的建筑材料。

四、生活垃圾处置

施工区生活垃圾处置应依照环境保护要求处理施工营地生活垃圾，避免垃圾散放对环境的污染；结合水利水电工程施工垃圾产生量相对较少、仅产生于施工期的特点，选择经济、适当的处置方式。

1. 垃圾成分及特点分析

大型水利水电工程生活垃圾组成特性较为相似。工程施工营地生活燃料主要以燃油和电力为主，生活垃圾的主要成分是厨馀、灰渣以及废纸、废布、废塑料、废玻璃等。办公区域垃圾则以纸张、塑料为主。

根据三峡、龙滩和溪洛渡等水电站施工区生活垃圾组分构成情况分析，工程施工区生活垃圾组分具有以下特点：

（1）施工区生活垃圾以有机垃圾为主，主要由菜叶、果皮、饭后剩余物、纸张和塑料构成，其组分受时间及季节的影响有一定的波动。垃圾中有机成分主要以厨馀为主，约占有机成分的 50%，占垃圾总量的 40%。这与营地的生活功能和第三产业不发达的现状是相适应的。

（2）垃圾中无机物含量低，主要由玻璃、金属和零星灰渣尘土等组成，约占垃圾总量的 20%。

（3）生活垃圾以厨馀、塑料和纸张所占比重大，所以施工区垃圾含水率高，一般可达 50%，会增加垃圾后续处置的难度。

（4）施工区生活垃圾成分不复杂，是由施工区单一生活和办公功能所决定的。垃圾中一般无危险废物和工业垃圾，建筑垃圾送工程渣场专门处置。

（5）垃圾热值的高低取决于垃圾成分中可燃组分（主要包括纸类、纺织物、塑料及植物）的性质及其所占的比例，而低位热值的高低是垃圾焚烧的重要限制条件。施工区生活垃圾中包装物的纸类、塑料等低含水率、高低位热值的成分在生活垃圾中有一定的含量，使得生活垃圾具有一定的低位热值，具备垃圾焚烧的基本条件。

2. 设计规模

首先确定处置目标，施工期施工区生活垃圾处置率应达 95%以上。

参照三峡、龙滩和溪洛渡等水电站施工期施工区生活垃圾产生量调查结果分析，工程施工区生活垃圾产生量一般按 0.5 kg/(人·d)计，以此确定施工区生活垃圾产生量。考虑适当裕度，处理年限，累计垃圾量，确定最终规模。

3. 处理方案

（1）方案比选

目前国内外对生活垃圾的处理方法主要有四种：卫生填埋、焚烧、堆肥和综合处理。根据垃圾成分特点、产生量和规模、处理年限以及施工场地条件分析，确定垃圾处置方式。一般按以下方案进行比较：

方案 1：运往最近已有垃圾处理场；

方案 2：采用成套生活垃圾处理设备；

方案 3：在施工区兴建垃圾卫生填埋场；

方案 4：焚烧处理。

在对上述方案进行环境、经济和合理性分析比较后，确定处理方案。

（2）方案设计

大型水利水电工程一般选择在施工区兴建垃圾卫生填埋场或建焚烧处理设施的较多。以卫生填埋场设计为例进行说明。

填埋场选址：按《城市生活垃圾卫生填埋技术规范》（CJJ 17—2004）的选址原则，根据地形图和现场勘测，按就近原则和环保要求进行场址选择。

填埋场填埋区容积和面积计算：根据卫生填埋场设计使用年限，处理规模，垃圾压实容重确定垃圾的体积。卫生填埋技术标准要求垃圾厚度为 2.5～3 m，压实后覆土 20～30 cm，覆土体积约为垃圾体积的 10%，由此计算出垃圾填埋场所需容积。再根据每层垃圾的厚度，推算填埋场填埋区所需的面积。

（3）工艺设计

填埋作业：根据垃圾产生量，拟采用沟槽法进行填埋作业，其优点是由于挖掘填筑沟槽，较容易得到覆盖材料、每期覆盖所剩的挖掘材料可以堆积起来，作为最终表面覆盖材料。作业方法是把垃圾铺撒在预先挖掘好的沟槽内，然后压实，把挖出的土作为覆盖材料铺撒在垃圾之上并压实，即构成基础的填筑单元结构。

作业单元底部处理：在垃圾填筑前需对各单元挖掘后的底部布置盲沟，其中包括主盲沟和副盲沟。盲沟内填料为碎石，从上到下粒径由细到粗。

渗滤液处理：首先确定渗滤液产生量，渗滤液流量与垃圾和覆土含水率，垃圾压实程度，地表水和地下水以及降雨的渗透量、蒸发量等因素有关。对采取了阻水措施的填埋场，垃圾渗滤液主要受降雨的影响，其流量也随之而变化，可根据式 2-5-1 计算：

$$Q = C \times I \times A / 1\,000 \qquad (2\text{-}5\text{-}1)$$

式中：Q——日平均浸出液量，m^3/d；

C——流出系数，一般为 0.3～0.8；

I——平均降水量，mm/d；

A——填埋场最大集水面积，m^2。

渗滤液处理工艺：根据实际情况选择处理工艺，可以采用渗滤液厌氧处理池，并可同时兼做收集池，定期定量运往附近的生活污水处理站处理。

填埋机械设备：如垃圾产生量很小，预计几个月作业一次，则不必配置推土机、压实机、挖掘机和铲运机等作业机械设备，由现场工程局临时调派。

封场及场地再利用工程：封场和场地再利用是垃圾填埋工艺的最后一环。应与场地周围环境相协调，利于生态环境的改善。

运行管理：为便于垃圾场的管理和保证作业工序的质量，需设置专门的管理机构进行管理，并应采取灭蝇、灭虫、灭鼠等防治措施。

第三节 其他环境保护措施

一、人群健康保护

工程建设对人群健康的影响可采取卫生清理、疫情监测、病媒防治措施（如疏导浅水积凼、切断渗浸水源、调整水位变幅、铲除表层杂草、弃土掩埋、坡面圬工覆盖、药物灭杀、个人防护以及调整水旱作物等）、水源保护和卫生管理等保护措施。

1. 人群健康保护目标

保护当地居民人群健康，保证各类疾病，尤其是传染病发病种类和水平不因工程建设发生异常变化；保护施工人员健康，防止因施工人员交叉感染或生活卫生条件差引发传染病流行，保证工程顺利建设；减免工程建设及移民对人群健康的不良影响，控制移民安置区现有传染病的发病率，防止新的传染病流行；完善疫情管理以及环境和食品卫生管理；根治传染源，减少疾病传播媒介及滋生地；增强施工人员、工程地区居民和移民安置区人群自我保健意识和防病能力。

2. 人群健康保护措施

（1）卫生清理

清理范围：首先确定卫生清理范围，对清理实物量进行调查、统计。水利水电工程施工期一般相对较长，对施工区的环境卫生应高度重视。应采取消、杀、灭的措施对施工营地进行卫生清理。

清理技术要求：对原有生活性污染源旧址进行一次性清理和消毒；对有关动物性传染源和传播媒介进行杀灭。灭害范围主要包括生活区和施工人群活动较频繁的作业区。施工期内每年应对施工人员居住区定期开展消毒灭害工作。

公共厕所的设置和要求：施工区可参考 CJJ14《城市公共厕所规划和设计标准》中的规定，城镇公共厕所按常住人口 2 500～3 000 人设置一座的要求进行设置。

生活垃圾与粪便的清运：为保证施工区环境卫生状况，环境卫生应实行早、中、晚三次清扫；生活垃圾应做到一日一清；厕所粪便冬季实行三日一清，夏季实行一日或二日一清。

（2）疫情监测

抽检方案：主要包括确定监测抽检对象和人数，其比例一般不应少于工程影响对象人数的 5%。

确定抽检次数：可按工程开工前、施工期或移民搬迁、正常运行期每个阶段各进行 1～2 次，对个别疫情潜伏期较长的，可增加抽检次数。

（3）病媒防治措施

主要包括以下内容：人群健康状况调查，包括施工区、库区、移民安置区内居民甲、乙类传染病的总发病率、平均期望寿命、卫生防疫设施及管理水平等，措施设计，制订实施计划和管理计划等。

（4）水源保护

主要包括水环境及水源现状调查，还包括污染源、水质、水温状况，以及取水设施的位置、取水方式、取水保证率（一般为 95%）、取水时间、取水量、取水口高程等情况，影响分析，包括分析建设项目同水源的位置关系及其影响程度。

措施设计：划定水源保护范围和分区（一般分为一级保护区、二级保护区和准保护区）；设置保护区标志牌或标志桩；提出水源保护措施和要求。制订实施计划和监督管理计划等。

（5）卫生管理

加强食品卫生管理与监督和环境卫生管理。建立管理机构，制订实施计划和管理计划等。

二、景观与文物古迹保护措施

1. 景观保护

景观保护的对象主要指工程建设及影响范围内的自然景观和风景名胜。保护措施主要有对受工程影响的风景名胜区，一般采取加强管理、工程防护、异地仿建或录像留存等保护措施。

确定各景点人工建筑、绿化等工程措施、植物措施和造景、美化等措施的规模及主要设计参数和植物种类。

提出设计布置图、景观恢复效果图。编制实施计划和管理计划等。

施工迹地及厂区绿化美化措施主要包括施工迹地及厂区绿化美化总体规划，针对工程建设特点，重点对工程基础及边坡开挖面的未覆盖部分、施工临时建筑物工棚等拆除后的地面及平台、临时性道路的路面、采石场、各种建材及器材的堆放场地等施工迹地，以及坝（闸）体、厂房、变电站等部位，根据工程管理区总体规划要求，进行绿化和局部地形地貌的改造和合理利用。主要采用乔、灌、草结合，并辅以适当的建筑小品或造景等方式，进行绿化和美化。工程管理区内人均绿化面积可按 5～10 m² 标准进行设计。

植物配置：绿化景观上应有一定的层次性，可用植物造景或造型。树种选用应以适应当地土壤、气候条件的乡土树种为主，在有条件的地方，可选择经济林树种。厂区绿化覆盖率一般应≥30%。

明确措施施工条件，制订实施计划。同时进行效果分析。

2. 文物古迹保护

对工程建设影响的文物古迹采取发掘、迁移、仿制、工程防护或录像留存等保护措施。

保护对象为经批准的地面和地下县级及县级以上保护级别的文物古迹。保护措施主要有：

（1）淹没区地下文物发掘保护措施

对已查明的文物点，确定发掘范围。制定发掘的技术措施和出土文物的鉴定方案。编制实施计划和管理计划。

（2）淹没区文物古迹迁移保护措施

比较迁移地点方案，进行总体布置和设计，制定迁移的技术措施，计算拆迁、建设所需设备和工程量。编制实施计划和管理计划，进行效果分析。

（3）仿制文物古迹保护措施

提出仿制材料来源及要求，确定仿制范围，制定仿制的技术要求。进行有关仿制说明碑牌的设计或文字存档设计，比较存放或修建地点，编制实施计划和管理计划。

（4）录像保存措施

根据与文物古迹有关的历史资料和当地环境特点，确定录像范围，提出解说要点或编写解说词，确定归档单位及归档要求。编制实施计划，进行效果分析。

第四节　环境监控

一、环境监测

环境监测是环境保护的基础工作，是环境全过程管理的重要组成部分。

1. 监测规划原则

（1）结合工程建设的原则

水利水电工程环境监测的主要任务之一是为工程的环境保护服务。因此，监测系统的范围、对象和重点应结合工程施工和运行特点，全面反映工程施工和运行过程中周围环境的变化，以及环境变化对工程施工和运行的影响。根据工程施工、运行期环境影响因子、影响范围、影响程度、影响时间、敏感点分布及环境保护要求，确定环境监测因子、范围和重点，进行监测方案的规划。

（2）针对性原则

根据环境现状和环境影响预测评价结果，选择对环境影响大、对区域或流域环境影响起控制作用的主要因子进行监测，力求做到监测方案有针对性和代表性，并根据网站的实际运行效果，对测点和监测项目进行适当的调整或增减。

（3）经济与可操作性原则

按照相关专业技术规范要求，监测项目、频次、时段和方法以满足本监测系统主要任务为前提，尽量利用现有监测机构的技术力量。并充分利用已有监测站点，力求以较少的投入获得较完整的环境监测数据，同时可操作性要强。

（4）统一规划、分步实施的原则

监测系统从总体考虑，统一规划，根据工程不同阶段的重点和要求，分期分步建立，逐步实施和完善。

2. 环境监测任务

水利水电工程大多地处偏远地方，有些工程建设区人烟稀少，交通不便，区域内的自然环境和社会环境均处在较原始状态。因此，应结合工程建设和运行特点，确定环境监测目的和任务，主要是：

（1）掌握工程建设区、水库淹没区环境的动态变化过程，为施工期和运行期环境污染控制和环境管理以及流域梯级开发的环境保护工作提供科学依据。

（2）及时掌握环保措施的实施效果，预防突发性事故对环境的危害。

（3）验证环境影响预测评价结果。

（4）为工程区域生态环境的可持续发展研究提供科学依据。

3. 施工期环境监测

施工期主要监测项目包括水环境、大气环境、声环境、水土保持等。

（1）水环境

水环境监测应包括污染源监测、地表水环境质量监测。

污染源监测应反映主要污染源污染物种类、含量、排放强度、污染时间、处理措施效果。对处理前、后水质均应进行监测。监测项目应控制各类污染源的主要污染物。监测频次与监测时间设置应涵盖整个施工期，并能控制各污染源高峰期污染物排放情况。

污染源监测目的是了解施工期间施工废（污）水状况，为工程施工水质污染控制提供依据。根据水利水电工程施工期污染源特点，监测对象一般包括沙石骨料生产废水、混凝土拌和楼冲洗废水、较为集中的施工生活区生活污水，另外还须对垃圾填埋场渗沥液及处理后出水水质进行监测。

监测项目的确定：生产废水主要包括 SS、pH 值和废水流量；生活污水主要对有机物进行监测；垃圾填埋场渗滤液的监测主要包括有机物和细菌类。

地表水监测应设置对照断面、控制断面与削减断面。对照断面应设在施工影响河段上游附近；控制断面设在施工污染源最下游一个排放口的下游，污染物与地表水较为充分混合处；削减断面设置在控制断面下游，污染物浓度有明显衰减处。取样点的布设应符合《水环境监测规范》（SL219）的要求。监测项目应能控制施工期各类污染源主要污染物。监测时段、频次应同时反映施工废水排放的时段性与地表水系的水文时期变化。

地表水监测项目一般包括 SS、pH 和有机物。

水样采集按照《水和废水监测分析方法》（第四版）的规定方法执行，样品分析按照《地表水环境质量标准》（GB 3838—2002）规定的选配方法执行。

（2）大气环境

监测目的是掌握施工区大气污染物排放、扩散情况及敏感点环境空气质量，为施工区大气污染物排放控制和环境管理、监理提供依据。

大气环境监测点位设置应能控制施工区附近敏感点（区）（居民区、学校、疗养院、医院等）环境空气质量。监测项目应反映施工期主要大气污染物浓度。监测时间、频次设置应反映扩散条件不利季节的环境空气状况。

大气环境监测点数量应能控制施工区、施工生活区及外环境大气质量，监测项目一般选择 TSP、PM_{10} 等。点位设置及监测方法应满足《环境监测技术规范——大气和废气部分》的要求。

（3）声环境

监测目的是掌握施工区环境噪声状况及噪声衰减规律，为施工区噪声控制提供依据。声环境监测应包括声源监测和区域环境噪声监测。主要指对施工区噪声、施工机械噪声、交通噪声、施工生活区及敏感点声环境质量的监测。

声源监测项目为等效 A 声级。监测点位设置应能控制施工主要噪声源的源强、衰减。监测时间、频次设置应反映噪声源高峰强度。

声环境质量监测项目为等效 A 声级。以声环境敏感点为重点，监测布点、监测时间、频次设置需符合敏感点（区）不同时段的声环境质量要求，并与声源监测同步。

监测方法按照《环境监测技术规范》规定方法执行。

（4）水土保持

水利水电工程水土流失监测的目的在于适时掌握工程区水土流失情况，评价工程建设对水土流失的实际影响，了解工程区各项水土保持措施的实施效果和合理性，为工程安全生产建设、运行和水保措施实施服务。

水土保持监测对象包括工程建设区内造成新增水土流失的各部位，重点监测对象应包括渣场、料场、场内公路、开挖破坏面、施工场地等。

监测项目：渣场的高度、坡度、雨量、雨强、坡面冲刷及垮塌情况、工程防护措施效果以及林草生长状况等。料场及开挖破坏面的边坡开挖面冲刷及垮塌情况、工程防护措施效果以及植物生长状况等。施工场地的开挖面冲刷及垮塌情况、临时防护措施效果以及植物生长状况等。

监测时间与频次：主要包括施工期雨季和雨季后的频次，运行期前几年的频次。

监测技术应符合《水土保持监测技术规程》（SL277—2002）要求。

此外，根据水利水电工程特点，结合工程开挖和堆渣、实施水土保持措施的进度，水土保持监测工作应在主体工程筹建期开始准备，并在工程建设过程中及时进行监测，以便适时了解和掌握工程区水土流失情况，对潜在流失量大且集中的地方及时监测。

4．运行期环境监测

对水利水电工程运行期监测一般分为定点监测和定期跟踪监测。根据工程规模、运行特性、环境特点和保护对象要求，确定监测点位、项目、周期和频率。定点监测项目主要包括水文、泥沙、水质、水温、水生生物、水库地震、库岸稳定等。定期跟踪监测项目主要包括陆生生物、人群健康等。

（1）水质监测

目的是掌握工程运行期影响江段水质变化情况，为实施水污染控制与管理提供依据，并为流域梯级开发研究积累资料。

水质监测断面设置应充分考虑污染物排放、支流汇入等因素，以反映水电工程干、支流库区及下游影响河段水环境质量，并尽量与水温、水文、泥沙等监测断面相结合；监测项目根据水库水域功能及库区主要污染物种类确定；监测频次应根据水库不同运行工况及水文周期确定。监测技术要求应按照《水环境监测规范》（SL219）相关规定执行。

对大多数水利水电工程而言，库区周围工业污染源相对较少，主要是生活和农业污染源，监测项目主要包括有机物、氮、磷和农药等水质参数；监测时段应包括蓄水前、运行期、竣工验收后一定时期，监测频率包括丰、平、枯水期。

（2）水温观测

通过监测库区和下游江段水温情况，为研究水库热效应和水库水温结构变化，对下游水温的影响以及对水质、水生生物的影响研究和管理提供依据。

水温观测应包括分层型水库水温及下泄水温观测。

观测断面宜考虑水温的沿程分布特点，设置坝前、库尾及库中监测断面。根据水库形态、回水长度、支流汇入情况等确定库区中段的断面位置与数目。

断面垂线根据观测断面的水面宽度确定。垂线测点布设深度根据水温分层情况确定。表面同温层及库底恒温层测点密度可考虑每 5～20 m 设 1 测点，变温层测点适当加密。

观测时间与频率应根据灌溉用水、水生生物适宜性等因素确定。

（3）水生生物

调查（或监测）的目的是了解水利水电工程建成后，库区及下游鱼类种群组成、资源量及饵料丰度的变化情况；结合水生生态保护措施，对人工增殖放流的效果，鱼类种群数量的修复、补充和扩大等措施效果进行追踪调查、监测。

水生生物监测内容应根据工程影响水域及水文情势变化，确定需监测的鱼类种群及产卵场、越冬场、索饵场分布，珍贵、濒危等保护鱼类应重点监测。监测项目、位置、频次按《水库渔业资源调查规范》（SL167—1996）及其他有关标准执行。

调查内容一般包括鱼类的组成、分布、区系组成特点及对环境的适应性，以珍稀、特有鱼类为重点，经济鱼类次之。

饵料生物：监测各断面的水生植物（包括浮游藻类、着生藻类、水生维管植物）、水生无脊椎动物（包括浮游动物、底栖无脊椎动物）的区系组成及特点，种类密度及生物量。

鱼类：调查各河段鱼类区系及其特点、种群数量、分布（包括：产卵场、索饵场、越冬场等）、渔获物组成及优势度（包括：渔获物、鱼产量、专业和副业渔民人数、捕捞机具种类和数量等）。

监测时段：可在水库蓄水前调查一次，水库运行后每3年调查1次，连续调查一定年限，根据工程情况和环境特点具体确定。监测方法按《水库渔业资源调查规范》及《内陆水域渔业自然资源调查规范》的规定执行。

（4）陆生生物

了解工程建成后，库周陆生动、植物组成、分布情况，评价生物种类和栖息地类型的多样性，判断其保护价值。

陆生生物的监测或调查内容宜根据工程影响范围、程度，确定需监测的陆生动植物的区系组成、种类及分布。珍稀、濒危等保护物种应重点监测。监测或调查路线与布点：在库区应对干流及主要支流两岸影响地区进行线路调查；移民安置区以定点调查为主，同时考虑动植物生态类型的代表性。监测时间与频次根据实际情况确定，宜春秋季进行。

调查内容一般包括：自然、社会环境各要素。植被状况包括：主要植被类型、面积、分布；主要物种、分布特征、郁闭情况；珍稀物种种类、数量与分布等。野生动物：分别记录其种类、分布、密度和生活习性，特别注意珍稀陆生动物的种类、分布、栖息及活动情况。

调查方法一般采用样线调查和样方调查。样线调查：沿选定的样线调查植物的垂直和水平分布、植物物种，统计兽类、鸟类、两栖类和爬行类的物种及出现频率。样方调查：植物样方调查，主要包括植物种类、郁闭度、冠幅、胸径、枝下高、物候相、盖度、多度、生殖苗高度、叶层高度等。两栖类样方调查，包括采用抓捕方式调查两栖类动物种类、数量、分布特征等。小型兽类样方调查，包括采用日铗法调查小型兽类动物种类、数量、分布特征等。

此外，访问调查也很必要。因样方和样线调查不能覆盖全部工作范围，为了对调查区域有更深入的了解和掌握，通过访问当地居民、餐馆、集市等方法对调查结果进行修正。特别对动物调查该方法非常有效。

（5）人群健康

人群健康调查项目，包括库区及移民安置区卫生防疫状况、自然疫源性疾病、介水传染病、虫媒传染病和地方病及变化情况，水库水环境改变可能引发的传染途径、疫情的变化。人群健康调查对象包括当地居民及移民，采取普查与定点跟踪监测相结合的方法进行。监测时间与频率应根据常规检查与疾病流行检查的要求确定。

（6）其他

水文、泥沙、水库地震、库岸稳定、山地灾害等项目观测应按主体工程运行监测计划要求进行。环境监测应收集相关资料，了解上述项目引起的环境变化及影响。

5. 资料整编及报送

长期资料应根据监测频次，对监测成果按月报、季报和年报表，进行整编与报送。

定期资料应根据监测计划安排，每次监测完成后，对监测成果进行整编与分析，及时上报。

资料整编应按相关专业技术要求及规定进行。

二、环境监理

大型水利水电工程施工期长、环境影响及环境保护要求涉及因素多、环境管理要求高，成立专门的环境监理机构，对各项环保措施的实施进度、质量、资金使用及实施效果进行监督控制具有重要作用。

1. 监理原则与内容

（1）监理原则

水利水电工程实施环境监理，应遵循环境保护与主体工程"同时设计、同时施工、同时投产"的原则，强化工程设计和施工的环境管理、控制施工阶段的环境污染和生态破坏的原则，经济效益、社会效益与环境效益相统一的原则。

（2）监理内容

环境监理的主要内容应依据委托监理合同和有关建设工程合同的规定，控制环境保护工程的质量、投资和进度，进行环境保护工程合同管理，协调有关方面的工作关系。

2．监理机构要求及职责

（1）监理机构要求

项目法人一般通过招标投标方式择优选定环境监理单位。参加投标的监理单位应具备合格的资质和业绩。监理单位应派驻常设的与监理任务相适应的监理机构，直接承担工程环境监理任务。监理机构应正确执行国家法规政策和监理的有关规定，按照"公正、独立、自主"的原则，开展工程建设环境监理工作，公正地维护项目法人和被监理单位的合法权益。

（2）职责

建设单位应按照监理合同和工程建设合同文件，授予环境监理机构以下主要职责：

① 环境保护设计文件核查。

② 工程承建合同中有关环境保护内容的解释。

③ 工程建设中有关环境保护事项向业主提出优化建议。

④ 环境保护工程措施、计划和技术方案的审批。

⑤ 审查承包商提出的可能造成污染的材料和设备清单及各项环保指标。

⑥ 监督、检查工程环保措施实施进度、质量、资金及效果。

⑦ 合同支付计量、合同支付与合同索赔的审查与签证。

⑧ 合同项目移交与完工签证。

3．监理工作制度

环境监理工程师每天根据工作情况作出工作记录（监理记录）；组织编写月、季度、半年及年度监理报告，报建设单位环境管理办公室；在监理工作中发现的问题或对承包商提出的规定和要求必须通过书面函件的形式，递交承包商和建设单位环境管理办公室；实行环境例会制度和会议纪要签发制度，对重大环境污染及环境影响事故，由环境总监理工程师组织环保事故的调查，会同建设单位、地方环境保护部门共同研究处理方案，下发承包商实施。

三、全过程环境管理

环境管理是工程管理的一部分，是工程环境保护工作有效实施的重要环节。水利水电工程环境管理的目的在于保证工程各项环境保护措施的顺利实施，使工程兴建对环境的不利影响得以减免，并保证工程地区环保工作的长期顺利进行，维护景观生态稳定性，保持工程地区生态环境的良性发展。

1．管理机构与职责

（1）机构设置原则

水利水电工程环境管理机构的设置应符合以下原则：

符合环境保护工作任务需要。

作为工程管理部门的组成部分，在业务上接受环境保护主管部门的指导。

根据精简高效的原则，提倡合理兼职，节约人力，多利用社会专业机构。

管理机构可根据工程规模和环境影响程度实施分级管理。

工程环境保护管理机构的基本组织形式，宜采取分级管理。工程规模较小，环境保护措施和监测项目较少的工程，可根据具体需要设置。

（2）职责

建设单位设立环境管理机构，负责确定公司环保方针、审查项目环境目标和指标、审批环保项目立项和投资投入报告、审批环保项目实施方案和管理方案、检查环境管理业绩、培养职工环境意识等。

环境管理机构主要职责如下：

根据相关法律、法规和技术标准，为建设单位确定环境方针和开发项目的环境目标提供决策依据。根据环境方针编制、报批项目环境目标和指标，编制环境管理方案。

组织开展工程的环境监测工作，编制人员培训计划，做好建设单位环境工作内部审查，管理环保文档等。

组织制定和修改工程的环境保护管理规章制度并监督执行，检查工程环境保护设施的运行，推广应用环境保护先进技术和经验。组织开展工程环境保护科学研究和学术交流，组成区内相关专业机构测站网络。

参与工程建设的各有关施工单位，应视具体情况建立相应的环境保护机构或指定专门人员负责本单位施工过程中的环境保护工作。

为保证工程环境保护工作的连续性和稳定性，环境保护机构及工作人员应保持相对稳定。

2．管理制度

（1）环境质量报告制度

环境监测是获取工程环境信息的重要手段，是实施环境管理和环保措施的主要依据。水利水电工程的生态与环境监测可采取承包合同制的形式，选择综合监测技术能力较强的单位，依照监测计划，对工程环境质量定期进行监测。

工程的生态与环境监测实行月报、年报和定期编制环境质量报告以及年审的制度，及时将监测结果上报业主单位，以便随时掌握工程环境质量状况，并以此为依据制定工程区域环境保护对策。

（2）"三同时"验收制度

防治污染及其他公害的设施执行"三同时"制度，必须与建设项目同时设计、同时施工、同时投入运行。有关"三同时"项目须按合同规定经有关部门验收合格后才能正式投入运行。防治污染的设施不得擅自拆除或闲置。

（3）宣传、培训制度

工程环境管理机构应经常通过广播、电视、报刊、宣传栏、展览会、专题讲座等多种途径向工程技术人员宣传，增强其环保意识，使他们自觉地参与环境保护工作，让环境保护从单纯的行政干预和法律约束变成人们的自觉行为；编制《工程施工区环境保护管理办法》《环境保护实施细则》等环保手册，明确工程区环境保护具体要求等。

第五节　环境保护投资

一、环境保护投资编制原则及方法

1. 投资编制原则

根据水利水电工程不同的设计阶段要求，工程造价计算的类型一般包括：投资匡算、投资估算、投资概算、竣工决算。

在水利水电工程可行性研究阶段（或初步设计阶段），涉及环境保护投资估算或概算时，应根据相应深度要求进行编制。对环境保护投资进行估算时，应充分考虑各种可能的需要、风险等因素，估足费用，并适当留有余地。

环境保护投资应严格按照现行国家有关法律法规和地方的有关规定进行编制。

工程环境保护投资，应根据工程环境保护设计确定的工程和措施项目，按照《水电工程设计概算编制办法及计算标准》《水利工程设计概（估）算编制规定》及相关定额和标准进行编制。

枢纽建筑物工程和建设征地移民安置补偿费用中具有环境保护功能的工程投资，应根据具有环境保护功能设施的具体项目界定，经分析后将相应项目投资列入工程环境保护投资，应注意不能重复计算，采取不重不漏的原则编制环境保护投资。

环境保护专项投资编制所采用的价格水平年应与工程总概算价格水平年一致。

2. 投资编制方法

（1）环境保护专项投资应按工程量乘以工程单价的方式进行编制。工程项目和工程量应根据工程环境保护设计确定；工程单价应根据工程实际情况及有关设计资料，以《水电工程设计概算编制办法及计算标准》《水利工程设计概（估）算编制规定》及相关定额为主要依据和标准进行编制，相关标准和定额未做规定的，可根据工程所在地区造价指标或有关实际资料，采用单位造价指标编制。

（2）涉及运行费用的项目，其建设期内的运行费用计入工程环境保护投资，运行期内的运行费用不计入工程环境保护投资，应在工程运行成本中列支。

（3）独立费用应按相关规定的项目及标准进行编制。

（4）基本预备费应根据工程环境保护问题的复杂程度确定。

（5）环境保护投资涉及上、下游梯级项目的，应按造成不利影响的程度进行分摊。

二、环境保护投资项目划分

水利水电工程环境保护投资项目一般划分如下。

1. 环境保护措施投资项目

环境保护措施投资项目包括：水土保持工程、水环境保护工程、陆生动植物保护工程、水生生物保护工程、大气环境保护工程、声环境保护工程、固体废物处置工程、人群健康保护、环境影响补偿措施以及其他特殊项目的环境保护工程等。

2. 环境监测投资项目

环境监测投资项目包括：水环境监测、大气监测、噪声监测、生态监测、卫生防疫监测等。

3. 独立费用

独立费用包括：项目建设管理费、科研勘察设计费和其他税费等。

三、概算编制

1. 概算编制依据

说明有关规定、办法、定额、费率标准等。应注意采用国家或地方现行的规定和标准等。

对于绿化工程中的苗木价格一般采用当地市场价格。

2. 价格水平年

应与主体工程和建设征地移民安置规划价格水平年一致。

3. 基础价格

基础价格包括人工预算单价，主要材料预算价格，施工用风、水、电、沙石料、混凝土材料单价和施工机械台时费等，应与主体工程和建设征地移民安置补偿费用编制所采用的基础价格相统一。

（1）人工预算单价

一般包括：高级熟练工（元/工时）；熟练工（元/工时）；半熟练工（元/工时）；普工（元/工时）；土石方开挖（元/m³）；土石方回填（元/m³）。

（2）施工机械台时费

风钻手持式（元/台时）；胶轮架子车（元/台时）；30 kV 直（交）流电焊机（元/台时）。

（3）施工用电、水价格

采用主体工程概算施工用水、电价格。

（4）基础材料价格

材料价格与主体工程和建设征地移民安置规划价格一致。

4．工程单价

包括建筑工程单价和植物工程单价，其中建筑工程单价由直接工程费、间接费、企业利润和税金等组成，植物工程单价由定额直接费、其他直接费、临时设施费、现场管理费、价差调整、施工图预算包干费、企业管理费、财务费用、劳动保险费、定额管理费、企业利润和税金等组成。

5．概算编制成果

环境保护投资概算编制成果的主要内容包括编制说明、环境保护投资汇总表、各部分投资计算表、分年度投资表等。

四、分年度投资计划

工程环境保护分年度投资计划，应根据工程施工组织设计和移民安置规划总进度，以及工程环境保护任务需要确定的各年完成的环境保护项目工作量进行编制。

凡有工程量和单价的环境保护项目，应按分年度完成工程量进行计算；没有工程量和单价的项目，应根据该项目各年度完成的工作量比例估算。

第六章　公众参与

第一节　公众参与发展状况及其作用

中国的水利水电建设正处在蓬勃发展时期，新项目逐年增加，社会环境评价工作的任务繁重，特别是国际金融组织贷款项目，更是强调社会环境评价的重要性和必要性，这促使水利水电建设项目的论证更加充分可靠，努力实现经济效益、社会效益和环境效益的协调统一，促进社会经济持续、稳定、协调的发展。

在水利水电工程建设的前期工作阶段，对工程建设可能产生的影响，充分听取公众的意见，这不但是公众应尽的义务，也是尊重公众的权利的表现。公众参与应作为建设项目社会环境影响评价的一个特别领域。在建设项目环境影响评价报告书中，公众参与是其重要组成部分。政府部门，规划、设计和施工部门应对受水利水电工程建设项目直接影响的公众给予应有关注。进行可行性研究和环境影响评价都要求同公众进行磋商来确定一些问题。在建设项目立项阶段进行系统化的公众参与，可以减少此后可能产生的许多不利于项目建设的问题出现。有关部门应让受影响的公众了解项目的概况、项目的总目标、工程建设的规划和计划以及国家和其他方面的有关法律和规定，并且充分听取公众对项目建设的适当性鉴定以及意见和建议，吸收有意义的部分，特别要注意受项目影响最大的，也可能是最困难的公众的意见，进而修改完善建设规划和计划，使得建设项目不但满足经济建设的需要和环境保护的需要，而且符合社会的需要。

"公众参与"（Public Participation）从社会学角度讲，是指社会群众、社会组织、单位或个人作为主体，在其权利义务范围内有目的的社会行动。环评中的公众参与是项目方或者环评工作组同公众之间的一种双向交流，其目的是使项目能够被公众充分认可并在项目实施过程中不对公众利益构成危害或威胁，以取得经济效益、社会效益、环境效益的协调统一。这里的公众是指一个或更多的自然人或法人。世界银行对公众参与中的公众定义包括以下几方面：（1）直接受影响的人群：预期要获得收益的人、承担风险的团体、利益相关团体，他们大多位于项目范围或位于项目的影响范围内。（2）受影响团体的公共代表：国家和省政府的代表、地方官员、传统的当局人员、地方机构代表、私有行业代表。（3）其他团体和公众。

一、国外公众参与决策经验

20世纪以来，公众参与水利水电工程决策得到西方各国普遍重视。1988年6月，在美国旧金山召开的第十六届国际大坝会议上，G. E. 舒赫在《大坝的社会和环境影响》一文中就已提出了公众舆论能使大坝工程的潜在危害降至最低限度的论断。1991年6月在奥地利维也纳召开的第十七届国际大坝会议上，A.Goncalves Henriques（葡萄牙）指出，工程及环境影响评价的公开讨论是保证工程为公众认可，并使工程引起的社会经济发展与工程造成的环境危害之间相互协调的唯一途径，并且可以增强公众和决策者的环保意识。例如，葡萄牙的卡布拉萨工程，由于公众的积极参与，促进了库区气候条件的改善，促进了库区居民生活水平的提高，为野生动植物的发展创造了良好的条件。再如，加拿大艾伯塔省南部的老人河大坝工程的环境保护计划，除了政治和财政的强力支持外，在整个计划的制订和执行过程中，公众以顾问组方式介入到保护活动的范围、内容和位置的决策中，对促进渔业和野生动物保护计划、历史遗迹保护计划及娱乐计划起到了功不可没的作用。

公众参与在国外已被广泛运用到各项水利工程建设中，渗入到水利工程建设的各个阶段，并已被列为水利工程建设不可缺少的一部分。世界银行明文要求，工程建设要将移民参与的活动、时间、形式记录下来，编制成表，在规划报告中反映出来，同时还要求对移民申诉渠道的安排、形式做详细的报道。

二、国内公众参与决策现状

1. 相关法律依据

我国是以公有制为主体的社会主义国家，人民有知情权、参与权和决策权。《宪法》规定："中华人民共和国的一切权力属于人民，……人民依照法律规定，通过各种途径和方式，管理国家事务，管理经济和建设事业，管理社会事务"；《土地管理法》也规定，被征地的农民对征地过程和政策有知情权、参与权，要求征地政策公开，要求被征地的农村集体经济组织公布征地补偿费用收支状况，全面推行水库移民监理制等。《中华人民共和国环境影响评价法》第五条"国家鼓励有关单位、专家和公众以适当方式参与环境影响评价"、第二十一条"建设单位应在报批建设项目环境影响报告书前，举行论证会、听证会，或采取其他形式，征求有关单位、专家和公众的意见。建设单位报批的环境影响报告书应当附具对有关单位、专家和公众的意见采纳或是不采纳的说明"等。以上条款说明环境影响评价中公众参与水利水电工程决策的权利是受法律保护的。

2006年3月18日，国家环保总局正式发布《环境影响评价公众参与暂行办法》，明确公众参与的一般要求和具体形式，使公众参与立法进一步制度化、法制化。

2. 参与现状

综观我国水利工程的实践，公众参与在我国水利工程决策中越来越受到重视，其中不乏成功的经验。目前，我国政府十分重视水利工程建设与管理中的公众参与，如在编制移民规划前进行淹没实物指标调查时，都是由设计人员与当地的土地管理部门和基层干部组成小组逐村、逐户进行调查核实，调查结果都要得到户主的签字认可。在编制移民安置规划时，由设计院和地方有关部门以及受影响的村、村民小组干部、移民代表共同确定安置地点、补偿标准和劳动力的安置等。例如：小浪底水利工程在编制移民规划时，结合我国国情及世界银行的要求，将公众参与的情况做了书面报告，使之成为移民规划报告的一部分。

但是，长期以来受传统习惯及其他各种因素的影响，公众参与的时间、活动、形式等具体内容并没有得到很好的实行，没有做到程序化、规范化和法制化，导致一些工程忽视公众参与，并最终导致决策的失误。例如，福建省龙海市甘文尾围垦工程因破坏了龙海市的红树林保护区，在公众的舆论压力下被迫下马，红树林虽得到了保护，但却因决策失误造成了几百万元的经济损失。

第二节　公众参与目的、内容及方法

一、公众参与目的

水利水电工程环境影响评价工作涉及范围广，环境影响因素较多，对自然、生态和社会环境的影响大，其可能带来的环境影响是社会公众广泛关注的问题。应让公众了解工程的主要情况、建设运行特点和与工程有关的重大环境问题。通过公众参与工作，可以掌握重要的、为公众关心的环境问题，为确定环境影响评价工作重点和拟定环境保护措施提供重要的参考依据。

二、公众参与内容

国家鼓励公众参与建设项目和规划的环境影响评价活动；公众参与实行公开、平等、广泛和便利的原则；建设单位或者其委托的环境影响评价机构在编制环境影响报告书的过程中，环境保护行政主管部门在审批或者重新审核环境影响报告书的过程中，应当进行公众参与。

《环评法》第 11 条、第 21 条、第 24 条规定范围内的专项规划环境影响评价的活动、应当编制环境影响报告书的建设项目、应当重新报批环境影响评价文件的建设项目都要公开征求公众意见。

1. 公示

根据《环境影响评价公众参与暂行办法》（以下简称《暂行办法》）的规定，建设项目在环境影响报告书编制过程中需进行公示。

第一次公示在建设单位确定了承担环境影响评价工作的环境影响评价机构后 7日内进行，主要内容包括：

（1）建设项目的名称及概要；

（2）建设项目的建设单位的名称和联系方式；

（3）承担评价工作的环境影响评价机构的名称和联系方式；

（4）环境影响评价的工作程序和主要工作内容；

（5）征求公众意见的主要事项；

（6）公众提出意见的主要方式。

第二次公示在环评报告书报送环境保护行政主管部门审批或者重新审核前进行，主要内容包括：

（1）建设项目情况简述；

（2）建设项目对环境可能造成影响的概述；

（3）预防或者减轻不良环境影响的对策和措施的要点；

（4）环境影响报告书提出的环境影响评价结论的要点；

（5）公众查阅环境影响报告书简本的方式和期限，以及公众认为必要时向建设单位或者其委托的环境影响评价机构索取补充信息的方式和期限；

（6）征求公众意见的范围和主要事项；

（7）征求公众意见的具体形式；

（8）公众提出意见的起止时间。

将收集到的公众意见，及时反馈至业主单位、环评单位、建设单位、施工单位和环评报告审批单位等，并在环评报告、设计报告及工程建设运行过程中得以体现。

2. 公众意见调查

公众意见调查的主要内容包括：

（1）是否通过有关渠道包括公示了解项目情况；

（2）是否了解该项目建设与其相关的情况；

（3）被调查者对现有的环境问题的认识与态度；

（4）公众建议采取何种措施减缓环境问题；

（5）项目建成后可能造成的对公众生活的影响有哪些？

（6）公众对项目占用土地的态度（支持、不支持、保留）；

（7）若属于被拆迁户，其希望如何安置，是就地安排还是迁往外地？

（8）对该建设项目的总体态度等。

三、公众参与的方法步骤与主要形式

环境影响评价过程中的公众参与是一个连续和双向交换意见的过程。一般来说，公众参与工作可分为以下几个步骤。

1. 前期准备

（1）资料收集和背景分析

公众参与活动开始前，应根据规划或建设项目的进展，及时收集相应的信息，包括项目的背景、方案、预期收益，国家的相关政策、法律法规，项目涉及的自然环境和社会环境现状，将会造成的环境影响，替代方案，缓解措施，移民的相关措施等。

（2）确定公众参与的等级

按照《中华人民共和国环境影响评价法》和《建设项目环境保护分类管理名录》的相关规定，对建设项目进行等级划分：填报环境影响登记表的建设项目，可不开展公众参与；应当编制环境影响报告表的建设项目，可视具体情况而定；应当编制环境影响报告书的规划建设项目，选择适宜的等级开展公众参与工作。

以影响的范围、程度、敏感性、保密性等指标来确定规划建设项目的公众参与等级。

（3）识别相关公众

相关公众应包括直接和间接受影响的公众群以及对规划或建设项目感兴趣的群体。应保证参与公众的代表性，同时考虑到受益和受损两个群体，但应重点咨询利益受损的群体，并根据项目的公众参与等级确定调查的样本比例。

（4）制订公众参与计划

计划包括公众参与的主要目的、划分等级的依据、执行的人员、资金、设备、时间表、拟公开信息的方式、拟征求意见的内容、拟采用的信息交流方式和信息反馈的安排等。

2. 信息发布

信息发布分阶段进行：环评开始阶段，建设单位应当公告项目名称及概要等信息；在环评进行阶段，建设单位应当公告可能造成环境影响的范围、程度以及主要预防措施等内容；环评审批阶段，环保部门应当公告已受理的环评文件简要信息与审批结果。

信息发布目的是广为人知。良好的信息发布方式可以使公众参与达到最佳效果。现代的信息传播媒介，包括广播、电视、报纸及互联网等媒介的新闻公告，布告栏，宣传册，信函，展示厅，信息发布会，现场参观等方式，均能很好地承担信息发布的工作。这些媒介各有优劣，应该针对特定人群采用特定的信息发布方式，以达到

最佳效果。

《暂行办法》针对环评报告书过于专业等情况，要求建设单位或其委托的环评机构公开环评报告书简本，便于公众了解信息。

3. 信息反馈

在信息发布之后，就是要听取公众的信息反馈。信息发布和听取公众意见两个过程之间要有一个公众获取信息的时间期限，这个时间范围可以根据信息量的大小和公众获取信息的方式来确定。公众得到建设项目有关信息后，针对关心的问题提出意见或建议。

这种方式使得项目方与公众能够直接有效地沟通。可以设置热线电话、传真、电子邮件和公众信箱等接收反馈信息。通过这些方式，可以使当面讲有顾虑的意见也可被知晓；同时，也可消除地域障碍，使得公众参与的范围更广泛。

获得公众信息反馈还有一种最主要的方式，就是社会调查。社会调查可以通过访谈、通信、问卷、电话访问等方式来进行。社会调查根据其主题等特点可分为定式调查、半定式调查和无定式调查。定式调查和半定式调查是环评中收集公众意见常用的方式。定式调查具有明确的主题，通常采用书面问卷形式。定式调查多用来评定非货币化形式表达的环境资源价值。问卷设计应以简洁易懂、回答简便为基本原则。半定式调查技巧性很强，操作时调查人员应注意向公众介绍项目情况的陈述用语及方式，调查员必须坚持公正客观的立场，避免以倾向性言语误导公众。

按照《暂行办法》的规定，公开征求公众对建设项目或专项规划的环境影响、环境影响评价工作和环境影响评价文件的意见（以下统称意见），征求意见的期限应不少于10日。

4. 反馈信息汇总

公众反馈意见收集以后，要对有关建议或意见进行统计分析汇总，以便了解公众对建设项目的态度和他们所关心的问题。

信息的整理主要依靠计算机统计分析的方法。主要步骤包括：数据处理，即人工检查问卷、统计有效份数以及计算机数据录入；数据统计（制成统计表格）；结果分析及评价。

5. 信息交流

在公众意见反馈的基础上，组织项目方与公众之间的信息交流。信息交流的方式主要有座谈会、听证会等。

公众座谈会为所有受到影响及感兴趣的团体或个人提供表达意见的渠道，使项目方（或评价方）与个人（或团体）通过直接对话来解决分歧。并应在公众座谈会召开前，将讨论的问题及内容发放至与会人员手中，使其有充足的准备时间。除主持人外，一般不指定发言人，与会者可随意发言讨论。

召开听证会：对于那些环境影响明显、环境敏感性大、公众反映强烈的项目，按照规定的程序，由行政部门主持召开多方会议。参加会议的应包括：政府环境保护部门，建设单位，设计单位，环评单位，被邀请的有关专家和技术人员，受到影响（尤其是受直接影响）的公众代表，感兴趣的团体和个人。会上除了各方代表发言以外，还可安排适当的申辩或辩论，但在会上通常不形成对有关问题的答复。

我国现行环境影响评价过程中公众参与的信息反馈及交流主要采用代表参与的会议形式及问卷调查和公众座谈相结合的方式。

6．项目决策

公众参与的形式、过程及结果将作为单独的章节写入环评报告。

在充分考虑公众意见及环评结果的基础上，最终由决策者确定建设项目的方案，或否定建设项目。为保证公众参与的有效性，《暂行办法》明确要求：建设单位应当在报审的环评报告书中附上对公众意见采纳或者不采纳的说明。《暂行办法》同时还对编制和审查各类开发建设规划如何征求公众意见做了相应规定。

第三节　对公众参与水利水电工程决策的建议

1．建立健全政策管理体制

明确政府与公众在决策中的地位。政府的管理和干预是影响公众参与的限制性因素，因此，需要打破自上而下的集权式的管理体制。在这种体制中，政府是决策者，利益受影响的群众是被动的接受者。取而代之以自下而上的管理体制，即为公众提供一个参与的空间。明确水利工程规划是一个有关利益各方在平衡和自由的平台上展开对话、协商与谈判，最后就冲突达成妥协的过程，这对促进公众参与至关重要。

2．强化法律意识，转变公众参与水利工程决策的观念

我国大部分水利工程建在偏远山区，而我国农村历史上民主观念不强，村民习惯了听从，对参与决策表示怀疑与不相信，有些政府人员也习惯了发号施令。因此，宣传法律知识、培养公众的权利意识、不断鼓励村民参与并通过接受村民提出的合理建议和要求来鼓励公众参与的热情，并对政府人员的工作进行民主监督，目的是从根本上转变观念，培养合作精神，促进公众参与。

3．加强公众对水利工程常识的了解，提高其参与水利工程决策的能力和质量

公众的文化素质、对水利工程知识的了解，直接影响着公众参与的程度与质量，进而影响公众参与的热情。我国农民的文化素质有待提高，这就需要充分发挥各种媒体的作用，结合村民的实际情况采取各种生动有效的宣传形式，增加公众的水利常识，提高公众参与的质量。

4．建立一个对称的信息渠道

建立一个开放的与工程相关的信息渠道，使利益各方可以进行有效的协商、对话与决策，使工程决策过程透明化，防止弄虚作假，提高公众参与积极性。

5. 建立健全公众参与水利工程决策的法律、法规

建立健全公众参与水利工程决策的法律、法规，使水利工程决策的公众参与达到程序化、规范化和法制化，从而为公众参与决策提供制度保障，使公众参与水利工程决策得到健康稳定的发展，避免形式化。

第四节　公众参与实例——于桥水库水质改善项目

天津市面临着主要饮用水源——于桥水库水质污染问题，有关政府部门已认识到改善水质不仅需要资金和工程项目，更需要改进管理办法和技术方法。为此，中国、加拿大双方共同开展工作，以公共管理和公众参与的模式，实施示范项目，来改善水库水质。

于桥水库水质改善项目，涉及环保、水利、农业、林业、矿产、市、县、乡、村各级政府等，只有各部门互相配合，共同管理，才能真正解决水库污染问题。于桥水库周边 10 个乡、15 万农民是解决水库污染问题的主人，只有公众自觉行动起来，才能使政府的决策发挥效力。制定公众参与策略的基本程序如下。

1. 识别问题

筛选优先解决的环境问题：

——于桥水库水质污染、水体富营养化。

——主要原因：上游来水污染，水库周围村落鱼塘排放污水，点源、面源、底泥释放等。

2. 确定项目目的

通过公众参与减少污染物排放量，改善水质，提高各级有关部门的公共管理能力。

3. 组织保障

（1）确定与项目有关的主要政府部门

由蓟县人民政府、天津市环保局、天津市水利局共同成立示范项目领导小组。

职责：组织、协调、决策、资金保障。

（2）成立项目工作小组

由上述三部门的专业技术、管理人员和示范区域乡政府及公众代表组成项目工作小组。

职责：制订、组织和推动示范项目工作计划，培训政府部门和公众中的有关人员，指导、监督、检查、评估示范项目全过程。

（3）组建公众参与网络系统

以村委会为核心，组织公众参与小组；中小学校组织志愿者协会等。

职责：参与制订示范项目的规划、工作计划，示范工程项目建设；参与示范工程的运行管理，改变生活方式（使用无磷洗衣粉、节约用水、污水集中排放等）；改

变生产方式（保护性耕种、条形耕种、农田土壤营养管理等）。

4．示范区域比选

基本原则。（1）代表性：库区污染特征的典型区域；（2）可行性：具备实施行动方案的基础条件。

比选指标。工作基础：地理位置、领导作用、公众环境意识、改变生活方式的可行性；工程实施可行性：中加合作项目的目的是为治理工程提供技术支持，改善于桥水库水质；污染特征：具有村落、湖滨带、养殖、水土流失等污染特征；生产状况：改变农、林、牧、副、渔业生产方式的可能性，耕地、林地面积现状。

示范区域比选。库区周边共有 10 个乡 153 个村庄，总人口 15 万人，耕地面积 8 079 hm²，果园 2 000 hm²。其中穿芳峪乡、马伸桥乡、九百户乡（富裕村＋峰山村）最具代表性，拟三选一。三个比选区域基本情况见表 2-6-1。比选指标，见表 2-6-2。

表 2-6-1　比选区域基本情况

乡名	村落/个	人口/人	耕地/hm²		果园/hm²
			总面积	菜田	
穿芳峪	11	6 375	309	9	83
马伸桥	19	16 341	404	24	100
九百户	15	7 280	234	217	

比选结果：穿芳峪乡，马伸桥乡，九百户乡，推荐穿芳峪乡为项目示范区。

表 2-6-2　示范区域比选指标

乡镇	指标										
	基础条件			工程实施可行性	污染特征					农业状况	
	位置	公众意识	领导作用		村落	湖滨	养殖	水土流失	污染源	改变农业生产方式	耕地面积
穿芳峪	北岸	较强	强	较大	较强	缓坡	有	一般	少	易	多
马伸桥	南岸	较差	一般	较大	强	陡坡	有	严重	较多	难	少
九百户	库中	较差	一般	大	较强	缓坡	有	一般	少	较易	中

5．确定可实施项目

耕作实践——耕地方向与坡度垂直，间种、套种、土壤营养物质管理，按土壤肥力情况科学施肥等。

水土流失控制——植树造林，大于 15°的坡地不宜耕作，根据地形条件因地制宜，植树造林、退耕还草还林，控制水土流失，减少污染物产生量，保护水质。

暴雨管理——在山沟适宜位置设置固防坝，拦截雨水，以延长雨水的停留时间，使雨水沉淀、净化，减少污染物入库量，改善水库水质。

第七章　环境影响评价应关注的问题

第一节　与有关规划的符合性及环境影响分析

一、与有关规划的符合性分析

水利水电工程项目组成复杂，涉及众多，除主体工程项目以外，还包括场内外交通、移民工程等。在环境影响评价中，应注意评价项目与相关环境功能区划、生态功能区划、环境保护规划、经济发展规划、交通规划和城镇建设规划的符合性。在对外交通和移民安置规划时，尽可能结合地方交通规划和城镇建设规划统一考虑。同时，还要与流域（或河流）规划环境影响评价相衔接，符合规划环境影响评价要求。

二、环境影响分析

水利水电工程建设对环境的影响，从时段划分包括施工期和运行期，从区域划分有施工区、库区和移民安置区。不同时段所产生的环境影响不同，施工期主要是"三废"污染和水土流失的影响，应针对不同的环境影响因素进行分析评价；运行期主要是引起水文情势、水温的变化，从而对水生生物产生影响。应注意不同区域其环境影响评价重点不同。要关注对环境敏感对象的分析评价。

1. 施工期的环境影响

对水环境的影响。施工期的水污染源主要包括生产废水和生活污水，生产废水大部分来源于沙石骨料加工废水，还有少量的混凝土拌和冲洗废水和机修系统含油污水；生活污水主要来源于施工人员生活排水。在水环境影响评价时，应关注评价项目区域河段的水域功能和敏感对象要求，对沙石骨料加工废水尽量回用或综合利用。

对环境空气的影响。施工期大气污染物主要来源于炸药爆破、沙石加工、施工机械燃油废气和交通扬尘等，主要污染物为 TSP、NO 等。应根据施工特点和施工区域环境状况进行分析评价，并应注意对敏感对象的影响分析，根据影响程度提出相应措施。

对声环境的影响。施工产生的连续噪声源主要有沙石加工系统噪声和交通噪声，其他的爆破、施工机械噪声为间歇式瞬时噪声。在评价时，应关注对敏感对象的影响分析，根据影响程度提出相应措施。

对生态环境的影响。施工期对生态环境的影响主要是施工开挖和弃渣产生水土流失以及对自然景观的影响。如不采取水土保持措施，则渣场产生的水土流失最为严重。评价中应注意渣场的选址合理性，并根据不同的渣场类型进行分析。注意施工公路的弃渣影响和对景观的影响分析评价。

2. 运行期的环境影响

对水文情势的影响。工程建设运行后，改变了天然河流的水文情势，应根据工程调度运行情况分析对水文情势的影响。要注意分析电站初期蓄水是否造成一定时间的断流，分析其影响，根据影响程度提出相应的工程措施以减免不利影响。对引水式或混合式开发的工程，在可能出现脱水或减水的河段，应充分重视对河流两岸的植被、水生生物、当地用水以及河流景观等不利影响的分析评价，合理确定生态流量，并采取相应的泄放生态流量措施。

对水生生物的影响。工程建设运行后，水文情势的改变和水温的变化，都将对水生生物产生不利影响，特别是对鱼类影响较大。在影响评价中，重点对鱼类进行影响分析，应注意对鱼类"三场"的影响分析，水温变化对鱼类的影响分析，根据水温变化对鱼类的影响程度，提出是否采取工程分层取水措施或其他措施。

3. 环境敏感对象分析

水利水电工程涉及区域广，要注意对环境敏感对象的调查，分析区位关系、影响程度，评价工程建设的环境限制性因素。敏感对象一般包括：自然保护区、风景名胜区、森林公园、生态功能保护区、珍稀保护物种、社会关注区以及居民区等。

此外，应关注生态环境敏感脆弱区的环境影响分析评价和保护措施，提出环境限制性因素。

第二节　环境保护措施

一、污染防治措施

水利水电工程污染防治措施主要包括：生产废水和生活污水处理，生活垃圾处置，大气环境和声环境保护措施。根据污染源特性和环境保护要求，采取相应措施，应注意处理设施的运行管理要求。

对生活垃圾的处置应注意结合地方现有生活垃圾处理设施情况，分析利用现有设施的可行性，经技术经济比较后确定。注意生活垃圾处理设施应包括收运系统设施。

对一些大型地下洞室工程应注意对洞室废水的处理。

二、水环境保护措施

水利水电工程建成运行后，应注意对库区及下游水环境进行保护。保护措施分为工程措施和管理措施。工程措施主要包括：污水处理系统工程、水污染防治工程、生态保护和恢复工程等；管理措施主要包括：对水污染防治进行统一规划，污染物总量控制，应用经济和法律手段提出对策措施。

在采取经济和法律措施时，应注意遵循国家的环境经济政策和法律法规要求，并借鉴成熟的经验，提出客观和行之有效的措施，如运用市场机制、实行水的有偿使用、制定合理的符合实际的环境税收政策等。

三、生态保护措施

水利水电工程生态环境保护措施主要包括：陆生生态保护、水生生态保护、景观保护等。根据影响程度和生态保护要求，采取相应措施，应注意电站建设与周围景观的协调性，生态保护的运行管理要求等。

对水生生态的影响主要是对鱼类的影响，对鱼类的保护应注意生境保护措施。

第三节 公众参与

一、公众参与对象

在选择公众参与对象时，应注意广泛性和针对性原则，要关注利益受损群体。公众参与对象主要包括：环境保护专家、当地政府及各行业主管部门、工程涉及区域的居民、工程科研协作单位等。

二、公众参与的实现形式

公众参与是环境影响评价的重要组成部分，应以不同的形式贯穿于整个工作过程中。可采取现场讨论会、意见征求会、访谈、问卷调查、专家咨询和专题协作、报告公示等形式。

在工作中应注意针对不同的参与对象和需要解决的问题选择参与形式。如工程建设对社会经济等的影响是全局性和宏观性的，则应通过相应政府部门进行专门会议，听取意见；要了解当地居民关心的问题可采取访谈和问卷调查；对重大的或敏感的、专业性强的环境问题，则采取专家咨询和专题协作等方式解决。

三、公众参与意见

根据公众参与工作的对象、形式等，分析归纳和总结公众参与的意见和建议。要注意反对意见的收集和分析以及解决的措施。

四、公众参与意见的落实

在环境影响评价工作中，对公众参与意见要注意相关的沟通、反馈、解决和落实。通过全过程、积极互动的公众参与活动，为环境影响评价工作打下坚实的基础。

第四节 其他应关注的问题

一、特殊环境问题

随着社会经济的发展，对电力的需求越来越大，水利水电工程的开发区域越来越广。有很多建设项目已经涉及民族地区，民族地区有其特殊的民俗文化、宗教信仰和生活习性，在环境影响评价时，对现状调查、分析评价以及环境问题的处理一定予以高度重视。应关注工程建设及移民安置对特殊民俗文化、宗教设施的影响，以及采取的对策措施。

二、评价的科学合理性

水利水电工程对生态环境的影响突出，一个生态系统的平衡与稳定，是在历史长河中形成的，而水利水电开发打破了这个系统原有的平衡，使生态环境发生改变。这种变化是在短期内完成的，变化是急剧的。在环境影响评价时，应注意调查、分析和评价方法的科学性，减少主观臆断和不确定性，关注生态环境的自然演替规律，生态系统整体性结构和生态过程，生态环境恢复和保护的有效性，以及评价结论的科学合理性。

三、强化环境管理

水利水电工程对生态环境的影响因素众多，问题复杂，在短时期内难以全面识别工程建设和运行对周围环境的变化，应开展环境监测工作；水利水电工程一般建设周期较长，施工期对环境的影响较大，为了更好地实施环境保护措施，树立文明施工形象，最大限度地保护好生态环境，应加强施工期的环境监理和管理工作。因此，在环境影响评价时，不仅要提出科学合理的环境监测计划，环境监理和环境管理任务和要求，更应关注环境监测、监理和管理的实施保障措施。

第八章 案 例

第一节 石羊河流域重点治理应急项目
西营河专用输水渠工程

本项目为水利工程建设项目。本案例是在原有报告书的基础上压缩而成，截取报告书的四章内容，其中有些章节进行了删减，保留其关键内容。

该案例的主要特点：

（1）工程分析中较好地进行了工程方案的环境合理性比选分析，并进行了零方案的比较分析。对施工场地的环境合理性分析，为调整两个渣场的建议提供了依据。

（2）针对工程对水文情势的影响和水资源量的重新分配进行了环境影响预测评价。

（3）针对输水运行对石羊河中游灌区的影响，进行了区域地下水影响预测评价。

（4）输水工程减少了向渠首以下天然河道的汛期泄水量，在预测评价的基础上，分别提出了典型丰、平、枯水年向老河道下泄的生态水量。

一、工程概况

（一）工程建设必要性

石羊河流域位于甘肃省河西走廊东部，是河西走廊三大内陆河流域之一。流域水系发源于祁连山，自东向西主要由大靖河、古浪河、黄羊河、杂木河、金塔河、西营河、东大河、西大河八条河流组成，由其形成的绿洲，特别是下游民勤绿洲，是防止巴丹吉林和腾格里两大沙漠汇合、拱卫河西走廊东部的重要生态区域。

由于过度开发水资源，严重超采地下水，流域出现地下水位下降、水质恶化、土地沙漠化、盐碱化等一系列生态问题。在民勤盆地北部，生态恶化的问题更严重，部分地区群众已无法生存，背井离乡，沦为"生态难民"，"罗布泊"现象已经初步显现。

根据石羊河流域重点治理规划和分水方案，石羊河民勤蔡旗断面水量组成为：

西营河专用输水渠输水 1.1 亿 m³，景电二期延伸向民勤调水工程调水 0.49 亿 m³。

（二）石羊河流域治理规划及应急项目概况

1.《石羊河流域重点治理规划》概况

《国家发展改革委、水利部关于审批石羊河流域重点治理规划的请示》（发改农经[2007]2738 号）及《石羊河流域重点治理规划》，于 2007 年 12 月 7 日已经国务院批准。

规划目标、重点治理措施及投资略。

2. 重点治理应急项目实施概况

为确保该重点治理目标的实现，国家发改委和水利部决定：在规划批复前，应围绕抢救民勤、向下游民勤增泄水量的目标，先期启动一批与抢救民勤关系最密切的应急项目，石羊河西营专用输水渠工程是应急项目之一，已实施的应急项目有 4 项。

（1）已实施应急项目环境保护概况

2006 年开展的应急项目于 2007 年底全部完成，完成投资 11 115 万元，节水总量 10 176 万 m³，实施项目的环境保护经验总结如下。

① 项目实施后，根据节水型社会建设的要求，确定了灌溉指标，并分配到户，工程进一步完善了田间配水、分水、量水等设施，确保了水权到人、计量到户。用水权分配到村，以村为单位成立农民用水者协会，根据土地承包户的耕地质量和数量分配水权，与农户签订合同、建立水量计量登记本和水票制度。对项目实施后节水量的保证和持续节水起到了制度和管理上的保证。2006 年省水利厅下文，要求取地下水灌溉的水井，由石羊河流域管理局统一管理。

② 项目实施后，工程对以前灌区渠线道路、桥梁等进行了重新规划布置，并进行了重建和改建，使道路、桥梁条件等有了很大的改善，有利于农村机械化耕种的普及和实施，从而有利于新农村的建设。

③ 节水改造项目的渠道全部采取防止冻胀措施，运用条件远好于未改造的渠道。施工道路、施工临时占地、料场和弃渣场等施工迹地全部进行了恢复。骨干渠道两侧均进行了植树绿化和生态恢复。

④ 压缩灌溉农田面积后，部分耕地用于以生态改善为目的的植树、种草，种植当地用水少的品种，具有压沙治沙作用，对防止土壤沙化和沙漠化对耕地的侵蚀起到了有利作用。

⑤ 项目区灌溉定额的调整、灌溉高新技术的推广和种植结构的调整，增加了林草种植面积。开展了活动阳光温室种植，种植作物由单一的粮食种植向多种种植转变，蔬菜、水果、花卉等种植比例增加。灌区改造后，既节约了水资源，又增加了农民的收益。

（2）本项目"以新带老"需要解决的问题

① 2006 年项目实施中，施工利用了部分农村简易道路，由于这些道路设计标准较低，有些施工车辆承载能力超过该标准，施工期使部分道路损坏，需要重新恢复。

② 2006 年项目在施工期间，部分施工期与灌溉期重复，在一定程度上影响了灌溉的正常运行，在本工程设计中应合理、优化施工时段，尽量避免灌溉期施工，减少不利影响。

3.《石羊河流域重点治理规划》环评工作进展情况

石羊河流域重点治理规划环境影响评价工作正在进行中，已编写了《石羊河流域重点治理规划环境影响评价大纲》。规划环评对西营河专用输水渠项目的初步要求，共有 5 点。

（三）工程地理位置

本工程位于甘肃省武威市境内。武威市地处甘肃省中部东经 101°59′～103°23′、北纬 37°23′～38°12′，东邻兰州，西通金昌，南依祁连山，北接腾格里沙漠，现辖民勤、古浪、天祝三县和凉州区。

（四）工程任务、工程规模及运行方式

1. 工程任务

西营河专用输水渠工程的任务就是为了保障民勤蔡旗断面下泄水量目标的实现，从西营河取水，经专用输水渠输送到民勤县境内，确保在 $P=50\%$ 来水情况下，西营河向蔡旗断面输水量不小于 1.1 亿 m^3。

2. 工程规模

西营河专用输水渠工程属Ⅱ等工程，工程规模为大（2）型。主要建筑物级别为 3 级，设计防洪标准 30 年一遇；次要建筑物级别为 4 级，设计防洪标准 20 年一遇；临时性建筑物级别为 5 级，设计防洪标准 5 年一遇。

西营河专用输水渠前段利用改扩建后的原西营灌区总干渠及四干渠之一段，后段新建专用输水渠。主要建筑物包括改建明渠 12.0 km、新建暗渠和明渠 38.386 km、2 座陡坡、25 座节制及分（泄）水闸、1 座排洪渡槽、20 座车桥、8 座跨渠渡槽及各类闸室段。

各节制及分（泄）水闸均采用无坎宽顶堰型式，设计流量与所在段的渠道设计流量相同。陡坡设计流量均为 22.0 m^3/s，排洪渡槽设计防洪标准 30 年一遇，相应流量 $Q=150\ m^3/s$。校核洪水标准 100 年一遇，相应流量 $Q=238\ m^3/s$。

3. 工程运行方式

本工程是一条自流引水渠，水源为西营河河水。工程在按规划目标向民勤输水的同时，亦必须统筹考虑中游西营、永昌灌区的需水。根据西营河径流年内分配的特性（来水主要集中在 7—9 月）及当地农业灌溉的特点，同时综合考虑中游和下游的需要，专用输水渠的调水安排在每年 6—10 月进行。不同设计保证率（P=25%、P=50%、P=75%）输水过程分别列表给出。

P=25%的丰水年输水量总计 1.76 亿 m^3，输水天数为 102 天。P=50%的平水年输水量总计 1.22 亿 m^3，输水天数为 75 天。P=75%的枯水年输水量总计 1.07 亿 m^3，输水天数为 87 天。

（五）工程组成及主要建筑物

西营河专用输水渠总长 50.386 km，分为总干渠与四干渠改建段、新建明渠段、新建暗渠段和交叉建筑物四部分。工程共分为四段，第一段（0+000.0～12+000.0）为总干渠及四干渠利用段；第二段（10+993.70～49+379.22）为四坝干河段，渠道为新建现浇砼梯形明渠；第三段为永昌灌区段（25+666.90～41+469.87），渠道为新建现浇砼矩形暗渠；第四段为石羊河左岸环河灌区段（41+469.87～49+379.22），渠道为新建砼预制板衬砌的梯形明渠。专用输水渠有明渠交叉建筑物 54 座。

（六）工程施工布置及进度

1. 施工总体布置

本工程施工分两部分进行：一部分为输水渠前段总干渠及四干渠结合利用段，长度为 12.0 km；另一部分为新建段，长度为 38.386 km。

工程共选定 3 个天然沙砾石料场：苗家庄料场、张斌庄料场和三岔料场，分别位于西营河和四坝干河河床或两岸漫滩上。

弃土分渠道两侧弃土和集中弃土，对深挖方弃土量较大的渠段，选择荒地、低洼区域集中弃渣。渠道两侧的弃渣场为临时占地，共 16.7 hm^2。其他集中弃渣场为永久占地，永久弃渣场地 5 处，分别位于四坝干河（三处）、北河（一处）和石羊河（一处）河漫滩的荒滩上，占地面积共计 13 hm^2，均为荒芜河滩。

2. 施工条件

交通条件；天然建筑材料；施工建材、生活物资供应；水电供应及通信条件等。

3. 主体工程施工及其主要工程量

根据工程总布置及施工需要，将本工程渠段划分为 5 个施工段，按照改建矩形明渠段、改建梯形明渠段、新建现浇砼梯形明渠段、新建暗渠段和新建预制板衬砌明渠段分别计算工程量。

4. 施工进度

本工程的施工总工期为 20 个月，由工程准备期、主体工程施工期和工程完工期组成。施工期平均施工人数约为 1 340 人。

（七）工程占地

本工程在进入永昌灌区之前新建渠道均位于四坝干河干涸的河床上，占地主要为河滩荒地，进入永昌灌区后占地以耕地为主，但因为是暗渠，多为临时占地。明渠占地按永久占地计算，暗渠占地按临时占地计算，林地等不可恢复的土地按永久占地计算。

总占地面积 3 558.8 亩（1 亩=1/15 hm²）。其中，工程永久占地涉及 2 个县（区）和 7 个乡镇，分别隶属于武威市的凉州区和民勤县，永久占地 1 035.8 亩（耕地 346.0 亩，林地 63.1 亩，建设用地 9.4 亩，未利用地 617.3 亩），其中占用耕地全部为基本农田。工程临时占地 2 524 亩（耕地 653 亩，未利用地 1 871 亩）。

拆迁土地附属设施：温室大棚 5 座。拆迁房屋及附属物：拆迁非住宅房屋 111 m²，非住宅用围墙 60 m。零星树木：1 773 株。影响生活生产设施：衬砌渠道 738 m，土渠 3 376 m，田间机耕路 2 340 m。影响基础设施和专用设施：旧 312 国道 26 m；金—武公路 26 m；乡镇柏油路 52 m；乡村沙砾石路 234 m；穿越 312 国道高速路涵洞 1 处；影响电线杆 5 杆；穿越兰新铁路一处；穿越埋设通信光缆 8 处。影响其他实物：影响坟墓 335 座。

规划基准年农村生产安置人口 87 人，规划水平年农村生产安置人口 90 人。

（八）工程投资估算

石羊河流域重点治理应急项目西营河专用输水渠工程总投资 25 674.62 万元，环保（含水保）投资 1 045.13 万元。

二、工程分析

（一）工程与规划的相容性分析

《石羊河流域重点治理规划》已通过水利部水利水电规划设计总院的审查，现正在报批中，《石羊河流域重点治理规划》项目尚未进行环境影响评价。

1．规划的主要内容

（1）流域重点治理规划的总体布局

根据重点治理目标和总体治理思路，分上、中、下游进行重点治理。

① 上游地区

继续建设和保护祁连山水源涵养林区，逐步扩大其保护范围。实施退耕还林（草）计划，减轻放牧强度，对水源涵养林核心地带的农耕群众适度移民，减少人为活动干扰，逐步提高林草覆盖率，减轻水土流失，提高山区的水源涵养能力。

② 中游地区

通过调整产业结构和农业内部种植结构，实施强化节水方案，提高用水效率，减少用水总量；减少地下水开采，逐步恢复地下水位；实施污水处理工程，努力实现废污水的资源化；建设绿洲防护林网体系，改善绿洲生活生产条件；以工业化发展带动城镇化发展、推动第三产业的发展，扩大经济总量，增加就业，实现劳动力的非农化转移；强化水资源管理，建立健全合理的水价形成机制，全面推进节水型社会建设。

③ 下游地区

实施产业结构和农业种植结构调整，推行高强度节水措施，提高用水效率，大幅度压缩生产耗水规模，减少地下水开采，逐步恢复地下水位；大力发展第二、第三产业，转变农业发展模式，扩大经济总量，增加就业，实现劳动力的非农化转移；强化水资源管理，建立健全合理的水价形成机制，全面推进节水型社会建设。修建必要的专用输配水工程，保障下游地区入境水量，增加生态用水，维护绿洲稳定；建设绿洲外围的防风固沙灌木林带，实施绿洲与荒漠过渡带区域的封育保护，建立荒漠生态保护区，提高生态自我修复能力；建设人工绿洲内部的人工防护林网体系，改善绿洲生活生产条件；对失去人类基本生存条件和生存成本很高的民勤湖区北部居民实施生态移民，改变这些群众的基本生存条件，同时减少人口对生态环境的压力。

（2）重点治理措施

① 实施产业结构的调整

到 2010 年，石羊河流域第一、第二、第三产业比例由现状的 24：46：30 调整到 17：47：36；种植业内部的粮、经种植比例由现状的 76：24 调整到 65：35。到 2020 年，第一、第二、第三产业比例调整到 9：44：47；粮、经种植比例调整到 50：50。

适度控制农业灌溉规模。确定流域农田灌溉有效面积由现状的 446.11 万亩压缩为 310.59 万亩配水面积，减少 135.52 万亩。压缩的 135.52 万亩灌溉面积中，河水灌区 68.05 万亩为非保灌面积，占总压缩面积的 50.2%，井水灌区 23.46 万亩、井河混灌区 44.01 万亩基本为保灌面积，二者占总压缩面积的 49.8%。

② 水资源配置保障工程

水资源配置保障工程主要包括专用输配水渠道工程、景电民调、输水渠下段河道整治工程等。为实现抢救民勤生态、修复中游生态治理的目标，规划 2010 年前，完成西营河向民勤蔡旗输水任务；为实现民勤生态系统明显好转、中游生态系统持续修复之治理目标，规划 2020 年，完成东大河向民勤蔡旗输水任务。本次规划的重点是西营河至民勤蔡旗专用输水渠工程。

西营河向民勤蔡旗专用输水渠工程的可行性研究报告已经完成，经多方案技术经济全面比较论证，推荐渠线起于西营渠首，改建利用西营灌区总干渠、部分四干渠，然后沿四坝干河古河床布置至四坝水库（干库），由南向北穿越永昌井灌区和西营河入干流河口，在石羊河左岸台地平行河流布置，至蔡旗水文站上游汇入石羊河干流，渠线总长 50.386 km。渠道工程地质条件比较简单，无重大工程地质问题。天然建筑材料储量丰富，开采条件好。专用渠设计流量 22 m³/s，平水年设计年输水量 1.10 亿 m³。渠道纵坡基本依地面自然坡降控制，纵坡在 1/300～1/800。渠道断面主要采用梯形明渠型式，在穿越永昌井灌区段时采用了整体现浇钢筋砼箱型结构的暗渠型式。

③ 灌区节水改造工程

在已开展的灌区节水改造工程的基础上，规划到 2020 年，改造干支渠长 1 658.45 km，其中总干渠 107.9 km，干渠 395.84 km，支渠 1 154.71 km；同时对杂木河渠首溢流堰、闸室、消力设施、上下游护岸等进行改造建设。田间节水改造面积 275.27 万亩，实施强化节水方案，规划安排渠灌 185.85 万亩，占田间节水改造面积总面积的 67.52%；管灌 27.25 万亩，占总面积的 9.90%；温棚滴灌 27.65 万亩，占总面积的 10%；大田滴灌 34.52 万亩，占总面积的 12.54%。全流域大田和温棚滴灌面积合计占总灌溉面积的 20%，其中民勤盆地两项滴灌面积占盆地总灌溉面积的 49%，六河中游占总灌溉面积的 15%。

为落实 2010 年流域水资源配置方案，实现抢救民勤绿洲、修复中游生态的治理目标，应优先在 2010 年以前安排实施六河水系所属的西营、杂木、金塔、清源、环河、金羊、永昌以及红崖山灌区的节水改造工程。

④ 生态建设与保护工程

上游祁连山区生态建设与保护工程主要包括退耕还林还草、林草地封育保护和生态监测体系建设等。规划完成生态建设工程总面积 36.66 万亩，生态保护工程总面积 66.1 万亩。

为使民勤盆地生态恶化趋势得到有效遏制，规划建设人工绿洲基本生态体系和北部荒漠绿洲过渡带生态缓冲功能区。人工绿洲基本生态体系包括农田防护林网和紧邻灌区北部的防风固沙林带两部分；同时，实施生态保护工程，主要任务包括民勤湖区和昌宁盆地退耕封育、恢复荒漠植被等。

⑤ 生态移民

石羊河流域尾闾的民勤湖区生态恶化，规划对生存条件十分恶劣、生存成本很高的 10 500 名居民实施生态移民工程，规划在甘肃省农垦集团所属农场安置。

2. 本工程与规划的相容性分析

西营河专用输水渠工程，正是石羊河下游地区的治理工程，其功能就是保障下游地区入境水量，增加民勤下游的生态用水，维护绿洲的稳定。规划在 2010 年前，完成西营河向民勤蔡旗输水的任务，将该工程列为石羊河流域重点治理的先期启动的应急工程项目。该项目修建西营河水库至蔡旗专用输水渠道，利用西营河水库 6—9 月的汛期水，直接输送至蔡旗下游用于灌溉，置换民勤地区超采的地下水量，保证民勤的生态不致继续恶化。该工程为石羊河流域重点治理规划的重点工程，是规划中流域生态改善工程之一。

该工程是石羊河流域地区水资源配置保障工程，如果没有这类专用输水工程，实现民勤生态系统明显好转是不可能的。该建设项目与石羊河流域重点治理规划是完全相容的，且在规划中列支了建设费用。

（二）工程方案环境影响比较分析

1. 零方案比较分析

《石羊河流域重点治理规划》中，西营河专用输水渠的供水对象是红崖山灌区（含县城），现状有效灌溉面积 94.61 万亩（其中林草地 5.05 万亩），实施近期治理措施后灌溉配水面积调整为 64.70 万亩（其中生态林网 8.44 万亩）。专用输水渠供给民勤的地表水量主要用于置换以农业灌溉为主的地下水提取量，使民勤盆地地下水采补基本平衡，从而实现有效遏制民勤生态恶化趋势的目标。

西营河专用输水渠平水年（$P=50\%$）调水量不少于 1.10 亿 m^3，最大调水流量 22 m^3/s，最小调水流量 14.1 m^3/s。

（1）零方案不能满足输水目标

如果不建专用输水渠（零方案），利用西营水库下游原有河道输水，则不能满足调水量的要求。目前原有河道的输水能力为 0.3 m^3/s，另外河道输水利用率很低，不能满足输水 1.10 亿 m^3 的目标。根据 1998—2004 年渠首下泄河道水量与民勤蔡旗断面实际入流量实测资料，由于西营河下游灌区地下水持续超采，地下水位持续下降，加之河床渗透系数较大，渠首至蔡旗区间石羊河河道存在较大的输水损失，年平均输水损失为 75.6%，最大输水损失达到 87%。根据调水时段的流量划分，从 2000—2004 年实测输水过程水量利用率数据中分别找出相同或相近输水流量，按实测数据计算相应时段损失，然后根据各时段调水量进行加权，综合得出全调水时段损失。根据西营河设计调水过程，调水时段主要集中在 7—10 月，调水流量为 18～22 m^3/s，由实测下泄资料推算，在 $P=50\%$ 来水条件下，输水全时段河道损失率为 81%。

（2）零方案不能把水输往民勤

根据石羊河流域水文地质单元的划分，武威盆地与民勤盆地的界线位于韩母山—红崖山—阿拉古山一线，即以红崖山水库为界划分为两个相对独立的地下水单元，因此，上游武威盆地的地下水补给量受红崖山水库阻隔将无法直接进入下游民勤盆地，只能以泉水形式在民勤蔡旗出露，再通过河道进入红崖山水库。

由于武威盆地地下水的持续超采，进入蔡旗断面的泉水出露量持续减少，根据水资源模拟分析结果，如果不利用专用输水渠，天然输水河道段渗漏水量将首先补给武威盆地，填补地下水超采，仅有不足 10% 的水量可在民勤蔡旗出露，由此将使输水量失去抢救民勤的应急功能，导致石羊河流域重点治理的目标无法实现。

2．专用输水渠渠线方案环境比选分析

西营河专用输水渠渠线共有两个方案，南线方案和北线方案。这两个方案都分为三段：渠首、已有渠道利用段（总干渠和四干渠）和新建渠段。

（1）渠首选择

西营河专用输水渠调水水源为西营水库，可供选择的渠首为西营水库或西营总干渠渠首。直接从西营水库取水，西营水库至西营总干渠渠首间天然河道长约 10 km，河道落差大，纵坡约 12‰。本段河道主流多次左右摆动，两岸阶地均为耕地，且高差较大，加之受河道右岸公路的影响，西营河专用输水渠需多次穿过西营河，因此本段渠道宜采用重力流（满管）输水方式，初选输水管道采用预应力钢筋砼管，投资 3 875.90 万元。

直接利用已有的西营总干渠首引水，同时又能满足调水要求。该渠首始建于 1957 年，1958 年被洪水冲毁，1959 年修复，1964 年进行了改建。随着运行时间的增长和渠首损坏，1996 年开始进行新的改建工程，1998 年竣工投入使用。

选西营总干渠渠首作为专用输水渠渠首，可减少 10 km 输水管的工程投资；还可以不破坏原来的河道，不影响西营水库汛期泄洪的正常运行。利用西营总干渠渠首作为专用输水渠渠首方案，对环境更有利，推荐西营总干渠渠首方案。

（2）已有总干渠和四干渠的利用

从总干渠渠首开始，如果利用西营河右岸河漫滩地建设明渠，西营水库下泄洪水将影响到渠道；从地质条件分析，这一段地下水埋深为 1～4 m，渠道施工将干扰地下水；在渠线 10.6 km 附近需穿越已建的地下管道两条，新建渠道对其有影响。

从渠首开始，利用总干渠 10.9 km 和总干渠接四干渠的 1.1 km，进行加大输水能力的改建，并在四干渠的 1.1 km 处修建节制分水闸一座，向专用输水渠分水。本方案渠道总长 12.0 km，全为改建段，可减少新建渠道 10.994 km，既可以减少工程投资，又可以不占用泄洪河道，还可以避免新建渠道对油气管道的影响。从环境保护角度看，总干渠和四干渠改建方案优于新建渠道方案，推荐总干渠和四干渠改建方案。

（3）新建渠段的南线和北线方案比选

除了总干渠和四干渠改建段外，其余的渠段为新建渠段，对新建段的利用分为南线和北线方案，两方案的环境比选见表 2-8-1。

南线方案比北线方案渠道长度短 6.63 km；工程永久占地少 133 亩，临时占地少 36 亩；工程投资少 5 542 万元；渠线虽然占用的四坝干河河床段现为耕地，但这一段采用暗渠方案，基本不占用耕地，不会对河道生态产生影响。由环境影响比选，南线方案优于北线方案。

表 2-8-1　输水渠新建渠段南线和北线方案比较

比选项目		南线方案	北线方案
渠道长度/km		29.61	36.24
穿越区地貌		上段在西营河右岸河漫滩，下段暗渠段在四坝干河河床现为耕地	在西营河和北沙河河漫滩地上，部分已为耕地
工程占地影响	永久/亩	381（其中耕地 258 亩，林地 73 亩，其他用地 50 亩）	514（其中耕地 258 亩，林地 212 亩，其他用地 44 亩）
	临时/亩	897（其中耕地 467 亩、荒地 430 亩）	934（其中耕地 501 亩、荒地 433 亩）
工程投资/万元		23 683	29 225

由以上渠线工程方案的比较结果，推荐西营总干渠渠首为专用输水渠渠首；输水渠前段利用总干渠和四干渠改建段，下段为南线方案。该推荐方案与可研阶段的推荐方案一致。

3. 施工区布置环境合理性分析

（1）料场的环境合理性分析

本工程输水渠线所需的沙石骨料量、卵石量、块石量共 22.45 万 m^3，主要取自专用输水渠沿线的干河滩地，初选料场共 6 个，苗家庄料场、张斌庄料场和三岔料场 3 个料场均分布在推荐的南线渠线的干河滩地上，马家庄、永宁堡和双城料场均分布在否定的北线渠线附近。马家庄沙砾石料场位于输水北线 IP33（桩号 19+593～20+600）附近，为西营河河床，地面高程 1 709～1 727 m，地形略有起伏，河床中部有洪水切蚀的浅槽，地下水埋深 5 m 以下。永宁堡沙砾石料场位于北线 IP40（桩号 32+187.42）附近北沙河河床，地面高程 1 504～1 510 m，地形略有起伏，河床中部有洪水切蚀的浅槽，地下水位大于 10 m。双城沙砾石料场位于北线桩号 38+900～40+000 附近北沙河河床，地面高程 1 479～1 481 m，地形略有起伏，河床中部有洪水切蚀的浅槽，地下水埋深 5 m 以下。

各料场的料源质量及综合开采条件基本相当，北沙河河床的 3 个料场马家庄、永宁堡和双城料场，除了运距远以外，从环境影响角度分析，主要是这 3 个料场均分布在北沙河河床和河漫滩上，取料必定对河床产生破坏；而北沙河为渠首以下唯一能够过水的天然河道，也是本工程生态方面要保护的目标。可行性研究报告推荐的料场为苗家庄、张斌庄和三岔 3 个料场，这 3 个料场中张斌庄和三岔料场在断流的四坝干河滩地上，紧邻专用输水渠推荐渠线。由于四坝干河滩为废弃河滩，沟床宽 300～400 m，地面高程 1 455～1 550 m，地形略有起伏，无深切沟槽，料场沙砾石裸露，层厚为 3～4 m，地下水埋深在 3～60 m。基本没有植被分布和需要保护的目标，开采不会造成对地表植被的破坏。苗家庄料场位于西营河河滩地外边滩上，不在河道中，对西营河的河道基本无影响。因此，从环境影响角度选择苗家庄、三岔及张斌庄 3 个料场是合理的，同时具有运距短、分布有利于施工等优点。

工程推荐的 3 个料场，从环境保护角度分析也是可行的。

（2）弃渣场的环境合理性分析

工程土石方平衡后，共弃土 70.87 万 m³，占地 445 亩。渠道两侧的弃渣场按临时占地考虑，共 250 亩。其他集中弃土场的占地按永久占地考虑。根据渠道沿线的土地情况，初步考虑沿渠线共布置永久弃渣场地 5 处，分别为四坝干河（三处）1#、2#、3#渣场；北沙河（一处）4#渣场；石羊河（一处）5#渣场，占地面积共计 195 亩。

1#渣场在四坝干河的河漫滩的荒滩上，从减少对环境影响的角度分析，建议该渣场调整到苗家庄料场附近，利用料场取料坑弃渣，既可减少占地又可达到料场恢复的目的，施工运输距离仍可保持在 8 km 范围内。2#、3#渣场在四坝干河河滩上，对环境影响较小。而 2#渣场在张斌庄料场旁边，可以利用料场取料坑弃渣。4#渣场布置在北沙河入石羊河汇入口河床外滩，虽然对河道没有影响，仍建议移到三岔料场附近，以便利用料场取料坑弃渣。5#渣场位于石羊河外滩地，对河道没有影响。

从以上分析，建议适当调整 1# 和 4# 渣场位置，移至苗家庄料场和三岔料场附近，既可减少占地，又可利用料场取料坑弃渣，有利于料场的恢复。

（3）施工营地的环境合理性分析

本工程渠线共分布在 2 个行政区域的范围内，施工点相当分散，为方便施工管理，依据整个工程的建设计划、拟订的施工方案、现有的交通条件及可能的招标形式，并充分考虑工程运行管理机构的设置情况，设计考虑将整个工程划分为 3 个工区，各工区所在地及管辖的施工范围见表 2-8-2。

表 2-8-2 西营专用输水渠工程施工区所在地及管辖范围

序号	工区编号	工区管理机构所在地	工区管辖施工范围
1	一工区	西营乡	改建段及南线前 10 km 范围
2	二工区	永昌镇	南线中段 20 km 范围
3	三工区	蔡旗乡	南线后段 20 km 范围

工区施工管理机构统一管理工区范围内各建筑物的施工，其内设的施工管理设施主要考虑利用永久运行管理设施，但尚需考虑各承建单位在其主要施工点修建的营地设施，包括各类办公及生活福利房屋、综合加工厂、机修保养站、仓库等。根据可能的标段划分方案，经初步估算，本工程共需修建生活福利房屋建筑面积 13 500 m²；各类生产性房屋建筑面积 5 500 m²，其中简易房屋 3 500 m²，临时工棚 2 000 m²；各类仓库 2 500 m²。占地面积共 115 亩。

由于 3 个施工驻地均在乡镇中，在城镇用地中征用，不占用农田和未开发土地。驻地建设采用临、永结合建筑管理用房，工程完工后转为渠道管理用房。工程沿线设的临时施工营地，采取不建临时用房、租用附近民房的方式。因此，从环境保护的角度分析，施工营地的布置基本合理。

（三）工程施工期环境影响分析

1. 工程永久占地

本工程永久占地主要包括工程占地和工程管理占地两部分。共占用耕地 310 亩，菜地 25 亩，林地 58 亩，谷场 9 亩，荒地 561 亩。永久占地将使所涉及村组的人均耕地减少，影响居民的生产和生活，对植被和自然景观也有一定影响。

2. 施工料场、弃渣场的影响

（1）施工料场

施工沙砾石料场共布置 3 个，均布置在西营河河滩，占用滩地 1 456 亩。对苗家庄、张斌庄和三岔天然沙砾石料场的位置、环境现状进行介绍，分析料场开采对环境的影响。

（2）施工弃渣场

渠道两侧的弃渣场按临时占地考虑，占地为荒地，面积约 100 亩。集中弃土场的占地按永久占地考虑，沿渠线共布置永久弃渣场地 6 处，分别为西营河 1 处、四坝干河 3 处、北河 1 处和石羊河 1 处，均在河漫滩的荒滩上，占地面积共计 195 亩。1#、2#、3#渣场布置在四坝干河的河漫滩的荒滩上，由于四坝干河已多年不过水，现状为河滩未利用荒地，主要为卵石沙地。4#渣场布置在北沙河入石羊河汇入口河床的外滩低洼未利用荒滩地，主要为卵石沙地。5#渣场位于石羊河外滩一级阶地上，距离主河床约 1 km，由土层覆盖，属于未利用荒滩地。

施工弃渣场堆渣主要环境影响是占压破坏地表植被，弃渣管理不善，由此会造成水土流失，主要是降水造成的流失和风蚀。因此建议适当调整 1#和 4#渣场位置，移至苗家庄料场和三岔料场附近，既可减少占地，又可利用料场取料坑弃渣，有利于料场的恢复。

3. 施工废水、废气及扬尘、噪声环境影响分析（略）

4. 施工对农业灌溉的影响

根据输水渠线总体布置，渠线前段 12 km 是与西营灌区原总干渠及四干渠结合布置的，是对原总干渠及四干渠的改建或拆除重建。本段在施工时要求不能影响灌区的正常引水灌溉。为此，本阶段对该段渠道施工采用安排在停灌期施工的方案，这一方案在前期大型灌区续建配套改造工程的实施阶段也被证明是切实可行的。施工期间基本上对农业灌溉没有影响。

5. 施工对保护区的影响

国家级祁连山自然保护区在西营河西营水库上游区域，工程区位于祁连山自然保护区的试验区以外，最近距离约 15 km。工程不改变西营水库以上的水文情势，只对西营河渠首以下有影响，因此，工程的施工对该保护区没有影响。

工程所在的武威市有县级武威沙生植物自然保护区，工程区距离自然保护区约50 km，施工不会对沙生植物自然保护区带来不利影响。

6. 施工对交通道路的影响

本工程总长度为 50.386 km，穿越铁路 1 次、古（浪）永（昌）高速公路一处、312 国道 1 次、省道 2 次以及县乡公路多次。在这些交叉点均采取立交施工，或开辟临时道路绕行。因此，施工对当地的交通有一定影响。

7. 人群健康影响

工程施工期间，工区施工高峰人数将达 1 800 多人，人口密度相对增大，使疾病易于在人群中流行，对工区及周围地区的社会环境和人群健康将带来一定影响。

本工程施工沿渠线进行，施工线路长，人员、机械等分散，施工场地开阔，施工期不长。经分析，施工会对环境造成一定的负面影响，但影响程度和范围有限，且影响是暂时的，施工结束后，这些影响大部分可以消除。

（四）工程运行期对环境影响

本工程为引水工程，工程建成后将增加对下游民勤的地表水输入，减少地下水的开采，对改善民勤的生态环境有显著的正效应。工程运行中不产生废气、废水、废渣，对周围环境无重大不利影响。

西营河专用输水渠运行期对环境的影响主要表现在：由于调水改变了西营河渠首以下河段的水文情势，对中游（主要是西营灌区和永昌灌区）将产生一定影响。此外，由于绿化，渠道沿线的生态环境将有所改善，因此渠线工程对工程区景观分割也会产生一定影响。

1. 运行期水环境影响分析

（1）对水文情势的影响

本工程从西营河调水直接输送到下游民勤，由于新建渠道渗漏较小，一定程度上将影响中游（西营灌区和永昌灌区）地下水补给。因调水安排在来水相对丰富的汛期，按《石羊河流域重点治理规划》，在实行全流域节水的前提下，对西营灌区农田灌溉的影响不大。工程对中游的影响主要是减少了西营灌区的用水和减少了西营河渠首以下天然河道的弃水。这部分弃水大多在西营灌区内的天然河道中下渗、蒸发而消耗，从而也减少了对永昌灌区地下水的补给。从后面章节的分析可以知道，在全面落实石羊河流域重点治理规划的各项节水措施的前提下，中游到 2010 年减少的对地下水开采量将大于因调水而减少的地下水补给量，因此本工程运行期对中上游地下水位的影响是可以通过节水减缓的。对石羊河蔡旗断面以下河道，本工程运行期将增加其汛期水量，改变其汛期的水文情势。

（2）对地表水水质及水温的影响

本工程为专用输水渠，沿线没有河流或其他渠道汇入，运营期不产生废污水，工程运营对地表水水质影响不大。

由于部分渠道拓宽加深，渠道过水能力加大，水体流动顺畅，水体自净能力提高，因此工程运营有利于改善西营灌区和总干渠及四干渠水质，但这种改善不显著。

因渠道线路长，水体流动性好，工程运营对水温影响小。

（3）对泥沙的影响

本工程对渠道以上天然河道的泥沙状态无影响，渠首以下总干渠及四干渠，调水期因流量增加，水体携沙能力增大，将减少渠道内的泥沙淤积。蔡旗断面以下石羊河河段，近年来水量减少，泥沙淤积严重，工程运营后由于每年增加 1.10 亿 m³ 水量，河道的淤积情况有望得到改善。输水工程运行将适当改善局部水域的水沙条件。

（4）对区域地下水的影响

工程运营对地下水补给的影响分为以下两方面：① 渠首至民勤蔡旗区间，由于汛期将水直接调到蔡旗，西营水库汛期向天然河道弃水减少，西营灌区利用汛期地表水补给区间地下水相应减少，地下水的补给状态发生变化。② 根据设计，工程改建明渠 12.0 km，新建暗渠和新建明渠 38.386 km，渠道渗漏系数为 0.1，新建渠道会增加一小部分下渗水量，增加对地下水的补给。

总体而言，上游所调之水在下游通过灌溉置换开采的地下水，因此对于整个石羊河流域及民勤盆地来说，工程运营不会破坏地下水水量的动态平衡。中游如辅以节水措施，如改变种植结构、压缩耕地面积、推行节水技术、减少农田灌溉的损失，地下水的变化应当可以得到补偿。

工程运营期不产生废污水，渠道所引水为西营河水，水质较好，渗漏水量不会对地下水造成污染，本工程对地下水水质无影响。

2．生态环境影响分析

（1）永久占地影响

工程永久占地合计为 1 032 亩，其中耕地 343 亩，占总占地面积的 33.23%；占用荒地 617 亩，占总占地面积的 59.79%。工程施工临时占地合计为 2 524 亩，其中耕地 653 亩，占总占地面积的 25.87%；荒地 1 871 亩，占总占地面积的 74.13%。

从工程占地统计结果分析，永久占地中约 60% 是荒地，临时占地中 74% 是荒地，即工程占地大部分为荒地，永久占用耕地 343 亩，造成对原有农田生态系统和地表生态功能的影响，但影响呈线性，对整个区域的土地利用结构影响不大。所占荒地主要分布在四坝干河段废弃的老河滩上，地表土壤瘠薄，以大砾石为主，工程永久占地对生态环境影响小。

（2）对陆生生物的影响

① 陆生植物

工程位于荒凉的河滩和耕地，无成片分布的森林植被，植被类型单一，工程施工造成林木损失率不足 0.5%，工程对整个区域林业资源的影响不大。

按设计，专用输水渠沿明渠段将营造防护林，暗渠段采取覆土绿化措施，工程施工对施工区域植被虽造成一定破坏，但破坏程度有限。工程运营后，营造的防护林和绿化措施对当地植被有恢复和改善作用。

② 陆生动物

工程区野生动物稀少，工程运营后对陆生动物无不利影响。新建明渠位于干涸河床，新建暗渠埋于地下，对自然景观无显著分隔意义，不会对动物通道产生影响。

（3）对水生生物的影响

工程所在区域天然河系基本已为人工渠系代替，水生生物稀少。工程运行对水生生境无影响。

（4）对恢复民勤生态的影响

兴建西营河专用输水渠的目的是抢救民勤，工程本身就是生态建设工程，因此项目对下游民勤的生态环境影响主要是有利影响。增加向民勤输水，可有效遏制民勤地下水位下降的趋势，缓解因地下水超采造成的生态恶化。根据流域规划，本工程建成运营后，加上其他调水措施，民勤可望出现地下水位逐渐上升，逐渐形成湿地和绿洲，达到规划预期目的。

（5）对农业生态的影响

① 有利影响

专用输水渠工程每年为下游民勤灌区增加 1.10 亿 m³ 水量，加上采取外流域调水和民勤压缩灌溉面积、推广节水技术等措施，民勤的农业生态环境可望大大改善，特别是可有效遏制地下水超采，改善土壤盐碱化。

② 不利影响

工程永久占地缩减了农田面积，由于调水，中游西营灌区灌溉水量会受一定影响，相应对农业生态环境也有一些不利的影响，需要通过调整农业结构，推广节水技术等措施来减缓不利影响。

（6）对自然保护区的影响分析

① 国家级祁连山自然保护区

祁连山自然保护区建于 1988 年，是甘肃省面积最大的森林生态系统和野生动物类型的保护区，地跨天祝、肃南、古浪、凉州、永昌、山丹、民乐、甘州八县区。区划面积 272.2 万 hm²，林业用地 60.7 万 hm²，分布有高等植物 1 044 种、陆栖脊椎动物 229 种，森林覆盖率 21.3%，境内有冰川 2 194 条、储量 615 亿 m³，是我国西北地区重要的水源涵养林区。本工程位于西营河下游、西营水库的下游，工程距离保护区的边缘较远。

本工程位于西营水库引水渠首以下，距祁连山自然保护区的试验区最近点距离约 15 km，因工程运行只改变西营水库渠首以下的水量分配，对渠首以上无影响，因此，工程运营对该保护区没有影响。

② 武威县级沙生植物自然保护区

武威县级沙生植物自然保护区，始建于 1986 年，在凉州区东南李家寨村附近，东经 102.78°，北纬 37.84°，位于腾格里沙漠的边缘，保护区总面积 859 hm²，属荒漠生态保护区类型，主要保护沙生植物。武威沙生植物自然保护区位于武威市区的东南向，距离专用输水渠工程线路最近距离约有 50 km。

③ 民勤连古城国家级自然保护区和沙生植物园

民勤连古城自然保护区是 1982 年经甘肃人民政府批准建立的省级自然保护区，原面积 21 万亩，2001 年经甘肃人民政府批准，将面积扩大到 584.8 万亩，占民勤总面积的 1/4，为荒漠生态系统类型的自然保护区。2002 年 7 月经国务院批准晋升为国家级自然保护区，以保护荒漠天然植物群落、珍稀濒危动植物、古人类文化遗址和极端脆弱的荒漠生态系统为目的。保护区分为核心区、缓冲区、试验区三个功能区，其中核心区面积 181.6 万亩，缓冲区面积 227.5 万亩，试验区面积 175.7 万亩，分别占保护区面积的 31.05%、38.9%、30.05%。

保护区现有天然林面积 351 万亩，共有种子植物 64 科 227 属 474 种，分别占甘肃省种子植物总科数的 33%、总属数的 38%、总种数的 11%。有国家一级保护植物 3 种、二级 10 种。有陆生野生动物约 24 目 43 科 89 种，占甘肃省国家重点保护野生动物种类总数的 11.7%，有国家一级保护动物 1 种、二级 11 种，有 46 种动物属国家保护的有益的或者有重要经济、科学研究价值的"三有"动物，10 种动物属于《濒危野生动植物种国际贸易公约》附录Ⅱ，26 种鸟类属《中日候鸟保护协议》规定的保护物种，12 种鸟类属《中澳候鸟保护协议》规定的保护种类。

民勤连古城国家级自然保护区和沙生植物园在石羊河下游的民勤县，在西营河专用输水渠下游约 50 km。本项目运行，将 1.1 亿 m³ 水通过专用输水渠直接输送到民勤，有利于民勤的生态恢复，同样对自然保护区和沙生植物园的影响也是有利的。

（五）工程环境影响要素与评价因子识别

经过工程分析，综合考虑工程施工期、运营期不同环境因子的影响，可以通过表 2-8-3，定性分析工程对环境影响的正负效应和影响。

表 2-8-3 工程环境影响因素分析识别

环境类型及环境要素		施工期												运营期			
建设行为 →		临时占地	永久征地	车辆运输	原料临时堆放	施工驻地	修筑施工便道	地表开挖	穿越河流、公路、铁路	修建渠道	辅助设施修筑	管道铺设	复垦绿化	水资源调出	输水	水资源调入	绿化
理化环境	大气环境	—	—	-S	-S	—	—	-S	—	-S	-S	-S	—	—	—	—	+S
	声环境	—	—	-S	—	—	-S	-S	-S	-S	-S	-S	—	—	—	—	+S
	地表水	—	—	—	-S	-S	—	—	—	-S	—	—	+L	-L	+L	+L	—
	地下水	—	—	—	-S	-S	-S	—	—	—	—	—	+L	-L	+L	+L	—
生态环境	农业生态	-S	-L	—	-S	-S	-S	-S	-S	-S	-S	-S	+L	—	—	—	+L
	陆域植被	-S	-L	—	—	—	-S	-S	-S	—	-S	—	+L	-L	+L	+L	+L
	水土保持	-S	-L	—	-S	-S	-S	-S	-S	—	-S	—	+L	—	+L	+L	+L
	景观	-S	—	—	-S	-S	-S	-S	-S	—	-S	—	—	—	—	+L	+L
社会经济环境	土地利用	-S	-L	—	—	—	-S	—	-S	-S	-S	-S	—	—	—	+L	+L
	居民生活	-S	—	—	-S	—	-S	—	-S	—	-S	—	—	-L	—	+L	+L
	劳动就业	+S	—	—	—	+S	+S	+S	+S	+S	+S	—	+S	-L	—	+L	—
	农业生产	-S	—	—	—	—	-S	-S	—	—	—	—	+L	—	—	+L	—
	交通	-S	—	-S	—	—	+S	—	-S	-S	-S	—	+L	—	—	+L	—

注：S 为短期影响；L 为长期影响；+为有利影响；—为不利影响。

三、环境影响预测与评价

（一）地表水水文情势影响预测与评价

本工程从西营河水库下游渠首引水，经输水渠直接输送到民勤，工程运行后将改变西营河渠首以下地表水水文情势及地下水的补给。由于石羊河流域水资源短缺，加之流域内众多水利工程的兴建，地下水长期超采，流域水循环已从天然模式转变为以人为分配为主的人工模式，水循环规律已极大改变。渠首以下，主要依靠分水协议和灌渠系统对径流量实行人工分配，专用输水渠的兴建，将改变渠首以下径流量的分配方案，同时影响地下水补给。

1. 渠首以下水量分配方案的改变

根据《石羊河流域重点治理规划》确定的治理目标和工程可研报告计算结果，工程运行前后不同设计保证率（P=25%、50%、75%）下西营渠首以下水量分配见表 2-8-4。

表 2-8-4　工程运行前后丰、平、枯典型年西营渠首以下水量分配　　　单位：亿 m³

设计保证率	西营水库入库水量	渠首来水	工程运行前			工程运行后		
			专用输水渠	西营灌区	天然河道	专用输水渠	西营灌区	天然河道
P=25%	4.53	4.14	0	3.42	0.72	1.76	1.67	0.71
P=50%	3.58	3.28	0	2.70	0.58	1.22	1.59	0.47
P=75%	3.12	2.74	0	2.36	0.38	1.07	1.50	0.16

工程未建时，在平水年（P=50%）情况下，西营水库入库水量 3.58 亿 m³，扣除水库蒸漏损失及水库至渠首段河道损失 0.30 亿 m³，西营渠首实际来水量为 3.28 亿 m³。其中：向西营灌区输水 2.70 亿 m³，汛期弃水（大部分经天然河道下渗补给地下水）0.58 亿 m³。西营灌区地下水开采量为 0.45 亿 m³。下游民勤除上游六河水系每年补给地表水（以蔡旗断面计）0.98 亿 m³ 外，每年抽取地下水 5.17 亿 m³，地下水严重超采，导致生态恶化。

工程建成运行后，在规划水平年 2010 年，当 P=50% 时，汛期直接从渠首引水 1.22 亿 m³ 经专用输水渠送入民勤（蔡旗断面实收 1.10 亿 m³），相应的西营灌区水量减少至 1.59 亿 m³，而汛期弃水减少到 0.47 亿 m³。下游民勤因本工程运行及其他调水措施，地表水补给增至 2.67 亿 m³，加上节水措施，民勤地下水开采将减少至 0.89 亿 m³，见图 2-8-1。

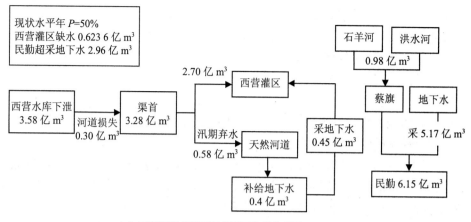

（a）工程运行前西营渠首以下水量分配图（P=50%）

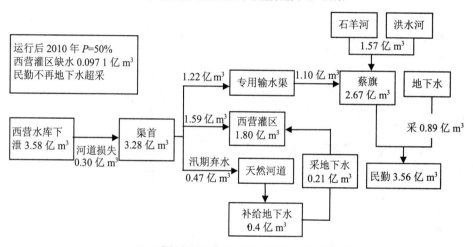

（b）工程运行后西营渠首以下水量分配图（P=50%）

图 2-8-1　工程运行前、后西营渠首以下水量分配状况

从图 2-8-1 可以看出：本工程实质上是为了补救民勤水量，按照石羊河流域重点治理规划的目标重新配置上下游水资源的配置保障工程。工程运行后将减少西营灌区的供水量，增加下游民勤的供水量，置换多年来超采地下水量 2.96 亿 m³，用于民勤的生态恢复，即 2010 年本工程运行和其他应急节水项目完成后，可以为下游节约出生态水量 2.96 亿 m³。由于中下游水量分配方案的改变，对渠首以下、蔡旗断面以上的区域（主要是西营灌区和永昌灌区）有一定的负面影响，而对蔡旗以下的民勤盆地，由于地表水量增加，影响呈正效应。

2. 对西营灌区和永昌灌区的影响预测与评价

西营渠首以下、蔡旗断面以上，主要分布有西营灌区和永昌灌区，其中永昌灌区为纯井灌区。专用输水渠建成后，由于西营灌区供水量减少，将对西营灌区带来一定的影响，而地下水补给的减少，不仅影响西营灌区，也将影响永昌灌区。

根据工程可研报告，工程建成运行后，由于向专用输水渠输水，西营灌区在不同的设计保证率下其年来水量有不同程度的减少，丰水年（$P=25\%$）由 3.42 亿 m^3 减为 1.67 亿 m^3，减少一半多；平水年（$P=50\%$）由 2.70 亿 m^3 减为 1.59 亿 m^3，减少 1.10 亿 m^3；枯水年（$P=75\%$）水量由 2.36 亿 m^3 减为 1.50 亿 m^3，减少 0.86 亿 m^3。

由于专用输水渠仅在汛期输水，故对不同设计保证率时西营灌区在工程建成前后输水期日径流量变化情况进行了分析。

本工程对西营灌区的影响主要体现在输水期（6～10 月）减少西营灌区的供水量。由于输水期灌区水量较为充裕，加之落实节水措施、大幅度降低农业灌溉用水，可减轻工程运营后对灌区的影响。从表 2-8-5、表 2-8-6 可以看出，2005 年当 $P=50\%$ 时，西营灌区 7 月缺水 981.9 万 m^3；规划水平年 2010 年，同样的设计保证率（$P=50\%$）下，由于节水措施的实施，农业用水大大减少，输水期 7 月缺水减至 216.6 万 m^3。当 $P=25\%$ 和 $P=75\%$ 时，西营灌区在输水期的主要四个月（7～10 月）并不缺水。

表 2-8-5　2005 年西营灌区供需分析（$P=50\%$）　　　　　　单位：万 m^3

月份	入库水量	水库蒸发渗漏	河道损失	渠首断面来水	地下水供水量	灌区需水量			弃水量	缺水量
						农业需水	工业生活需水	小计		
1	393.7	12.4	0.0	41.8	24.8	0.0	66.6	66.6	0.0	0.0
2	323.1	16.9	0.0	37.8	22.4	0.0	60.2	60.2	0.0	0.0
3	327.6	2.3	29.8	1 395.5	1 178.4	4 972.1	66.6	5 038.7	0.0	−2 464.9
4	1 809.0	6.6	66.6	635.8	600.8	1 155.0	64.5	1 219.5	142.6	−125.5
5	3 243.7	3.2	288.0	4 052.4	1 170.9	6 028.9	66.6	6 095.5	0.0	−872.2
6	3 417.8	0.0	318.6	3 099.2	652.5	4 956.2	64.5	5 020.7	0.0	−1 269.0
7	6 628.0	0.2	592.7	5 916.2	754.0	6 384.1	66.6	6 450.7	1 201.4	−981.9
8	11 014.6	0.5	992.1	10 021.9	24.8	7 602.1	66.6	7 668.7	2 546.8	−168.8
9	4 853.2	0.0	447.4	4 125.6	24.0	3 068.6	64.5	3 133.1	1 016.5	0.0
10	2 078.7	15.0	89.6	1 276.7	25.5	529.6	66.6	596.2	706.0	0.0
11	906.7	3.5	84.2	1 915.5	25.5	2 972.7	64.5	3 037.2	0.0	−1 096.1
12	794.6	2.2	36.8	263.6	26.4	0.0	66.6	66.6	223.4	0.0
合计	35 790.6	62.9	2 945.7	32 782.0	4 529.9	37 669.4	784.2	38 453.6	5 836.7	−6 978.5

表 2-8-6　2010 年西营灌区供需分析（$P=50\%$）　　　　　　单位：万 m^3

月份	入库水量	水库蒸发渗漏	河道损失	渠首断面来水	地下水供水量	灌区需水量			弃水量	缺水量	调水量
						农业需水	工业生活需水	小计			
1	387.4	11.0	7.6	175.0	179.5	281.7	78.7	360.4	0.0	0.0	0.0
2	317.5	12.7	6.8	85.5	240.0	254.4	71.1	325.5	0.0	0.0	0.0
3	348.4	9.1	136.8	1 009.2	507.1	1 437.6	78.7	1 516.3	0.0	0.0	0.0

月份	入库水量	水库蒸发渗漏	河道损失	渠首断面来水	地下水供水量	灌区需水量			弃水量	缺水量	调水量
						农业需水	工业生活需水	小计			
4	1 785.3	5.2	160.3	1 338.9	352.5	1 615.3	76.1	1 691.5	0.0	0.0	0.0
5	3 225.4	7.4	343.7	3 440.8	338.6	3 700.7	78.7	3 779.4	0.0	0.0	0.0
6	3 380.4	0.7	308.5	3 078.9	392.9	4 043.8	76.1	4 120.0	0.0	−648.1	0.0
7	6 628.0	4.0	465.3	6 068.9	20.5	3 047.2	78.7	3 125.9	1 106.6	−216.6	2 073.6
8	11 065.8	4.5	733.0	10 299.1	15.5	1 327.7	78.7	1 406.4	3 361.3	0.0	5 546.9
9	4 885.2	7.0	469.9	4 453.3	15.0	25.7	76.1	101.8	0.0	0.0	4 366.5
10	2 067.9	13.4	37.6	1 245.7	15.5	737.4	78.7	816.1	196.8	0.0	248.3
11	910.9	7.1	217.6	1 263.2	15.0	1 229.0	76.1	1 305.2	0.0	−26.9	0.0
12	788.4	4.7	7.6	344.8	15.5	281.7	78.7	360.4	0.0	0.0	0.0
合计	35 790.6	86.6	2 894.7	32 803.5	2 107.7	17 982.3	926.3	18 908.7	4 664.7	−891.7	12 235.2

现状水平年 2005 年西营灌区年缺水量为 6 978.5 万 m³，规划水平年 2010 年，专用输水渠工程运行，虽然向下游输水，但由于 2006 年开始实施的节水工程措施同时发挥作用，使西营灌区的缺水状况得到缓解：典型丰水年缺水 410.8 万 m³，典型平水年缺水 891.7 万 m³，典型枯水年缺水 1 508.7 万 m³，均少于现状水平年的缺水量。因此，本工程与节水灌溉工程联合影响为正效应。

永昌灌区是纯井灌区，工程对永昌灌区的影响主要是西营灌区因供水减少影响对永昌灌区地下水的侧向补给，具体将在以后的章节分析。

3. 河道下泄水量的变化

工程运行对渠首以下天然河道的影响主要体现为改变汛期向天然河道的弃水。工程运行前后渠首以下向河道泄水的变化情况见表 2-8-7。

表 2-8-7　工程运行前后西营河渠首以下河道年下泄水量变化　　　　　单位：亿 m³

项目	工程运行前			工程运行后（2010 年）			工程前后变化		
设计保证率	$P=25\%$	$P=50\%$	$P=75\%$	$P=25\%$	$P=50\%$	$P=75\%$	$P=25\%$	$P=50\%$	$P=75\%$
渠首河道下泄水量	0.72	0.58	0.38	0.71	0.47	0.16	−0.01	−0.11	−0.22

从表 2-8-7 中可以看出：工程运行后在枯水年（$P=75\%$）情况下，渠首向天然河道弃水约减少 2 200 万 m³，平水年（$P=50\%$）弃水减少 1 100 万 m³，丰水年（$P=25\%$）弃水减少 100 万 m³。各典型年下泄水量变化影响的排序：枯水年＞平水年＞丰水年。

本项目对下游河道的影响主要是向下游引水造成汛期向下游老河道弃水量减少，因此本项目的环境保护目标之一是目前尚可以承泄西营水库弃水的北沙河河道生态。

目前渠首以下天然河道可分为三段，北边为北沙河河道，目前仍可通水；南边为四坝干河和五坝干河,由于常年干涸无水,河道已断流,部分河道已开发成农田。四坝干河和五坝干河原有水生生态系统已不复存在,现状基本为河滩和农田。北沙河河道汛期进入河道的弃水经过下渗,大部分消失在河道中,补充区间地下水,因此,河道下泄流量的改变主要影响区间地下水的补给。

从表 2-8-7 可知,典型平水年工程前后,弃水减少了 0.11 亿 m³,占工程前弃水量的 19%,对老河道的水量现状产生一定的影响,主要影响了下渗补给地下水,减少 770 万 m³ 的补给量。从西营灌区区域节水分析可知,2010 年西营灌区可少引水量 12 117 万 m³,其中节约地表水 9 973 万 m³,少采地下水 2 144 万 m³。由于西营盆地为一个统一的水循环系统,少采地下水节约出的水量是可以减缓因北沙河老河道弃水减少而造成的对河道地下水的补给减少的影响。

为了在一定程度上维持工程运行后对下游老河道生态系统的基本不受到破坏,应保证一定的弃水量。从预测结果可知,工程运行后在枯水年(P=75%)情况下,渠首向天然河道弃水约 1 600 万 m³,平水年(P=50%)弃水 4 700 万 m³,丰水年(P=25%)弃水 7 100 万 m³。根据河道现状水量的转换,典型平水年(P=50%)弃水 4 700 万 m³,蒸发和下渗 90%的水量,只有 10%的水量能够汇入石羊河干流。河道沿程蒸发到大气 1 269 万 m³,沿程下渗补给地下水 2 961 万 m³,汇入石羊河干流水量 470 万 m³,如果汛期来水量不集中,汇入石羊河的水量还要小于 470 万 m³,或者全部蒸发和下渗在河道中。工程运行后影响最大的是典型枯水年,要保证下游河道生态不受到太大的影响,考虑下游灌区减少 2 200 万 m³ 水量,枯水年保证下泄到北沙河的水量为工程前的 3 800 万 m³。

4. 蔡旗断面水文情势变化

西营河专用输水渠于朱家庄汇入石羊河,工程运行将增加朱家庄以下石羊河天然河道水量,显著影响下游河段的水文情势。根据可行性研究报告,在 P=50%的平水年,由于渠道向下游输水,石羊河蔡旗断面年增加径流量 1.10 亿 m³,其中调水期的流量将增加 1.11 倍,见表 2-8-8。

表 2-8-8 调水期间工程运行前后蔡旗断面流量变化(P=50%)

调水期间	现状流量/万 m³	工程调水/万 m³	蔡旗断面增加	
			流量/万 m³	百分比/%
6.28~6.30	289.79	0.00	0.00	0.00
7.01~7.31	2 994.45	2 073.60	1 804.03	60.25
8.01~8.31	2 884.64	5 546.90	4 825.80	167.29
9.01~9.30	2 858.98	4 366.50	3 798.86	132.87
10.01~10.07	561.86	248.30	216.02	38.45
总计	9 589.71	12 235.30	10 644.71	111.00

根据监测资料，蔡旗断面 1950—1960 年的来水量一般为 4 亿～5 亿 m³，近 20 多年来水量急剧减至如今的近 1 亿 m³。工程运行将显著改变石羊河下游河段的水文情势，遏制该河段流量逐年减少的趋势，但仍不能使该河段流量恢复到 1950—1960 年的水平。

5. 专用输水渠输水量保证分析

专用输水渠多年平均汛期输水 1.22 亿 m³，保证达到蔡旗断面的水量 1.1 亿 m³ 的输水目标。根据石羊河流域西营灌区节水改造专项规划报告，这一水量主要靠西营灌区的农田灌溉节水措施而获得。

（1）农田灌溉节水量预测

农田灌溉节水量分为地表水和地下水两部分。地表水节水量指项目实施后从渠首控制断面与现状相比少引的地表水量，地下水节水量指项目实施后，地下水从井口与现状相比少提水量。

通过实施灌区节水改造，对灌溉配水面积规模进行调整，对农业种植结构进行优化，全面改进田间灌水技术，使灌溉定额降低、灌溉输水效率得到提高。针对节水措施和节水途径，农田灌溉节水量分为减少配水面积节水量和工程节水量两部分计算。

①减少配水面积节水量

西营灌区主要为河水灌区，现状农田灌溉面积 44.99 万亩，部分面积不保灌，通过保灌定额折算保灌面积为 37.27 万亩，2010 年配水面积为 30.2 万亩，减少配水面积节水量等于减少配水面积和实际用水定额相乘。缩减配水面积节水量见表 2-8-9，毛节水量为 5 865 万 m³。

表 2-8-9　减少配水面积节水量预测结果

项目	2003 年	2010 年
配水面积/万亩	37.27	30.2
综合净定额/（m³/亩）	431.1	—
灌溉水利用系数 η	0.52	0.585
毛节水量/万 m³	5 865	
净节水量/万 m³	3 893	

② 工程节水量

工程节水量指节水改造工程措施实施后，规划有效灌溉面积范围的农田灌溉节水量，主要包括灌溉定额的降低和灌溉水利用系数提高两部分。

按照田间工程节水量和骨干工程节水量分别计算。田间工程节水量为田间节水改造节水量，计算断面为斗口或井口。骨干工程节水量为衬砌改造后输水效率提高节水量，包括总干、干、支三级渠道节水量，净节水量合计。

a. 田间工程节水量

田间工程节水量按照不同节灌模式的面积、定额、斗渠以下灌溉水利用系数分别计算。

灌溉定额降低节水量＝（现状定额－调整后定额）×调整后面积÷现状灌溉水利用系数；

灌溉水利用系数提高节水量＝调整后面积×调整后定额÷现状灌溉水利用系数－调整后面积×调整后定额÷调整后灌溉水利用系数。

田间工程包括渠灌、管灌、滴灌和温室灌溉工程，节水量合计为 5 220 万 m^3。

b. 骨干工程节水量

骨干工程节水量计算以设计水平年地表来水总量为基数，按照斗渠以上渠系水利用系数提高值推算至渠首断面，节水量 2 716 万 m^3。

③农田灌溉总节水量

灌区农田灌溉总节水量为减少配水面积节水量与工程节水量之和。

灌区农田灌溉总节水量=5 865+5 220+2 716=13 801 万 m^3。净节水量为 8 377 万 m^3。

（2）灌区节水量预测

灌区实际节水量为农田灌溉节水量扣除生态林地、工业和生活增加水量后的水量，西营灌区实际节水量为 13 148 万 m^3，计算结果见表 2-8-10。

表 2-8-10 西营灌区总节水量计算结果

项目	林地		工业生活		农田节水量/万 m^3	灌区节水量/万 m^3
	2003 年	2010 年	2003 年	2010 年		
有效灌溉面积/万亩	0.84	1.80	—	—	—	
保灌面积/万亩	230.00	210.00	—	—	—	
综合净定额/（m^3/亩）	372	646	475	853	—	
灌溉水利用系数η	0.52	0.59	—	—	—	
毛供水量/万 m^3	247	458	551	987	—	
耗水量/万 m^3	0.84	1.80	—	—	—	
综合毛节水量/万 m^3	−275		−378		13 801	13 148
综合净节水量/万 m^3	−212		−436		8 377	7 729

要求西营河专用输水渠输水量 1.1 亿 m^3，通过西营灌区节水项目的实施，可节约水量 13 148 万 m^3，满足工程要求的输水指标是有保证的。

（3）已实施项目节水量分析

应急项目中灌区节水改造已于 2006 年开始实施，投资 11 115 万元，包括凉州区西营灌区、清源灌区和民勤县环河灌区节水改造工程。改建干支渠 76 km，实施田间节水工程 23 万亩。由于应急项目资金计划下达已近年尾，项目结转至 2007 年实施。自 2007 年 3 月开工到 11 月底已经全部完成,共完成骨干工程渠道 76.1 km;实施田间节水面积 23 万亩,其中渠灌完成配套面积 15.77 万亩、管灌完成配套面积 6.18 万亩、大田滴灌完成配套面积 5 800 亩、温室滴灌完成配套面积 4 700 亩;安装地下水监测设施 1 220 套;完成投资 11 115 万元,节水总量 10 176 万 m³。

石羊河流域重点治理应急项目 2007 年度工程,计划改建骨干渠道 56.58 km,其中总干 10.3 km、干渠 20 km、支渠 26.28 km;实施田间节水改造 6.51 万亩,其中渠灌 1.3 万亩、管灌 2.83 万亩、大田滴灌 0.4 万亩、温室滴灌 1.98 万亩;安装地下水计量设施 1 352 套,其中凉州区西营灌区 261 套、民勤县红崖山灌区 1 091 套。节水总量 5 746 万 m³,其中减少配水面积节水量 3 194 万 m³,工程节水量 2 552 万 m³。

2007 年计划完成后,区域总节水量为 15 922 万 m³。

(二)地下水的影响预测与评价

1. 石羊河流域地下水分布概况

石羊河流域受地貌和构造的控制,形成三大地下水盆地,即武威盆地、金川—昌宁盆地和民勤盆地,各盆地具有相对独立的地下水运动与循环过程。在流域南部地下水总的流向是从祁连山前由西南至东北、由南至北,而在流域北部以金川—昌宁盆地和民勤盆地的分水岭为界,西侧地下水流向由南至北、由西至北东;东侧地下水流向基本为西南至东北方向。大多数情况下,地下水在洪积扇群带为单一的潜水,地下水接受垂直向下的河流、渠系、灌溉回归水、工业废水等的入渗补给,然后逐渐在细土平原带转为多层的含水系统,地下水在洪积扇群带前缘开始溢出,汇集成"泉沟",并以盆地北部现代河床为主干形成"泉沟系"。在金川—昌宁盆地,例如四坝灌区,一些大型的泉群分布于大断层附近或古河道中,这些泉群多与断层所形成的"壅水构造"有关。而在民勤盆地,地下水补给主要来自红崖山水库控制的地表水和灌溉回归水入渗补给。

受人类生产活动的影响,石羊河流域天然水循环系统在很大程度上已被人工循环系统取代。除杂木河外,各河上游出山口以上均建有山区水库,调蓄山区径流供中游平原绿洲使用。在流域中游与下游分界处,还建有两座平原水库,调蓄中游的泉水、回归水及洪水供下游绿洲使用。在各河的较上游位置,均有以河水灌溉为主的河灌区,而在下游部分则建立了以地下水灌溉为主的井灌区。

本工程涉及的西营灌区为以河水灌溉为主的河灌区,其下游的永昌灌区为纯井灌区。西营灌区和永昌灌区同属一个地下水单元——武威盆地,而工程受益区民勤则属于另一地下水单元——民勤盆地,两个地下水盆地之间有隔水层。武威盆地的地下水在蔡旗一线洪积扇前缘开始溢出,汇集后沿石羊河进入红崖山水库,补给民勤盆地。

2．流域地下水均衡分析

根据 2000 年的地下水观测孔水位及地面高程资料，可初步得出石羊河流域部分区域地下水埋深分布。在石羊河上游和下游的昌宁盆地的洪积扇前缘地下水埋深最大，为 40～50 m；在民勤的环河灌区地下水埋深最小，小于 5 m。石羊河下游民勤各灌区地下水埋深一般在 10～20 m，仅在青土湖区有部分区域地下水埋深小于 5 m。采用了 2003 年民勤盆地的地下水位分布结果。石羊河流域地下水多年动态总体特征是地下水位持续性下降。近 20 年实测资料对比表明：武威南盆地地下水位平均下降 6～7 m，下降速率 0.31 m/a；民勤盆地地下水位平均下降 10～12 m，下降速率 0.57 m/a，最大下降幅度 15～16 m。

本次环评期间，我们收集了凉州区地下水位监测点近几年的监测记录和民勤县 1998—2005 年地下水位的变化情况。工程涉及的凉州区，2001—2004 年地下水位变化不大，多数监测点四年的变幅在 1 m 以内；而民勤县同期地下水位变幅在 3～5 m，由此亦暴露该流域存在的中游超限用水、下游地下水超采的问题。

采用地表水—地下水联合调度模型计算的石羊河流域地下水均衡情况见表 2-8-11。

表 2-8-11　2000 年石羊河流域地下水均衡情况

	补给量					排泄量			
	降雨入渗量	河流入渗量	渠系入渗量	田间灌溉回归水入渗量	边界及沟谷流入量	潜水蒸发量	地下水开采总量	向石羊河排泄量	泉群溢出量
数量/亿 m³	0.412 6	1.593 3	6.983 0	1.637 8	0.579 6	0.675 5	14.954 2	0.504 6	0.496
占总补给量（排泄量）的比例/%	3.68	14.22	62.31	14.62	5.17	4.06	89.93	3.03	2.98
合计/亿 m³	11.206 3					16.630 3			
储存量减小量/亿 m³	—					5.424			

从表 2-8-11 中可以看出：石羊河流域现状条件下地下水呈负均衡，地下水储存量减小 5.424 亿 m³。2000—2005 年石羊河中游的凉州区范围内的地下水位变化很小，基本处于均衡状态；处于石羊河下游的民勤县的地下水位下降趋势明显，全县平均以每年 0.74 m 的幅度下降，主要因为民勤县多年平均年抽取地下水 5.17 亿 m³，造成了石羊河流域内现状地下水的负均衡状态。

3．工程对西营灌区和永昌灌区地下水的影响预测及评价

本工程建成运行后，由于专用输水渠输水，将水直接送至民勤，有可能影响中游地区的西营灌区和永昌灌区的地下水补给和平衡。

（1）工程对西营灌区地下水的影响

根据工程可研报告，计算的西营灌区工程运行前后地下水补排情况见表 2-8-12。

表 2-8-12　工程运行前后西营灌区地下水均衡计算结果　　　　单位：亿 m³

项　目		2005 年			2010 年			变化		
		$P=25\%$	$P=50\%$	$P=75\%$	$P=25\%$	$P=50\%$	$P=75\%$	$P=25\%$	$P=50\%$	$P=75\%$
补给	渠首以上河道渗漏补给	0.29	0.25	0.22	0.28	0.25	0.22	−0.01	0.00	0.00
	地表水灌溉补给地下水量	1.22	0.97	0.84	0.52	0.49	0.47	−0.71	−0.47	−0.38
	调水补给地下水量	—	—	—	0.15	0.10	0.09	—	—	—
	河道补给地下水量	0.51	0.41	0.27	0.61	0.40	0.14	0.09	−0.02	−0.13
	总补给地下水量	2.02	1.63	1.33	1.55	1.24	0.91	−0.63	−0.49	−0.51
开采	西营灌区地下水净开采量	—	0.30	—	0.14	0.17	0.19	—	−0.13	—
西营灌区地下水均衡结果		—	1.33	—	1.41	1.07	0.72	—	−0.26	—

从表 2-8-12 中可以看出：工程运行后虽然减少了西营灌区地下水补给，但通过实施节水措施，减少地下水开采，可以减轻这种影响，西营灌区地下水仍能保持正均衡。

（2）工程对永昌灌区地下水的影响

永昌灌区为纯井灌区，专用输水渠工程运行对永昌灌区地下水的影响主要有以下三方面：由于西营灌区地下水均衡减少从而影响对永昌灌区的侧向补给；流域实施节水措施减少地下水开采；新增专用输水渠渗漏补给。

根据工程可研报告及石羊河流域重点治理规划，当 $P=50\%$ 时，工程兴建前后永昌灌区地下水采补变化情况如下：

① 西营灌区地下水均衡减少了 0.26 亿 m³，减少了对永昌灌区的地下水侧向补给。

② 新增专用输水渠渗漏补给约 0.04 亿 m³。

③ 根据石羊河流域重点治理规划的部署，由于全流域实施节水的一系列项目和措施，到 2010 年规划水平年，永昌灌区抽取地下水量将由现状 1.04 亿 m³ 减为 0.85 亿 m³，减少 0.19 亿 m³；地下水净开采量由现状 0.70 亿 m³ 减为 0.69 亿 m³，减少近 0.01 亿 m³。

综上所述，虽然工程运行减少了西营灌区对永昌灌区的地下水侧向补给，但通过全流域实施节水的一系列项目和措施，永昌灌区抽取地下水量将减少，同时周围的杂木、黄羊等灌区由于大幅调整灌溉规模，推广节水技术，地下水均衡将增加，由此增加对永昌灌区地下水的侧向补给，永昌灌区的地下水采补能实现正均衡。

各灌区均衡用水，协调发展，采补平衡，这是流域重点治理规划的重要目标之一。西营专用输水渠工程运行后，根据地下水均衡分析预测结果，中游地区虽然引水 1.1 亿 m³，但通过中游灌区的节水灌溉工程的实施，地下水位变化趋势可以达到正均衡。因此专用输水渠工程运行后，西营灌区在典型丰、平、枯水年地下水均衡量分别为+1.41 亿 m³，+1.07 亿 m³ 和+0.72 亿 m³，实现地下水正均衡。地下水位的总体变化趋势为基本稳定，略有上升。

4. 节水对地下水的影响预测与评价

（1）节水潜力分析及节水预测

石羊河流域综合治理的关键在于节水。专用输水渠的兴建，调整了流域中、下游地区的水资源配置格局，对抢救下游民勤有显著效益，对全局也是有利的，但对中游西营和永昌两个灌区，由于输水期减少了地表水供水量，有一定的负面影响。减缓和消除这种负效应的重要措施，就是必须按照石羊河重点治理规划提出的目标，落实一系列节水项目和节水措施。

当前流域内的用水大户是农田灌溉，见表 2-8-13。农田灌溉占总用水量的比例西营灌区为 95%，永昌灌区为 90%，因此节水灌溉是节约水资源的重点。当地灌溉水利用系数和渠系水利用系数均较低，西营灌区分别为 0.46、0.52（表 2-8-14），农业灌溉存在较大节水潜力和空间。

表 2-8-13　2000 年西营灌区、永昌灌区实际用水量统计　　　　单位：亿 m³

灌区	城镇生活	农田灌溉	林草	农村生活	工业	总用水量
西营灌区	25	29 495	662	611	210	31 003
永昌灌区	16.9	9 358.1	245.3	351.1	412.9	10 384.3

① 农业用水现状及需水定额预测

本流域水土资源不匹配，水土资源比例高达 1∶28，现状灌溉面积偏大，农业灌溉占用水资源过多，严重挤占了流域的生态用水和其他部门用水，节水的首要措施是按规划适当压缩灌溉面积。

现状种植结构不合理，粮食面积比例偏大，经济效益好的作物和林草面积比例小，必须把建立节水型农业作为流域农业发展的主要方向，从传统农业向现代商品农业转化，积极发展耗水小、效益高的产品，加大经济作物种植比例，不断调整农作物种植结构，全面提升农产品的技术、经济含量。

当地的灌溉模式主要以常规的"渠灌"为主，渠灌面积大于 85%。高效节水灌溉面积不到 1%。在压缩灌面、调整种植结构的同时，要大力推广高效节水灌溉模式。

按照规划，西营灌区、永昌灌区在 2010 年、2015 年各项农业节水措施实施的目标分别见表 2-8-14、表 2-8-15、表 2-8-16。

表 2-8-14　西营灌区、永昌灌区现状及预测水平年灌溉水利用系数

灌溉模式	现状（2000 年）		2010 年		2015 年	
	西营灌区	永昌灌区	西营灌区	永昌灌区	西营灌区	永昌灌区
渠系水利用系数η	0.52	0.75	0.63	0.81	0.65	0.85
田间水利用系数η	0.88	0.82	0.88	0.9	0.9	0.9
灌溉水利用系数η	0.46	0.62	0.56	0.73	0.59	0.77

表 2-8-15　西营灌区、永昌灌区灌溉用水定额预测　　　　　单位：m³/亩

灌溉模式		现状（2000 年）		2010 年		2015 年	
		西营灌区	永昌灌区	西营灌区	永昌灌区	西营灌区	永昌灌区
渠管灌	无膜灌	—	—	350	351	345	349
	膜上灌	—	—	370	381	371	371
	综合	—	—	369	379	369	369
喷灌		—	—	223	233	223	233
微灌		—	—	239	239	229	234
综合		370	399	362	367	357	353

表 2-8-16　西营灌区、永昌灌区 2010 年预测节水灌溉规模　　　　单位：万亩

项目		西营灌区	永昌灌区
节水模式	渠灌	31.17	13.47
	管灌	1.12	1.4
	喷灌	1	0.4
	滴灌	2.5	1.49
	合计	35.8	16.76
灌溉规模	出山以下	44.86	16.76
	出山以上	0.13	—
	合计	44.99	16.76
	出山以下	35.67	16.76
	出山以上	0.13	—
	合计	35.8	16.76

② 生活和工业用水需水定额预测及节水目标

在充分考虑城镇生活水平的不断提高和节水措施推广的情况下，参考《中国可持续发展水资源战略研究报告集》第 2 卷《中国水资源现状评价和供需发展趋势分析》中的资料，并与《甘肃省水利发展"十五"计划和到 2015 年长远规划》进行对

比分析，预测灌区不同水平年城镇生活、工业、农村生活需水定额，见表 2-8-17。

表 2-8-17　灌区不同水平年城镇生活、工业、农村生活需水定额预测

项　别		定额预测		
		2000 年	2010 年	2020 年
城镇生活	居民生活/[L/(人·d)]	100	100	120
	公共福利/[L/(人·d)]	40	50	60
工业需水	重复利用率/%	40	55	70
	取水定额/（m³/万元）	153.0	90	72
农村生活需水	自来水进村人口比/%	15	35	50
	农村人口/[L/(人·d)]	45	60	76
	大牲畜/[L/(头·d)]	39	45	52
	小牲畜/[L/(只·d)]	10.8	15	15

注释：城镇生活及工业需水参考《中国可持续发展水资源战略研究报告集》第 2 卷《中国水资源现状评价和供需发展趋势分析》中的资料；牲畜需水定额依据现状实际用水量并参照《甘肃省水利发展"十五"计划和到 2015 年长远规划》确定

农村生活用水包括农村人口用水和牲畜用水两部分。根据 2000 年实际用水量，推算确定现状农村人口用水定额为 45 L/(人·d)。按自来水进村率和受益、非受益人口分别计算，受益人口按最低城镇居民生活用水定额确定，非受益人口按现状用水定额适当提高确定，经加权求得平均定额。

（2）节水对地下水的影响分析

到 2010 年，在 $P=50\%$ 的设计保证率下，由于专用输水渠输水，西营灌区向灌区供水量将减至 1.59 亿 m³，比工程建成前减少 1.11 亿 m³。减少的这部分水量，须通过压缩配水面积、改变种植结构、推广节水技术等措施来弥补。根据《石羊河流域重点治理规划》，治理方案实施后各区较现状少引水量计算结果见表 2-8-18。

2010 年西营灌区及永昌灌区可少引水量 13 969 万 m³，其中节约地表水 9 973 万 m³，少采地下水 3 996 万 m³。根据预测结果，节水措施实施后，2010 年，西营灌区灌溉水利用系数 η 将达到 0.56，地表水补给地下水系数取 0.42；永昌灌区是井灌区，通过节水措施，可直接减少抽取地下水 1 852 万 m³，地下水补给情况变化见表 2-8-19。

从表 2-8-19 中可以看出，2010 年西营灌区减少地表灌溉入渗对地下水的补给 4 158 万 m³，该区因采取节水措施，少抽取地下水 2 144 万 m³，使地下水量减少 2 014 万 m³，节水减轻了工程对地下水的不利影响。

表 2-8-18　治理方案实施后各区较现状少引水量　　　　　　单位：万 m³

年份	灌区	灌溉面积削减少引水量	定额降低及系数提高少引水量	农业少引水量			生活、工业及必要生态少引水量			少引水量		
				地表水	地下水	合计	地表水	地下水	合计	地表水	地下水	合计
2010	西营	7 768	5 168	12 271	665	12 936	-2 298	1 479	-819	9 973	2 144	12 117
	永昌	-6	2 241	0	2 236	2 236	0	-384	-384	0	1 852	1 852
	合计	7 762	7 409	12 271	2 901	15 172	-2 298	1 095	-1 203	9 973	3 996	13 969
2015	西营	6 813	6 181	—	—	12 994	—	—	-1 055	—	—	11 939
	永昌	-6	2 409	—	—	2 403	—	—	-621	—	—	1 782
	合计	6 807	8 590	—	—	15 397	—	—	-1 676	—	—	13 721

表 2-8-19　治理方案实施后各区较现状地下水补给状况变化表　　　单位：万 m³

年份	灌区	因农业少引水增加地下水补给量			因生活、工业及必要生态少引水增加地下水补给量			因少引水造成的地下水水量变化量		
		地表水	地下水	合计	地表水	地下水	合计	地表水	地下水	合计
2010	西营	-5 117	665	-4 452	958	1 479	2 437	-4 158	2 144	-2 014
	永昌	0	2 236	2 236	0	-384	-384	0	1 852	1 852
	合计	-5 117	2 901	-2 216	958	1 095	2 053	-4 158	3 996	-162

（三）水环境影响预测与评价

1. 水质影响预测与评价

本工程从西营河渠首以下引水，对西营河渠首以上河段及西营水库水质无不利影响。工程对地表水水质的影响表现在以下三个方面：①工程对渠道水质的影响；②工程对水库库区水质的影响；③工程对下游水质的影响。

（1）污染物排放量及浓度预测

输水渠本身不产生污染，沿途也无河流和渠道汇入，工程运营期输水渠内污染物排放量与浓度按现状水平进行估计。

石羊河流域现状 COD 入河总量为 7 048 t/a，氨氮现状入河总量为 738 t/a。根据《石羊河流域重点治理规划》，2010 水平年 COD 入河污染物控制总量为 1 144 t/a，削减量为 5 904 t/a；氨氮入河污染物控制总量为 48.8 t/a，削减量为 689 t/a。

（2）渠道水质预测与评价（简略）

专用输水渠重点断面水质预测结果表明，西营水库的水经专用输水渠到达蔡旗时 BOD 可降解 0.88%，COD 可降解 2.43%，溶解氧提高 13.07%。工程对地表水水质有一定改善作用。

（3）库区水质预测评价

工程运行后，蔡旗水文站流量增加 1.10 亿 m³/a，根据多年实际观测资料，蔡旗水文站与红崖山水库出库断面之间输水效率为 0.859，进入库区的流量为 0.91 亿 m³/a。现状红崖山水库入库径流量仅为 0.98 亿 m³/a，输水工程运行后，入库径流量可增加 0.91 亿 m³/a，使库区年径流量达到 1989 年的水平。因此，工程运行可显著增加红崖山水库入库径流量，改善其水体的自净能力。

根据《石羊河流域重点治理规划》，石羊河流域 2010 水平年较 2003 年，COD 入河污染物削减 83.8%；氨氮入河污染物削减 93%。因此，工程运行后，原排入红崖山水库的污染物也将显著下降，红崖山水库水质可望得到改善。

（4）对下游河道水质的影响预测评价

①蔡旗断面以下河道水质的影响预测

工程建成后，由于输水渠输送的水量汇入，蔡旗断面下游 BOD 浓度减少 36.87%，COD 浓度减少 1.62%，DO 浓度增加 26.19%。工程运营有利于改善蔡旗下游水质，其中对 BOD 影响最为明显，其次为 DO，对 COD 影响较小。

②西营河渠首以下天然河道水质影响分析

本项目运行后，对西营河渠首以上各断面的水质没有影响，仍可保持 Ⅱ 类水质，汛期下泄到渠首下游河道北沙河的水量有所减少，但水质不会有类别上的变化。因此，汛期西营河渠首以下的天然河道水质仍可满足 Ⅱ 类水质标准。

2. 工程对泥沙、水温的影响（略）

（四）生态影响预测与评价

1. 景观生态学变化预测评价

本工程占地 3 556 亩，其景观类型由耕地、林地、园地和未利用地变成渠道和护堤用地，区域景观结构发生局部变化。施工期间，评价区内耕地、林地、荒地的优势度均有下降，但耕地在评价区仍位于主导地位。人类活动对生态系统的影响增加，由于施工用地占用的是人工植被耕地拼块，耕地拼块也属于人工生态系统，其对系统的调控能力弱。施工结束后，临时占地逐渐恢复到项目建设前的水平，临时占用的耕地 653 亩、荒地 1 871 亩，将被恢复成原状。施工结束后景观优势度的变化很小，与现状相比，耕地的景观优势度减少 0.15%，林地减少 0.10%，未利用地减少 0.26%。

因此工程建设造成景观结构的变化对生态系统的稳定性影响不大。

2. 生态系统生产力变化预测评价

施工期间实际占用耕地 999 亩（含菜地），林地 61 亩，年损失生产量 186.82 t，施工期为 20 个月，按影响 2 年计，则施工期间共损失生产量为 373.64 t。施工结束后，对临时占地进行恢复后，该项目建设年损失生物量为 73.72 t。

3. 对农业生态的影响分析

石羊河专用输水渠工程前段利用原有灌渠，然后利用废弃的天然河道，之后以暗渠形式通过永昌灌区段。工程施工以分散形式分布，3 个集中的施工区均不连续，各施工区对所在区域的农业生态环境产生影响，从而对整个工程的农业生态环境产生影响。

（1）施工对表土的影响（略）

（2）临时占地对农业生产的影响

因工程战线较长，施工采取分段式，以施工占地平均影响时间为 2 年计，加上 1 年的淤实或复松，则施工期间共计少生产粮食约 1 965.26 t，减少收入约 235.83 万元。

（3）对中游灌区土壤盐碱化的影响

从中游地区地下水环境质量现状评价结果可知，地下水矿化度、硬度指标基本满足《地下水质量标准》III 类标准，矿化度小于 0.8 g/L，中游灌区地下水埋深均大于 4.0 m。西营灌区地下水仍能保持平水年 1.07 亿 m³ 的正均衡，平均使地下水位上升 15 cm，地下水位上升幅度很小，不会造成土壤盐碱化。

（4）对西营河渠首下游天然河道生态的影响分析

西营河专用输水渠起点为西营河渠首，汛期直接引水 1.1 亿 m³，引水量中主要为西营灌区节约少引的水量，还有少量减少的下泄到下游河道的弃水，典型枯水年向渠首下游天然河道弃水约减少 2 200 万 m³，平水年（P=50%）弃水减少 1 100 万 m³，丰水年（P=25%）弃水减少 100 万 m³。

从渠首下泄到天然河道的水量，不同水文年的生态水量要求见表 2-8-20。

表 2-8-20 工程运行后西营渠首下泄到河道的生态水量 单位：亿 m³

设计保证率	西营水库入库水量	渠首来水量	下泄生态水量
P=25%	4.53	4.14	0.71
P=50%	3.58	3.28	0.47
P=75%	3.12	2.74	0.38

四、环境保护对策措施

（一）工程施工期环境保护措施（略）

（二）工程运行期环境保护措施

1. 水库环境保护措施

西营水库具有农村供水和灌溉双重功能，为了保证饮用水源水质不受污染，应确保库区周边不新建、扩建与供水设施和保护水源无关的建设项目。西营水库上游九条岭等村镇位于河谷内，水库以上要严格控制污染源，归类处理生活污水，减少农药、化肥的施用。建议石羊河流域管理局和当地政府要严密监控水库上游的采矿活动，监督采矿单位将煤块和煤矸石堆放在距河流较远地方，并采取相应措施，防止其对河流的污染。

红崖山水库是输水的终点，应加强水库的管理；严格控制有关企业、单位的污水排放；控制库周生活污染源；禁止在水库上游和周边兴建、扩建有可能加重水库污染的项目；严禁网箱养鱼；适度发展红崖山水库旅游项目；要做好水库周边地区的水土保持和绿化工作。

2. 渠道水环境保护措施

沿明渠渠道两侧内种草和采取工程措施，做好水土保持工作；严禁各类生产废水、生活污水排入渠道，设立警示牌，严禁居民往渠道里倒垃圾和扔废物，沿渠道两侧种植耐旱节水的防护林。设专人专职对渠系进行管理，避免人为破坏渠系和人为污染渠道水质。定期对渠道水质进行监测，合理利用和保护水资源。

3. 地下水环境保护措施

（1）一般保护措施

该地区需通过压缩耕地面积、调整种植结构，大幅降低高耗水农作物的比例，减少对地下水的抽取。坚决制止打深井，切实保护深层地下水。

灌溉回归水是地下水补给的重要来源，该地区要严格控制面源污染，减少农药、化肥的施用量。

（2）中游地区地下水保护措施

从西营水库将水直接调入石羊河下游，要保持中游地区的地下水的均衡状态，必须要如期实施中游的节水灌溉工程。2006 年已实施和 2007 年正在实施的节水改造项目已初见成效，西营灌区节水改造后可节约水量 13 148 万 m³。但是节水改造工程必须与本项目同步实施，才会使中游灌区的地下水开采量降低，才能达到该区域地下水的采补平衡。因此，流域水资源的统一分配和管理、本工程与相关工程同步实施和保证节水量是关键，必须加强区域水资源管理和工程管理，这样才能保证中游地区地下水均衡。

4. 生态环境保护和恢复措施

（1）对西营渠首以下北沙河河道生态的保护措施

为了在一定程度上维持工程运行后对下游老河道生态系统的基本不受到破坏，应保证一定的弃水量。工程运行后在枯水年（*P*=75%）渠首来水 2.74 亿 m³ 情况下，比原计划减少 2 200 万 m³ 灌溉用水量，要求保证渠首向天然河道弃水量能达到工程前的 3 800 万 m³ 水量；平水年（*P*=50%）渠首来水 3.28 亿 m³ 情况下，弃水 4 700 万 m³；丰水年（*P*=25%）渠首来水 4.14 亿 m³ 情况下，弃水 7 100 万 m³。

（2）对西营水库库区及上游进行绿化以减少水土流失

工程区生态环境脆弱，长期以来由于人为活动的影响和气候变化，区内地带性植被——温带小灌木、半灌木荒漠植被大量消亡。目前尚存的林木和植被的保存对区内生态环境的保护和改善具有重要意义。根据研究，1 hm² 有林地、灌木林、草地分别比荒山多蓄水 180.41 m³、104.4 m³ 和 92.58 m³。按此计算，石羊河上游森林和草地涵养的水源量为 0.59 亿 m³，是冰川年平均消融水的 1.05 倍。因此应采取切实有效措施对现有植被加以保护，严禁随意砍伐树木和陡坡毁林毁草开荒；控制过度放牧，保护好森林和其他类型的植被，防止水土流失，使现存森林得到有效保护。

配合水库管理，可在西营水库库区及上游营造以沙生草本植物，如苦豆子、骆驼蓬、碱柴等为主的生态草场，充分发挥其护库、拦蓄泥沙的防护作用。植物种类避免选择高大乔木，因为乔木会增加该地区水的蒸发量。

（3）在渠线周围布置防护林带，营造生态走廊

原有输水渠从渠首到四干渠以下 1.1 km，两侧或一侧种有杨树，起到防护林作用。西营河专用输水渠修建后，需在保护原有防护林基础上，沿渠道营造以杨、柳、榆等为主的水渠防护林体系，同时种植苦豆子等草本植物，把工程渠线建成生态走廊。防护林带一方面可以充分发挥植被的景观效果；另一方面还可以有效防止工程沿线的二次扬尘。

该工程沿线防护林为带状整地，林带宽 6 m，株距 3 m，行距 2 m，乔木设计采用 2～3 年生苗，春秋季栽植，栽后浇水。

（4）水土保持措施（略）

5．农业生态环境保护措施

（1）农业灌溉节水措施

石羊河流域生态环境恶化的主要原因是水资源过度开发利用，农业灌溉用水长期挤占生态用水。保护农业生态环境，关键是要节水。

① 适当压缩农作物种植面积。按照石羊河综合治理规划和甘肃省政府有关文件规定，民勤县、永昌县按现状农业人口人均灌溉配水面积将调整到 2.5 亩，凉州区、金川区、古浪县为人均 2 亩。据此调整缩减全流域农田灌溉面积 135.52 万亩，其中保灌面积 67.47 万亩，主要位于井灌区，非保灌面积 68.05 万亩，主要位于河灌区。调整后民勤盆地灌溉面积将控制在 60 万亩以内，全流域灌溉面积 310 万亩左右。调整灌溉面积后仅民勤地区就可以节约 2 亿 m³ 水。

② 农业种植结构调整。经济作物方面，主要种植产出效益较高的经济作物。结合高效节灌模式布置，以农业产业化发展模式为思路，初步规划：中游井河混灌区发展温室大棚蔬菜基地，中游井灌区发展酿酒葡萄基地，下游民勤盆地发展棉花、瓜菜、盐地药材、苜蓿饲草基地，据此调整种植结构。全流域种植业内部的粮、经种植比例 2010 年调整到 65∶35，2020 年调整到 50∶50。全流域复种比例压缩至 10% 以内。

③ 立草为业，积极发展草食畜牧业。压缩下来的耕地，除了北部沙漠边缘区和南部水源涵养区的一些耕地，必须撂荒进行自然修复外，其他的都应大面积种草，发展草食畜牧业。种草要比种粮食节水一半左右，还可以起到防风固沙的作用。要全面实行舍饲圈养，着力提高畜牧业效益，严格禁牧，保护生态环境。

④ 推行节水高效农业。根据石羊河流域的自然条件，通过节灌模式的适应性分析论证，适宜发展的节灌模式主要有：渠灌、管灌、大田滴灌和温室大棚滴灌等。此外，还必须搞好渠道防渗工作，加强灌区渠系监测管理，及时发现渗漏点并加以工程处理。在有条件的地方要采用膜下滴灌技术发展棉花等节水作物。大面积发展节水高效农业，对农民来说也是一场革命性变革，必须加大政府投入和支持力度，并组织好培训和技术指导工作。

（2）调整产业结构

长期以来，石羊河流域由于具有发展粮食生产的资源优势，灌溉农业较为发达，为甘肃省粮食供给和国家粮食安全作出了巨大贡献。但是，日益恶化的生态环境问题，也正在使农业和农村经济发展的成本急剧上升。因此，石羊河流域面临的不仅仅是农业内部结构优化的问题，更要对三次产业结构进行大的调整，提高第二、第三产业增加值在国内生产总值中的比重，以吸纳越来越多的农村剩余劳动力、减轻水土资源的承载压力、提高农业整体经济效益。同时严格控制人口增长、提高人口文化素质，减轻人口破坏行为造成的环境不良影响，这也是协调人口、资源与环境之间关系的重要举措。

（3）科学合理施用化肥和农药

工程区域水资源匮乏，地下水非常宝贵，应采取各种措施保护地下水质，保护农业生态环境。要加强管理和指导，因地制宜、科学地施用农药、化肥；鼓励多施用有机肥料和农家肥，施用高效低残毒农药，如菊酯类杀虫剂等。必须严格按照农业部颁发的《农药安全使用标准》确定用量，以免不适当施肥导致土壤和地下水受到污染。对农药的施用量、施用方式、环境中的残留等要进行全过程监测。

【案例分析】

本案例，为甘肃省石羊河流域重点治理规划的应急建设项目，是流域水资源合理配置的保障工程，其设计目的是从西营水库向民勤蔡旗调水，在 $P=50\%$ 来水情况下，西营河向蔡旗断面调水量不小于 1.10 亿 m^3。工程在汛期输水，主要集中在 7—9 月。通过这一工程和其他规划工程的实施，实现流域下游民勤生态好转、中游生态持续修复的治理目标。该项目现状评价年为 2006 年，预测水平年为 2010 年。水文典型年：根据工程可研报告，利用插补延长后的西营河四沟嘴水文站 1956—2000 年 45 年水文资料系列，选定 1966 年为 $P=75\%$ 的典型枯水年，1979 年为 $P=50\%$ 的典型平水年，1981 年为 $P=25\%$ 的典型丰水年。

西营河专用输水渠工程主要评价内容为：工程对区域水资源量分配的影响；对

河流水文情势的影响和沿线区域地下水的影响；对生态环境的影响；对水环境的影响；对声环境和大气环境的影响；对社会环境的影响等。工程环境影响评价重点为：

（1）工程运营期对区域地下水的影响。由于本工程为《石羊河流域重点治理规划》应急项目之一，《石羊河流域重点治理规划》又没有进行规划环境影响评价，因此在本项目中要将工程对区域水文情势和地下水的影响进行区域性的评价分析。

（2）生态环境影响。工程虽是线性工程，但输水渠总长度 50.386 km，途经西营和永昌两个灌区，因此工程生态的影响评价，包括对沿程生态的影响（特别是农业生态的影响）和对下游民勤生态的影响。生态影响是评价重点。

（3）施工期的环境影响。工程施工期历时两年，工程施工期对周围环境的影响主要包括：开挖弃渣、生产废水、生活污水、噪声和粉尘等对当地水环境、大气环境、声环境及生态环境的影响。施工期影响评价要关注对沿线环境敏感点（主要是与专用输水渠立交的交通干线和沿渠线附近的村庄居民点）的影响。

第二节　阿坝州黑水河毛尔盖水电站工程

本案例仅介绍：工程分析、施工期沙石骨料系统废水处理、景观和生态用水补偿措施以及公众参与等内容，供评价工作中参考。

一、工程概况

1. 工程特性
工程名称：毛尔盖水电站
建设地点：四川省阿坝州黑水县（工程地理位置详见图 2-8-2）
河流名称：黑水河干流（岷江上游一级支流）
建设性质：新建
工程规模：Ⅱ等大型工程，装机容量 420 MW
开发方式：混合式
开发任务：发电，兼有同紫坪铺水利枢纽一道向成都、都江堰灌区供水的作用
工程特性（略）。

2. 工程项目组成
毛尔盖水电站主要由主体工程、施工辅助工程、水库淹没及移民安置等项目组成。电站项目组成及可能产生的环境影响见表 2-8-21。

表 2-8-21　毛尔盖水电站工程项目组成及可能产生的环境影响

工程项目		项目组成	可能产生的主要不利影响
主体工程	首部枢纽	土质心墙堆石坝、岸边正槽式溢洪道、泄洪放空洞	建设过程中新增水土流失、植被破坏、水质污染、噪声、废气污染，影响陆生动物栖息，水库淹没、影响供水及补偿调节作用；运行期形成减水河段，改变河流水文情势，可能带来相应景观及水生生态影响
	引水系统	进水口、引水隧洞、调压井、压力管道	
	厂区枢纽	主机间、安装间、尾水渠、副厂房、GIS 等	
施工辅助工程	施工辅助企业	1 个人工骨料加工厂、2 个天然沙石加工厂、9 个混凝土拌和站、机修厂和汽车保养站各 2 个、综合加工系统、仓库系统	水质、粉尘污染、噪声影响
	公用工程	8 座供水站、11 座供风站	植被破坏、噪声污染，影响小
	办公及生活设施	2 个生活及福利设施区	水质污染、垃圾等固废污染
	施工交通	新建永久公路 14.5 km，施工临时公路 31.5 km，扩建临时公路 14.1 km，改建永久公路 2.5 km，跨河大桥 8 座	新增水土流失、植被破坏、噪声、废气污染，影响陆生动物栖息
	其他	2 个块石料场，2 个土料场，3 个天然沙砾石料场，9 个渣场，总弃渣 1 552.07 万 m³（松方）	
移民安置工程	移民安置	农村移民需生产安置 2 302 人，通过开发耕地、调整本乡或本村耕地安置；农村移民搬迁安置 2 376 人，采取开发耕地、后靠分散建房安置；迁建集镇 2 座	影响安置区移民生产和经济、新增水土流失及生态影响、社会环境影响
	专项设施	水库淹没 S 302 省道公路（三级）15 km，松黑县道 13.74 km，知木林—扎窝等外级公路 8.0 km，需采取改复建措施；其他专项设施采取改复建或一次性补偿措施	新增水土流失及植被破坏

二、工程分析

（一）工程与相关规划符合性分析

1. 与都江堰灌区发展规划的符合性

根据《四川省水资源总体规划》（1998 年）和《都江堰总体规划》，确定岷江是都江堰灌区的主力水源。但目前干流上没有大型调节水库，不能调丰补枯，枯期已不能满足灌区工农业和生态环境等综合用水要求，岷江上游急需修建一系列补充调节水源工程。岷江近三分之一的水源来自黑水河，充分利用黑水河水资源将对改善都江堰灌区用水条件起到重要作用。毛尔盖水库控制了黑水河最大支流毛尔盖河的全部水量，调节库容 4.43 亿 m³，具有年调节性能，控制水量大，可增加下游枯期流量 34.0 m³/s，加强岷江上游水源的调节能力，为都江堰灌区提供宝贵的枯期水源。故毛尔盖水库的兴建完全符合都江堰灌区的发展规划。

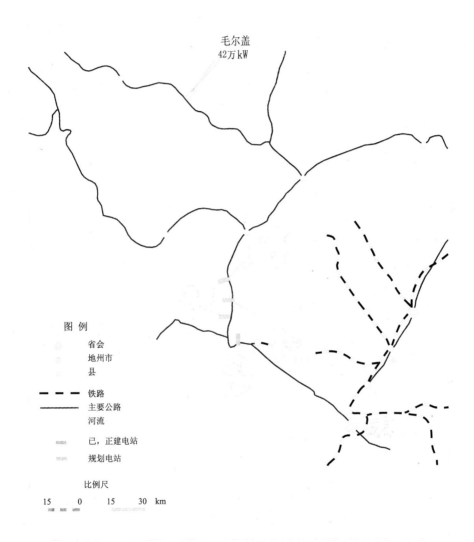

图 2-8-2 毛尔盖水电站地理位置

2．与干流规划的符合性

毛尔盖水电站与上游竹格多电站尾水（尾水位 2 133 m）衔接，水库调节性能好，蓄能作用显著，通过补偿调节可大大增加黑水河下游色尔古、柳坪 2 个梯级及岷江干流 6 个梯级的发电效益。毛尔盖水电站可增加下游在建的色尔古、柳坪两电站年发电量 0.68 亿 kW·h，其中，增加枯水期（12 月至翌年 4 月）电量 1.33 亿 kW·h，增加设计枯水年供水期平均出力 3.53 万 kW，使下游 2 梯级电站枯水期电量占年发电量的比重，由单独运行时的 17.3%提高到 27.3%；可增加岷江干流已建的吉鱼、铜钟、姜射坝、福堂、太平驿、映秀湾共六梯级电站年发电量 3.75 亿 kW·h，其中，增加枯水期（12 月至翌年 4 月）电量 3.99 亿 kW·h，使下游 6 梯级电站枯水期电量占年发电量的比重，由单独运行时的 27.2%提高到 31.5%。因此，毛尔盖水电站的建设有利于黑水河水能资源的合理利用、提高黑水河流域和岷江干流各梯级电站的电能质量、增加下游梯级效益，符合黑水河干流规划调整报告的"二库五级"开发目标及规划开发方案的要求。

3. 与区域规划的符合性

阿坝州是藏族、羌族等少数民族聚居地区，水力发电为其支柱产业，占该州财政收入的 80%以上。在阿坝州及黑水县的社会经济发展规划中，水电开发仍为其重要内容。毛尔盖水电站的建设与阿坝州、黑水县的社会发展规划相符合。

黑水河流域仅上游分布有三打古省级风景名胜区和自然保护区，其边界距工程坝址约 40 km；卡龙沟省级风景名胜区位于黑水河支流小黑水河及毛尔盖河上，其边界距工程坝址和水库库尾的距离分别为 30 km 和 14 km，工程建设不会对其造成影响。此外黑水河干流无其他重要生态保护区及敏感区。

4. 与阿坝州公路交通规划的符合性

根据阿坝州 2004 年《阿坝藏族羌族自治州公路水路交通"十一五"规划》，将茂黑公路（S302 省道的一段）和松黑县道分别列为地方公路和县级公路重点建设项目。其中，茂黑公路规划为茂县两河口—黑水马桥段，长 102 km，计划于 2008—2009 年按三级公路改建；松黑县道规划为松潘县镇江关—黑水渔巴渡，全长 204.42 km，计划于 2007—2009 年按四级公路改建。

毛尔盖水电站库区 S302 省道改线公路为茂黑公路改建段的一部分，改建规模和技术标准参照路网"十一五"规划采用公路三级标准，电站西尔料场下游段受施工交通影响推荐采用矿山二级公路标准；库区松黑县道改线公路也为松黑县道的一部分，建设规模和技术标准采用四级公路标准，电站西尔料场下游段受施工交通影响推荐采用矿山二级公路标准。根据四川省发展和改革委员会川发改交[2006]29 号文"四川省发展和改革委员会关于省道 S302 线茂县两河口至黑水马桥段公路改建工程可行性研究报告的批复"，同意将毛尔盖水电站库区 S302 省道改线公路纳入省道 S302 线茂县两河口至黑水马桥段公路改建工程，同意其路线走向、规模及技术标准。2006 年 6 月，阿坝州发展和改革委员会以[2006]143 号文"关于毛尔盖水电站库区改线公路工程可行性研究报告的批复"，同意库区改线公路松黑县道选线、建设规模及技术标准。

可见，毛尔盖水电站库区改线公路符合地方公路交通"十一五"规划，并对地方交通、旅游及地方经济发展有利。

5. 符合性分析结论

综上分析，毛尔盖水电站的建设符合四川水电支柱产业的政策、都江堰灌区的发展规划及阿坝州公路交通规划，符合黑水河干流规划调整报告的"二库五级"开发目标及规划开发方案的要求。因此，工程选址合理。

（二）工程环境合理性分析

1. 正常蓄水位选择

本阶段从梯级衔接、电站年调节需求、充分合理运用水能资源、水库淹没损失及环境影响等方面综合考虑，比选了 2 131 m、2 133 m、2 135 m 三个正常蓄水位方案。

从梯级衔接、水能资源的合理利用、对下游梯级效益补偿等角度分析，以 2 133 m 方案为最优。从水库淹没损失来看，各方案淹没人口在 2 024～2 412 人，淹没耕地在 2 861～2 955 亩，方案间指标无突变情况，差异不大；从工程地质条件、水工结构、电站单位经济指标、库区泥沙淤积情况以及环境影响角度分析，各方案基本一致，无显著差别，对毛尔盖水库的正常蓄水位不起控制性作用；而从电站本身的能量指标、水库库容的增加、对下游梯级补偿效益和电站补充单位经济指标分析，抬高水库正常蓄水位是有利的；但从梯级衔接情况和水库回水对竹格多电站造成的电量损失情况分析，正常蓄水位不宜抬高，且由正常蓄水位抬高增加的供水效益远小于由此造成的投资增加，经济效益较差。

综上所述，从梯级合理衔接、充分利用水资源、优化四川电网的电源结构，提高梯级发电效益以及综合考虑本电站水库淹没、环境影响、地质条件及工程难度、动能经济指标以及泥沙淤积等因素分析，正常蓄水位 2 133 m 方案合理。

2. 坝址及坝线选择

本工程在坝址的确定中，对毛尔盖河口下游 2.0 km 的河段进行了比选，初选河口以下约 400 m 的渔巴渡为上坝址，河口以下约 1.2 km 为下坝址，上、下坝址相距约 800 m。

从环境保护角度分析，上、下坝址相距不远，均无环境敏感制约因素，两方案的优劣差异主要体现在工程安全及开挖、弃渣工程量上。

从安全角度考虑，下坝址方案存在以下不足：

（1）两岸地形完整性相对较差，分别发育有一条切割较深的冲沟，对首部枢纽布置影响较大；

（2）坝前右岸有一大型覆盖层滑坡分布，该滑坡现今仍有明显的滑坡变形迹象，对大坝安全不利，工程处理量大。

通过上述分析比较，上坝址工程枢纽布置条件较为安全和优越，故推荐上坝址。

3．引水线路选择

本工程对左岸引水线路和右岸引水线路两个方案进行了比选，工程比选结果表明：

（1）右岸引水线路过沟绕线较远，洞线较长，影响大。从环保角度考虑，工程河段右岸沿线有双溜索乡、木苏乡和维古乡等较多集中居民点分布，左岸仅有西苏瓜子一处较大居民点。右岸引水方案对沿线居民的影响较大，且该方案引水线路较长，土石方开挖量及弃渣量均较左岸引水方案大，这将加大水土流失治理难度与工程量。同时，S302 省道位于黑水河右岸，引水线路布置在右岸将加大工程建设对其交通的影响。

（2）右岸引水线路需穿过地质条件较差的泥盆系危关群（D_{wg}）地层，而且地层走向与洞轴线交角小，围岩稳定性很差，Ⅳ、Ⅴ类围岩所占比例较高，成洞条件较差；且右岸无地面厂房布置的位置。

综上，从工程安全、地形、地质条件和环境保护角度分析，左岸引水线路均较优。

4．厂址选择

本阶段在黑水河左岸俄石坝比选了上、下厂址两个方案，两个厂址相距约 300 m。

从环境保护角度分析，两方案均无环境敏感制约因素。两厂址工程地质条件基本相似，均具备修建地面厂房的工程地质条件，水工布置格局相似，梯级衔接较好，但上厂址后坡地质条件较差，可能带来不均匀沉降问题；开挖和处理工程量较大，对环境影响相对也较大，故推荐下厂址地面厂房方案。

5．施工规划合理性分析

（1）施工总布置规划合理性分析

工程河段岸坡陡峻，两岸阶地不发育，施工布置条件较差，沿线仅有少量河滩地及部分缓坡地可作为施工场地。本着少占耕地的原则，本工程采取集中与分散相结合的布置方式，共布设了首部、厂房 2 个工区，9 个渣场、2 个堆石料场、2 个土料场、3 个天然沙砾石料场、2 个生活区、3 个沙石加工系统、9 座混凝土拌和站及其他施工工厂设施。工程占地总面积 440.72 hm²，其中利用水库淹没区内面积 145.50 hm²，占工程总占地的 33%，在相当程度上减少了工程建设对库外地表的扰动、占压和植被破坏，缩小了占地对居民的影响范围，既充分利用了工程征地，又节约了土地资源，从而缩小了工程建设对环境的影响范围。施工工区主要沿河谷两岸河滩地布置，不涉及自然保护区或风景名胜区。

工程导流洞、施工支洞、场内施工公路、施工营地、施工辅助企业等均尽可能布置在黑水河左岸，以减少施工活动对集中在右岸的居民点及 S302 省道交通的干扰，并协调工程施工活动与施工运输、省道交通的矛盾。考虑到电站对外交通及场内公路依托 S302 省道，在施工期间应根据旅游季节适当调整施工强度和运输时段，以减少对省道正常交通的干扰和影响。

总体来看，本工程施工布置环境基本合理。

（2）渣场规划合理性分析

本工程引水隧洞较长、施工支洞较多、两岸地形坡度较陡，工程开挖弃渣 1 552.07 万 m³（松方），共规划 9 个渣场，其中 1#～4# 渣场布置于水库淹没区内，从而减少了渣场占地对土地和植被的不利影响。渣场布设应尽量靠近各施工支洞开挖出渣面，在缩短弃渣运输线路的同时也减少了弃渣的流失。

经实地查勘和计算，各渣场地形相对平缓，渣场容量较大，具备堆渣条件。

1#、3#、4# 渣场属库底型渣场，2# 渣场为库面型渣场，5#～9# 渣场均为临河型渣场。施工期间，除 2#、8# 和 9# 渣场不受洪水影响外，其余各渣场均会受 30 年一遇洪水影响，渣场防护措施须考虑洪水对渣体的冲刷影响。根据《四川省阿坝州黑水河毛尔盖水电站行洪论证与河势稳定评价报告》分析，工程弃渣按选定渣场倾倒，并做到先建拦渣防洪堤后倒渣，对防洪及河势稳定、公路交通不会产生影响。1#、3# 和 4# 渣场均位于水库死水位以下，运行期间基本不会对水库调节库容产生影响。库区内的渣场将占用少数居民房屋，但因其本身位于水库淹没区，本已进行了搬迁安置规划，只需提前进行安置即可解决；其余渣场周围均无特殊环境敏感保护对象，采取相应的工程防护和绿化措施后，不会对河道及周围景观产生不利影响，从环境影响角度分析，渣场的布置合理可行。

（3）料场规划合理性分析

本电站为高坝土质心墙堆石坝，根据工程规划，坝上游堆石料和过渡料的料源选择西尔石料场，料场有用层储量为 734 万 m³，完全满足工程大坝上游工作面堆石料、过渡料和围堰工程量等总用量（400 万 m³）的要求；坝下游堆石料、过渡料以及混凝土骨料料源为新街石料场开采料，有用层储量约 520 万 m³，满足大坝下游工作面堆石料、过渡料及混凝土骨料用量（442 万 m³）的要求。两料场均有公路相通，交通条件良好，且周围无居民点等环境敏感保护对象，新街石料场在 S302 省道高程以上并有一定距离；西尔石料场因位于水库淹没区内，S302 省道改线公路将不经过该区，故石料场的开采不会影响 S302 省道可视范围内的景观。

工程选择西尔天然沙砾石料场作为坝区混凝土的骨料料源，两河口和热里天然沙砾石料场作为大坝蓄水前坝区混凝土和大坝反滤料的成品沙石料料源，新街人工骨料场作为大坝蓄水后剩余的反滤料和厂区及引水系统混凝土所需的成品沙石料料源。各沙砾石料场储量均满足工程用料需求，且有公路相通，运输方便，沙石加工厂也就近布置，料场开采、加工、运输等均较方便。3 个天然沙砾石料场均位于库区内，减少了库外料场开采对土地的占压、扰动以及对植被的破坏，避免了重复征占土地，减少对土地资源的破坏。但需在料场开采期间做好临时防护工程措施，避免造成水土流失。

综上，从环境保护角度分析，工程料场规划基本合理。

（4）施工道路规划合理性分析

毛尔盖电站建成后水库蓄水将淹没 S302 省道（三级公路）13.0 km 和松黑、知扎县道（四级公路）24.0 km。根据水库专项设施复建规划，将提前对公路进行改建，改线长度分别为 S302 省道 15.0 km，松黑县道 13.74 km，知木林至扎窝县道 8.04 km。另外，新建环库道路 31 km 以解决库周居民交通问题。施工期，工程场内施工交通运输主要利用现有及改建的 S302 省道和松黑县道为主干道，并以此为依托新建和改扩建施工道路，完善场内交通运输网络。

施工建设期，工程场内外交通运输将对原有道路交通造成一定干扰。根据施工规划，为确保 S302 省道和松黑县道的交通通畅，施工期将依托上下游临时桥和环线施工公路，通过合理调度以确保各时段工程区段交通通畅。其中，水库淹没区内有西尔石料场、热里天然沙砾石料场、西尔天然沙砾石料场及沙石加工厂、两河口天然沙砾石料场及加工厂分布，布置于 S302 省道或松黑县道两侧，因库区复建公路提前进行，可在相当程度上缓解施工活动对 S302 省道造成的交通干扰。

在公路设计规范中，对公路边坡防护等方面从道路运行安全的角度进行了严格规定，其中护坡、涵洞、排水设施等工程防护措施属于公路建设自身的组成部分，这些工程措施同时具有较好的水土保持功能。但因工程地区地形陡峻，改、扩建公路较长，施工建设过程中的开挖、弃渣控制，减免坡面挂渣，控制水土流失和生态破坏等问题仍应引起高度重视。

综上，施工道路的规划方案基本合理可行，鉴于施工期施工交通可能对 S302 省道及松黑县道的正常运营及旅游交通造成一定影响，在施工期需做好相关的交通管理和施工协调工作。

6．移民安置规划合理性分析

本工程需生产安置人口 2 302 人，主要通过集中开发耕地的方式，并结合本乡、本村内调整耕地，投亲靠友和自谋出路等方式进行安置；农村移民需搬迁安置 2 376 人，拟采取乡内集中建房、本组后靠分散建房、外迁集中建房、自谋出路及投亲靠友等方式进行安置；水库淹没涉及的扎窝、麻窝两集镇另寻新址进行迁建。

根据《黑水县"十五"计划及 2010 年远景目标纲要》《黑水县 2003 年、2004 年国民经济与社会发展年报》以及黑水县土地资源详查报告、农村经济统计年报等资料进行农村移民安置环境容量分析，结果表明：毛尔盖生产安置移民可通过以土地为本、大农业安置 4 317 人，其中通过集中开发土地可安置移民 2 794 人，分散安置移民为 1 003 人。同时，对部分移民采取自谋出路、自谋职业、投亲靠友和养老保障等安置 511 人，其他方式安置 9 人。可保证移民尽可能多地获得土地，为今后的发展留有一定余地。综上所述，工程因水库淹没、枢纽工程和移民工程占地造成需生产安置的人口可在黑水县内得到安置，基本满足地方土地及环境承载力要求，并充分考虑了当地的环境容量，减少了当地的移民安置负担和环境负担，利于平衡环境压力。

各移民集中安置点通过合理土地规划和改造、配套基础设施的完善后，均满足移民安置要求，具有一定的环境合理性，可基本保障移民的生产、生活质量不降低。但移民安置过程中，开垦荒地、建房安置、公路改复建等施工活动可能造成新增水土流失，产生"三废"，故需做好工程和植物防护措施，采取措施处理生活污水及生活垃圾，以免对环境造成不利影响。

总体来说，黑水县具有毛尔盖电站移民的环境容量，工程移民可得到妥善安置，移民安置方案合理。

（三）工程影响源分析

1. 施工期分析

毛尔盖水电站为高坝混合式电站，开发任务主要为发电，同时兼顾下游都江堰和成都市供水。工程施工总工期为 59 个月，另筹建期 12 个月。工程施工对环境造成的影响主要体现在对植被的破坏及水土流失、对鱼类等水生生物及水环境的影响、对大气和声环境的影响以及对社会经济和人群健康的影响等方面。施工期的影响均为暂时性的，随着施工活动的结束，这些不利影响都将逐渐消失，且在施工过程中采取一定的保护措施和恢复措施后，其影响可得到一定减免。

各类影响的影响源和源强统计分析如下：

（1）生态影响源

工程施工总占地 440.72 hm²，土石方开挖总弃渣量为 1 357.64 万 m³（自然方），回采利用后合计松方 1 552.07 万 m³。

工程占地区各项施工活动都将破坏原有植被及扰动压占地表，使其失去水保功能，从而造成新增水土流失。此外，渣堆为松散堆积体，如不妥善处理，遇暴雨易造成滑塌形成泥石流。因此，在预测评价及拟定防护措施时，都需对上述问题给予高度的重视。

（2）水污染源

施工期间，水污染源主要包括生产废水和生活污水两部分。生产废水主要来源于沙石骨料加工废水、混凝土拌和冲洗废水和机车修理系统含油污水，生活污水来源于施工人员生活排水。污染物以悬浮物和有机物为主，生产废水以沙石料加工废水为主。各类废（污）水的排放情况见表 2-8-22。

（3）大气污染源

施工期露天爆破、燃油机械及沙石料加工均会造成废气和粉尘排放。本工程露天爆破炸药总用量约为 4 287 t，油料总用量为 28 373 t。废气中主要污染物为 TSP 和氮氧化物（以 NO_2 计）。工程施工期废气排放量见表 2-8-23。

表 2-8-22　毛尔盖水电站主体工程施工期水污染源分析

污染源类型	排放特性	排放点数量	高峰排放强度	主要污染物排放质量浓度
沙石料加工废水	连续排放	3 处	585 m³/h	SS：30 000 mg/L
混凝土拌和冲洗废水	间歇式排放	9 处	1.2 m³/(次·站)	SS：5 000 mg/L
修理系统含油污水	间歇式排放	2 处	8 m³/h	石油类：40 mg/L
生活污水	连续排放	2 处	49.93 m³/h	BOD_5：200 mg/L COD_{Cr}：400 mg/L

表 2-8-23　毛尔盖电站施工期炸药及燃油污染物排放量

	类别	TSP	NO_2
炸药	平均年/（t/a）	1 072	11
	高峰年/（t/a）	1 544	16
	总量/t	6 432	65
柴油	平均年/（t/a）	11	415
	高峰年/（t/a）	21	803
	总量/t	66	2 490

此外，交通扬尘也是工程施工公路沿线主要的大气污染源，不但给沿线居民的生产生活带来一定影响，而且影响 S302 省道在工程段沿线的景观，需采取相关的降尘措施予以减免。

（4）噪声源

施工噪声主要来自施工开挖、钻孔、爆破、沙石料粉碎、混凝土浇筑振捣等施工活动中的施工机械运行、车辆运输和机械加工修配等。

① 沙石骨料加工系统噪声

毛尔盖水电站工程设置了 3 个沙石加工系统，为固定连续式噪声污染源，参照已建水电工程施工机械设备噪声实测值（表 2-8-24），各类噪声均大于 90 dB(A)。

表 2-8-24　沙石料系统部分设备噪声实测值　　　　　　　　单位：dB(A)

噪声源	源强实测值
颚式破碎机	95
棒磨机	115
粗碎机	94～98
吊筛	106.1
座筛	108
筛分楼	114
沙石料场皮带机	106（L_{eq}）
地笼漏斗下料震动器	111

② 爆破噪声

本工程爆破噪声主要集中在坝厂址及各石料场的明挖爆破，噪声强度可达 130～140 dB（A）。爆破噪声为瞬时发生，具有瞬时性。施工爆破的瞬时噪声可能给施工区工人和附近居民造成不适影响。

③ 交通噪声

毛尔盖水电站工区交通车辆以大型载重汽车为主，噪声最高达 82 dB（A），声源呈线形分布，源强与行车速度及车流量密切相关。根据施工组织规划，场内高峰期车流量昼间为 50 辆/h，夜间为 30 辆/h。

（5）固体废物

固体废物包括工程弃渣和施工人员生活垃圾。

毛尔盖水电站土石方开挖总弃渣量约 1 552.07 万 m³（松方）。工程高峰月施工人数 4 993 人，总工日 797.5 万工日，以每人每天产生生活垃圾 0.5 kg 计算，本工程施工高峰期日产垃圾 2.50 t，施工期累计产生生活垃圾量 3 990 t，其中无机成分约 2 394 t，有机成分约 1 596 t。

（6）人群健康影响源

工程施工期高峰人数为 4 993 人，平均施工人数约 4 508 人。因工程区人口密度增加，在带动当地消费增加的同时，也可能使地方传染病的发病率上升。

（7）交通

S302 省道从电站工程区通过，根据施工组织规划，场内高峰期车流量昼间为 50 辆/h，夜间为 30 辆/h，施工期间车流量的增加将加重该段道路的交通负荷，有可能影响 S302 省道的正常交通。

2．水库淹没、工程占地及移民安置分析

毛尔盖电站水库淹没土地 1 191.80 hm²，其中农用地 961.73 hm²，未利用地 187.80 hm²（其他还有河滩地等人们关心的地类）；淹没集镇 2 座，淹没三级公路 13.0 km，四级公路 24.0 km。枢纽工程建设区（不计库区淹没部分）占用土地 295.22 hm²，其中永久占地 79.02 hm²，临时占地 216.20 hm²，占地类型以未利用地为主。移民工程建设区永久占地 7.07 hm²。

本工程需农村生产安置人口 2 302 人，农村搬迁安置人口 2 376 人，拟采取以开发耕地大农业安置为主，辅以本村就近安置、本乡远迁安置，并结合少量投亲靠友和自谋出路等方式进行安置；淹没的两座集镇另寻新址迁建，迁建规模分别为 250 人和 557 人；库区 S302 省道、松黑县道和知扎县道已做好相关改复建规划及初步设计，且 S302 省道和松黑县道目前已于主体工程前开工建设。

生产安置过程中需进行坡改梯、开垦荒地以及建房安置等活动，这将对生态环境造成一定影响，使当地的环境负荷也有一定的增加，但经环境容量计算，能基本满足当地的土地承载力，并且能基本保障移民的生产、生活质量不降低。库区改复建公路

的提前修建解决了水库淹没对 S302 省道和松黑县道的正常交通和旅游交通的不利影响问题，且在公路初步设计中已做好相应的防护措施，对环境的影响相对较小。

3. 运行期分析

（1）电站发电

毛尔盖水电站总装机容量 420 MW，多年年平均发电量 17.17 亿 kW·h，供给四川省电网，发电效益显著，并能为地方经济发展提供能源基础。

（2）水库蓄水和运行

① 水库蓄水

毛尔盖水电站具有年调节性能，水库正常蓄水位 2 133 m，相应库容 5.35 亿 m³，水库总面积约 10.45 km²，水库干流回水长度 12.3 km，闸前最大壅水高 144 m。水库的形成将使库区河段水位升高，水面面积增大，水体流速减缓。

根据水库运行方式，汛期（5～10 月）为蓄水期，12 月—翌年 4 月为供水期，水位在死水位（2 063 m）至正常蓄水位（2 133 m）之间变化，最大变幅 70 m。水库运行后库区水面面积、水体宽度及水深明显增加，水体流速明显减缓。水库将出现明显的分层现象，下泄水温与天然状态有一定差异。

同时水库下闸蓄水初期前 7 天坝下游流量将明显减少，在此期间需下泄一定流量以保证坝下河道生态需水。

② 河段减水

电站运行发电将形成长约 18 km 的减（脱）水河段，其中脱水河段长度 2.2 km。坝、厂址间有双溜索沟、新街沟、维古二村沟、维古沟和干海子沟五条支沟汇入，区间多年平均流量 2.72 m³/s，枯期流量 1.18 m³/s。但河段减水仍可能对区间居民生产、生活用水以及河道内原有水生生物及鱼类生境产生一定影响。

（3）电站生活污水和生活垃圾处理

按"无人值班，少人值守"的原则，毛尔盖水电站电厂定员 99 人。本工程电厂主办公楼及职工生活社区设在茂县县城内，其少量废、污水及生活垃圾统一纳入县城市政管理及处理设施中，相应选址及规划建设按城市项目建设要求执行，无特殊影响。在厂区附近设置办公室、单身宿舍及小食堂等建筑物用做职工换班之用，仅有少量生活污水和生活垃圾产生，但仍需采取措施进行处理。

（四）工程分析结论

毛尔盖水电站属非污染生态影响建设项目，根据工程施工、运行、移民安置等工程活动特点，结合区域环境现状，工程环境影响分析结论如下：

1. 工程方案

毛尔盖水电站为黑水河干流水电规划"二库五级"开发方案的第三个梯级电站，电站开发任务为发电，兼顾有与紫坪铺一道向成都市、都江堰灌区供水的作用。本工程的建设符合都江堰灌区的发展规划、黑水河干流水电规划、阿坝州黑水县社会发展及路网建设的相关规划。

工程在各阶段设计的正常蓄水位、坝址、坝线、引水线路及厂址的选择、施工规划布置、移民安置等方案的比选、优化过程中，均从环境影响角度进行了充分的考虑，确定工程的建设在环境方面无制约性影响因素，建设方案在环境保护方面是合理可行的。

2．工程施工

施工期工程的开挖、占地、弃渣及施工"三废"排放等，将对工程地区原地貌、地表植被进行扰动和破坏，造成新增水土流失，降低工程区域水环境、大气环境和声环境质量，对当地野生动物栖息环境造成影响和破坏，并对地方交通、旅游、社会经济、土地利用、少数居民的生产生活、人群健康等造成一定影响。但这些影响大多属暂时性的，采取相应的环保措施是可以恢复的。

3．水库淹没、工程占地及移民安置

毛尔盖水电站因水库淹没、工程占地造成的影响将通过移民生产安置、移民搬迁安置、专项设施复建、加强移民安置方案的配套设施及相关规划的实施等措施予以解决和补偿，水库淹没、工程占地及移民安置产生的影响较小。

4．工程运行

毛尔盖水电站运行的有利影响直接体现在发电效益、社会经济效益上；不利影响是库区和坝厂址间河道水文情势、水生生境的变化，将对河道内的水生生物，影响区内的生产、生活用水造成一定影响。

毛尔盖水电站环境影响源分析结果见表 2-8-25。

三、环境保护措施及其经济论证

（一）骨料加工系统废水处理措施

1．废水概况及处理目标

（1）废水概况

本工程有 3 个沙石骨料加工厂，分别为两河口天然沙石加工厂、西尔天然沙石加工厂和新街人工沙石加工厂，生产废水主要污染物为 SS，具有废水量大、SS 浓度高的特点，若不经处理直接排放，会对工程河段下游水质造成一定的影响。

沙石骨料加工生产用水除部分消耗于生产过程中，其余大部分以废水形式出现，废水产生量按用水量的 90%计，各沙石加工系统的设计流量见表 2-8-26。参考国内同类型工程施工期沙石加工系统生产废水排放量和悬浮物浓度的实测成果资料，天然沙石加工系统设计悬浮物质量浓度约为 30 000 mg/L，人工沙石加工系统废水悬浮物质量浓度约为 50 000 mg/L。

表 2-8-25　毛尔盖水电站环境影响源源分析

时段或工程活动	环境要素	影响源及源强	污染物及排放质量浓度	主体设计处理工艺效果	排放去向
施工期	水环境	沙石加工系统废水产生量：585 m³/h；混凝土拌和系统废水产生量：1.2 m³/(次·站)；机修系统废水产生量：8.0 m³/h；施工高峰期人数4 993 人，生活污水产生量：49.93 m³/h	SS: 30 000 mg/L；SS: 5 000 mg/L，pH 值：12；油污；COD_{Cr}: 400 mg/L；BOD_5: 200 mg/L	简单沉淀处理排放，不能满足回用要求，需通过环评强化处理措施	回用或综合利用
	大气环境	爆破：露天炸药日均用量 2.4 t/d，高峰年日用量 5.12 t/d；沙石骨料加工：生产强度为 455 t/h；运输车辆、燃油机械	TSP、NO_2	地下开挖爆破设置通风系统，现场人员劳动采用有轨运输，隧洞采用劳动保护等，但仍不能完全符合环保要求，需通过环评复核和落实其控制措施	周边区域
	声环境	爆破：炸药日均用量 4.03 t/d，高峰年日用量 5.17 t/d；人工石骨料加工：破碎机筛分和卷扬机，生产强度 400 t/h；车辆运输；手风钻、搅拌机、推土机、压风机等设备；载机、振捣器、鼓风机，装风设备	130～140 dB（A）；>90 dB（A）；>80 dB（A）；85～110 dB（A）	夜间降低施工强度；现场人员劳动保护；不能完全符合环保要求，需通过环评明确其影响范围及处理措施	工程区及周边区域
	生态环境	施工占地（不计库区内占地）：永久占地 216.20 hm²，临时占地 79.02 hm²；工程开挖、堆筑、场地平整：土石方开挖 1 357.64 万 m³，回填 509.83 万 m³；弃渣 1 552.07 万 m³（松方）；施工生活区：施工高峰人数 4 993 人；生活垃圾：2.5 t/d	占压、扰动地表、破坏当地植被；占压、破坏地表植被，造成水土流失；生活垃圾对周围环境存在潜在影响	施工临时设施拆除，迹地平整，施工区绿化、美化、排水等，工程临时占用耕地复耕，规划渣场集中堆放，无防护措施可能造成新增水土流失，不能完全满足环保要求，需采取有效工程、植物措施强化对渣场水土流失的控制，对生活垃圾进行专项卫生处理	施工区及周边生态系统；规划渣场，位置见规划附图

时段或工程活动	环境要素	影响源源强	污染物及排放质量浓度	主体设计处理工艺及效果	排放去向
施工期	社会环境	施工高峰期人数：4 993人	可能引入外来疾病	文明施工、卫生防护、需通过环评 强化人群健康检疫、预防控制	当地人群
	水环境	厂区无人或少人值守，废水产生量极小	CODcr、BOD5	修建化粪池等措施	
		厂区无人或少人值守，生活垃圾极少	生活垃圾	集中堆存、定期清运	有机综合利用（农肥），无机填埋
运行期	生态环境	闸坝阻隔 水库调蓄 河道减水 水库淹没	最大坝高147 m 调节库容4.43亿m³，具有年调节能力 脱水河段2.2 km，减水段15.8 km 农用地：961.73 hm²	阻隔鱼类通道、库区水位抬升形成水库景观 影响减水河段水生生物、景观及生态 产生活用水，无处理措施，需通过环评合理确定景观生态流量，落实下泄措施	库区 减水河段
移民安置	水环境	生产安置人口2 302人 农村搬迁安置人口2 376人，人口710人，生活污水排放量85.2 m³/d	BOD5：200 mg/L CODcr：400 mg/L		
		生活垃圾：约426 kg/d	生活垃圾、臭气并带来病虫害	按照国家有关规定进行移民安置，配套基础设施，满足其对生产、生活的要求	移民安置区
	生态环境	开发耕地、建房及附属设施占压土地	破坏植被、弃渣、造成水土流失		
	社会环境	生产安置人口2 302人 农村搬迁安置人口2 376人 迁建集镇2座	基本维持原经济水平并略有改善		

（2）处理目标

黑水河为Ⅰ类水域，生产废水不能直接排放，沙石废水经处理后循环利用，实现废水回用，达到零排放的目的。

表 2-8-26　毛尔盖水电站沙石加工系统废水特性

名称	料源	最大用水量/ （m³/h）	最大排水量/ （m³/h）	悬浮物质量浓度/ （mg/L）
两河口天然沙石加工厂	两河口石料场	220	198	30 000
西尔天然沙石加工厂	西尔石料场	130	117	30 000
新街人工沙石加工厂	新街堆筑石料场	300	270	50 000

2. 处理方案

（1）废水处理方案选择

根据沙石料加工系统废水特性，拟订了 2 个方案进行技术经济比较。

方案 1：采用自然沉淀法，处理流程见图 2-8-3。含高悬浮物的废水从筛分楼流出，进入沉淀池，不使用凝聚剂，在沉淀池中进行自然沉淀，上清液循环使用。该方案特点是处理流程简单，基建技术要求不高，运行操作简单，运行费用少，但为达到较好的处理效果，沉淀池的规模要求很大，而且很难达到回用水质要求。

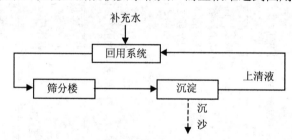

图 2-8-3　自然沉淀法

方案 2：采用混凝沉淀法，处理流程见图 2-8-4。废水从筛分楼流出先经沉沙处理单元初沉把粗沙除去后，再进入絮凝沉淀单元。由于絮凝剂的投加，小于 0.035 mm 的悬浮物得以快速而有效的去除。不足的是增加了设备和运行费用；但与方案 1 相比，本方案占地小，整个处理工艺效果好。

从维护管理、运行费用来看，方案 1 具有较大的优势；就处理效果与占地而言，方案 2 优势较大。本工程沙石骨料加工废水中悬浮物绝大部分为无机颗粒，沉降性能良好，但在处理目标要求十分严格、施工用地紧张的情况下，方案 1 显然不能满足要求，所以比较之后将方案 2 作为本阶段推荐方案。

（2）处理单元选择

① 沉沙处理单元

方案 1：采用沉沙池与螺旋式沙水分离器组合的方式。从筛分楼出来的冲洗废水，自流入沉沙池，处理水进入后续处理单元，沉沙池底沙泥由泵送入螺旋沙水分离器进行机械脱水，细沙脱水后含水率在 30%左右，可回收利用。该方式为传统的去除粗沙的处理方式，但在实际运行中存在一些问题，主要是螺旋式沙水分离器对小于 0.1 mm 的颗粒砂水分离效果不好，增加了后续处理单元的负荷，加大了泥浆处理量和工作量。

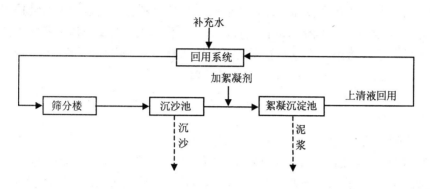

图 2-8-4　混凝沉淀法

方案 2：采用细沙回收处理器。泵将高悬浮物废水供给 20 个水力旋流器，小于 0.035 mm 的细沙经旋流器溢流，旋流器沉沙经强力高效脱水装置脱水后含水率在 20% 左右，可回收利用。该装置已广泛应用于国内外的沙石加工厂的细沙回收，具有很高的经济效益和环保效益。

从处理效果、操作管理、运行维护和工程投资各方面看，方案 2 较方案 1 均有很大的优势。方案 1 仅能保证大于 0.1 mm 细沙的去除；而细沙回收处理器对大于 0.035 mm 的细沙回收率可达 80%，最大限度减少了后续沉淀清理工作量，大大减少了清理成本。方案 1 沉沙池为现浇混凝土结构，工程完工后将废弃；而方案 2 的成套设备安置方便，不需浇注混凝土基础，可在另一工程中重复使用，节约施工单位的投资成本。另外，方案 2 为全封闭式装置，表面材料防腐能力很强，可全露天操作，不需担心机械锈蚀问题，而且自动化程度很高，在使用过程中不需专人操作管理，运行维护十分方便。根据以上分析比较，推荐方案 2 作为优选方案。

② 絮凝沉淀单元

由于本工程沙石加工规模较小，絮凝沉淀单元初拟以下 2 个备选方案。

方案 1：拟设计两组矩形滤池轮流使用，为保证出水水质达标，在进入滤池前投加絮凝剂，滤池渗水收集回用，滤料上泥浆利用间歇期通过蒸发、过滤、晒干等自然干化脱水，用挖掘机挖出外运至就近渣场。本方案土建工程量少，不需机械设备，造价低，出水水质较好，但泥浆由于采用自然干化方式，占地面积也相对较大，含水率也较高，清理工程量大，费用高，管理也较麻烦。

方案 2：沉沙单元出水进入平流式絮凝沉淀池反应沉淀后回用，池底泥浆由行车泵吸式吸泥机送到泥浆脱水机房脱水后外运至就近渣场。该方法机械化程度高，运行管理较简单，出水水质较好，泥浆经压滤脱水后含水率在 30%左右，泥浆成型、泥量减少，便于运输，并大大降低了运输费用，但其存在机械维护问题。

在出水水质均较好的基础上，从投资费用来看，初期投资方案 1 较省，但运行过程中滤料及其清洗费用较高，综合考虑两方案各有利弊；就运行中的维护和管理而言，方案 1 排泥不是机械自动化运行，管理工作量大，且滤料清洗和除泥的管理维护问题较复杂。考虑到水电站施工的可靠性和具体管理水平，推荐采用较为实用的方案 2，但要特别加强污泥的清运和机械检修。

3．推荐方案设计

（1）工艺设计说明

沙石骨料加工系统废水及泥沙处理工艺流程见图 2-8-5，沙石加工厂废水从筛分楼流入废水调节池，由泵将高悬浮物废水供给细沙回收处理器，将大于 0.035 mm 的细沙 80%回收。筛滤水流回调节池，溢出水自流入平流式沉淀池，经絮凝沉淀后上清液流入回用系统，与补充水一起用做筛分楼生产用水。两组沉淀池轮流使用，底泥通过吸泥机抽出后经压滤机压滤、干化脱水，压滤水自流入调节池，泥饼运至就近渣场。

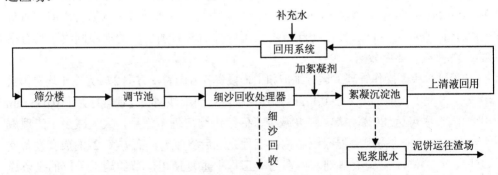

图 2-8-5　沙石骨料加工系统废水及泥沙处理工艺流程

① 沉沙处理单元

本处理单元的细沙回收处理器建议采用技术成熟的成套设备。

② 絮凝沉淀单元

针对施工废水原水浓度高、施工管理条件简陋的特点，絮凝沉淀采用平流式沉淀池。考虑来水中悬浮物浓度较大，拟采用吸泥机排泥。

沙石加工厂沉淀池设计流速 5.0 mm/s，停留时间为 1.1 h，表面负荷 1.5 m³/(m²·h)，采用两格沉淀池，单格沉淀池长 20 m，有效深度 1.7 m，各沙石加工厂沉淀池尺寸见表 2-8-27。由于采用吸泥机除泥，沉淀池可进行连续工作，仅在检修阶段清泥时轮流使用。

表 2-8-27　各沙石加工厂废水处理沉淀池尺寸统计

项目	流速/ （mm/s）	停留时间/ h	表面负荷/ [m³/（m²·h）]	单格长/ m	单格净宽/ m	有效深度/ m	总宽/ m
新街沙石加工厂	5.0	1.1	1.5	20	4.5	1.7	10.3
两河口沙石加工厂	5.0	1.1	1.5	20	3.4	1.7	8.0
西尔沙石加工厂	5.0	1.1	1.5	20	2.0	1.7	5.2

絮凝剂选用聚丙烯酰胺（PAM），可不设絮凝反应池。经絮凝沉淀后，废水中粒径小于 0.035 mm 的悬浮细小颗粒得到进一步去除，处理出水的 SS 能稳定地保持在 70 mg/L 以下，可循环利用。3 个沙石加工厂废水处理系统在高峰期预测可回收沙量约为 84 t/d；产生污泥量约为 196 t/d，施工期产生污泥总量为 34.69 万 t。

③ 回用单元

回用系统由高、低位水池和回用水泵组成，新街沙石加工厂高、低位水池尺寸分别为 7.0 m（长）×6.0 m（宽）×4 m（高）和 6.0 m（长）×6.0 m（宽）×3 m（高），两河口和西尔沙石加工厂高、低位水池尺寸分别为 5.5 m（长）×5.5 m（宽）×4 m（高）和 5.0 m（长）×5.0 m（宽）×3 m（高）。

（2）主要设备及监测仪表

三座沙石加工系统生产废水处理采用相同方案，主要设备及监测仪表见表 2-8-28。

表 2-8-28　各沙石加工厂生产废水处理主要设备及监测仪表

位置	主要设备名称	数量	主要监测仪表
		3 个系统	3 个系统
原水	—	—	明渠流量计
调节池	沙泵	1 台	
沙水分离	沙泵	2 台（1 用 1 备）	
	细沙回收处理器	1 台	
絮凝沉淀池	行车泵吸式 吸泥机	1 套	超声波污泥界面计
脱水 机房	带式压滤机	2	
	加药泵	1	
	药液搅拌罐	2	
	污泥泵	2	
	空压机	1	
	集中控制柜	1	
上清液出水回用系统	水泵	2 台（1 用 1 备）	流量计、固体悬浮物测定仪

（3）人员配制

3 座沙石加工系统处理流程相同，在废水处理站人员编制上采取相同的方案，各沙石骨料加工厂废水处理站人员编制见表 2-8-29。

表 2-8-29 人员编制

人员分类	人数/人	职责分工
运行管理人员	2	运行管理及维护
机械师	与沙石加工系统合用	机械设备故障处理及养护
仪表师	与沙石加工系统合用	仪表监测及使用维护
电气师	与沙石加工系统合用	电气设备的管理和维护
总人数	2	轮流值班

注：沉沙外运采取外包方式，工作人员中不包括司机和勤杂工。

（4）工程量估算

工程量估算见表 2-8-30。

表 2-8-30 沙石骨料加工系统废水处理站主要工程量估算

序号项目	挖方/m³	填方/m³	浆砌石/m³	钢筋混凝土/m³	钢筋用量/t
新街沙石加工厂	593	52	21	103	25
两河口沙石加工厂	438	38	15	76	18
西尔沙石加工厂	328	29	11	57	17
合 计	1 360	118	47	236	60

4．运行管理和维护

（1）按照"三同时"要求，为了保证废水处理站有效运行，建设单位应把废水处理站的建设与有效运行作为合同的条款之一纳入工程承包合同。

（2）工程环境管理部门应定期对处理站的管理运行进行监督检查，及时掌握废水处理站运行情况，对不良情况提出口头和书面的整改意见。

（3）组织废水处理站的管理维护人员在上岗前接受专项技术操作培训，以便对电气仪表设备进行科学的操作与维护，并严格制定操作规程，从而保证废水处理站的良好运行。

（4）运行管理费应专款专用，特别是运渣费和管理费，以保证废水处理的正常运行。

（二）景观、生态用水补偿措施

本工程发电引水将使坝下—厂址间长约 18 km 河段出现不同程度的减水，河段两岸虽有双溜索沟、新街沟、维古二村沟、维古沟和干海子沟 5 条支沟汇入，但与天然河道相比，电站引水发电后坝下至厂房间河段水量显著减少，水面面积缩减，水位降低，流速减小，对减水区间河道景观、水环境容量、原河道内栖息的水生生物尤其是鱼类，以及从干流取水的农灌和生活用水对象等都将造成不利影响。

因此，从工程河段景观用水、环境用水、生产生活用水和生态保护的需要出发，需在电站运行期从大坝下泄适当生态环境流量，满足各项用水需求，以减缓工程建设运行对生态环境用水造成的不利影响，确保鱼类等水生生物的生存以及下游生产、生活用水。

1. 生态环境需水量的内容确定

为了使河流水资源能够得到可持续的利用，必须考虑生态环境用水的需求。目前国内对河流生态环境用水的计算研究刚刚起步，河流生态环境需水量是针对水资源开发利用中的生态环境保护以及科学地进行生态环境重建、改善等问题提出来的新概念。到目前还没有一个明确公认的定义和统一的计算原则、标准和方法。多数学者认为：河流生态环境需水量是指在特定时间和空间满足服务目标的变量，它是能够在特定水平下满足河流系统诸项功能所需水量的总称。

根据我国河流系统的主要功能，并针对黑水河系统主要功能，维持黑水河河道生态环境用水主要考虑以下几个方面的用水需求：

（1）维持河道水生生物生存的需水量；

（2）防治河流水污染的需水量；

（3）工农业生产及生活用水量。

上述河流生态环境用水量的各个组成部分，可能在一定的水量范围内互相涵盖，即在一定水量范围内其他功能同时被部分地或全部地满足。因此，河流生态环境需水量需在综合考虑河流各项功能的基础上进一步确定。

河流系统生态环境需水＝max｛维持河道水生生物生存的需水量，防治河流水污染需水量，工农业生产及生活用水量｝。

2. 维持河流各项生态环境需水阈值的确定

（1）维持河道水生生物生存的需水量

维持河道内水生生物特别是鱼类的生存、繁殖是河流系统的一项重要生态功能，维持水生生物指示物种基本生存所需的水量应作为河道生态环境需水的重要考虑因素。

① 工程河段水生生物概况

工程河段浮游植物群落结构简单，以硅藻门和绿藻门为主，浮游动物区系组成简单，个体数量极少。底栖动物以水生昆虫为主，生物量较少。工程河段的鱼类以适应高山峡谷、急流生活的生态类群为主，其中重口裂腹鱼、松潘裸鲤、青石爬鲻为省级重点保护鱼类，在工程河段有少量分布。此外，毛尔盖坝址下游河段有鱼类的索饵场分布。

毛尔盖工程河段主要鱼类的生活习性及生活环境见表 2-8-31。

表 2-8-31　工程河段主要鱼类的生活习性及生活环境

鱼种	繁殖季节	生活环境 （栖息场所、水温、流速的要求）	食物来源
齐口裂腹鱼	3—4 月	属急流底层流动性鱼类；冷水性河流、急缓流交界处	着生藻类为主，偶尔也食一些水生昆虫、螺蛳和植物的种子
重口裂腹鱼	8—9 月	属急流底层流动性鱼类；冷水性河流；平时多生活于缓流，摄食季节底质为沙和砾石、水流湍急的环境	以动物性食料为主食，也吞食小型鱼类、小虾及极少量的着生藻类
松潘裸鲤	6—7 月	属急流底层流动性鱼类；冷水性河流	着生藻类及水生无脊椎动物
青石爬鮡	6—7 月	属急流底栖附着生活类群；急流	水生昆虫及其幼虫为主，其次为水生植物的碎片及有机腐屑
黄石爬鮡	9—10 月	属急流底栖附着生活类群；急流	水生昆虫及其幼虫为主，其次为水生植物的碎片及有机腐屑
山鳅	5—7 月	流水、缓流水底砾石间生存	水生无脊椎动物

从表 2-8-31 可以看出，黑水河的鱼类以冷水性高原山区种类为主，主要是急流底栖附着生活类群，流水、缓流水底砾石间生活的鱼类，急流底层流动性鱼类。省级重点保护鱼类（包括重口裂腹鱼、松潘裸鲤、青石爬鮡三种鱼类）的繁殖季节集中在 6—9 月。流速和水深是鱼类生存的敏感因子。

② 维持河道水生生物栖息地需水量的计算

目前，维持河道水生生物栖息地需水量的计算方法有很多种，包括河道湿周法、R2CROSS 法、河道内流量增加法等。我们参考以曼宁公式为基础的 R2CROSS 法。

该法适用于一般浅滩式的河流栖息地类型。河流生态需水的确定基于如下假设，即浅滩是最临界的河流栖息地类型，而保护浅滩栖息地也将基本保护其他水生栖息地。该法确定维持河道水生生物最小流量的标准见表 2-8-32。

表 2-8-32　R2CROSS 法确定最小流量的标准

河宽/m	平均水深/m	湿周率/%	平均流速/（m/s）
0.3～6.3	0.06	50	0.3
6.3～12.3	0.06～0.12	50	0.3
12.3～18.3	0.12～0.18	50～60	0.3
18.3～30.5	0.18～0.3	≥70	0.3

毛尔盖坝址处河段较开阔、顺直，河床相对平坦、宽阔，根据对电站坝址断面的实测资料，计算出各水位下的流量、流速及湿周率，具体见表 2-8-33。

由表 2-8-33 看出，低流量状态下，随着河道流量的增大，各水力参数值增大，增长率逐渐减小。当坝址处保证 3.27 m³/s 流量时，河道水位 1 993.2 m，水面宽 26 m，平均水深 0.2 m，最大水深可达 0.5 m，湿周率可达到 50%，流速为 0.8 m/s，基本满足水生生物栖息地用水需求。

表 2-8-33 毛尔盖坝址断面水力参数统计

水位/m	流量/（m³/s）	水面宽/m	平均水深/m	最大水深/m	湿周率/%	流速/（m/s）
1 993.2	3.27	26	0.2	0.5	50	0.8
1 993.4	12.49	34	0.3	0.7	66	1.2

因该河道断面宽阔、平坦，水深增加对流量的影响很大，但河道湿周率的增值相对较小，经分析认为这是坝址河段植被较差、湿周过长造成的。当水位由 1 993.2 m 上升到 1 993.4 m 时，流量需增加到 12.49 m³/s，平均水深仅增加 0.1 m，此时湿周率为 66%。与泄放 3.27 m³/s 流量相比，该方案较不经济。

综上，坝下泄放 3.27 m³/s 流量即可保证减水河段 0.2～0.5 m 水深，从而满足河道水生生物栖息地用水基本需求。

（2）防治河流水污染需水量

① 工程河段水质污染源状况

工程减水河段人口稀少，基本无工矿企业污染源分布，耕地农药、化肥施用量较少，水质污染源主要为沿岸零星分布的规模不大的维古乡、木苏乡、双溜索乡等人口聚居地排放的生活污水，污染物以 BOD_5、COD_{Cr} 为主，农村生活用水量较少，且污染因子质量浓度较小，BOD_5 为 100 mg/L，COD_{Cr} 为 200 mg/L。

工程减水河段水质污染源统计见表 2-8-34。

表 2-8-34 工程减水河段水质污染源统计

污染源	规模/人	排放量/（m³/h）	污染物质量浓度/（mg/L）	
			BOD_5	COD_{Cr}
维古乡	663	3.32		
木苏乡	356	1.78	100	200
双溜索乡	124	0.62		
合计	1 143	5.72		

② 水质目标

黑水河属四川省地面水水域环境功能区划的 I 类水域，执行 I 类水质标准。根据阿坝州环境监测站 2004 年 12 月对工程河段的水质监测成果，工程河段水质良好，各项水质参数均满足《地表水环境质量标准》（GB 3838—2002）I 类水质标准。

③ 环境需水量计算

根据河水和污水的稀释混合方程

$$C_s = \frac{C_p Q_p + C_h Q_h}{Q_p + Q_h}$$

得出满足水质要求需保证的河道流量计算公式如下：

$$Q_h = \frac{C_p Q_p - C_s Q_p}{C_s - C_h}$$

式中：Q_h——保证河道水质要求的最低河道流量，m³/s；

　　　C_s——水质标准浓度，mg/L；

　　　C_p、C_h——区间污染源排放、河流本底浓度，mg/L；

　　　Q_p——污染源排放量，m³/s。

工程减水河段区间生活污水排放量为 5.72 m³/h（0.002 m³/s），BOD$_5$ 排放质量浓度为 100 mg/L，COD$_{Cr}$ 质量浓度为 200 mg/L。经计算，要使减水区间的水质维持《地表水环境质量标准》（GB 3838—2002）Ⅰ类水质标准要求，即 BOD$_5$ 质量浓度 <3 mg/L，COD$_{Cr}$ 质量浓度 <15 mg/L，则区间需至少保证 0.08 m³/s 的流量，以保障减水河段区间水质不受污染。

（3）工农业生产及生活用水量

经实地调查，毛尔盖工程减水河段内无工业用水需求，农灌和生活用水主要取用附近支沟水，仅少量离支沟较远的村民生活用水和沿岸部分农田灌溉直接取用黑水河干流水。据统计，减水区间有 8 处提灌设施，供 58.87 hm² 农田灌溉和 162 人生活用水，生活用水时段为全年，农田灌溉用水主要集中在 4—5 月和 6—8 月。

根据统计数据，电站减水区间全年用水量 72.15 万 m³，用水高峰期为每年 4—5 月和 6—8 月的农田灌溉集中时期，区间生活用水和农灌用水总量为 144 m³/h（0.04 m³/s）；其余时段用水量相对较小，为 60 m³/h（0.017 m³/s）。根据黑水县人口增长率为 11.35‰，生活用水量也按 11.35‰ 的增长率计算，毛尔盖电站减水区间农业、生活需水量仍为 0.04 m³/s。

为保障工程减水河段区间农业和生活用水需求，需保证区间有 0.04 m³/s 的来流，需水量较小，因此，工农业生产及生活用水量不是本工程生态环境用水的控制因素。

3. 减水河段生态环境需水量的确定

毛尔盖坝—厂址减水区间河道生态环境需水量按照"功能性需求"和"主功能优先"原则进行确定。综合考虑各项生态环境需水量，按最大需水量取值。

减水河段生态环境需水量＝max｛维持河道水生生物生存的需水量，防治河流水污染需水量，工农业生产及生活用水量｝＝max｛3.27，0.08，0.04｝＝3.27 m³/s

根据上述对河流各项生态环境需水阈值的计算分析，维持减水区间水生生物生存为工程河段河流的主要功能，满足其用水功能即可满足河段内其他环境用水需求。根据《水电水利建设项目河道生态用水、低温水和过鱼设施环境影响评价技术指南（试行）》要求，最小河流生态用水流量不应小于多年平均流量的 10%；对于多年平均流量大于 80 m³/s 的河流，最低流量不得低于多年平均流量的 5%。黑水河毛尔盖水电站工程河段坝址处多年年平均流量 104 m³/s，大于 80 m³/s，因此最低流量不得低于多年年平均流量的 5%。

综上，该水电站最终确定下泄生态流量为 5.2 m³/s。

4．生态流量下泄工程措施

毛尔盖水库具不完全年调节性能，汛期 5—9 月水库蓄水至正常蓄水位，10 月—翌年 4 月水库供水，全年坝下基本无泄流。因此，需从毛尔盖水电站坝址全年下泄生态环境流量 5.20 m³/s。

毛尔盖水电站通过在引水隧洞的坝下段布设一条生态基流支洞下泄生态流量。在支洞封堵砼内埋设 φ757 mm 的钢管，然后通过混凝土渠道引至河床。生态基流支洞与引水隧洞交叉口高程约为 2 042.7 m，此处最大水头约为 90 m，由于水头较高，故在钢管末端设置一个减压阀，通过减压阀后水头约为 30 m，水流流速约 10 m/s。为防止下泄钢管事故状态检修时段影响生态基流的泄放，需在支洞内布置两条泄放钢管以保证坝下不断流。下泄生态流量的监测拟在运行期结合水情测报系统一并考虑。

5．生态流量下泄措施效果分析

（1）减水河段区间天然来流

电站坝—厂址间长约 18 km 的河段共有 5 条支沟，分别为双溜索沟、新街沟、维古二村沟、维古沟和干海子沟。各支沟流量情况见表 2-8-35。

表 2-8-35　毛尔盖减水区间支沟流量情况表　　　　　单位：m³/s

支沟	区间/km	5 月	6 月	7 月	8 月	9 月	10 月	11 月	12 月	1 月	2 月	3 月	4 月	全年	枯期平均
双溜索沟	2.2	0.71	1.06	1.00	0.66	0.78	0.63	0.32	0.20	0.15	0.13	0.14	0.29	0.51	0.20
新街沟	7.4	2.41	3.59	3.40	2.24	2.65	2.14	1.09	0.68	0.49	0.43	0.47	0.97	1.73	0.69
维古二村沟	1.8	0.14	0.21	0.20	0.13	0.16	0.13	0.06	0.04	0.03	0.03	0.03	0.06	0.10	0.04
维古沟	1.3	0.35	0.52	0.49	0.32	0.38	0.31	0.16	0.10	0.71	0.06	0.07	0.14	0.25	0.21
干海子沟	1.8	0.14	0.21	0.20	0.13	0.16	0.13	0.06	0.04	0.03	0.03	0.03	0.06	0.10	0.04
合 计	—	3.75	5.59	5.29	3.49	4.12	3.33	1.70	1.05	1.41	0.67	0.74	1.50	2.72	1.18

由表 2-8-35 可知，工程减水河段区间多年年平均来流 2.72 m³/s，枯期平均流量 1.18 m³/s。其中，坝下第一条支沟双溜索沟距坝 2.2 km，枯期平均流量 0.20 m³/s。

（2）下泄生态流量后区间流量

毛尔盖水电站从坝址处开始下泄生态流量 5.20 m³/s，减水区间有 5 条支沟汇入，支沟多年年平均流量为 2.72 m³/s，枯期平均流量 1.18 m³/s，最枯月（2 月）月平均流量 0.67 m³/s。下泄该流量后，区间逐月流量见表 2-8-36。

表 2-8-36　毛尔盖电站下泄生态流量后坝、厂址区间流量统计　　　单位：m³/s

支沟	区间/km	5月	6月	7月	8月	9月	10月	11月	12月	1月	2月	3月	4月	全年	枯期平均
坝址下泄流量	—	5.20	5.20	5.20	5.20	5.20	5.20	5.20	5.20	5.20	5.20	5.20	5.20	5.20	5.20
双溜索沟	2.2	5.91	6.26	6.20	5.86	5.98	5.83	5.52	5.40	5.35	5.33	5.34	5.49	5.71	5.40
新街沟	7.4	8.32	9.85	9.60	8.10	8.63	7.97	6.61	6.07	5.84	5.76	5.81	6.45	7.42	6.09
维古二村沟	1.8	8.46	10.06	9.80	8.23	8.79	8.10	6.68	6.11	5.87	5.78	5.84	6.51	7.52	6.13
维古沟	1.3	8.81	10.58	10.29	8.56	9.17	8.41	6.83	6.21	6.58	5.84	5.91	6.65	7.82	6.34
干海子沟	1.8	8.95	10.79	10.49	8.69	9.32	8.53	6.90	6.25	6.61	5.87	5.94	6.70	7.92	6.38

从表 2-8-36 可知，从坝址处下泄 5.20 m³/s 流量后，减水区间月平均流量为 5.20～10.79 m³/s，最枯月（2 月）流量为 5.20～5.87 m³/s，枯期平均流量为 5.20～6.38 m³/s，年平均流量为 5.20～7.92 m³/s。

（3）河流景观效果分析

黑水河毛尔盖工程河段景观等级不高，无水上旅游、娱乐的要求和规划，但因其位于 S302 省道沿线，该线是通往卡龙沟风景名胜区和三打古省级自然保护区的必经之路，因此，工程河段河流景观用水要求为能引起视觉效果的流水景观。考虑到目前景观功能尚无理论化和定量化的计算方法，对景观需水要求在当地居民及游客中开展公众参与和有关专家评审相结合的专家系统综合评判。评判河流景观用水优劣有两个主要指标：水质和水量。具体标准见表 2-8-37。

表 2-8-37　毛尔盖水电站工程河段水域景观的主要参数标准

决定黑水河河流景观需水的主要影响参数		参数标准	参数指标的确定原则和数据说明
水量要求	水面面积	$A_1/A_0 \geq 20\%$	其中 A_0 表示研究河段天然情况下枯水期平均水面面积，A_1 表示减水形成后枯水期平均水面面积
	平均水深	H 为（0.2～0.5 m）	其中 H 表示水深。水深参数标准的设置原则：能保证具有观赏价值的水生生物生存；游客可以利用肉眼直接观赏河流景色（包括河床和鱼类及其他水生物）；水深不对游客和当地居民的生命造成安全隐患

决定黑水河河流景观 需水的主要影响参数	参数标准	参数指标的确定原则和数据说明
水质要求	I 类水域标准	《地表水环境质量标准》（GB 3838—2002）规定：一般景观要求的水域必须符合 V 类水域。对于同一水域兼有多类使用功能的情况，执行最高功能类别。本工程仍需维持现有水域功能

根据厂房横断面以及下泄后的流量确定厂址处水位、水深等水力参数。经计算，当厂址处河道流量在 5.2～10.79 m³/s 时，河道平均水深在 0.3～0.5 m，最大水深在 0.7 m 以上，完全能保证河道内水生生物的栖息环境，并能完全满足河道水污染防治用水、农灌和生活用水以及景观娱乐用水等综合用水需求。

四、公众参与

（一）目的

公众参与是环境影响评价的重要组成部分。本电站的环境影响评价工作涉及范围较广，环境因子较多，通过公众参与活动，可以使工程建设涉及区域的公众了解工程的主要情况、建设运行特点和与工程有关的重大环境问题；帮助评价人员发现问题，是否工程引起的重大环境问题已在环境影响报告书中得到分析评价；确认环境保护措施的可行性，优化措施方案等。根据原国家环保总局颁布的《环境影响评价公众参与暂行办法》，在评价过程中采用多种公众参与的方式向有关专家和公众团体开展公众参与调查工作，征询和收集他们的意见。

（二）公众参与的实现

在环评过程中，公众参与以不同的方式贯穿于水电站环境影响报告书编写的过程中。为确保良好的沟通，使公众参与收到最佳效果，环评工作小组首先与工程涉及的黑水县人民政府取得联系，进一步与当地水利部门、环保部门、林业部门等众多单位进行沟通，为随后的项目公示、社会调查提供便利。

1. 社会调查

通过访谈、问卷等方式实现社会调查。

2. 座谈会

为了解关注本工程建设的核心人群（各级政府、环保、林业、旅游等部门）对工程建设、运行的意见和建议。在环境影响评价过程中，召开了公众参与讨论会，会议由建设单位主持，参加会议的单位有黑水县县人大常委会、县委、县政府、县政协、县政府办、县发改委、统计局、农业水利局、环保局、规划建设局、林业局、交通局、安检局、卫生局、监察局、县疾控中心、旅游局、教育局、移民办、人事局、县医院、红岩乡政府、麻窝乡政府、扎窝乡政府、知木林乡政府和慈坝乡政府。会议期间建设单位和评价单位向与会单位介绍了本电站建设情况和可能带来的影响以及拟采取的措施，同时回答了与会人员提出的问题，听取公众意见，进行面对面的双向交流，形成会议纪要。

3. 会议讨论和专家咨询

通过预可和可研期间国内权威专家对各项环评成果进行咨询、评审实现公众参与。

4. 专题协作

在本工程环境影响评价过程中，根据不同的环境问题成都院与多家协作研究机构开展工作，完成了相应的专题评价报告。

5. 环境影响报告书公示

为让水电站建设区民众及社会各界了解本工程环境影响评价情况，及时收集反馈信息，编制完成本电站环境影响报告书（简本），在黑水县城及工程主要涉及乡对该简本进行了公示，确保在公示期间及时有效地收集公众意见。

（三）公众关心的主要问题及结果处理

对于本水电站公众参与意见，要逐一进行沟通、反馈、解决和落实，并针对环评专业不能解决的问题与工程设计各相关专业进行沟通，共同协商解决，将环境保护措施逐一落实。针对工程建设可能造成的不利环境影响，还制订了环境跟踪监测计划，提出了实施环境保护的管理机构及管理制度。因此本报告书基本上回答了公众关心的环境问题。

【案例分析】

本案例：环境影响评价工作既涵盖了水电工程环境影响评价的共性内容，又突出了本工程的环境影响特点，针对性较强。在工程分析中，针对项目区域环境特点，以及与其他相关规划的关系进行了系统和较全面的分析；对施工期沙石骨料系统废水处理进行了多方案比较，提出了经济实用的处理措施；本工程运行后将造成坝—厂址间长约 18 km 河段不同程度的减水，对减水区间河道景观、水环境容量、原河道内栖息的水生生物尤其是鱼类，以及从干流取水的农灌和生活用水对象等方面将造成不利影响。为此，从工程河段景观用水、环境用水、生产生活用水和生态保护等需要出发，提出了科学合理的生态环境流量，以减缓工程建设运行对生态环境用水造成的不利影响；本工程的公众参与工作也收到了很好的效果。

参考文献

[1] 朱党生，周奕梅，邹家祥. 水利水电工程环境影响评价. 北京：中国环境科学出版社，2006.

[2] 方子云，邹家祥，吴贻名. 环境水利学导论. 北京：中国环境科学出版社，1994.

[3] 叶守泽，夏军，郭生练. 水库水环境模拟预测与评价. 北京：中国水利水电出版社，1998.

[4] 杨志峰，崔保山，刘静玲. 生态环境需水量理论、方法与实践. 北京：科学出版社，2003.

[5] 傅伯杰，陈利顶，马克明. 景观生态学原理及应用. 北京：科学出版社，2004.

[6] 国家环境保护总局环境影响评价管理司. 水利水电开发项目生态环境保护研究与实践. 北京：中国环境科学出版社，2006.

[7] 毛文永. 生态环境影响评价概论. 北京：中国环境科学出版社，1998.

[8] 张永良，刘培哲. 水环境容量综合手册. 北京：清华大学出版社，1991.

[9] Г.B.沃洛巴耶夫，A.B.阿瓦克扬. 水库及其环境影响. 李砚阁，程玉慧，等译. 北京：中国环境科学出版社，1994.

[10] 蔡贻谟，郭震远，等. 环境影响评价手册. 北京：中国环境科学出版社，1997.

[11] 薛联芳. 河流水温数学模型比较研究. 水电站设计，1998（4）.

[12] 刘兰芬，陈凯麒，张士杰. 水库垂向水温分布及下泄水温模拟计算方法综述//水利水电开发项目生态环境保护研究与实践. 北京：中国环境科学出版社，2006：177-190.

[13] 薛联芳. 东江水电站水温预测模型回顾评价//水利水电开发项目生态环境保护研究与实践. 北京：中国环境科学出版社，2006：199-207.

[14] 李嘉，邓云，卢红伟，等. 水电站下泄水温计算方法//水利水电开发项目生态环境保护研究与实践. 北京：中国环境科学出版社，2006：155-176.

[15] 谭红武，刘兰芬. 河流中水利工程下游最小生态流量确定方法研究//水力学与水利信息学进展. 北京：中国标准出版社，2003：134-139.

[16] 芮建良，廖琦琛，傅菁菁，等. 锦屏二级水电站减水河段生态环境需水量计算. //水利水电开发项目生态环境保护研究与实践. 北京：中国环境科学出版社，2006：102-116.

[17] 刘兰芬. 河流水电开发的环境效益及主要环境问题研究. 水利学报，2002（8）.

[18] 陈凯麒，王东胜，刘兰芬，等. 水电梯级规划环境影响评价的特征及研究方向. 中国水利水电科学研究院学报，2005，3（2）：79-84.